# 생명환경과학

# 생명환경과학

강신규, 곽경환, 김만구, 김범철, 김성문,
김희갑, 박세진, 안태석, 양재의, 오상은,
주진호, 한영지, 허장현 저

씨아이알

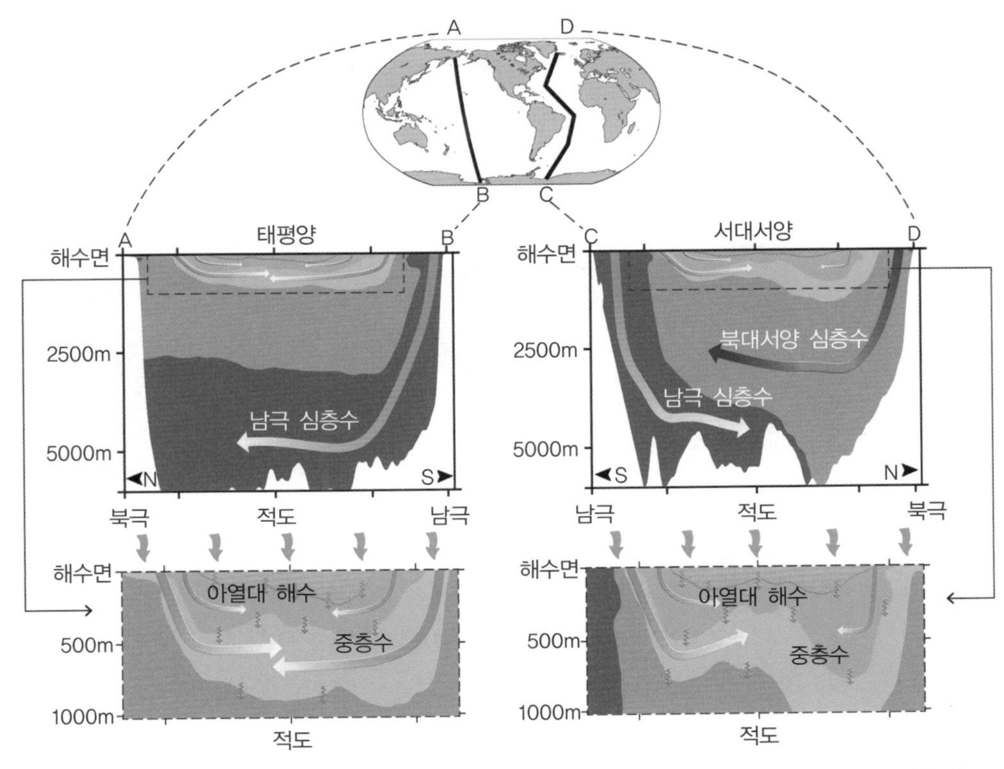


그림 1.3 해양의 열염순환에 따른 태평양(A–B)과 대서양(C–D)의 표층 해류와 심층 해류 분포(출처 : IPCC 5차 보고서)

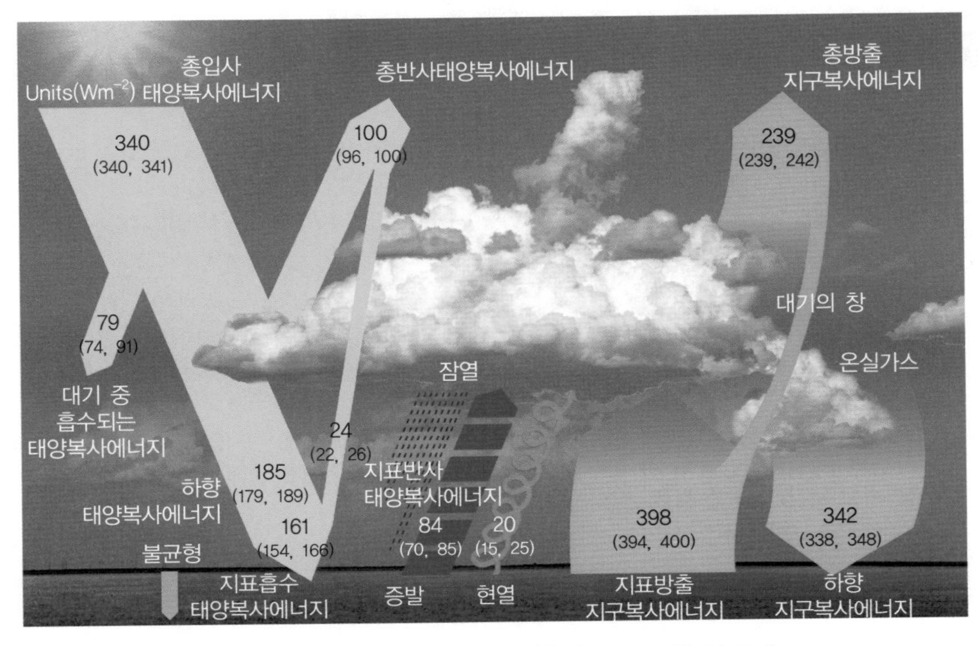


그림 1.7 전 지구적 에너지 수지(출처 : IPCC 5차 보고서)

그림 2.3 세계의 식생대(biome) 분포(출처 : 위키백과)

(a) 타이가 – 알래스카 (b) 열대우림 – 보르네오 (c) 온대림 – 독일

(d) 사바나 – 탄자니아

(e) 초원 – 몽골

그림 2.5 기후에 따른 식생형과 식생의 주요 생존 전략 : (a) 건조하고 매우 추운 겨울(토양유기물 분해 저해), (b) 많은 비(토양영양염 유실), (c) 추운 겨울과 온화한 여름(겨울철 냉해), (d) 뚜렷한 우기와 건기(물 손실 저감), (e) 건조(물 손실 저감) (출처 : 위키백과)

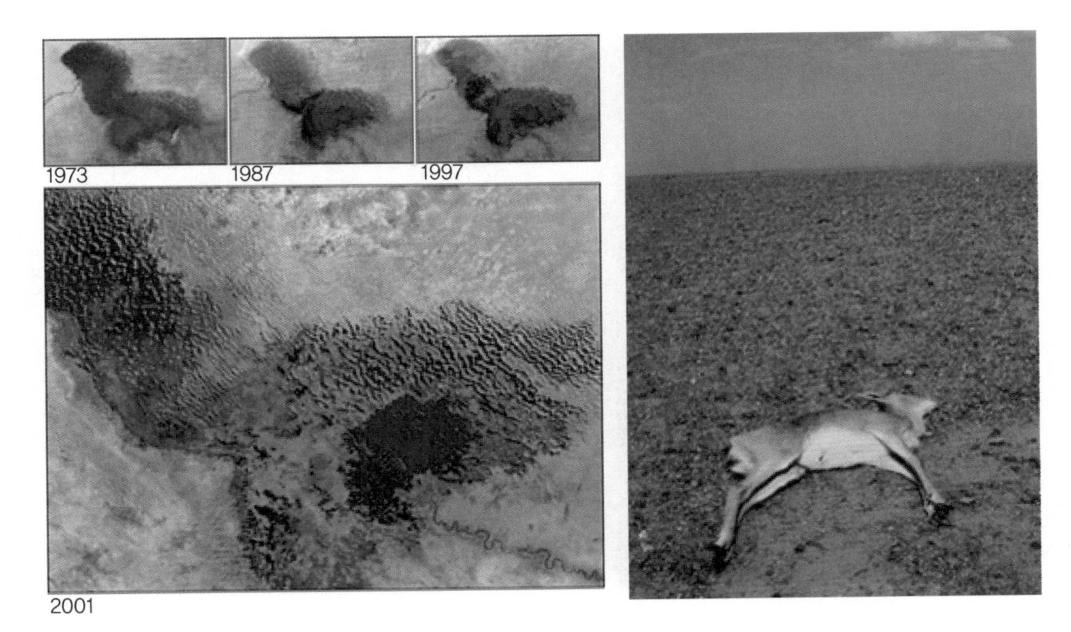


그림 2.6 아프리카 Lake Chad 호수 면적 감소를 보여주는 위성영상(a)과 몽골의 가뭄으로 인한 식생량 감소와 야생가젤 아사(b) (출처 : 위키백과)

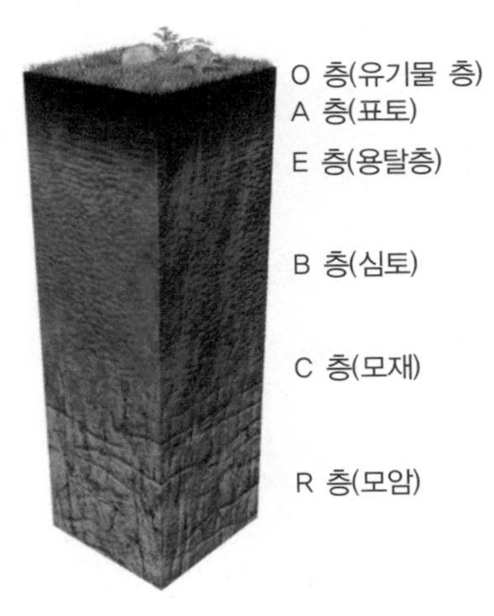


- O 층 : 분해되고 있는 낙엽 등이 존재. 층의 깊이가 낮거나 없는 경우도 많다.
- A 층 : 광물질이 주를 이루고 여기에 유기물이 혼합되어 있는 층. 식물과 미생물의 생육이 활발한 층. 식물의 뿌리가 주로 존재하여 영양소를 흡수하는 층이어서 표층, 표토라 부른다. A 층은 일명 용탈층이라 부른다. 강우에 의해 점토, 광물질, 유기물들이 하부로 용탈된다.
- E 층 : 용탈층. 점토, 광물질, 유기물들이 용탈되어 비교적 밝은 색을 보여주는 층으로 모래와 미사의 상대적 구성이 높은 층. 산림토양에서 흔히 볼 수 있다.
- B 층 : 심토층. A 층으로부터 용탈된 점토, 광물질, 유기물 등이 집적되는 층. 일명 집적층이라 부른다.
- C 층 : 모재층
- R 층 : 모암층

그림 7.1 토양 단면의 예시(출처 : 미국토양학회)

그림 9.1 과거 농업(출처 : 충북농업기술원)

그림 9.2 첨단 농업(출처 : 국립농업과학원)

그림 9.4 병해충방제를 위해 논에 농약을 살포하고 있는 모습(출처 : 경기도농업기술원)

그림 9.5 부영양화로 인한 수질오염(출처 : 환경운동연합)

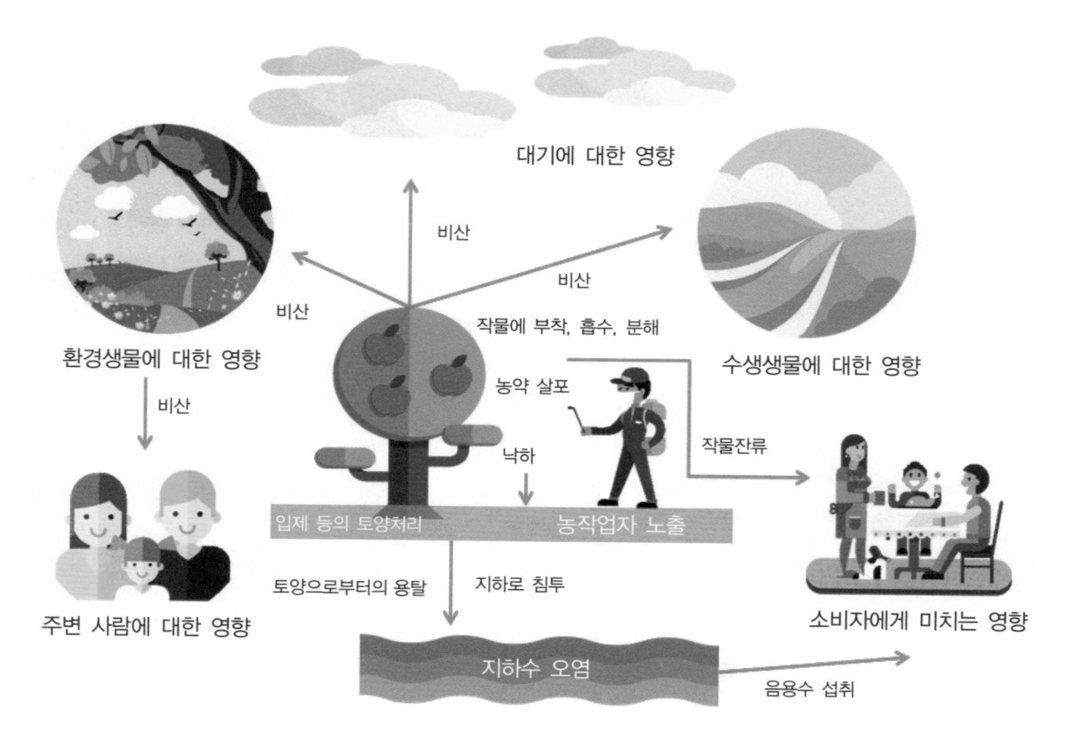


그림 9.6 농약의 환경 중 동태

표 9.1 우리나라 친환경농산물 인증품 종류와 표시

| 종류 | 기준 | 인증표시 |
|---|---|---|
| 유기농산물 | 유기합성농약과 화학비료를 일체 사용하지 않고 재배한 농산물 | 유기농 (ORGANIC) 농림축산식품부 |
| 무농약농산물 | 유기합성농약은 일체 사용하지 않고 화학비료는 가급적 권장 소비량의 1/3 이내 사용하여 재배한 농산물 | 무농약 (NON PESTICIDE) 농림축산식품부 |

(출처 : 국립농산물품질관리원)

그림 14.6 2002년 8월 31일 한반도에 접근하는 태풍 루사 위성영상 (출처 : 위키백과)

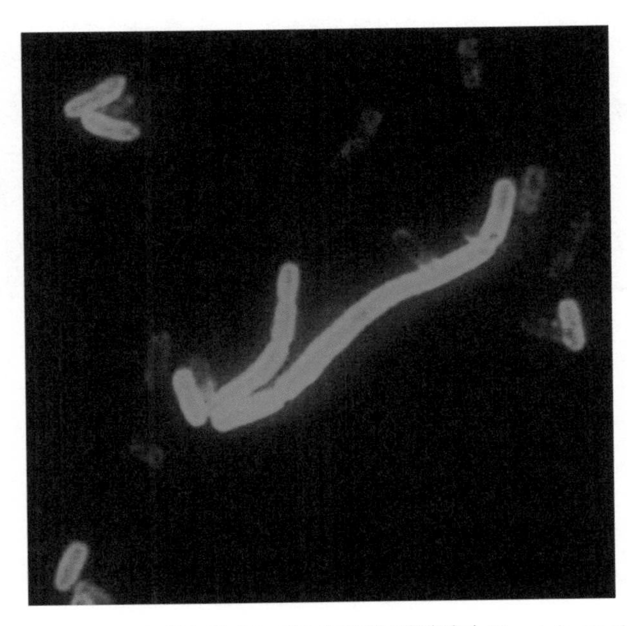

그림 14.7 흑사병 중 가장 흔하게 발생한 선페스트를 유발한 박테리아 *Yersinia pestis*의 사진(200배 확대)
(출처: 위키백과)

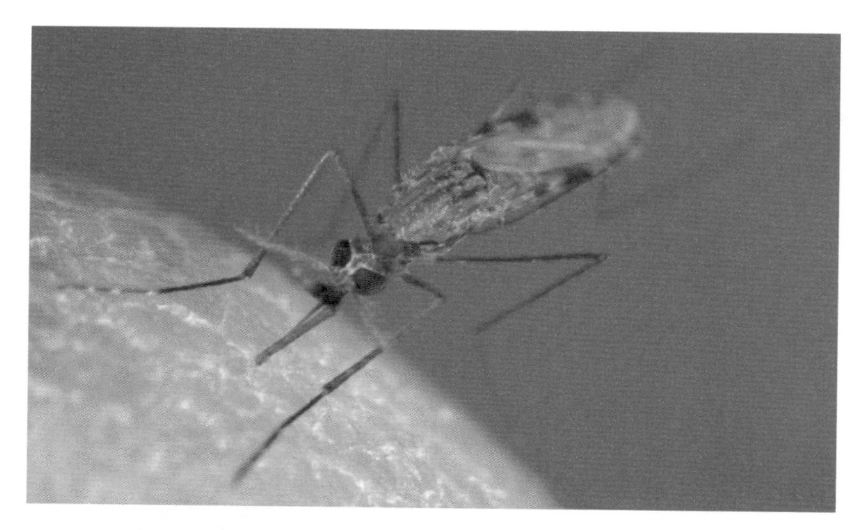

그림 14.8 감비아 학질모기(*Anopheles gambiae*) (출처: 위키백과)

그림 15.1 2007년 12월 7일 삼성1호-허베이 스피릿 호 원유 유출 사고(태안 기름 유출 사고) 후 자원봉사자들이 만리포해수욕장에서 기름을 제거하는 모습(출처 : 위키백과)

그림 15.5 케냐 나이로비의 슬럼 지역인 Kibera(출처 : 위키백과)

그림 19.8 산성광산배수에 의한 황화현상(Yellow boy)과 백화현상 사진

# 발 간 사

환경문제는 자연과학적인 문제를 떠나 경제, 사회, 정치적인 문제를 안고 있다. 환경이 나빠지면 사회의 붕괴, 국가의 붕괴까지 진행될 수 있다. 역사적으로 보면 인류는 '신체 구속의 자유', '사상의 자유', 그리고 '배고픔으로부터의 자유'를 얻기 위하여 부단한 노력을 하였다.

여기에 더하여 '불안으로부터의 자유'가 새로이 추가되는 사회가 되었다. '불안'이라는 것에는 범죄도 포함되지만, 가장 영향력이 있는 것은 바로 '환경오염'이다. '환경오염으로부터의 자유'라는 것은 내가 숨 쉬는 공기, 먹는 음식, 마시는 물이 깨끗하고 안전하다는 확신을 말한다. 이러한 확신이 없는 상태에서는 '맛있는 음식'도 입에 맞지 않게 된다. 오염은 환경과 생명체에게 영향을 주고 다양한 생리적 변화를 일으키게 된다. 이 책은 이러한 변화에 초점을 맞추어 생명과학과 환경과학을 함께 다루었다.

이 책이 우리나라 '생명환경과학'의 기초가 될 수 있기를 기원한다.

2018년 3월

저자 일동

# CONTENTS

## IV
## 자원과 환경

# V
# 생활과 환경

## CHAPTER 14 환경유해성과 인간의 건강



## CHAPTER 15 지속 가능한 미래



# VI
# 식량과 환경

## CHAPTER 16 농업과 환경오염



## CHAPTER 17 식량안보

CHAPTER 18 **미래농업**



# VII
# 생명환경토픽

CHAPTER 19 **생명환경토픽**

# I

# 인간과 지구

CHAPTER

# 01 지 구

곽경환

지구는 현재까지 알려진 바에 의하면 생명체가 존재하는 유일한 행성이다. 태양계에서 지구는 세 번째 행성으로 물리적으로 생명활동에 유리한 조건을 갖추고 있다. 지구에서 태양까지의 거리가 너무 가깝거나 멀면 생명활동에 적절한 온도를 유지하기 어려울 것이다. 지구의 공전 궤도가 원형에 가까운 타원을 이루고 있어 태양에너지의 계절적 변화가 조절 가능한 수준을 유지한다. 태양에너지가 지구상에 적절하게 공급됨에 따라 물 분자가 액체상으로 존재하여 생명활동이 이루어진다. 또한 지구의 전체 역사에 비추어볼 때, 비교적 최근인 수억 년 전부터 동식물의 호흡에 꼭 필요한 산소 분자가 대기권에서 주요한 비중을 차지하면서 수중생물과 함께 육상생물이 번식하여 현재에 이르렀다. 이번 단원에서는 우리가 생명활동을 유지하고 있는 지구의 구성과 물질순환 및 에너지 흐름을 지구 규모에서 살펴볼 것이다.

## 1.1 지구의 구성

지구는 지각과 맨틀의 최상층으로 이루어진 암권과 그 하부의 연약권, 여러 기체 분자로 이루어진 대기권, 강, 호수, 빙하, 바다로 이루어진 수권, 수중과 육상의 동식물로 이루어진 생물권으로 구성되어 있다. 암권, 연약권, 대기권, 수권, 생물권은 서로 독립적으로 존재하지 않고 서로 물질과 에너지를 교환하는 관계에 놓여 있다. 어떤 과정은 수억 년에 걸쳐 천천히 일어나기도 하지만, 때로는 우리가 인지할 수 있을 정도로 짧은 시간 안에 일어나는 과정도 있다.

## 가. 암권

암권의 구성 성분은 표 1.1과 같이 산소와 규소가 총 74% 정도를 차지하는 주요 성분으로 알려져 있으며, 암권의 8대 원소는 산소(O), 규소(Si), 알루미늄(Al), 철(Fe), 칼슘(Ca), 나트륨(Na), 칼륨(K), 마그네슘(Mg) 순이다. 이 중에서 대륙 지각은 해양 지각에 비해 알루미늄이 매우 많은 반면, 철과 마그네슘은 비교적 적게 분포한다.

표 1.1 암권의 주요 구성 성분

| 구성 성분 | 원소 기호 | 비율(%) |
|---|---|---|
| 산소 | O | 47 |
| 규소 | Si | 27 |
| 알루미늄 | Al | 8.0 |
| 철 | Fe | 5.5 |
| 칼슘 | Ca | 3.7 |
| 나트륨 | Na | 2.9 |
| 칼륨 | K | 2.7 |
| 마그네슘 | Mg | 2.1 |

암권의 아래쪽에 위치한 연약권이 오랜 시간에 걸쳐 서서히 움직임에 따라 그 위의 해양지각과 대륙지각이 따라 이동하게 된다. 1910년대 독일의 기상학자인 알프레드 베게너는 판게아(Pangaea)라 불리는 거대한 초대륙이 2억 년 전부터 서서히 분리되어 이동해 현재의 대륙과 해양의 분포가 완성되었다는 대륙이동설을 제안하였다. 그 당시 매우 혁신적이었던 이 학설은 해양지각과 대륙지각이 여러 개의 판으로 이루어졌으며 각 판은 서로 다른 방향으로 움직인다는 판구조론으로 발전하였다. 판구조론에 따르면 연약권은 암권을 이동시키는 컨베이어 벨트 역할을 하며, 연약권의 움직임에 따라 각 해양판과 대륙판의 이동이 결정된다. 이때 판과 판이 분리되어 나가는 발산 경계, 서로 부딪히는 수렴 경계, 경계 방향으로 끌어지는 변환 경계가 존재하며, 이 경계를 따라 전 세계의 주요 화산 및 지진 활동이 나타난다. 이 중에서 태평양의 주변 지역을 모두 아우르는 환태평양 지진대는 불의 고리라고 불릴 만큼 대표적인 해양판과 대륙판의 수렴 경계다(그림 1.1).

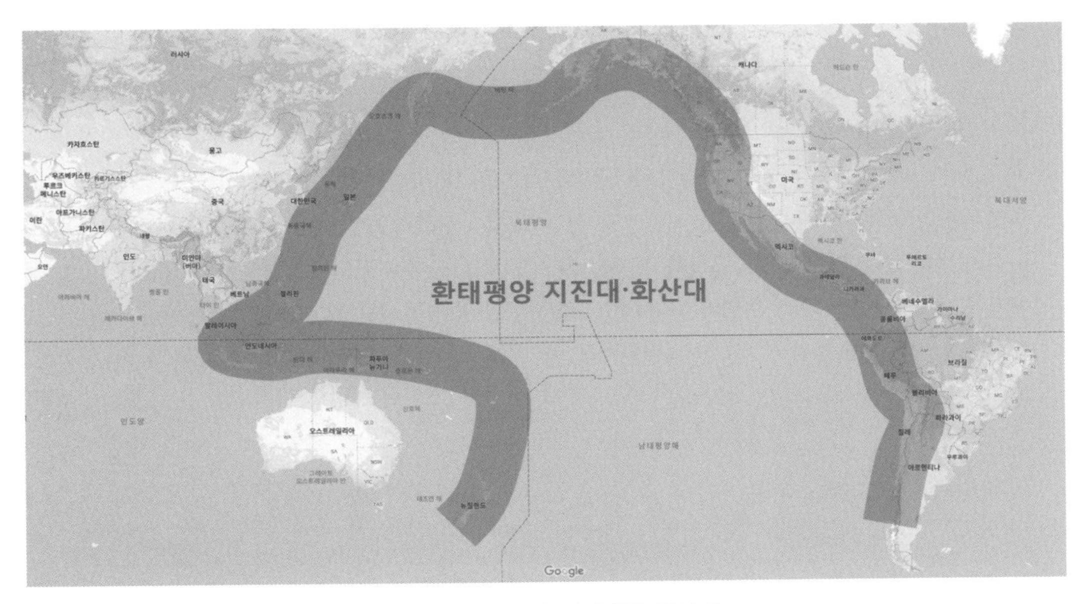


그림 1.1 환태평양 지진대와 화산대

일본은 화산 및 지진 활동이 활발한 대표적인 나라다. 일본 열도의 북쪽에 위치한 캄차카 반도에서부터 쿠릴 열도를 거쳐 일본 열도의 남쪽에 위치한 대만과 필리핀에 이르기까지 기다란 띠 모양으로 나열된 크고 작은 섬들을 생각해보자. 이는 해양판인 태평양판과 대륙판인 북아메리카판 또는 유라시아판이 부딪히는 수렴경계에서 오랜 기간 화산 활동에 의해 생성된 호상 열도다. 이 수렴 경계에서 태평양판은 호상 열도와 해저의 해구를 생성하며 북아메리카판과 유라시아판으로 파고들며 화산과 지진을 발생시킨다. 해양판이 대륙판으로 파고드는 깊이는 수렴 경계에서 대륙 방향으로 갈수록 점진적으로 깊어지며, 이에 따라 지진이 발생하는 진원의 깊이 또한 깊어진다. 이 원리에 따르면 해양판과 대륙판의 충돌에 의해 발생하는 지진의 발생 깊이는 일본에서보다 우리나라에서 훨씬 깊을 것이다. 실제로 화산 활동까지 동반할 정도로 그 에너지가 큰 지진은 일본에서 더 자주 그리고 강하게 일어난다. 최근 들어 우리나라에서 발생하는 지진은 해양판과 대륙판의 충돌보다는 지표면 근처의 얕은 단층에서 발생하여 진원의 깊이가 깊지 않다.

## 한반도의 지진

우리나라는 역사적으로 볼 때 지진이 빈번하게 발생한 지역이다. 역사 기록으로부터 추정한 진도 6 이상의 강진은 특히 1600년대와 1700년대에 각 7회 이상 자주 일어났다. 그 당시 지진이 발생하여 담과 벽이 무너지고 땅이 갈라져 물이 솟아 올라왔다는 기록이 있다. 1920년대 지진을 관측하기 시작하면서 지진의 규모를 기록하였다. 1900년대 이후 규모 5.0 이상의 지진은 총 10번 발생하였으며, 그중 가장 규모가 큰 지진은 최근 경주에서 발생한 규모 5.8의 지진이다. 지진은 아직까지 정확한 예측이 불가능한 자연재해인 만큼 우리나라도 지진의 안전지대가 아니라는 인식을 갖고 미리 대비해야 할 것이다.

역사 속의 한반도 주요 지진

| 발생 시기 | 위치 | 지진 규모 |
|---|---|---|
| 89년 6월 | 경기도 광주시 | 6.7 |
| 304년 9월 | 경상북도 경주시 | 6.7 |
| 779년 3월 | 경상북도 경주시 | 6.7 |
| 1518년 7월 2일 | 인천광역시 | 6.7 |
| 1643년 7월 24일 | 울산광역시 | 6.7 |
| 1681년 6월 26일 | 강원도 강릉시 | 6.7 |
| 1700년 4월 15일 | 충청남도 공주시 | 6.7 |
| 1727년 6월 20일 | 함경남도 함흥시 | 6.7 |
| 1810년 2월 19일 | 함경북도 부령군 | 6.7 |

계기 관측된 한반도 주요 지진

| 발생 시기 | 위치 | 지진 규모 |
|---|---|---|
| 1926년 10월 5일 | 경상북도 구미시 선산읍 | 4.4 |
| 1936년 7월 4일 | 경상남도 하동군 악양면 | 5.1 |
| 1978년 9월 16일 | 경상북도 상주시 화북면 | 5.2 |
| 1978년 10월 7일 | 충청남도 홍성군 홍성읍 | 5.0 |
| 2014년 4월 1일 | 충청남도 태안군 인근 해역 | 5.1 |
| 2016년 9월 12일 | 경상북도 경주시 내남면 | 5.8 |
| 2017년 11월 15일 | 경상북도 포항시 흥해읍 | 5.4 |

(출처 : 모든 사람을 위한 지진 이야기, 이기화 저)

## 나. 대기권

대기권은 수백 km 두께의 상대적으로 얇은 공기층을 말한다. 지구를 돌고 있는 달에는 대기가 없는데, 달의 크기가 작아서 공기를 붙잡아둘 수 있는 중력이 충분하지 않기 때문이다. 대기의 조성은 질량 기준으로 78%의 질소 분자, 21%의 산소 분자, 0－3%의 물 분자로 이루어져 있다(표 1.2). 대기권의 주요 구성 성분 중 아르곤을 제외한 다른 성분들은 안정한 분자의 형태로 존재하여 대기 중 화학반응에 대한 체류 시간이 상대적으로 길다. 이 중에서 이산화탄소는 최근 급격한 온실가스 배출의 영향으로 과거 산업화 시대 이전에는 0.03% 이하였던 비율이 점점 증가하는 추세를 보이고 있다.

표 1.2 대기권의 주요 구성 성분

| 구성 성분 | 분자 기호 | 비율(%) |
|---|---|---|
| 질소 | $N_2$ | 78 |
| 산소 | $O_2$ | 21 |
| 아르곤 | Ar | 0.93 |
| 이산화탄소 | $CO_2$ | 0.04 |
| 수증기 | $H_2O$ | 0～3 |

주) 질소, 산소, 아르곤, 이산화탄소의 비율은 건조공기 중 비율임

대기권의 조성은 육상의 동식물이 호흡을 하기에 충분한 산소를 제공해주고 필요한 수분을 공급해주는 데 적절하다. 또한 대기 중의 오존층은 태양으로부터 들어오는 자외선을 대부분 차단하여 동식물이 피해를 받지 않도록 보호해준다. 북극과 가까운 나라에서 가을부터 이듬해 봄까지 볼 수 있는 오로라(Aurora)를 생각해보자. 오로라는 그리스 신화에 나오는 여명의 신 에오스에서 따온 이름이며, 우리말로는 북극광이라고 한다. 태양에서 방출되는 복사에너지와 함께 대전입자가 지구 대기권으로 들어오게 되는데, 이때 대전입자가 지구 자기장에 의해 북극으로 끌려오면서 대기 중의 기체 분자와 충돌할 때 오로라가 나타난다(그림 1.2). 또한 달 표면의 수많은 운석 충돌 흔적을 떠올려보자. 운석은 달뿐만 아니라 지구 표면에도 수없이 떨어지고 있다. 그러나 지구에는 대기가 존재하기 때문에 대부분은 떨어지면서 마찰에 의해 대기 중에서 타버리고 만다. 일정 크기 이상의 큰 운석만 대기 중에서 타고 남은 일부 잔재물이 땅에 떨어져 발견되는 것이다. 우리가 밤하늘의 장관이라고 부르는 유성우의 실체는 바로 수많은 운석이 지구 표면으로 떨어지면서 타고 있는 불빛의 집합체다(그림 1.2).

그림 1.2 알래스카에서 촬영한 오로라(좌)와 1833년 북아메리카의 사자자리 유성우(우) (출처 : 위키백과)

대기권은 지표로부터 순서대로 대류권, 성층권, 중간권, 열권으로 이루어져 있다. 지표에서 10 − 15 km 고도 범위인 대류권은 지표에서부터 고도가 높아질수록 기온이 낮아지는 특성을 가지고 있어 열적으로 불안정하기 때문에 공기의 움직임이 활발한 층이다. 한번쯤 높은 산에 올라가본 일이 있을 것이다. 고도가 높아질수록 공기가 점점 희박해지면서 조금만 걸어도 숨이 가빠지게 된다. 또한 지상에서 가지고 올라간 PET병이나 밀폐된 봉지가 정상에 도착해서 꺼내보면 부풀어 있는 것도 공기가 상대적으로 희박하면서 공기 밀도와 기압이 낮아졌기 때문이다. 이러한 대기의 연직 구조 때문에 밀도가 낮은 공기(즉, 따뜻한 공기)는 위로 상승하려고 하고 밀도가 높은 공기(즉, 차가운 공기)는 아래로 하강하려고 하는 힘(부력)을 받는다. 이러한 공기의 밀도 차에 의해 발생하는 대기의 열적 순환이 지구 규모의 대기대순환에서부터 대륙 규모의 계절풍과 국지 규모의 해륙풍 및 산곡풍 등 대기 중에서 일어나는 주요한 흐름을 발생시키는 기작이다.

수증기와 물이 이동하면서 발생하는 여러 기상현상은 대부분 대류권에 국한되어 나타난다. 구름 위를 날고 있는 비행기에서 창밖을 바라본다면 구름의 꼭대기 높이가 마치 무엇인가로 다져놓은 것처럼 편평한 모습을 볼 수 있다. 구름은 불안정한 대기에서 공기가 상승하면서 수증기가 응결하여 생성되므로 대기가 안정해지는 고도에 다다르면 더 이상 높아지지 않는다. 따라서 집중호우나 소나기를 내리게 하는 높이가 높은 적란운의 최상층 고도는 실제로 대류권의 고도와 거의 일치한다.

## 다. 수권

수권은 지구상 물의 대부분을 차지하는 바다와 함께 강, 호수, 빙하 등을 포함한다. 바다는 염분이 녹아 있는 물로 채워진 부분을 지칭하며, 지구 표면의 70.8%를 차지한다. 그 밖의 바다가 아닌 지구 표면은 육지로 구분된다. 우리나라 남해안에 가보면 한려해상 국립공원으로 지정된 아름다운 경치를 만나게 된다. 지금은 바다와 섬으로 이루어진 경치를 간직한 곳이지만 정작 해수면의 높이가 낮았던 시기에는 바다가 아닌 크고 작은 섬으로 이루어졌던 지역이다. 이러한 이유로 육지상 고도를 해발고도라고 하여 해수면 높이를 기준으로 하여 측정하고 있다.

앞서 대기가 열적 순환에 따라 이동하는 것과 같이 바다에도 일정하게 순환하는 흐름인 해류가 있다. 바다의 흐름이 형성된 깊이에 따라 해수면에서 가까운 얕은 수심의 흐름을 표층 해류라고 하고, 해저에 가까운 깊은 수심의 흐름을 심층 해류라고 한다(그림 1.3). 전 세계의 바다는 서로 이러한 표층 해류와 심층 해류로 복잡하게 연결되어 있다. 대류권에서 공기의 온도 차에 의한 밀도 차에 의해 활발한 흐름이 나타나는 것과 유사하게 바닷물도 온도 차와 염분 차에 의한 밀도 차에 의해 해류의 흐름이 결정된다. 위도로 볼 때, 저위도의 바다는 따뜻하고 고위도의 바다는 차갑다. 따라서 저위도에서 바닷물 밀도는 낮고 고위도에서 바닷물 밀도는 높다. 수심으로 볼 때, 표층의 바닷물은 따뜻하며 육지에서 흘러들어온 물의 영향으로 염분이 낮은 반면 심층의 바닷물은 차갑고 염분이 높다. 따라서 표층의 바닷물 밀도는 밀도가 낮고 심층의 바닷물 밀도는 높다. 이러한 밀도 차에 의해 저위도의 바닷물은 난류를 이루며 고위도로 이동하고, 고위도의 바닷물은 한류를 이루며 저위도로 이동한다. 또한 표층의 바닷물은 고위도 지역의 먼 바다에서 심층으로 가라앉고, 심층의 바닷물은 저위도의 대륙 연안에서 표층으로 올라오는 용승류를 이룬다. 이러한 밀도 차에 의한 바닷물의 순환을 열염순환이라고 한다.

바닷물은 표 1.3과 같이 대부분 소금으로 알려져 있는 염화 나트륨으로 이루어져 있다. 그 밖에 염화 마그네슘, 황산 마그네슘, 황산 칼슘, 황산 칼륨 등으로 구성되어 있으며 이들 물질들은 바닷물에서 이온 상태로 녹아 다른 물질과 결합하여 침전물을 생성하기도 한다.

표 1.3 해수의 주요 구성 성분

| 구성 성분 | 화학식 | 비율(%) |
| --- | --- | --- |
| 염화 나트륨 | $NaCl$ | 77.7 |
| 염화 마그네슘 | $MgCl_2$ | 10.8 |
| 황산 마그네슘 | $MgSO_4$ | 4.8 |
| 황산 칼슘 | $CaSO_4$ | 3.7 |
| 황산 칼륨 | $K_2SO_4$ | 2.6 |

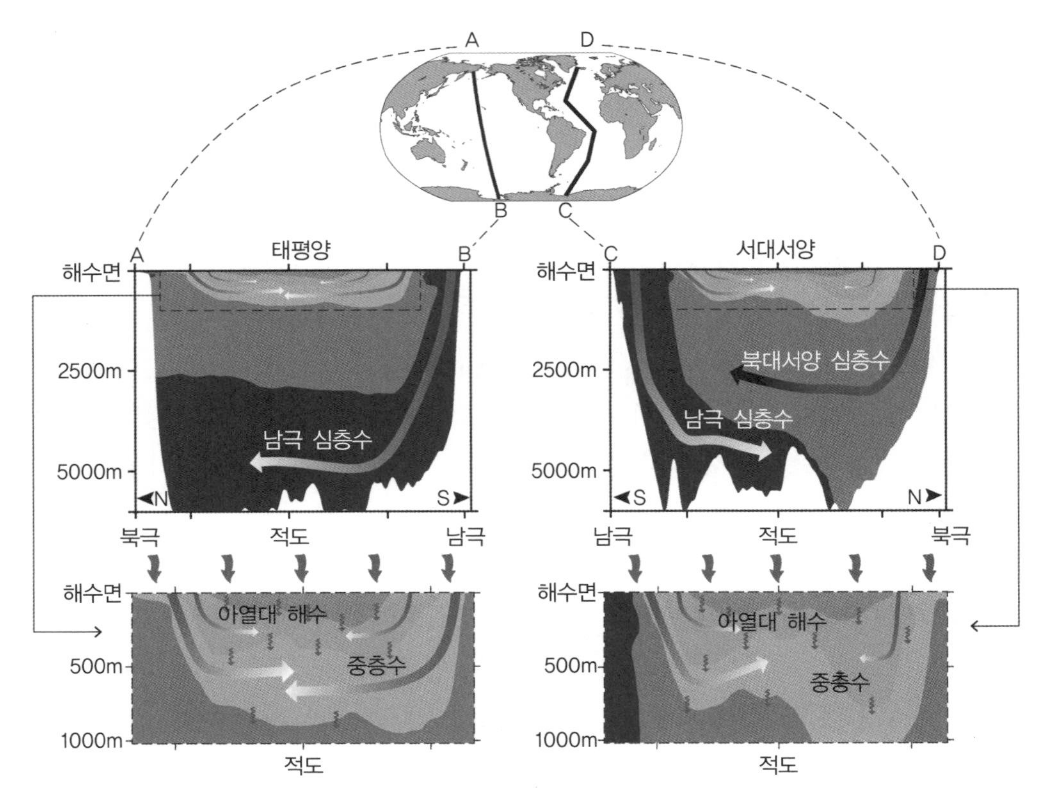


그림 1.3 해양의 열염순환에 따른 태평양(A–B)과 대서양(C–D)의 표층 해류와 심층 해류 분포(출처 : IPCC 5차 보고서)

### 라. 생물권

생물권은 생태계의 분해자, 생산자, 소비자를 포함하는 권역이다. 자세한 내용은 '자연과 환경' 단원 등에 자세히 설명되어 있다.

## 1.2 물질의 순환

지구를 구성하고 있는 물질은 한곳에 머물러 있지 않고 오랜 시간에 걸쳐 전 지구적으로 순환한다. 물질이 생물권과 비생물권에 걸쳐 전 지구적으로 순환하는 과정을 생물지구화학적 순환이라고 하며, 주요 물질로는 물, 탄소, 산소, 질소, 인, 황 등이 있다. 이번 단원에서는 지구를 구성하는 수많은 물질 중에서 지구 내 생명활동을 설명하는 데 필수적인 물, 탄소, 산소를 중심으로 어떠한 과정을 거쳐 순환하는지 살펴본다.

## 가. 물 순환

지구상의 물 분자는 바다, 강, 호수, 지하수에서 액체로, 고산지대와 극지방의 빙하에서 고체로, 대기 중에서 기체로 존재한다. 이 밖에 지각과 맨틀 내에서도 물 분자가 천천히 순환하고 있다. 바다는 지구 표면에서 가장 많은 물이 존재하는 곳이며, 총 질량의 약 97%를 차지한다. 그다음은 남극대륙의 빙하로 총 질량의 약 2%를 차지한다. 물 분자가 머무는 시간은 짧게는 수일에서 길게는 수만 년에 이른다. 대기 중의 수증기는 지표면에서 증발된 후 일주일 이내에 다시 강수의 형태로 지표상의 물로 돌아간다. 반면, 남극대륙의 빙하는 형성된 지 2만 년 정도가 지나서야 다시 바다로 돌아간다. 물 분자가 평균적으로 한 곳에 머무는 체류 시간은 표 1.4와 같다.

표 1.4 물의 지역별 평균적인 체류 시간(출처 : Atmospheric Science 2nd ed., PhysicalGeography.net)

| 체류 지역 | 체류 기간 |
|---|---|
| 대기 | 수일 |
| 강과 호수 | 수개월 |
| 지하수 | 수백 년 |
| 바다 | 수천 년 |
| 대륙 빙하 | 수만 년 |

물이 한 지역에서 다른 지역으로 이동하는 과정은 그림 1.4와 같이 다양하다. 바다의 물은 에너지를 받아 증발 과정을 거쳐 대기 중의 수증기로 변형된다. 대기 중의 수증기는 기온과 습도가 적절한 조건을 만족하면 응결되어 구름을 형성한다. 구름에서 비 또는 눈의 형태로 지표면에 도달한 물은 지표면의 강과 호수를 이루거나 지표면 아래 지하수를 이룬다. 때로는 눈의 형태로 고산 지대나 극지방에 도달한 눈은 빙하가 되어 오랜 시간 머물기도 한다.

물의 순환에 관여하는 자연 현상은 다음과 같다. 증발(evaporation)은 나뭇잎 표면, 수면, 지면 등에서 일어난다. 증발속도는 상대습도에 의해 크게 좌우되며, 온도, 풍속 등에 의해 결정된다. 특히 수면에서의 증발이 크다. 수면 증발량은 연간 약 1 m에 이른다. 논, 호수면 등의 수면은 증발량이 많은 곳이어서 수자원의 손실이 많은 곳이라고도 볼 수 있다. 증산(transpiration)은 식물의 잎 표면에서 기공을 통해 수분이 증발하는 현상이다. 식물의 잎 면적이 크면 증산이 많아진다. 증발과 증산을 구분하여 측정하기 어려운 경우가 많으므로 이를 합하여 증발산(evapotranspiration)으로 평가한다. 대개 빗물의 절반 정도가 증발산으로 소실된다. 수증기는 대기의 상승으로 인하여 단열팽창이 발생하면 기온이 낮아져 이슬점보다 낮아지면서 응결(condensation)이 일어난다. 응결된 물은 안개나 비가 되어 강수현상이 나타난다. 강수량에서 증발산과 지하침투를 제외하고 나머지는 지표유출수(surface runoff)가 된다. 홍수 시 다량 유출되는 물을 특별히 storm water라고 부른다. 지표면의 물은 지표 동식물의 생명활동에 필수 불가결한 요소다. 이 물을 끌어와 농사를 짓는 경우, 순수한 물만 다시 하늘로 이동하고 땅에는 이온들이 점차 농축이 된다. 하천, 호수, 지하수를 거쳐 바다로 흘러가면서 물은 숲을 풍요롭게, 농경지에서 생산성을 높이고, 각종 오염물질을 끌고 하천과 바다로 흘러가고, 생물체에게 생명을 가져다준다.

지표에 내린 빗물 중 일부가 지하로 침투(infiltration)하여 지하수가 된다. 얕은 곳의 천층 지하수는 이동하다가 하천으로 용출되어 하천수를 형성한다. 지하수는 하천이나 호수와 물과 서로 교환되므로 하천 호수의 수면은 대체로 지하수면과 일치한다. 하천수와 활발히 교환되는 하천 바닥의 천층 지하수를 복류수(hyporheic water)라고 부른다. 지하수면보다 하천수면이 낮으면 하천 바닥에서 지하수가 용출하는 하천이 되고 하천수면이 더 높으면 하천수가 지하수로 침투하는 하천이 된다. 지하 깊은 곳으로 침투한 물은 지하대수층(aquifer)에 충진되어 지하수(ground water)가 된다. 이에 대비하여 지표를 흐르는 호수와 하천의 물은 지표수(surface water)라 한다.

이렇게 지구상에서 물이 순환하는 과정을 수문 순환이라고 하며, 이러한 과정을 탐구하는 학문을 수문학이라고 한다. 자연적인 현상 자체를 이해하는 것도 중요하지만, 물을 관리하고 이용하는 분야에서도 매우 중요하므로 자세한 내용은 뒤의 수자원 단원(단원 11)에서 다루기로 한다.

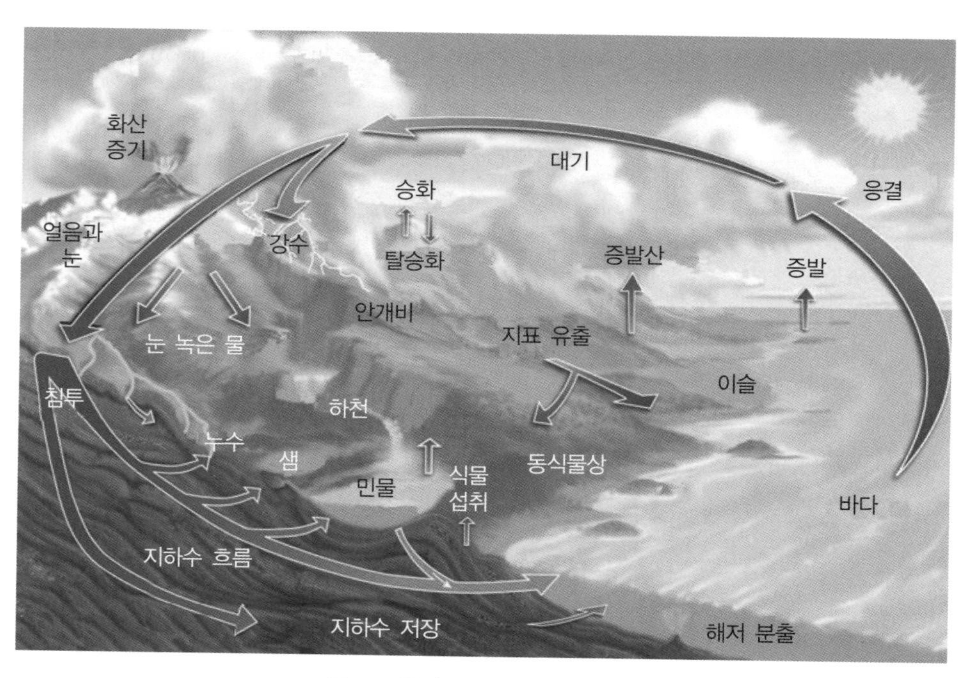


그림 1.4 물의 순환(출처 : 위키백과)

## 나. 탄소 순환

지구상의 탄소는 생물의 에너지원으로 작용하는 필수적인 물질이다. 한 예로, 식물의 광합성과 호흡은 대기 중의 이산화탄소를 체내로 흡수하여 에너지를 만들고 다시 소모하면서 이산화탄소를 대기 중으로 배출하는 과정이다. 지구상에서 탄소는 지각의 퇴적암과 석회암의 형태로 가장 많이 존재하며, 바다에도 중탄산이온 및 탄산이온의 형태로 많이 녹아 있다. 지층에는 석탄과 석유 등 화석연료의 형태로 존재하며, 지표의 토양과 동식물, 대기 중의 이산화탄소와 메탄의 형태로도 존재한다.

그림 1.5는 탄소 순환을 나타내는 개념도다. 퇴적층의 형태로 암권에 존재하는 탄소는 인간 활동에 의해 대기 중의 이산화탄소와 메탄으로 배출된다. 또는 석회암이 지하수 등에 의해 화학적 풍화 작용을 거쳐 탄산이온의 형태로 물에 녹아 들어간다. 대기 중의 이산화탄소는 비에 용해되어 지표로 이동하거나, 지표상의 바다에 용해되고 식물에 흡수된다. 지표상의 동식물은 에너지를 소모하는 과정에서 호흡을 통해 대기 중으로 이산화탄소를 배출한다. 지표상의 동식물은 죽어서 유기물의 형태로 토양과 바다에 퇴적되어 다시 암권으로 돌아간다. 바다에 용해된 이산화탄소는 이온 형태로 존재하다가 칼슘 이온과 반응하여 탄산염의 형태로 침전되어 역시 암권으로 돌아간다. 이 중에서 암권에 존재하는 화석연료가 연소 과정을 거쳐 대기권의 이산화탄소를 생성시키고, 대기 중의 이산화탄소가 광합성을 거쳐 생물권으로 이동하거나

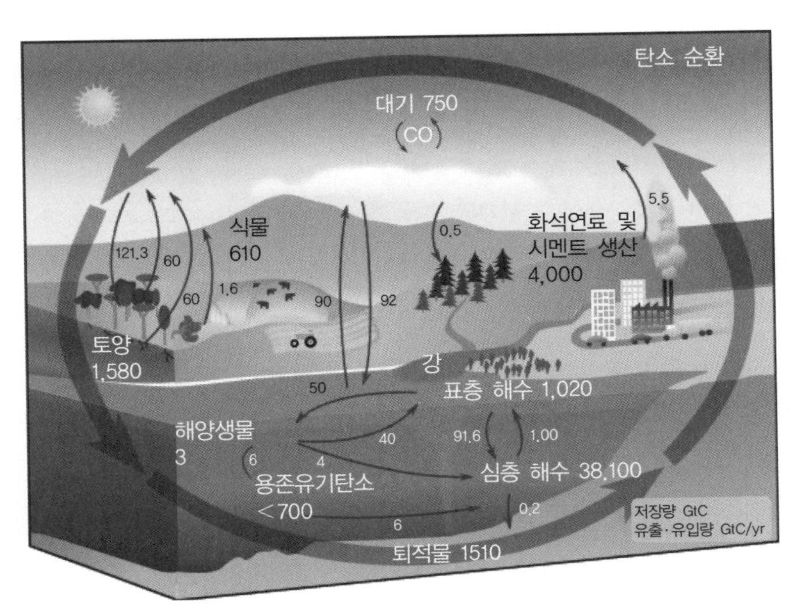


그림 1.5 탄소의 순환(출처 : 위키백과)

용해되어 수권으로 이동하는 과정은 기후변화에 있어서 매우 중요한 의미를 갖는다. 물의 순환과 마찬가지로 탄소가 한 곳에 머무는 체류 시간은 수일에서 수억 년까지 다양하며, 생물권에 머무는 시간이 수일에서 수개월로 가장 짧고, 대기 중에 머무는 시간은 수년에서 수십 년이며, 바다에 머무는 시간은 수천 년에서 수십만 년에 이른다. 가장 안정적인 형태로 존재하는 암권에서는 최대 수억 년까지 체류하기도 한다.

표 1.5 지구에 분포하는 탄소의 양(GtC)과 주요 저장고

| 분포위치 | 분포량 |
|---|---|
| 대기 | 750 |
| 해양(생물체 포함) | 38,400 |
| 대륙－석회암 | > 60,000,000 |
| 대륙－원유 | 15,000,000 |
| 대륙－생물체 내 | 2,000 |

표 1.5에서 보듯이 탄소는 대기권(atmosphere), 토양권(lithosphere), 수권(hydrosphere)에 걸쳐 분포하고 있다. 공기 중의 이산화탄소($CO_2$)는 광합성과정을 거쳐 식물체 내 유기물로 고정이 된다. 식물체는 먹이연쇄과정을 거쳐 1차, 2차, 3차 소비자에게 전달이 된다. 이들 생명체가 배설한 것과 사체는 미생물에 의하여 분해되면서 다시 이산화탄소($CO_2$) 또는 메탄($CH_4$)으로 변화된다. 이 과정은 생태계에서 정상적으로 진행된다.

문제가 되고 우려가 되는 부분은 깊은 곳에 묻혀 있던 화석연료를 꺼내어 산화시키는 과정이다. 산업시설, 운송에 필수불가결한 재료인 화석연료를 태워 에너지를 얻는 과정에서 이산화탄소($CO_2$)가 배출되고 이들은 공기 중에 그대로 머물게 된다. 이산화탄소를 제거하는 것은 나무 등 식물에 의한 흡수, 해양으로 흡수되는 것 외에는 없다. 숲은 이산화탄소를 제거하는 중요한 기능을 하지만 농경지, 거주지, 산업단지, 도로, 위락시설 등으로 개발되어 사라지고 있다. 해양으로 흡수되는 것은 자연적으로 미미한 양에 불과하다. 최근에는 바다 밑 깊은 곳으로 이산화탄소를 보내어 보존하려는 시도가 있기는 하다.

화석연료의 사용으로 산업혁명 이후 대기 중 이산화탄소 농도는 점점 증가하여 2017년 현재 대기 중 이산화탄소 농도는 400 ppm 넘어 지속적으로 상승하고 있다. 참고로 산업혁명 이전에는 280 ppm 정도이었다. 유기물이 분해되는 과정에서 산소($O_2$)가 부족할 경우에는 메탄($CH_4$)이 발생한다. 메탄은 지구온난화를 일으키는 온실가스이며, 온난화 지수는 이산화탄소보다 20배 정도 높다. 메탄은 논, 가축의 위, 쓰레기 매립장에서 주로 배출이 되는데 이들은 모두 생활수준향상에 따라 늘어나는 항목들이다(생명환경토픽 19.7 참조).

## 다. 산소 순환

지구상의 산소는 생물이 호흡하면서 에너지를 소모하는 데 필수적인 물질이다. 따라서 흔히 산소는 대기 중에 기체의 형태로 가장 많이 존재한다고 생각하기 쉬우나, 실제로 산소는 지각을 구성하는 원소 중 가장 많은 질량(46.6%)을 차지하는 원소일 정도로 지각에 많이 존재한다. 따라서 암권에 존재하는 산소를 제외한 나머지 산소를 자유 산소라고 구분하기도 한다. 대기권의 산소는 주로 지표상 또는 수중 식물의 광합성에 의해 생성되며 동식물의 호흡과 박테리아에 의한 부패 과정에서 소모된다. 이 밖에도 암권에 존재하는 광물이 지표에서 산소에 의해 산화되면서 대기 중의 산소를 소모하기도 한다. 산소 원자는 대기 중에서 수증기와 오존 분자의 형태로도 존재한다. 대기 중의 수증기가 햇빛을 받아 광분해하면 산소 분자가 발생하며, 대기 중의 오존 분자가 다른 물질을 산화시키는 과정에서도 산소 분자가 발생한다. 반대로, 산소 분자가 대기 중에서 광분해하여 산소 이온과 오존 분자를 형성하기도 한다(그림 1.6).

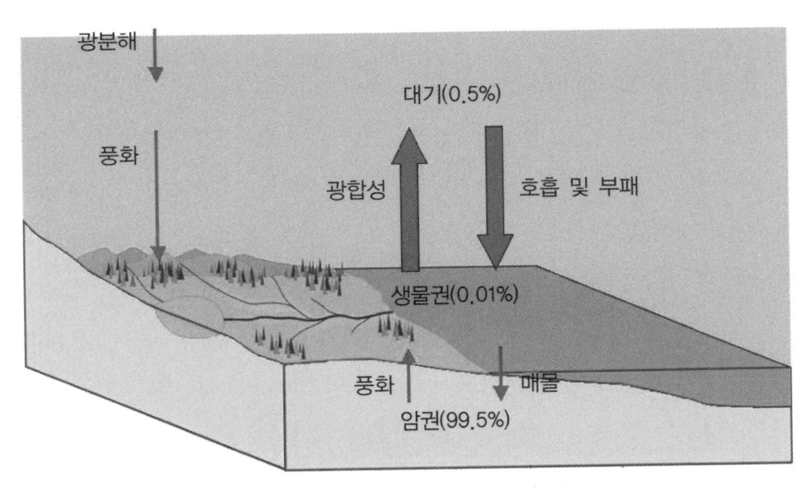


그림 1.6 산소의 순환(출처 : 위키백과)

탄소와 산소의 지구 시스템 내 순환을 일컬어 생물지구화학적 순환이라고 한다. 이는 기후를 이루는 중요한 요소로 생물권의 분포와 밀접한 관련을 맺는다. 이러한 생물지구화학적 순환이 어떻게 이루어지는지 탐구하는 방법으로 동위원소를 이용하는 방법이 있다. 탄소는 안정한 상태에서 원자 질량이 12, 13, 14인 탄소로 존재한다. 이 중 가장 많은 비중을 차지하는 동위원소는 98.9%로 원자 질량이 12인 탄소다. 방사성 동위 원소로 알려진 원자 질량 14인 탄소는 반감기가 약 5700년으로, 퇴적층의 연대를 파악하는 데 중요한 단서를 제공한다. 이와 마찬가지로 산소도 안정한 상태에서 원자 질량이 16, 17, 18인 산소로 존재한다. 이 중 가장 많은 비중을 차지하는 동위원소는 99.7%로 원자 질량이 16인 산소다. 원자 질량이 서로 다른 동위 원소 간 질량비를 계산하면 해당 기후를 알아낼 수 있어 산소 동위 원소의 질량비는 고기후학을 연구하는 데 중요한 단서로 활용된다.

### 라. 질소 순환

질소는 핵산, 아미노산, 단백질 등 중요한 생물물질의 구성원자다. 따라서 질소는 생물, 특히 식물의 성장에 중요한 원소로서 비료의 주요 구성물질이다. 질소순환에서 가장 중요한 저장고는 공기다. 공기의 78%는 반응성이 거의 없는 질소($N_2$)다. 질소는 전기 방전에 의해 암모니아($NH_3$)와 유기질소(C−N)로 형성된다. 암모니아 미생물 중에는 뿌리혹세균과 아조토박터 등이 질소고정능력이 있어 유기질소를 생성한다. 이 중 뿌리혹세균은 콩과 식물과 공생을 하면서 토양에 질소를 공급한다. 암모니아는 '질소고정' 외에도 생물체의 배설물, 사체가 분해되면서 발생한다. 이를 '암모니아화(ammonification)'라고 한다. 암모니아는 환원성 상태이므로 자연적으로 산화과정이 일어나지만, 세균의 작용으로 더 빨리 아질산염($NO_2^-$), 질산염($NO_3^-$)으로 산화된다. 이 과정을 '질산화(nitrification)'라고 한다.

토양은 음이온을 붙잡고 있는 능력이 부족하여 질산염은 지하수에 용해된다. 갓난아기들이 질산염이 높은 지하수를 마시게 되면 산소전달능력이 떨어지는 청색유아증(methemoglobinemia : blue baby syndrome)을 유발시킬 수 있으므로 주의하여야 한다.

질산염은 세균의 무기호흡과정에서 전자($e^-$)를 받아 환원된다. 이 과정을 탈질(denitrification)이라고 한다. 탈질과정에서 발생하는 산화질소($N_2O$)는 대기 중으로 올라가 오존층 파괴와 지구온난화 물질로 작용한다. 비료로 사용한 질소비료에 포함된 암모니아와 질산염은 이 탈질과정에서 대기 중으로 날아가므로 탈질과정을 방해하는 물질을 비료에 첨가하기도 한다. 또 비료에 포함된 질소가 하천, 호소와 바다로 흘러들면서 녹조현상과 적조현상을 일으키는 부영양화의 원인이 된다.

## 1.3 에너지의 흐름

지구상의 에너지는 대부분 태양으로부터 복사에너지의 형태로 제공된다. 그밖에 일부 지구 내부 에너지가 지표로 전달되며, 달의 인력에 의해 조수 간만의 차가 발생하는 조력에너지가 극히 작은 부분을 차지한다. 지구 에너지 중 태양복사에너지를 100이라고 할 때, 상대적으로 지구 내부 에너지는 0.0025, 조력에너지는 0.0015를 차지한다. 물질과 함께 지구상의 에너지도 생물권과 비생물권에 걸쳐 전 지구적으로 이동하며 이번 단원에서는 에너지의 형태에 따른 흐름 양상을 살펴본다.

태양복사에너지는 지구로부터 1억 4960만 km 떨어진 태양으로부터 전자기파의 형태로 방출되어 지구에 도달한다. 전자기파는 파장에 따른 에너지 스펙트럼을 가지며, 태양복사에너지의 99% 이상은 그 중 자외선, 가시광선, 적외선 영역에 포함된다. 이러한 복사에너지 스펙트럼을 설명하는 법칙을 독일의 물리학자인 막스 플랑크(Max Planck)의 이름을 따서 플랑크의 복사 법칙이라고 부른다. 이 법칙에 따르면 태양복사에너지가 가장 집중되어 있는 파장은 가시광선 영역 중 노란색에 해당하는 0.5 $\mu$m로, 우리가 하늘의 해를 바라볼 때 노란빛으로 보이는 이유가 여기에 있다.

그림 1.7에 나타나듯이 지구 상공에 도달한 태양복사에너지 중 약 29%는 대기와 지표면에서 반사되어 우주로 되돌아간다. 나머지 71%의 태양복사에너지는 대기, 바다, 지표면에 흡수되어 다른 에너지 형태로 변환된다. 일부는 대기와 해수에 흡수되어 열적인 순환을 형성시키는 열에너지와 운동에너지의 형태로, 또 식물에 흡수되어 광합성 작용에 의한 생물에너지의 형태로, 우리가 눈으로 사물을 볼 수 있게 하는 빛에너지의 형태로 각각 변환되어 전 지구적인 에너지원으로 작용한다.

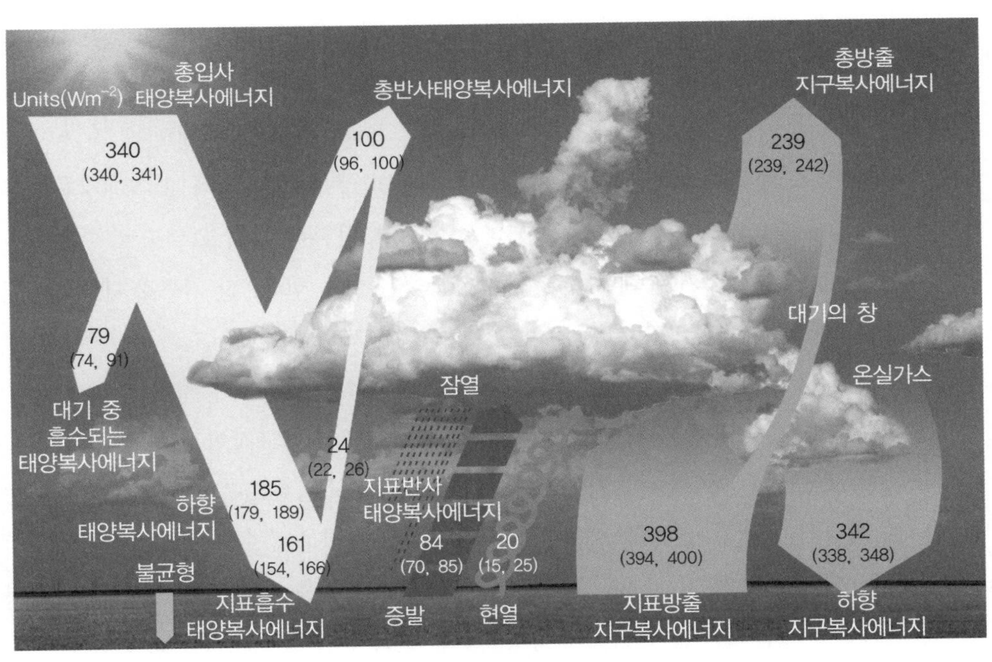


그림 1.7 전 지구적 에너지 수지(출처 : IPCC 5차 보고서)

태양복사에너지를 흡수하여 가열된 대기, 해양, 지표면 등은 마찬가지로 플랑크 복사 법칙에 의해 자신의 표면 온도에 해당하는 복사에너지를 방출한다. 지구상의 온도는 태양의 표면에 비해 매우 낮기 때문에 지구복사에너지가 가장 집중되어 있는 파장은 태양복사에너지보다 훨씬 긴 10 $\mu$m 정도다. 이 파장은 적외선 영역에 해당하기 때문에 우리가 눈으로 보거나 느끼지 못한다. 한편, 지구에서 방출되는 적외선 영역의 복사에너지는 대기권 밖의 인공위성에서 감지할 수 있다. 대표적으로 인공위성에서 촬영하는 적외 영상을 보면 우리는 낮과 밤에 관계없이 대기 중의 구름이 어떻게 이동하고 있는지, 온실가스의 배출과 확산은 어떻게 일어나는지, 해수면 온도의 분포는 어떻게 바뀌고 있는지 등을 파악할 수 있다. 이렇듯 물질의 표면 온도에 따라 또는 대기 중 기체의 광학적 특성에 따라 서로 방출하는 파장이 달라지는 특성을 이용한 방법을 원격 탐사라고 한다. 인공위성을 이용한 원격 탐사 방법은 지구의 다양한 현상을 관측하고 이해하는 데 널리 활용되고 있다.

앞서 살펴보았듯이 지구는 구에 가까운 타원체이기 때문에 지표에 도달하는 태양복사에너지는 고위도로 갈수록 급격히 줄어든다. 반면 대기, 해양, 육지에서 방출하는 지구복사에너지는 위도에 따른 차이가 상대적으로 적다. 그림 1.8에서 확인하듯이 적도에 가까운 저위도 지역은 흡수되는 태양복사에너지가 방출되는 지구복사에너지보다 많은 에너지 과잉 상태가 되며, 극지방에 가까운 고위도 지역은 흡수되는 태양복사에너지가 방출되는 지구복사에너지보다 적은 에너지 부족 상태가 된다. 한 예로 북극 지방을 생각해보면, 여름철에는 하루 종일 해가 지지 않는 백야 현상이 나타나지만, 겨울철에는 하루 종일 해가 뜨지 않아 흡수되는 태양복사에너지가 0이 된다. 따라서 저위도의 과잉 에너지는 오랜 시간에 걸쳐 고위도로 수송되는데, 이 과정에서 앞서 언급한 대기와 해양의 순환이 중요한 역할을 한다. 전 지구적 대기대순환과 해양의 열염순환은 저위도의 과잉된 열을 수증기와 물에 저장하여 고위도로 수송시킴으로써 결과적으로 각 위도별 에너지 균형을 이루고 지역별 특징적인 기후를 유지하는 데 기여한다.

이러한 위도별 에너지 균형은 계절별로 차이를 보인다. 태양 고도각이 여름 반구에서는 높아지며 겨울 반구에서는 낮아진다. 이에 따라 여름철에 흡수되는 태양복사에너지는 훨씬 증가하며 에너지 과잉에 해당하는 위도도 높아진다. 반대로 겨울철은 흡수되는 태양복사에너지가 감소함에 따라 에너지 부족에 해당하는 위도가 낮아진다. 이렇듯 계절에 따른 위도별 에너지 균형이 달라지면서 계절별로 나타나는 대기의 계절풍 순환과 바다의 난류와 한류 순환 양상도 함께 변화한다.

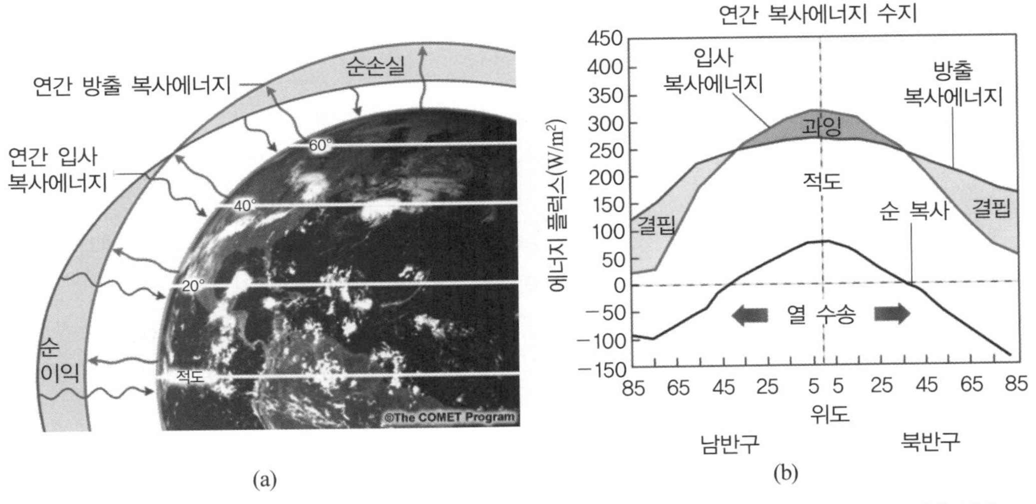


그림 1.8 위도에 따른 에너지 수지(출처 : The COMET program, 미국대기과학연구소 연합대학)

지구 전체에서 방출되어 우주로 되돌아가는 지구복사에너지의 총량은 지구상에서 흡수된 태양복사에너지의 총량과 거의 비슷하다. 오랜 시간 동안 태양복사에너지와 지구복사에너지 사이의 복사 평형이 유지되면서 지역별 특징적인 기후가 안정적으로 형성되어 왔다. 그러나 최근 급격히 일어나는 기후변화는 이러한 기후 분포를 무너뜨리는 결과를 초래하여 건조한 기후에 홍수가 발생하는가 하면, 온대 기후 지역에 기록적인 한파가 불어오는 등 이상기후가 잦아지고 있다. 지역별 기후 분포와 기후변화에 대해서는 다음 장에서 좀 더 자세히 살펴보도록 한다.

## 단원 리뷰

1. 지구에서 생명활동이 이루어지기 위한 최소한의 조건을 생각해보자.
2. 다른 행성에서 생명활동이 이루어지는지 알아보기 위해서 가장 먼저 찾아보아야 할 단서는 무엇인지 생각해보자.
3. 암권과 생물권에 저장되어 있는 탄소가 대기 중에 공급됨에 따라 발생하는 문제를 생각해보자.
4. 지구에 대기가 없다면 지구상의 에너지 수지는 어떻게 바뀔 것인지 생각해보자.
5. 지구의 반사도가 높아져서 태양복사에너지를 적게 흡수한다면 발생하는 변화를 예상해보자.
6. 원시 지구에는 대기 중 산소가 거의 없었다. 대기권에 현재와 같이 산소가 증가한 원인을 생각해보자.
7. 지구온난화에 따른 기후변화가 모든 지역에 걸쳐 일어나고 있다. 대기권, 수권, 생물권에서 일어나는 기후변화의 예를 생각해보자.
8. 우리나라는 지진의 안전지대인가? 그렇지 않다면 우리나라에서 큰 규모의 지진이 발생할 가능성에 대해 생각해보자.
9. 적도 지방과 극지방의 평균기온 차이가 현재보다 줄어든다면 대기권과 수권의 에너지 흐름은 어떻게 바뀔지 생각해보자.
10. 인간이 지구에 미치는 영향을 긍정적인 측면과 부정적인 측면으로 나누어 생각해보자.

## 참고문헌

김경렬, 노벨상과 함께하는 지구환경의 이해(개정판), 자유아카데미, 2008.
이기화, 모든 사람을 위한 지진 이야기, 사이언스 북스, 2015.
이상훈, 환경과학 이야기, 자유아카데미, 2010.
Wallace, J.M., Hobbs, P.V., Atmospheric Science 2nd ed., Academic Press, 2006.

CHAPTER 02

# 기후와 환경

강신규

## 2.1 기후 분포

기후는 지구 각지의 생태계 분포를 조절하는 매우 중요한 요인이다. 특히 온도와 사용 가능한 물의 양은 생물학적 화학적 반응의 속도를 조절하는데, 이에 따라 식물의 일차 생산성과 미생물의 유기물의 분해 속도가 지역별로 상이하게 나타난다. 기후가 어떻게 세계 각 지역의 생물상과 생태계 과정에 영향을 미치는가를 이해하기 위해 우선 세계 각 지역의 기후가 어떻게 다르며, 그 이유는 무엇인가를 파악할 필요가 있다.

### 가. 지구의 에너지 수지

지구의 에너지 수지는 지구로 들어오는 복사량에서 지구에서 나가는 복사량을 제한 값으로, 이는 지구 기후시스템을 구동시키는 에너지로 사용된다. 지구로 들어오는 복사에너지는 태양으로부터 기원한 것이다. 모든 물체는 절대온도에 따라 결정된 에너지를 방출하며 서서히 식어가려는 특징을 가지고 있다. 태양의 표면은 약 6000 K에 달하는 높은 온도를 가지며, 이때 방출하는 복사의 파장은 약 300에서 3000 nm 정도로, 우리가 흔히 알고 있는 자외선, 가시광선, 적외선 영역에 해당한다. 일반적으로 가시광선이 약 39%, 적외선과 자외선이 각각 53%와 8% 정도를 차지하나, 이 비율은 지역별로 기상상태에 따라 달라질 수 있다.

반면에 지구의 표면은 평균적으로 약 288 K의 낮은 온도를 가지므로 에너지가 작은 장파장

영역의 복사를 방출한다. 대략 3000에서 30,000 nm 파장대를 가지며 이는 우리가 흔히 알고 있는 열선 혹은 원적외선 영역에 해당한다. 이처럼 지구로 들어오는 태양복사는 짧은 파장을 지구에서 방출되는 지구복사는 긴 파장역을 가지기 때문에 전자를 단파복사(shortwave radiation), 후자를 장파복사(longwave radiation)라고 부른다.

지구에 입사하는 단파복사는 대기, 지표의 물질과 반응하여 산란되거나 흡수되는 과정을 거치게 된다(그림 1.8 참조). 반사와 투과는 산란의 일종이며, 산란의 방향이 후방인 경우(후방산란)와 전방인 경우(전방산란)를 각각 반사와 투과라 부른다. 평균적으로 지구로 입사하는 단파복사의 약 31%가 구름, 대기입자, 먼지, 지표 등에 후방산란되어 우주로 방출되며 약 20%는 대기 구성물질(특히 오존)에 흡수된다. 나머지 49%의 단파복사가 지표에 도달하여 흡수한다. 지구는 다시 흡수한 에너지의 약 79%를 장파복사로 방출하며, 나머지를 대기시스템을 구동하는 데에 사용한다. 여기에는 물을 증발시키는데 사용하는 잠열(16%)과 공기를 데워 순환하게 만드는 현열(5%)을 포함한다.

이때 지표에서 방출되는 장파복사 중 일부가 대기를 구성하는 물질, 온실가스(greenhouse gas)라 불리는 수증기, 이산화탄소, 메탄, 이산화질소, 염화불화탄소 등에 흡수된 후, 다시 장파복사로 재방출된다. 대기의 장파복사는 모든 방향으로 방출되어, 일부는 지표방향을 향하여 지표대기를 달구는 역할을 하게 된다. 이를 온실효과(greenhouse effect)라 한다. 대기의 온실효과가 없다면 대기는 현재보다 약 33도 더 낮은 기온을 보이는 것으로 알려져 있다. 따라서 대기의 온실효과는 현 지구 기온을 유지해온 자연적 현상인 셈이다. 그러나 대기 중에 온실가스의 양이 늘어나면 지표방향으로 재방출되는 장파복사에너지의 양이 늘어나 기온이 오르게 되는데, 이것이 현재 지구환경문제의 초미의 관심사로 대두된 지구온난화 현상이다.

정리하자면 지구에 입사하는 단파복사 중 일부는 반사되고 나머지는 대기와 지표에 흡수된 후 다시 장파복사로 방출되고 일부는 물을 증발하거나 대기입자를 데우고 이동시키는 에너지로 사용되는 것이다. 지표에서 방출된 장파복사는 대기의 온실가스에 흡수된 후 다시 장파복사 형태로 방출되며, 이 중 일부는 지표방향을 향하여 지표의 장파복사와 함께 대기의 기온을 현 수준에 머물게 하는 에너지로 사용된다. 대기 구성물질의 변화는 이러한 대기－지표의 단파－장파복사의 수지에 영향을 미쳐 대기의 기온은 물론 강수와 공기의 흐름 등에 변화를 유발한다.

## 나. 지역별 기후의 차이

세계 각지의 기후는 매우 다양하다. 광활한 모래둔덕을 떠올리는 사하라 사막, 사자와 기린 등 동물의 왕국을 이룩한 사바나, 인류역사에 큰 획을 그었던 칭기스칸이 말 달리던 몽골초원,

타잔과 고릴라의 보금자리 열대우림, 펭귄의 고향 남극, 장대한 침엽수림의 바다가 펼쳐진 시베리아 타이가 산림지대, 푸른 바다 넘실거리는 지중해의 카프리, 산토리니 섬들. 우리는 세계 각지의 자연경관을 떠올리며 본능적으로 덥고 춥고 습하고 건조한 기후를 상상하게 된다. 상상처럼 세계 각지의 기후는 너무도 다양하다. 이 절에서는 왜 그리 다양한 기후가 나타나는지를 탐구할 것이다. 이는 크게 보아 위도, 지구의 자전, 육지와 바다의 배치, 해양순환, 지형, 식생 등 여섯 가지 요인의 영향으로 설명될 수 있다.

## 1) 위도

지구는 둥근 까닭에 남북방향으로 에너지 수지에 차이가 발생한다. 적도지방의 정오에 태양복사는 지표와 거의 직각방향을 이루는 반면 고위도에서는 지표에 비스듬하게 들어온다. 따라서 동일 면적에 들어오는 태양복사량은 적도가 크고 고위도가 작아진다. 한편 고위도에서는 태양복사가 지표에 도달하기까지 적도에 비해 대기층을 더 길게 통과하게 된다. 이 과정에서 태양복사는 산란, 흡수 과정을 겪으며 지표에 도달하는 복사량이 줄어들게 된다. 따라서 고위도 지방은 지표－태양 간의 비스듬한 각도에 의해, 대기층의 태양복사 감쇄에 의해 적도 지방에 비해 현저히 적은 복사를 받게 된다.

연중 일사량을 많이 받는 적도지방은 받은 에너지에 비해 방출하는 에너지가 적어 에너지 과잉이 되며, 반면 일사량을 적게 받는 극지방은 반대의 경우로 에너지 부족이 발생한다. 남는 에너지는 어디론가 이동해야 하며, 에너지가 부족한 곳은 어디론가부터 에너지를 공급받아야 한다. 그렇지 않다면 계속 뜨거워지거나 계속 차가워질 것이다. 에너지의 교환이 원활히 일어날 경우 에너지가 과잉되거나 부족한 곳은 적당히 덥거나 추운 정도에서 더 이상 더워지지도 추워지지도 않는 상태를 유지할 것이다. 우리는 현상적으로 적도에서 극지방으로 갈수록 점차 추워짐을 알고 있다.

뜨거워진 적도지방의 공기는 밀도가 작아져 높이 상승하게 된다. 공기의 상승은 대략 대류권과 성층권의 경계부인 대류경계면(tropopause)에서 멈추며 이 경계층을 따라 북쪽 혹은 남쪽의 극 방향으로 이동하게 된다. 공기는 상승하는 과정에서 고도 1 km당 평균적으로 6.5도 정도 온도가 낮아진다. 대류권계면을 따라 극 방향으로 이동하면서 공기는 장파복사의 형태로 에너지를 잃게 되어 점차 냉각된다. 한편 지구의 모양이 적도가 부푼 모양이기 때문에 극 방향으로 이동하는 공기는 점차 더 작은 공간에 압축되는 양상을 보인다. 냉각과 압축은 결국 밀도의 증가를 초래하여 극 방향으로 이동하던 공기는 극지방에 도달하기 전에 하강하여 대략 남반구와 북반구 위도 30도 정도 지역에 중위도 고압대를 형성하게 된다.

한편 극지방의 공기는 복사에너지 부족에 따라 냉각되어 밀도가 커지고 지표방향으로 침하하며 상대적으로 따듯하고 밀도가 낮은 중위도 지역의 공기를 밀어 올리며 적도 방향으로 이동하게 된다. Hardley는 1735년에 적도지방은 가열－상승에 의해 극지방은 냉각－침하에 의해 각각 극과 적도 방향으로 대류권계면과 지표를 따라 공기의 이동이 발생하기 때문에 적도와 극지방에 각각 큰 규모의 대기순환이 발생한다고 주장하였다. Ferrell은 1965년에 Hardley의 대기순환 모형을 발전시켜 중위도 지역에서 발생하는 또 하나의 커다란 대기대순환을 포함한 지구 규모의 대기순환 모형을 발표하였다. 이 모형에 따르면 적도 지방의 과잉 에너지가 중위도 지역의 대기대순환을 통해 극지방까지 전달됨을 알 수 있다.

지표의 공기가 상승하면서 지표에서 증발된 수증기가 응결되어 구름이 형성되고 비가 많이 내린다. 반면 상층의 공기가 침하하는 과정엔 점차 공기가 따뜻해지므로 구름이 잘 만들어지지 않는다. 이는 각각 저기압과 고기압의 전형적인 기후현상이다. 특히 적도의 경우 과잉 에너지가 상당량의 수분증발에 사용되어 적도 지표의 공기는 다량의 수증기를 보유하게 되고 가열－상승에 따라 많은 양의 구름과 비를 내리게 된다. 이렇게 다량의 수증기를 보유한 상승공기는 극지방으로 이동하면서 비를 내리며 수분을 점차 잃어버려 건조한 공기로 변한다. 아프리카 적도에서 북위 30도 인근까지 열대우림－사바나－사하라사막으로 변화하는 다우 지역에서 사막까지의 기후 분포는 이런 양상을 보여주는 뚜렷한 예이다.

한편 지구의 자전축은 태양에 대해 약 23.5도만큼 기울어져 있기 때문에 계절에 따라 지표와 태양 간의 각도가 변하여 입사하는 단파에너지의 양이 달라진다. 연중 시기에 따라 에너지 과잉과 부족이 교차하여 날씨가 더워지고 추워지는 과정을 반복하게 되며 다양한 계절 현상을 유발한다. 이처럼 지구 각 지역별로 계절별로 복사에너지 수지에 차이가 있으며, 이는 지역별로 덥고 습하고 건조하고 추운 다양한 지역 기후를 유발하는 한편, 지구 대기의 순환을 야기하는 힘을 발생시켜 에너지를 넘치는 곳에서 부족한 곳으로 전달함으로써 각 지역의 기후가 안정상태를 유지하도록 하는 에너지원으로 사용된다.

## 2) 지구의 자전

지구는 북극과 남극을 잇는 자전축을 중심으로 매 24시간마다 한 바퀴씩 회전하고 있다. 자전 중심축으로부터 대기까지의 거리는 적도에서 가장 크고 극으로 갈수록 줄어든다. 따라서 적도의 대기는 빠른 선속도로 회전하며 극으로 갈수록 선속도가 줄어든다. 적도에서 가열－상승한 공기는 대류권계면을 따라 극지방으로 이동하는데 이때 공기 덩어리의 각운동량(angular momentum : Ma)은 보존되는 성질을 가진다.

$$Ma = mvr$$

위 식에서 $m$은 극 방향으로 이동하는 공기 덩어리의 질량이고 $v$는 선속도, $r$은 자전축으로부터의 거리다. 공기 덩어리가 극으로 이동하면서 질량의 변화가 거의 없다고 가정하면(물론, 강수로 빠져나가는 질량이 있을 수 있다) 극 방향으로 갈수록 회전반경 $r$이 작아지기 때문에 각운동량이 일정하려면 $v$가 커져야 한다. 이는 스케이트 선수가 회전구간에서 팔을 몸에 붙임으로써 더 빨리 회전하게 되는 것과 같은 이치이다. 스케이트 선수는 유효 회전반경을 줄임으로써 속도를 높이는 효과를 보게 된다. 극 방향으로 가면서 더 빨리 움직이는 공기 덩어리는 자전속도보다 더 빨리 회전하게 되므로 지상에서 보면 마치 동쪽으로 움직이는 것처럼 보일 것이다. 그러나 극에서 적도 방향으로 움직이는 공기 덩어리는 회전반경이 늘어나고 선속도가 줄어들게 되어 지구보다 더 늦게 회전하게 되므로 마치 서쪽으로 움직이는 것처럼 보이게 된다.

이러한 지구자전에 의해 남북방향으로 이동하는 공기 덩어리는 동쪽 혹은 서쪽으로의 움직임이 더해져 지표에서 북동방향 혹은 남서방향에서 불어오는 북동풍과 남서풍이 생겨난다. 앞 절에서 적도에서 약 북위 30도까지 대류권의 상층에서는 극 방향으로 반대로 지표에서는 적도 방향으로 공기가 순환함을 보였다. 여기에 자전의 효과가 더해지면 지표에서는 적도 방향의 흐름과 서쪽으로의 흐름이 더해져 북동쪽에서 남서쪽으로 부는 바람이 생겨나게 된다. 반면에 북위 30도에서 60도 지역의 지표에서는 극 방향의 흐름과 서쪽으로의 흐름이 더해져 남서풍이 형성된다.

이러한 사선 방향의 흐름이 지역의 기후를 조절한 예를 사하라 이북의 중동 지역과 중앙아시아 지역의 건조 지역에서 볼 수 있다. 사하라 지역의 건조한 공기 덩어리는 남서풍을 타고 아라비아 반도와 이란을 넘어 아랄해와 파미르 고원 사이의 저지대를 통과하는데 이곳에 위치한 나라들은 대부분 건조한 기후대를 보인다.

### 3) 육지와 바다의 분포

지구의 표면은 대부분 바다이며 육지의 면적은 약 30%에 불과하다. 육지와 바다는 커다란 덩어리를 지으며 분포해 있다. 게다가 육지의 많은 부분은 북반구에 치우쳐 있다. 땅은 비열이 물에 비해 작아 쉽게 더워지고 식지만 바다의 온도는 서서히 변화한다. 땅과 바다의 분포가 균일하지 않고 시기적으로 다르게 가열되고 식는 현상은 앞서 설명한 위도에 따른 기후 패턴에 변화를 가져온다.

위도 30도 인근에서 적도 지역에서 이동한 공기가 지표로 하강하는데 하강 정도는 육지보다 바다가 더 강하다. 이는 육지보다 바다 상층의 공기가 기온이 낮고 더 밀도가 높기 때문이다. 하강한 공기 덩어리는 태평양과 대서양, 남반구 바다의 중위도 지역에 강한 고기압대를 형성한다. 북반구의 경우 여름철 적도 지역이 뜨겁게 가열되어 가열－상승－이류의 힘이 강해지므로 바다의 중위도 고기압대가 보다 북쪽으로 위치하며 겨울에는 반대로 남쪽으로 내려간다. 한편 북반구의 경우 육지는 여름에 접어들면서 빠르게 가열되어 기온이 상승하고 공기의 밀도는 작아지고 반대로 겨울에는 춥고 공기의 밀도는 높아진다. 계절적으로 여름에는 바다에 고기압이 육지에 저기압이 발생하며 겨울에는 바다에 저기압이 육지에 고기압이 발생하고 공기는 고기압 지역에서 저기압 지역으로 이동하게 된다.

바다－육지 간의 기압 차에 다른 커다란 대기의 흐름은 지구 규모의 현상으로, 육지의 크기와 배치에 따라 복잡한 양상의 대기 흐름이 발생한다. 하지만 분명한 점은 바다－육지의 분포에 따른 계절별 가열－냉각의 차이와 기압대의 형성이 앞서 설명한 위도와 자전에 따른 대기의 흐름에 변화를 준다는 것이다. 이러한 현상을 동북아시아에 적용해보면, 여름철에 태평양에 강한 고기압이 시베리아에 저기압이 형성되어 남동쪽에서 북서쪽으로의 공기 흐름이 우세한 반면, 겨울에는 반대로 시베리아에 고기압이 형성되어 북서풍이 우세해진다. 이는 바다－해양의 역할이 위도와 자전에 의해 북위 30－60도 사이에서 북동방향의 대기 흐름이 발생하는 양상에 변화를 주는 예라 하겠다.

### 4) 해양의 순환

해양순환은 지구 기후 시스템에 영향을 미치는 주요한 요인이다. 해양의 순환은 적도에서 극지방으로 전달되는 에너지의 약 40%를 설명하는 것으로 알려져 있다. 나머지 60%는 대기의 순환에 의해 전달된다. 지역별로 해양순환은 적도의 열을 대기순환은 중위도의 열을 극지방으로 전달하는데 효과적인 역할을 담당한 것으로 알려져 있다.

해양 표층의 흐름은 바람의 영향을 받기 때문에 대기의 순환패턴과 유사한 양상을 보인다. 그러나 심층의 흐름은 사뭇 상이하다. 크게 보아 북해의 출구인 아이슬란드 인근에서 춥고 밀도가 높은 물이 하강(downwelling)하여 남극 심해까지 흐르다 대양의 남반구 저위도 연안에서 상승(upwelling)하여 다시 아프리카와 유럽의 서부 연안을 따라 북극해까지 순환하는 양상을 보인다.

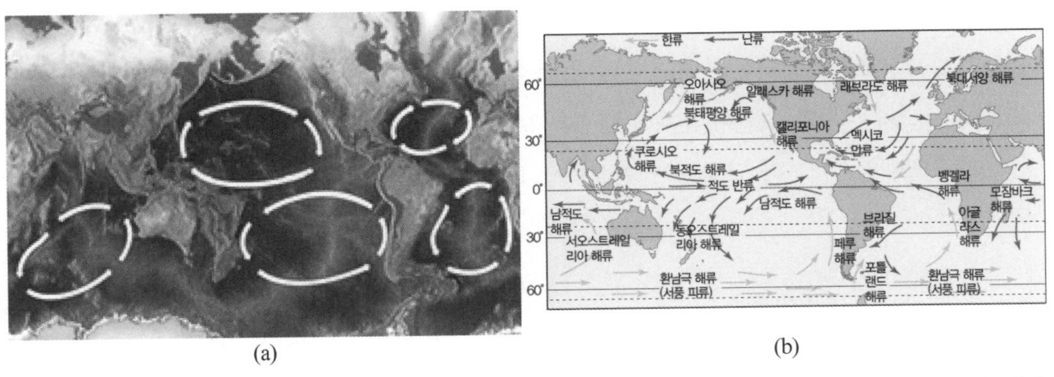


그림 2.1 위도와 지구 자전 효과에 의한 시계방향(북반구)과 반시계방향(남반구) 해류 흐름 개념도(a)와 해양별 상세 해류 흐름도(b) (출처 : 위키백과)

해양의 흐름은 특히 연안 지역의 기후에 큰 영향을 미쳐 다양한 연안 기후를 형성한다. 영국과 미국 동북부는 위도가 비슷하지만 겨울철에 미국 동북부는 매우 추운 반면 영국은 온화한 기후를 보인다. 이는 미국 동북부가 극해양의 영향을 영국을 비롯한 서부 유럽은 따듯한 북대서양 해류의 영향을 받기 때문이다. 한편 아프리카 남서부 연안의 나미비아에 위치한 나미브 사막은 아프리카 희망봉을 돌아 아프리카 서안을 타고 북상하는 해류가 남극의 차가운 바닷물과 만나 상시적으로 저온 고기압대를 형성하기 때문으로 알려져 있다. 한편 남태평양 칠레 앞바다 인근에서 심층의 차가운 바닷물이 상승하여 만들어진 강한 고기압대가 수년의 주기로 강약의 변동을 보이는데 이는 지구 규모의 엘니뇨-라니냐 변동과 연관된 것으로 알려져 있다.

## 5) 지형

땅, 물, 산맥의 공간적 배치 역시 위도에 따른 기후 패턴에 변화를 가져온다. 육지와 바다의 배치에 따른 바다에서 육지로 혹은 육지에서 바다로의 공기의 흐름에 대해선 앞서 설명하였다. 여기에 지형은 다양한 지형성 효과(orographic effect)를 통해 기후 패턴에 복잡성을 더한다. 바람이 산을 타고 오르면서 공기는 냉각되고 수증기는 응결된다. 비와 이슬로 수분을 잃어버린 건조한 공기는 산을 타고 넘으며 하강하여 고온건조한 공기를 형성하기 때문에 강수량이 확연히 줄어드는 비그늘(rain shadow) 지역을 만든다.

우리나라에서는 영서 지역이 영동 지역에 비해 건조한 것이 비그늘의 예다. 인도양으로부터 수분을 받는 히말라야 산맥 앞뒤로 다우 지역인 인도 북부와 네팔이 반건조 지역인 티벳이 나타나고, 티벳고원 북쪽의 곤륜산맥을 넘어서면 매우 건조한 타클라마칸 사막이 나타난다. 미국 북서부 워싱턴주의 케스케이드 산맥의 서쪽은 태평양에서 몰려온 습윤한 공기로 3000 mm 이상의 비가 내리는 반면에 산맥 넘어 동쪽에는 연강수량이 300 mm 정도에 불과한 보이는 건조 지역이 펼쳐진다. 북해와 시베리아로부터 수분을 받는 몽골의 경우 항가이산맥 북쪽은 연강수량 400 mm 이상의 산림과 초원이 혼재한 경관을 보이나, 산맥의 남쪽은 강수량이 급격히 줄어들어 초원 지역으로 바뀌고 더 남쪽에는 연강수량 100 mm 내외의 고비사막이 나타난다.

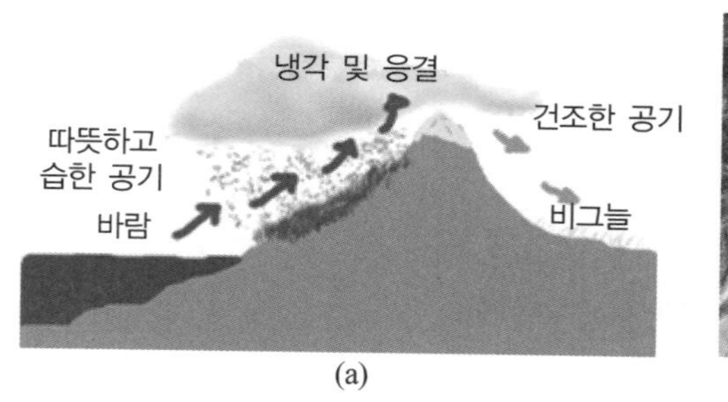


(a)

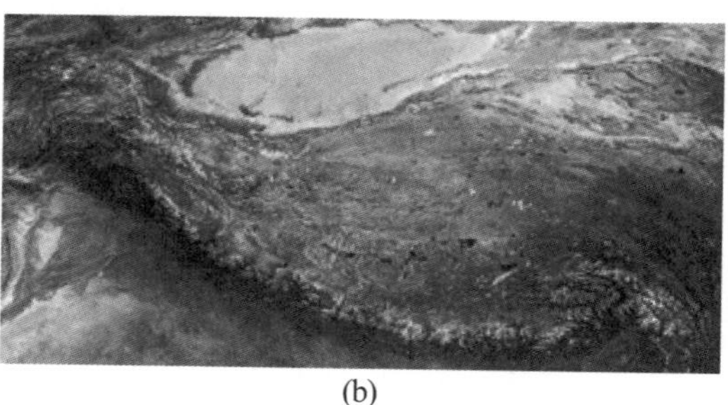

(b)

그림 2.2 비그늘 현상 개념도(a)와 히말라야 산맥이 만든 비그늘 지역 티벳과 타클라마칸(b) 히말라야 산맥 너머 북쪽 지역에 식생량이 현저히 줄어든 현상을 보여주는 위성사진(출처 : 위키백과)

산악 지역에서 사향과 사면경사에 따라 다양한 미기후가 나타난다. 이들 지형 요소은 위도와 함께 태양－지표 간의 각도를 따라서 태양복사의 입사각을 결정하게 된다. 남사면은 태양복사를 많이 받아 따듯하고 건조하나 북사면은 서늘하고 습하다. 한편 산악 지역은 기복에 따라 산의 정상 혹은 능선부와 계곡부가 교차하여 나타나는데, 지형적 위치에 따라 하루 중 에너지 수지에 시간적 차이가 발행하며, 이는 산 정상과 계곡 간의 공기의 흐름을 유발하는 힘을 제공한다. 한낮에 뜨거워진 공기는 사면을 타고 상승하고 밤에 산정에서부터 먼저 냉각된 공기는 사면을 타고 내려온다. 우리는 경험적으로 해가 지면서 산 위에서 바람이 내려오고 한낮에 계곡에서 산정으로 바람이 부는 것을 알고 있다.

## 6) 식생

마지막으로 지구 각 지역의 기후패턴을 설명하는 요인은 식생의 분포이다. 식생은 지표의 에너지 수지를 조절하는 과정을 통해 지역 기후 특성에 영향을 미친다. 지표에 입사하는 태양단파복사의 일부는 지표에서 반사된다. 기상학에서 입사량 대비 반사되는 단파복사의 비율을 표현하는데 알베도(albedo)라는 용어를 사용한다. 알베도가 낮으면 반사량은 작으며 지표에 흡수되는 단파복사의 양은 늘어나, 종국에 대기 중으로 방출되는 지표의 장파복사량과 물의 증발량을 증가시킨다. 반대로 알베도가 크면 많은 단파복사가 대기로 반사되어 종국에 우주로 빠져나가고 지표에 흡수되는 복사량이 줄면서 지표의 장파복사 방출량과 증발량이 감소한다.

지표를 덮고 있는 매질에 따라 지구 각 지역의 알베도는 다르다. 구름, 눈, 빙하는 알베도가 매우 크며 물은 알베도가 아주 낮은 물질이다. 육지의 대부분은 식물로 덮여 있는데 식물의 양이 많으면 알베도가 낮아지는 경향이 있다. 보통 침엽수림의 알베도가 가장 낮으며 활엽수림, 농경지, 초원, 사막의 순으로 알베도는 커지는 경향을 보인다. 반면에 바다, 호수 등 물은 알베도가 매우 낮아 대부분의 태양복사를 흡수한다.

인간은 다양한 방식으로 지표의 식생피복을 감소시키고 맨땅을 증가시켜 알베도를 높이는 쪽으로의 변화를 야기하고 있다. 일례로 과잉방목에 의해 초지의 알베도가 감소하고 지표에 흡수되는 에너지를 줄어들면 기온이 낮게 유지되어 상승기류가 발생하지 않아 비가 줄어들게 된다. 이는 건조한 초지는 생산량이 줄어들어 알베도가 더 높아지게 된다. 이러한 안 좋은 방향으로의 양의 피드백은 종국에 과잉방목된 초지를 점차 사막처럼 변하게 하기도 한다. 한편 지구온난화의 결과로 북극의 빙하가 줄어들어 알베도가 낮은 바다가 많이 노출되었고 북극지역에 흡수되는 복사에너지량이 증가하고 있다. 지표로부터의 장파복사 방출량이 많아지면서 북극의 기온은 점차 상승하고 있다.

여름 한낮 도로변의 파라솔 그늘에 있을 때와 인근의 울창한 숲에 있을 때의 날씨를 상상해보자. 두 곳 모두 지붕과 나뭇잎에 의해 태양빛은 가려져 있다. 그러나 우리가 느끼는 온도는 상이해 파라솔보다는 울창한 숲에선 더위가 한결 물러간 느낌을 받을 것이다. 그 차이는 무엇일까? 지표에 도달한 태양복사는 공기를 데우거나, 물을 증발시키거나, 땅과 지표 물체를 달구는 데에 사용된다. 식물은 지표에 도달한 태양복사의 상당량을 잎 안에서 물을 증발시키는 증산과정으로 소모하여 공기와 땅을 데우는 데에 사용되는 에너지량을 감소시킨다. 이때 물을 증발시키는 데에 사용되는 에너지를 잠열(latent heat)이라 하며, 공기를 데우는 에너지를 현열(sensible heat)이라 한다. 반면 도심에는 식물이 적어 많은 에너지가 현열과 땅을 데우는 데 사용되어 기온이 높아진다. 다른 예로 인조잔디 운동장은 천연잔디 운동장보다 덥고 표면이 뜨겁다. 천연잔디는 잠열로 에너지를 소모하지만 인조잔디는 온전히 현열과 땅을 데우는 데만 에너지가 사용되기 때문이다. 이처럼 지표의 식생은 작은 지역 규모에서도 도시와 숲과 농경지 간의 기후 차이를 유발한다.

지표의 식생은 기온은 물론 습도와 강수의 지역 간 차이를 유발한다. 앞의 예처럼 식물은 많은 양의 물을 증발시켜 대기로 되돌리는 증산작용을 한다. 식물은 토양 입자 사이의 작은 공간에 담긴 물을 뿌리로 흡수하여 잎의 엽육세포(mesophyll cell)로 이동시키고 잎은 태양빛을 받아 엽육세포의 세포막에서 세포질의 물을 증발시킨다. 증발된 물은 잎의 기공(stomata)을 통해 대기 중으로 빠져 나와 대기를 습하게 만든다. 습한 공기가 현열에 힘입어 가열–상승할 경우 높아짐에 따라 온도가 낮아져 응결하여 구름을 형성하고 비를 내리게 된다. 따라서 숲이 많아질수록 습도가 높아지고 강수량이 많아지는 경향이 있다. 그러나 지역 규모의 물 순환은 증산-대류에 의한 내적 순환 외에서 바다로부터 유입되는 수증기의 영향을 받게 되어 보다 복잡한 양상으로 나타난다.

## 2.2 식생분포와 생태계 특성

### 가. 기후와 식생 분포와의 관계

기후는 지구의 식생 분포를 결정한다. 세계 각 지역의 식생형 분포(그림 2.4)와 식물의 일차 생산성은 기온 및 강수를 이용해 어느 정도 설명 가능하다(그림 2.5). 열대우림(tropical rain forest)은 남위 3도에서 북위 12도에 위치하며 지리적으로 대략 북반구의 북동무역풍과 남반구의 남동무역풍이 수렴하는 열대수렴대(intertropical convergence zone : ITCZ)와 일치한다. 이 지역에서 일장시간과 태양복사 입사각은 계절별로 작은 변화를 보여 높은 기온을 유지한다. 일사량이 강하고 무역풍이 수렴하기 때문에 공기 덩어리의 강한 가열-상승이 발생해 높은 강수량을 보인다. 열대우림의 남북 쪽에 열대건조림(tropical dry forest)이 나타나는데 이는 계절적

그림 2.3 세계의 식생대(biome) 분포(출처 : 위키백과)

으로 ITCZ가 남북방향으로 이동하면서 우기와 건기가 교차하기 때문이다. 더 북쪽으로 이동하면 열대건조림과 아열대사막(subtropical desert) 사이에 열대사바나(tropical savannas)가 나타난다. 열대사바나는 따듯하고 계절성이 강한 건조기후대에 나타난다. 아열대사막은 위도 25도와 30도 사이에 나타나며 적도에서 상승한 공기가 침하하는 고기압대에 위치하여 매우 건조한 특징을 가진다.

중위도 지역의 사막, 초원(grasslands), 관목지(shrublands) 등은 대륙의 심장부 혹은 큰 산맥의 비그늘 지역 등 건조 지역에 분포한다. 강수량은 적으며 불규칙적이고, 낮은 겨울철 기온을 보이는 등 아열대사막에 비해 더 큰 극한 기온 현상을 보인다. 강수량이 늘어남에 따라 사막에서 초지, 관목지 등으로 변한다. 온대림(temperate forest)은 중위도 지역에 널리 분포하며 수목이 생장할 정도로 넉넉한 비가 내리고 계절적으로 강도가 변하는 극전선(polar front)의 영향으로 기온의 사계절 변화가 뚜렷한 곳이다. 지중해성 관목지(mediterranean shrublands)는 대륙의 서안에 나타나는데, 여름철 대륙 서안에 고기압대가 형성되고 심층의 차가운 해류가 상승하여 온화하고 건조한 기후를 형성하기 때문이다. 한편 위도 40도에서 65도 사이의 대륙 서안에 온대우림(temperate wet forests)이 위치하고 있다. 예를 들어 북아메리카 북서부의 경우 세계적으로 가장 키가 크고 울창한 침엽수 숲을 볼 수 있다. 이 지역은 해류의 순환에 의해 저위도의 바닷물이 밀려오면서 형성된 습하고 온화한 공기 덩어리가 지구자전의 영향으로 동쪽으로

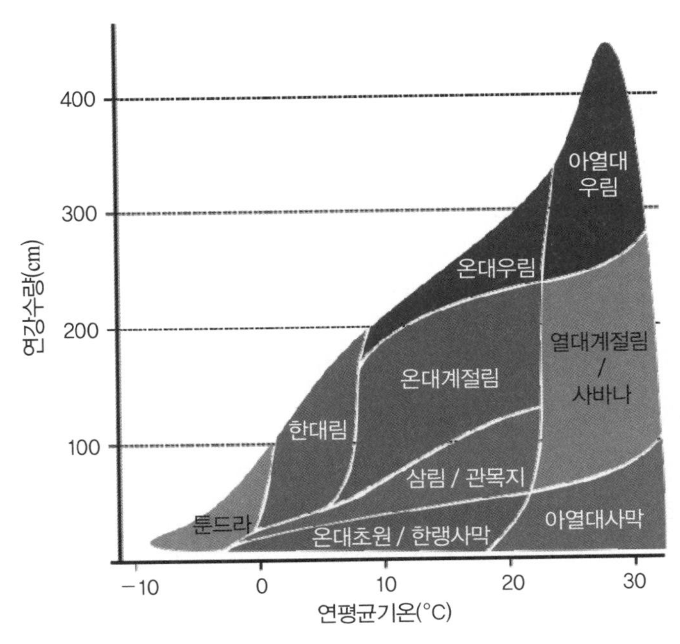


그림 2.4 각 식생대의 기온과 강수 분포 범위(출처 : 위키백과)

불어가면서 연안 지역에 다량의 비를 뿌린다. 연중 다습하며 뚜렷한 사계절 기온을 보이는 까닭에 광합성이 충분하고 호흡에 의한 손실이 적어 높은 바이오매스를 유지할 수 있다.

북위 50°에서 70° 사이의 대륙 안쪽에 한대림(boreal forest or taiga)이 분포한다. 이 지역의 겨울 기후는 극지의 추운 공기 덩어리 영향을 여름 기후는 남쪽 온대 지역의 기후 영향을 받아 추운 겨울과 온화한 여름 기후의 특징을 보인다. 바다로부터의 거리가 멀고 산맥의 비그늘이 형성되어 적은 강수량의 저온건조 기후대다. 한편 이 지역은 대략적으로 영구동토층(permafrost) 지대와 일치하여 배수가 좋지 않고 저지대에는 이탄층이 형성되기도 한다. 한대림의 북쪽에 툰드라가 나타난다. 툰드라는 일 년 내내 극전선의 영향을 받아 추우며 생물활동이 제한받는 곳이다.

## 나. 기후에 따른 식생 구조의 변화

기후는 식생대 간에 혹은 식생대 내에서 다양한 식생 구조의 분포를 야기하는 주요 요인이다. 연중 따듯한 열대우림에는 주로 상록활엽수가 자라나 연중 기온의 계절변화가 뚜렷한 온대림에는 낙엽활엽수가, 더 춥고 건조한 한대림에는 상록침엽수가, 매우 추운 툰드라에는 이끼와 관목류가, 연중 건조한 곳에는 풀이 우점하여 자란다. 그러나 우리나라와 같이 온대림이라 해도 산의 북사면에는 낙엽활엽수인 참나무류가 남사면에는 상록침엽수인 소나무류가 흔히 자라는 것을 볼 수 있듯이, 같은 식생대 내에서도 식생 구조는 상이하게 나타난다. 다른 예로 시베리아 한대림(일명 타이가)에는 상록침엽수가 널리 자라지만 자작나무와 같은 낙엽활엽수림도 드물지 않게 볼 수 있다.

식물은 기후에 대해 첫째 건조에 대해 물 손실을 줄이는 쪽으로, 둘째 추위로 인해 냉해를 받지 않는 쪽으로, 셋째 영양염을 잃어버리지 않는 쪽으로 적응한다. 식물의 구조는 이 세 가지 전략에 따른 결과로 해석할 수 있다. 물이 부족한 곳에서는 몸집이 크면 증산량이 많아져 생존이 어렵다. 수목보다는 초본 혹은 관목류가 유리하다. 아주 추운 시기에 식물의 살아 있는 세포가 냉해를 입을 수 있다. 이를 피하기 위해 겨울철에 잎을 떨구는 것이 유리하다. 연중 비가 많이 내려 토양의 영양염이 빗물에 씻겨갈 위험이 있을 때는 혹은 날씨가 추워 분해가 잘 안 일어나 영양염 순환이 원활치 않을 때는 영양염을 바이오매스에 보유하는 것이 유리하다.

유추하자면 건조지에는 물을 적게 잃고 조금만 이용하는 초본이, 겨울에 추운 온대림에는 잎을 떨구는 낙엽활엽수가, 비가 많이 내리는 열대림에는 상록활엽수가 널리 자라는 것과 대응된다. 또한 온대림 남사면에 소나무류가 북사면에 참나무류가 자라는 것은 더 건조한 남사면의 특징으로 이해할 수 있다. 일반적으로 침엽수는 활엽수보다 건조에 강하지만 더위에는 더 취약하다. 이는 보통 잎의 뒷면에서 대기와 잎 안쪽 간의 가스 교환의 창구 역할을 하는 기공(stomata)의 형태와 연관되는데, 침엽수의 기공은 잎 안쪽으로 함몰되어 있어 가스 교환 속도가 활엽수에 비해 작다. 따라서 같은 조건에서 증산으로 물을 잃는 양이 활엽수보다 더 적다. 반면에 상록침엽수는 일 년 내내 잎을 달고 사므로 호흡을 많이 해야 하고 온도가 높을 경우 광합성해서 버는 것보다 호흡해서 까먹는 양이 더 많아 굶어 죽을 수 있다. 한대림 지역은 추운 날씨와 배수 불량으로 토양의 유기물 분해가 느리게 진행된다. 이 경우엔 잎을 몇 년씩 달고 있으면서 매년 적은 양의 잎만 만들고 적게 잎을 떨구는 상록수가 영양염 수지 측면에서 더 유리하다. 또한 상록수는 한대림의 건조 기후에도 더 유리한 수종이다. 이처럼 지역에 자라는 식생의 종류와 형태는 지역 기후 특성을 잘 반영하기 때문에 우리는 잠깐 들리는 곳에서도 식물을 통해 그 지역의 기후 특성을 추측할 수 있게 된다.

(a) 타이가-알래스카

(b) 열대우림-보르네오

(c) 온대림-독일

(d) 사바나-탄자니아

(e) 초원-몽골

그림 2.5 기후에 따른 식생형과 식생의 주요 생존 전략: (a) 건조하고 매우 추운 겨울(토양유기물 분해 저해), (b) 많은 비(토양영양염 유실), (c) 추운 겨울과 온화한 여름(겨울철 냉해), (d) 뚜렷한 우기와 건기(물 손실 저감), (e) 건조(물 손실 저감) (출처: 위키백과)

## 2.3 지구-지역 규모의 기후-생태계 환경문제

### 가. 지구온난화

지구온난화는 19세기 후반부터 시작된 전 세계적인 기후 바다와 지표 부근 공기의 기온 상승을 의미한다. 20세기 초부터, 지구 표면의 평균 온도는 1980년에 비해 70% 증가한 0.8°C 정도 상승했다. 기후 온난화의 원인에 대해서는 아직 애매하나, 대부분의 과학자들은 온실가스 농도의 증가와 화석연료의 사용과 같은 인간의 활동이 약 90% 정도를 기여한 것으로 추측하고 있다. 기후 모델의 예측은 기후변화에 관한 정부가 패널(IPCC)에서 발표한 IPCC 평가 보고서에서 요약되었다. 이 보고서에서는 21세기 동안 지구의 평균 온도는 최소 1.1－2.9°C 상승에서 최대 2.4－6.4°C까지 상승할 수 있다고 예고했다.

지구온난화의 영향으로 지구 기온이 증가함과 함께 해수면 상승, 강수량과 패턴의 변화, 아열대사막의 확장 등이 예상된다. 또한 지구온난화로 북극의 축소와 지속적인 빙하, 영구동토층, 해빙의 감소 등이 나타난다. 지구온난화의 다른 영향으로는 극한 기후와 폭염의 증가, 가뭄과 폭우, 해양 산성화와 종의 멸종도 있다. 인간 생활에서는 농업 수확량의 감소와 기후변화 난민의 발생이 거론된다.

## 나. 산불

산불은 산림을 비롯해 초지, 관목지 등에서 일어나는 화재를 말한다. 산불은 자연적으로나 인위적으로 일어날 수 있다. 자연적 산불은 벼락 등이 산림에 떨어질 경우 발생한다. 담배, 향, 논과 밭두렁 소각 등의 인간의 부주의로 발생하기도 한다. 우리나라에서는 건조기인 4월과 11월에 자주 발생하고, 미국 서부 캘리포니아주는 거의 해마다 많은 산불이 발생함 많은 사람들이 피해를 입는다. 산불은 땅 속의 부식층까지 태우는 지중화, 지표의 잡초, 관목, 낙엽만 태우는 지표화, 서 있는 나무의 가지와 잎을 태우는 수관화, 나무의 줄기를 태우는 수간화 등으로 구분된다.

산불의 발생에는 산불 연료의 축적 정도, 건조한 날씨, 발화원의 존재 등 조건이 충족되어야 한다. 열대우림에 산불이 적지만, 사바나는 산불이 자주 발생한다. 시베리아 침엽수림대 역시 산불 피해가 많은데, 이는 건조하고 지표에 낙엽과 잔가지가 많이 축적되기 때문이다. 쉽게 착화되는 낙엽, 잔가지의 양을 줄이기 위해 계획적으로 소방대책과 함께 작은 규모의 산불을 일으키는 예방산불(prescribed fire)이 미국 산림의 산불 관리방안으로 널리 사용되어 왔다. 그러나 예방 산불의 결과로 산불 발생이 줄어들어 나무가 크게 자라게 되었고, 어쩌다 산불이 발생한 경우 예전보다 더 큰 산불이 발생해 많은 인적 피해를 유발하는 부작용이 나타나 현재 예방산불의 필요성은 논란의 대상이 되었다. 미래 기후변화에 따라 계절적으로 건조도가 더 심해지는 지역은 산불 재해의 위험에 상시 노출될 것으로 예상된다.

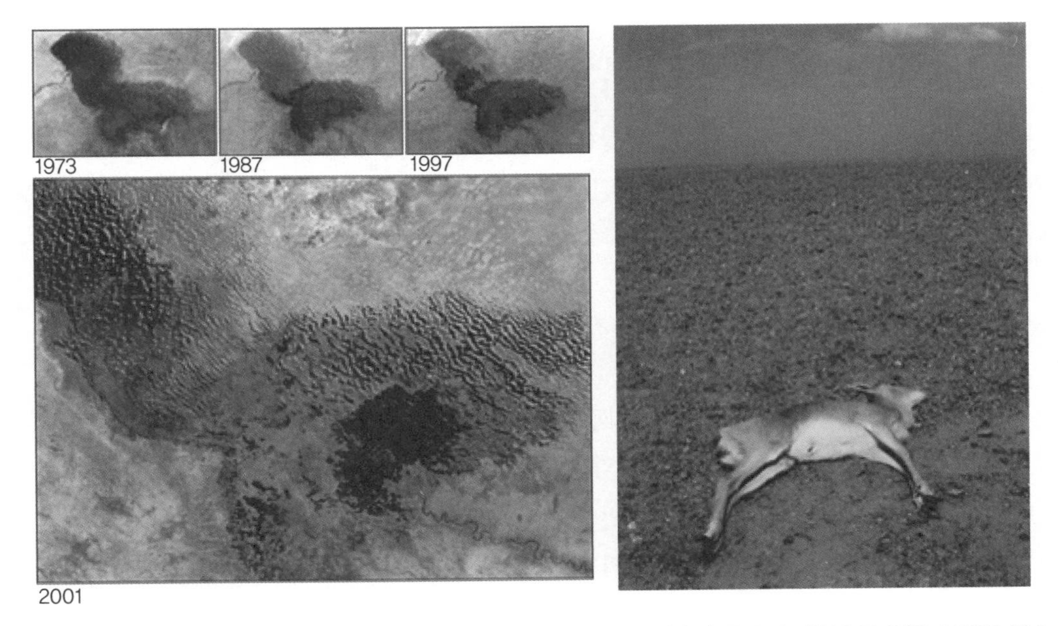


그림 2.6 아프리카 Lake Chad 호수 면적 감소를 보여주는 위성영상(a)과 몽골의 가뭄으로 인한 식생량 감소와 야생가젤 아사(b) (출처 : 위키백과)

## 다. 가뭄

수개월, 수년에 걸쳐 물 공급이 부족한 시기를 일컫는다. 일반적으로 평균 이하의 강수량이 지속되는 지역에서 이 현상이 나타난다. 가뭄은 여러 가지 기준에 의해 정의되며, 크게 기상학적, 기후학적, 수문학적, 농업적, 사회경제적 가뭄으로 분류할 수 있다. 영향을 받는 지역에서는 생태계와 농업에 실질적인 충격이 있다. 가뭄이 여러 해에 걸쳐 존속할 수도 있지만 짧고 강한 가뭄이 상당한 피해를 가져올 수 있고 지역 경제에 해를 미칠 수 있다. 가뭄과 물부족과의 차이가 있다. 가뭄은 평균에 대한 물의 부족을 말하나 물부족은 필요량에 대한 부족을 의미한다. 사막에서는 물부족은 있되 가뭄은 없다고 할 수 있다.

기후학적 가뭄은 사용 가능한 물로 전환된 강수량이 기후학적 평균에 미달하는 것을 말한다. 장기 평균 강수량 대비 얼마나 강수가 적은가를 수치화해서 나타낼 수 있다. 기상학적 가뭄은 강수량 외에 증발량, 증산량 등을 고려한다는 점에서 기후학적 가뭄과 차이가 있다. 그러나 증발 혹은 증산에 영향을 주는 기후요인에 뚜렷한 변화가 없다면 기후학적 가뭄과 유사한 값을 가지게 된다. 다만 지구온난화의 영향으로 기온이 증가하면 증발과 증산량도 높아지게 되므로 기상학적 가뭄의 진단이 필요해진다. 농업적 가뭄은 작물 성장에 필요한 토양 수분이 확보되지 못하는 것을 말한다. 수문학적 가뭄은 사회 경제적 가뭄으로 알려져 있으며 흔히 단순한 물부족 현상을 일컫는다. 공급이 줄어서 부족하든, 소비가 늘어 부족하든, 물의 부족으로 불편이나 재해가 발생하면 가뭄으로 취급한다는 점에서 기후학적, 기상학적, 농업적 가뭄과 명확하게 다르다. 다른 가뭄 현상은 평균값에 대한 차이를 중시하는 데 비해 수문학적 가뭄은 물 수요의 절대 값에 의존하여 결정된다. 따라서 수문학적 가뭄은 가뭄이라고 하기보다는 그냥 물부족이라 함이 타당하다.

## 라. 사막화와 황사

사막화는 기상 변화로 인하여 수목이 말라죽고 건조한 나대지가 출현하는 현상을 말한다. 마을이나 오아시스가 밀려드는 사구에 의해 파묻히거나 지나친 벌채나 방화, 지나친 녹지화로 인하여 자연 식생 회복 능력을 잃고 인공 녹화도 성공하지 못한 경우에 일어난다.

사막화의 원인은 자연적 요인과 인위적 요인으로 나뉜다. 기후변화에 따른 가뭄, 건조화 현상이 심해지는 경우 사막화가 발생할 수 있다. 사막과 초지의 경계부에서 기후 변동에 따라 더 건조해지면 사막화가 반대로 덜 건조해지면 회복되는 양상이 반복해서 나타난다. 보다 큰 규모에서는 건조한 공기의 흐름 방향이 바뀌는 경우 사막화 현상이 발생할 수 있다. 역사적으로 사하라, 중동 지역의 건조한 공기가 아랄해 동편을 따라 북상할 경우 이동할 경우 카자흐스탄, 우즈베키스탄 등 중앙아시아 지역이 사막화 영향을 받았고, 반대로 아랄해 서편을 따라 북상할 경우 러시아 남부가 건조해지고 중앙아시아 지역은 회복되는 양상을 보였다.

인위적 요인은 산림벌채, 관개, 개간 등 다양한 방식을 포함한다. 산림을 대규모로 벌채할 경우 지표면의 태양복사 반사도가 높아져 기온이 냉각되고 고기압대가 형성되 비가 적어진다. 관개는 지하수위를 저하시켜 만성적인 물부족을 야기하거나, 지하수의 염분이 지표에 누적되어 강우가 잘 스며들지 못하고 빠르게 하천이나 호수로 흘러가 버리게 된다. 건조 지역을 개간하여 농경지로 이용한 결과 여러 지역에서 표토층의 풍화가 증가하여 결국 식물이 잘 자라지 못하는 불모지로 바뀐 현상이 관찰되었다.

## 단원 리뷰

1. 적도의 과잉된 에너지는 어떤 방식을 통해 극지방으로 이동하는가?
2. 만약 대기와 해양에 의한 지구 규모의 에너지 이동이 없다고 가정하자. 지구 각 지역의 기후와 생태계는 어떤 모습을 가질까?
3. 우리나라의 기후를 이 장에서 배운 여섯 가지 기후 결정 요인으로 설명해보시오.
4. 온실가스가 온실효과를 발생시키는 과정을 설명하시오.
5. 기온과 강수 조건에 따라 대략적으로 어떤 유형의 식물이 많이 자라는지 알 수 있다. 식물이 기후에 대해 적응하는 세 가지 주요 기작을 설명하시오.
6. 등교길 혹은 집 부근 야산의 숲을 관찰해보자. 소나무가 분포하는 곳과 낙엽활엽수(참나무, 단풍나무 등)가 분포하는 공간의 지리적 특징을 설명하시오.
7. 위와 같이 소나무와 참나무가 자라는 공간이 다른 까닭은 무엇일까?

CHAPTER 03

# 인간과 환경

곽경환

환경문제는 지구상의 인간이 다른 생명체와 달리 자원을 소모하며 생존을 위한 활동을 이어 나감으로써 발생한다. 날 것의 음식을 익히기 위해 불을 사용하기 시작함으로써 대기오염이 발생하였고, 토지를 개간하여 목축을 하거나 농사를 짓기 위해 물을 사용하기 시작함으로써 토양오염과 수질악화가 발생하였다. 따라서 에너지, 자원, 환경은 인간 활동과 따로 분리하여 생각할 수 없는 만큼 이에 대한 이해가 필요하다. 이번 단원에서는 인간이 에너지, 광물, 식량 등 자원을 생산하고 소모하며 환경문제를 일으키는 과정 속에서 인구의 시간적, 공간적, 연령별 분포 변화가 환경에 미치는 영향을 살펴본다.

## 3.1 인구 증가와 감소

영국의 경제학자인 토마스 로버트 맬서스(Malthus)는 1798년 출판된 저서『인구론』에서 인구는 기하급수적 성장 법칙을 따르는 반면, 생계 수단인 식량은 산술급수적 성장 법칙을 따르며, 그 결과 어느 시점부터 모든 인구가 필요한 식량의 양보다 생산되는 식량의 양이 적어진다는 결론을 도출하여 발표하였다. 실제로 맬서스의 이론을 따라 전 세계 인구 증가가 충분히 억제되었는지는 논란의 여지가 많다. 그러나 자연 상태의 어떠한 개체군의 증가는 대체적으로 이와 같은 경향을 따라 초기 단계에서 폭발적으로 증가하다가 식량의 부족과 같은 제한요인이 부각되면서 증가 속도가 점차 감소하는 형태를 보인다. 따라서 자연 상태에서 개체수의 시간적 변화는 S 모양의 형태로 나타나며, 이는 다음 그림과 같은 개체군 성장 곡선(Population growth curve)으로 잘 알려져 있다(그림 3.1).

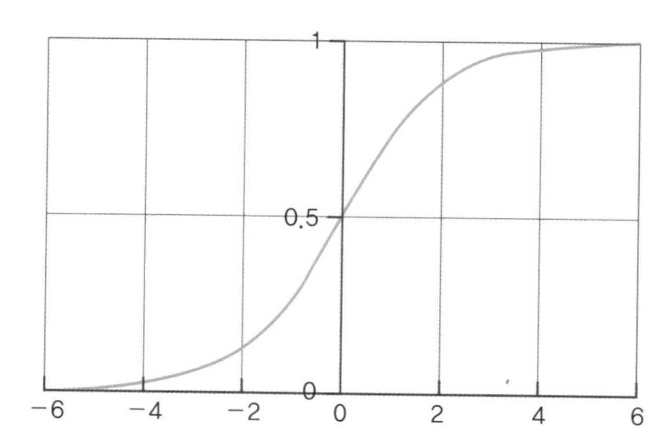

그림 3.1 개체군 성장 곡선의 형태(출처 : 위키백과)

자연 상태에서 개체수를 결정하는 요인은 출생수, 사망수, 유입수, 유출수로 구분되며, 유입과 유출이 없는 단순한 조건에서 어느 개체수는 출생과 사망에 의해 결정된다. 위의 개체군 성장 곡선에 따르면, 초기에는 자손을 낳을 수 있는 개체수가 적어 증가 속도가 낮은 지체기에 머물다가 식량과 서식 공간이 충분한 조건에서 사망률은 낮고 출생률은 증가하여 개체수 증가가 가속화되는 지수성장기에 접어든다. 이후 한정된 식량을 놓고 경쟁이 발생하면서 출생률이 줄어들고 사망률은 늘어나면서 개체수의 증가 속도가 늦어지는 감속기를 거쳐 출생률과 사망률이 거의 동일한 안정평형기에 이른다. 이러한 4단계의 개체수 증가 모델은 인구통계학적 전이 개념으로 발전하여 저개발국가에서 선진국으로 발전하는 과정에서 폭발적으로 증가하는 인구를 설명하는 데 적용된다.

개체수를 증가시키는 환경적 요인으로는 식량생산의 증가 외에도 질병에 대한 저항력 증가, 새로운 서식 공간 또는 자원의 발견, 주변 환경에 대한 적응력 향상 등이 있으며 결과적으로 개체군의 출생률을 증가시키거나 사망률을 감소시킨다. 반면, 개체수를 제한하는 환경적 요인으로는 한정된 식량과 서식 공간, 전염병과 같은 질병 발생, 자연재해 발생, 천적의 등장, 환경오염 등이 있으며 이러한 요인들은 개체군의 출생률을 감소시키거나 사망률을 증가시킨다. 앞서 소개한 맬서스의 이론이 후대에 와서 비판을 받는 이유는 이러한 요인 중에서 식량생산의 증가 속도를 너무 과소평가했기 때문이다. 실제로는 농작물을 재배하고 식량을 생산하는 기술 발달 속도가 인구 증가 속도만큼 혹은 그 이상으로 빠르기 때문에 아직까지 맬서스가 예견한 인구 증가의 억제 효과는 뚜렷하게 나타나지 않고 있다.

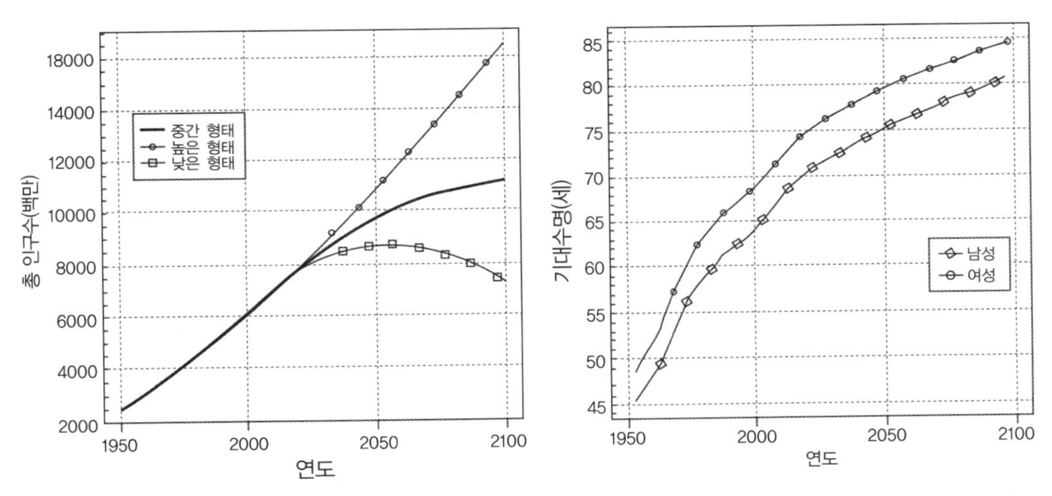


그림 3.2 전 세계 인구 증가와 성별에 따른 기대수명의 증가(출처 : UN 경제사회조사국 인구분과)

미국 인구조사국의 추정에 의하면 전 세계 인구는 2017년 현재 약 74억 명에 이른다. 1804년경 최초로 10억 명을 돌파한 이후, 1927년에 20억 명, 1960년에 30억 명, 1974년에 40억 명, 1987년에 50억 명을 돌파하는 등 인구 증가 추세는 20세기 이후 점점 빨라지고 있다. 이렇게 인구가 급속도로 증가하는 데는 18세기 산업 혁명 이후 기술 발전에 따른 생활수준 향상이 크게 작용하였다. 특히, 의료 기술의 발달은 사망률을 낮추어 결과적으로 수명이 늘어나는 결과를 낳았다. 이러한 추세는 21세기 중반 이후 둔화되겠지만 인구 증가 추세는 지속되어 2050년대에는 전 세계 인구가 100억 명을 돌파할 것으로 내다보고 있다. 이에 따른 기대수명은 남성보다 여성이 더욱 크게 증가하였으며, 현재 남성 65세, 여성 72세에서 2100년에는 남성 80세, 여성 85세까지 늘어날 것으로 기대된다(그림 3.2).

20세기 이후 인구 증가는 선진국에서보다는 개발도상국에서 주도적으로 나타나는 현상이다. 2017년 현재 인구수 1, 2위 국가는 중국과 인도로 각각 14억 명과 13억 명 이상이며, 이는 전 세계 인구의 약 37%에 해당한다. 미국 인구조사국이 추정한 2050년 국가별 인구수는 1위가 인도(16억 6천만 명), 2위가 중국(13억 4천만 명)으로 인도의 인구수는 지속적으로 증가하여 중국을 제치고 세계 1위에 오를 것으로 예상된다. 이와 같이 개발도상국의 인구가 증가하고 삶의 질이 향상되어 선진국 수준의 에너지, 식량, 자원 소비에 도달한다면 전 지구적으로 많은 문제가 발생한다. 인구 밀도가 높은 나라 또는 지역에서 한정된 자원을 소비하기 때문에 필연적으로 환경문제가 발생하며, 이는 전 세계적으로 많은 사회적 비용을 지출하게 만드는 원인이다.

연령별 인구 분포는 한 사회의 인구 증가 단계상 어디까지 진화했는지를 확인할 수 있는 자료다. 전 세계 연령별 인구 분포를 그림 3.3과 같이 나타내었을 때, 1950년의 연령별 인구 분포는 피라미드와 같이 삼각형 형태이며 저연령 인구가 많고 노령층으로 갈수록 인구가 줄어드는 양상을 보인다. 이는 출생률이 높고 사망률이 낮아 지수성장기에서 인구가 빠르게 증가하는 단계에 해당한다. 2017년은 1950년에 비하여 전 연령의 인구가 증가하였으며, 특히 20대와 30대 인구가 눈에 띄게 증가했다는 점에 주목할 필요가 있다. 이 세대는 1980년대와 1990년대 세계 경제성장기에 태어난 사람들이 주축을 이루고 있어 경제가 빠르게 성장하는 시기에 출산율이 높아 인구가 증가했음을 알 수 있다. 또한 연령별 인구 증가 폭은 저연령에 비해 고연령에서 더 커서 곧 고령화에 접어드는 추세임을 의미한다. 2100년 연령별 인구 추정 분포는 앞선 1950년과 2017년과는 달리 60대 이하의 전 연령 인구가 비슷하게 유지되는 안정평형기에 해당한다. 출산율과 사망률이 비슷하고 기대수명이 늘어나 전 세계적으로 노령 인구의 비율이 점점 증가하는 형태다. 특히 노령 인구는 남성보다 여성에서 더 많은 것으로 나타나 남성보다 여성의 기대수명이 더 높다는 결과와도 일치한다.

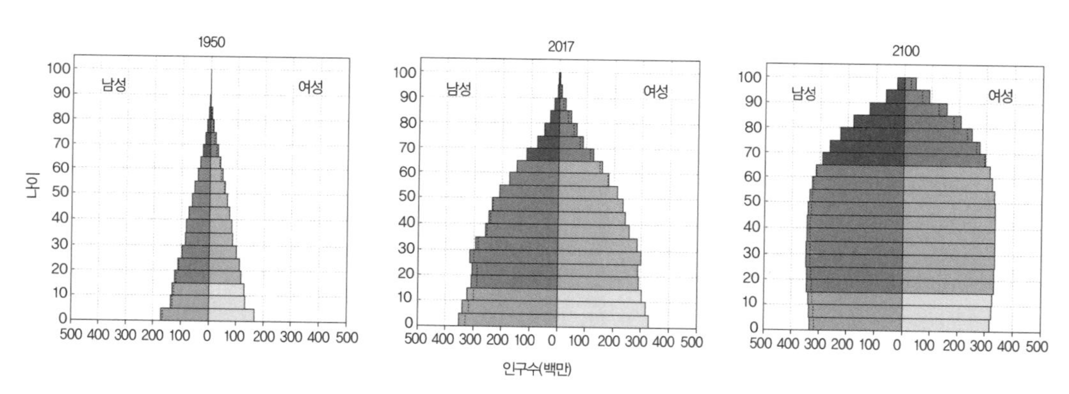


그림 3.3 전 세계 1950년(왼쪽), 2017년(가운데), 2100년(오른쪽) 연령별 인구 분포(출처 : UN 경제사회조사국 인구분과)

국가별 인구 연령 분포는 전 세계 인구 피라미드와는 상당히 다르게 나타난다. 우리나라의 경우, 1900년대 후반 급속한 경제성장을 거치면서 베이비부머 세대로 대변되는 지수성장기에 접어들다가 2000년대 들어서 출산율이 급격히 낮아지고 노령 인구의 비율이 늘어나는 고령화 사회에 진입하고 있는 중이다. 연령별 인구 구조가 급격히 변함에 따라 나타나는 사회적인 문제와 환경적인 문제들은 이 단원의 마지막에서 다루고자 한다.

## 3.2 도시화와 과밀화

예로부터 이어져 온 농경사회에서는 넓은 농경지를 필요로 했고 마을공동체를 통해 대부분의 경제활동을 이룰 수 있었다. 그러나 산업사회로 넘어오면서 좀 더 많은 인구가 모여 도시를 이루는 것이 경제활동에 더욱 유리해졌다. 이와 같이 사람이 경제활동을 효율적으로 영위하기 위해 도시 지역으로 점차 모여드는 현상을 도시화라고 한다. 세계적인 인구 증가 추세와 더불어 도시화가 가속화되면서 천만 명 이상의 인구가 생활, 문화, 경제적으로 연결되어 거주하는 거대 도시(megacity)가 여러 나라에서 나타났다. 표 3.1은 세계 10대 거대 도시를 인구 순으로 나타낸 표다. 10개 거대 도시에는 인구수 1위에서 볼 수 있듯이 가장 많은 5개의 중국 도시가 포함되어 있다. 우리나라 최대 도시인 서울의 인구는 2016년 행정자치부 인구통계 기준 993만 명으로 거대도시의 기준인 천만 명에는 조금 못 미치지만 정치, 행정, 금융, 상업, 문화, 교육 등의 중심지로 거대 도시의 기능을 하고 있다.

표 3.1 전 세계 10대 거대 도시(출처 : 위키백과)

| 도시 | 국가 | 인구(만 명) | 면적(km$^2$) | 인구밀도(명/km$^2$) |
|---|---|---|---|---|
| 충칭 | 중국 | 3017 | 82300 | 367 |
| 카라치 | 파키스탄 | 2430 | 3780 | 6429 |
| 상하이 | 중국 | 2416 | 2606 | 9271 |
| 베이징 | 중국 | 2152 | 1368 | 15731 |
| 델리 | 인도 | 1738 | 1397 | 12440 |
| 라고스 | 나이지리아 | 1706 | 1171 | 14568 |
| 다카 | 방글라데시 | 1697 | 306 | 55458 |
| 선전 | 중국 | 1547 | 2050 | 7546 |
| 톈진 | 중국 | 1472 | 11760 | 1252 |
| 이스탄불 | 터키 | 1416 | 1539 | 9201 |

인구가 도시로 몰려들면서 도시화가 진행될수록 한 국가 또는 지역의 전체 인구 중 도시에 거주하는 인구의 비율인 도시화율이 점차 증가하는 추세다. 도시화율의 변화 추이를 살펴보면 도시화 초기에는 도시보다 근교 또는 농어촌에 거주하는 인구가 훨씬 많아 20~30%를 유지한다. 그러다 도시화가 가속화 단계에 접어들면서 도시화율이 점점 증가하며, 어느 정도 도시화가 마무리되는 종착 단계에 이르면 도시화율은 70~80%로 수렴된다. 이러한 도시화율의 변화 추이는 한 국가 또는 지역의 개체군 성장 곡선과 유사한 S자 모양의 형태를 보인다.

그림 3.4는 1970년부터 2020년까지 국가별 도시화율 변화 추이를 보여준다. 우리나라는 도

시화율이 1970년에 41%에 불과했으나 급속한 경제성장과 함께 1980년에 57%, 1990년에 74%, 2000년에 80%까지 증가하였다. 이후 도시화와 함께 도시에서 벗어나 교외 지역으로 이동하는 탈도시화가 함께 나타나면서 도시화율은 80% 초반을 유지하고 있다. 중국은 넓은 국토와 많은 인구로 인해 거대 도시가 많음에도 불구하고 도시화율이 상대적으로 낮아 현재까지도 도시화가 계속 진행되고 있다. 반면 일찍 경제성장을 이룬 일본, 프랑스, 영국 등 선진국의 도시화율은 1970년에 이미 70% 이상이었으며 현재 우리나라와 비슷하거나 다소 높은 수준을 유지하고 있다.

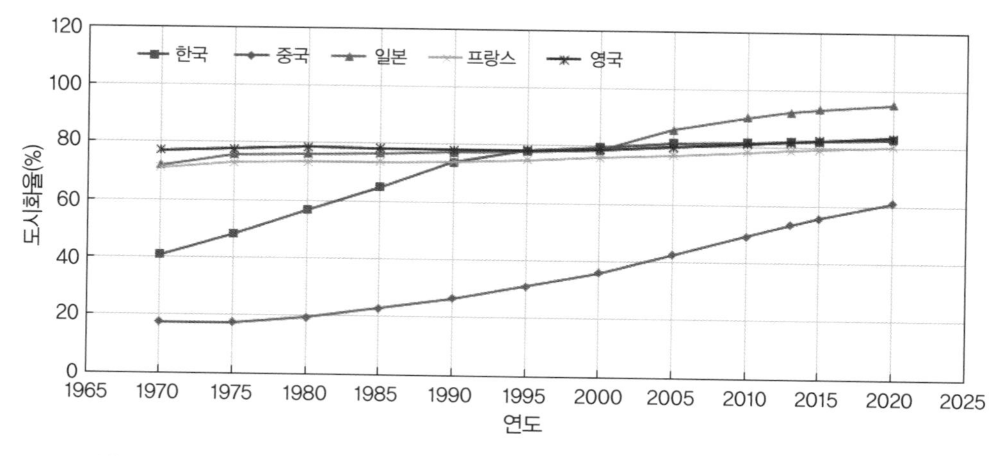


그림 3.4 1970년부터 2020년까지 국가별 도시화율 변화 추이(출처 : UN 국제통계연감)

과거 선진국의 경우, 수백 년에 걸쳐 도시화가 진행되었으나, 우리나라와 같이 급속도로 수십 년 사이에 도시화가 진행된 경우에는 그 과정에서 사회적·환경적 문제가 많이 발생하게 된다. 먼저 한정된 면적에 많은 인구가 거주하게 됨으로써 주거와 교통 문제가 필연적으로 나타나 주거비가 증가하는 등 거주 환경이 악화된다. 또한 많은 인구가 동시에 에너지를 소비하고 폐기물과 오염물질을 배출함으로써 좁은 지역 내 오염도가 매우 증가한다. 그림 3.5는 남부 아시아의 중심 도시인 태국의 수도 방콕의 마천루가 밀집된 모습이다. 이와 같이 토지가 부족함에 따라 점점 높은 건물을 지으면서 도시 중심 지역에는 점점 많은 고층 건물들이 들어서며, 이는 또 다시 도시 중심 지역의 주거 및 교통 여건과 환경이 더욱 악화되는 악순환으로 이어진다. 이를 도시의 과밀화라고 하며, 한 도시 내에서도 도심 지역으로 인구와 경제활동이 밀집되어 많은 부작용을 낳고 있다.

그림 3.5 남부 아시아의 거대 도시인 방콕(태국의 수도)에 밀집된 고층 건물의 모습

또 다른 문제는 하나의 거대 도시 주변에 여러 위성 도시가 함께 형성되면서 하나의 큰 대도시권을 이루는 연담도시화다. 미국 동부 해안을 따라 워싱턴부터 뉴욕까지 줄지어 들어선 도시들이 대표적인 예이며, 우리나라도 서울에서 인천까지 도시 경계를 알 수 없을 정도로 연담도시화가 많이 진행되었다. 연담도시화는 대도시 주변 지역의 택지를 개발하여 신도시를 건설하면서 발생한다. 우리나라는 1980년대 말부터 주택 부족 문제를 해결하기 위해 서울 도심으로부터 약 20 km 이내에 성남시 분당, 고양시 일산, 부천시 중동, 안양시 평촌, 군포시 산본 등 1기 신도시를 건설하였다. 이후 2000년대에 들어 추가로 김포시, 파주시, 화성시, 판교, 평택시, 인천시 청라 등 서울 도심으로부터 약 30 km 이상 떨어진 지역에 2기 신도시를 건설하였다. 국토교통부의 2016년 도시계획현황통계에 따르면, 우리나라 국토 면적(106,060 $km^2$)의 16.6%인 17,609 $km^2$를 도시 지역이 차지하고 있다. 그 결과, 서울 주변의 농경지와 산림 지역 등 자연 녹지가 도시로 개발되어 많은 문제를 발생시키고 있다. 주요 기능이 도시로 밀집되면서 경제활동과 생활의 편의성이 증대된다는 점과 함께 도시의 과밀화와 연담도시화가 가져오는 환경적 문제를 함께 살펴보아야 한다.

**개발제한구역 : 보존과 해제 사이**

개발제한구역(또는 그린벨트)은 도시의 무제한적인 팽창을 억제하면서 도시민에게 휴식과 재충전의 공간을 제공하기 위해 법으로 제정되었다. 도시 지역은 도심, 부도심, 주거 지역으로 구분되며 그 외곽에 개발제한구역을 설정하여 양적인 팽창을 제한하고 있다. 일반적으로 신도시 형태의 위성도시는 개발제한구역 바깥 지역에 위치한다. 우리나라는 1971년 도시계획법을 제정하여 서울 주변 지역을 개발제한구역으로 지정함으로써 수도권의 무분별한 개발을 제한하기 시작하였으며, 이후 부산, 대구, 춘천, 청주, 대전, 울산, 마산, 진해, 충무, 전주, 광주, 제주 등 전국 13개 도시로 확대되어 시행되고 있다. 개발제한구역으로 지정된 곳에서는 건축물의 신축이나 증축, 토지의 용도변경 등이 제한되며 일부 생산녹지에서 농경, 목축, 임업 등의 1차 생산 활동이 가능하다. 이러한 순기능을 가져오는 개발제한구역을 보존해야 하는지 아니면 도시민의 주거난을 해소하기 위해 해제하여 택지로 공급해야 하는지는 오랫동안 지속되어온 논란거리다. 개발제한구역을 제외한 대부분의 서울 주변 지역이 신도시로 개발되면서 더 이상 대규모 택지를 공급하기 어려워지자 그린벨트 해제를 선택하는 사례가 늘고 있다. 규제 완화 차원에서 개발제한구역 해제는 지속적으로 추진되어 2009년부터 2016년까지 여의도 면적의 25배에 해당되는 73 $km^2$가 해제되었다. 국토교통부의 계획에 따르면 2020년까지 전국에서 최대 227 $km^2$의 개발제한구역을 해제하는 방안을 추진 중이다. 초기 개발제한구역 지정 당시에 비해 필요성이 현저히 줄어든 지역은 해제할 수도 있겠으나, 개발 이익을 위한 논리에 따라 도시 근교의 환경과 생태계를 파괴하는 결과를 선택하는 것은 아닌지 따져 보아야 할 때다.

## 3.3 저출산과 고령화

앞서 살펴본 바와 같이 한 국가 또는 지역의 인구수를 결정하는 요인은 크게 보아 출산, 사망, 전입, 전출로 구분된다. 이 중에서 사망은 인위적으로 조절하기 어려운 요인이므로 급속한 인구 증가를 제한하거나 또는 미래의 인구 감소를 대비하기 위한 인구 정책은 주로 출산율을 증가시키거나 감소시키는 방식으로 이루어진다. 1900년대 후반 중국의 폭발적인 인구 증가를 막기 위해 부부당 자녀 1명만 낳도록 강제한 산아 정책을 펼친 것이 대표적인 예다. 우리나라도 한국전쟁 이후 자녀 부양 부담을 줄이기 위해 1961년부터 산아제한정책을 시행했으며, 노동력 부족 문제가 제기되면서 1996년에 폐지하기로 결정하였다. 반면, 유럽의 선진국에서는 혼인율이 감소하고 자녀 양육 부담이 증가하면서 출산율이 지속적으로 감소하였다. 이에 따라 과거 중국과 우리나라와는 달리 출산장려정책을 펼쳤으며, 그 결과 감소하던 출산율이 점차 완만하게 회복되는 추세를 보이고 있다.

그림 3.6은 한 국가의 인구정책에 있어 중요한 역할을 하는 출산율의 변화 추이를 나타낸다. 합계출산율은 한 여성이 가임기간 동안 낳는 평균 자녀수이며, 국가별 출산 잠재력을 나타내는 지표로 활용된다. 통계청이 발표한 자료에 따르면, 우리나라의 합계출산율은 2005년에 1.08명으로 가장 낮은 수치를 기록한 이후 다소 증가하여 2016년 기준 1.17명이다. 그러나 이는 초 저출산 국가의 기준인 1.3명을 한참 밑도는 수치이며, 2015년 기준 영국의 1.88명, 프랑스의 1.98명은 물론 중국의 1.60명, 일본의 1.41명과 비교해도 훨씬 낮아 세계 227개 국가 중 최하위권에 머물러 있다. 우리나라에서 저출산 문제가 주요 사회 문제로 부각됨에 따라 과거 산아제한정책을 펼쳤던 것과는 달리 2006년부터 출산장려정책을 도입하여 저출산 및 고령사회에 대응하고자 노력하고 있다.

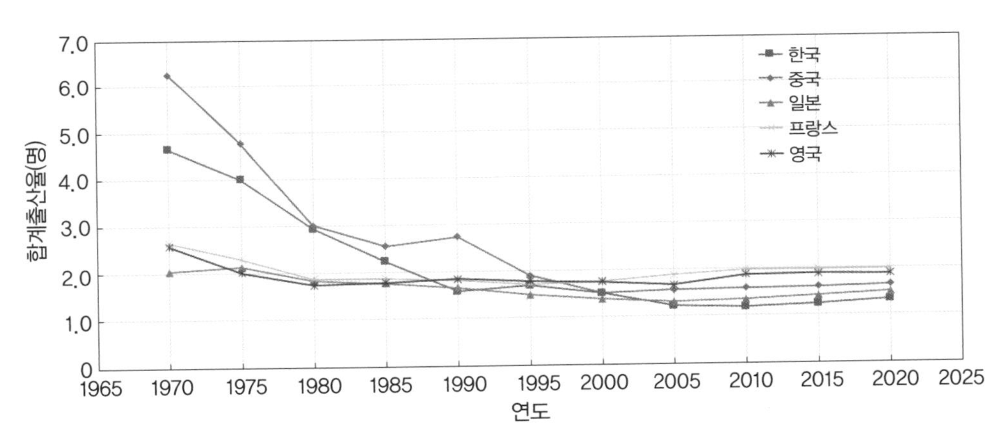


그림 3.6 1970년부터 2020년까지 국가별 합계출산율 변화 추이(출처 : UN 세계인구추계)

한 국가의 인구 문제는 단순히 총 인구수의 증가와 감소에만 국한되지 않는다. 앞서 살펴본 인구의 연령 구조에서 피라미드형 연령 구조는 유소년층의 비율이 높고 노년층의 비율이 낮은 인구구성에 해당한다. 반면, 위가 볼록한 항아리형 연령 구조는 유소년층의 비율이 낮고 노년층의 비율이 높은 인구구성에 해당한다. 총 인구수가 같더라도 이와 같이 연령 구조가 달라지면 경제활동을 유지하는 생산 가능 인구가 나머지 인구를 부양할 수 있는 능력의 차이가 발생한다. 그림 3.7은 1965년부터 2055년까지 통계청에서 발표한 우리나라 연령별 인구구성비 변화 추이다. 14세 미만 연령층의 구성비는 1965년 43.8%에 달했지만 점차 감소하여 2005년에 19.1%로 이후 20%를 밑돌고 있다. 반면, 65세 이상 노년층의 구성비는 1965년에 3.1%에 불과했으나 점차 증가하여 2015년 기준 12.8%에 이르렀다. 향후 65세 이상 노년층의 구성비는 2025년 이후에 20%를 상회할 것으로 추정되고 있다. 유소년층이 감소하고 노년층이 증가하면서 15－64세에 해당하는 생산 가능 인구의 구성비는 1965년 이후 점차 증가해왔으나 2015년에 73.4%를 기록한 이후 점차 감소할 전망이다. 생산 가능 인구의 구성비가 감소한다는 것은 경제활동 능력이 떨어지는 유년층과 노년층을 부양하는 부담이 커진다는 의미와 같다. 과거에는 부양 부담을 거의 전적으로 개인에게 맡겨왔으나 출산장려정책과 고령사회대책 등의 일환으로 점차 국가가 자녀 양육과 노인 부양을 맡는 사회 구조로 변화하고 있다.

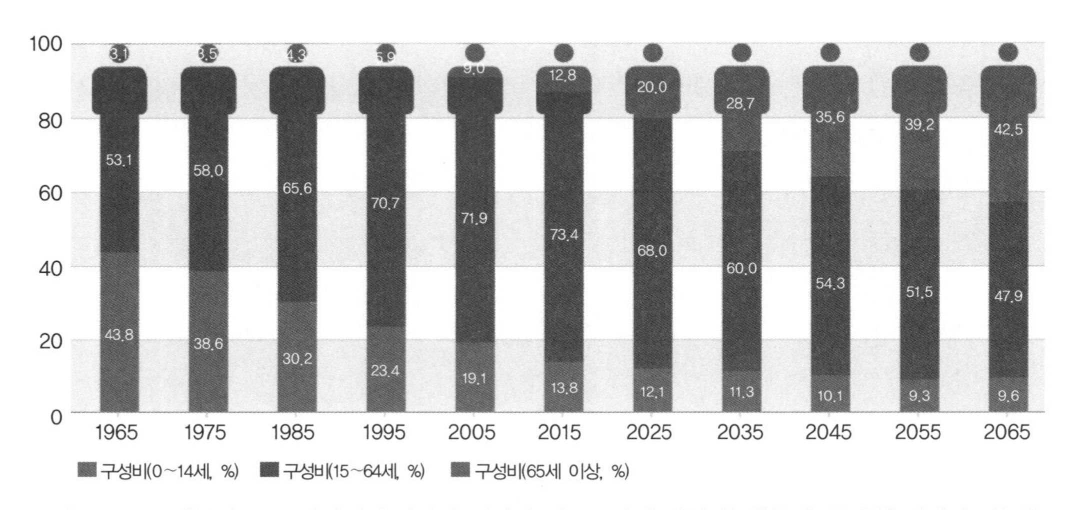


그림 3.7 1965년부터 2065년까지 우리나라 연령별 인구구성비 변화 추이(출처 : 통계청 장래인구추계)

우리나라보다 산업화에 따른 경제성장 과정을 먼저 겪었던 이웃나라 일본은 이러한 사례에서 우리에게 교과서와도 같다. 일본도 지난 1990년 생산 가능 인구의 구성비가 69.7%로 최고점에 도달한 이후 지속적으로 감소하기 시작했다. 이렇게 변화한 이유는 일본의 경제 불황에 따른 출산율 저하와 청년 인구 감소에 있다. 생산 가능 인구의 비율이 줄어들고 과거 생산 가능 인구의 대부분을 차지했던 세대들이 은퇴하여 노년층을 이루면서 일본의 경제 규모는 자연스럽게 줄어들 수밖에 없었다. 이와 같은 현상은 우리나라의 10년 혹은 20년 후의 미래와도 같다.

UN의 정의에 따르면, 한 국가의 총 인구수 중 65세 이상 노년층의 구성비가 7% 이상일 때 고령화사회, 14% 이상일 때 고령사회, 21% 이상일 때 초고령사회로 구분한다. 우리나라는 이미 2000년에 고령화사회에 진입한 이후 점점 고령화 속도가 빨라져 2017년에 고령사회에 도달했다. 이와 같은 추세가 지속된다면 앞으로 2026년이면 초고령사회에 도달할 것으로 예상된다.

노령화지수는 14세 이하 인구 100명당 65세 이상 인구의 비로 계산한다. 같은 고령화사회라고 해도 유소년층인 14세 이하 인구가 상대적으로 많다면 그 국가의 미래는 어둡지만은 않다. 따라서 단순히 노년층의 구성비만으로 고령화 문제에 접근하는 것보다는 노령화지수를 함께 참고하는 것이 바람직하다. 그림 3.8은 1960년부터 2050년까지 국가별 노령화지수 변화 추이를 보여준다. 일찍이 연령 구조가 안정기에 접어든 프랑스와 영국 등 유럽의 선진국은 노령화지수가 2015년에 103으로 14세 이하 유소년층과 65세 이상 노년층의 인구수가 거의 비슷하며, 이후 노령화지수의 증가 속도도 매우 완만하다. 반면, 현재까지 노령화지수가 낮은 수준을 유지하는 중국은 이후 증가 속도가 급격하게 빨라지면서 2040년경에는 프랑스와 영국을 앞지를 것으로 예상된다. 먼저 경제성장을 이룬 일본은 이미 프랑스와 영국보다 노령화지수가 높아 2015년에 200에 도달했으며 이후에도 급격히 증가할 것으로 예상된다. 우리나라는 2016년 기준 노령화지수가 100.1로 14세 이하 유소년층보다 65세 이상 노년층의 인구가 많아지기 시작했다. 이후 우리나라 노령화지수가 급격히 증가하면서 2020년경에는 프랑스와 영국보다 높아지고 2040년경에는 일본마저 앞지르는 등 연령 구조의 전망이 매우 어둡다. 이대로라면 일각에서 2200년에 지구상에서 가장 먼저 사라질 나라로 대한민국을 언급하는 것이 비현실적이지만은 않다.

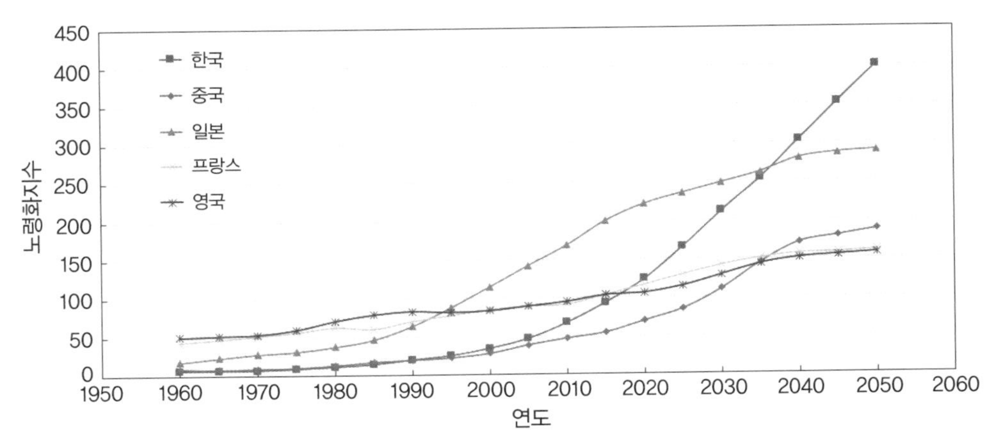


그림 3.8 1960년부터 2050년까지 국가별 노령화지수 변화 추이(출처 : UN 세계인구추계)

고령화사회에서 나타나는 환경문제는 경제활동과 관련되어 있는 모든 분야에서 광범위하게 나타난다. 가장 먼저 이동 수단의 측면에서 고령화사회에서 각 개인의 이동 능력이 떨어짐에 따라 개인 교통수단을 더 많이 사용하게 되고 1인당 오염 발생량이 증가한다. 다시 말하면,

대중교통 이용의 편의성을 높이고 이동 거리를 단축시키는 등의 교통 정책이 필요한 사회다. 또한 고령화사회는 1인 가구의 증가 추세와 함께 각 개인의 에너지 소비와 자원 소비가 늘어나는 사회다. 경제활동을 영위하는 인구는 감소하는 반면 소비하는 에너지와 자원은 증가하면서 국가적으로 에너지와 자원의 효율적인 활용을 추구하는 정책이 필요하다. 전 세계에서 공통적으로 나타나는 고령화의 흐름은 거스를 수 없더라도 급격한 변화에 따른 사회적 비용을 줄이기 위해 완만하게 속도를 조절해야 한다는 마음가짐을 가져야 할 때다.

## 단원 리뷰

1. 맬서스의 인구론에서 주장한 바와 같이 인구 증가가 충분히 억제되지 않은 요인을 설명하시오.
2. 개체군의 성장 곡선에서 개체수의 증가 속도가 완만해지는 이유는 무엇인가?
3. 전 세계적으로 기대수명이 증가하는 환경적 요인은 무엇인가?
4. 항아리형의 연령별 인구 분포는 인구수 증가 단계 중 어느 단계에 해당하는가?
5. 경제성장과 도시화의 관계를 설명하시오.
6. 도시화에 따른 부작용을 설명하시오.
7. 하나의 대도시가 연담도시화되어 가는 과정을 설명하시오.
8. 연담도시화에 따른 환경문제를 설명하시오.
9. 저출산국가와 초저출산국가의 기준을 설명하시오.
10. 고령화사회에서 나타나는 사회적 · 환경적 문제를 설명하시오.

## 참고문헌


조영태, 정해진 미래, 북스톤, 2016.

Eldon D. Enger, Bradley F. Smith 저, 환경과학교재편찬위원회 역, 환경과학(제14판), 동화기술, 2017.

G.TYLER MILLER .JR 저, 김준호 외 역, 생태와 환경(제3판), 라이프사이언스, 2006.

KBS 명견만리 제작팀, 명견만리 : 인구, 경제, 북한, 의료 편, 인플루엔셜, 2016.

Wright, R.T., Boorse, D.F., Environmental Science, 12th ed., 2014.

# II
# 자연과 환경

CHAPTER 04

# 생태계

안태석

## 4.1 생태계(Ecosystem)란?

생태계는 자연에 존재하는 여러 생물들과 무생물적인 환경요인들과의 끊임없는 상호작용이다. 생태를 의미하는 'Eco'는 라틴어로 '집'이라는 의미이다. '집'이라는 공간으로 들어오고 나가는 에너지, 물질의 관계를 연구하는 학문을 'Ecology(생태학)'라고 한다. 참고로 재물이 들어오고 나가는 것을 따지는 학문을 'Economy(경제학)'라고 한다. '계(system)'라는 것은 ① 항상 원인과 결과가 똑같이 발생하고, ② 이를 수치적으로 분석이 가능하며 ③ 모델(model)을 만들어 예측이 가능한 변화를 말한다. 자연은 여러 종류의 다양한 생물이 함께 사는 생태계이고, 그 관계는 많은 과학자들에 의하여 연구되었다. 가장 알아채기 쉬운 자연의 변화는 바로 봄, 여름, 가을, 겨울의 변화이다. 계절 변화는 기온의 변화, 강수량의 변화 그리고 내려 쪼이는 햇빛의 세기가 달라진다. 그리고 계절 변화에 맞추어 식물은 꽃이 피고, 자라고, 열매를 맺고, 낙엽이 떨어진다. 또 동물들은 짝짓기를 하고 새끼를 낳고 키우는 과정을 해마다 되풀이한다. 이러한 과정에서 초식동물은 풀을 먹고, 육식동물은 초식동물과 또 다른 육식동물을 잡아먹고, 이들의 배설물과 사체는 미생물에 의하여 분해가 일어난다. 이러한 먹이연쇄과정을 통하여 에너지는 다른 생물들에게 전달되고, 생체구성물질은 계속 순환하게 된다.

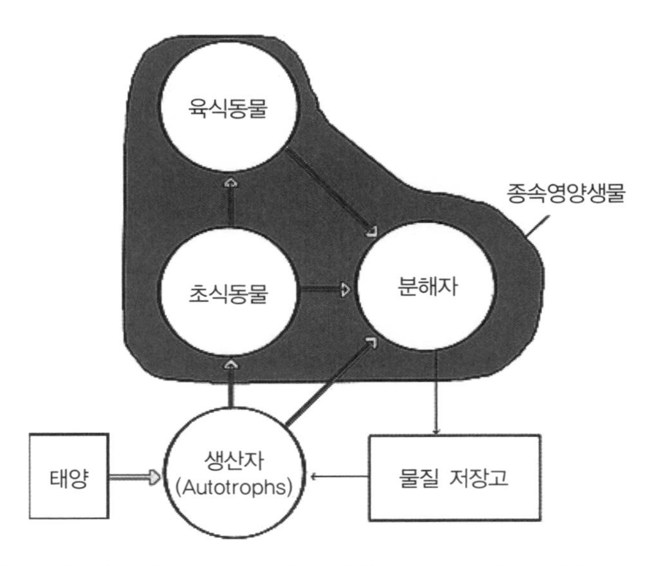


그림 4.1 생태계 모식도. 태양에너지를 이용하여 생산자(식물)가 유기물을 고정하고 먹이사슬을 통하여 소비자에게 전달된다. 이 과정을 통하여 에너지흐름, 물질순환이 이루어진다.

## 4.2 생태계의 구성

생태계는 생물적 요인과 무생물적 요인으로 구분할 수 있다. 생물학적 요인은 여러 종류의 생물체를 말한다. 생물체는 탄소(C), 산소(O), 수소(H), 질소(N), 인(P), 황(S)과 매우 다양한 미량원소들로 구성된 유기체이다.

생태계의 가장 기본은 태양광을 에너지로 고정하는 생물체이다. 식물(plant)은 광합성을 하는 주요한 생물이다. 조류(algae), 광합성세균(photosynthetic bacteria)들도 또 다른 광합성 생물체들이다. 이들 광합성 생물들은 태양광을 이용하여 $CO_2$를 유기물인 포도당(glucose)으로 환원하여 생체물질로 고정한다.

$$6CO_2 + 12H_2O \xrightarrow{\text{(태양에너지)}} C_6H_{12}O_6 + 6O_2 + 6H_2O$$

이 과정은 태양에너지를 화학에너지로 저장하는 중요한 과정이다. 이렇게 고정된 유기물은 초식(herbivore)과정을 거쳐 동물체인 1차 소비자(primary consumer)에게 전달된다. 동물들은 스스로 유기물을 합성하지 못하므로 식물을 먹음으로써 에너지를 얻게 된다. 초식동물들은 풀을 뜯어먹는 목가적인 풍경이 연상되지만 풀-초식동물 사이에는 보이지 않는 방어기작이 숨어 있다. 식물의 방어기작에는 1) 독소의 분비가 있다. 식물은 여러 종류의 화학물질을 분비하며, 그중 하나가 동물들에게 치명적인 독소이다. 이 독소는 잘 이용하면 인간에게 이롭게 사용할 수 있다. 2) 가시 : 가시는 잎이 변형된 방어기작이다. 초식동물을 찌르고 베게 하여 초식동물의 섭식행동을 방해한다. 3) 높은 곳에 매달린 잎 : 낮은 곳에 있는 잎은 초식동물이 쉽게 따먹기 때문에 높은 곳에 매달려 잎을 보호한다. 높은 곳에 매달린 잎을 따먹기 위하여 기린의 목이 길어졌다는 학설도 있다.

초식동물은 늘 포식동물에게 쫓기며 살아간다. 초식동물들은 육식동물들에게 잡아먹히지 않기 위하여 여러 가지 방어기작을 사용한다.

1) 무리짓기 : 얼룩말이나 영양들은 무리를 지어 생활한다. 포식동물에게 잡아먹히는 확률을 낮추는 방법이다. 2) 위장(camouflage), 3) 의태, 4) 다른 동물 따라 하기, 5) 빨리 도망가기 등의 방법으로 포식을 회피한다.

사자, 늑대, 여우 등과 같은 육식동물(carnivore)을 2차 소비자라 하며, 먹이연쇄과정을 따라 3차, 4차 소비자 등으로 불린다. 잡아먹는 포식자는 피식자를 잡기 위하여 에너지를 소모한다. 대부분의 경우 먹이를 잡는 데에 소모하는 에너지가 먹이를 잡아 얻는 에너지와 비슷하다. 따라서 자연계에서는 비만인 개체가 없다. 이를 먹이연쇄라 하고 이 과정을 통하여 태양에너지가 전달된다. 또 생체를 구성하는 물질도 전달된다. 이를 물질순환이라고 한다. 유용한 생체물질뿐만 아니라 환경오염물질도 전달되고 체내에 축적이 된다. 이를 생물농축(biomagnification)이라고 한다.

생산자, 1, 2차 등 소비자들은 배설물과 사체를 남긴다. 이 물질들은 세균, 곰팡이 등의 미생물(분해자 : decomposer)에 의하여 분자, 원자수준으로 분해가 되며 분해산물들은 다시 생산자에게 전달되어 또 다른 생체물질로 전환이 된다.

## 4.3 생태계의 기능

앞에서 살펴본 대로 생태계는 생산자, 소비자, 분해자와 환경요인으로 구성된 역동적인 시스템이다. 생태계에서 이들 구성원들의 작용으로 다음의 기능이 일어나고 있다.

### 가. 먹이사슬

생산자-1차 소비자-2차 소비자-3차 소비자로 이어지는 과정을 먹이사슬 또는 먹이연쇄라고 한다. 안정된 생태계에서는 먹이연쇄과정이 복잡하고 다양하다. 이 경우 하나의 생물제가 사라져도 먹이연쇄과정은 작동이 된다. 몽골의 초원은 풀-가축-사람으로 이어지는 매우 단순한 생태계이다. 풀이 가장 중요하므로 유목민들은 풀을 찾아 이동한다.

## 나. 에너지흐름

태양에너지 → 화학에너지 → 열에너지로 변화하고 생물 사이에 전달이 된다. 태양에너지가 식물로 고정되는 비율을 1% 정도이고, 소비자로 전달되는 비율도 10% 정도이다. 나머지는 생태계와 생물체를 유지하는 데 필요한 열량으로 사라진다. 이를 엔트로피(entropy)라고 한다.

## 다. 물질순환

또 먹이연쇄와 에너지흐름에서는 여러 가지 물질들이 관여하며, 산화/환원과정을 거치게 된다. 배설물과 사체가 분해되어 다시 다른 생물체의 생체물질로 사용된다. 생태계는 하나의 닫힌계이며, '질량보존의 법칙'이 적용된다. 이 법칙은 각 물질은 새로이 만들어지거나 소멸되지 않고 형태만 바꾸면서 존재한다는 것이다. 생태계에서도 이 법칙이 적용된다. 탄소(C)를 예를 들면, 탄소는 이산화탄소($CO_2$), 메탄($CH_4$), 각종 유기물질, 생체구성물질의 구성물질이다. 먹이연쇄과정을 거쳐 식물에서 동물로 이동하고 호흡으로 대기 중으로 방출된다. 탄소 외에도 질소(N), 인(P)과 같이 원자 단위의 물질순환과정이 있고, 물($H_2O$)처럼 분자 단위의 물질순환과정도 있다. 이를 생물지구화학적순환이라고 한다. 물질순환과정에서 중요한 것은 물질 저장고(pool, 또는 reservoir)이다. 물질이 변환되는 과정에서 완충역할을 하는 부분이다.

## 라. 진화(evolution)

생태계의 진화, 생물이 진화하듯이 생태계도 진화한다. 진화라는 개념은 시간에 따른 생태계의 변화를 말하며, 이는 천이(Succession)의 개념이다. 천이는 매우 천천히 진행되어 인간이 알아보기 어려우나, 오랜 시간 동안 기록에 따르면 자연생태계도 변화한다.

극상(climax)은 생태계 천이의 마지막 단계이다. 생태계 초기 단계에서는 생태계가 확장되어야 하므로 유기물 합성량이 소모량보다 크다. 즉, 생태계 내에 에너지가 축적이 되며, 이 잉여에너지를 노리고 육식동물들이 들어오면서 생태계는 점차 생산량과 소비량이 비슷해진다. 또 생태계 팽창 단계에서는 먹이연쇄과정이 단순하지만 극상 단계에서는 그물처럼 얽혀 있으면서 안정한 상태가 된다. '안정한 상태'라는 것은 생태계 구성원 중 한 종이 갑자기 멸종하여도 다른 종이 그 자리를 대체하므로 생태계 전체는 큰 변화가 없다는 의미이다.

표 4.1 발전 단계와 극상 단계인 생태계의 특성 비교

| | 발전 단계 | 극상 단계 |
|---|---|---|
| 생산성 | 높다 | 낮다 |
| 유기물 생산량 : 소비량 | > 1 | = 1 |
| 생물다양성 | 크다 | 작다 |

캐나다(Canada) 국기에는 빨간 단풍나무가 들어가 있다. 북미온대림 지역에서 육상 생태계가 극상을 이루면 단풍나무, 참나무 등이 우점하게 되고, 캐나다에서는 이를 국가의 상징으로 사용하고 있다. 우리나라에서는 최근 산림보존이 잘되면서 극상인 상태의 숲이 여러 곳에서 나타나고 있다. 국가는 이러한 지역을 보전하기 위하여 국립공원, 도립공원, 군립공원으로 지정하여 보호하고 있다.

## 마. 항상성(homeostasis)

생물 각 개체는 외부환경의 변화에 따라 생존에 필요한 적응이 일어난다. 대표적인 것이 체온 유지이다. 정온 동물은 체온을 일정하게 유지(사람의 경우 36.5°C)하려고 한다. 외부의 가온은 체온보다 높을 수도 낮을 수도 있다. 더울 때에는 땀을 배출하여 증발열로 체온을 낮을 수도 있고, 추울 때에는 근육이 떨리면서 체온이 상승하게 된다.

혈당을 낮추는 인슐린(insulin)과 혈당을 높이는 에피네프린(Epinephrine)의 길항작용(antagonism)을 하면서 체내의 혈당을 일정한 상태로 유지한다.

자연 생태계에서도 이러한 길항작용으로 일정한 상태를 유지하려는 경향이 있다. 이를 항상성이라고 한다. 대표적인 생태계 항상성은 하천의 자정작용(self purification)이다. 유기물은 하천에서 일어나는 가장 흔한 오염물질이다. 유기물은 하천으로 유입되면, 미생물에 의하여 분해가 시작된다. 이 과정에서 물속에 녹아 있는 용존산소(dissolved oxygen : DO)를 소모한다. 물속의 용존산소농도는 좋은 수질 상태에서 약 10 ppm 정도이다. 외부에서 산소가 공급되지 않으면, 용존산소는 금방 소진되고 하천은 무산소 상태가 된다. 하천에 서식하는 수초, 식물플랑크톤 등 생산자가 광합성을 하면서 만들어내고, 급류, 와류 등 물의 흐름에 따라 공기 중에서 녹아든다. 이를 재포기라 한다.

따라서 용존산소의 소모량이 재포기량보다 작으면 하천은 맑은 상태를 유지할 수 있다. 반대로 용존산소 소모량이 재포기량보다 크다면 하천은 무산소상태가 되고, 바닥은 검게 변하고, 악취가 발생하며, 물고기의 떼죽음이 일어난다. 비가 내린 후에 하천의 유량이 늘어난 후 물고기 떼죽음이 나타내는 이유는 다음과 같다. 강우 때에 점오염원과 비점오염원에서 쏟아져 들

어온 오염물질에 포함된 유기물은 하천에서 분해되면서 재포기되는 산소의 양보다 더 많은 용존산소를 소모하게 되고 물고기들은 질식하여 죽는 것이다.

하천의 자정작용은 재포기되는 산소의 양만큼 소모할 수 있는 유기물이 하천으로 들어오면 하천 스스로 유기물을 분해하여 제거하는 과정을 말한다. 하천의 유기물 분해는 수온, 영양염류 등 다양한 환경요인과 관계가 있다. 자정작용은 미생물에 의한 분해과정뿐만 아니라 물리적 희석도 포함이 되므로 호수에서도 일어나고, 대기, 토양에서도 일어날 수 있다. 이 자정작용은 생태계가 건강하고 안정적일 때 효과가 더 크다. 맑은 공기와 맑은 물은 숲에서 만들어지고 이는 자정작용의 결과로 보아야 한다.

## 4.4 주요한 생태계

생태계를 구성하는 생물들은 각각 적정한 환경조건에만 서식한다. 생물의 서식조건을 정하는 환경요인은 여러 가지가 있으나, 가장 중요한 환경요인은 1) 햇빛, 2) 온도, 3) 수분이다. 햇빛은 적도 지역이 가장 강하고, 북극과 남극 지역에서 가장 약하다. 햇빛의 강약에 따라 기온이 달라진다. 또 강수량이 많은 지역은 습하고, 적은 지역은 건조한 기후를 갖는다.

이 중요한 세 가지의 환경요인에 의하여 육상 생태계가 결정된다. 주요한 육상 생태는 다음과 같다.

### 가. 극지방

남극과 북극지방은 얼음과 만년설로 덮여 있는 지역이다. 여름철에 일부 지방의 얼음이 녹아 남극대륙에서는 짧은 기간에 식생이 발달하기도 한다. 최근 지구온난화로 극지방의 빙하와 빙산이 녹고 떨어져나가고 있다. 히말라야, 안데스, 알프스 산맥처럼 높은 고산 지역도 극지방과 같이 방하로 덮여 있다.

### 나. 툰드라 지역

시베리아 북쪽, 알라스카 지역, 노르웨이, 스웨덴, 핀란드의 북쪽 지역에 펼쳐진 지역이다. 땅 밑에 영구동토대(permafrost)가 있는 지역이다. 이 영구동토대에는 과거의 생물체가 냉동상태로 발견되기도 한다. 이 지역이 지구온난화로 녹으면서 건축구조물이 붕괴되는 등의 문제가 발생하고 있다. 더 심각한 것은 지금은 사라졌으나, 과거에 존재하였던 세균과 바이러스 등이 이 지역에서 살아나올 가능성이다. 지난 제1차 세계대전 당시 유행한 스페인의 독감의 원인균인 바이러스가 이 지역에 매장한 당시 사망자의 폐에서 검출된 것은 이러한 우려가 현실화될 수 있다는 우려이다.

지표면은 여름이 되면 매우 짧은 시간 동안 식물이 자라난다. 이들은 이 짧은 시간에 수정(꽃가루받이)을 하여야 하므로 곤충을 유혹하는 화려한 색상과 부산물을 생산한다.

이 지역에 사는 순록 등 초식동물은 먹이인 풀의 성장에 따라 이동하고 육식동물들도 이들을 따라 이동한다. 이 지역에서는 농경이 불가능하므로 순록과 야크 등을 키우며, 이들의 고기, 젖, 가죽을 얻어 생활하는 유목민들이 있다. 이들은 풀－가축－인간으로 이어지는 매우 단순한 먹이사슬을 만들어 생존하고 있다. 나무대신 풀이 우점하는 지역이다.

### 다. 타이가(Taiga) 지역

자작나무로 대표되는 타이가 지역은 전나무, 가문비나무 등 침엽수가 우점종인 지역이다. 일부 지역에서는 지하에 영구동토대가 있는 지역도 있다. 이 타이가 생태계는 육상 생태계에서 가장 넓은 지역(약 29%)에 분포하고 있다. 북미에서는 알라스카, 캐나다의 대부분을, 유라시아 지역에서는 캄챠카부터 노르웨이 지역까지 분포하고 있다.

### 라. 온대림(Temperate forest)

침엽수, 활엽수, 초원지대, 사바나(Savannas) 등으로 구분되나, 혼합되어 있는 경우도 많다.

우리나라의 경우 활엽수, 침엽수가 혼재되어 있고, 건조한 몽골, 중국 북부 지역 등은 광활한 초원지대가 펼쳐져 있다. 이 초원 지역에는 유목민들이 양, 염소, 말, 낙타 등 초식동물을 키우면서 살아간다. 즉, 풀－가축－인간으로 이어지는 먹이연쇄가 여기에서도 존재한다. 고도에 따라 풀이 자라는 시기가 다르므로 유목민들은 풀을 따라 가축과 함께 이동한다. 우리나라는 온대 활엽수림 지대에 속하고 다양한 식물들이 계절에 따라 변하게 된다. 봄, 여름, 가을, 겨울의 구분이 명확하고, 건기와 우기도 뚜렷이 구분되는 특징이 있다. 농경이 발달하고, 정주생활을 한다.

### 마. 아열대, 열대 지역

적도 지역은 열대 지역으로 열대우림(Tropical rainforest)이 적도를 따라 분포하고 있다. 우림(rainforest)은 하루에 한 번 꼭 비가 온다. 스콜이라는 이 비는 나무의 증산작용(transpiration)으로 하늘로 떠 있는 수증기가 무거워져 비가 되어 다시 땅으로 돌아온다. 이 물의 순환과정은 열대우림에서 가장 중요한 부분이며, 식물 다양성을 유지하게 된다. 여러 가지 이유로 우림이 손상되면, 이 비는 더 이상 내리지 않고 공중으로 수증기가 흩어지며, 건조한 지역으로 변하게 된다. 열대우림을 무분별하게 베어내면 생산성이 낮아지고 심하면 사막으로 변하게 된다.

캄보디아의 앙코르와트, 남미의 잉카, 마야 문명들이 잊힌 상태로 있다가 탐험가들에 의하여 발견된 것은 물의 순환과정이 깨졌기 때문이다. 인구가 증가하면서 당연히 농경지대가 필요하였다. 손쉽게 열대우림을 훼손하여 농경지를 얻었으나 물의 순환과정이 망가지고, 토양은 침식과 건조로 생산성이 점점 낮아져 사람들이 떠나가고 문명 자체가 멸망하게 되었다. 잊힌 지역은 자연의 복원력으로 새로운 천이가 진행되고 도시가 존재하였다는 것 자체가 잊히게 되었다.

열대우림은 생물다양성이 가장 높은 육상 생태계이다. 생물다양성이 높다는 것은 여러 종류의 생물들이 하나의 공간에서 서로 어울려 산다는 것을 의미한다. 생물다양성이 높은 상태에서 극상 생태계가 되면 에너지 축적과 유기물 생성량이 낮다. 농경지를 원하는 농부의 입장에서는 유기물 생성량, 즉 광합성량이 많아야 하므로 단일종의 곡물과 목초를 키우게 된다.

또 다른 열대 지역은 초원지대인 열대 Savanna이다. 이 지역은 건기와 우기가 뚜렷하여 초식동물들은 풀을 찾아 먼 거리를 이동하게 된다.

가장 극적인 지역은 사막(desert)이다. 온대, 한대 지역에도 사막이 있으나, 열대사막은 강우량이 절대적으로 부족하고 끊임없이 건조한 바람이 불어오면서 토양의 수분이 뺏기기 때문이다.

## 바. 수생태계

수생태계(hydrosphere)는 바다, 강과 호수에 있는 생태계이다. 최초의 생명체가 만들어진 곳도 물속이므로 외계 탐사에서 '물'이 있는가가 '생명체의 존재' 여부를 판단하는 중요한 지표이다. 물속에는 육상 생태계와는 다른 종류의 생물들이 살고 있다. 이들은 물의 압력, 부력 등 육상 조건과 다른 환경 때문에 진화의 과정도 다르게 되어 독특한 생물들이 살고 있다.

### 1) 해양(ocean)

바다는 지구 표면의 71%를 차지하고 있는 광대한 지역이다. 수온의 높고 낮음에 따라, 깊고 얕음에 따라, 육지에서 멀고 가까운지 등 다양한 환경에 따라 다양한 상태의 바다 환경이 존재한다.

바닷물은 약 3.5% 정도의 소금기를 함유하고 있다. 이 소금기는 다양한 양이온과 음이온으로 구성되어 있으며 근원은 육지이다. 하늘에서 내린 강우가 하천, 호수와 지하수를 거쳐 바다로 흘러들면서 여러 가지 이온들을 끌고 바다로 흘러들고, 다시 순수한 물만 증발하면서 바다는 점점 소금기의 농도가 높아진다.

육지에서 흘러드는 것은 이외에도 각종 오염물질도 포함되어 있다. 이 오염물질은 희석되어 없어지는 것처럼 보이지만 생물농축현상에 의하여 먹이연쇄 정점에 있는 생물들에게는 높은 농도로 오염물질이 존재할 수 있다. 한 예로 참치(tuna)에 수은(Hg)이 높은 농도로 존재하고 있어, 미국환경보호청(EPA)에서는 50 kg 성인은 1주일에 170g 이하의 참치만 섭취하도록 권고하고 있다.

해양에는 하천과 만나는 하구 생태계, 갯벌 생태계, 산호초 지대, 연안 생태계, 원양 생태계로 나뉠 수 있다.

#### 가) 하구 생태계

하천과 바다가 만나는 지역으로 생산성이 매우 높으며, 어장이 잘 형성되어 있다. 우리나라는 하천 수량을 확보하기 위하여 주요 하천마다 하구언을 건설하여 바다와 하천의 교류를 막고 있다. 그 결과 하천과 바다를 오가야 하는 뱀장어 등의 물고기가 이동 통로를 이용하지 못하는 생태학적 재앙이 나타났다.

#### 나) 갯벌 생태계

모래보다 가벼운 뻘이 쌓인 지역으로 우리나라 서해안에 잘 발달되었다. 유기물이 풍부하여 많은 생물체를 부양할 수 있는 능력이 있다. 게 등 갑각류, 조개와 낙지 등 연체동물의 중요한 서식지이며 생산 지역이다.

#### 다) 산호초 지역

산호는 동물체로서 조류(algae)와 공생을 한다. 산호의 다양한 색은 바로 이 공생 조류의 색에 따른다. 산호는 따뜻한 수온에서 잘 자라며 얕은 바다에 서식하면서 원양에서 밀려오는 파랑에너지를 낮추어 주는 역할을 한다. 산호초 지대는 생산성이 가장 높은 수생태계이다.

호주 동쪽 바다에는 수백 km에 이르는 대산호조 지대(Great barrier reef)가 발달되어 있다. 산호는 공기 중의 이산화탄소 가스를 고정하여 석회암으로 만들고 있어, 지구온난화를 방지하는 하나의 대안으로 제시되고 있다. 최근에는 해양오염, 지구온난화 등의 원인으로 백화 현상(bleaching)이 나타나 공생 조류가 죽는 현상이 나타나고 있다. 우리나라도 제주도, 남해안, 동해안 일부 지역이 이 현상이 나타나고 있고, 그 결과 어획량 감소, 양식업 피해 등이 나타나고 있다.

그림 4.2 산호초 지대의 모습. 생물다양성이 매우 높은 지역이다. (출처 : 위키백과)

라) 연안 생태계

바닷물의 높이는 태양과 달의 움직임과 연결되어 있다. 특히 달의 움직임에 따라 약 6시간 간격으로 밀물과 썰물이 반복되고 있다. 이 영향을 가장 많이 받는 지역이 연안 생태계이다. 약 6시간 동안 물에 차있고, 다음 6시간 정도는 공기에 노출되는 독특한 생태계에서는 이 환경에 적응한 따개비, 게 등의 생물체가 살아가고 있다. 이 지역에서는 오염물질의 정화가 잘 이루어지고 있다.

## 2) 하천과 호수

하늘에서 땅으로 떨어진 강수는 지하수, 하천과 호수를 거쳐 바다로 흘러 들어간다. 하천과 호수는 태양빛을 에너지원으로 하는 생태계가 형성이 되어 있고 지하수에는 미생물만 존재하거나 소비자만 있는 유기물에 의존하는 단순한 생태계가 있다.

바다는 연결되어 있으나, 하천과 호수는 독립적이라 독특하고 고유한 생태계가 다양하다. 바이칼호(Baikal lake) 지역은 70% 이상의 동식물이 고유종일 정도로 독특한 생태계이다. 아프리카의 마라위 호수와 이웃한 호수에 사는 씨클리드(cichlid) 물고기는 진화학에 응용될 정도로 고유한 성질을 가지고 있다.

### 가) 하천

하천은 물이 모여 중력에 의하여 아래(하류)로 흘러가는 물의 흐름을 말한다. 물의 근원은 대부분이 강수에 의하며, 고산지대에서는 빙산이 녹아 흘러드는 물이 하천을 이루는 경우도 있다.

하천은 끊임없이 하류로 물을 보내므로 모든 문명은 하천을 끼고 발달하였다. 하천은 농업에 필요한 물, 생활에 필요한 물, 오염을 정화하는 물 등 다양한 용도의 물을 공급하지만, 오염된 물, 특히 자정작용의 범위를 넘는 오염물질의 유입에는 매우 취약한 상태가 되었다.

영국 런던은 산업혁명 이후에 유입된 노동자들이 몰려 살면서 템스강(river Thames)이 오염되었고, 오염된 강에서 나오는 악취로 런던시민들이 고통을 겪었다. 이후 템스강이 회복된 것은 1960년경이니, 오염되고 100년 이상 고통받고 많은 재화를 투자한 결과 오염된 하천이 다시 살아난 것이다.

하천의 상류는 급류상태이고 하류에서는 유속이 느려진다. 그 결과 상류에서는 침식이, 하류에서는 퇴적이 일어난다. 이러한 변화는 조금씩 일어나므로 상류와 하류는 전혀 다른, 독립적인 공간이 아니고 연결된 생태계이다.

하천은 계속 움직이므로 공기 중에서 산소가 자연스럽게 녹아 들어간다. 이 산소는 미생물에 의하여 유기물을 분해과정에 사용된다. BOD와 COD로 표시되는 유기물량이 바로 이 유기물이다. 이 유기물이 자연 상태에서 분해되는 과정을 자정작용(self purification)이라고 한다.

그림 4.3 한강 하류의 모습. 전형적으로 도시가 주변에 발달하여 있다. (출처 : 위키백과)

### 나) 호수

호수는 물이 고여 있는 형태이다. 자연적인 지형에 의하여 생성된 호수를 자연호, 인공적인 댐으로 만들어진 호수를 인공호라고 한다. 백두산 천지와 한라산 백록담은 화산활동에 의하여 생성된 칼데라호이다.

우리나라에서는 동해안의 몇 개의 기수호를 제외하고는 대부분이 인공호이다. 대표적인 인공호는 소양호, 파로호, 충주호, 대청호 등이 있다. 우리나라에서는 강우 패턴이 장마 때에 집중되어 있어 홍수와 가뭄이 교대로 발생하였다. 이러한 피해를 예방하고, 수력발전, 용수확보, 관광 등 다양한 목적을 위하여 인공 댐을 건설한다. 수용량이 큰 인공호를 건설하기 위하여 상류에 건설하는 것이 유리하여 인공호 대부분은 상류에 건설되었다.

그 결과, 상류에서는 물의 흐름이 정체되면서 퇴적이 일어나고 하류에서는 침식이 일어나는 현상이 나타났다. 또, 상류는 급류에 알맞은 생태계가 있었는데, 갑자기 흐름이 느려지면서 정체된 수역에서 나타나는 생태계로 변화하였다.

호수는 하천과 달리 물의 흐름이 느려져 수평적 변화가 크지 않다. 그러나 수직적으로는 표층, 수온 약층, 심층부로 나뉘면서 각각 다른 환경 상태를 나타내고 있다. 표층은 기온의 영향을 직접적으로 받는 지역이다. 태양광이 투과되면서 식물플랑크톤과 수초의 성장으로 용존산소의 농도도 높다. 반면에 심층부는 햇빛 에너지가 차단되어 있고, 표층에서 생성된 유기물이 가라앉으면서 분해되어 산소를 소모하는 수역이다. 이 중간에 수온이 갑자기 낮아지는 수온 약층이 존재한다.

그림 4.4 백두산 천지. 화산폭발로 생성된 칼데라 호수다.

호수 중에는 유입수만 있고 유출수는 없거나 그 비율이 매우 낮은 곳이 있다. 이 경우 호수는 증발량이 많아 점점 염의 농도가 높아진다. 대표적인 곳이 이스라엘의 사해(Dead sea)다.

화학적 비중에 의하여 아래층에는 바닷물이, 위층에는 담수가 나뉘어서 존재하는 기수호(brackish lake, 석호라고도 한다)도 있다. 동해안의 경포호, 화진포, 영랑호 등이 여기에 속한다.

## 4.5 생물다양성

생물다양성은 다음의 3가지로 구분할 수 있다. 유전적 다양성(genetic diversity), 생물종 다양성(species diversity) 그리고 생태계 다양성(ecosystem diversity)이다. 유전적 다양성은 같은 종이라도 다른 유전적 성질을 말한다. 농작물의 경우 품종, 아종을 말한다. 생물종 다양성은 얼마나 많은 생물종이 있는가, 생태계 다양성은 구성과 기능이 다른 생태계가 많은 상태가 좋다는 의미이다. 농경은 이러한 다양성을 줄이는 방향으로 나아가므로 지속 가능한 농업은 바로 이 다양성을 증가시키는 방향으로 나아가야 한다.

우리가 현재 곡물로 재배하는 것은 쌀, 밀 등 15종에 의존하고 있고, 의약품도 초기는 모두 생물체에서 얻었다. 인류사에 영향을 끼친 생물은 다음과 같다.

### 가. 비단(Silk)

비단은 누에가 만들어내는 단백질이다. 누에가 고치를 만들면서 분비하는 단백질로서 얇지만 매우 강한 물질로 섬유로 이용되었다. 이 비단은 신라, 백제, 고구려와 한나라를 거쳐 로마를 잇는 장대한 무역로를 통하여 이동한 중요 물자이었다. 이 무역로를 실크로드(Silk Road)라 한다. 당시 로마에서는 비단과 금이 같은 무게로 거래되었다고 한다. 당시 중국은 외부로 생물자원이 유출되는 것을 엄격하게 막았다. 비단은 제품으로써 무역의 대상은 되었으나, 누에의 유출은 철저히 막았다. 실크로드의 주요한 교역물자는 바로 이 비단이었다. 생물자원은 서쪽으로 천천히 전파되었고, 마침내 유럽에서도 누에를 치기 시작하면서 실크로드의 중요성도 막을 내리게 되었다. 누에를 치기 위해서는 반드시 뽕나무가 있어야 한다.

### 나. 차(Tea)

차는 중국 남부, 인도 등 아시아 지역에서 재배된 작물이다. *Canella sieneis*라는 식물의 잎에 포함된 방향족 물질은 은은한 향과 맛을 내어 전 세계인들이 즐겨 마시는 음료다. 특히 수질이 나쁜 지역에서는 맹물 대신에 이 차 끓인 물이 위생학적 측면에서 매우 효율적인 질병 예방방법이다. 또 카페인과 폴리페놀이 있어 심신 안정효과가 있다. 높은 온도에서는 살균효과가, 차 성분의 화학적 반응으로 중금속 등 오염물질의 침전 등이 일어나 정수효과가 있다. 중국 남부에서 재배되는 차는 16세기에 유럽으로 건너갔고, 17세기에는 영국 등 유럽에서 유행되었다. 특히 이 시기에는 아시아에는 수입하던 도자기를 유럽에서 만들 수 있게 되면서 차 마시는 풍습이 널리 퍼지게 되었다. 즉, 차의 전파는 도자기의 전파와 관계가 있다. 차는 중국에서 티베트 지역과 무역에서 주요한 물품이었다. 차와 말을 물물교환하던 고대 무역길을 '차마고도(茶馬古道)'라 한다. 차를 유럽, 특히 영국에서 수입하면서 무역역조 때문에 영국의 은이 중국으로 엄청나게 유출되었다. 이때 영국이 생각해낸 것이 바로 아편(Opium), *Lachryma papaveris*라는 식물에서(opium poppy) 추출한 끈적끈적한 액체상 알칼로이드(alkaloid) 물질은 모르핀을 함유하고 있다. 이 모르핀은 마취효과가 있어 현대의학에서 사용하고 있다. 이 모르핀은 흡입하면 환각상태를 만들고 중독석이 있어 순식간에 중국 내에 퍼져나갔고 당시 청나라 정부는 이를 금지하였다. 영국은 자유무역규정에 위배된다 하여 일으킨 전쟁이 바로 아편전쟁이다. 또 미국의 독립도 보스턴(Boston tea party)에서 시작되었다고 한다.

## 다. 목화(Cotton)

목화는 지금의 인도－파키스탄 국경지대가 원산지이며, 인류 4대 문명의 하나인 인더스 문명의 주된 생산품이었다. 섬유소가 주요 성분인 목화는 면화(*Gossypium*) 속의 여러 종에서 얻는다. 구대륙과 신대륙 모두에서 다른 종들이 자란다. 목화의 색에는 흰색뿐만 아니라 분홍, 갈색, 녹색 등이 있다. 목화솜에서 실을 뽑아내고, 이 실로 옷감을 만드는 과정은 단순한 노동이나, 숙련된 노동자가 담당하는 일이었다. 이 목화로 만든 옷감은 대부분 흰색이므로 이를 염색하여 다양한 색깔로 만든다. 이 염색과정은 엄청난 염료가 배출되는 악성 공해산업이다. 인도에서는 대규모로 생산된 목화와 이를 이용하여 옷감을 만드는 방직산업이 잘 발달되었다. 이때 영국은 이런 기술이 없어 인도에서 완제품을 사들이는 수밖에 없었다.

당시 인도는 이 기술로 전 세계 경제규모의 25%를 차지하는 경제 대국이었다. 영국에서 산업혁명이 일어나자 방직도 기계화, 자동화가 가능해졌다. 이때부터 영국은 교묘하게 인도의 경제를 훼손하면서 값싼 원료(목화)를 확보하고, 영국 본토에서 값싸게 생산한 후 인도라는 엄청난 소비지에 비싸게 팔았다. 그 결과 인도는 영국의 식민지로 전락하게 되었다.

우리나라에서는 고려시대에 문익점이 중국에서 가져온 목화씨를 성공적으로 재배함으로써 우리나라도 의류를 자급자족할 수 있게 되었다.

## 라. 설탕(Sugar)

설탕은 단맛을 내는 식재료로 음식조리에 필수 불가결한 첨가물이다. 화학적으로는 여러 종류가 있으나 가장 흔히 사용되는 것은 포도당-과당(Glucose-fructose)의 이당류이다. 설탕은 여러 종류의 식물에서 얻을 수 있으나, 상업적으로 이용하는 것은 사탕수수(Sugar cane)와 사탕무(Sugar beet)이다.

사탕수수는 선사시대에 여러 지역에서 발견되는 여러 종에서 얻을 수 있다. 인도와 뉴기니아에서 자생하는 사탕수수(*Saccharum* 속)에서 얻었다. 초기에는 단맛을 내는 꿀의 생산량이 많아 이 설탕은 널리 쓰이지 않고 의약품으로 사용되었다고 한다. 인도에서는 사탕수수, 주스, 결정체를 만드는 방법이 개발되었고 중국에서는 7세기 당나라 시대에 대규모 농장규모(Plantation)로 재배하였다. 설탕이 획기적으로 소모량이 늘어난 것은 신대륙의 발견과 차(Tea) 문화의 확산으로 대규모 재배가 가능하였고, 소비처가 확대되면서 설탕은 주요한 식량 자원으로 부상하였다. 신대륙의 넓은 땅은 사탕수수의 재배에 적합하였다. 씨 뿌리고 수확하고 가공하는 데 필요한 인력은 턱없이 부족하였고 이 부족한 인력은 아프리카 노예로 충당하였다. 이에 유럽-아프리카-신대륙으로 이어지는 삼각무역으로 엄청난 수의 노예가 신대륙으로 끌려갔고 그 후예들이 신대륙에 남아 있다. 차(Tea)의 확산은 설탕 소비를 늘리는 역할을 하였으며 20세기 초에 개발된 탄산음료에 첨가되면서 그 수요처는 확보되었다. 그러나 이 설탕은 탄수화물로 에너지가 높아 비만의 원인으로 알려져 있으며, 대체 물질로 아스파탐이라는 물질을 사용하고 있다.

## 마. 후추(Pepper : *Piper nigrum*)

후추는 동남아시아가 원산이며, 인도에서 향신료로 많이 사용되었다. 로마시대에 인도에서 수입한 후추는 금과 같은 무게로 거래 될 정도로 귀한 재료이었다. 당시에 냉장고가 없어 육류를 저장하는 시설이 없어 후추는 잡냄새를 잡는 귀중한 향료이었다.

중세 유럽에서 진행된 대항해시대는 바로 이 후추를 포함한 향신료를 찾기 위한 모험이었다. 로마-인도를 잇는 길에 사라센제국이 자리 잡고 있어 유럽에서 직접 인도로 가기 위한 항로를 찾는 과정이 바로 바스코 다가마, 콜럼버스, 마젤란의 의한 대항해시대이다. 이 과정에서 신대륙이 발견되고 호주가, 남태평양의 많은 섬들이 발견되었다.

## 바. 고무(Rubber)

고무 라텍스(Rubber Latex)는 고무나무(*Hevea brasilensis*)에서 얻는다. 산업혁명이 진행되면서 고무는 동력 전달 장치, 완충제, 바퀴 등에 필수 불가결한 물질이었다. 산업혁명 당시 세계 최대 자연고무 생산지는 브라질의 아마존 강 유역이었다.

아마존강 중류에 있는 마나우스(Manaus)는 이 고무를 독점적으로 공급하는 도시이었고 엄청난 부를 축적 하였다. 당시에 지은 오페라 하우스는 화려함이 극치를 이루었다. 이 고무나무는 영국군이 당시 영국의 식민지였던 인도, 말레이시아로 유출되었고, 그 결과 마나우스의 경제도 몰락하였다.

현대에는 인공합성고무를 사용하게 되면서 천연고무를 대체하게 되었다.

## 사. 신대륙에서 구대륙으로 건너온 새로운 식품

신대륙에서 구대륙으로 건너온 주요한 식품과 작물은 다음과 같다. 옥수수, 호박, 고추, 토마토, 코코아, 파파야, 땅콩, 감자와 고구마, 마니옥, 아보카도, 파인애플 그리고 담배 등이 있다. 옥수수와 감자는 구대륙에서 기아를 해결하는 일등공신이 되었으며, 토마토는 비타민 C를 공급하는 귀중한 작물로 대접을 받았다.

오늘날 구대륙에서 자랑하는 요리 중 일부는 신대륙에서 건너온 식재료를 이용하는 음식들이 많다. 칠리소스, 토마토케첩, 토마토소스를 넣은 스파게티 등은 신대륙에서 건너 온 식재료가 있어서 가능한 음식들이다.

## 아. 생물다양성 지수(Biodiversity index)

한 지역에 분포하는 생물의 종류와 개체수는 다 다르다. 한 지역에서 생물종 다양성을 분석하는 방법으로는 종 풍부도(richness), 우점도(dominance)를 분석하는 방법이 있으며 가장 널리 쓰이는 방법은 Shannon-Wiener 지수와 Simpson 지수이다.

다음의 표를 보자. 총 10종의 생물이 100개체수가 분포하면 단순 지표로는 2지역의 다양성을 구분할 수 없다.

| 종 | 1 | 2 | 3 | 4 | 5 | 6 | 7 | 8 | 9 | 10 | 총개체수 |
|---|---|---|---|---|---|---|---|---|---|---|---|
| 군집 A | 10 | 10 | 10 | 10 | 10 | 10 | 10 | 10 | 10 | 10 | 100 |
| 군집 B | 1 | 1 | 1 | 1 | 1 | 1 | 1 | 1 | 1 | 91 | 100 |

Shannon-Wiener 지수는 $H=-\sum P_i \ln P_i$이다. 여기에서 $P_i$는 각 생물개체수/총개체수이다. 위 표에서 '군집 A'와 '군집 B'의 경우

$$H(\text{군집 A})=-(0.1*-2.3+0.1*-2.3 \ ... \ +0.1*-2.3)=2.3$$

$$H(\text{군집 B})=-(0.01*-4.6+0.01*-4.6 \ ... \ +0.91*-0.09)=0.5$$

H 값이 높을수록 생물이 안정적이면 다양하게 분포한다는 의미이다.

Simpson 지수는 $S=1-\sum P_i^2$으로 표시한다. $P_i$=(각 개체수/전체 개체수)로 표시한다.

$$S(\text{군집 A})=1-(0.01+0.01 \ ... \ 0.01)=0.10$$

$$S(\text{군집 B})=1-(0.01^2+0.01^2 \ ... \ 0.91^2)=0.17$$

### 유사도 지수(similarity index)

앞의 지수에서는 각 개체수를 모두 정량화하여야 하는 어려움이 있다. 이를 보완하고 비교적 간단한 방법이 유사도 지수이다. 두 생태계에 분포하는 생물종을 확인하고 유사성을 지수로 표현한 것이다.

다음의 표는 생태계 A와 B에서 분포하는 생물의 종 수를 나타낸 것이다. 이 중에는 두 지역 모두에 분포하는 종, 한 곳에만 분포하는 종 그리고 두 곳 모두에 없는 종이 있을 수 있다.

생태계 A와 B 모두에서 발견되는 생물종 수를 a, 생태계 A에서만 발견되는 종 수를 b, 생태계 B에서만 발견되는 종 수를 c, 두 곳 모두에서 발견되지 않는 생물종 수를 d라고 한다면, d 값은 정확히 알 수 없다. 따라서 수체 계산에서는 d를 빼고 계산한다. 즉 두 생태계의 유사도는 다음 Jaccard 유사도에 따른다.

$$Sj=a/(a+b+c)$$

예로 두 지역에서 생물종을 조사한 결과 각각 46종, 54종이 발견되었다. 그리고 두 지역에서 공통적으로 나타나는 생물종이 20종이라면 두 지역의 유사도를 구하면

$$Sj=20/(20+26+34)=0.25$$

두 종류의 생물을 위와 같은 방법으로 구분하면 두 생물 모두에서 관찰되는 형질(즉 양성+인 형질)의 수 a와 한 종류의 생물에서만 양성인 형질의 수 b, c 그리고 두 생물 모두에게서 음성인 형질의 수 d로 표시할 수 있다. 여기에서 Jaccard 유사도를 구할 수 있고 또 다른 방법으로는 간단 유사도 지수(simple similarity index)를 사용할 수 있다.

간단 유사도 지수(simple similarity index)는 다음의 식에서 구한다.

$$Ss = (a+d)/(a+b+c+d)$$이다.

요즘은 분자생물학이 발전하여 종의 유사성은 유전자 서열분석으로 가능하지만 표현형도 궁극적으로 유전자의 발현이므로 두 종의 비교에 Ss 유사도 지수가 자주 사용된다.

## 4.6 멸종(Extinction)

생물이 멸종하는 것은 자연적인 현상이며, 생물다양성이 줄어드는 원인이다. 자연에서 엄연히 존재하는 적자생존 방식이 종의 분화와 선택에 작용한다. 지구상에서는 몇 번에 걸친 멸종이 있었다. 공룡이 대규모 멸종의 한 예이다. 지구가 행성과 충돌하면서 발생한 엄청난 에너지는 열로 바뀌었고, 폭발 때 생긴 먼지구름은 햇빛을 가리면서 풀이 죽고, 이어서 초식공룡, 육식공룡의 순으로 지구상에 사라졌다.

기후변화 때문에 맘모스(mammoth)는 지금의 시베리아 영구동토대에 묻혀 있다. 그 외에 수많은 생물종들이 지구에서 영원히 사라졌다. 지금도 지진, 화산활동, 해일 등 자연 활동으로 멸종은 끊임없이 일어나고 있다. 더불어 현대에서는 지구온난화, 환경오염과 인간의 간섭에 의하여 생물종들이 사라지고 있다.

멸종은 환경변화에 따른 자연의 변화이다. 멸종 자체는 생물의 입장에서는 안타까운 일이지만, 생태학적으로는 자연스러운 변화이다. 멸종으로 한 생물집단(개체군)이 사라지면 다른 생물들이 자연스럽게 그 생태학적 지위(nitch)를 이어받는다. 따라서 한 종의 생물이 멸종하였다고 하여 그 생태계는 큰 영향을 받지 않는다.

다만, 멸종된 생물이 그 생태계의 핵심적인 역할을 하는 핵심종(keystone species)이 멸종할 경우에는 생태계는 큰 혼란에 빠지게 된다.

멸종의 가장 큰 원인은 바로 인간의 간섭 때문이다. 인간 활동에 의하여 발생하는 멸종의 과정은 다음과 같다.

## 가. 지구 기후변화

자외선 증가, 기온 상승, 해수면의 상승, 염분의 저하 등 지구 환경이 변하면서 멸종한다. 오존층이 파괴되면서 자외선이 증가하면 알로 번식하는 개구리의 경우 개구리알이 자외선을 받아 굳어져 번식이 되지 않는다. 또 기온이 상승하면 곤충이 알에서 깨어나는 시기가 빨라져 성충이 되어 날아가면, 이 곤충의 애벌레를 먹고 사는 새들은 먹잇감이 없어져 사멸하게 된다. 해수면이 상승하면 서식지가 없어져 사멸하게 된다. 지구의 변화 속도가 생물들이 적응하기에 너무 빠르므로 멸종하는 생물의 수는 급격히 증가할 것으로 예상되고 있다.

## 나. 서식지 파괴

개간, 산불, 도로 개설로 인한 분할, 농지와 택지로 전환 등으로 서식지가 파괴되면서 생물의 종수가 급격히 줄어든다. 먹이 감이 없어지면 포식자도 결국은 사멸하고 만다.

서식지를 보호하기 위한 적극적인 방법이 국립공원(National Park) 지정과 그린벨트(Green Belt)이다. 우리나라도 2013년 11월 현재 20개의 국립공원(www.knps.or.kr)이 지정되었고 각 시, 도 군에서도 형편에 맞게 공원으로 지정하여 관리하고 있다. 그린벨트는 도시 주위의 무분별한 개발을 막기 위하여 1971년 서울시 주위에 개발제한구역으로 지정한 것이 시초다. 국립공원과 그린벨트는 생물종 다양성의 확보는 물론 오염물질 정화, 깨끗한 물과 공기의 공급, 여가 장소의 확충 등 다양한 기능을 하고 있다.

## 다. 질병

지구 기후변화 등 생물에게 피해를 주는 질병이 증가하고 특정 생물에게는 치명적이다.

## 라. 남오용

부정확한 정보와 맹신으로 동식물을 잡고 먹는 행위로 특정 동식물이 멸종한다. 우리나라는 보양, 몸보신에 대한 맹신으로 각종 야생동식물을 채집, 포획하고 있다.

## 마. 환경오염

환경오염으로 직접적으로 생물이 죽기도 한다. 환경호르몬 등의 영향으로 부리가 휘어진 새들은 먹이를 구하지 못하여 죽기도 한다. 문제는 이런 오염으로 발생된 신체의 변화가 후대로 전해다는 것이다. 환경오염으로 서식지가 파괴되어 생물이 죽기도 한다.

### 바. 외래종의 침입

외래종이 유입되어 토종 생물에게 위협적인 존재로 작용한다. 우리나라에서는 황소개구리, 배스, 블루길 등이 대표적인 유해 외래 어종이다. 이들은 하천과 호수에서 토종 붕어를 비롯한 토종 물고기를 위협하고 있다. 식물도 외래 침입종이 많아 토종 식물을 밀어내고 있다.

이러한 여러 가지 변화 때문에 21세기에는 1년에 약 5만 종씩 사라질 것으로 예상하고 있다. 멸종을 방지하고 멸종 속도를 늦추기 위하여 '자연을 보호한다'는 것은 국가적인 사명이 되었다.

## 4.7 생물종의 복원

멸종에 대비하는 적극적인 방법은 바로 '종의 복원'이다. 한 지역에서 멸종된 개체군은 가까운 지역에 서식하는 개체 또는 개체군을 이입하여 복원한다. 대표적인 것이 반달곰의 복원이다. 반달곰은 우리나라, 중국 북부, 러시아 연해주에 서식하는 곰으로 우리나라에서는 웅담이 보신용으로 사용되는 등 수난을 겪다가 1983년 멸종한 것으로 추정되었다.

이 반달곰의 복원은 2004년 러시아 연해주에서 도입한 반달곰 새끼 6마리를 지리산에 방사하면서 시작되었다. 이후 더 많은 반달곰을 방사하면서 개체수가 늘었음을 확인하였고 이 중 한 마리는 지리산을 벗어나 김천까지 이동하는 행태를 보이기도 하였다.

그 외에도 황새, 산양, 호랑이, 늑대 등 다양한 종류의 생물들이 복원 중이거나 계획 중이다.

## 4.8 생물종과 생태계 보존에 대한 국제 협약

생물 보존과 생태계 보존은 한 나라, 한 지역의 노력만으로는 달성할 수 없다. 이에 국제적인 노력이 필요하고 이에 대한 약속으로 여러 가지 국제 협약이 체결되었다.

과학자들은 현재의 동식물 멸종률이 유지된다면 50년 후에는 전체 동식물종의 4분의 1이 지구상에서 사라질 것으로 경고하고 있다. 다양한 종류의 동식물들은 인간에게 꼭 필요한 의약품, 농산물, 식료품 원료 등을 제공하여 그 잠재적 혜택을 가치로 따질 수 없다. 따라서 세계 각국은 생물자원의 중요성을 깨닫고 각국의 동식물의 고유성을 지키고 자원화하기 위한 생물다양성에 관한 협약(Convention on Biological Diversity)을 채택하였으며, 이는 각 국가 고유 생물자원에 대한 주권을 인정한 협약이다. 1987년부터 자연보전연맹(IUCN)의 권유에 따라 논의에 착수하였으며, 1992년 6월 브라질 리우에서 열린 유엔환경개발회의에서 158개국 대표가 모여 협약에 서명하였고 1993년 12월에 발효되었다. 현재 전 세계 195개 국가가 참여하고 있고 우리나라는 154번째 서명 국가(1994년 10월 가입)이다.

이 협약의 목적은 유전자원에 대한 적절한 접근과 기술로 생물다양성을 보전하고 유전자원에서 얻은 이익을 자원을 가진 국가와 기술을 가진 국가가 공정하게 나눈다는 것이다. 자연자원이 풍부한 국가들은 대부분 후진국으로 기술이 없고, 선진국은 앞선 기술은 있으나 생물자원이 없는 상태이다. 따라서 생물자원 개발을 통하여 얻는 이익을 공정하게 나누자는 목적은 매우 합리적이다. 생물다양성 협약 당사국 총회에서는 7가지 주제별 프로그램에 대한 작업을 시작하였는데 1) 해양 및 해안 생물다양성의 연구, 2) 농업환경 생물다양성, 3) 삼림 생물다양성, 4) 섬 생물다양성, 5) 내수면 생물다양성, 6) 건조 지역 생물다양성 그리고 7) 산악 지역의 생물다양성을 포함한다. 생물다양성이란 지구상의 모든 생물종의 다양성뿐만 아니라 이 생물들이 서식하는 생태계 다양성 그리고 생물이 지닌 유전자 다양성까지도 포함된다. 생태계 다양성이란 열대, 온대, 한대, 해양, 하천, 호소, 숲 등을 포함하는 서식지의 다양성을 뜻한다. 생물다양성이 가장 높은 해양 생태계는 산호초, 맹그로브숲을 꼽을 수 있고, 육지 생태계로는 습지, 열대우림이 포함된다. 유전자 다양성이란 같은 종 내에서도 서로 다른 유전자 때문에 여러 가지 독특한 형질이 나타나는 다양성을 의미한다. 옥수수라는 종 내에서도 다양한 옥수수 품종이 있으며, 우리나라 토종 흑돼지나 토종닭 등은 유전자 다양성을 나타내는 예이다. 또한, 유전자 조작을 통해 병충해 또는 건조에 강한 작물 품종을 만들 수 있다.

이 협약은 생물다양성을 보존하기 위한 국제 협력 방안을 논의하는 순수한 목적으로 시작되었지만, 유전자의 산업적 이용 가능성을 둘러싼 선진국과 개도국의 상반된 입장을 타협하기 위한 형식으로 작성되었다. 생물다양성이 높은 지역은 주로 개도국인데 반해 이를 이용할 수 있는 기술을 가진 국가는 선진국이기 때문에, 종전까지는 선진국이 개도국의 생물다양성을 무제한 적으로 사용하였다. 따라서 생물다양성 협약은 선진국과 개도국을 타협시키기 위해, 유전자원에 대한 접근, 이용 및 이익 공정 분배를 위한 국내적 조치 의무와 기술이전 의무(선진국에 대해) 등을 부여하고 있다. 즉, 유전자원 개발 능력이 부족한 개도국은 선진국에 유전자원 개발을 허용하되 유전자원 이용으로부터 생기는 이익을 유전자원 제공국과 상호 합의된 조건하게 공평하게 배분할 것과 유전자원 개발기술에 대한 개도국 접근 허용 의무를 선진국에 부여하게 되었다.

이외에도 '멸종위기에 처한 야생동식물종의 국제거래에 관한 협약(Convention on International

Trade in Endangered Species of Wild Flora and Fauna : CITES)'은 국제자연보호연맹(IUCN)회원 협의에서 1963년 결의안이 채택되어 입안되었다. 조약의 목적은 야생동식물종의 국제적인 거래가 동식물의 생존을 위협하지 않게끔 하고 여러 보호단계를 적용하여 33,000생물종의 보호를 보장하는 데 있다. 조약이 발효된 1975년 조약이후 CITES에 의해 보호를 받는 단 한 종도 멸종되지 않았다.

### 우리나라의 주요한 생물 정보를 제공하는 기관

- 한국외래생물 정보시스템(http://kias.nie.re.kr)
  우리나라 토착종을 위협하는 '외래생물', '생태계 교란생물', '위해우려종'의 현황과 관리방안에 대한 정보를 제공하고 있다.
- 국립생물자원관(http://nibr.go.kr)
  우리나라의 생물자원을 효율적으로 관리하여 보전하는 목적으로 2007년 설립되었다. 우리나라에 서식하는 생물종, 멸종위기종 등을 관리하고 있다.
- 국립생태원(http://www.nie.re.kr)
  우리나라 및 세계 5대 기후와 그곳에서 서식하는 동식물을 관찰하고 체험하는 생태연구, 전시, 교육의 공간으로 2013년 개관하였다. 충청남도 서천군에 자리 잡고 있다.
- 국립해양생물자원관(http://www.mabik.re.kr)
  충청남도 서천군에 자리 잡고 있다. '지속 가능한 해양생물자원의 융합가치 창조를 국민과 인류 행복추구'라는 목표를 가지고 2015년에 개관하였다.
- 해양극한 미생물은행(http://www.mebic.re.kr)
  바다의 다양한 환경에서 분리한 미생물자원을 관리, 분양하는 기능을 가진 연구조직이다. 경기도 안산시에 위치하고 있다.
- 생물자원센터(http://kctc.kribb.re.kr)
  생명공학연구원(KRIBB)에 속하는 기관으로 국내의 동물, 식물, 미생물 등 생물자원을 보존, 관리하는 기관이다. 전라북도 정읍시에 위치하고 있다. 그 외 유전자은행으로는 농업유전자원정보센터(KACC), 한국미생물 보존센터(KCCM), 한국세포주은행(KCLB) 등이 있다. 특수한 연구소재은행으로는 (재)연구소재중앙센터(KNRRC, www.knrrc.or.kr)가 있어 다양하고 독특한 동물, 식물, 미생물자원을 보전, 관리하고 있다.

## 4.9 농업과 생태계

생태계는 서식하는 생물종이 다양할수록, 유전자가 다양할수록 안정적인 생태계이며, 여러 계층의 사람들이 다양한 혜택을 받을 수 있다. 생태계를 축산, 목초지, 곡물생산 등 상업적 목적으로 사용할 경우에는 생태계 초기 단계처럼 생산성이 높아야 한다. 자연은 천이과정을 거쳐 생물종이 다양해지려고 한다. 잡초가 들어오고, 곤충이 들어오는 것은 바로 천이과정이고 극상으로 진화하려고 한다. 농부는 이런 경우 생산성이 낮아지므로 계속 잡초를 제거하고, 곤충을 제거하려고 한다. 이 과정에서 농약과 비료가 사용이 되고 물질순환과정이 변화하면서 궁극적으로 생태계가 인위적으로 조절되어 다양성이 낮아진다.

농업으로 인해 생태계가 피해를 입은 사례는 다음과 같다.

### 가. 미국 중서부의 먼지 폭풍(dust bowl)

미국의 중부는 대평원 지역이다. 주로 초원으로 구성된 이 지역은 다양한 야생동물의 천국이었고 약 2억 마리의 아메리칸 들소(Buffalo)의 서식지이었다. 유럽인들이 이 지역에 들어가서는 옥수수, 목화, 담배 등 경작지와 가축을 키우기 위한 초지로 변화시켰다. 농경이 진행되면서 토양의 표토층은 점점 바람에 날아가고 기후는 점점 건조하여졌다. 바람이 심하게 불면 모래 폭풍이 불어와 무릎까지 모래가 쌓이는 현상이 벌어지고 드디어 1920년~1930년대에 엄청난 피해가 중부 곡창지대에 몰아닥쳤다(그림 4.5).

그림 4.5 미국 텍사스에 몰아닥친 모래 폭풍(1935년) (출처 : 위키백과)

농업생산성이 떨어진 농부들은 은행 빚을 갚을 길이 없자 농토를 버리고 서부로 이주하고 이들은 도시 빈민으로 전락하였다. 이 이야기는 스타인벡의 소설 '분노의 포도(The grapes of wrath)'에 잘 묘사되어 있다.

이후 미국은 1935년에 토양 보호법을 만들어 표토층을 보전한 결과 오늘날에는 모래 폭풍은 많이 줄어들었다.

## 나. 아랄해의 사막화

아랄해는 카자흐스탄과 우즈베키스탄에 걸쳐 있는 68,000 $km^2$의 면적을 가진 세계에서 4번째로 큰 호수였다. 대한민국의 휴전선 남쪽 면적이 약 100,000 $km^2$임을 감안하면 엄청나게 큰 호수이었음을 알 수 있다. 이 호수에서 생산하는 물고기는 옛 소련(Soviet Union) 인민들에게는 주요한 단백질원이었다.

아랄해를 품고 있는 두 나라는 과거 소련에 소속되어 공산주의 계획경제에 편입되었고 1960년대부터 관개에 의한 대규모 목화밭 조성에 들어갔다. 아랄해로 흘러드는 물은 천산 산맥의 빙하가 녹은 물로 풍부한 수량을 자랑하였다. 아무 다리아와 시르 다리아라는 두 강 유역에는 계획경제에 따라 대규모 목화밭이 조성되었고, 이 밭에 물을 대기 위하여 관개 시설이 만들어 졌다.

목화는 물을 많이 요구하는 작물이다. 아랄해로 들어가는 물을 중간에서 가로 채 관개 시설로 목화밭에 뿌려줌으로써 목화 경작이 가능하였다. 목화 생산량은 1960년대에서 2000년 사이에 두 배로 증가하였으나 같은 시기에 아랄해의 면적은 60%가 사라졌고 호수의 염분은 10 g/L에서 45 g/L로 바닷물(약 30 g/L)보다도 더 짜게 되었다. 목화밭에도 소금기가 남아 해마다 전년도보다 더 많은 물을 이 소금기를 희석하는 데에 사용하였고, 그 결과로 더 많은 소금기가 토양에 잔류하게 되는 악순환이 계속 반복되었다. 또 관개 시설은 제대로 만들지 않아 대부분의 물이 목화밭에 닿기도 전에 증발되거나 땅으로 스며들어 사라졌다. 그 결과 2007년 현재 염분은 350 g/L에 달하고 호수 표면적은 처음의 10%만 남게 되었다.

주요 산업인 어업은 진작 망하였고 수입 기반이 없는 주민들은 경제적 고통에 시달리고 있다. 목화 한 종류를 키우면서 많은 양의 농약과 비료를 사용하여야 하였고 이들은 말라붙은 건조한 땅에 흩어진 소금, 화학물질 폐기물, 무기 시험 잔재물과 함께 바람을 타고 흩날리게 되었다. 그 결과 주민들은 안과 질환, 폐 질환, 피부 질환, 결핵, 암, 소화기 질환, 빈혈, 신장 질환, 간 질환 그리고 높은 유산율과 유아 사망률 등에 시달린다. 또 먼지 구름에 포함된 각종 오염물질들은 천산산맥의 빙하가 녹는 속도를 높이고 있어 가까운 장래에 물 기근을 걱정해야 할 처지가 되었다. 또 이 먼지로 겨울은 더 춥고 여름은 더 더운 기후로 변하였다.

이러한 재앙은 이 계획을 기획한 옛 소비에트 담당자들도 예측하고 있었다고 한다. 예측보다 더 심하고 더 빨리 환경 재앙이 찾아 왔고 대책이 없다는 점이 황당하지만 사실이다. 이렇듯 환경이란 한 번 망가지면 다시는 회복이 안 되고 그 피해는 그 지역 주민들이 주로 입게 된다.

우즈베키스탄에는 우리나라 대기업이 진출하여 목화를 이용한 섬유 산업을 주도하고 있고, 세계 유수한 브랜드의 의류회사들은 이 목화를 원료로 하여 비싼 면 의류를 생산 판매하고 있다. 목화에서 솜 따는 일은 엄청난 노동력을 필요로 하지만 그 솜에서 가는 실을 뽑아내는 것은 첨단 기술이다. 그 결과 60수 면 셔츠 한 벌 가격은 70~200달러 정도이지만 아랄해가 사라진 것과 인근 주민들이 받는 고통을 감안하면 한 벌에 2,000달러 이상은 받아야 한다. 이를 생태학적 비용이라고 한다. 목화를 생산하고 가공하고 의류를 생산하는 그 누구도 이 생태학적 비용을 부담하지 않는다. 망가진 아랄해 인근의 주민들은 자기의 잘못도 아니면서 고통의 나락에 빠져버렸다.

### 다. 아마존 유역

남미 브라질 등 여러 나라에 걸쳐 펼쳐진 아마존강 유역의 산림지대는 열대우림(tropical forest)이며, 지구가 만드는 산소의 5%를 담당하고 있고, 생물다양성이 풍부한 지역이다. 상류 지역은 우기와 건기가 구별이 되며 우기에는 물이 찬 지역이 건기에는 물이 빠지는 지역이다. 이러한 조건은 독특한 생태계를 만들었고 그 결과 생물다양성이 매우 풍부한 지역이었다.

이 지역에 가축을 키우기 위하여 숲을 치우고 목초지로 변경하였다. 그 결과 가축의 사육에는 성공하였으나, 열대우림은 사라졌다. 열대우림이 파괴됨으로써 생물다양성이 낮아졌고, 물과 공기를 맑게 하는 생태계 서비스를 받을 수 없게 되었다. 무엇보다도 원주민들은 숲에서 채취 및 수렵생활을 하여야 하는데, 숲이 파괴됨으로써 더 이상 삶을 영위할 수 없게 되었다.

목초지에서 키우는 것은 주로 소등 초식동물이고 이들을 밀집하여 사육하기 위하여 넓은 초지는 필수 불가결하다. 이 소들은 햄버거 등 육류 소비가 많아지면서 더 넓은 목초지가 필요하게 되며 점점 더 넓은 열대우림이 목초지로 변하고 있다.

## 4.10 생태적 발자국(Ecological footprint)

우리가 마시는 물을 얻는 경로는 수돗물, 정수기, 먹는 샘물의 3종류가 대세를 이룬다. 수돗물이야 정수과정에서 정말 깨끗하게 만들지만 마시는 용도로서 기능을 상실한 지 오래되었고,

정수기는 가정으로 들어오는 수돗물을 다시 한번 정수하여 마시고 있다. 그리고 널려 있는 편의점과 슈퍼마켓에서 페트병에 들어 있는 물(생수, 법적으로는 먹는샘물)을 구입하여 마신다. 이 '먹는샘물'은 백두산에서 온 것, 제주도에서 온 것, 평창의 산골짜기에서 온 것, 파주에서 온 것 등 다양한 곳에서 생산되어 우리의 앞에 놓여 있는 것이다.

제주도와 백두산에서 만든 물은 배와 자동차로 이동하면서 화석연료, 즉 석유를 사용하여야 한다. 그 결과 지구온난화와 더불어 미세먼지의 증가가 일어난다. 또 물을 담는 페트(pet)병도 화석연료를 원료로 하므로 환경오염의 문제가 있고 사용 후에 발생하는 폐기물의 처리가 또 만만치 않은 환경문제이다. 수돗물을 바로 마실 수 있다면 제주도와 백두산에서 물을 가져오느라 소비하는 석유의 양을 절약하고 쓰레기 배출도 없앨 수 있다는 논리이다.

이렇게 하나의 상품이 소비자가 소비할 때까지 환경에 영향을 미치는 정도를 생태적 발자국(ecological footprint)이라고 한다. 모든 에너지를 사용한 후에는 이산화탄소가 발생하므로 탄소 발자국(carbon footprint)이라고 한다. 비슷한 의미로 녹색 발자국(green footprint)이라고도 한다(생명환경토픽 19.11, 19.12 참조).

미국과 호주에서 생산된 소고기는 운송과정에서 배와 자동차 그리고 냉장, 냉동과정에서 사용하는 모든 에너지를 생각하면 국내에서 생산된 소고기를 먹는 것이 옳다. 그러나 한우가 먹는 사료도 외국에서 들여오는 곡물이고 소고기 자체보다 훨씬 더 많은 양을 수입하여야 한다. 한우가격이 비싼 것은 이 사료 때문이다. 또 소를 키우면서 축산 폐수가 발생하고 이를 처리하는 과정에서 또 화석연료를 사용하여야 하므로 오히려 쇠고기를 수입하는 것이 사료를 수입하는 것보다 생태적 발자국으로 따지면 더 환경 친화적일 수도 있다.

또 다른 예는 지역 식품(local food)이다. 가정에서 사용하는 각종 식재료를 근처에서 구하여 요리하는 것이 이 생태적 발자국을 줄이는 현명한 방법이다. 우리나라는 쌀을 제외하고는 대부분의 식량을 외국, 특히 중국에 의존하고 있다. 식량의 운송 과정에서 발생하는 생태적 발자국을 고려하고 안전성을 따지면 우리나라에서 생산하는 것이 옳다. 그러나 같은 면적의 땅을 밭으로 일구는 것보다 골프장으로 만드는 것이 더 많은 경제적 이득을 얻을 수 있는 한 식량의 자급자족을 실현할 수 없다. 그러나 잔디를 키우려면 많은 양의 농약과 비료가 필요하고 숲을 베어내야 하고 이를 생태적 발자국으로 산정하면 이야기가 달라진다. 이렇듯 모든 인간 활동을 생태적 발자국으로 평가할 수 있고 이를 근거로 친환경적인 정책을 구현할 수 있다. 좀 더 자세한 내용은 www.footprinnetwork.org에서 확인할 수 있다. 이곳에서는 생태적 발자국을 계산할 수 있다. 대중교통 이용하기, 전기와 수돗물 아끼기, 일회용품 사용 안 하기, 음식물 안 남기기 등은 생태적 발자국을 줄이는 현명한 방법이다.

## 4.11 생태학을 이용한 지속 가능한 농업

농업은 생태계를 파괴하는 주범처럼 보인다. 농경지 확보를 위한 숲의 파괴, 생산성을 높이기 위하여 단일 종을 재배함으로써 잃어버린 생물다양성, 단위 생산량을 높이기 위하여 사용하는 농약의 위해성, 비료의 유출로 인한 하천과 호수의 부영양화, 질소비료가 만들어내는 지구온난화의 원인인 온실가스($N_2O$), 가축의 장내, 농경지에서 발생하는 메탄($CH_4$) 가스도 온실가스이다.

축산을 포함하는 농업은 인류를 부양하는 먹거리 산업으로 절대 포기할 수 없는 산업이다. 따라서 농업을 생태학적 원리를 이용하여 관리한다면 자연환경과 생태계를 크게 훼손하지 않으면서 농업을 영위할 수 있다. 다음은 몇 가지 예이다.

### 가. 소와 닭의 공생

현대 축산은 생산성을 높이기 위하여 한 종류의 가축만 키운다. 소는 사료 또는 풀을 먹고 배설한다. 이 배설물에 파리가 알을 낳고 구더기가 부화한다. 이 애벌레를 닭이 쪼아 먹는 일련의 진행으로 소 배설물이 처리되고 닭의 사료를 절약할 수 있다. 닭의 배설물은 수분이 적어 쉽게 처리가 되며 분해되어 식물의 영양소로 사용된다.

### 나. 사료를 공급하지 않는 양어장

물고기 양식장은 사료를 끊임없이 공급하므로 유기물 오염과 부영양화라는 수질오염 문제에 봉착하고 있다. 우리나라의 경우 소양호를 비롯한 호수, 저수지에서 대량 어류 양식이 이루어졌고 이로 인한 수질오염이 심각하였다.

외국에서 시도된 사례는 다음과 같다. 물고기 2종을 선정한다. 한 종은 양식을 목적으로 하는 물고기이고, 다른 한 종은 바닥을 뒤져 먹이를 먹는 어종이다. 이 종류는 목표 종은 아니다. 바닥을 뒤지는 이 어종은 조류(algae)의 성장을 촉진시켜 목표 어종의 증식에 이바지한다. 뒤집어진 바닥에서부터 질소, 인 등 영양염류가 위의 물 층으로 이동하고 햇빛을 받아 조류(algae)의 성장을 유도하게 된다. 생산자인 조류가 왕성히 자라면서 동물플랑크톤 등 상위 먹이 연쇄가 일어나 목표 어종의 성장이 촉진된다. 이 방법은 수질오염의 주원인인 사료를 공급하지 않아도 되며, 수질오염이 일어나지 않는 장점이 있다.

## 다. 양어장과 수경재배

수경재배는 물에서 작물이 필요로 하는 영양분을 직접 흡수하여 수확하는 재배 방법이다. 양어장에서는 사료에 포함된 질소, 인 등 영양염류가 부영양화를 일으킨다. 양식장에서 배출된 물을 수경재배에 이용하면 작물이 자라면서 질소와 인을 흡수하여 물을 깨끗하게 한다. 이 물을 다시 양식장으로 돌려 재사용이 가능하다. 이 방법은 새로운 농경방법으로 주목받고 있다.

## 단원 리뷰

1. 생태계의 구성과 기능을 설명하시오.
2. 생태계의 가장 기본이 되는 에너지는 무엇인가?
3. 호수생태계를 설명하시오.
4. 역사상 중요한 생물을 하나 찾아보시오.
5. 멸종의 원인을 알아보시오.

## 참고문헌

이뉴스투데이, 소금사막 된 '아랄해' 생태적 복원 꿈꾸다, 2016.
Odum, E and Barrett, G.W. 1971. Fundamentals of ecology (5th ed.). Thomson, New York.
www.wikipedia.org

CHAPTER
05

# 대 기

한영지

## 5.1 대기의 층(layers)

대기는 성층권까지 포함하는 저층과 그 위의 상층으로 구분된다. 대기 저층에 대한 학문을 기상(meteorology)이라고 일컬으며 상층에 대해서는 초고층 대기물리학(aeronomy)에서 다룬다. 대기는 고도에 따라 온도와 압력이 변하며(그림 5.1) 그 특성에 따라 다음과 같이 여러 개의 층으로 구분된다.

- 대류권(troposphere) : 대기의 맨 아래층. 지표부터 고도 10~15 km의 대류권계면(tropopause－위도와 시기에 따라 고도가 달라짐)까지를 말함. 고도에 따라 온도가 감소하며 그로 인해 수직적 혼합이 활발함.
- 성층권(stratosphere) : 대류권계면에서 성층권계면(45~55 km)까지의 층. 고도에 따라 온도가 증가하기 때문에 층이 확실히 구분되어 성층권이라고 명명됨. 수직적 혼합이 매우 느림.
- 중간권(mesosphere) : 성층권계면에서 중간권계면(80~90 km)까지의 층. 고도에 따라 온도가 감소하기 때문에 대기 층 중에 가장 온도가 낮은 부분을 포함함. 수직적 혼합이 활발함.
- 열권(thermosphere) : 중간권계면 위의 층. $N_2$와 $O_2$에 의해 파장 100 nm 이하인 자외선이 흡수되어 매우 높은 온도를 나타냄. 이온층 또는 전리층(ionosphere)은 광이온화에 의해 이온이 생성되는 상층 중간권 및 하층 열권을 일컬음. 대기가 희박하여 밤과 낮의 온도차가 심함. 태양에서 날아온 대전입자가 지구 자기장과 상호작용하여 발생하는 방전현상인 오로라(aurora)가 나타나는 층.

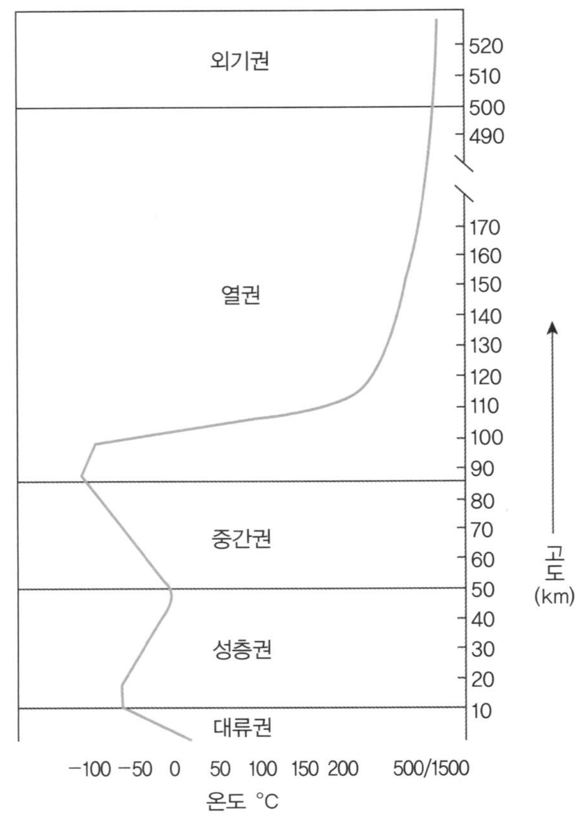


그림 5.1 대기의 연직 구조

환경학자들의 관심은 주로 대류권과 성층권에 집중되어 있다. 대류권은 비록 층이 가장 얇지만 대기를 구성하는 전체 물질 질량의 약 80%를 포함하고 있다. 또한 대기에 존재하는 대부분의 수증기는 대류권에 존재하기 때문에 기상현상이 나타나는 층이며, 고도가 증가할수록 온도가 감소하기 때문에 수직적 혼합이 활발하다. 대류권의 영어 명칭인 troposphere에서의 tropo라는 용어는 그리스어로 'turning'의 뜻인 만큼 끊임없는 난류와 혼합이 일어난다. 대류권은 또 다시 대기경계층(planetary boundary layer)과 자유대류권(free troposphere)으로 구분되는데, 대기경계층은 지표면에서 약 1 km까지를 말하며 지면의 영향을 직접 받는 영역을 말한다. 대기경계층은 지표의 영향을 받아서 일변화가 크게 나타나며 대기오염물질의 확산은 대체로 이 층 내에 국한된다. 대류권에서는 고도가 1 km 증가할 때마다 온도는 약 5°C에서 10°C 정도 떨어지는데, 온도의 감소 정도는 수증기의 양에 의존한다. 포화증기압이 온도의 함수이기 때문에(온도가 증가할수록 포화증기압이 증가함) 공기 덩어리(air parcel)가 상승할수록 내부의 상대습도는 증가하게 되고, 그 결과 수백 미터 상층에서는 상대습도가 100% 이상 과포화되면서 구름을 형성하게 된다. 공기 덩어리가 상승하면 수증기가 응결하면서 잠열(latent heat)을 내보내고 이는 결과적으로 공기 덩어리의 온도가 주변 공기의 온도보다 더 높아지게 되어 부력을 가지게 되며 공기 덩어리는 더 상승하게 되고 수증기는 더 응결하게 된다. 이런 상황에서 적운(cumulus cloud)이 생성되며 상승기류 속도가 발달된다. 이렇게 적운과 관련된 수직적 대류현상은 지표면 근처에서 공기가 중층 및 상층 대류권으로 이동하는 중요한 기작이다.

### 상대습도란(Relative Humidity : RH)?

상대습도는 포화 수증기압($P^0$)에 대한 현재 수증기 분압($P$)의 비율을 백분율로 표시한 것으로, 아래의 식에 의해 나타낼 수 있다. 포화 증기압은 온도와 양의 상관성이 있기 때문에, 온도가 감소하면 포화 수증기압이 감소하여 상대습도는 증가하게 된다.

$$RH(\%) = 100\frac{P_{H_2O}}{P^0_{H_20}}$$

성층권은 20세기 초반에 프랑스 기상학자 Léon Philippe Teisserenc de Bort가 발견했는데, 온도계를 풍선에 달아 고도에 따른 온도를 측정하면서 발견하였다. 고도에 따른 온도가 감소하다가 11~20 km 구간에서는 등온을 유지하고 다시 50 km까지 온도가 상승한다는 사실을 발견하였다. 성층권계면에서의 온도는 271 K로 지표면 평균 온도인 288 K보다 크게 낮지 않다. 이러한 성층권의 수직적 온도 구조는 성층권에 존재하는 오존층이 대부분의 자외선을 흡수하면서 나타난 결과이다. 대류권에서는 화학적으로 안정한 많은 물질들이 성층권으로 유입되면 자외선에 의해 광화학 반응이 활발하게 일어나 분해된다. 대표적인 물질로 CFCs(chloro-fluoro-carbons), 일명 프레온 가스가 있는데 CFCs는 대류권에서는 분해되지 않지만 성층권에서는 분해되어 염소 원자를 배출하게 되고 염소 원자는 수십만 개의 오존을 파괴할 수 있다. 이에 대한 자세한 설명은 본 단원의 5.4 라, 마) 오존과 광화학 스모그를 참조하면 된다.

## 5.2 대기의 조성

공기의 조성은 지구 탄생 이후로 계속 변해왔다. 초기 지구 대기는 현재 화산에서 배출되는 혼합기체와 유사한 조성, 즉 이산화탄소($CO_2$), 질소($N_2$), 수증기($H_2O$) 그리고 미량의 수소($H_2$)로 구성되었다고 생각한다. 지구 내부로부터 배출된 수증기의 대부분은 대기에서 응결되어 바다를 형성하였고, 배출된 $CO_2$는 바다에 녹은 후 퇴적물로 침전하여 탄산염암을 형성하였다. $N_2$는 화학적으로 비활성이고 비응축성이기 때문에 대부분의 $N_2$는 그대로 대기에 축적되어 현재 대기에서 가장 높은 비율을 차지하고 있다.

초기 대기는 약간 환원적인 조건이었던 반면 현재 대기는 매우 산화적인 조건이다. 산소가 풍부해진 이유에는 여러 가지 가설이 있는데, cyanobacteria에 의해 약 23억 년 전에 농도가 급격히 상승했다는 가설이 가장 믿을 만하다. 현재 대기 중 산소 농도는 광합성으로 인한 생성과 호흡 및 유기물 분해로 인한 소모가 균형을 이룸으로써 일정하게 유지된다.

현재 지구 대기는 주로 $N_2$(78%), $O_2$(21%) 그리고 Ar(1%)로 구성되어 있다. 그다음으로 풍부한 성분은 수증기로 주로 하층 대기에서 생성되며 수증기의 농도는 증발과 강우로 조절되는데 시공간적으로 변이가 심해서 어떤 경우에는 3%까지 도달한다. 수증기를 제외하고 지표면 부근의 건조공기만 본다면, 구성 비율은 표 5.1과 같고 질소, 산소, 아르곤, 이산화탄소가 건조공기의 99.995%를 차지하고 이외 성분들은 미량으로 존재한다. 공기는 무거워서 지표 부근에 가장 많이 존재하고 지상에서 높이 올라갈수록 희박해진다. 비록 미량 가스들이 매우 적은 부피로 존재하지만 이들은 지구의 복사 평형과 대기의 화학적 성질에 매우 중요한 역할을 한다. 또한 지난 2세기 동안 이 미량 가스들의 조성은 급격하게 변화되어왔다. 온실가스(greenhouse gases)라고 불리는 $CO_2$, $CH_4$, $N_2O$ 그리고 다양한 할로겐 화합물은 지구의 단열재 역할을 한다. 온실가스는 지구 표면에서 방출되는 장파장 복사에너지를 흡수하여 지구 대기 밖으로 빠져나가지 못하게 하면서 지구의 온도를 높여준다. 기후변화 현상은 뒤에 더 자세히 논의된다.

표 5.1 건조공기의 조성

| 성분 | 농도(ppmv) | 성분 | 농도(ppmv) |
|---|---|---|---|
| $N_2$ | 780,900 | Xe | 0.08 |
| $O_2$ | 209,940 | $H_2$ | 0.55 |
| Ar | 9,300 | $CH_2$ | 1.5 |
| $CO_2$ | 350 | CO | 0.06~0.2 |
| Ne | 18.1 | $N_2O$ | 0.33 |
| He | 5.2 | $O_3$ | 0~0.07 |
| Kr | 1.1 | | |

### ppm이란?

ppm은 parts per million의 줄임말로써, 백만분의 일을 뜻하는 농도의 단위이다. 만약 이산화질소의 농도가 1 ppm이라면 이는 공기 $10^6$ L의 부피에 이산화질소가 1 L 들어 있다는 의미이다. %는 백분의 일이기 때문에 %와 ppm은 10,000배 차이가 난다. 즉, 표 5.1에 나타난 $N_2$의 농도인 780,900 ppm은 78.09%가 된다. ppm과 %를 표시할 때에는 질량비율인지 부피비율인지 반드시 명기하여야 한다. 만약 질량비라면 ppmw, 부피비라면 ppmv로 표시한다. 대기에서는 조건이 없는 ppm은 ppmv이다.

예제) 공기가 79%(v/v)의 $N_2$, 21%(v/v)의 $O_2$로 구성되어 있다고 가정하자.

(1) $N_2$와 $O_2$의 농도를 ppmv로 나타내어라.

$[N_2] = 790{,}000$ ppm, $[O_2] = 210{,}000$ ppm

(2) 공기의 분자량과 밀도는 어떻게 계산되는가?

$$28\ \text{g/mol} \times 0.79 + 32\ \text{g/mol} \times 0.21 = 28.84\ \text{g/mol}$$

더 자세한 조성을 사용하여 계산하면 공기의 분자량은 28.958 g/mol, 약 29 g/mol이 된다. 밀도는 이상기체법칙을 이용하여 계산된다.

$$PV = nRT = \frac{m}{MW}RT$$

$$\frac{m}{V} = \frac{P \cdot MW}{RT}$$ (여기서, $m$= 질량(g), $MW$= 분자량(g/mol), $V$=부피(L), $P$= 압력(atm), $R$= 이상기체상수(L-atm/mol-K), $T$= 절대온도(K))

만약 표준상태(25°C, 1 atm)라면,

$$\frac{m}{V} = \frac{1\,atm \times 29\,g/mol}{0.0821(L \cdot atm/mol \cdot K) \times 298K} = 1.185\,g/L$$가 된다.

공기의 밀도는 온도와 압력에 따라 변화된다는 사실을 명심하자.

## 5.3 대기의 운동

바람은 직접적인 대기 운동의 형태라고 볼 수 있다. 바람은 일반적으로 수평차원에서의 대기 운동을 설명하는데, 바람이 형성되는 힘은 기압경도력, 전향력(코리올리 효과) 그리고 마찰력의 조합으로 설명할 수 있다.

기압경도력(pressure gradient force)은 기압 차이에 따라 발생하는 힘이다. 일기도를 관찰하면 등압선 간격이 조밀한 부분도 있고 넓은 부분도 있는데, 등압선 간격이 조밀할수록 급격한 기압경도와 이에 따른 강풍을 나타낸다. 기압경도력은 고기압에서 저기압으로 등압선에 수직으로(직각 방향으로) 작용한다.

전향력 또는 코리올리 힘은 지구가 오른쪽으로 자전하기 때문에 생기는 가상의 힘이다. 북반구에서는 움직이는 방향의 오른쪽으로, 남반구에서는 움직이는 방향의 왼쪽으로 편향되는 현상이 나타나며, 극지방에서는 최대로 나타나 적도에서는 나타나지 않는다. 이러한 전향력 때문에 실제 바람은 기압경도력만이 작용할 때처럼 등압선에 수직으로 불지 않고, 북반구에서는 약간 오른쪽으로 휘어져서 불게 된다.

대기경계층에서는 지표 마찰의 영향을 받기 때문에, 움직이는 방향과 반대 방향으로 마찰력이 작용한다. 따라서 지표바람은 마찰력과 전향력이 기압경도력과 균형을 이루게 된다. 마찰력은 지표에서 최대가 되고 고도가 올라갈수록 작아지며 대기경계층을 벗어나면 마찰력의 영향은 거의 없어진다. 마찰력, 전향력, 기압경도력이 균형을 이루어 부는 바람을 경도풍이라고 부르며, 대기경계층 위에서 전향력과 기압경도력이 균형을 이루어 부는 바람을 지균풍이라고 한다.

지표의 각 지점에서 받는 태양복사량은 태양 입사각의 함수이다. 따라서 극 지역에서는 적도보다 훨씬 더 적은 에너지를 받아 흡수한다. 대기대순환은 해수의 순환과 더불어 이러한 에너지 불균형을 어느 정도 해소할 수 있다. 적도의 따뜻한 공기는 상승하여 상층에서는 고위도 지역으로 흐르게 되고 지면을 따라서는 고위도의 차가운 공기가 적도 방향으로 흐르게 된다. 그런데 전향력으로 인해 북반구에서는 약간 오른쪽으로 치우쳐서 바람이 불게 된다. 대기대순환은 일반적으로 3권역 모델로 서술된다(그림 5.2). 위도 0°～30° 구간에서는 적도에서 상승했다가 중위도 지역에서 다시 하강하는 순환을 나타내고 북반구에서는 북동무역풍, 남반구에서는 남동무역풍이 분다. 위도 30°～60°에서는 편서풍이 불며, 위도 60°～90°에서는 극지방에 있는 극 고압대로부터 저위로 불어 들어오는 동풍 계열의 극동풍이 분다.

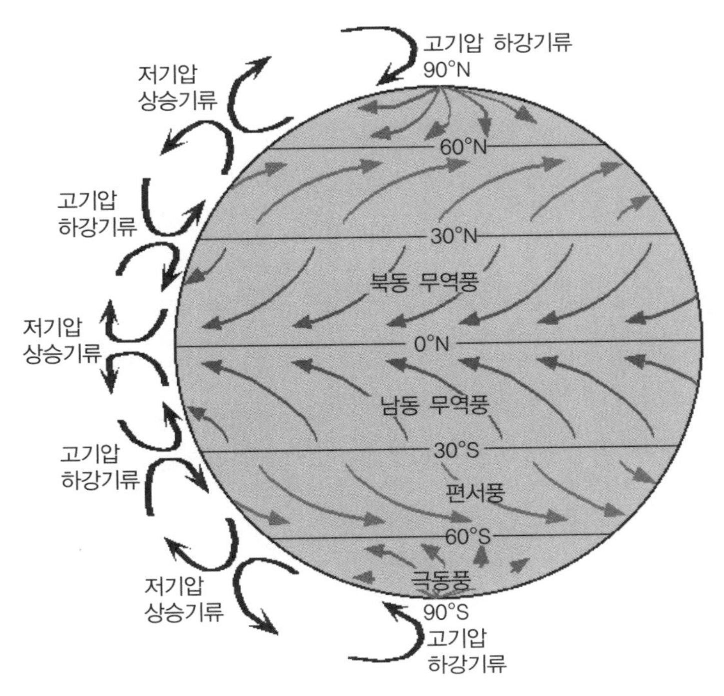

그림 5.2 대기대순환(출처 : https://addeyans-geography.weebly.com/global-atmospheric-circulation.html)

## 5.4 대기오염

### 가. 대기오염의 정의

우리는 공기 없이는 살아갈 수 없다. 일반적으로 사람은 하루에 대략 1 kg의 음식물을 섭취하고 2 kg의 물을 마시며, 약 13 kg의 공기를 흡입한다. 또한 음식물과 물은 개개인이 까다롭게 선택해서 섭취할 수 있지만 공기는 그보다 훨씬 더 공공재의 성격을 띤다. 따라서 공기를 깨끗하게 유지하는 것은 매우 중요한 일이다.

세계보건기구(WHO)는 대기오염을 "대기 중에 인위적으로 배출된 오염물질이 한 가지 또는 그 이상으로 존재하여, 오염물질의 양, 농도 및 지속시간에 따라 어떤 지역의 불특정 다수에게 불쾌감을 일으키거나 해당 지역에 공중보건상의 위해를 끼치고, 인간이나 동물, 식물의 활동에 위해를 주어 생활과 재산을 향유할 정당한 권리를 방해받는 상태"로 정의하고 있다.

우리나라는 대기환경보전법을 제정하여 그 목적을 다음과 같이 밝혔다. "이 법은 대기오염으로 인한 국민건강 및 환경상의 위해를 예방하고 대기환경을 적정하게 관리, 보전함으로써 모든 국민이 건강하고 쾌적한 환경에서 생활할 수 있게 함을 목적으로 한다."

## 나. 대기오염과 기상

대기오염과 기상은 매우 밀접한 관계이다. 같은 양의 오염물질이 배출되었다 하더라도 기상 상태에 따라 어떤 날은 오염물질의 대기 중 농도가 매우 높고 어떤 날은 낮다. 바람이 강하게 불면 대기오염물질이 수평적－수직적으로 강하게 혼합되어 희석 효과를 내기도 하는 반면, 때 맞춰 황사가 발생하면 강한 바람을 타고 우리나라로 많은 양이 유입되기도 한다. 또한 정체 고기압이 형성되면 오염물질을 희석시키기에는 너무 약한 풍속을 지니기 때문에 오염물질이 분산되지 못하고 대기 중에 축적된다. 비나 눈이 내리면 오염물질을 씻어내려 대부분 대기 중 농도가 감소되기도 한다.

일반적으로 대기오염을 가장 심각하게 가중시키는 기상 조건은 기온 역전(temperature inversion)이다. 대류권에서는 고도가 증가할수록 온도가 낮아지기 때문에 물질의 수직적 혼합이 활발히 이루어진다. 그러나 다양한 이유로 기온이 역전되면, 즉 고도가 증가할수록 온도가 오히려 증가하는 조건이 형성되면 오염물질은 수직적으로 섞이지 못하고 좁은 층에 정체하게 된다. 따라서 같은 양의 오염물질이 배출되어도 대기오염물질의 농도는 한층 상승하게 된다.

기온 역전층을 야기하는 조건은 일반적으로 두 가지로 분류된다. 첫째는 복사역전(radiation inversion)이다(그림 5.3). 해가 지면 지표면이 빠른 속도로 차갑게 식어 상층의 공기보다 오히려 온도가 낮아지는 현상을 복사역전이라고 한다. 이러한 복사역전은 다음 날 해가 뜨면 지표면이 따뜻하게 데워지면서 다시 원래의 정상적 상태로 돌아오게 된다. 그러나 간혹 안개가 짙고 구름이 많이 낀 날은 아침이 되어도 복사역전이 사라지지 않는 경우가 있는데, 이러한 기상 조건일 때 다량의 오염물질이 배출되면 지표면 부근의 오염물질 농도는 크게 증가하게 된다.

두 번째 역전의 종류는 침강역전(subsidence inversion)이다(그림 5.4). 침강역전은 고기압 중심부근에서의 대기 하층에서 공기가 발산하여 넓은 지역에 걸쳐서 상층의 공기가 서서히 하강할 때 나타난다. 이때 기층은 낮은 고도로 하강함에 따라 단열압축에 의하여 가열되어 하층의 온도가 낮은 공기와의 경계에 역전층을 형성한다. 이 층은 매우 안정하여 그 아래의 공기층에 대해 커다란 뚜껑 역할을 하게 되고, 대기오염물질의 수직적 확산이 억제된다. 침강역전은 일반적으로 1,000~2,000 m 사이에서 나타난다. 미국 로스앤젤레스는 연중 내내 침강역전층이 형성되고 침강역전이 나타나는 고도가 500 m 내외로 낮아서 대기오염에 한층 악영향을 미친다. 따라서 로스앤젤레스는 세계에서 가장 엄격한 대기오염기준을 설정하였다.

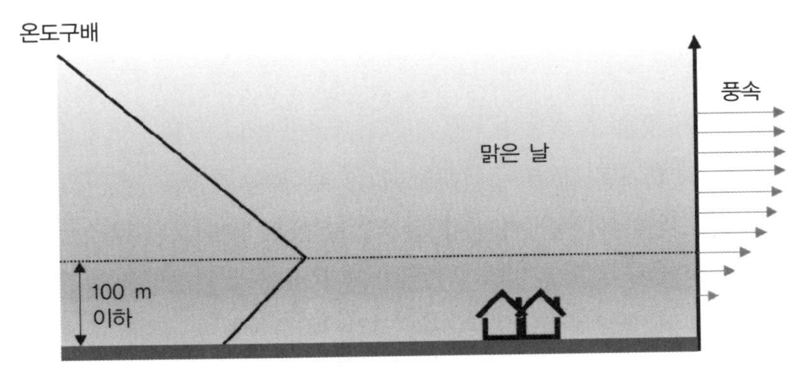


그림 5.3 복사역전(radiation inversion)

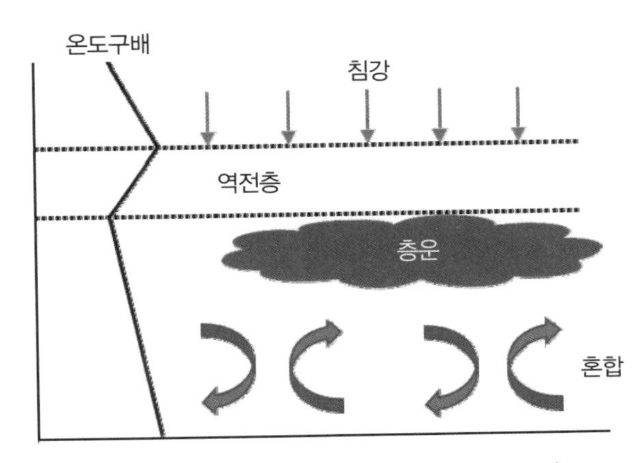


그림 5.4 침강역전(subsidence inversion)

이렇듯 고도에 따른 기온의 변화는 대기오염물질의 수직 확산을 좌우함으로써 오염물질의 농도를 결정하는 주요 요인이다. 풍속 역시 대기오염과 밀접한 관계를 맺는데, 바람은 지표면 마찰의 영향을 받으므로 지표면 부근에서는 약하고 고도에 따라 증가한다. 고도가 0일 때는 마찰력이 매우 커서 풍속이 0으로 나타나고 고도가 증가할수록 지수적으로 증가한다. 고도에 따른 풍속의 증가폭은 표면 거칠기에 따라 다르고 표면 거칠기는 지표 마찰력을 좌우한다(그림 5.5). 넓게 펼쳐진 사막이나 평탄한 시골에서는 표면 거칠기가 작아 지표 부근까지도 비교적 풍속이 강한 데 비해 산림이나 도심과 같이 표면 거칠기가 큰 지역에서는 비교적 높은 고도까지도 풍속이 약하다. 또한 지표면 거칠기가 동일한 지역이라도 하더라도 대기의 열적 안정도에 따라 고도에 따른 풍속의 분포가 달라진다.

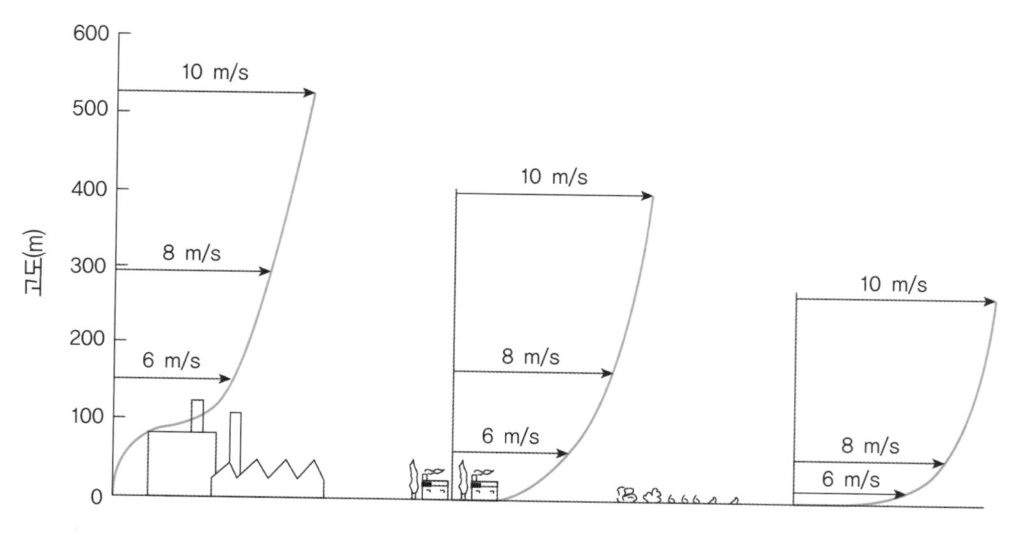


그림 5.5 다양한 지표면 거칠기에 대한 고도에 따른 풍속의 변화

지형(topography)도 기상과 더불어 대기오염을 가중시킬 수 있다. 예를 들어 골짜기 사이에 도시가 있을 때 밤에 능선을 따라 형성된 차가운 공기는 다음날 아침에는 골짜기 바닥까지 확산되어 결과적으로 지면 가까이의 공기가 상층의 공기보다 더 냉각되어 역전층을 형성하게 된다.

과거의 주요 대기오염사건을 보면 대기오염물질을 얼마나 배출하느냐가 중요한 것을 물론이고, 이와 더불어 기상과 지형도 얼마나 중요한 영향을 미치는지 알 수 있다.

## 다. 역사적인 대기오염사건

### 1) 런던 스모그(London Smog) 사건

지금으로부터 불과 60여 년 전인 1952년 12월 4일 영국 런던에 짙은 안개가 끼었다. 영국의 짙은 안개는 끌로드 모네, 찰스 디킨스를 포함한 많은 예술가 및 작가들의 찬미의 대상이었다. 그러나 이 날은 기온까지 내려가 영국해협을 건너온 찬 공기가 템스강 계곡에 이르자 꼼짝도 하지 않았다. 낮에도 기온은 영하에 머물렀다. 바람 한 점 없는 데다 지면 근처의 대기 온도가 상층보다 낮은 기온역전 현상이 일어나면서 굴뚝에서 뿜어져 나온 연기는 지면 부근에 그대로 머물렀다. 매연(smoke)과 안개(fog)가 합쳐진 스모그(smog)가 한 치 앞을 내다볼 수 없을 정도로 시내를 두껍게 뒤덮었다. 증기선이 다른 배를 들이받고 기차와 자동차가 충돌사고를 일으켰다. 그러나 런던시민들은 짙은 안개에 익숙해 있었다. 그러는 사이 장의사의 관, 꽃집의 장례용 화한이 품절됐다. 병실은 환자로 가득 찼으며 가축들은 쓰러졌다. 이후 6일이 지난 후 바람이 불어 스모그를 몰아낼 때까지 런던에서는 호흡기 장애로 무려 4,000여 명이 사망했으며 그 뒤 만성 폐 질환으로 8,000여 명의 사망자가 추가적으로 발생하였다. 세계 역사상 최악의 대기오염 사건인 런던 스모그를 야기한 주요 배출원은 가정 난방용 석탄의 연소, 화력 발전소 등이다. 석탄 연소로부터 이산화황($SO_2$)과 미세먼지들이 다량 배출되었으며 여기에 안개까지 결합하여 이산화황은 한층 더 인체 피해가 클 수 있는 황산미스트($H_2SO_4$)로 변형되었다. 여기에 역전층까지 형성되어 대기오염물질의 농도는 급속히 증가하였음에도 불구하고 석탄 연소는 멈추지 않았다. 영국 정부는 이 사건을 계기로 대기오염에 대처하기 위하여 1956년 청정공기법(Clean Air Act)을 공표하고, 특정 지역에서의 석탄사용을 금지시켰다. 런던 스모그와 같은 형태의 스모그를 산업형 스모그(industrial smog)라고 부르며 자극적이고 회색 빛깔을 띤다.

### 2) 미국 도노라(Donora) 사건

미국 펜실베이니아주의 도노라시에는 모논가헬라(Monongahela)강을 낀 계곡에 아연 제련소, 제철소 및 황산 공장이 있었고 언덕 쪽에는 주택가가 위치해 있었으며 가정 난방으로 주로 석탄을 사용하였다. 도노라시는 항상 안개가 끼어 있었지만 1944년 10월에는 5일 동안 안개가 걷히지 않았다. 점차 아황산가스의 자극적인 냄새가 증가하였고 천식 환자와 노인들뿐만 아니라 젊은이들도 병원을 찾아왔다. 이런 상황에서도 제철소는 계속 작업하였으며 이러한 대기오염과 자신들의 공장 가동에는 아무런 상관이 없다고 자신하였다. 수일이 지난 후 다행히 비가 내렸고 공기는 맑아졌으나 이미 6,000여 명의 환자가 발생하고 20명이 사망한 후였다. 도노라 사건은 하부 공기층에 역전층이 생성되어 공기가 정체된 상태에서 다량의 오염물질들이 배출되어 발생하였다.

### 3) 벨기에 뮤즈계곡 사건

벨기에의 동쪽에 리즈(Liege)시가 있고 그 옆을 흐르는 뮤즈강 유역에는 100 m 깊이의 계곡으로 24 km에 걸쳐 코크스로, 용광로, 화력 발전소, 유리공장, 제련소, 화학 공장 등이 위치해 있었다. 1930년 12월 1일부터 5일까지 뮤즈강 유역은 지상 약 80 m 전후의 역전층이 형성되면서 공장 및 가정에서 배출된 석탄연기가 정체되어 높은 농도의 입자상 물질 및 이산화황 그리고 황산미스트가 존재하였다. 이 사건으로 63명의 주민이 사망하였다.

### 4) 일본 요코하마 사건

제2차 세계대전 후에 급격하게 일본의 산업이 발달하면서 항구도시인 요코하마에는 제철공업소, 산화티타늄 공장, 인산비료 제조공장 등이 밀집해 있었다. 요코하마에는 미군과 그 가족들이 주둔하고 있었는데, 이 중 심한 기침과 천식 환자가 발생되어 이러한 증상을 요코하마 천식이라고 부르게 되었다. 발병 원인은 황산미스트에 의해 손상된 기관지 표면에 인광석 분말이 부착되어 발생한 알러지성 기관지염으로 추정되었다.

### 5) 인도 보팔 사건

1984년 12월 3일 인도 보팔시에 위치한 제초제 공장에서 사고가 나면서 유독한 액체가 새어나갔다. 가스가 새어나간 지 한 시간이 채 안되었음에도 불구하고 2,800명의 사람이 사망하였으며 15,000명 이상의 사람들이 다쳤다. 처음에는 유독가스가 무엇인지 알지 못했으나 극심한 자극을 유발하는 메틸이소시아네이트(methyl isocyanate : MIC)라는 것이 추후에 밝혀졌다. MIC는 수 ppm의 낮은 농도에 노출되어도 극심한 기침, 폐의 팽창, 출혈 그리고 사망까지 초래한다.

### 6) 로스앤젤레스 스모그

로스앤젤레스 스모그는 런던스모그와는 완연히 다른 스모그이다. 런던스모그의 주요 배출원이 석탄 연소이며 주요 오염물질이 미세먼지와 황산화물인 반면, 로스앤젤레스 스모그의 주요 배출원은 자동차이며 주요 오염물질은 질소산화물, 탄화수소 그리고 2차 오염물질인 오존이다. 로스앤젤레스는 연중 침강역전이 형성되고 1940년경부터 급격히 성장하여 1954년경에는 약 400만 대의 자동차가 운행되고 있었다. 자동차에서 배출되는 질소산화물과 탄화수소는 여름철에 강한 빛에 의해 오존을 포함한 광화학 스모그(photochemical smog) 물질을 생성하였다. 광화학산화물은 가시도를 악화시켰을 뿐만 아니라, 눈, 코, 목의 점막을 자극하고 기관지 계통에 피해를 주었다. 또한 식물의 생장을 저해하고 고무제품을 손상시켰다. 로스앤젤레스 스모그는 햇빛이 강한 여름철에 2차 오염물질을 생성하여 일으킨 스모그 사건의 대표적인 예로서 이러한 대기오염형태를 LA형 스모그라고 한다.

## 라. 대기오염물질

2017년 현재 우리나라에서 대기환경기준을 설정하여 규제하고 있는 오염물질은 총 8가지이다. 대기환경기준은 수차례 개정되었고 현재의 기준은 표 5.2와 같다. 또한 대기환경보전법 제8조 1항에는 배출허용기준이 명시되어 있는데 배출시설별 가스상 오염물질과 입자상 오염물질에 대한 세부 기준은 여러분이 찾아보기 바란다. 환경부장관은 환경의 오염 또는 자연생태계의 변화가 현저하거나 현저하게 될 우려가 있는 지역과 환경기준을 자주 초과하는 지역을 특별대책 지역으로 지정하고 필요한 경우 토지이용과 시설설치를 제한할 수 있도록 하고 있다. 현재까지 지정된 우리나라의 대기보전 특별대책지역은 울산·미포 및 온산국가산업단지와 여천국가산업단지 및 확장단지 등 2개 지역이다. 특별대책 지역 안의 대기환경은 기존의 배출시설에 대해서는 '엄격한 배출허용 기준'을 적용하고 신규 배출시설에 대해서는 '특별 배출허용기준'을 적용한다.

표 5.2 우리나라와 외국의 대기환경기준 비교

| 항목 | 기준시간 | 한국 | 미국 | 일본 | EU | WHO |
|---|---|---|---|---|---|---|
| $SO_2$ | 10분 | | | | | 500 $\mu g/m^3$ |
| | 1시간 | 0.15 ppm | 0.075 ppm | 0.1 ppm | 350 $\mu g/m^3$ | |
| | 3시간 | | 0.5 ppm | | | |
| | 24시간 | 0.05 ppm | | 0.04 ppm | 125 $\mu g/m^3$ | 20 $\mu g/m^3$ |
| | 년 | 0.02 ppm | | | | |
| CO | 1시간 | 25 ppm | 35 ppm | | | |
| | 8시간 | 9 ppm | 9 ppm | 20 ppm | 10 $\mu g/m^3$ | |
| | 24시간 | | | 10 ppm | | |
| $NO_2$ | 1시간 | 0.10 ppm | 0.1 ppm | | 200 $\mu g/m^3$ | 200 $\mu g/m^3$ |
| | 24시간 | 0.06 ppm | | 0.04~0.06 ppm | | |
| | 년 | 0.03 ppm | 0.053 ppm | | 40 $\mu g/m^3$ | 40 $\mu g/m^3$ |
| $O_3$ | 1시간 | 0.1 ppm | | 0.06 ppm | | |
| | 8시간 | 0.06 ppm | 0.075 ppm | | 120 $\mu g/m^3$ | 100 $\mu g/m^3$ |
| $PM_{10}$ | 1시간 | | | 200 $\mu g/m^3$ | | |
| | 24시간 | 100 $\mu g/m^3$ | 150 $\mu g/m^3$ | 100 $\mu g/m^3$ | 50 $\mu g/m^3$ | 50 $\mu g/m^3$ |
| | 년 | 50 $\mu g/m^3$ | | | 40 $\mu g/m^3$ | 20 $\mu g/m^3$ |
| $PM_{2.5}$ | 24시간 | 35 $\mu g/m^3$ | 35 $\mu g/m^3$ | 35 $\mu g/m^3$ | | 25 $\mu g/m^3$ |
| | 년 | 15 $\mu g/m^3$ | P)12 $\mu g/m^3$<br>S)15 $\mu g/m^3$ | 15 $\mu g/m^3$ | 25 $\mu g/m^3$ | 10 $\mu g/m^3$ |
| Pb | 3개월 | | 0.15 $\mu g/m^3$ | | | |
| | 분기 | | | | | |
| | 년 | 0.5 $\mu g/m^3$ | | | 0.5 $\mu g/m^3$ | 0.5 $\mu g/m^3$ |
| Benzene | 년 | 5 $\mu g/m^3$ | | 3 $\mu g/m^3$ | 5 $\mu g/m^3$ | |

주) 미국의 $PM_{2.5}$ 기준은 primary standard와 secondary standard로 구분되어 있다. primary standard는 천식환자, 어린이, 노인과 같은 민감한 집단군에 대한 공공보건을 목적으로 설정되었고, secondary standard는 가시도 저하, 동식물에 대한 손상 및 공공복지를 위한 기준이다.

우리나라는 총 11개 종류의 대기측정망을 운영하고 있으며, 전국 96개 시·군에 총 510개소가 있다(표 5.3). 측정망별로 운영주체가 국가 또는 지자체로 설정되어 있으며 도시대기측정망의 운영주체는 지자체이다. 표 5.4는 대기측정망에서 측정하는 오염물질의 종류를 보여주고 있다. 일반대기오염측정망은 주로 대기환경기준이 설정되어 있는 오염물질을 측정하고 있다. 중금속 측정망은 총부유분진(total suspended particle : TSP) 내에 포함되어 있는 중금속을 측정하고 있으며, 중금속 중 유일하게 가스상으로 존재할 수 있는 수은은 산성강하물 측정망에서 측정되고 있다. 대기오염집중측정망은 $PM_{2.5}$ 내 다양한 화학 성분을 실시간으로 측정하여 $PM_{2.5}$의 생성 및 반응 경로를 파악하고 있다.

표 5.3 우리나라 대기측정망의 종류 및 개수

| 구분 | 목적 | 소계 | 운영주체 | |
|---|---|---|---|---|
| | | | 환경부 | 지자체 |
| 도시대기측정망 | 도시 지역의 평균 대기질 농도를 파악하여 환경기준 달성 여부 판정 | 482 | – | 482 |
| 도로변대기측정망 | 자동차 통행량과 유동 인구가 많은 도로변 대기질 파악 | 50 | – | 50 |
| 국가배경농도측정망 | 국가적인 배경농도를 파악하고 외국으로부터의 오염물질 유입, 유출상태 등을 파악 | 11 | 11 | – |
| 교외대기측정망 | 도시를 둘러싼 교외 지역의 배경농도 파악 | 27 | 27 | – |
| 항만측정망 | 항만지역 등의 대기질 현황 및 변화에 대한 실태조사 | 15 | 15 | – |
| 산성강하물측정망 | 대기 중 오염물질의 건성침착량 및 강우·강설 등에 의한 오염물질의 습성침착량 파악 | 40 | 40 | – |
| 대기중금속측정망 | 도시 지역 또는 공단 인근 지역에서의 중금속에 의한 오염실태를 파악 | 55 | – | 55 |
| 유해대기물질 측정망 | 인체에 유해한 VOCs, PAHs 등의 오염실태 파악 | 32 | 32 | – |
| 광화학대기오염물질 측정망 | 오존생성에 기여하는 VOCs에 대한 감시 및 효과적인 관리대책의 기초자료 파악 | 18 | 18 | – |
| 지구대기측정망 | 지구온난화 물질의 대기 중 농도 | 1 | 1 | – |
| $PM_{2.5}$(성분) 측정망 | 인체위해도가 높은 $PM_{2.5}$의 농도 파악 및 성분파악을 통한 배출원 규명 | 35 | 35 | – |
| 대기환경연구소 | 국가 배경 지역과 주요 권역별 대기질 현황 및 유입·유출되는 오염물질 파악, 황사 등 장거리 이동 대기오염물질을 분석하고 고농도 오염현상에 대한 원인 규명 | 9 | 9 | |
| 총계 | | 775 | 188 | 587 |

표 5.4 대기측정망에서 측정하는 오염물질 항목

| 구분 | | | 운영 주체 | 항목 |
|---|---|---|---|---|
| 일반 측정망 | 일반 대기 오염 측정망 | 도시 대기 | 지자체 | $SO_2$, CO, NOx, $PM_{10}$, $PM_{2.5}$, $O_3$, 풍향, 풍속, 온도, 습도 |
| | | 도로변 대기 | 지자체 | $SO_2$, CO, NOx, $PM_{10}$, $PM_{2.5}$, $O_3$, 풍향, 풍속, 온도, 습도 |
| | | 국가 배경농도 | 국가 | $SO_2$, CO, NOx, $PM_{10}$, $PM_{2.5}$, $O_3$, 풍향, 풍속, 온도, 습도 |
| | | 교외 대기 | 국가 | $SO_2$, CO, NOx, $PM_{10}$, $PM_{2.5}$, $O_3$, 풍향, 풍속, 온도, 습도 |
| | | 항만 측정망 | 국가 | $SO_2$, CO, NOx, $PM_{10}$, $PM_{2.5}$, $O_3$, 풍향, 풍속, 온도, 습도 |
| | 특수 대기 오염 측정망 | 산성 강하물 | 국가 | 건성 : $PM_{2.5}$, $PM_{2.5}$ 중 이온성분 |
| | | | | 습성 : pH, 이온성분 |
| | | | | 수은(총가스상 수은), 수은 습성침적량 |
| | | 대기 중금속 | 지자체 | Pb, Cd, Cr, Cu, Mn, Fe, Ni, As, Be (황사기간 중에는 Al, Ca, Mg 등 3개 항목 추가) |
| | | 유해 대기물질 | 국가 | VOCs 14종 : Benzene, Toluene, Ethylbenzene, o-Xylene, m,p-Xylene, Styrene, Chloroform, 1,1,1-Trichloroethane, Trichloroethylene, Tetrachloroethylene, 1,1-Dichloroethane, Carbontetrachloride, 1,3-Butadiene, Dichloromethane |
| | | | | PAHs 7종 : Benzo(a)anthracene, Chrysene, Benzo(b)fluoranthene, Benzo(k)fluoranthene, Dibenzo(a,h)anthracene, Benzo(a)pyrene, indeno(1,2,3-cd)pyrene |
| | | 광화학 대기오염 물질 | 국가 지자체 | NOx, NOy, $PM_{10}$, $PM_{2.5}$, $O_3$, CO, 풍향, 풍속, 온도, 습도, 일사량, 자외선량, 강수량, 기압, 카르보닐화합물 |
| | | | | VOCs 56종 |
| | | 지구대기 | 국가 | $CO_2$, CFC, $N_2O$, $CH_4$ |
| | | $PM_{2.5}$ (성분) | 국가 | $PM_{2.5}$ 질량, 탄소성분, 이온성분, 중금속 성분 |
| 대기 환경 연구소 | 백령도<br>수도권<br>호남권<br>중부권<br>제주권<br>영남권<br>충청권<br>전북권<br>강원권 | | 국가 | $SO_2$, CO, NOx, $PM_{10}$, $PM_{2.5}$, $O_3$, 풍향, 풍속, 온도, 습도<br>$PM_{2.5}$ 질량, 탄소성분, 이온성분, 중금속 성분 |

## 1) 가스상 물질

### 가) 황화화물

황은 지각에 약 500 ppmw 이하로 존재하고 대기 중에서는 1 ppmv 이하로 존재하지만 대기

화학 및 기후에 큰 영향을 미친다. 표 5.5는 대기 중 황화합물의 종류를 나타내는데, 많이 분포하고 있는 화합물은 $H_2S$, $CH_3SCH_3$, $CS_2$, OCS, $SO_2$이며 이 중 가장 높은 분포를 보이면서 대기 환경기준이 설정되어 있는 물질은 이산화황(또는 아황산가스, $SO_2$)이다. 황은 5가지 산화가(oxidation state)로 존재할 수 있는데 환원된 황의 산화가는 -2나 -1로 존재하며 수산화라디칼(hydroxyl radical)에 의해 빠르게 반응한다. 황 화합물의 용해도는 산화가가 증가할수록 증가하기 때문에 환원된 황화합물은 주로 가스상으로 존재하는 반면 6가 황산화물은 입자나 액체방울에서 자주 발견된다. 황화합물은 일단 6가의 산화물로 변형되면 습식 및 건식침적에 의해 대기에서 제거된다.

표 5.5 황화합물의 산화가에 따른 종류와 존재 형태

| 산화가 | 종류 | 화학식 | 존재 형태 |
|---|---|---|---|
| −2 | 황화수소 | $H_2S$ | 가스 |
| | 다이메틸설파이드<br>(dimethyl sulfide) | $CH_3SCH_3$ | 가스 |
| | 이황화탄소 | $CS_2$ | 가스 |
| | 황화탄소 | OCS | 가스 |
| | 메틸메르캅탄<br>(methyl mercaptan) | $CH_3SH$ | 가스 |
| −1 | 이황화메틸 | $CH_3SSCH_3$ | 가스 |
| 0 | 다이메틸설폭시화물<br>(dimethyl sulfoxide) | $CH_3SOCH_3$ | 가스 |
| 4 | 이산화황 | $SO_2$ | 가스 |
| | 술폰산염(bisulfite ion) | $HSO_3^-$ | 액상 |
| | 아황산염 | $SO_3^{2-}$ | 액상 |
| 6 | 황산 | $H_2SO_4$ | 가스/액상/에어로졸 |
| | 중황산염(bisulfate) | $HSO_4^-$ | 액상/에어로졸 |
| | 황산염 | $SO_4^{2-}$ | |
| | 메탄술폰산(MSA) | $CH_3SO_3H$ | 가스/액상 |
| | 다이메틸술폰<br>(dimethyl sulfone) | $CH_3SO_2CH_3$ | 가스 |

황산화물은 주로 석유나 석탄의 연소에 의해 발생하고 상대적으로 자동차 배기가스에는 적게 함유되어 있다. 95% 정도가 이산화황의 형태로 배출되고 약 5% 정도가 삼산화황($SO_3$)으로 배출된다. 전 지구적 배출원을 보면 이산화황의 경우 화석연료에서 배출되는 양이 약 70 Tg(S)/yr이고, 생물성소각에서 2.8 Tg(S)/yr 그리고 화산폭발에서 7−8 Tg(S)/yr가 배출된다. 반면 황산염($SO_4^{2-}$)의 경우 화석연료에서 2.2 Tg(S)/yr가 배출되고 해양으로부터 배출되는 양이

40 − 320 Tg(S)/yr로 매우 높다(주 : Tg, teragram, $10^{12}$ g).

우리나라의 황산화물($SO_2+SO_3$) 배출량을 살펴보면 2000년부터 꾸준히 감소하고 있다(그림 5.6). 2014년의 배출량 자료를 보면 생산공정과 에너지산업 연소가 가장 큰 배출원이며 비도로이동오염원의 경우도 상당히 크다. 비도로이동오염원의 경우 선박에서 배출되는 양이 매우 높다. 이산화황은 자극성이 강한 냄새를 가진 무색의 기체로, 낮은 농도에서도 호흡장애를 일으키는 유독한 기체이다. 농도가 약 0.2 ppm이 되면 인체에 반응이 오기 시작하고 0.5 ppm이 되면 냄새를 느끼며 1.6 ppm에서는 기관지의 수축을 유발한다. 10 ppm이 되면 눈이 자극되고 20 ppm이 되면 즉각적인 기침의 원인이 된다. 우리나라의 이산화황 농도는 1989년부터 지속적으로 감소 중이다.

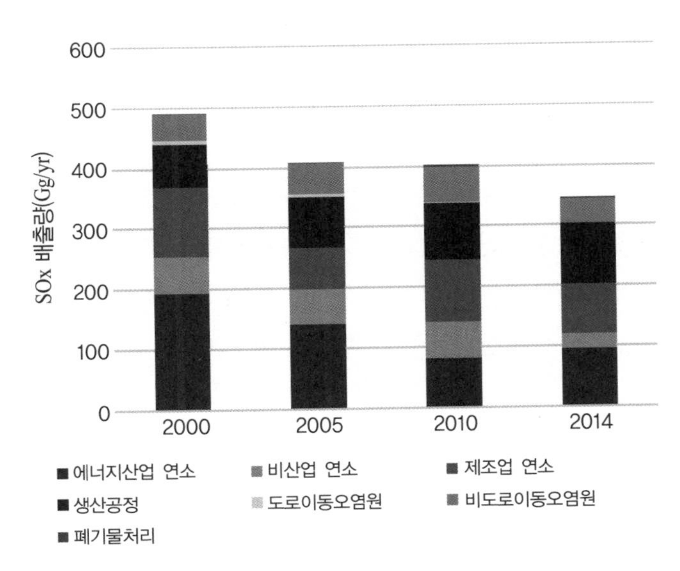


그림 5.6 우리나라의 황산화물 배출량 추이 및 주요 배출원

또한 황산화물은 산성비(acid rain)를 야기한다. 산성도의 척도를 가리키는 pH는 물속의 수소이온농도의 역수에 상용로그를 취한 값이다($pH = -\log_{10}[H^+]$). 순수한 물의 pH는 7의 값을 가지며 산성을 띨수록 7보다 작은 값을 갖는다. 대기 중 이산화탄소($CO_2$)가 빗물에 용해되면 탄산($H_2CO_3$)이 형성되어 깨끗한 비의 이론적인 pH는 약 5.6으로 나타나며, pH가 5.6 이하인 비를 산성비라고 한다. 황산화물과 질소산화물은 대기 중에서 물, 산소 그리고 여러 화학물질들과 반응하여 다양한 산성물질을 만들고, 경우에 따라 질산과 황산이 혼합된 산성비를 만들어낸다. 우리나라의 강우 내 연평균 pH는 전 지역에서 4.1 ~ 6.7 범위로 지역에 따라 다소 차이를 보인다.

### 나) 일산화탄소

일산화탄소는 무색 무취의 가스이다. 매우 안정적이어서 대기 중 체류시간이 2~4개월이다. 일산화탄소는 주로 불완전 연소에서 배출되고 주요 흡수원은 토양미생물에 의한 제거 및 이산화탄소($CO_2$)로의 산화 반응이다. 사람이 일산화탄소에 노출되면 체내 혈액 중 헤모글로빈이 산소와 결합하는 대신 일산화탄소와 결합하여 카르복시헤모글로빈(carboxyhemoglobin : COHb)을 생성한다. 헤모글로빈이 일산화탄소와 결합하는 능력은 산소와 결합하는 능력보다 무려 240배나 강해서, 낮은 농도의 일산화탄소에 노출되어도 인체는 산소 저하 상태에 빠지게 되어 어지럼증, 구토, 심지어는 사망에 이르기도 한다. 체내 COHb의 생성 정도는 일산화탄소의 농도뿐만 아니라 노출시간에도 좌우된다. 혈중 COHb의 농도가 1~2%면 행동에 변화가 생기고, 5% 이상이면 시각, 청각 등 신경계통에 이상이 생기고 10% 이상이면 두통, 어지러움, 구토, 의식불명 그리고 사망에까지 이른다. 담배연기는 400~500 ppm의 CO를 포함한다. 하루에 담배 한 갑을 피는 사람은 6.3%의 COHb 농도를, 두 갑을 피는 사람은 7.7%의 COHb의 농도를 나타낸다.

우리나라의 일산화탄소 배출량은 꾸준히 감소하여 최근 수년은 낮은 농도로 유지되고 있다. 가장 큰 배출원은 도로이동오염원으로(그림 5.7), 자동차에서 배출되는 일산화탄소가 압도적으로 많다. 따라서 일산화탄소 배출량이 가장 높은 지역도 서울과 경기도 등 수도권으로 나타나며, 도로 근처에서는 높은 일산화탄소의 농도가 관측된다.

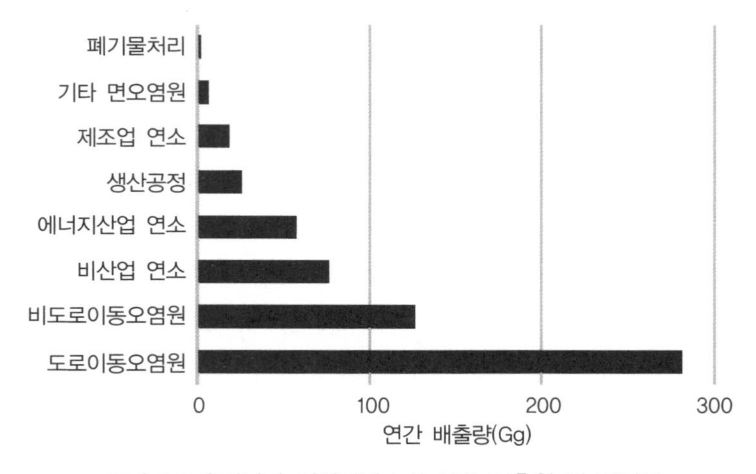


그림 5.7 우리나라 일산화탄소의 주요 배출원 및 기여도

### 다) 탄화수소

탄화수소는 수소와 탄소로 구성되어 있는 유기화합물이다. 탄화수소는 대부분이 발암물질로서, 자극적이며 냄새를 유발한다. 대부분의 가스상 탄화수소가 지닌 일반적인 대기 농도 수준으로는 인체 건강에 직접적인 악영향을 미치지는 않지만, 그을음이나 타르 등에 포함되어 있는 다환방향족탄화수소(polycyclic aromatic hydrocarbons : PAHs) 등의 일부 탄화수소는 암을 유발한다. 반응성 있는 탄화수소는 질소산화물과 더불어 햇빛에 노출되면 서로 반응하여 오존이나 알데하이드와 같은 광화학적 산화제의 2차 오염물질을 생성한다. 따라서 탄화수소의 반응성에 따라 그 중요성이 달라진다. 탄화수소는 인위적 배출원에서도 배출되지만 식물에서도 다량이 배출된다. 활엽수에서 배출되는 이소프렌(isoprene)이나 침엽수에서 배출되는 터핀(terpene)은 반응성이 상당히 높아 광화학적 산화제를 생성하는 능력이 크다. 메탄($CH_4$)은 탄화수소의 일종이기는 하나 반응성이 약하고 안정하여 '비메탄계 탄화수소'와 성질이 구분된다. 메탄은 토양미생물에 의해 자연적으로 발생하는 것으로 기후변화를 유발하는 물질이기 때문에 최근 큰 관심을 받고 있다.

휘발성이 강한 탄화수소는 반응성이 높아 휘발성유기화합물(volatile organic compounds : VOCs)이라고 독립적으로 일컬어지기도 한다. 우리나라의 2014년 VOCs 배출량은 약 906 Gg으로, 유기용제 사용에서 약 61%가 배출된다(그림 5.8). 국내에서는 현재 37종의 VOCs 물질이 규제대상으로 목록화되어 있는데, 일반적인 대기환경기준에는 탄화수소가 포함되어 있지 않다. 다만 대표적 VOCs 물질인 벤젠($C_6H_6$)의 발암성에 대한 긴급조치로서 2007년 1월 벤젠에 대한 환경기준이 개정되었으며 2010년 1월 1일부터 이 기준이 시행되었다. 벤젠의 연평균 기

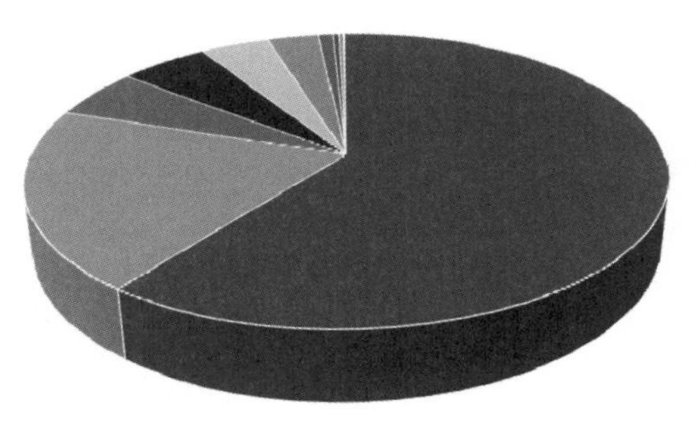


그림 5.8 우리나라 휘발성유기화합물의 배출원별 기여도. 가장 큰 기여율을 보이는 것이 유기용제 사용이고 왼쪽으로 돌아가면서 생산공정, 도로이동오염원, 폐기물처리의 순서이다.

준은 5 $\mu g/m^3$이다. 벤젠은 휘발성이 강하고 무색으로 특유한 냄새가 나며, 안정적인 분자구조로 반응성이 약하다. 호흡기로 약 50%가 인체에 흡수되며 미량이 피부를 통해 침투되기도 한다. 체내에 흡수된 벤젠은 주로 지방조직에 분포하게 되며 급성중독일 경우 마취증상, 호흡곤란, 불규칙한 맥박, 졸림 등을 초래하여 혼수상태에 빠진다. 만성중독일 경우 혈액장애, 간장장애를 일으키고 재생불량 빈혈, 백혈병을 일으키기도 한다.

### 라) 질소산화물

대기 중에 존재하는 질소산화물은 총 7가지로 NO, $NO_2$, $N_2O$, $NO_3$, $N_2O_3$, $N_2O_4$, $N_2O_5$를 포함한다. 이 중 NO와 $NO_2$를 합쳐서 NOx 또는 질소산화물이라고 일반적으로 일컫기 때문에, 이 책에서는 지금부터 NOx를 질소산화물이라고 얘기하겠다. NOy는 반응성이 있는 모든 질소산화물과 대기에서 NOx에 의해 생성되는 화합물들을 나타낸다. NOy에는 $HNO_3$, $HNO_2$, $NO_3$, $N_2O_5$, 및 PAN이 포함된다. 질소산화물은 섬유 및 염료를 손상시키며 콩 및 토마토와 같은 식물의 성장을 저해한다. 또한 해염입자와 암모니아와 반응하여 2차 에어로졸인 질산염($NaNO_3$ 또는 $NH_4NO_3$)을 형성하기도 한다. 인체영향을 살펴보면, 이산화질소($NO_2$)는 주로 만성 호흡기 질환을 야기한다. $NO_2$ 농도가 0.2 ppm 이상이 되면 천식환자들에게 자극이 되고 2 ppm 이상이면 건강한 사람의 폐기능도 저하시킨다. 20 ppm 이상이 되면 잠시 노출되어도 치명적이며, 자각 증상이 늦게 나타나서 회복이 어렵다. 담배연기에는 1,500 ppm에 달하는 질소산화물이 포함되어 있다는 점을 명심하자. 이산화질소는 공기 중에서 태양광으로부터 입사된 빛 중 파란색 빛을 효과적으로 흡수시켜서 노란색 빛을 띠면서 가시거리를 저하시키기도 한다.

우리나라의 이산화질소 대기환경기준은 1시간 평균 0.1 ppm, 24시간 평균 0.06 ppm, 연평균 0.03 ppm으로 설정되어 있어, 직접적인 인체피해를 야기하는 수준보다 더 엄격히 설정되어 있다. 그 이유는 질소산화물이 탄화수소와 함께 오존과 같은 광화학적 산화제를 생성하는 데 관여하기 때문이다.

질소산화물은 연료 연소에 의해 주로 발생되는데, 고온연소 공정에서는 NO가 90% 이상 발생하며 발생한 NO는 대기 중에서 산화하여 신속히 $NO_2$로 전환된다. NO의 평형농도는 연소온도가 상승하면 급격히 증가하며 NOx의 발생량이 증가한다. 질소산화물의 저감을 위해서는 연료의 연소 조건을 제어하거나 발생된 NOx를 제거하는 배연탈질법이 있다. 배연탈질기술로 가장 유용하게 사용되는 기술은 선택적 촉매환원법(selective catalytic reduction : SCR)이다. SCR은 $TiO_2$와 $V_2O_5$를 혼합하여 제조한 촉매의 존재 조건하에서 $NH_3$, CO, 탄화수소와 같은 환원제를 사용하여 NOx를 $N_2$로 전환시키는 기술이다. 우리나라의 질소산화물 배출량을 보면 2014년 약 1136 Gg이 배출되고 도로이동오염원에서 가장 많이 배출된다(그림 5.9). 디젤 엔진은 가솔린 엔진보다 열효율이 좋아서 힘과 연비가 우수한 반면 질소산화물이 더 많이 배출된다. 질소산화물이 주로 자동차에서 배출되기 때문에 이산화황이나 일산화탄소의 농도가 지속적으로 감소하는 것과 달리 이산화질소의 대기 중 농도는 감소추세를 보이지 않는다. 1989년부터 2002년까지 점차 증가하다가 이후에는 증가와 감소를 반복하면서 거의 일정한 농도를 보인다.

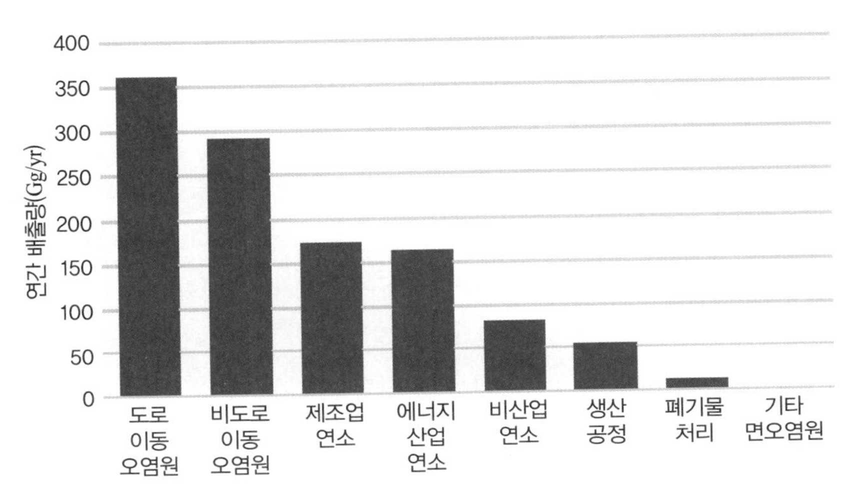

그림 5.9 우리나라 질소산화물의 배출원별 배출량

마) 오존과 광화학 스모그

오존($O_3$)은 산소원자 3개가 모인 분자로서 매우 강력한 산화제이다. 오존은 소위 좋은 오존(good ozone)과 나쁜 오존(bad ozone)으로 구분되는데, 좋은 오존은 성층권에 있는 오존으로 자외선의 대부분을 차단하는 역할을 하여 지구에 생명이 존재할 수 있게 한다. 반면 나쁜 오존은 대류권에 있는 오존으로, 대표적인 오염물질이다. 대기 중의 농도가 높으면 점액 과다 분비, 섬모운동 약화 등으로 호흡곤란과 폐 질환의 호흡기 장애를 유발한다. 또한 천연고무와 합성중합체를 상하게 하고 타이어 등의 수명을 단축시키고 식물의 엽록체 조직을 파괴하여 식물 생장에 영향을 준다.

오존은 대부분의 다른 오염물질과 달리 배출원에서 직접 배출되지 않고 대기 중에서 2차적으로 생성된다. 질소산화물과 탄화수소는 햇빛에 의해 오존, 과산화아세틸질산염(peroxyacetylnitrates : PANs)을 비롯한 광화학적 산화물을 생성하는데, 이를 광화학적 스모그(photochemical smog)라고 한다. 질소산화물은 아래와 같은 반응을 통하여 오존을 생성한다.

$$NO_2 + h\nu \rightarrow NO + O \quad \text{(a)}$$

$$O + O_2 + M \rightarrow O_3 + M \quad \text{(b)}$$

$$O_3 + NO \rightarrow NO_2 + O_2 \quad \text{(c)}$$

생성된 오존은 불안정하므로 곧바로 (c) 반응에 의해 소멸되므로 대기 중에 높은 농도로 축적되지 않는다. 그러나 대기 중 탄화수소가 존재하면 오존 소멸반응은 일어나지 않고 탄화수소에 의해 더 많은 오존이 생성된다. 따라서 오존의 농도가 높게 유지되려면 탄화수소의 존재는 필수적이다. 오존농도에 영향을 주는 것은 태양강도, $NO_2/NO$의 비율, 반응성 탄화수소의 농도 등이다. 여름철 낮에 오존농도가 높은 것은 소멸되는 속도보다 생성되는 속도가 빠르기 때문이다. 햇빛이 없는 밤에는 오존농도가 매우 낮다.

위에서 언급하였듯이 광화학반응에 의하여 오존이 생성될 때에는 PAN, 과산화수소, 알데하이드와 같은 물질도 생성되고, 1 $\mu$m 이하의 미세입자들이 생성된다. 미세입자는 햇빛을 산란시켜 가시거리를 짧게 하기 때문에 이러한 일련의 오염현상을 광화학스모그라 부른다. 광화학스모그는 햇빛이 강하고 맑은 여름날 오후 2~5시경 바람이 불지 않을 때 더욱 높게 나타난다. 오존은 2차 오염물질이기 때문에 질소산화물 및 탄화수소 배출원의 풍하 지역에서 종종 높은 농도가 나타난다. 우리나라는 주로 서풍이 불기 때문에 서쪽에 위치한 공단이나 도시에서 생성된 오존이 동쪽에 위치한 청정 지역에 피해를 줄 수 있다. 우리나라의 1시간 평균 오존 기준은 0.1 ppm이며 8시간 평균기준은 0.06 ppm이다. 우리나라는 1995년 서울을 시작으로 전국에서 오존경보제를 시행하고 있다. 1시간 평균 농도가 0.12 ppm 이상이면 주의보, 0.3 ppm 이상이면 경보, 0.5 ppm 이상이면 중대경보가 발령된다. 수도권 지역 오존의 연평균 농도는 2005년 이후 계속적으로 증가하다가 등락을 반복하다가 최근 들어서는 또 증가하는 양상을 보이고 있다. 1시간 환경기준 초과는 7월에 많이 나타나며 8시간 환경기준 초과는 5, 6월에 많이 나타난다. 기온이 높은 한여름에는 0.1 ppm 이상 고농도가 잠깐씩 나타나는 데 비하여 5, 6월에는 0.06 ppm 이상의 농도가 몇 시간씩 지속되기 때문이다. 우리나라 오존의 농도는 1997년까지 크게 증가하였다가 1998년 이후 증가세가 둔화되었으나 꾸준히 증가하는 경향을 보이고 이는 자동차 등록대수의 변화 경향과 유사하다.

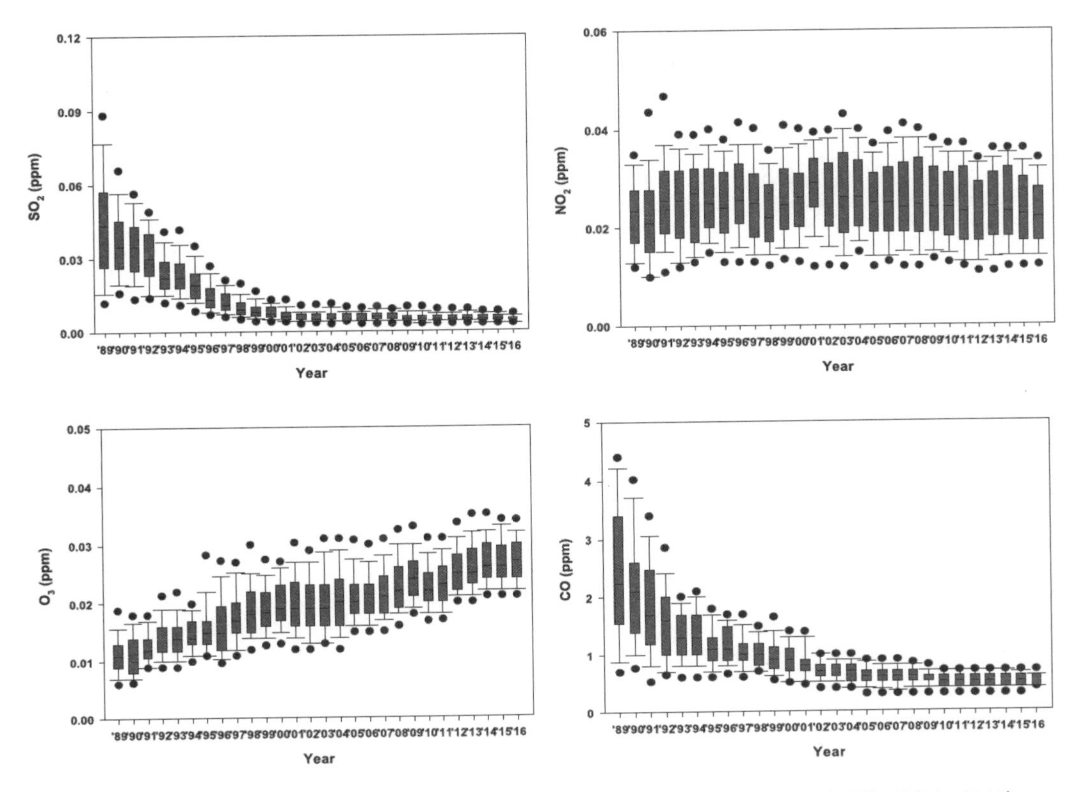


그림 5.10 우리나라 가스상 대기오염물질의 연평균 농도 분포 추이(출처 : 대기환경연보, 2016)

## 2) 입자상 물질

입자상 물질(particulate matter)은 흔히 에어로졸(aerosol)이라고도 일컫는다. 에어로졸의 정의는 공기 중에 부유하고 있는 액체상 및 고체상의 작은 입자이다. 중력에 의해 금방 제거되어 공기 중에 부유할 수 없는 큰 입자는 해당되지 않기 때문에 일반적으로 에어로졸의 상한값은 약 100 $\mu$m로 가정한다. 다양한 입자상 물질에 대한 정의는 다음 표 5.6과 같다.

입자상 물질은 크기에 따라 환경 및 인체에 미치는 영향이 크게 다르다. 우리나라에서는 크기에 상관없이 공기 중에 있는 모든 입자상 물질을 총부유분진(total suspended particle : TSP)이라고 하고, 직경이 10 $\mu$m 이하인 입자상 물질을 미세먼지, 또는 $PM_{10}$이라고 하며, 직경이 2.5 $\mu$m 이하인 입자상 물질을 초미세먼지, 또는 $PM_{2.5}$라고 한다. 직경이 10 $\mu$m보다 큰 입자는 인체에 크게 악영향을 주지 못하고 직경이 2.5 $\mu$m 이상인 입자도 사람의 코에서 대부분 걸러지지만 2.5 $\mu$m보다 작은 입자는 폐 깊숙이 침투할 수 있기 때문에(그림 5.11) 호흡기 질환 및 심혈관계 질환을 야기한다.

표 5.6 입자상 물질의 종류 및 정의

| 구분 | 정의 |
|---|---|
| 에어로졸(aerosol) | 공기 중 고체 또는 액체 입자의 부유 물질. 에어로졸은 종류에 따라 대기 중에 수 초에서 수년까지 머무를 수 있다. 에어로졸이라는 용어는 입자(particle)와 입자가 부유하는 가스(흔히 공기)를 모두 포함하는 개념이다. 입자의 직경은 약 0.002 μm~100 μm의 범위를 가진다. |
| 바이오에어로졸 | 생물학적 기원의 에어로졸. 바이러스, 박테리아, 곰팡이, 곰팡이 포자 및 꽃가루 등을 포함한다. |
| 분진(dust) | 물질의 기계적 파쇄 작용에 의해 생성된 고체 입자 에어로졸. 모양이 불규칙적이다. |
| 훈연(fume) | 연소에 의해 생성된 증기 또는 가스상 물질이 응축하여 생성된 고체 입자의 에어로졸이며, 입자의 크기는 1 μm 이하이다. |
| 안개(mist and fog) | 액체가 증발하여 응축한 것 또는 분무에 의해 생성된 액체 입자의 에어로졸. 입자의 크기는 1 μm~200 μm의 범위이다. |
| 스모그(smog) | 1. 특정 지역에서의 가시적 대기오염에 대한 일반적 용어로 smoke와 fog의 합성어이다.<br>2. 광화학스모그는 탄화수소 및 질소산화물에 대한 햇빛의 작용으로 인해 대기 중에 생성된 에어로졸을 일컫는 것으로 더 명확한 의미를 갖는다. 입자는 일반적으로 1 μm 또는 2 μm보다 작다. |
| 연기(smoke) | 불완전 연소에 의해 생성된 에어로졸. 고체 또는 액체이며 직경이 1 μm보다 작고 훈연 입자와 같이 응집될 수 있다. |
| 스프레이(spray) | 액체의 기계적 파괴에 의해 생성된 액적(droplet aerosol). 수 μm 이상의 크기를 갖는다. |
| 구름(cloud) | 분명한 경계면을 갖는 눈에 보이는 에어로졸 |

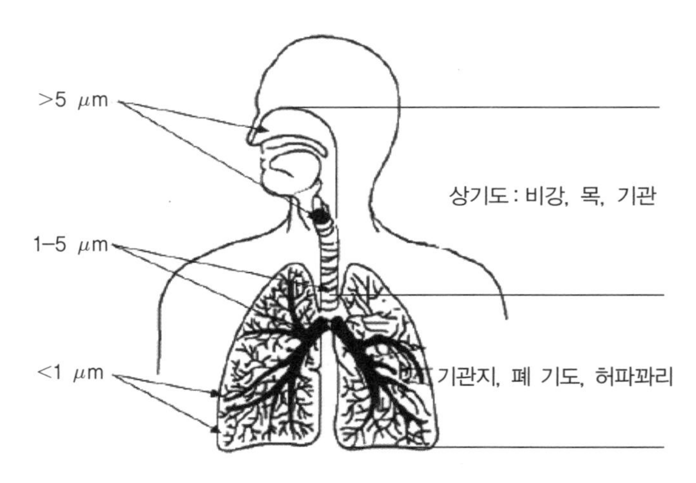


그림 5.11 입자 사이즈에 따른 인체 침투도(출처 : https://www.researchgate.net/profile/Mohd_Halim_Shah_Ismail/publication/282776499/figure/fig1/AS:287212123635712@1445488114264/Figure-4-Penetration-of-particulates-in-human-lung.png)

인체에 가장 큰 피해를 입히는 입자의 사이즈는 논란의 여지가 있지만, 대체적으로 0.1~1.0 μm으로 알려져 있다. 또한 0.1~1.0 μm의 입자는 시정거리를 감소시키는 가장 중요한 오염물질이다. 시정이 감소되는 이유는 빛을 산란하거나 흡수하여 소멸시키기 때문인데, 가시광선의 파장(0.4~0.8 μm)과 유사한 사이즈의 입자가 가장 효과적으로 빛을 산란시킨다. 따라서 초미세먼지($PM_{2.5}$) 주의보 또는 경보가 내려진 날에 시정거리가 무척 짧아지는 것을 경험할 수 있다. 0.1~1.0 μm 사이즈의 입자는 관성력 및 중력의 영향을 거의 받지 않고 비나 눈에 의해 쉽게 제거되지도 않아 대기 중에서의 체류시간이 무척 길기 때문에 장거리 이동이 가능하다. 중국에서 배출된 $PM_{2.5}$가 우리나라로 쉽게 유입이 가능한 이유이다. 현재 우리나라의 대기환경기준은 $PM_{10}$과 $PM_{2.5}$에 대해서 설정되어 있다.

입자상 물질의 배출원은 다양하다. 2.5 μm 이하의 입자는 주로 연소와 같은 인위적 배출원에서 배출되는 반면 2.5 μm보다 큰 입자는 주로 해염입자, 토양 비산, 생물성 입자 등 자연적 배출원에서 배출되거나 마모 등과 같은 기계적 과정에 의해서 배출된다. $PM_{2.5}$는 배출원에서 일차적으로 배출될 뿐 아니라 대기 중에서 가스상 물질들이 반응하여 새롭게 생성될 수 있는데, 이를 이차 에어로졸(secondary aerosol)이라고 한다. 이차 $PM_{2.5}$를 생성시키는 전구물질은 황산화물(SOx), 질소산화물(NOx), 암모니아($NH_3$), 휘발성유기화합물(VOCs)이다. 이차 에어로졸은 종종 $PM_{2.5}$의 50% 이상을 차지하고 생성기작도 완벽히 파악하지 못하기 때문에, 대기 중 $PM_{2.5}$의 농도를 저감시키기는 매우 어렵다.

우리나라는 $PM_{2.5}$와 $PM_{10}$의 배출원을 각각 목록화하고 있다. 2014년 $PM_{10}$의 총배출량은 약 98 Gg이고 $PM_{2.5}$의 배출량은 약 63 Gg이다. 제조업 연소가 가장 큰 배출원이고, 비도이동오염원과 도로이동오염원이 그 뒤를 따르고 있다(그림 5.12). 제조업 연소의 경우 $PM_{2.5}$의 배출량이 $PM_{10}$의 51%에 불과하지만 이동오염원의 경우 $PM_{2.5}/PM_{10}$ 배출량 비율이 92%에 달한다. 지자체별로 보면 전라남도와 경상북도가 제조업 연소로 인해 가장 높은 배출량을 나타내고, 서울과 경기도의 경우 이동오염원의 기여도가 가장 높다(그림 5.13).

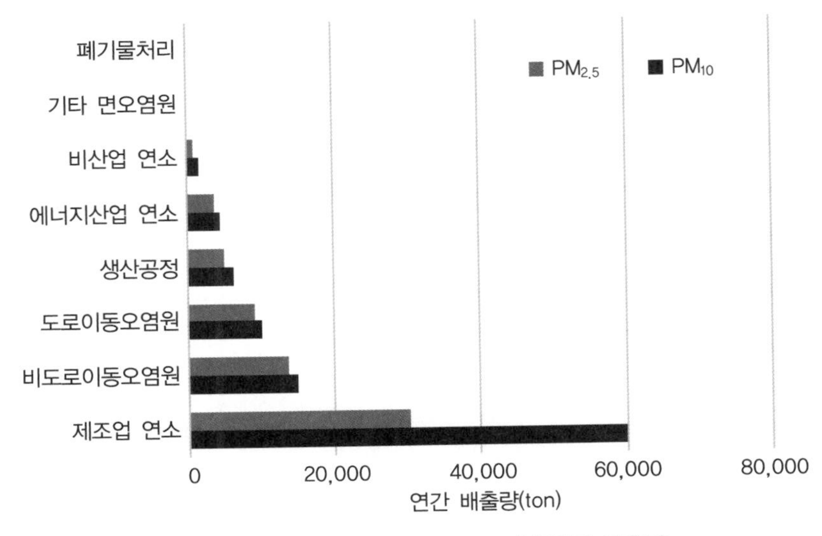


그림 5.12 우리나라 $PM_{10}$ 및 $PM_{2.5}$ 배출원별 배출량

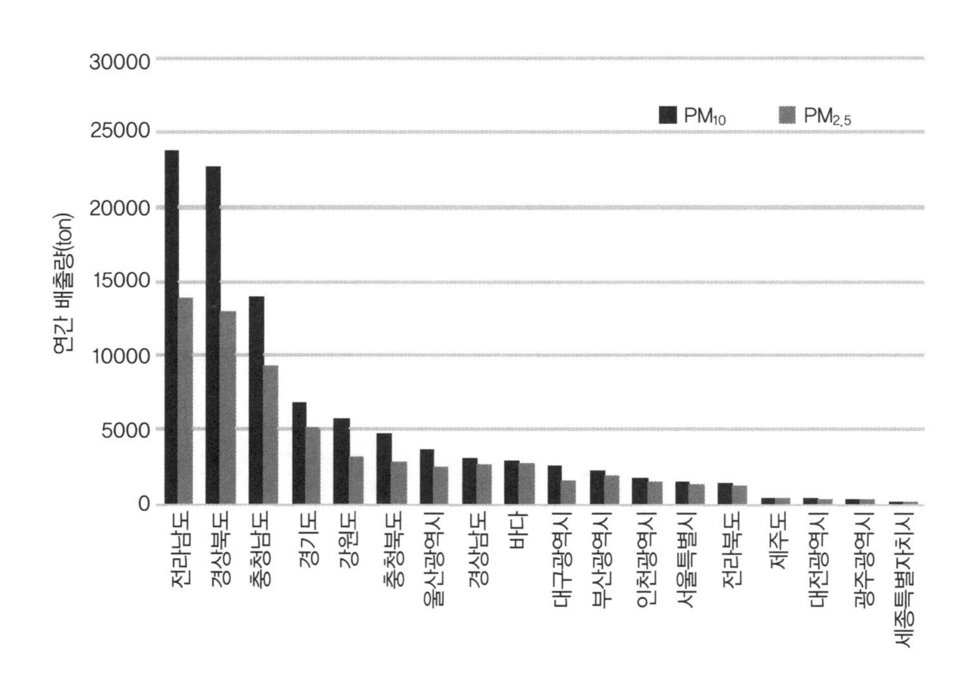


그림 5.13 우리나라 지자체별 $PM_{10}$ 및 $PM_{2.5}$의 배출량

우리나라에서 $PM_{2.5}$ 및 $PM_{10}$의 농도가 가장 높은 지역은 어디일까? 환경부의 2016년 대기환경연보를 참고하면 $PM_{10}$ 및 $PM_{2.5}$를 초과하는 지역은 전국적으로 분포되어 있으며 매우 심각한 수준이라고 할 수 있다(그림 5.14). 전국 261개의 $PM_{10}$ 유효측정소 중 연평균기준을 초과한 측정소는 74개소(미달성률 28.4%)이며 24시간 기준을 초과한 측정소는 234개소(미달성률 89.7%)이다. 또한 전국 137개 $PM_{2.5}$ 유효측정소 중 연평균기준을 초과한 측정소는 73개소(미달성률 53.3%)이며 24시간 기준을 초과한 측정소는 122개소(미달성률 89.1%)로, 연평균 기준과 24시간 기준 모두 미달성률이 $PM_{10}$에 비해 높게 나타났다. 2016년 주요 대도시의 $PM_{2.5}$ 연평균 농도는 21~27 $\mu g/m^3$의 범위로 나타났다. 우리나라 $PM_{2.5}$ 농도의 특징은 산업단지, 도시, 교외, 심지어 배경농도 지역까지도 높게 나타난다는 점이다. 공간적 변이가 크지 않은 까닭으로는 $PM_{2.5}$가 이차적으로 생성되는 비율이 높기 때문이기도 하고 중국으로부터의 장거리 이동이 중요하기 때문이기도 하다. 따라서 우리나라의 대기 중 미세먼지의 농도를 낮추기 위해서는 중국과의 협력이 절대적으로 필요하다.

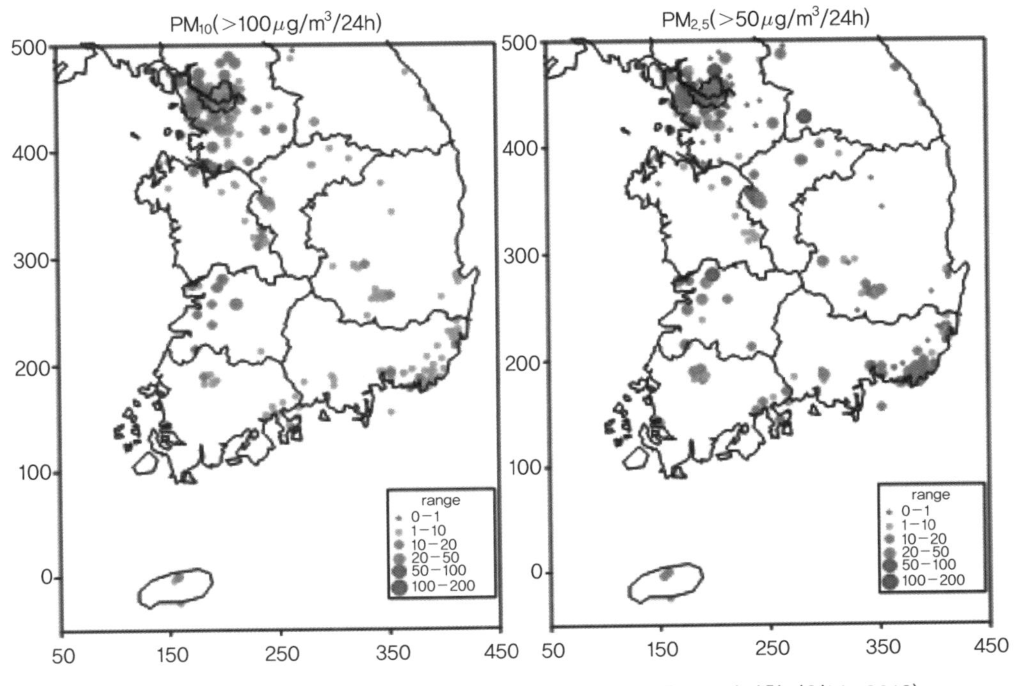


그림 5.14 우리나라 $PM_{10}$ 및 $PM_{2.5}$의 환경기준 초과현황(출처 : 대기환경연보, 2016)

### 3) 전국 실시간 대기오염도 공개 홈페이지

전국의 실시간 대기오염 실태를 알려주는 사이트로 '에어코리아'(www.airkorea.or.kr)가 있다. 에어코리아는 모든 대기오염측정망을 망라하여 측정소별 측정자료를 다양한 형태로 실시간 제공하고 있다. 또한 기상청에서 운영하는 황사경보제와 지방자치단체에서 운영하는 오존경보제 등의 자료도 함께 공개하고 있어 국민의 피해예방에 크게 기여하고 있다. 또한 대기오염 등급 표시를 제시하고 있는데, 이는 인체 영향과 체감오염도를 반영한 통합대기환경지수의 적용을 통해 대기오염의 상황을 한눈에 알기 쉽게 4개 등급과 색상으로 표현하여 제공하고 있다(그림 5.15, 표 5.7).

그림 5.15 통합대기환경지수에 따른 대기오염 등급 표시

표 5.7 대기오염 등급에 대한 설명

| 대기오염 등급 | 구간 의미 |
|---|---|
| 좋음 | 대기오염 관련 질환자군에서도 영향이 유발되지 않을 수준 |
| 보통 | 환자군에게 만성 노출 시 경미한 영향이 유발될 수 있는 수준 |
| 나쁨 | 환자군 및 민감군(어린이, 노약자 등)에게 유해한 영향 유발, 일반인도 건강상 불쾌감을 경험할 수 있는 수준 |
| 매우 나쁨 | 환자군 및 민감군에게 급성 노출 시 심각한 영향 유발, 일반인도 약한 영향이 유발될 수 있는 수준 |
| | 환자군 및 민감군에게 응급조치가 발생되거나, 일반인에게 유해한 영향이 유발될 수 있는 수준 |

## 마. 그 외 대기오염 – 산성비, 라돈오염, 석면오염, 중금속 오염, 시정, 황사

### 1) 라돈오염

라돈(Rn)은 공기보다 9배 무거운 가스로서 색깔과 냄새와 맛이 없는 1급 발암물질이다. 라돈은 방사성 물질로 우라늄(U)이 45억 년 정도가 지나면 라듐(Ra)으로 바뀌고 라듐은 1600년이 지나면 라돈으로 바뀐다. 라돈은 알파선, 베타선을 방출하면서 폴로늄(Po)과 납(Pb)으로 서서히 붕괴되고 모든 토양에서는 조금씩이나마 라돈을 방출한다. 가끔 주택이나 빌딩에서 높은 라돈 농도가 발견되는데 이는 건축자재, 지하수, 음용수, 석탄 및 천연가스 등에서 우라늄과 라듐을 함유하고 있어 라돈이 방출되기 때문이다. 암석 중 특히 화강암은 석회암이나 사암에 비해 우라늄 함유량이 2~3배 높기 때문에 화강암 지대에서는 높은 라돈 농도가 관측되곤 한다. 인간이 평생 받는 자연방사능의 대부분이 바로 라돈을 통해서 받고 있다.

라돈이 배출하는 알파선은 투과력이 작아 인간의 피부를 뚫지 못하지만 호흡을 통해 들어오면 폐세포와 같은 얇은 층을 투과하여 폐세포 내 DNA를 손상시켜 폐암을 일으킨다. 미국환경보호청(EPA)에서는 환경 매체 간의 위해성을 비교하였는데, 미국에서 매년 암으로 사망하는 숫자는 농약에 의해 100명, 유해폐기물 지역에서 1,100명, 독성 대기오염물질에 의해 2,000명, 음식 내 잔류농약에 의해 6,000명, 라돈에 의해 14,000명 정도라고 보고하였다. 또한 미국 과학원(National Academy of Sciences : NAS)에 의하면 미국에서의 폐암 사망자는 매년 158,000명 정도이며, 주원인은 흡연이지만 이 중 15,000~22,000명 정도는 라돈 때문으로 발표한 적이 있다.

국립환경과학원은 2011년부터 2년 주기로 전국 주택 실내 라돈조사를 추진하고 있다. 일반적으로 토양의 영향을 많이 받는 주택의 라돈 농도가 아파트에 비해 2배 이상 높은 값을 보인다. 2011~2016년 조사에서 라돈 농도는 단독 주택의 경우 131.2 $Bq/m^3$, 아파트는 65.5 $Bq/m^3$로,

우리나라 권고기준치인 148 Bq/m$^3$을 초과하는 경우도 종종 있다. 독일의 기준치와 세계보건기구(WHO)의 권고치가 100 Bq/m$^3$인 것을 고려하면 우리나라 주택의 라돈 농도는 상당히 높다고 볼 수 있다. 지역별로 보면 전라북도 및 강원도, 충청북도가 높게 나타나는데 이 지역에 화강암반 지질대가 넓게 분포하기 때문이다. 라돈 농도를 측정하려면 한국환경공단에 신청해서 무료 측정기를 받을 수 있다. 만약 라돈 농도가 높게 나타난다면 적극적으로 대처해야 한다. 라돈은 벽면의 갈라진 틈으로 들어오므로 지하실의 경우 가스 및 지하수가 누출되지 않도록 막아야 한다. 만약 건축자재 때문에 라돈 농도가 높다면 적극적인 환기가 필요하다.

## 2) 석면 오염

석면(asbestos)은 죽음의 섬유로 알려져 있는 1급 발암물질이다. 석면은 불에 타지도 않고 열에 강하며 산과 알칼리에도 녹지 않는 매우 안정적인 불멸의 물질이다. 1970년대까지 석면은 화재방지용과 단열재로 널리 사용되어 왔으나 지금은 강력히 규제하고 있다. 우리나라에서도 슬레이트, 석면보드, 보온단열재 등의 건축자재뿐만 아니라 자동차 부품이나 섬유제품에서 석면을 많이 사용하였으나 2009년부터 석면사용을 전면 금지하고 관리대책을 마련하고 있다. 그러나 예전에 건축된 건물은 여전히 내부에 석면을 함유하고 있는 경우가 많다. 석면은 바늘 모양의 입자상 물질로(그림 5.17) 인간이 흡입하면 폐 끝까지 침투하여 치명적인 폐암과 중피종에 걸릴 수 있을 뿐만 아니라 후두암, 심장 질환, 기관지염 등을 일으킨다. 우리나라의 석면 광산은 모두 20여 년 전에 폐광되었지만, 그 지역의 피해가 최근 들어 급증하는 이유는 석면의 잠복 기간이 수십 년이기 때문이다. 석면광산 또는 석면공장 주변에 거주하는 주민들을 비롯한 환경성 석면 노출로 인한 건강 피해자는 구체적인 원인을 규명하기 어려워 마땅한 보상과 지원을 받지 못한다. 이런 사람들을 구제하기 위해 우리나라에서는 석면피해구제법이 제정되어 2011년부터 시행되고 있다.

그림 5.16 석면의 확대 이미지(출처 : 구글이미지)

### 3) 중금속 오염

중금속 오염은 집중 산업단지에서만 일어나는 것으로 생각하지만 중금속의 큰 배출원 중 하나는 도로와 자동차이다. 아연, 구리 및 납은 도로에서 발생하는 가장 흔한 중금속이다. 브레이크는 구리를 배출하고 타이어 마모는 아연과 납, 카드뮴을 배출한다. 휘발유나 경유에서 니켈이 배출되고 차체 부식으로 인해 알루미늄이 배출되기도 한다. 대기로 배출된 중금속이 수중생태계나 토양생태계로 침적된 후에 미치는 2차 영향도 매우 크다.

중금속은 위해성이 큰 원소가 많은데 특히 수은(Hg), 납(Pb), 카드뮴(Cd), 크롬(Cr), 비소(As) 등이 매우 유해하다. 수은은 상온에서 액체이며 가스상으로 존재할 수 있는 유일한 중금속이다. 수은은 무기수은과 유기수은이 존재하는데 독성이 가장 높은 종은 유기수은인 메틸수은(methyl mercury)이다. 대기 중 무기수은이 수체로 떨어지면 주로 박테리아에 의해서 메틸수은이 생성되고 먹이연쇄에 따라 농도가 증폭된다. 인간의 주된 수은 노출 경로는 물고기의 섭취이다. 우리나라 국민은 어류의 섭취량이 상대적으로 높기 때문에 혈중 수은 농도가 미국이나 독일에 비해 4~5배 높은 수준이다. 수은은 주로 중추신경계에 손상을 가하여 뇌와 신장 등에 영향을 줄 수 있으며 특히 신경계 발달속도가 높은 태아나 어린아이에게 큰 영향을 미친다. 일본 규슈에서 발생했던 미나마타병은 대표적인 수은중독 사건이다. 미나마타만에 위치한 신일본질소주식회사에서 배출된 폐수 내에 메틸수은이 포함되어 있었고 메틸수은은 바다로 유입되어 먹이연쇄에 따라 어류에 높은 농도로 농축되었다. 처음에는 고양이가 이상 증세를 보이다가 점차 주민들도 이상 증세를 보이기 시작하였다. 미나마타 사건으로 인해 2,266명의 주민들이 수은중독으로 판명되었고 이 중 938명이 사망하였다.

카드뮴은 미세입자로 대기 중에 존재한다. 공기와 식품을 통해 카드뮴에 과다하게 노출되면 뼈의 주성분인 칼슘대사에 장애를 일으켜 뼈를 연골화시키며 통증을 수반한다. 카드뮴중독으로 인한 피해를 '이타이이타이병'이라고 한다. 일본 도야마현에서 1947년에 발생하여 1965년까지 모두 100여 명이 사망한 이타이이타이병은 일본말로 '아프다'라는 뜻으로 심한 통증을 수반한다. 당시 오염의 원인은 상류의 아연광산에서 버린 폐수가 섞인 강물을 이용하여 벼농사를 짓고 카드뮴이 농축된 쌀을 오랫동안 섭취했기 때문이다.

비소는 준금속 원소지만 중금속과 비슷한 성질을 나타내고 독성도 매우 높다. 유기비소에 비해 무기비소의 독성이 더 크다. 비소는 암과 심혈관계 질환을 야기하고 피부 질환, 호흡기 질환, 신경계 질환 등도 일으킨다. 비소는 예전에 살충제, 제초제, 가축사료 보조제 등으로 널리 사용되어 왔다.

납은 과거에 휘발유의 녹킹현상을 방지하기 위해 첨가되어 대기 중에 높은 농도로 존재하였다. 세계 각국은 납 오염문제를 해결하기 위해 70년대 이후 무연휘발유를 공급하였으며 우리나라도 1993년부터 유연휘발유 공급을 전면 중단하였다. 무연휘발유를 사용한 이후 대기 중 납 농도는 크게 낮아졌으며 일반인들의 납에 대한 노출과 혈액 중 납 함유량도 크게 감소하였다. 납은 인체에 축적되어 지능저하, 행동장애, 심장 질환, 사망 등을 유발한다.

## 단원 리뷰

1. 대기를 구성하는 층 중 대류권의 특징에 대해 설명하시오.
2. 바람을 형성하는 힘 세 가지를 말해보시오. 경도풍과 지균풍의 차이는 무엇인가?
3. 대기환경에서 역전층은 왜 중요한가? 역전층이 형성되는 기작을 설명하시오.
4. 런던 스모그 사건의 주요 배출원과 주요 오염물질은 무엇인가? 로스앤젤레스 스모그와 비교해서 설명하시오.
5. 우리나라에서 대기환경기준을 설정하여 규제하고 있는 오염물질 8가지를 말하시오.
6. 산성비를 야기하는 오염물질은 무엇인가?
7. 이산화황, 일산화탄소, 이산화질소, 오존 중 최근 오히려 농도가 증가하고 있는 오염물질은 무엇인가?
8. 이차 대기오염물질에는 어떤 것이 있는지 말하시오.
9. 오존은 어떤 과정으로 생성되는가?
10. 입자상 물질 중 사이즈 0.1～1.0 $\mu$m 사이의 입자가 갖는 중요성은 무엇인가?
11. 사람들이 라돈에 노출되는 주요 경로를 말하시오.
12. 미나마타병과 이타이이타이병을 일으키는 오염물질을 각각 말하시오.

## 참고문헌


국립환경과학원, 대기환경연보 2016, NIER-GP2017-078, 2017.

이종범, 김범철, 안태석, 김희갑, 강신규, 한영지, 인간과 환경(개정판), 북스힐, 2014.

태드 고디쉬 저, 한화진, 김용준, 조억수, 주현수 역, 대기환경론(Fourth edition), 도서출판 그루, 2005.

환경부 환경통계포털 사이트, http://stat.me.go.kr/nesis/injex.jsp

Air pollution: Its origin and control, Third edition, Kenneth Wark, Cecil F. Warner, ayne T. Davis, Addison-Wesley Longman, Inc., 1998, Massachusetts, USA.

Atmospheric chemistry and physics : From air pollution to climate change, Second edition, John H. Seinfeld, Spyros N. Pandis, John Wiley & Sons, Inc., 2006 Hoboken, New Jersey, USA.

CHAPTER 06

# 물

김범철

## 6.1 물의 특성

물 분자는 산소의 전기음성도가 수소에 비하여 강하기 때문에 극성을 띠는 구조적 특성을 가진다. 물 분자 사이에는 정전기적 인력이 작용하는 수소결합이 형성되어 여러 개의 물 분자가 결합되어 있는 성질을 나타내며 이로 인하여 여러 가지 물의 고유한 물리화학적 특성이 나타난다. 물 분자는 여러 분자가 결합된 상태로 존재하므로 분자량이 작음에도 불구하고 상온에서 액체로 존재할 수 있어 상온에서 생명을 유지할 수 있게 한다. 수소결합으로 인하여 물 분자 사이의 결합에너지가 크므로 비열과 용해열, 기화열이 크고, 온도가 높아지면 수분을 증발시켜 온도를 낮출 수 있다. 이것이 수체의 온도변화를 줄이고 생태계의 온도를 안정시키는 요인이 된다. 물 분자는 극성을 가지고 있어 이온성 물질을 많이 용해시킬 수 있으므로 어떤 액체보다 많은 종류의 용질을 용해시킬 수 있는 특성을 가진다. 그러므로 생명현상에 필요한 많은 물질을 용해시킬 수 있어 생명현상을 유지하는 데에 필수적인 조건이다. 물은 여러 가지 물질을 잘 용해시키므로 물질을 운반하는 매개체의 역할도 한다.

## 6.2 수중생물상

수중에는 대형식물과 척추동물에서 미생물에 이르기까지 많은 종류의 생물이 서식하고 있다. 특히 수변의 수생식물대에는 어느 생태계보다도 많은 종류의 생물이 서식하고 있으며, 생산량도 높다. 수생 생물은 분류학적 구분, 서식지에 따른 구분, 서식형태에 따른 구분, 생리적 기능에 따른 구분, 먹이그물에서의 위치에 따른 분류 등, 다양한 방법으로 구분하고 있다. 일반적으로 사용되는 서식형태에 따른 분류는 다음과 같다.

## 가. 부유생물(浮遊生物, plankton)

유영능력이 없어 물의 흐름을 거스르지 못하고 물에 떠다니는 생물을 부유생물 또는 플랑크톤이라고 부른다. 플랑크톤에는 박테리아와 같이 작은 생물뿐 아니라, 해파리와 물벼룩처럼 육안으로 볼 수 있는 큰 생물도 포함된다. 약간의 유영능력을 가지고 있는 경우도 있으나 강의 흐름, 해류와 같은 물의 흐름에 따라 떠내려가는 생물이다. 부유생물은 광합성능력의 유무에 따라 분류하기도 하고 단순히 생물의 크기에 따라 분류하기도 한다. 광합성능력이 있는 플랑크톤은 식물플랑크톤(phytoplankton), 광합성을 하지 않는 플랑크톤을 동물플랑크톤(zooplankton)이라고 한다(그림 6.1, 6.2).

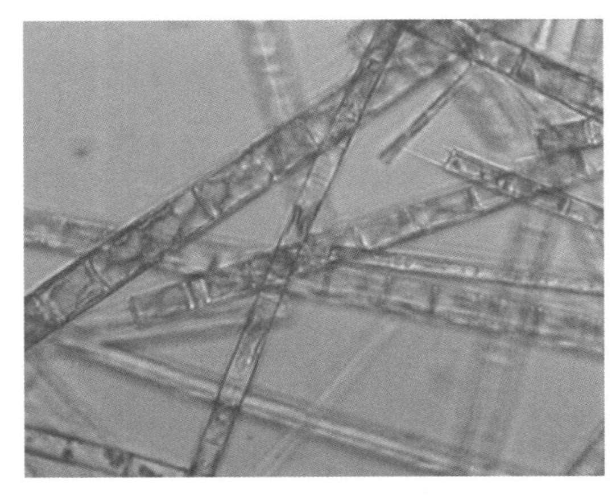

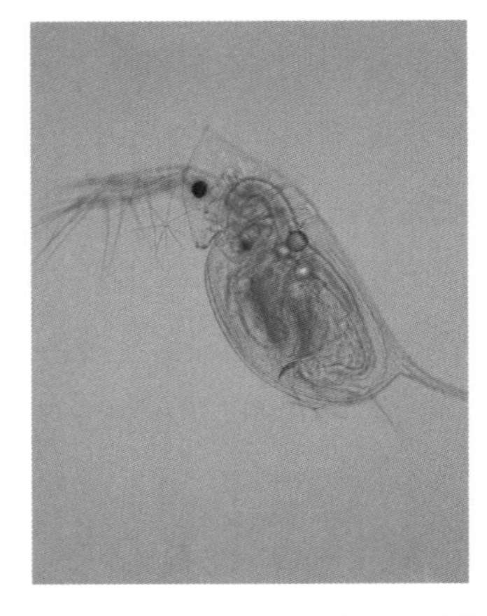

그림 6.1 호수에서 흔히 나타나는 규조류 식물플랑크톤(*Aulacoseira* sp.)

그림 6.2 여과능력이 높아 호수에서 물을 맑게 하는 대표적인 지각류 동물플랑크톤(물벼룩, *Daphnia* sp.)

## 나. 유영생물(遊泳生物, nekton)

어류와 같이 물의 흐름을 거슬러 헤엄칠 수 있는 어류를 유영생물이라 한다. 치어는 유영능력이 약하여 흐름에 따라 떠내려가므로 부유생물의 범주로 분류되기도 한다.

## 다. 저생생물(低生生物, benthos) 또는 저서동물

호소의 저질 근처에 서식하는 생물을 저서생물 또는 저생생물(低生生物)이라고 한다. 조개와 같이 저질에 구멍을 뚫고 사는 종류도 있고, 저질의 표면에 사는 종류도 있다. 부착조류, 해초류와 같이 광합성을 하는 것을 저생식물(또는 저서식물), 광합성을 하지 않는 동물을 저생동물 또는 저서동물이라고 구분하여 부르기도 하지만, 저서생물이란 용어는 흔히 저서동물을 지칭하는 데에 사용한다. 연체동물, 곤충의 유생, 갑각류, 환형동물 등이 주를 이룬다.

## 라. 수표생물(水表生物, neuston)

호소나 해양의 표면에는 기름이 뜨는 것처럼 지용성 물질이 많이 함유된 유기물막이 형성된다. 비가 내리는 날이나 잔물결이 이는 날 수면에 얼룩이 나타나는 것으로 확인할 수 있다. 이것은 수중에서 주로 식물플랑크톤에 의해 만들어진 유기물 분자들이 수면에 모여 만들어진 것으로 두께는 10~100 $\mu$m이며 깊은 곳에 비해 유기물의 농도가 월등히 높은 층이다. 유기물이 많으므로 박테리아 등의 미생물의 밀도도 높고 이를 먹고사는 포식자 생물도 서식한다. 수표면에 서식하는 이러한 생물을 통칭하여 수표생물이라 한다. 절지동물과 연체동물 중에는 수면에 붙어 거꾸로 헤엄치며 수표생물을 먹는 종류도 있다.

## 마. 부착생물(periphyton)

호수나 하천의 얕은 곳에는 돌, 수초잎, 동물의 껍질 등의 표면에 부착하여 서식하는 생물군이 있다. 규조류 등의 광합성 조류를 포함하여 박테리아, 곰팡이, 원생동물 등의 복합체가 형성되어 있다. 이를 부착생물(periphyton)이라 하며 특히 조류를 지칭할 때는 부착조류(attached algae)라 한다.

얕고 물이 맑은 하천에서는 하천 바닥까지 빛이 도달하므로 광합성이 활발한 부착생물군집이 발달하여 돌 표면이 미끈미끈해진다. 부착조류는 수서곤충의 먹이로서 하천생태계의 중요한 일차생산자가 된다. 호수의 침수식물대에서도 잎 표면에 부착한 periphyton이 많아 오히려 식물보다도 일차 생산량이 더 큰 것으로 보고되고 있다.

부착생물의 양과 종류는 수중의 유기물의 농도, 무기영양염류의 농도 유속 등에 의해 좌우된다. 유기물이 많은 곳에서는 곰팡이가 주를 이루며 유기물이 적고 무기염류가 많은 곳에서는 조류가 많아진다. 조류의 종류는 환경에 따라 달라지므로 수질의 지표가 되기도 한다. 부착조류는 주로 우상목 규조류로 구성되어 있으나 부영양 수역에서는 녹조류와 남세균이 등장한다.

부착생물은 유속이 너무 느린 곳보다는 유속이 적당히 있는 곳에서 더 높은 현존량이 발견된다. 유속이 느린 곳에서는 물질 확산이 느려 성장이 저해되거나 부유토사가 돌 표면에 퇴적되어 부착조류의 성장을 저해한다. 홍수기에는 유속이 너무 빨라져 부착생물이 탈리되어 하류로 떠내려간다. 얕은 물가의 돌 표면에 부착조류가 살고, 수서곤충의 유생이 자갈 아랫면에 붙어산다. 곤충의 유생은 물고기의 주요 먹이가 된다. 물고기는 새, 포유류의 먹이가 되니 얕은 물가에 많은 생물의 중요한 서식지처이다.

## 바. 수생식물

호수에서는 가장자리에 수생식물이 살고 부착조류도 많으므로 호수 내에서 생물이 가장 많이 사는 곳은 한가운데가 아니고 가장자리이다. 수생식물대에서는 많은 곤충들이 식물을 먹이로 삼아 살게 되고 곤충을 먹이로 하는 동물이 차례로 서식할 수 있게 된다. 많은 곤충은 물속에 알을 낳고 유생이 물속에서 성장한다. 양서류와 파충류, 포유류 등의 동물은 육상과 물가를 오가면서 먹이를 얻는다. 수생식물은 서식형태에 따라 다음과 같이 구분하기도 한다.

정수식물(挺水植物, emergent macrophytes)

잎이 물 밖으로 나와 있어 대기로부터 이산화탄소를 흡수하는 식물. 물가의 가장 얕은 곳에 서식한다. 갈대가 가장 우점하며, 줄, 부들, 애기부들 등이 있다.

침수식물(沈水植物, submerged macrophytes)

잎이 물속에 잠겨 있는 수초. 빛이 투과하는 깊이까지만 서식할 수 있으므로 얕은 곳이나 맑은 호수에서 서식할 수 있으며 부영양화가 심하여 플랑크톤이 많으면 소멸한다. SAV(submerged aquatic vegetation)라고도 부른다.

부수식물(浮水植物, free-floating macrophytes)

잎과 뿌리가 수면에 떠다니는 식물. 개구리밥, 부레옥잠과 같이 뿌리가 저질에 내리지 않는 식물도 있고, 마름과 같이 처음에는 저질에 뿌리를 내리는 부엽식물이지만 성장한 후에는 뿌리가 끊어져 부수식물이 되는 예도 있다.

부엽식물(浮葉植物, floating-leaved macrophytes)

뿌리는 저질에 내렸으며 잎만 수면에 떠서 빛을 받고 서식하는 식물. 연, 수련. 혼탁하고 얕은 호수에서 번성한다.

### 사. 수중생태계의 먹이연쇄

호수와 해양에서는 식물플랑크톤이 주요 일차생산자이며 다음과 같은 먹이연쇄를 가진다.

식물플랑크톤 → 동물플랑크톤 → 소형플랑크톤식성 어류(planktivore) → 어식성 어류(piscivore)

하천에서는 부착조류와 육상기원의 낙엽이 주요 에너지원이며 다음과 같은 먹이연쇄를 가진다.

부착조류, 낙엽 → 수서곤충, 연체동물, 갑각류 → 충식성어류 → 어식성 어류

## 6.3 담수생태계의 훼손 원인

지구의 서식지는 크게 해양, 연안, 삼림, 초원, 하천, 호수, 하구 등으로 구분한다. 이들 서식지 가운데 가장 다양한 생물이 살고, 생산성이 높아 생태학적 중요성이 큰 곳은 물과 육지가 만나는 전이 지역으로 영어로는 land-water interface라고 한다. 우리말로 풀어쓰자면 '얕은 물가'로 표현할 수 있다. 물가는 생물이 필요로 하는 물, 광합성에 필요한 빛, 식물체를 지지할 수 있는 토양, 토양 속의 영양염류 등의 조건이 모두 충족되는 곳이다. 갈대의 예를 들면 공기 중에 잎을 내밀어 빛을 받고, 뿌리는 토양 속에 있어 영양염류를 흡수하고, 줄기는 물속에 있어서 물을 흡수할 수 있으므로 갈대습지는 지구상에서 가장 면적당 생산력이 높은 군집이다.

얕은 물가가 지구 생태계에서 가장 중요한 서식지이므로 만일 인간이 자연을 훼손하고 토지를 이용하고자 한다면 가장 마지막까지 남겨두어야 할 곳이 바로 이곳이다. 그러나 현실은 오히려 인간이 물가를 가장 많이 이용하고, 가장 심하게 훼손하고 있다. 인간의 문명발달에 따른 거주지는 식량을 얻기 쉽고 물을 얻기 쉬운 지역을 중심으로 발달할 수밖에 없었고 이는 주로 하천 주변, 해안 주변이었다. 하천변의 습지는 논으로 만들어 벼를 재배하기 좋은 지역이었다. 강가의 홍수터는 집을 짓기에 적절한 땅이었기에 제방을 쌓아 홍수를 막고 토지를 이용

하고 있다. 하천변은 도로를 만들기 쉬운 지형을 가지고 있으니 하천을 따라 길을 내기 위해서 하천의 폭을 좁혀가고 있다. 지구생태계의 여러 서식지 가운데 인간과 자연의 이해관계가 가장 중첩되는 곳이 물가이며 결국 가장 귀중한 서식지인 수변서식지가 가장 훼손된 서식지가 되었다.

담수생태계가 훼손되는 주요 원인들을 열거하면 다음과 같다.

## 가. 병원성 미생물

수중에는 병원성 미생물이 존재하여 전염의 매개체가 되기도 한다. 배설물에 함유되어 있는 병원성 미생물이 마시는 물, 음식 조리하는 물, 목욕과 수영용수, 수산용수 등을 오염시켜 발생한다. 물을 통하여 전염되는 병을 수인성전염병(water-borne disease)이라 하며, 콜레라, 장티푸스, 이질, 간염 등을 들 수 있다(표 6.1). 우리나라에서는 '콜레라', '장티푸스', '파라티푸스', '세균성 이질', '장출혈성 대장균 감염증', 'A형 간염' 등 6종을 법정전염병 제1군으로 지정하고 발생 즉시 방역대책을 수립하도록 규정하고 있다. 그 외에도 원생동물, 세균, 바이러스에 속하는 여러 종의 수인성감염병균들이 있다.

세계보건기구(WHO)에 의하면 전 세계에서 매년 150만 명이 수인성감염병에 의해 사망하고 있는데 깨끗한 물을 공급받지 못하는 후진국에서 주로 발생한다. 선진국에서는 정수공정에서 모래여과와 염소 소독을 시행하면서 수인성감염병의 발생률은 '0'에 가깝게 되었다. 염소소독은 특히 수인성감염병을 줄이고 유아사망률을 낮추는 데 크게 기여한 것으로 평가된다.

표 6.1 대표적인 수인성감염병과 원인생물(Wright and Boorse, 2011)

| 병명 | 원인생물 |
|---|---|
| 간염 Infectious hepatitis | Hepatitis A virus(바이러스) |
| 소아마비 Poliomyelitis | Poliovirus(바이러스) |
| 장티푸스 Typhoid fever | *Salmonella typhi*(박테리아) |
| 콜레라 Cholera | *Vibrio cholerae*(박테리아) |
| 살모넬라증 Salmonellosis | *Salmonella species*(박테리아) |
| 설사 Diarrhea | *Escherichia coli*(박테리아)<br>*Campylobacter* species(박테리아) |
| 이질 Dysentery | *Shigella* species(박테리아) |
| 크립토스포리디움증 설사 Cryptosporidiosis | *Cryptosporidium parvum*(원생동물) |
| 지아르디아증 Giardiasis | *Giardia intestinalis*(원생동물) |
| 기생충 Parasitic diseases | Roundworms, flatworms(무척추동물) |

대장균검사

수인성감염병의 감시를 위하여 하천과 호수, 지하수 등의 상수원수와 먹는 샘물, 수돗물 등에서 대장균수의 허용기준을 정하여 규제하고 있다. 수인성감염병의 원인생물은 종류가 많고 그 밀도가 매우 낮기 때문에 모두 정밀조사하기가 어렵다. 그러므로 원인균과 근원이 같으며 밀도가 더 높은 대장균을 간접지표생물로 사용하고 있다. 대장균은 사람과 포유동물의 대장에 정상적으로 서식하는 미생물인데 장내에서만 증식할 수 있고 자연수계에 배출된 후에는 성장하지 못하고 사멸하므로 동물의 분변에 의한 오염의 지표가 된다. 즉, 대장균의 존재는 분변에 의한 오염경로가 있음을 뜻하는 것이고, 대장균이 없다는 것은 다른 병원성 미생물도 존재하지 않고 안전하다는 뜻이다.

대장균은 젖당(lactose)을 분해할 수 있고, 쓸개즙에 내성을 가지고 있으므로 이 특성을 이용하여 대장균을 선택적으로 배양하여 검사한다. 일반적으로 '총대장균군(total coliform)'을 지표로 사용하여 왔으나 자연계의 다른 박테리아도 많이 포함되는 단점이 있어 장내세균에 선택성이 높은 '분원성대장균군(fecal coliform)'이 더 좋은 지표로 사용되고 있다. 최근에는 대장균만이 분비하는 효소를 측정하는 방법으로 대장균을 더 쉽고 정확하게 측정할 수 있다.

## 나. 하수에 의한 유기물 오염과 산소고갈

유기물이란 환원된 탄소를 골격으로 가지는 분자로서 생물에 의해 생성되는 물질들이다. 유기물은 식물의 광합성이 궁극적인 근원인데 생성될 때는 산소를 발생시킨다. 광합성을 하지 않는 타가영양 생물들은 유기물을 에너지원으로 이용하며 분해 시 산소를 소비한다. 따라서 수중에 유기물이 많으면 산소가 감소하며, 심하면 산소가 고갈되어 수중동물이 살 수 없게 되는 오염현상이 발생한다. 산소가 고갈되면 환원상태가 되어 유기물의 분해가 불완전하게 일어나고 메탄($CH_4$), 암모니아, 황화수소($H_2S$) 등의 환원가스가 발생하여 악취를 유발한다. 황화수소는 수중동물에 독성이 강하여 어류폐사의 원인이 된다.

DO는 용존산소로 물속에 녹아 있는 산소의 농도(mg/L, ppm)를 말한다. 용존산소는 대기 중의 산소가 물에 녹아 수중에 공급되고, 극히 일부이기는 하지만 수중식물의 광합성으로 인해 공급되기도 한다. 하천의 유속이 빠를수록 많은 양이 용해되며 오염되지 않은 물일수록 DO는 높다. 어류가 생존하기 위해서는 약 2 mg/L 이상의 용존산소가 필요하며 산란부화를 위해서는 4－5 mg/L의 용존산소가 필요하다.

유기물이 하천에 유입되면 자연적으로 세균에 의해 분해되므로, DO가 소비되어 산소 결핍 상태가 되고 수중생태계를 파괴하는 원인이 되기도 한다. 하지만 더 이상의 유기물의 유입이 없으면, 하류로 내려가면서 유기물은 분해되고 결핍되었던 DO는 공기 중에서부터 용해되어 공급되므로 원래의 수준으로 회복된다. 이 분포를 DO sag curve라고 한다(그림 6.3).

수중의 유기물은 배설물, 음식물 찌꺼기 등에 기인하며 하수를 통하여 수중에 배출되기도 하며, 식물플랑크톤, 부착조류, 수생식물 등의 광합성에 의해 수체 내에서 생성되기도 한다. 유기물이 산소를 소비하는 속도는 BOD로 측정한다. 유기물 오염은 가장 흔히 나타나는 수질 오염의 형태이며, 하수처리장은 유기물을 분해하여 하천에서 BOD를 낮추기 위한 공정이다. 수중의 유기물 함량은 BOD, COD, TOC 등으로 측정하는데 대개 COD가 BOD보다 큰 값을 보인다.

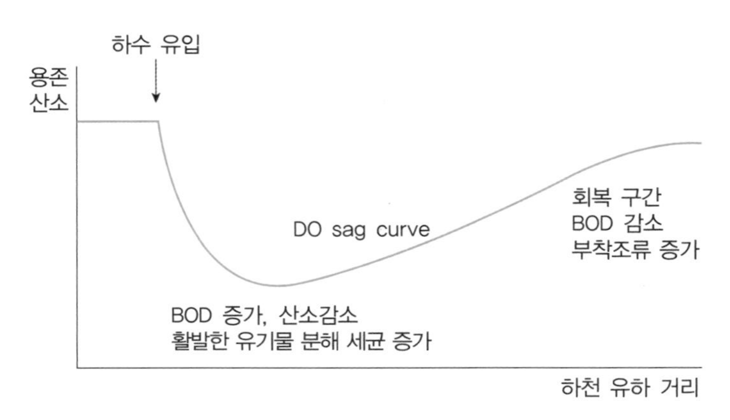


그림 6.3 하천에서 하수가 유입할 때 나타나는 용존산소의 종방향 분포

## 1) 생물화학적 산소요구량(Biochemical Oxygen Demand : BOD)

물속의 유기물의 호기성 세균에 의해 분해되어 오염물질이 안정화되는 과정에서 요구되는 산소량을 말하며 생분해성 유기물의 양을 측정하는 간접적 지표이다. 물의 BOD를 측정할 때는 암실에서 20°C에서 암실에서 5일 동안 소모된 DO를 $BOD_5$라고 하여 사용한다. 미생물이 분해하여 산소를 소비하는 정도를 측정하므로 생물학적 하수처리의 정도를 평가하는데 좋은 지표이며 하천의 산소고갈을 예측하는 데에 사용할 수 있다. 그러나 하천수의 유기물 가운데 약 20%만이 BOD 측정법에 의해 측정가능한 생분해성 유기물이므로 나머지 난분해성 유기물은 측정할 수 없다. 수돗물의 염소소독 부산물을 많이 생성하는 원인물질은 BOD로 측정되지 않는 난분해성 부식질이므로, BOD는 상수원수로서의 질을 평가하는 데에는 사용할 수 없으나 수중의 산소소비량을 예측하는 데 사용할 수 있는 장점을 가진다.

### 2) 화학적 산소요구량(Chemical Oxygen Demand : COD)

수중의 유기물을 일정한 조건하에서 화학적으로 산화시키는 데 필요한 산화제의 양을 산소의 양으로 환산한 값이며, 이는 단시간(약 3시간)에 측정이 가능하다. 사용되는 산화제로는 주로 과망간산칼륨($KMnO_4$)과 중크롬산칼륨($K_2Cr_2O_7$)이 사용되며, 과망간산칼륨은 하천수 중의 유기물의 40% 정도를 분해하고 중크롬산칼륨은 약 90% 이상을 분해하므로 COD값을 나타낼 때는 사용한 산화제를 명시하여야 한다. COD는 생분해성 유기물뿐 아니라 난분해성 유기물도 일부 분해하므로 생태학적으로 특정한 의미를 가지지는 않으며, TOC측정법이 사용되기 이전에는 총유기물의 양을 나타내는 지표로 사용되었다. 그러나 COD와 TOC는 상관관계가 높고 TOC는 측정기에 의한 자동분석이 용이하므로 TOC로 대체되고 있다.

## 다. 난분해성 유기물과 상수원의 수질

하천과 호수의 자연수 중의 용존유기물은 대부분 미생물에 의한 분해가 느린 부식질이라고 부르는 난분해성 물질이다. 부식질은 식물의 사체가 분해된 후 남은 물질들로서 방향족 화합물을 많이 함유하고 있으므로 polyaromatic compound라고 부른다. 부식질은 BOD로 측정되지 않으며, 수중 산소고갈을 일으키지 않고 생태계에 피해가 없다. 그러나 수돗물을 만드는 경우에는 부식질이 염소소독에 의해 염소화탄화수소계의 발암물질을 생성하므로 수돗물의 수질을 악화시키는 주요인이다.

유기물의 기본 골격은 환원된 탄소로 이루어져 있으며 유기물 무게의 40%를 차지하므로 유기물의 양은 환원된 탄소의 양으로 측정할 수 있다. 고온으로 연소하거나 강한 산화제로 유기탄소를 산화시키면 이산화탄소로 변화되며 이때 발생하는 이산화탄소의 양을 측정하여 유기물의 양을 측정할 수 있다. 이를 **총유기탄소(Total organic carbon, TOC)**라고 부른다. TOC analyzer를 사용하여 측정하는데 산화력이 강하므로 유기물의 생분해성에 관계없이 모두 측정할 수 있다. 난분해성 부식질은 생분해성 유기물에 비하여 유기물의 농도대비 발암물질의 생성량이 더 많으므로 TOC가 BOD보다 상수원수의 수질을 평가하는 지표로서 더 적합하다. TOC는 우리나라 수질기준에 새로이 포함되어, BOD와 COD를 대체하여 유기물 농도의 지표로 사용되고 있다.

## 라. 호수의 부영양화(富營養化, Eutrophication)와 녹조현상

### 1) 부영양화

광합성 생물이 성장하기 위해서는 $CO_2$ 이외에도 N, P, Si 등 각 종 무기영양염류가 필요하다. 이 가운데 생물에 필수적으로 필요하지만 존재량이 적어서 생물성장이 그 양에 따라 결정되는 원소를 제한영양소(limiting nutrient)라 부른다. 담수에서는 제한영양소가 인이다. 인은 핵산, 세포막 등을 만드는 필수원소인데 담수에서 용해도가 낮고 다른 이온과의 반응성이 높아서 쉽게 침전되므로 담수 중의 농도가 낮아 결핍되기가 쉽다. 그러므로 수중의 생물의 양은 인의 농도에 정비례한다.

하천과 호수에서 인의 유입이 증가하여 광합성 생물의 양이 증가하는 현상을 부영양화라고 한다. 부영양화 현상은 하천에서 발생하는 경우에는 하상의 부착조류가 증가하는 현상으로 나타나며, 호수, 연안 등의 정체된 수역에서는 식물플랑크톤의 증가로 나타난다. 담수에 서식하는 조류로는 남조류, 녹조류, 규조류 등이 있으며, 부영양호에서는 여름에 남조류가 번성하는데 이때 물색이 초록색으로 변하므로 이들 조류의 번성을 수화현상 또는 물꽃현상(水華現狀, water bloom)이라 부른다.

### 2) 녹조현상이란?(綠潮와 綠藻)

플랑크톤으로 인하여 물의 색이 변하는 현상을 영어로는 'water bloom(물꽃)'이라 하는데, 일본에서는 이를 번역하여 '미즈노하나(水の華)'라고 부르고 우리나라 학계는 이를 번역해 '물꽃현상' 또는 '수화현상'이라 불렀다. 식물플랑크톤 가운데 남조류(cyanobacteria)에 의한 물꽃현상을 영어로는 cyanobacterial bloom이라고 부르는데 일본에서는 특별히 '아오코(靑粉)'라 부르는 용어가 따로 있다. 남조류세포가 파쇄되거나 건조되면 세포 내에 잠재해 있던 청색 색소가 나타나 푸른색을 띠기 때문에 푸른색 가루라는 의미로 만들어진 용어인데 남조류의 색상을 정확히 관찰하여 만든 용어이다.

우리나라에서는 1990년대에 호수의 부영양화가 심해지면서 녹색으로 변하는 호수가 많아지자 붉은색 플랑크톤이 증식해 바닷물이 붉게 물드는 '적조(赤潮)현상'과 대비하여 '녹조현상'이라는 용어가 어디선가 만들어져 일반에게 쉽게 이해되는 용어로 널리 호응을 받게 되었다. 녹조현상은 적조현상에 대비하여 만들어진 용어이므로 녹조현상을 한자로는 '녹조(綠潮)현상'이라고 쓰는 것이 옳다.

용어의 혼선은 녹조류(綠藻類)라는 플랑크톤과 혼동하는 데서 비롯된다. 식물플랑크톤 중에는 규조류, 녹조류, 와편모조류와 남세균 등이 흔히 출현하는 종류이다. 남세균은 과거에 남조류(藍藻類)로 불렸으며 요즘은 학술용어로서 남세균 또는 시아노박테리아로 불리고 있다(그림 6.4). 최근 우리나라 부영양호를 녹색으로 물들인 생물은 남세균이며 녹조류(綠藻類)가 아니기 때문에 이를 '녹조(綠藻)현상'이라 부르는 것은 잘못된 표현이다. 녹조류는 남세균보다 좀 더 짙은 녹색을 띠며 독소가 없어 클로렐라와 같이 사람이 먹기도 한다. 반면 남세균은 호수에서는 녹조류보다 연녹색을 띠다가 건조하면 청색을 띠며 수면에 떠올라 고밀도의 '스컴(scum · 떠 있는 찌꺼기)'을 형성하므로 육안으로도 구분된다. 남세균은 녹조류와는 달리 독소를 생성하기도 하고 악취를 내는 유해한 조류이므로 반드시 구분할 필요가 있다. 따라서 부영양호에서 흔히 보는 '녹조현상'을 가장 정확히 표현하자면 '남세균이 대량 증식하여 녹조(綠潮)현상이 발생했다'고 해야 한다.

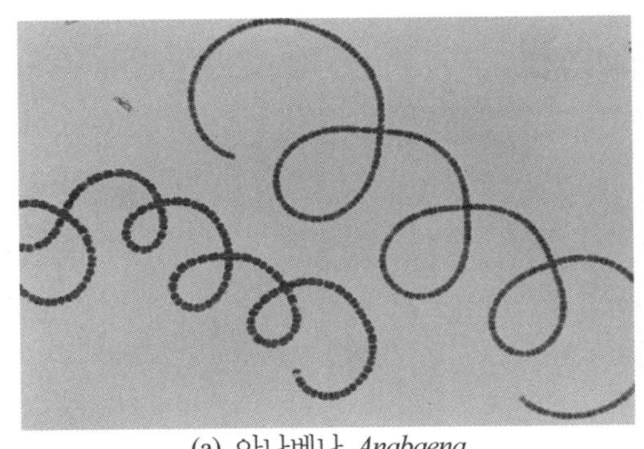

(a) 아나베나 *Anabaena*

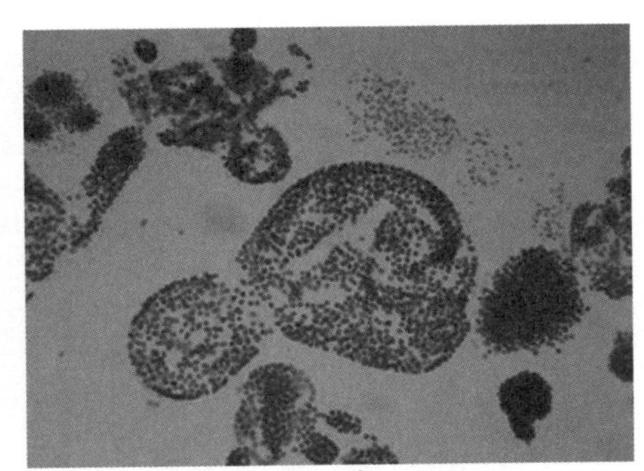

(b) 마이크로시스티스 *Microcystis*

그림 6.4 녹조현상을 일으키는 대표적 남조류 식물플랑크톤

### 3) 부영양화의 피해

호수의 조류가 과잉번성하는 것은 호수 생태계의 건강성을 훼손하는 가장 흔한 원인이며 남조류는 더욱 더 위해성이 크다. 우선 조류의 번성은 호수 심층의 산소고갈을 가져온다. 조류가 호수 표수층에서 광합성을 할 때는 산소가 생성되고 표수층의 산소가 과포화되어 대기로 확산되어 나간다. 반면에 조류가 침강하여 분해될 때는 산소를 소비하여 심수층의 산소고갈이 일어난다. 그러므로 표수층에는 용존산소가 과포화되고, 심수층에는 용존산소의 고갈현상이 나타난다(그림 6.5). 우리나라에서도 많은 저수지에서 심층산소고갈이 나타나고 있어 심층은 동물이 살기에 적합하지 않은 곳이 많다. 댐에서 산소가 고갈된 심층수를 하류로 방류하면 하류에서 어류폐사가 발생하기 쉽다. 댐이나 저수지 아래에 위치한 수문에서 심층수가 방류되거나 보에서 바닥을 통과하는 파이핑현상이 있을 때도 무산소 심층수가 방류되어 어류폐사가

발생할 수 있다.

또한 조류의 번성은 표수층에서 알칼리성의 독성을 유발한다. 호수의 pH는 이산화탄소의 농도가 좌우하는데 조류가 광합성을 많이 하면 표수층의 pH가 수질기준인 8.5를 초과하여 9.5 이상에 이르는 경우가 허다하다. 어류는 pH가 8.5 이상이면 스트레스를 받고 9.5를 초과하면 민감한 어류는 독성이 나타나 죽기도 한다. 따라서 부영양화로 인하여 표수층의 pH가 알칼리성을 나타내면 민감한 어류는 서서히 도태되고 내성이 강한 어류만 살아남아 동물다양성이 크게 낮아진다. 심층 산소고갈, 표수층의 산소과포화, 표수층의 알칼리성 등이 부영양화현상으로 인하여 보편적으로 발생하는 생태학적 위해성이다.

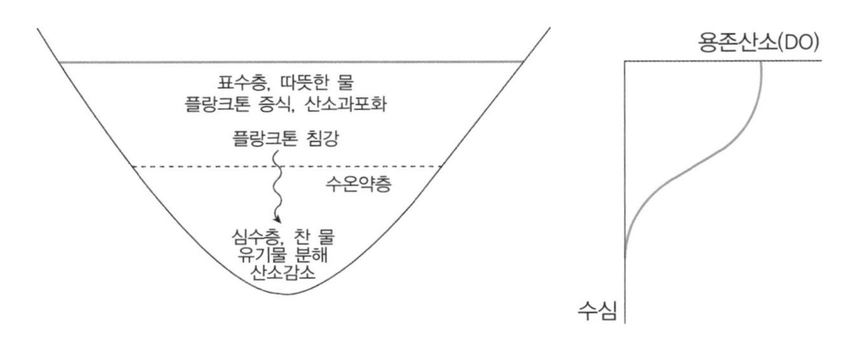


그림 6.5 부영양화에서 성층기에 나타나는 용존산소의 수직 분포

호수의 부영양화는 다음과 같은 경제적 피해를 준다.

① 남조류는 부영양호에서 주로 발생하는 지표생물로서 독소를 생성하여 수중동물과 사람에게 피해를 준다.
② 조류와 방선균은 냄새를 발생하므로 수돗물 이취미의 원인이며 냄새제거를 위해 활성탄을 사용하여야 하므로 정수처리비용이 많이 든다.
③ 상수원으로 이용하는 경우, 응집약품이 많이 필요하고 모래여과상이 자주 막히므로 모래교체로 인하여 정수비용이 증가한다.
④ 물이 혼탁하고 호숫가에서 냄새가 발생하여 관광자원으로써의 가치가 하락한다.
⑤ 심수층의 산소가 고갈되어 저서동물의 서식처가 감소하고 어류의 종 다양성도 감소한다. 호수에서 동물 다양성 감소의 주요 원인이다.

### 4) 남조류의 독소

담수의 조류 가운데 남조류는 포유동물에게도 독성을 나타내는 간독(hepatotoxin)과 신경독(neurotoxin)을 생성하므로 다른 조류에 비하여 더 피해가 크다. 간독은 *Microcystis*라는 남조류에서 처음 발견되어 마이크로시스틴(microcystin)이라고 명명되었으며 이후 여러 종류의 유사한 간독들이 발견되었다. 남조류에는 많은 종이 있고 같은 종이라도 환경조건에 따라 독소를 생성하기도 하고 생성하지 않기도 하므로 남조류가 번성하여 녹조현상이 발생하였다면 대략 절반의 확률을 가지고 유독성일 가능성이 있다.

호수에서 우점하는 남조류(cyanobacteria)의 주요 종은 독소를 생성하는 *Microcystis* 속이다(그림 6.4). *Microcystis*는 작은 세포가 모여 군체를 형성하기 때문에 육안으로도 확인되는 녹색 가루의 모양을 가지게 되며 기포를 가지고 있어 수면에 떠오르는 성질을 가지며 수면에 scum이 모여 있을 때는 녹색 페인트를 풀어놓은 듯이 보인다. 남조류가 바람에 밀려 물가에 밀집하여 높은 밀도의 scum을 형성하면 이를 마신 가축이 죽게 된다. 우리나라에서는 소를 방목하는 곳이 별로 없지만, 호주와 미국처럼 초지에서 방목하는 목장에서는 소들이 목장 내의 호수를 찾아가 물을 마신다. 방목지에서 가축이 대량으로 죽은 가장 큰 사고는 1991년 호주의 다알링강(Darling River) 사건을 들 수 있다. 1991년 12월 외국신문에도 호주의 1200 km의 하천을 뒤덮은 남조류 물꽃현상이 보도되었다. 호주의 New South Wales주의 서부에 흐르는 Darling 강에는 1년 이상 계속된 가뭄으로 유속이 느려지고 독성 남조류가 증식하였다. 남조류가 대량 번식한 물이 서서히 강을 따라 흘러 내려가는 동안 이 강의 주변에 있는 목장의 소와 양 등의 가축들이 강물을 마시고 죽은 수는 총 1600마리로 보고되었다.

가축의 치사피해가 많은 데 비하여 사람은 남조류가 밀집한 녹색의 scum을 그대로 마시지 않기 때문에 사람이 죽은 예는 많지 않다. 그러나 우리나라 대부분의 호수가 부영양화되어 여름에 남조류가 우점하고 있으므로 상수원으로 사용할 때에는 정수과정에 주의를 요한다. Microcystin은 남조류의 세포를 제거하면 이와 함께 제거되며, 염소소독에 의해 파괴되는 것으로 밝혀졌다. 그러나 외국에서는 수돗물에 의해 사람이 중독 증세를 일으킨 예가 보고되고 있다. 남조류 세포가 완전히 제거되지 않은 수돗물을 마시고 주민이 집단으로 구토, 설사, 복통 등의 나타낸 예가 있으며, 황산구리 첨가에 의해 조류 세포가 파괴되어 수중에 독소가 유출됨으로써 이 수돗물을 먹은 주민이 집단으로 중독 증세를 보인 예가 있다. 중국에서는 남조류가 서식하는 부영양호의 물을 수돗물로 사용하는 지역 주민들의 간암 발생률이 높다는 것이 밝혀졌다.

남조류의 독소에 의해 사람이 죽은 유일한 사건은 1996년 브라질의 카루아루에서 일어났다.

신장투석 전문병원에 공급된 물에 남조류 독소인 microcystin이 함유되어 있어 126명이 중독되고 55명이 사망하였다. 병원에 공급된 물은 인근의 부영양호에서 물탱크에 담아 염소소독만을 거쳐 트럭으로 운반한 것이었는데, 적절한 정수과정을 거치지 않아 남조류 세포와 독소가 충분히 제거되지 않아서 발생한 사고였다.

그 외에도 사람이 죽지는 않았으나 중독 증상을 앓은 예는 많이 있다. 물놀이를 하다가 실수로 호수물을 마시고 중독 증세를 나타내는 경우도 있으므로 녹조현상이 발생하면 물과의 접촉을 금지하는 경고문을 세우기도 한다. 중국의 한 지방에서는 남조류가 서식하는 호수물을 제대로 정수하지 못하고 식수로 사용하였는데, 이 지방의 간암 발생률이 다른 지방보다 매우 높아 그 원인을 찾는 역학조사 결과 식수원의 남조류 때문인 것으로 판명되었다

남조류의 독소가 사람에게 매우 유독하지만 독소가 주로 세포 내에 존재하며 현대의 고도정수처리 공정에서는 남조류 세포가 거의 제거된다. 마이크로시스틴은 활성탄과 염소소독 과정에 의해 거의 제거되기 때문에 수돗물을 통해 남세균의 독소를 섭취할 가능성은 거의 없다. 흔히 수돗물의 오염을 통한 녹조현상의 위해성을 우려하지만 남조류의 독소가 인간에게 위해를 줄 수 있는 경로가 수돗물이 아니라 어패류의 섭식이 오히려 더 클 수 있다. 수돗물의 마이크로시스틴은 위해성이 작은 반면, 우리나라에서는 민물새우와 우렁이, 물고기 등의 어패류를 통해 독소를 섭취하는 경로가 존재한다. 물속의 남조류를 먹고 사는 수중동물의 체내에는 마이크로시스틴이 축적되어 있다. 특히 동물의 내장에 많이 분포하므로 녹조현상이 있는 곳에서 잡은 어패류는 내장을 제거하고 먹어야 한다. 남조류 독소는 열에 안정하여 끓여도 분해되지 않는다. 남조류의 독소는 야생동물에게도 유해하므로 어류 등 수중동물 군집의 건강성을 악화시키는 요인이 된다.

### 5) 호수에서 조류성장의 제한요인

녹조현상이 발생하기 위해서는 인의 농도가 높아야 하고 체류시간이 길어야 한다는 두 가지 조건이 모두 충족되어야 한다. 남조류의 번성은 인 농도가 높은 부영양호에서 나타나는 현상이며 빈영양호에서는 거의 발생하지 않으므로 녹조현상의 원인은 부영양화의 원인과 같다. 따라서 조류성장의 제한영양소가 증가하는 것이 주요 원인이라고 볼 수 있는데 우리나라 호수의 제한영양소는 모두 인이다. 세계적으로는 질소가 제한영양소가 되는 호수가 10% 정도 되는데 우리나라에서는 질소의 자연배경농도가 높기 때문에 N/P 비가 생물평균보다 높고 인이 제한영양소가 된다(Kim et al., 2001). 질소배경농도가 높은 이유는 기반암의 조성과 관련이 있는 것으로 추정되나 명확히 밝혀지지는 않았다.

제한영양소는 부영양화의 과정에서 바뀌기도 한다. 빈영양상태일 때에는 인의 농도가 낮아서 인이 제한영양소인데 하수에는 상대적으로 인의 함량이 높기 때문에 하수의 유입이 증가하면 점차 N/P 비가 낮아지면서 일시적인 질소의 부족이 나타나기도 한다. 그러나 이때는 인과 질소의 농도가 모두 높기 때문에 대개 영양소 이외에 체류시간이나 빛이 제한요인이 된다. 부영양수역에서 녹조현상이 발생하면 질소의 고갈이 나타날 수 있는데 이를 보고 질소제거가 녹조현상의 제어를 위해 필요하다고 주장하는 사례도 있으나 질소의 결핍은 일시적인 현상이다. 질소를 제거하더라도 자연배경농도가 높기 때문에 효과가 조금 있을 뿐이며 곧 인 제한으로 바뀌게 된다.

체류시간이 인 농도에 뒤이어 두 번째 주요 제한요인인데 수체에 따라 중요도가 다르다. 저수지에서 조류성장에 최적인 체류시간은 약 1개월 정도로 보고 있는데 대형댐에서는 체류시간이 이보다 길기 때문에 강우에 따른 체류시간의 변동이 영향을 주지 않는다. 그러나 의암호, 팔당호, 하구호 등의 체류시간이 짧은 하천형 저수지와 하천에서는 체류시간이 주요 제한요인이다.

## 6) 인의 근원 : 점오염원 vs. 비점오염원

부영양화의 원인인 인의 근원을 평가할 때 점오염원과 비점오염원의 상대적 중요도에 대해 수질관리자들은 계산 방법에 따라 서로 다른 결론을 내리기도 한다. 점오염원은 연중 일정하게 배출되는 반면에 비점오염원에서는 폭우 시에만 다량 유출되므로 수체의 수리적 특성에 따라 생태학적 영향도 달라진다. 대형호수에서는 유입한 물이 장시간 체류하므로 비점오염원으로부터 폭우 시에 유출된 인이 조류에 이용될 수 있는 충분한 시간을 가진다. 소양호, 대청호 등의 대형저수지에서는 홍수 후에 조류의 증식이 나타난다. 이는 우리나라 몬순기후의 영향이라고 볼 수 있는데 여름 강수량이 많지 않은 나라에서는 조류의 번성이 주로 봄철에 나타나지만 우리나라에서는 홍수 후에 나타나는 'monsoon bloom'이 spring bloom보다 더 크게 나타난다. 그러므로 대형호수에서는 점오염원이건 비점오염원이건 간에 연간 유출량이 많은 오염원이 호수의 수질을 좌우하게 되며 당연히 비점오염원이 큰 기여도를 가진다.

반면에 체류시간이 짧은 수체에서는 강우 시에 비점오염원으로부터 유출되는 인이 충분이 조류에 이용될 시간을 갖지 않고 바다로 배출된다. 한강의 팔당호, 의암호, 4대강보, 강의 하구호 등이 이에 해당한다. 이를 수역에서는 홍수기에 인의 농도가 높아지더라도 체류시간이 짧아서 녹조현상이 발생하지 않는다. 오히려 갈수기에 체류시간이 길어지면서 조류가 증가하는데 이때는 비점오염원으로부터의 인 유출이 거의 없는 시기이며 대부분의 인은 하수에 기인한다. 즉, 연간 인의 총배출량은 비점오염원이 많지만 연중 기여도의 시간적 평균을 계산해보면 점오염원이 월등히 크다. 현재 많은 강의 하류 지역에서 유량의 많은 부분이 하수처리장 방류수로 이루어져 있다. 중류에 대청댐 팔당댐 등의 댐을 만들어 상수원으로 취수하기 때문에 자연수의 유하량이 많지 않고, 특히 갈수기에는 댐의 방류량이 더욱 줄어들고 회귀한 하수가 하천을 형성하기 때문에 하수의 기여도가 매우 높다.

### 7) 녹조현상의 저감대책

녹조현상의 필요조건은 인의 증가와 체류시간의 증가 두 가지이다. 체류시간을 줄이기 위해서는 불필요한 보와 저수지를 철거하는 것이 필요하다. 우리나라의 저수지 수는 약 17,500개이며, 보의 수는 국가하천과 지방하천에서만 약 3만 개 이상인 것으로 확인되었다. 필요성이 낮아진 보와 저수지들을 점차 철거하는 것이 녹조현상을 줄이면서 동시에 하천생태계의 건강성을 회복하는 방안이 될 수 있다. 선진국에서는 이미 불필요한 보와 댐의 철거사업이 확대되어 가고 있으나 우리나라에서는 아직 적절한 투자가 이루어지지 않고 있는데, 앞으로는 하천생태계 복원사업의 핵심이 되어야 한다.

녹조현상을 저감하는 근원적 대책의 핵심은 인의 저감이라고 할 수 있는데 인의 저감은 얕은 하천이건 정체된 호수이건 모두 필요하다. 정체수역에서 인의 농도가 높으면 녹조현상을 일으키는 것은 잘 알려져 있는데 얕은 하천에서도 인의 농도가 높으면 부착조류의 과다증식으로 문제를 일으킨다는 사실은 흔히 간과된다. 하천의 부영양화로 인하여 발생하는 부착조류의 과잉번성은 자갈 틈을 메우고 야간에 저질의 산소를 고갈시켜 하천생태계에 큰 피해를 준다.

강의 하류수역에서 갈수기 녹조현상의 주원인은 하수에 기인하는 인이므로 인의 농도를 줄이는 첫째 목표는 하수처리여야 한다. 하수의 처리에는 주로 생물학적 처리법을 사용하고 있는데 미생물은 인을 자신이 필요한 만큼만 흡수하기 때문에 인의 제거율이 높지 않다. 생물학적처리만 거치는 경우 하수처리장방류수의 인 농도는 약 1 mg/L에 달하며 이는 호수부영양화의 기준인 0.03 mg/L의 수십 배에 해당한다. 따라서 하수를 희석할 수 있는 자연수가 부족한 하천에서는 하수처리장 방류수가 갈수기 부영양화의 주요 원인이 된다. 그러므로 미국 일본 등 선진국에서는 화학적 인 제거 공정을 추가하여 방류수의 인 농도를 0.01 mg/L 수준까지 낮추어 주변 자연수의 농도와 동일하게 맞추거나 오염된 하천수를 희석하여 정화하는 목표를 가지고 처리한다. 미국에서의 조사에 의하면 많은 하수처리장 방류수가 인을 0.02 mg/L 수준으로 처리하고 있으며 인 제거에 따른 비용증가도 크지 않아서 감당할 수 있는 수준인 것으로 평가하였다(U.S. EPA, 2007). 우리나라에서도 근래 하수의 인 제거 공정이 확산되고 있으나 아직도 기준농도가 0.2 mg/L 이상으로 부영양화 기준을 크게 웃돌고 있어 하수처리장 방류수가 부영양화의 원인으로 남아 있다. 호수의 녹조현상 저감과 하천의 부착조류 저감을 위하여 하수의 인 제거율 강화는 최우선 대책이다(김범철 등, 2007).

강우 시 월류하수(sewer overflow)도 중요한 하천부영양화의 원인이다. 우리나라 대부분의 하수도에서는 강우 시 우수의 혼입으로 인하여 유량의 증가가 나타난다. 그러나 하수처리장의 용량이 충분치 않아서 대부분 강우 시 하수가 월류하여 하천이나 호수로 배출되고 있다. 강우 초기에는 지천으로부터 매우 오염도가 높은 물이 유출되는데 분류식하수관거가 설치된 곳일지라도 강우 시 유량증가와 오염도 증가가 흔히 나타나고 있어 월류수는 하수오염의 중요한 형태로 남아 있다. 그러므로 우리나라 하수관거와 하수처리장이 연결된 인구수의 비율은 높은 편이지만 실제 배출되는 인의 제거율은 절반에 못 미칠 것으로 추정된다. 이를 해결하기 위해서는 하수처리장의 용량을 더욱 확대하여 초기 강우 유출수를 처리하는 시설을 갖추어야 한다. 또는 강우 시에는 생물학적 처리를 생략하고 처리시간이 짧은 화학적 처리 공정에 의해 최대한 많은 월류하수를 처리하는 방안도 필요하다. 강우 시 증가한 하수의 양을 저류지에 모아두었다가 서서히 처리하여 방류하는 방법도 확산되고 있다.

### 8) 퇴비의 영향

대형댐에서는 유역의 농경지 비점오염원에서 발생하는 퇴비 유출이 매우 큰 비중을 차지하므로 이에 대한 대책이 필요하다. 농업분야에서 퇴비를 많이 사용하는 유기농을 친환경농업이라고 부르기 때문에 퇴비는 수질에 악영향이 없는 것으로 오해하기도 하는데 유기농이란 생산물이 농약에 오염되지 않았다는 뜻이며 수질오염이 없다는 뜻이 아니다. 농경지가 배출하는 수질오염물질로는 흙탕물, 인, 부식질, 농약 등을 들 수 있는데 유기농은 이 가운데에서 농약의 사용만 없다는 것이지, 나머지 오염물질의 배출 여부와는 무관한 것인데 우리나라에서는 이를 '친환경농업'이라고 명명하여 많은 이들이 수질오염이 전혀 없는 농업으로 오해하기도 한다.

유기농은 농약과 화학비료를 사용하지 않는 대신 많은 양의 퇴비를 사용한다. 퇴비를 많이 사용하면 작물생산에는 긍정적인 효과를 가져 오지만 수질에는 악영향을 미칠 수 있다. 퇴비는 가축분뇨와 식물 잔재(부스러기)를 섞어서 만드는데, 분뇨에는 하천과 호수의 부영양화를 일으키는 인이 많이 함유되어 있기 때문에 부영양화의 원인이 된다. 또한 식물 잔재를 구성하는 부식질은 수돗물에서 발암물질을 생성하는 원인물질이므로 상수원 수질악화의 주요 원인이 될 수 있다.

인은 분해가 되지 않으며 기체상으로 제거되지 않고 남는 물질이기 때문에 퇴비화 과정에서 유기물이 썩고 암모니아가 공기 중으로 날아가더라도 인은 전혀 감소되지 않는다. 그 결과 퇴비에는 많은 인이 축적되어 인 함량이 높아지는데, 농작물이 비료성분으로 주로 필요로 하는 것은 질소성분이고 인은 소량만이 필요하다. 따라서 N/P 비가 농작물의 요구보다 작으며 농작물에 충분한 질소를 주기 위해 퇴비를 뿌리면 퇴비에 함유된 인이 지나치게 많아 인 성분은 과잉 공급되고 이것이 빗물에 씻겨 강과 호수에 흘러 들어가 부영양화를 일으킨다.

유럽처럼 농경지의 경사가 완만하고, 폭우가 내리지 않는 국가에서는 퇴비를 사용하더라도 퇴비의 유출이 우려되지 않는다. 하지만 경사진 밭이 많고 폭우가 내려 표토가 심하게 유실되는 우리나라의 자연환경에서는 지나친 퇴비사용은 폭우에 유출되어 수질을 악화시킬 수밖에 없다. 분뇨를 하천으로 직접 유출시키는 것보다는 분뇨를 퇴비로 만드는 것이 토양의 흡착에 의한 자연정화를 거치므로 나은 방법이기는 하나 퇴비의 과다 사용과 유출은 줄여야 한다.

### 9) 호수 내 부영양화 저감대책

부영양화 방지를 위해서는 유역의 오염원을 관리하는 것이 가장 투자의 효율이 크고 확실한 방법이나 유역의 오염원이 관리가 불가능할 때에는 호수 내에서 조류를 저감하는 방법을 쓰기도 한다. 호수 내 대책으로 가장 경제성이 있고 세계적으로 널리 사용되는 방법이 화학적 응집침전에 의해 수중의 인과 부유물을 제거하는 방법이다(Cooke et al., 1993). 황산알루미늄(alum, $Al_2(SO_4)_3$) 형태의 알루미늄염이 주로 많이 사용되며 lime($CaO$, $Ca(OH)_2$), 염화철($FeCl_3$) 등도 사용된다. 알루미늄이온은 인산이온과 결합하면 불용성의 침전을 형성한다. 나머지 알루미늄이온은 $Al(OH)_3$ 침전이 만들면서 수중의 부유물과 함께 침강하며 수중의 입자상 인과 함께 침전한다. 호수 저질에 침강한 알루미늄염은 저질로부터의 인 용출을 억제하여, 자연호에서는 10년 이상 장기간 동안 호수의 인을 저감하는 효과를 보인다. 그러나 응집침전의 효과가 오래 지속될 수 있으려면 외부로부터의 인 유입이 차단되어야 하는데 체류시간이 짧은 인공호에서는 외부 유입수량이 많기 때문에 효과가 오래 지속될 수 없으며 반복적인 투여가 필요하다.

알루미늄염에 의한 부영양화 제어는 유해성이 없고 호수 물 1톤당 약품비가 10원 이하로 저렴하기 때문에 세계 여러 나라에서 수십 년 동안 사용된 방법이다. 우리나라에서는 알루미늄의 유해성에 대한 우려로 인하여 널리 시행되지 않고 있으나, 많은 연구 결과 호수 내 알루미늄이온이 곧 바로 침강하며 수중의 잔류량이 적어서 동물에 해가 없는 것으로 알려져 있다. 미국 뉴욕시의 사례를 보면 상수원 저수지에서 탁수가 발생하는 경우에 탁수가 정수장에 유입되지 않도록 저수지 내에 alum을 넣어 침전시키는 방법을 사용하고 있다. 호수 내에서 부유물질을 침강시키지 않는 경우에는 정수공정에서 알루미늄응집제를 많이 사용하여야 하므로 오히려 수돗물의 알루미늄 잔류량이 더 많아지기 때문이다.

녹조현상이 심각한 경우 임시방편으로 살조제를 사용하기도 한다. 전통적으로 황산구리를 많이 사용하였으나 구리의 축적이 동물에 독성을 가질 수 있으므로 사용을 지양하고 있다. 최근에는 산화력을 가지고 있는 과탄산소다(sodium peroxide)를 사용하는 시도도 이루어졌다. 과탄산은 구리와 달리 유해 잔유물이 없으며 남조류가 특히 더 민감한 것으로 밝혀져 적절한 농도를 사용하면 동물에 피해가 없이 남조류만을 죽일 수 있는 것으로 보고되고 있다. 그 외에 조류세포를 제거하거나 조류를 죽이는 방법들이 다양하게 개발되어 있으나 조류를 죽이더라도 곧바로 다시 바르게 성장하므로 효과의 지속시간이 짧으며, 대부분 처리비용이 많이 들기 때문에 경제성과 효과가 확실히 인정되지 못하고 있다.

호수의 상류 유입부에 작은 전처리댐(pre-reservoir)을 건설하여 유입수를 체류시킴으로써 인의 침강을 유도하여 본 댐의 수질을 개선하는 방법도 좋은 효과를 가지는 방법이다. 유역으로부터 유입하는 표토와 결합된 입자상 인, detritus, 식물플랑크톤 등은 전처리댐에서 체류시킴으로써 일부를 제거할 수 있다. 독일의 Bahnwach 저수지에서는 전처리댐에 모인 물을 철을 이용한 응집침전법으로 처리한 후 본 댐에 넣어줌으로써 수질을 개선하고 있다. 우리나라에서는 파로호에 두 곳, 소양호에 한 곳의 전처리댐이 설치되어 있는데 수질개선에 효과를 나타내고 생물서식처 개선에 도움이 되는 것으로 보인다.

## 마. 하천의 부영양화와 부착조류 과잉번성

하천에서 인의 증가에 의한 부영양화는 부착조류의 과잉번성으로 나타난다. 부착조류이 과다하면 용존산소의 일주기 변동이 커진다. 낮에는 광합성으로 산소가 과포화상태가 되고 밤이면 조류의 호흡에 의해 크게 감소하며 빈산소상태가 되기도 한다. 특히 자갈 틈은 산소공급이 차단되어 야간에 무산소상태가 되기 쉽다. 부착조류의 증식은 자갈 틈을 메워 수서곤충의 서식공간을 없애며 수서곤충의 감소는 먹이생물의 감소로 인한 어류의 감소를 초래한다. 또한 자갈 틈에 산란하는 어류의 산란 터가 없어져 어류가 감소한다.

## 바. 중금속 오염

중금속 가운데에는 인체에 유해한 종류들이 있으며 이들이 수중에 존재하면 수질오염으로 간주한다. 흔히 수질오염으로 나타나는 유해중금속은 수은, 카드뮴, 납, 비소, 주석, 셀레늄 등을 들 수 있다. 수은은 금속수은, 무기수은, 유기수은의 형태로 나눌 수 있다. 이 중 유기수은이 생체 내에 잘 침투하여 독성을 나타내는 형태이며, 메틸수은이 대표적인 유해물질이다. 메틸수은은 어패류에 농축되어 일본의 미나마타병을 유발하였다. 화석연료인 석유 및 석탄에도 수은이 많이 함유되어 있는 것으로 알려져 있다. 대부분의 수은은 수환경에서 이온화된 형태($Hg^{2+}$)로 존재하며, 수소이온농도(pH)가 낮을수록 독성이 강한 메틸수은의 형태로 존재된다.

총 수은의 농도가 300ppm 이상이면 두통, 오한, 시각장애, 언어장애, 마비증상(중추신경 질환) 등의 증상이 나타나며, 일본의 미나마타 사건은 대표적인 피해 지역이다. 일본 미나마타현 신일본질소주식회사에서 배출한 폐수 중에 수은이 함유되어 이것이 만내의 해수에 유입되었다. 이 당시 무기수은은 독성이 없는 것으로 알고 있었으나 수은은 해저에서 미생물에 의해 메틸수은으로 전환되면서 플랑크톤에 흡수되고 이 플랑크톤을 먹은 어패류의 체내에 고농도로 농축되는 생물농축현상이 나타나 사람에게 전달되어 중독사고가 발생하였다. 이 어패류를 장기간 섭취한 미나마타 지역민들은 1970년대 초부터 시작하여 1977년까지 3,101명에게 발병하여 71명이 사망하였다. 수은중독 증세를 발생 지역의 명치에 따라 미타마타병이라고 부른다.

카드뮴은 화학적으로 안정한 산화막을 형성하여 금속부품의 도금, 합금, 안료, 폴리염화비닐(PVC)의 안정제, 건전지 등에 많이 이용되어 왔다. 카드뮴에 의한 공해병은 1910년경부터 일본 도야마현 진쓰천 유역에서 발생한 것이 최초로 보고되었다. 이 지역에서는 16세기부터 오랫동안 광산들이 카드뮴을 배출하여 하천바닥에 축적되었고 이 물을 사용하여 재배한 쌀에 카드뮴이 축적되어 지역민들이 중독 증세를 앓게 되었다. 뼈를 약화시켜 허리, 팔, 늑골(갈비뼈), 골반 대퇴골 등에 골절현상이 쉽게 일어나 통증을 유발하여 아프다는 뜻의 '이타이'를 사용하여 이타이이타이병으로 명명되었는데 후에 카드뮴중독이 원인인 것으로 밝혀졌다.

## 사. 미량 유해물질

많은 종류의 화학물질이 합성되어 사용되고 있는데 이 가운데에는 유해성이 큰 물질들도 있다. 특히 유기탄소에 염소가 결합된 염소화탄화수소(chlorinated hydrocarbon) 유의 물질들은 발암성과 독성이 강한 것이 많이 있다. PCBs, dioxins, DDT 등이 그 예인데 분해속도가 느리고 먹이연쇄의 상위로 갈수록 농축되어 더 큰 피해를 준다. 즉, 수중의 농도는 낮고 하등생물의 체내 함량은 낮으나 먹이연쇄의 상위에 있는 육식어류나 새들에게는 큰 피해를 주기도 한다.

미량 유해물질 가운데에는 자체의 독성은 낮으나 호르몬의 활동에 영향을 주어 간접적으로 생태계에 피해를 주는 물질들도 있다. 이를 내분비계교란물질이라고 부르며 수중동물의 생리현상과 성비율을 교란하는 등의 영향을 미친다. 가축사료에 함유된 항생물질도 배설물로 배출되고 하천으로 유출되어 수중미생물에 영향을 줄 수 있다.

## 아. 유류오염(oil spill)

선박의 기름유출은 내륙수운이 발달하지 않은 우리나라에서는 해양에서 발생하는 대표적 오염현상이다. 기름유출로 인해 해수면에 피막을 형성함으로써 많은 해양생물에게 해를 주며, 해저로 침전하여 저서생물을 사멸시켜 해양생태계를 파괴하기도 한다. 유류오염은 그 피해가 널리 확산되기도 한다. 1989년 4천 2백만 리터의 기름이 미국 Exxon Valdez호 선박으로부터 알래스카 지방의 Prince William Sound에 유출되어 최소 30만 마리의 새들이 떼죽음을 당하는 사건이 발생하였다. 또한, 우리나라에서도 유류오염으로 인해 태안에서 많은 피해가 발생한 사건이 있다. 유류오염 사고가 발생하면 흡착포를 이용한 물리적 제거, 유화제를 살포하여 분산시키는 방법, 분해를 촉진하는 미생물을 살포하는 방법 등으로 제거한다.

## 자. 열오염(thermal pollution)

화력 및 원자력 발전소에서 방류되는 냉각수에 의해 수온이 상승하여 생태계를 변화시키는 현상이 자주 발생하고 있다. 발전소에서 배출된 냉각수에 의해 수온이 상승하면 생물의 호흡률이 증가(산소요구량이 증가)하여 용존산소가 결핍되기도 한다. 해양에서는 수온의 변화가 어류의 회유로를 교란하여 어류의 성장과 어획에 지장을 준다. 연어 등의 냉수어종이 사는 하천에서 수온이 상승하면 어류의 생존과 번식에 장애를 준다.

## 차. 탁수와 부유물질(suspended solids : SS)

부유물질이란 수중에 떠 있는 물질 가운데 크기가 약 1 $\mu$m 이상으로 여과지에 걸러지는 입자상 물질을 통칭한다. 원인물질은 식물플랑크톤, 낙엽의 잔재, 박테리아, 곰팡이, 하수의 입자상 유기물, 토양침식에 기인하는 광물 등이다. 수중의 부유물질의 양은 여과지로 걸러 무게를 측정하는 SS(suspende solids) 측정법과 부유입자에 의한 빛의 산란을 측정하는 탁도(turbidity)로 측정한다. 탁도의 단위는 일정한 크기의 진흙분말을 넣어 1 mg/L일 때 탁도를 1 NTU(nephelometric turbidity unit)로 정의하였다. 그러므로 SS와 탁도는 유사한 값을 보이는데 입자가 유기물이 많이 함유되면 탁도가 큰 값을 가지며 무기물이 많으면 SS가 더 큰 값을 보인다. 또한 유속이 빠른 하천에서는 큰 입자가 많아서 SS가 더 큰 값을 보이고 입자가 작은 호수에서는 탁도가 더 큰 값을 보인다.

수중생태계에 미치는 영향을 평가하는 수질기준으로 우리나라에서는 SS를 사용하고 있고, 미국에서는 탁도를 사용하고 있다. 큰 입자는 질량이 많은 대신 호수에서 곧바로 침강하므로 하류에까지 이동하지 않는 반면에 작은 입자들은 오랫동안 부유하고 하류로 유출되며 장시간 생물에 영향을 주므로 생태계에 미치는 영향이 크다.

부유물질이 많은 탁수는 유해물질이 많고 수중생물의 서식에 큰 장애를 준다. 하수나 낙엽 잔재, 농작물 잔재 등의 경우에는 부유물질 가운데 유기물질이 많으므로 BOD가 높고 산소고갈을 유발한다. 부유물질은 수중의 빛을 차단하여 호수에서 수생식물의 성장을 억제하며, 수생식물의 감소는 이곳에 사는 저서동물과 어류의 감소를 수반함으로써 전반적인 수중동물의 감소를 초래한다. 하천에서는 부유물질이 어류의 아가미에 손상을 주어 성장을 저해하며, 자갈 표면의 부착조류에 덮여 성장을 저해하거나 동물 먹이로의 질을 나쁘게 한다. 또한 모래가 자갈 사이를 메워 수서곤충의 서식을 방해하며, 자갈 사이에 산란한 어류의 알이 부화되지 못하고 죽게 하므로 광범위하게 동물의 생장을 크게 감소시킨다.

부유물질이 많이 발생하는 곳은 토양침식이 일어나는 토목공사현장이나 경사가 큰 농경지이다. 미국에서는 수질기준을 초과하는 빈도가 가장 높은 항목이 탁도이며 수생태계 보호에서 가장 보편적인 관리대상이다. 우리나라에서도 토목공사현장과 고령지 농업 지역에서 부유물질이 많이 발생하여 생태계의 위해요인이 된다. 특히 2006년도에는 소양강 유역에 폭우가 많이 내려 토양침식과 산사태로 인하여 소양호와 북한강 댐들에서 심각한 탁수현상이 발생하였다.

## 카. 제방에 의한 하천서식지의 물리적 변형

하천변의 홍수기에 잠기는 땅을 홍수터 또는 범람원(flood plain)이라고 부르며 이 땅은 하천 생태계의 중요한 부분이다. 홍수터가 넓으면 홍수에 의해 하도가 사행천으로 구부러지면서 다양한 미소서식처가 만들어진다. 깊은 곳과 얕은 곳, 유속이 빠른 곳과 느린 곳이 다양하게 형성되면 각각 다른 생물들이 서식하여 다양성이 높아진다.

제방을 건설하는 목적은 홍수터의 토지를 인간이 이용하기 위하여 하천의 폭을 좁히는 것이다. 인간과 하천의 땅뺏기 싸움이라고도 표현할 수 있다. 하천의 폭이 좁아지면 사행천이 될 수 없고 하도가 직선형으로 바뀐다. 이를 직강화라고 부른다. 하천의 폭이 좁아지면 홍수 시에 수위가 높아지므로 제방을 더욱 높이 만들어야 하고 하상을 준설하여 수심을 확보하여야 한다. 이렇게 직강화하고 수심을 깊게 하면 하천의 모습이 구불구불하고 얕은 강에서 수변이 가파르고 직강화된 모습으로 바뀌게 되며 이를 수로화(channelization)라고 부르는데 서식지의 단순화로 인한 생물다양성 감소를 초래한다.

우리나라의 강변의 홍수터는 대부분 논으로 개간되거나 거주지로 개발되어 소실되었다. 지금까지 하천을 관리하는 과정은 끊임없이 하천의 폭을 좁혀가는 과정이었다고 말할 수 있다.

서울의 한강하류 지역이 수로화와 홍수터 개발의 전형적인 사례이다. 1980년대 한강종합개발 사업에 의해 제방을 높이 만들고 홍수터를 시가지로 개발하였으며 하상을 준설하여 수변을 가파르게 개조하였다. 지난 반세기 동안 우리나라의 삼림을 잘 보전하고 나무를 가꾼 성공사례와는 반대로 하천의 경우에는 하천 폭을 좁히고 인위적인 개조를 끊임없이 지속하여 왔다. 하천의 개수공사를 하면서 하천 폭이 좁아지지 않고 오히려 넓어진 사례는 극히 드물며 2006년에 큰 홍수피해를 겪고 나서야 일부 지역에서 이루어졌으나 그 외에는 늘 제방을 높이고 직강화하는 작업으로 이루어져 왔다.

하천관리의 개념을 보면 소득 수준에 따라 하천을 바라보는 가치관이 변하면서 하천개수의 방향도 변화한다. 저개발국에서는 하천을 '방재하천'의 개념으로 관리하며, 홍수기에 물을 배출하고 하수를 배출하기 위한 하수도로 본다. 물을 배출하는 기능만 강조하므로 하천의 폭을 최대한 좁히고 빨리 흘러 나가도록 만들고, 홍수터는 포장하거나 주차장으로 이용하는 등의 개발이 이루어진다. 이 단계에서 하천은 시민들이 접근하지 않는 혐오시설이다.

그 이후 중진국 수준에서는 하천의 친수공간으로서의 가치를 중시하여 수변을 치장하고 접근로를 만들고, 인위적 조경물을 많이 시행하는 '조경하천' 또는 '자연형 하천'의 개념으로 관리한다. 현재 우리나라의 하천관리의 단계는 이 단계라고 볼 수 있다. 서울의 청계천은 시민들의 산책공간으로 활용하기 위하여 인공하천으로 개조되었고, 춘천의 공지천을 비롯한 많은 하천은 직강화되었고 수변에는 산책로와 자전거 도로가 전국적으로 건설되었다. 물과 육지의 경계선에는 하천의 저수로를 조성하여 수변을 따라 돌을 배치하여 가파르게 하고 사람의 접근이 쉽도록 개조하였다. 이 단계는 시민들의 접근이 쉽고, 생태계의 건강성도 방재하천보다는 낫지만 아직 건강성이 높지 않다. 하도가 직강화되어 있어 동물 서식지가 다양하지 않고, 수변이 가파르고 수변 식생이 빈약하며 주변의 육상 생태계와는 제방과 산책로 등으로 단절되어 있어 생물 서식지로서의 가치가 낮다.

현재 유럽의 선진국들은 하천의 관리 목표를 '생태하천'에 두고 있다. 즉, 시민들이 접근하기가 불편하더라도 수생태계의 건강성이 높은 하천으로 만들고 있는 것이다. 그 핵심과정은 하천의 폭을 넓히고 홍수터를 하천에 되돌려 주는 것이다. 하천을 넓힘으로써 사행을 유도하고 다양한 서식처를 만들어 주는 것이다. 토지를 이용하더라도 하천변의 홍수터는 최후까지 보호하고 다른 대안을 찾아 하천생태계에 땅을 가능한 한 많이 돌려주기 위한 노력이 필요하다.

## 타. 보와 댐에 의한 하천서식지 단편화

하천의 어류는 봄에 상류로 올라가 산란하고 치어를 키우며 겨울이 되면 하류로 내려가 깊은 곳을 찾아 월동하는 계절적 이동을 한다. 은어는 바다에서 산란하고 치어가 하천으로 올라가 살다가 겨울에 다시 바다로 이동하며, 연어와 황어는 반대로 하천에서 산란하고 바다에서 성장한다. 그러나 우리나라에는 현재 17,500개의 저수지와 3만 개 이상의 보가 건설되어 어류의 이동을 막고 있다. 저수지는 대부분 농업용수의 확보를 위하여 건설되었으며 하천의 보는 농업용수의 취수를 쉽게 하기 위하여 건설되었다. 일부 보에는 어도가 설치되어 있으나 어류 이동에 효과적이지 않은 곳이 많으며 저수지에 설치된 보에서는 소상하는 어류는 이용을 하지만 하류로 이동하는 어류는 거의 이용하지 못한다. 하천서식지의 단편화는 동물군집의 유전자 pool의 다양성 감소를 초래하며 군집의 안정성을 감소시키고 절멸의 위험도를 높인다.

그림 6.6 급경사 제방으로 하폭을 좁히고 하도를 직강화한 사례

## 6.4 수질오염원의 형태

### 가. 점오염원(點汚染源, point source pollution)

오염물이 좁은 지역에서 배출되는 오염현상을 점원오염이라 하며 이러한 오염원을 점오염원이라 한다. 산업폐수, 생활하수, 축산폐수 등이 이에 해당한다. 일정량 이상이 배출되는 점오염원은 배출수의 농도규제에 의해 오염을 통제하고 있으며, 농도규제를 하더라도 하천의 수질이 기준을 충족시키지 못할 때에는 총량규제를 실시하여 규제한다.

### 나. 비점오염원(非點汚染源, nonpoint source pollution 또는 diffuse pollution)

오염물이 넓은 지역에서 배출되거나 작은 오염원이 산재하여 있는 현상을 비점원오염이라고 부르며 이러한 오염원을 비점오염원 또는 면오염원이라 부른다. 도시 지표유출수, 도로면 유출수, 농경 배수, 토양침식 등을 예로 들 수 있다. 도시나 도로, 산업단지의 지표유출수(surface runoff)에는 중금속, 유해화학물질, 유기물, 부유물질 등의 다양한 오염물이 포함되어 있으며, 특히 강우 초기에 유출되는 물(first flush)의 오염도는 생활하수보다도 높다. 비점오염원은 강우 시에 대량 배출되는 특성으로 인하여 처리가 어렵다. 최근에는 오염도가 높은 강우 초기 유출수를 저류하고 처리하는 시설들을 만들어 처리하고 있다.

농경지의 배수에는 퇴비와 비료에 기인하는 인의 함량이 높고, 퇴비와 농작물 잔재에서 생성되는 부식질의 농도가 높으며, 경사지에서는 토양침식이 많이 일어나 무기부유물질의 함량이 높다. 근래 우리나라의 농업은 많은 에너지와 화학물질이 투입되는 집약적 농업이며, 퇴비, 농약, 비료 등의 유출로 인하여 농촌지역에서 수질오염의 주요 원인이 되고 있다.

## 6.5 물환경의 관리 방법

### 가. 물환경기준

하천, 호수, 해역의 물환경을 보호하기 위하여 수역별로 환경기준(water quality standard)을 정하고 그 기준을 초과하지 않도록 관리하는 방법을 사용할 수 있다. 기준은 해당수체의 물의 용도, 유역의 인구밀도, 생태학적 특성, 오염물의 저감가능성 등을 고려하여 결정한다(표 6.2). 담수생태계에서는 일반적으로 탁도, pH, TOC, BOD, COD, TP, Chlorophyll, DO, 대장균수, 부유물질 등을 수질기준으로 사용한다. 수질 외에 생물상의 조사에 의해 생물다양성, 민감종의 생존 등의 지표를 사용하는 수생태건강성 기준도 사용된다. 카드뮴, 시안, 유기인, 납, 6가크롬, 비소, 수은, PCB, ABS 등의 유해물질 농도도 기준으로 적용된다. 하천에서는 인공제방의 비율, 수변식생의 보호정도, 하상의 모래와 자갈의 균형 등의 서식지 평가도 사용된다.

물환경기준이 엄격하게 관리되는 나라에서는 기준이 법적 구속력을 가지며 기준을 초과하면 해당 유역은 초과한 항목에 대해 감시와 규제를 받는다. 예를 들면, 부유토사가 많이 발생한 유역에서는 토양을 교란하는 개발행위가 규제되고, 인의 농도가 초과하면 하수처리장의 방류수 허용기준농도를 낮추어 제거율을 높인다. 우리나라에서는 아직 하천별로 법적 구속력을 가진 기준이 설정되어 있지 않다.

표 6.2 물환경기준의 설정에 고려하는 지표항목

| 유역환경, 사회지리적 조건 | 물의 용도, 유역의 인구밀도, 하천의 생태학적 특성, 각 오염물질의 생태학적 위해성, 오염물의 처리비용과 저감가능성 |
|---|---|
| 일반수질 항목 | 탁도, pH, TOC, BOD, COD, TP, Chlorophyll, DO, 대장균수, 부유물질(SS), 남조류 밀도 등 |
| 유해물질 항목 | 카드뮴, 시안, 유기인, 납, 6가 크롬, 비소, 수은, PCB, ABS 등 |
| 수생태건강성 지표 | 생물다양성(diversity), 오염내성종(tolerant species)의 비율, 민감종(sensitive species)의 생존 여부 및 비율, 수체의 생태학적 특성, 지역의 생물군집 특성, 자연이 훼손되지 않은 참고지점(reference site)과의 비교 |
| 서식지 자연도 | 인공제방의 비율, 수변식생의 보호 정도, 하상의 모래와 자갈의 균형, 하천의 규모와 유량, 인위적 유량조절, 호수의 수위변동 크기, 지리적 특성 |

## 나. 하수와 폐수의 배출허용농도 규제

가정하수나 산업폐수는 하천에 방류할 때 배출규제기준에 따라 그 이하로 오염도를 낮추어 배출하여야 한다. 배출 기준은 해당 지역의 수자원의 용도, 상수원과의 거리, 산업의 종류, 산업의 규모, 인구수 등에 따라 차등적으로 정해진다. 예를 들면, 하수의 처리장 배출수의 인 농도는 상수원에 가까운 곳에서는 허용농도가 0.2 mgP/L이지만 둔감한 지역에서는 2 mg/L까지 높게 설정된다. 배출허용농도는 대개 주변의 자연배경농도보다 높게 설정되며 하천으로 배출된 후 자연수에 의해 희석되어 자연정화되는 것을 가정한다. 따라서 처리장을 거치고 허용농도 이하의 오염도를 가진 물이라도 수체의 오염도를 높이는 원인이 된다.

## 다. 수질오염물질의 총량규제

배출수의 최대오염농도를 규제하는 것만으로는 소규모 저농도의 오염원이 산재한 경우에는 효과가 없다. 특히 농업비점오염원이 많은 경우에는 농도규제만으로는 수질을 유지할 수 없게 되는데 농도규제로 수질개선이 도달되지 않는 경우에는 오염물의 총량을 규제하는 오염총량관리제를 시행하여 관리할 수 있다. 미국에서는 이를 Total Daily Maximum Load(TMDL)이라 부르며 우리나라에서는 오염총량관리제라고 부른다. 총량관리제에서는 수체의 환경용량을 고려하여 배출할 수 있는 오염물의 총량을 산정하고 이를 각 오염원에 배분하는 방식으로 관리한다. 총량관리제가 발달된 나라에서는 오염배출권의 거래제도 시행되고 있다. 거래제가 발달하면 점차 동일한 오염배출에 대해 부가가치가 높은 산업으로 산업 구조가 변화하는 효과가 나타날 수 있다.

우리나라에서는 수질오염총량관리제가 시행되고 있는데 하천의 환경기준이 설정되어 있지 않기 때문에 주로 하류의 상수원의 수질을 보호하기 위해 총량을 관리하는 것을 목표로 설정한다. 초기에는 BOD를 규제를 목표로 하였으나 이후 상수원수의 수질을 보호하기 위한 TOC와 총인을 규제하는 방향으로 전환하였다. 미국의 총량관리는 농도규제를 시행한 후에 초과하는 항목에 대해 국지적으로 시행하는 것이지만 우리나라에서는 전국적으로 동일한 항목을 규제하고 있으므로 지역적인 생태계 훼손요인에 대해서는 관리할 수 없다.

## 6.6 정수처리 방법

수돗물을 만드는 공정을 정수처리라고 하며 정수장(water treatment plant)에서는 상수원수의 수질특성에 따라 여러 단계의 공정을 거친다. 일반적으로 공통적으로 사용되는 공정은 침전, 여과, 살균이며, 부유물질이 많은 원수인 경우에는 응집제를 첨가하는 응집공정이 추가되고, 조류가 많으면 사전에 염소나 오존으로 살균을 하는 등 수질특성에 따른 전처리 공정이 추가된다.

### 가. 응집

1단계 처리에는 알루미늄염을 첨가하여 응집침전시킴으로써 부유물질을 제거한다. 부유물질 입자는 주로 표면이 음전하로 대전되어 있어 상호 배척력으로 인해 빨리 침강하지 않는다. 알루미늄이온($Al^{3+}$)을 첨가하면 표면의 전하를 중화시켜 입자들의 응집결합을 유도하고 침강을 빠르게 하며, $Al(OH)_3$ floc이 형성되어 침강할 때 부유물을 함께 공침하여 입자를 제거하는 효과를 가진다. 부유물질이 적은 맑은 원수인 경우에는 응집제를 첨가할 필요가 없으나 탁도가 높으면 비례하여 많은 양의 응집제가 소요된다. 응집제를 첨가한 후에는 교반장치를 거치면서 서서히 교반하여 입자들이 floc에 결합하도록 유도한다.

### 나. 침전

응집제 floc과 결합된 부유물질들은 침전지에서 침강시킨다. 침전지는 긴 사각형으로 만들고 교반없이 한 방향으로 laminar flow를 유지하며 흐르게 하여 floc이 재부유 없이 침강하도록 한다. 이 단계에서 응집제 floc과 결합된 수중의 부유토사와 조류세포가 대부분 제거된다.

## 다. 모래여과

침전지에서 제거되지 않은 용존유기물, 조류세포 등은 모래여과지(samd filter)를 사용하여 제거한다. 모래는 여과재의 역할을 하며 동시에 모레 표면에 형성된 미생물막이 유기물을 제거하는 기능도 가진다. 부유물이 많이 걸러져 모래여과지가 막히게 되면 반대방향으로 물과 공기를 흘려보내 역세척하고 부유물이 함유된 세척수는 별도로 배출한다. 모래여과지는 여과속도에 따라 여과속도가 100~150 m/day인 급속여과(rapid sand filter)와 3~5 m/day인 완속여과(slow sand filter)로 구분되며, 급속여과의 경우 역세척 비용이 많이 들지만 토지가 적게 소요된다. 완속여과의 경우 수질이 더 좋은 것으로 보고되고 있으나 넓은 면적이 필요하므로 우리나라에서는 거의 급속여과를 사용하고 있다.

## 라. 활성탄 고도처리

조류는 독소뿐 아니라 냄새도 생성한다. 특히 남조류는 독소와 냄새를 많이 생성하므로 수돗물의 질을 저하시키는 원인이 된다. microcystin 독소는 염소소독으로 잘 제거되지만 냄새를 유발하는 geosmin이나 MIB 등의 물질은 잘 제거되지 않는다. 냄새물질은 유독성이 아니지만 수돗물 사용자에게 불쾌감을 많이 주기 때문에 근래에는 활성탄을 이용하여 제거하는 고도처리를 추가하기도 한다. 활성탄가루를 물에 혼합하여 냄새물질 등의 미량유기물을 흡착시킨 후 걸러내어 제거하는 데 비용이 많이 드는 공정이다.

## 마. 살균

침전지와 여과지를 거친 후에 최종적으로 살균(disinfection)처리를 한다. 일반적으로 소독처리에는 염소($Cl_2$)가 가장 널리 쓰이는데 살균력이 강하며 암모니아를 첨가하여 주면 암모니아와 결합한 chloramine이 오랫동안 지속적인 살균력을 유지하기 때문에 2차 오염을 방지하는 좋은 방법이다. 그러나 염소는 수중의 유기물과 반응하여 클로로포름과 같은 유해한 소독부산물(disinfection by-products, DBPs)이 생성되어 문제시되고 있다. 염소 대신에 오존을 사용하기도 하지만 잔류지속성이 없어 2차 오염의 위험성이 있기 때문에 아직 대부분의 나라에서 살균제로 염소를 사용한다.

## 6.7 하수처리 방법

### 가. 하수처리의 공정단계

하수에는 미생물, 기생충, 유기물질, 합성화학물질, 약품, 무기부유물질, 무기영양염류 등 다양한 물질들이 함유되어 있다. 하수처리공정을 거치지 않고 하천으로 배출되면 상수원을 오염시키고 수생생물에게 해를 주기 때문에 처리공정을 통하여 정화 후에 배출하여야 한다. 하폐수의 처리에는 여과 침전 등의 물리적 방법, 미생물의 산화분해를 이용하는 생물학적 방법, 응집침전을 이용하는 화학적 방법 등의 공정이 이용된다. 하수의 처리에는 이들 공정이 차례로 이용되므로 전처리, 1차 처리, 2차 처리, 고도처리(또는 3차 처리) 등으로 단계를 구분하기도 한다.

### 나. 전처리 공정(preliminary treatment)

여과 및 침전을 이용하여 고형물을 제거하기 위한 처리단계이다. 전처리의 여과장치는 1 cm 이상의 screen을 사용하여 플라스틱, 나무토막, 기타 쓰레기 등의 대형 고형물을 제거하여 펌프를 보호한다. 다음 단계는 짧은 체류시간의 침사지(grit chamber)로서 침강이 빠른 모래 등을 걸러낸다.

### 다. 1차 처리(primary treatment)

다음 단계는 체류시간이 좀 더 긴 1차 침전지(primary clarifier)를 사용하여 입자상 물질과 수면으로 부상하는 기름 성분을 제거한다. 이 공정에서는 침강이 가능한 무기부유물질과 유기부유물질들이 제거된다. 가라앉은 부유물은 오니(sludge)라 부르며 바닥에 위치한 scraper가 긁어내고 탈수하여 처리한다. 1차 침전지에서 알루미늄염 등의 응집제를 첨가하여 침강속도를 증대시키고 인을 제거하는 효과를 얻기도 한다.

### 라. 2차 처리(secondary treatment)

생물학적 처리라고도 하며, BOD 등의 유기물을 제거하기 위해 호기성 및 혐기성 미생물(세균, 곰팡이류, 원생동물)을 이용하여 처리하는 단계이다. 주로 폭기조를 설치하여 폭기 및 교반을 통해 미생물의 성장에 필요한 산소를 공급하여 유기물을 분해시키는 활성슬러지법, 비표면적이 큰 돌조각에 미생물을 배양하고 폐수를 살포·여과하면서 유기물을 분해시키는 생물막법(살수여상법)이 이용되고 있으며, 이외에 회전원판접촉법, 산화지법 등이 있다.

생물학적 하수처리의 배출수에는 1−2 mg/L의 인이 함유되어 있는데 이는 호수 부영양화 기준인 0.02 mg/L를 수십 배 초과하는 농도이므로 하수처리장 방류수는 많은 지역에서 부영양화의 주요 원인이 되고 있다.

## 마. 3차 처리(tertiary treatment)

고도처리(advanced treatment)라고도 부르는 과정으로 주로 인과 질소, 색도 등을 제거하기 위한 단계이다. 호수나 하천의 부영양화가 문제가 되는 지역에서는 하수의 인 제거가 필수적이다. 우리나라에서도 대규모 처리장에서는 대부분 화학적 인 제거 시설이 설치되어 있고 확산되고 있는 단계이다. 인의 제거에는 황산알루미늄 등의 알루미늄염을 첨가하여 침전시키는 화학적 처리 방법이 이용되고 있다. 미세한 부유물질을 완전히 제거하기 위하여 membrane filter를 사용하기도 한다.

암모니아를 제거하는 경우에는 pH를 상승시켜 암모니아($NH_3$) 가스로 휘발(air stripping)시키거나 $NO_2^-$ 또는 $NO_3^-$의 형태로 산화시킨 후 $N_2$로 환원시키는 생물학적 탈질(denitrification)법을 사용한다. 2차 처리를 거친 하수를 추가의 산화조에서 호기성상태로 만들면 암모니아가 질산이온으로 산화된다. 이후 무산소처리조에서 질산이온은 탈질작용에 의해 질소로 환원되어 대기 중으로 휘발한다.

처리를 마친 하수는 방류하기 전에 살균하기도 한다. 살균에는 주로 자외선이 사용된다. 과거에는 염소를 사용하여 살균하기도 하였으나 잔류염소로 인한 어류폐사가 발생하는 사례들이 있으므로 적절치 않다.

## 단원 리뷰

1. 하천과 호수에 사는 생물은 서식형태에 따라 어떻게 분류하는가?
2. 담수생태계의 건강성을 훼손하는 원인은 무엇인가?
3. 호수의 부영양화는 어떤 피해를 주는가?
4. 녹조현상이란 무엇인가?
5. 하천의 부영양화가 주는 피해는 무엇인가?
6. 하천생태계를 훼손하는 물리적인 변형은 어떤 피해를 주는가?
7. 정수장에서 수돗물을 만드는 공정은 무엇인가?
8. 하수처리 공정에는 어떤 방법들이 사용되는가?

## 참고문헌


김범철 등, 2007, 국내 호수의 제한영양소와 하수처리장 방류수인 기준 강화의 필요성, 한국물환경학회지 23(4): 512-517.

Cooke, G.D., E.B. Welch, S.A. Peterson and P.R. Newroth(1993). Restoration and management of lakes and reservoirs. Lewis Publishers and CRC Press, Boca Raton, FL.

Kim, Bomchul, Park, J-H., Hwang G., Jun, M-S. and Choi, K., Eutrophication of reservoirs in South Korea, Limnology., 2, 223-229(2001).

U.S. EPA 2007. Advanced Wastewater Treatment to Achieve Low Concentration of Phosphorus. EPA 910-R-07-002.

Wright, R. T. and D. F. Boorse. 2011. Environmental Science. 11th Ed. Pearson Education Inc.

CHAPTER 07

# 토 양

양재의

## 7.1 토양의 정의

토양은 물과 공기와 같이 항상 우리 주변에 존재하는 물질이다. 'Soil'은 토양 또는 흙으로 번역될 수 있는데 학술적으로는 토양, 일반적으로는 흙이라 부른다.

학술적 정의로 '토양은 암석이 물리적-화학적-생물학적으로 풍화되어 만들어진 무기성 광물질(점토, 실트, 모래)과 동식물이 썩어 생성된 유기물(부식 : humus)로 구성되어 지구의 표면에 위치하고 있는 층으로, 여기에는 물, 공기 및 생물체를 보유하고 있으며, 인간, 동물 및 식물의 생명활동을 지지해주는 시스템'이다.

토양은 인간과 생태계에 다양한 유익한 기능을 제공해준다. 토양은 작물의 생육에 필요한 지지 기반을 제공하고, 영양소를 저장·공급하여 인류가 필요로 하는 식량과 섬유소를 생산할 수 있게 한다. 토양은 수자원을 보유할 수 있으므로 홍수의 위험을 줄여줄 뿐만 아니라 지하수를 충진해준다. 토양은 다양한 물리, 화학, 생물적 반응을 통해 오염물질들을 분해, 정화할 수 있다. 이렇게 인간과 생태계에 유익한 기능을 제공해주는데 이를 토양의 생태계 서비스(ecosystem services)라 부른다.

인위적으로 토양을 생성, 발달시킨다는 것은 불가능한 일이며, 자연적인 토양의 생성 발달은 매우 긴 시간을 필요로 한다. 건전한 토양환경을 지속적으로 유지하고 관리하는 일은 식량 확보와 인간의 지속적 삶과 건강에 무엇보다 중요한 일이다.

본 단원에서는 토양의 특성과 기능 그리고 토양의 오염 및 관리방안에 관해서 간략하게 설명하고자 한다.

## 7.2 토양의 생성(soil formation)

토양생성과정은 모암 → 모재 → 토양의 변화 과정이다. 암석이 풍화되어 모재(母材 : parent material)가 되고, 모재는 오랜 세월에 걸쳐 계속 풍화되어 입자가 작은 토양이 생성된다.

풍화작용(weathering)은 암석을 잘게 부서지게 하여 토양의 모재를 만드는 과정으로 물리적, 화학적, 생물적 풍화로 구분한다. 물리적 풍화는 물, 바람, 온도, 동결, 해빙 등과 같은 기계적 붕괴작용에 의해 입자가 작은 크기로 변화되는 것이다. 화학적 풍화는 가수분해, 산화, 탄산화 등에 의해 암석이 물과 공기와 접촉하면서 작은 크기로 변화되고, 그 화학적 조성이 다른 새로운 광물질로 변화되는 불가역적 과정이다. 생물적 풍화는 생물의 활동에 의해 암석과 광물이 풍화되어 작은 입자로 전환되는 과정으로 여기에는 뿌리나 동물에 의한 기계적 풍화와 생물의 호흡에 의한 변화를 초래하는 화학적 풍화가 포함된다.

### 가. 모암의 종류

암석은 토양이 생성되는 가장 원천적인 물질이다. 이를 토양의 모암이라 부른다. 모암은 형성과정에 따라 화성암(igneous rock), 퇴적암(sedimentary rock) 및 변성암(metamorphic rock)으로 구분한다. 지각 전체 중에서 화성암과 변성암이 주를 이루고 있다.

화성암은 마그마가 지표나 땅속에서 식어서 형성된 암석으로 화강암, 현무암, 안산암, 유문암 등이 있다. 퇴적암은 물과 바람 등에 의해 돌이 부서지고 운반, 이동된 후 퇴적되어 경화된 암석으로 역암, 사암, 이암, 세일, 석회암 등이 있다. 변성암은 화강암과 퇴적암이 열과 압력 또는 화학적 용해에 의해 특성이 바뀐 암석으로 편암, 편마암, 규암, 점판암 등이 있다.

표 7.1은 화성암을 화학성분, 조직 및 물리적 특성에 따라 분류한 것으로 규산의 함량에 따라 산성, 중성, 염기성 암석으로 구분한다. 우리나라의 모암의 70% 이상이 화강암(granite)과 화강편마암(granite gneiss)으로 구성되어 있다. 다음 표 7.1에서 보듯이 화강암은 규산함량이 높은 산성암으로 밝은 색을 띠며 마그마의 냉각속도가 느리고 땅속 깊은 곳에서 형성된 심성암이다.

표 7.1 화성암의 분류

| 조직에 의한 분류 | 화학성분에 의한 분류 | $SiO_2$ 함량 | 염기성암 | 중성암 | 산성암 |
| --- | --- | --- | --- | --- | --- |
| | | | 적음 ← 52% ↔ 66% → 많음 | | |
| | 물리적 특성에 의한 분류 | 색 | 어두운색 ← 중간 → 밝은색 | | |
| 화산암 | 조직 | 냉각속도 | | | |
| | 유리질조직 (반상조직) | 빠름 | 현무암 | 안산암 | 유문암 |
| 반심성암 | 반상조직 | 중간 | 휘록암 | 반암 (섬록반암) | 석영반암 |
| 심성암 | 조직 완정질조직 (입상조직) | 느림 | 반려암 | 섬록암 | 화강암 |

(출처 : hj the geologist, 2017 : http://geology.tistory.com/730)

우리나라 토양은 산성암인 화강암에서 주로 생성되었기 때문에 태생적으로 토양이 산성이다. 우리나라 토양의 평균 pH는 5.6 정도이다. 많은 환경운동가들은 우리나라 토양이 산성인데 이는 토양이 오염되었고, 토양이 죽었기 때문이라고 주장하고 있는데 이는 올바르지 못하다.

## 나. 토양생성인자

토양생성과정은 기후(climate), 모재(parent material), 지형(topography), 생물체(organisms) 및 시간(time)과 같은 5가지의 토양생성인자에 의해 크게 영향을 받는다. 이들 요인들은 서로 상호작용을 통해 토양생성에 영향을 미친다. 이 중 기후와 모재 인자가 토양생성에 가장 크게 영향을 미치는 인자로 간주된다.

토양은 암석이 풍화되어 생긴 광물질(무기질)과 동식물의 유체에서 생긴 유기물로 구성된다. 그 과정에서 기후, 모재, 식생, 지형 그리고 시간 등의 영향을 받아 제각기 특징이 있는 토양이 만들어진다. 1 cm 깊이의 토양이 생성되는 데는 약 200년이 걸린다.

토양생성에는 4대 기본과정이 있다. (1) 변형과정(transformation), (2) 이동과정(translocation), (3) 첨가과정(addition) 및 (4) 손실과정(loss)이다. 이러한 4대 기본 과정을 통해 토양의 기본 구성물질, 유기물 함량, 물리화학적 특성 등이 변화되면서 토양 단면(profile)이 만들어진다. 토양 단면은 토양 층(horizon)이 수직적으로 분포되는 것을 의미한다. 그림 7.1은 토양 단면의 예를 보여주고 있다.

어느 지역이던 땅을 깊게 파면 서로 다른 층(주로 색에 의해 구분)으로 구분됨을 육안으로도 확인할 수 있다. 일반적으로 토양 단면을 보면 맨 위부터 아래로 갈수록 O, A, E, B, C, R

층으로 구성된다. 모든 토양은 서로 다른 단면을 보유하고 각 층의 깊이도 다르다. 어느 토양은 이 모든 층을 보유하고 있지만 다른 토양은 일부 층이 없기도 한다. 이러한 층을 합쳐서 토양 단면이라 부른다.

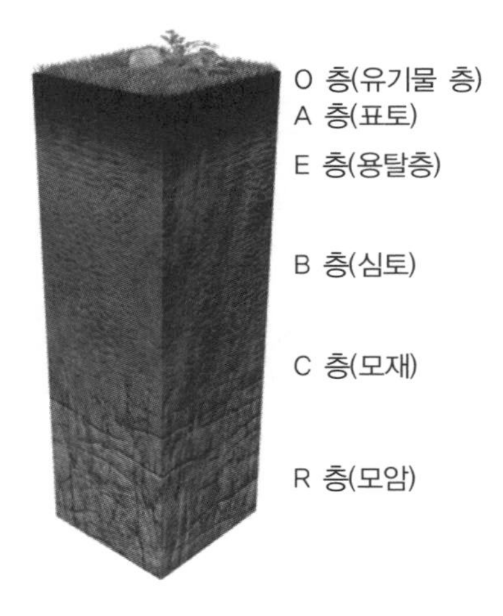


- O 층 : 분해되고 있는 낙엽 등이 존재. 층의 깊이가 낮거나 없는 경우도 많다.
- A 층 : 광물질이 주를 이루고 여기에 유기물이 혼합되어 있는 층. 식물과 미생물의 생육이 활발한 층. 식물의 뿌리가 주로 존재하여 영양소를 흡수하는 층이어서 표층, 표토라 부른다. A 층은 일명 용탈층이라 부른다. 강우에 의해 점토, 광물질, 유기물들이 하부로 용탈된다.
- E 층 : 용탈층. 점토, 광물질, 유기물들이 용탈되어 비교적 밝은 색을 보여주는 층으로 모래와 미사의 상대적 구성이 높은 층. 산림토양에서 흔히 볼 수 있다.
- B 층 : 심토층. A 층으로부터 용탈된 점토, 광물질, 유기물 등이 집적되는 층. 일명 집적층이라 부른다.
- C 층 : 모재층
- R 층 : 모암층

그림 7.1 토양 단면의 예시(출처 : 미국토양학회)

## 7.3 토양의 구성

토양을 구성하는 기본 광물질 입자(mineral particles)는 모래(sand), 미사(silt) 및 점토(clay)이다. 이들은 물리화학적 특성이 모두 다르지만, 단지 입자의 지름(직경)에 의하여 분류한다(표 7.2). 모래는 지름이 0.05~2 mm, 미사는 0.002~0.05 mm, 점토는 0.002 mm(2 $\mu$m) 이하이다.

### 가. 1차 광물과 2차 광물

모암이 풍화되어 토양이 생성되는데 토양을 구성하는 무기질 광물은 1차 광물(1°)과 2차 광물(2°)로 구분된다. 1차 광물은 모암의 특성을 거의 그대로 유지하면서 입자의 크기가 작아진 광물로 석영, 장석, 운모, 휘석, 감람석 등이 해당된다. 2차 광물은 모암이 풍화되어 입자가 작아지면서 모암이 지닌 특성이 불가역적으로 변화되어 화학조성과 특성이 모암과 다르게 변화된 광물이다. 여기에는 점토, 철, 알루미늄 산화물(점토 크기), 탄산염, 석고 등이 해당된다. 토양을 구성하는 기본 입자 중에서 모래(sand)와 미사(微砂, silt)는 1차 광물에 해당되고, 점토(clay)는 2차 광물에 해당된다.

표 7.2 토양입자의 직경 크기에 따른 구분

| 토양 광물 입자 | 직경 |
|---|---|
| 점토 | < 0.002 mm |
| 미사 | 0.002 – 0.05 mm |
| 모래 | 0.05 – 2.00 mm |
| 자갈 | > 2.00 mm |

토양분석을 위해 토양시료를 채취한 다음 건조한 후 2 mm 눈금 체를 통과한 입자를 분석시료로 사용하는데 이는 입자의 크기가 모래 이하인 입자들을 선별하는 것을 의미한다. 즉 토양을 구성하는 기본입자를 준비하는 것이다.

토양에는 무기 광물질입자와 동식물 잔유물질이 분해, 변형되어 생성된 유기물(organic matter)이 함유되어 있다. 광물질 입자와 유기물을 고형상 또는 고상(solid phase)이라 부른다. 고상이 배열되면 공극이 생기고 공극에는 물과 공기로 채워진다. 토양 구성물질의 특성은 다음과 같다.

- **무기 광물** 풍화작용으로 생성. 석영, 장석, 운모 등과 같은 1차 광물과 점토입자들인 2차 광물로 구성. 2차 광물들은 입자가 작고 비표면적이 크며 음전하를 가지고 있어서 토양의 화학적 특성을 결정함.
- **유기물(Organic Matter)** 주로 동식물 잔재에서 유래된 유기물은 고상의 일부를 차지하며 식물과 토양 생물의 생장에 필요한 양분과 수분을 공급. 충분히 분해된 유기물을 부식(humus)이라고 부름.
- **토양 공기(Gases)** 토양 공극에는 공기가 채워지며 $N_2$, $O_2$ 및 $CO_2$가 대부분임. 식물 뿌리와 미생물의 호흡으로 인하여 대기조성에 비하여 $O_2$의 농도는 상대적으로 낮으며 $CO_2$의 농도는 높다. 토양 중에서의 원활한 공기 유통은 식물과 토양 생물의 활동에 필수.
- **토양수분(Water)** 토양수분은 공기와 함께 주로 토양 공극에 존재. 토양수분은 화합물들의 용해와 이동을 가능하게 함. 토양용액은 양분의 교환, 흡수, 이동, 용해 등 토양의 화학적 반응을 지배함.

## 나. 토양 공극(pore)

토양은 무기 광물과 유기물의 고형물질이 배열될 때 입자와 입자사이의 공간이 만들어지는데 이를 공극(pore)이라 부른다. 공극은 크기에 따라 대공극(macropores)과 미세공극(micropores)로 구분된다(그림 7.2). 공극의 직경이 0.06 mm 이상이면 대공극으로, 0.06 mm 이하이면 소공극으로 구분한다.

토양은 커다란 스폰지와 같아 수많은 무기 광물 및 유기물 입자들의 배열 구조 속에 작은 공극들이 존재하며 이들 공극들이 그물망처럼 서로 연결되어 있다. 공극은 물로 채워져 있거나 공기로 채워진 빈 공간으로 남아 있기도 한다. 공극은 토양과 대기 사이에 공기 및 물의 교환이 가능하게 하고, 이러한 공기와 물의 이동은 열과 양분의 이동을 가능하게 한다. 공극의 발달은 유기물 함량, 토성 및 토양구조와 밀접한 관련을 갖는다(김 등, 2006).

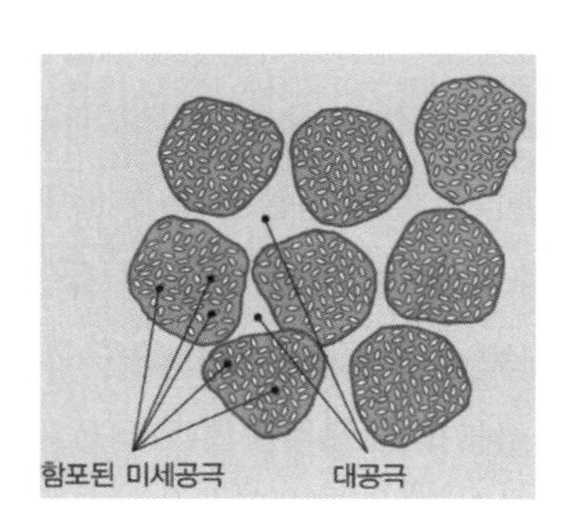


(a) 점토류 입단

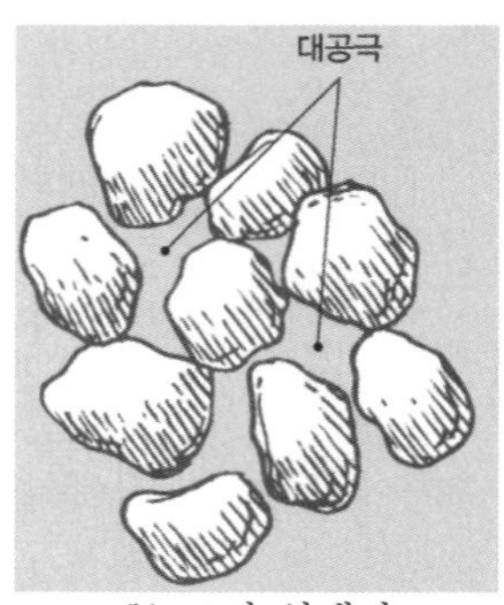


(b) 조사 알갱이

그림 7.2 토양입자의 배열과 공극(김 등, 2011, 토양학)

## 다. 토양의 3상

토양은 고상, 액상, 기상을 포함한 3상계이다. 고상은 토양의 기본 구조를 형성하는 무기물과 유기물 입자들이며 이들 사이의 공극에 물과 공기가 액상 및 기상으로 채워진다. 이들 3상의 구성 비율은 토양의 형태에 따라서 달라지지만 대부분의 농경지 토양에서 평균적으로 무기물 45%, 유기물 5%, 공기 25%, 물 25%로 구성될 때 작물의 생장에 가장 적합한 것으로 알려져 있다(그림 7.3).

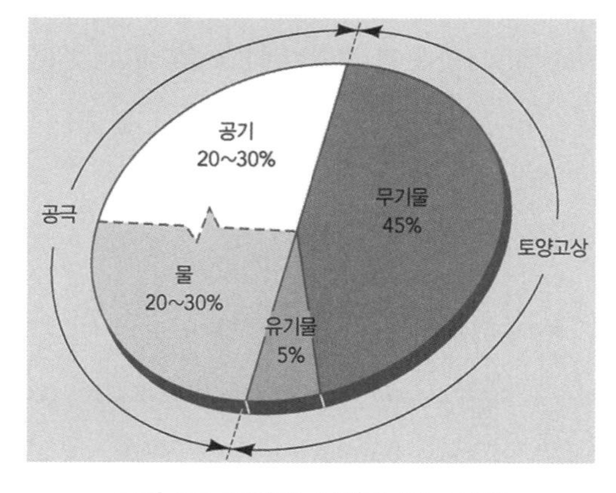


그림 7.3 토양의 3상(김 등, 2011)

## 7.4 토양의 물리적 특성(Physical properties)

토양의 무기 광물 입자의 특성과 배열은 토양의 물리적 특성을 결정하는 가장 기본적인 요소이며, 이에 따라서 물과 공기의 분포 비율 및 특성이 결정된다. 토양의 물리적 구조는 물과 공기의 이동에 영향을 미치며 이어서 토양의 화학적 특성과 식물을 비롯한 다양한 토양 생물의 생육과 활성에도 영향을 미치게 된다.

### 가. 토성(Soil Texture)

젖은 토양을 손으로 만지고 비볐을 때 매우 거친 느낌, 부드러운 느낌, 점성이 있는 느낌을 받을 수 있다. 이런 촉감의 차이는 토양을 구성하는 광물 입자들의 크기에 따라서 결정된다. 모래는 거친 느낌, 미사(실트 : silt)는 부드러운 느낌, 점토는 점성이 있는 느낌을 준다.

토양을 구성하는 기본 광물 입자인 모래, 미사(실트), 점토의 상대적 함량 분포(%)에 따라 결정되는 것이 토성이다. 토성은 미국 농무성에서 제시한 토성삼각도(textural triangle)에서 결정하며 12 종류의 토성이 존재한다. 예를 들어 모래, 미사, 점토의 함량이 각각 15, 70, 15%인 토양은 실트질양토 또는 미사질양토(SiL : Silt Loam)이다(그림 7.4).

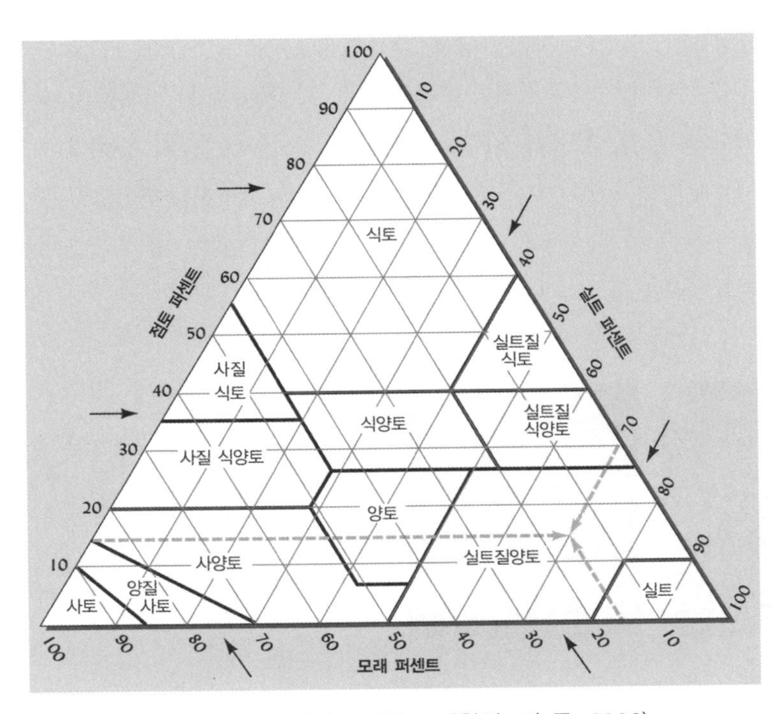


그림 7.4 토성 삼각도(미국 토양학회, 김 등, 2006)

토성은 12가지로 분류된다. 식토(Clay : C), 미사질 식토(Silty Clay : SiC), 미사질식양토(Silty Clay Loam : SiCL), 식양토(Clay Loam : CL), 양토(Loam : L), 미사질양토(Silt Loam : SiL), 미사토(Silt : Si), 사질식토(Sandy Clay : SC), 사질식양토(Sandy Clay Loam : SCL), 사질양토(Sandy Loam : SL), 양질사토(Loamy Sand : LS), 사토(Sand : S)이다.

여기서 토양을 구성하는 입자로서의 점토(Clay), 미사(Silt), 모래(Sand)와 토성으로서의 식토(Clay), 미사토(Silt), 사토(Sand)를 구분하여야 한다. 그리고 토성을 약자로 표기할 때와 이들의 토성 이름을 잘 구분해야 한다. 점토함량이 많은 식질계통의 토성은 미세한 토성(미립질 : fine texture), 모래가 많은 사질계통의 토성은 거친 토성(조립질 : coarse texture)이라 부른다. 토성은 토양의 공극률, 영양소 보유력, 수분 보유력, 수분과 공기의 이동 등을 결정함으로써 토양비옥도에 절대적인 영향을 미친다.

## 나. 토양구조(Structure)

토양을 구성하는 기본 입자인 모래, 미사, 점토는 토양에서 개별적으로 존재하지 않는다. 입자들은 유기물과 더불어 물리, 화학, 생물적 반응에 의해 덩어리를 만드는데 이를 입단(aggregate)이라 부른다. 이들 입단이 뭉쳐져서 더 큰 덩어리가 되면 이를 Ped라고 한다.

토양구조란 개별 입자들이 서로 결합하여 다양한 크기의 입단을 만들었을 때 배열된 입단의 모양에 의해 결정된다. 지렁이, 토양미생물, 식물뿌리 등이 토양구조를 발달시키는 작용을 한다. 토양입자들이 입단 형성 시 접착제로서의 역할을 하는 것은 미생물이 유기물을 분해할 때 생성되는 점액성 물질, 철산화물(Fe-oxides), 유기물, 점토, 균사 등이다.

토양의 구조는 토성과 함께 토양 공극의 크기와 양을 결정하므로 물과 공기의 유통 식물뿌리 발달 등에 영향을 미치는 매우 중요한 토양 특성이다. 토양구조는 입상, 괴상, 판상, 주상 등으로 구분한다(그림 7.5).

입상구조

괴상구조

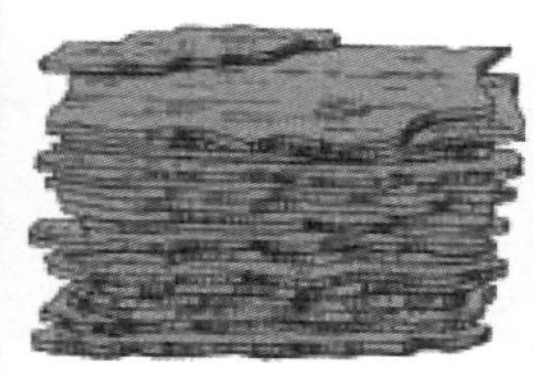
판상구조

주상주조

그림 7.5 토양의 구조

- **입상구조**(granular structure)는 입단의 모양이 둥글다. 유기물 함량이 많은 표토에서 흔히 발견된다. 입상구조는 초지나 지렁이와 같은 토양 동물의 활동이 많은 토양에서 발견된다.
- **괴상구조**(blocky structure)는 입단의 모양이 블록 같은 모양이다. 배수와 통기성이 양호하며 뿌리 발달이 원활한 심층토에서 주로 발달한다. 괴상구조는 습윤과 건조 또는 동결과 용해가 반복될 때 점토광물이 팽창 수축을 반복하면서 균열이 생김으로써 형성된다.
- **판상구조**(platy structure)는 입단의 배열이 층을 이루고 있는 구조이다. 경운에 의해 다져지면서 생긴다. 판상구조는 용적밀도가 크고 공극률이 급격히 낮아지며, 대공극이 없어진다. 따라서 수분의 하향이동이 불가능해지며 뿌리가 밑으로 자랄 수 없으므로 식물생육이 나빠진다.
- **주상구조**(prismatic structures)는 B층이나 초지의 심토에서 주로 발달하며, ped의 폭에 비하여 길이가 길면 주상구조이고 토양에 수직균열이 생길 때 발달하므로 토양에서 가장 먼저 발달하는 구조이다.

## 다. 밀도와 공극률(Density and Porosity)

토양은 다양한 크기의 고형입자들로 구성되어 있으며 이들 입자들의 배열상태에 따라서 입자들 사이에 다양한 크기의 공극이 형성된다. 이때 입자의 구성과 배열 및 공극의 종류에 따라 토양의 단위 부피당 무게, 즉 밀도가 달라진다. 토양의 밀도에 따라 고상과 공극의 분포를 예측할 수 있다. 가장 널리 사용되는 것이 용적밀도이다. 표 7.3은 토성별 용적밀도와 공극률을 보여주고 있다.

- **용적밀도**(bulk density)는 공극을 포함한 전체 토양의 부피당 토양 무게이다. 경작지 토양의 평균 용적밀도는 1.3 $g/cm^3$ 정도이다. 사질 토성의 토양에서 용적밀도가 큰데 이는 식질 토양보다 토양의 공극량이 적기 때문이다. 용적밀도가 작은 토양일수록 공극이 많으며 식물뿌리의 발달과 물과 공기의 유통이 원활해진다.
- **입자밀도**(particle density)는 공극을 제외한 입자만의 부피당 토양 무게이며 토양 광물과 유기물의 밀도는 평균적으로 2.65 $g/cm^3$ 정도이다.
- **공극률**은 전체 토양부피에 대한 공극부피의 비율로 토양 중에서 공극이 차지하는 부피가 얼마인가를 나타내는 지표이다. 공극률은 용적밀도($D_b$)와 입자밀도($D_p$)를 이용하여 다음 식으로 간단히 계산할 수 있다.

$$공극률(\%) = (1 - D_b/D_p) \times 100$$

표 7.3 토성별 용적밀도와 공극률(김 등, 2006)

| 토성 | 용적밀도(g/cm$^3$) | 공극률(%) |
|---|---|---|
| 사토 | 1.60 | 40 |
| 양토 | 1.20 | 55 |
| 식토 | 1.05 | 60 |

## 라. 토양수분

스펀지를 물에 담갔다가 꺼내면 스펀지 중의 많은 물이 중력의 힘에 의해 흘러내린다. 스펀지를 압착하면 다시 물이 흘러나온다. 더욱 세게 압착하면 좀 더 물이 흘러나온다. 그러나 나중에는 아무리 세게 압착하더라도 더 이상 물이 흘러나오지 않는 상태까지 간다. 이때 종이 수건으로 스펀지를 감싸면 종이 수건이 물에 젖는다.

이와 같은 현상은 물의 표면장력과 모세관 작용에 의해 일어나는 것이며, 토양에서도 동일한 물의 보유와 이동현상이 나타난다. 토양중의 물은 다양한 크기의 공극에 존재하며, 큰 공극의 물은 쉽게 유실되며, 작은 공극의 물은 제거되기 어렵다.

토양수분은 다음 3가지로 크게 구분한다. 비가 온 후 또는 관개한 후 토양을 통하여 배수되는 물을 중력수(gravitational water), 토양 중의 작은 공극이나 토양입자 주변에 막 형태로 존재하는 물을 모세관수(capillary water) 그리고 풍건상태의 토양 표면에 흡착된 수 분자 층의 물은 흡습수이다.

### 1) 토양수분포텐셜(Potential : 에너지)

토양 중에서의 물의 이동 현상이나 식물의 물 흡수 현상을 이해하기 위해서는 물의 자유에너지를 고려해야 한다. 물은 수소와 산소의 배열이 105°로 벌어져 있고, 이들 원소 사이의 결합에서 전자밀도 분포가 다르기 때문에 부분적으로 (+)와 (−) 하전을 동시에 갖는 극성용매이다. 이 특성 때문에 물은 서로 응집되고, 토양입자에 흡착되고, 모세관 현상과 표면장력이 생긴다.

순수한 물일 때 물은 다양한 일을 할 수 있는 에너지가 가장 크다. 순수한 물의 자유에너지를 '0'으로 정의한다. 물에 토양입자가 들어가면 입자가 물을 당겨서 물이 구속되므로 자유에너지가 감소하여 (−)값을 갖는다. 물에 소금과 같은 염류가 들어가면 이온화되면서 음이온과 양이온이 물을 당겨서 물을 구속하게 되므로 물의 자유에너지는 감소하여 (−)값을 갖는다.

물의 에너지 상태는 다음 3가지 힘에 의해서 결정되며, 이들의 합을 토양수분포텐셜(soil water potential)이라 부르고 매우 큰 (−)값을 갖는다.

토양수분포텐셜=(매트릭포텐셜)+(삼투포텐셜)+(중력포텐셜)

- **중력포텐셜**(gravitational potential) 중력의 작용으로 인해 물이 가질 수 있는 에너지. 그 크기는 물의 상대적인 위치에 따라서 결정된다. 중력포텐셜은 물의 위치가 높을수록 커진다. 작은 (+)값을 갖는다.
- **매트릭포텐셜**(matric potential) 극성을 가진 물 분자가 토양표면에 흡착되는 부착력과 토양입자 사이의 소공극에서 만들어지는 모세관 힘 때문에 생성되는 물의 에너지이다. 큰 (−)값을 갖는다.
- **삼투 포텐셜**(osmotic potential) 토양용액 중에 존재하는 각종 이온을 포함한 용질 때문에 생성되는 것이다. 용액 중에서 용질들은 수화현상으로 물 분자들을 끌어당기므로 용질의 농도가 높으면 물의 에너지는 낮아진다. 항상 큰 (−)값을 가진다.

물은 수분포텐셜이 큰 곳에서 낮은 곳으로 이동한다. 물이 토양→뿌리→줄기→입→대기로 이동되는 원리이다. 젖은 토양과 마른 토양을 접촉하게 하면 수분이 젖은 토양에서 마른 토양으로 이동하는데 이 원리도 수분포텐셜의 차이로 설명할 수 있다.

### 2) 토양수분상태의 분류와 유효수분

토양에 있는 모든 물은 식물 뿌리에 의해 모두 흡수될 수 있을까? 이 질문에 대한 답을 제시하기 위해서는 토양의 수분상태와 유효수분을 이해해야 한다.

토양수분은 과포화 상태(saturation), 토양입자들이 물을 최대로 붙잡아놓을 수 있는 상태(포장용수량 : field capacity), 건조한 상태(포장용수량 이하 : 위조점 wilting point)로 구분한다(그림 7.6).

유효수분이라 함은 토양으로부터 식물이 흡수할 수 있는 물이다. 건조한 토양의 수분은 매우 강한 힘으로 토양에 흡착되어 있어서 물이 있다 하더라도 식물이 흡수할 수 없다. 이 상태를 시드는 점, 즉 위조점이라 한다. 포화상태의 경우 물은 중력에 의해 배수되고, 포장용수량 상태의 물은 식물에 의해 흡수될 수 있고, 위조점은 물이 있다 해도 식물에 이용될 수 없다.

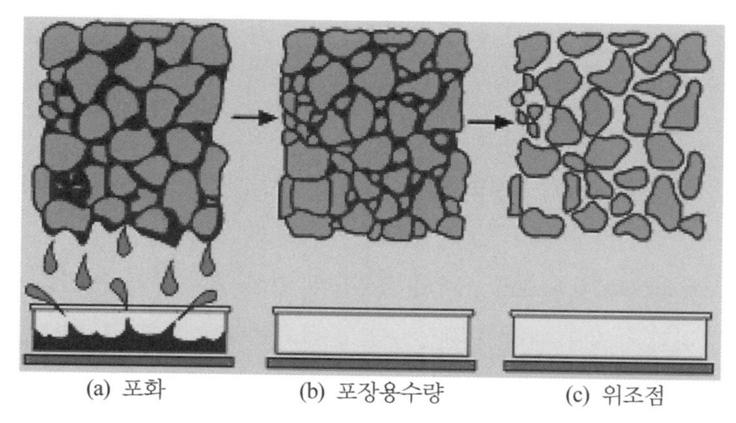


그림 7.6 토양수분 상태의 분류(출처 : Better Soils, 2018)

- **포장용수량**(field capacity) 토양입자가 물을 당기는 장력(-0.033 MPa (1/3 bar)) 이하의 포텐셜로 토양에 유지되는 수분함량으로, 식물의 생육에 가장 적합한 수분조건이다. 포장용수량에 해당하는 수분함량은 점토함량이 많은 토양일수록 많아진다. 이는 점토함량이 많을수록 소공극이 많고 공극률도 커지기 때문이다.
- **위조점**(wilting point) 식물이 물을 흡수하지 못해 시들게 되는 토양수분상태이다. 수분포텐셜이 낮아지면 토양이 수분을 잡아당기는 힘이 그만큼 강해지므로 식물이 수분을 흡수하기 어려워진다. 토양수분포텐셜이 -1.0 MPa에 이르게 되면 일시적 위조현상이 나타난다. 토양수분포텐셜이 -1.5 MPa 이하인 수분상태에서 식물이 시들면 다시 회복되지 못하므로 영구위조점이라고 한다.
- **유효수분** 식물이 이용할 수 있는 물로, 식물이 물을 흡수하는 힘보다 약한 힘으로 토양에 저장되어 있는 물을 말한다. 유효수분은 포장용수량(-0.033 MPa)에서 위조점(-1.5 MPa)의 수분함량을 제외한 것이다(그림 7.7, 표 7.4). 유효수분함량은 식질 토양보다 모래, 미사, 점토가 적절하게 혼합된 양토, 미사질양토 또는 식양토에서 많다.

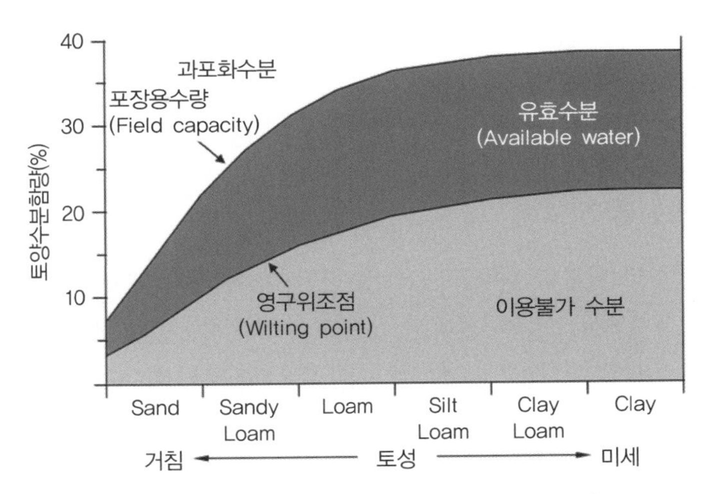


그림 7.7 토성에 따른 유효수분의 변화(김 등, 2011)

표 7.4 토성별 포장용수량과 위조점 및 유효수분 함량(%) (김 등, 2006)

| 토성 | 포장용수량 | 위조점 수분함량 | 유효수분함량 |
|---|---|---|---|
| 사양토 | 11.3 | 3.4 | 7.9 |
| 양토 | 18.1 | 6.8 | 11.3 |
| 식양토 | 21.5 | 10.2 | 11.3 |
| 식토 | 22.3 | 14.1 | 8.2 |

# 7.5 토양의 화학적 특성

토양에서는 광물의 풍화와 생성, 토양과 이온과의 상호작용, 생물학적 물질순환, 물질의 가용화, 산화와 환원, 이온의 흡착, 토양 산도와 염류집적 등을 포함한 다양한 화학적 현상들이 일어난다. 토양의 화학적 특성은 점토광물의 특성과 토양입자와 토양용액 사이에서 일어나는 평형반응에 의해 결정된다.

## 가. 점토광물(clay mineral)

점토광물은 입자의 크기(지름)가 0.002 mm 이하인 것이다. 점토광물은 결정형(crystalline) 점토광물과 비결정형(non-crystalline, amorphous) 점토광물로 구분된다. 결정형 점토광물은 구성물질이 일정한 규칙을 가지고 배열된 것이고, 비결정형은 입자의 크기만 점토의 기준을 충족시키고 구성 성분의 배열이 규칙적이지 않다.

## 나. 점토광물의 구조와 종류

### 1) 결정형 점토광물

결정형 점토광물의 기본 단위구조는 Si 정사면체(tetrahedron)와 Al 팔면체(octahedron)이다(그림 7.8). Si 정사면체는 중심에 실리콘이 있고 산소가 4개 있다. Al 팔면체는 중심에 Al과 6개의 산소 또는 OH로 구성된다. Si 정사면체는 이웃하는 산소를 공유하면서 4면체층(layer)을 형성하고, Al 팔면체도 이웃하는 산소를 공유하면서 8면체층을 만든다(그림 7.8).

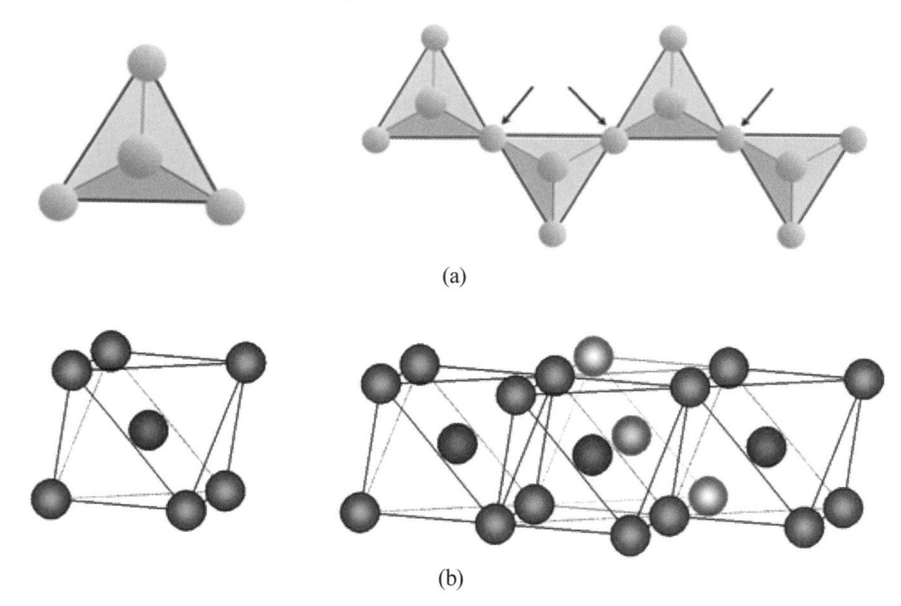


그림 7.8 (a) Si 정사면체와 Si 4면체층, (b) Al 8면체와 Al 8면체층의 구조(김 등, 2006)

Si 4면체층과 Al 8면체층이 1:1로 결합한 것을 1:1형 점토광물, Si 4면체층과 Al 8면체층이 2:1로 결합한 것을 2:1형 점토광물이라 부른다(그림 7.9). 4면체층과 8면체층이 결합한 것은 떨어지지 않는다. 1:1형 점토광물은 단위 구조 사이에 공간이 없으나 2:1형 점토광물은 단위구조 사이에 층간간격(interlayer)이 있다. 이와 같이 규칙적인 배열을 갖는 점토광물을 결정형 점토광물이라 부른다.

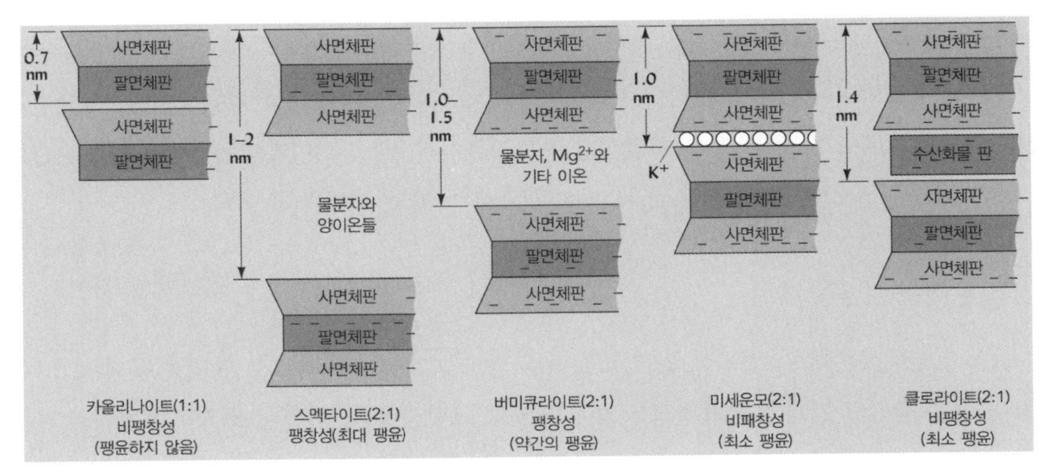


그림 7.9 1:1형 및 2:1형 결정구조를 갖는 점토광물의 종류(김 등, 2011)

1:1형 점토광물은 kaolinite가 대표적이고, 2:1형 점토광물에는 스멕타이트(smectite, montmorillonite), 버미큐라이트(vermiculite), 운모(mica) 등이 있다. 운모는 2:1형 점토광물로서 층간간격이 칼륨으로 포화된 경우이다(그림 7.9, 표 7.5).

표 7.5 점토광물의 종류와 특성(김 등, 2011)

| 콜로이드 | 유형 | 크기, μm | 모양 | 표면적, $m^2/g$ 외표면적 | 표면적, $m^2/g$ 내표면적 | 층간 간격, nm | 순전하, $cmol_c/kg$ |
|---|---|---|---|---|---|---|---|
| 스멕타이트 (Smectite) | 2:1 silicate | 0.01～1.0 | 조각 | 80～150 | 550～650 | 1.0～2.0 | −80 to −150 |
| 버미큐라이트 (Vermiculite) | 2:1 silicate | 0.1～0.5 | 판, 조각 | 70～120 | 600～700 | 1.0～1.5 | −100 to −200 |
| 미세 운모 (Fine mica) | 2:1 silicate | 0.2～2.0 | 조각 | 70～175 | − | 1.0 | −10 to −40 |
| 클로라이트 (Chlorite) | 2:1 silicate | 0.1～2.0 | 다양 | 70～100 | − | 1.41 | −10 to −40 |
| 카오리나이트 (Kaolinite) | 1:1 silicate | 0.1～5.0 | 6각형 결정 | 5～30 | − | 0.72 | −1 to −15 |
| 깁사이트 (Gibbsite) | Al-oxide | <0.1 | 6각형 결정 | 80～200 | | 0.48 | +10 to −5 |
| 거사이트 (Goethite) | Fe-oxide | <0.1 | 다양 | 100～300 | | 0.42 | +20 to −5 |
| 알로펜 및 이모고라이트 (Allophane & Imogolite) | Noncrystalline silicate | <0.1 | 텅 빈 구형 또는 튜브 | 100～1000 | − | − | +20 to −150 |
| 부식 | Orgnic | 0.1～1.0 | 무정형 | 가변적 | − | − | −100 to −500 |

### 2) 비결정형 점토광물

암석이 풍화되면서 입자의 크기가 작아져서 점토의 크기 기준을 충족하나 4면체층과 8면체층과 같은 결정구조가 없는 것을 비결정형 점토광물이라 부른다. 여기에는 Fe 산화물, 수산화물, Al 산화물, 수산화물, allophane(aluminosilicates) 등이 존재한다(표 7.5).

### 3) 점토광물의 특성

1:1형 점토광물은 층간 간격이 없고 비교적 외부 표면적에 의존하므로 표면적이 적고, 2:1형 점토광물은 층간 간격과 외부표면적을 갖게 되므로 표면적이 매우 크다(표 7.5). 표면적이 클수록 반응성이 크다.

1:1형 점토광물은 층간 간격이 없기 때문에 수분 조건에 따라 수축하거나 팽창하지 않는다(그림 7.9). 이런 점토는 도자기나 타일 제조에 사용한다. 반면에 2:1형 점토광물은 층간 간격이 존재하기 때문에 수분과 큰 이온들이 드나들 수 있어서 수축, 팽창할 수 있다. 건조할 때 논바닥이 갈라지는 현상은 2:1형 점토광물에 기인한다(그림 7.9).

비결정형 점토광물들은 외부 표면적은 크지만 층간간격이 없어서 수축하거나 팽창하지 않는다. 유기물(부식)은 표면적이 크고, pH 의존성 (−)하전이 매우 크다(표 7.5).

점토광물은 입자의 크기가 작고, 매우 큰 표면적을 지니며, 음전하를 띠고 있으며 이로 인해 반응성이 크다. 이러한 특성 때문에 점토광물을 토양 콜로이드(교질물 : colloid)라 부른다. 토양 콜로이드의 종류와 특성이 토양의 화학적 반응을 결정한다.

## 다. 점토광물의 (−)하전

점토광물은 (+)하전과 (−)하전 모두를 가질 수 있으나 이들의 합인 순전하는 (−)하전을 띤다. 점토광물의 (−)하전은 크게 영구적 (−)하전과 일시적 (−)하전으로 구분한다.

영구적 (−)하전은 결정형 점토광물에서 일어나는 동형치환(isomorphous substitution)에 기인된다. 점토광물의 구조에 있는 $Si^{4+}$ 또는 $Al^{3+}$을 형태는 같으나(동형), (+)의 하전이 낮은 양이온이 치환할 경우 구조에는 과잉의 (−)하전이 남게 된다. 즉, Si 정사면체의 $Si^{4+}$를 $Al^{3+}$가 치환하고, Al 팔면체에서 $Al^{3+}$를 $Mg^{2+}$가 치환하는 것을 동형치환이라 한다. Si 정사면체와 Al 팔면체에서 Si와 Al은 산소가 띠고 있는 음전하와 균형을 유지하는데 여기에 하전이 낮은 양이온이 치환하게 되면 과잉의 음하전이 남게 된다.

일시적 (−)하전은 pH 의존성, 또는 변두리 가변전하라 부른다. 점토광물의 가장자리가 깨질 경우 산소가 노출되어 (−)하전을 띠게 된다. 비결정형 점토광물이나 유기물이 보여주는 음하전이다. 유기물의 표면에는 −OH, −COOH , phenolic-OH, quinone 등과 같은 많은 작용기를 보유하고 있다. 이 작용기들은 용액의 pH 조건에 따라서 수소이온이 해리되거나 결합하여 (+), (0), (−)하전을 띠게 된다. pH가 낮아질수록 (+), pH가 높아질수록 (−)하전을 띠게 된다.

## 라. 양이온교환 및 양이온교환용량(Cation Exchange Capacity : CEC)

점토광물이 (−)하전을 띠는 것은 매우 중요하다. 여기에는 토양용액에 있는 (+)이온들이 흡착하게 된다. 흡착된 양이온은 토양용액에 있는 다른 양이온과 교환한다. 이와 같은 반응을 양이온교환반응이라 부른다(그림 7.10). 점토광물에 흡착되어 있고 다른 양이온과 교환할 있는 양이온들은 교환성양이온(exchangeable cation)이라 부른다. 교환성 Ca, Mg, K, Na 등이 대표적이다.

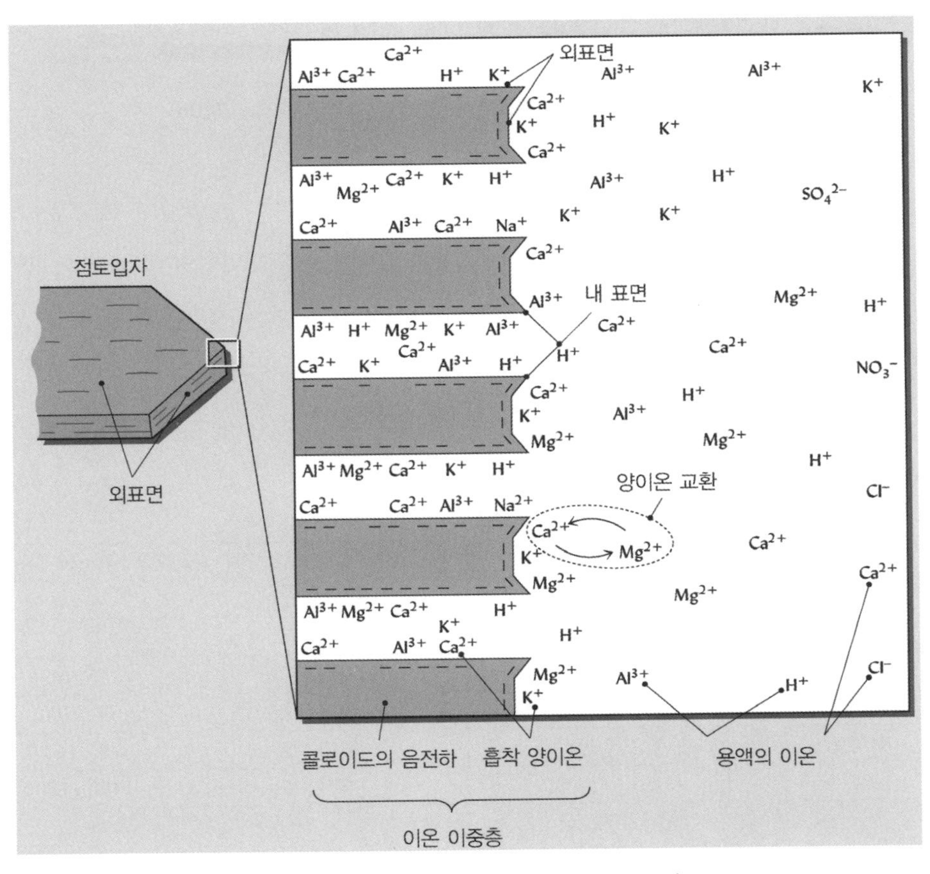


그림 7.10 양이온 교환 모식도(김 등, 2011)

일정량의 토양이나 콜로이드 물질이 양이온을 흡착, 교환할 수 있는 능력의 합을 양이온 교환용량(cation exchange capacity : CEC)이라 한다(그림 7.11). 건조 토양 1 kg이 교환할 수 있는 양이온의 총량을 전하의 몰 수($cmol_c$/kg)로 나타낸다. 즉 토양은 띠고 있는 음전하만큼의 양이온을 보유하게 된다.

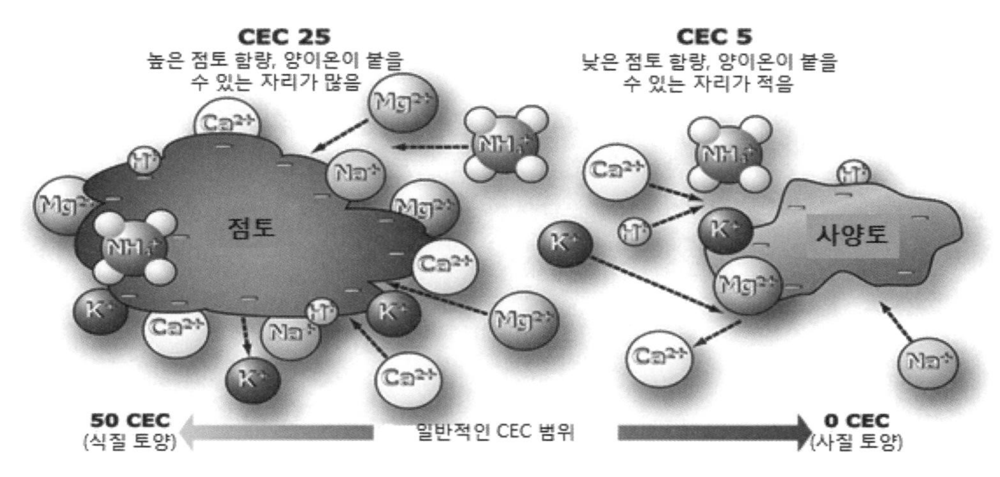


그림 7.11 토양의 양이온교환용량(CEC) 모식도(IPNI, 2006)

토양에 점토함량이 많을수록 CEC는 커진다. 1:1형 점토광물은 표면적이 적고 (−)하전이 적으므로(표 7.5), 낮은 CEC를 갖는다. 반면에 2:1형 점토광물은 표면적이 크고 음하전이 크므로 높은 CEC 값을 갖는데 이 중 버미큐라이트의 CEC가 가장 높고, 몬모릴로나이트 > 일라이트 > 운모 순이다. 유기물은 표면적이 크고 (−)하전이 크므로 높은 CEC 값을 갖는다. 일반적으로 유기물의 CEC가 점토광물의 CEC보다 크다(표 7.6).

표 7.6 토성과 점토광물, 유기물의 양이온교환용량

| 토성 | CEC($cmol_c$ $kg^{-1}$) | 토양 콜로이드 | CEC($cmol_c$ $kg^{-1}$) |
|---|---|---|---|
| 사토 | 1~5 | 2·3 산화물 | 0~3 |
| 세사양토 | 5~10 | 카올리나이트 | 2~8 |
| 미사질양토 | 5~15 | 일라이트 | 15~25 |
| 양토 | 5~15 | 몽모리오나이트 | 60~100 |
| 식양토 | 15~30 | 버미큘라이트 | 8~150 |
| 식토 | >30 | 부식 | 100~300 |

양이온 교환 반응과 CEC는 매우 중요한 의미를 지닌다. 이는 작물에게 필요한 영양소를 저장하고 공급하고, 토양 내에 존재하는 미생물의 활성, 토양구조의 발달 및 여러 가지 화학적 반응에도 영향을 끼치기 때문이다. 또한 중금속($Pb^{2+}$, $Cd^{2+}$) 등이 토양에 유입되면 토양 교질물은 이들을 흡착하여 지하수 및 지표수로의 이동을 억제시켜 오염을 방지할 수 있다.

## 마. 토양 반응(Soil reaction : pH)

토양의 산성 또는 알칼리성 정도를 토양 반응이라 하며 pH로 표시한다. pH는 토양 중의 수소이온의 활동도를 측정한 값이다. 대부분의 토양은 pH 4.5(산성 토양)에서부터 pH 8.5(알칼리 토양) 사이에 분포하며, 일반적으로 작물은 pH 6.0~7.0 사이에서 가장 잘 자란다. 우리나라 토양의 평균 pH는 5.6 정도이다.

토양 pH는 직접 작물생육과 미생물의 활성에 영향을 미친다. 토양이 지나치게 산성이거나 또는 알칼리성이면 일부 식물 영양소의 결핍이나 과잉 현상을 초래한다. 알칼리 토양에서는 Fe, Mn, Zn 등의 용해도가 낮아지므로 이들 원소의 유효도가 감소하며, 식물의 생육이 불량해진다. 반대로 산성 토양에서는 이들 원소와 함께 식물에 유해한 Al의 가용화가 촉진되므로 식물의 과잉 흡수에 따른 피해가 발생할 수 있다.

토양 pH는 미생물의 활성에 영향을 미치는데, 식물과 마찬가지로 대부분의 토양미생물은 중성근처의 pH에서 생장과 활성이 가장 활발하다. 중성 근처의 pH를 벗어나면 미생물 개체수가 감소함과 동시에 이들 미생물의 생화학적 활성 또한 낮아진다.

토양의 반응이 산성을 나타내고 또 그 산성의 정도가 더욱 심해지는 것은 근본적으로 $H^+$ 이온의 농도가 높아지기 때문이다. 이는 강우량이 많은 지역의 토양에서 $Ca^{2+}$, $Mg^{2+}$, $K^+$, $Na^+$ 등 염기가 빗물에 의하여 용탈되어 산성으로 되는 것이다.

모든 식물은 특정 pH에서 잘 자라는 것은 아니다. 어느 식물은 산성조건에서, 다른 식물을 알칼리성 조건에서 잘 자란다. 토양의 pH에 따라 적절한 식물을 선택하여 재배하는 것이 바람직하다.

## 바. 토양의 산화환원(Oxidation and Reduction)

토양 공극에서 공기의 유통이 원활하여 산소공급이 충분하면 토양은 산화상태로 존재하고 반면 논이나 습지같이 공기의 유통이 원활하지 못할 경우 토양은 환원상태로 된다.

산화환원반응의 일반적인 정의는 전자의 주고받음으로 설명된다. 전자를 잃어버리는 것은 산화반응, 반대로 전자를 얻는 것을 환원반응이라 하는데, 다음과 같은 간단한 산화환원반응의 예를 들 수 있다. 정방향의 반응에서 $Fe^{3+}$는 전자 수용체(산화제, oxidant)로 작용하여 $Fe^{2+}$로 환원되며, 역방향의 반응은 $Fe^{2+}$의 산화이다.

$$Fe^{3+} \text{ (oxidized)} + e^{-} \leftrightharpoons Fe^{2+} \text{ (reduced)}$$

산화환원반응은 질소, 황, 철, 망간 등의 식물양분의 산화－환원상태를 결정하여 유효도에 영향을 미치며, 또한 토양 중에 존재하는 비소, 크롬 등 중금속의 화학적 형태와 용해도, 이동성, 생물독성 등을 결정하기 때문에 토양환경을 이해하는 중요한 화학적 특성이다. 아울러 미생물의 활성에도 크게 영향을 미친다.

토양의 산화환원 정도는 pe ($-\log[e^{-}]$)로 표시된다. pe 값이 (+)이고 클수록 산화상태, 이 값이 (−)이면서 작아질수록 환원상태이다. 예전에는 pe 대신 Eh 값을 사용했는데 이 둘 사이에는 [Eh(mV)＝59.2×pe]의 관계식이 있다.

## 사. 염류 집적(Salinity)

간척지나 건조 및 반건조 지대의 토양은 염류의 집적에 의하여 작물재배에 많은 문제를 초래한다. 현재 우리나라의 시설하우스 재배지 토양에도 염류가 집적되어 일부 농가의 경우는 피해를 입고 있다.

토양용액 중 염의 농도가 높아지면 토양 반응이 중성 내지 알칼리성으로 된다. 알칼리 및 알칼리토금속 이온은 토양용액의 OH 이온농도를 높여 pH 7.0 이상의 알칼리성을 나타낸다. 해안지대에서는 바닷물의 유입이 토양 염류화의 원인이며, 건조한 기후대에서는 가용성 염류의 용탈이 쉽게 일어나지 않을 뿐만 아니라 오히려 증발산에 의해 표토에 염류가 집적되기 때문이다. 이러한 토양에서는 식물의 수분흡수 억제, 양분 불균형 등을 통하여 식물생장에 피해를 초래하게 된다.

염류가 집적되어 알칼리성 반응을 보이는 토양에도 존재하는 염류의 양과 비율 등의 차이에 따라 염류 토양(saline soil), 나트륨성 토양(sodic soil), 염류나트륨성 토양(saline-sodic soil)으로 구분되며, 그 기준은 표 7.7과 같다. 우리나라에서는 일반적인 농경지에서 이런 염류 토양을 찾아보기 힘들다.

표 7.7 염류 집적 토양의 분류(양 등, 2008)

| 종류 | EC(dS/m) | ESP | SAR | pH | 별명 |
|---|---|---|---|---|---|
| 정상 토양 | < 4.0 | < 15 | < 13 | < 8.5 | |
| 염류 토양 | > 4.0 | < 15 | < 13 | < 8.5 | white alkali soil |
| 나트륨성 토양 | < 4.0 | > 15 | > 13 | > 8.5 | black alkali soil |
| 염류나트륨성 토양 | > 4.0 | > 15 | > 13 | < 8.5 | |

* EC : 전기전도도(electrical conductivity)
ESP : 교환성나트륨퍼센트(exchangeable sodium percentage) : [exc. Na*100/CEC]
SAR : 나트륨흡착비(sodium adsorption ratio) : [exc. Na/(exc. Ca+Mg)$^{1/2}$]

## 7.6 토양의 생물학적 특성(Biological properties)

토양 중에는 박테리아, 곰팡이, 지렁이, 곤충 등 수많은 미소 동식물들이 서식하고 있다. 비옥한 농경지 표토 1 g 속에서 수백만 또는 수천만 이상의 박테리아가 발견된다. 이들 미생물을 포함한 각종 생물들이 토양 중의 물질순환을 가능하게 한다. 이들 토양 생물들은 유기물의 분해와 무기물의 산화환원 등을 통하여 영양소의 순환을 일으키고 토양의 비옥도를 유지시키는 데 도움을 준다. 또한 토양 생물들 상호 간의 작용 및 토양 생물과 식물과의 작용 등은 생태계의 건전성을 유지하는 데 이로울 뿐만 아니라 양분이나 물의 흡수 촉진을 통한 식물생육 증진 효과도 가진다.

토양 생물은 크게 동물과 식물로 구분할 수 있으며, 토양 동물군(soil fauna)은 크기에 따라서 대형동물군, 중형동물군 그리고 미소동물군으로 분류한다. 토양 식물은 대형식물군과 미소식물군으로 구분하는데, 우리의 눈으로 직접 볼 수 없는 미생물은 미소식물군에 속한다. 미생물에는 사상균, 세균, 방선균, 조류 등이 있으며, 다른 생물들에 비하여 미생물의 개체수는 월등히 많으며 물질순환과정에서 주된 역할을 담당한다. 토양에 서식하는 각 생물군 내에는 그 종류도 매우 다양하다(표 7.8). 비옥한 토양에는 수십 내지 수백 종의 척추동물, 지렁이, 진드기류, 곤충, 선충들이 발견되며, 미생물 중에서는 수백 종의 사상균과 수천 종의 세균과 방선균이 발견된다.

생물다양성은 토양의 건전성을 나타내는 지표로 사용되는데, 다양한 생물이 서식할수록 토양의 잠재적 생물활성은 높아지는 것이다. 토양 생물의 다양성은 통기성, 수분함량, 유기물 및 영양소 함량, pH, 온도 등과 같은 토양환경요인에 따라서 결정된다. 따라서 토양 생물의 다양성과 활성을 증대시키기 위해서는 토양의 물리화학적 특성을 건전하게 유지 관리해야 한다.

표 7.8 토양 생물의 분류(김 등, 2006)

| | | | |
|---|---|---|---|
| 동물 | 대형동물군 | 생쥐, 개미, 거미, 노래기, 쥐며느리, 지렁이, 두더지, 개미, 갑충 등 | |
| | 중형동물군 | 진드기, 톡토기 | |
| | 미소동물군 | 선형동물 | 선충 |
| | | 원생동물 | 아메바, 편모충, 섬모충 |
| 식물 | 대형식물군 | 식물뿌리, 이끼 | |
| | 미소식물군 | 독립영양생물 | 녹조류, 규조류 |
| | | 종속영양생물 | 사상균(효모, 곰팡이, 버섯) 방선균 |
| | | 독립, 종속영양생물 | 세균, 남조류 |

## 7.7 토양유기물(Soil Organic Matter : SOM)

토양유기물은 토양의 3상 중 고상에 해당되는 물질이다. 토양에 식물의 유기성 잔유물질들이 유입되면 토양미생물들이 이들을 분해하게 된다. 식물 잔유물은 수분이 대부분이다. 이를 건조한 잔류물에는 섬유소, 리그닌, 헤미셀룰로스가 주로 구성(약 80~85%)되어 있고, 나머지 단백질, 지방, 왁스, 당분과 녹말 등이 포함되어 있다. 식물 건조 잔유물의 원소는 탄소, 산소, 수소 및 재(ash)로 구성되어 있다(그림 7.12).

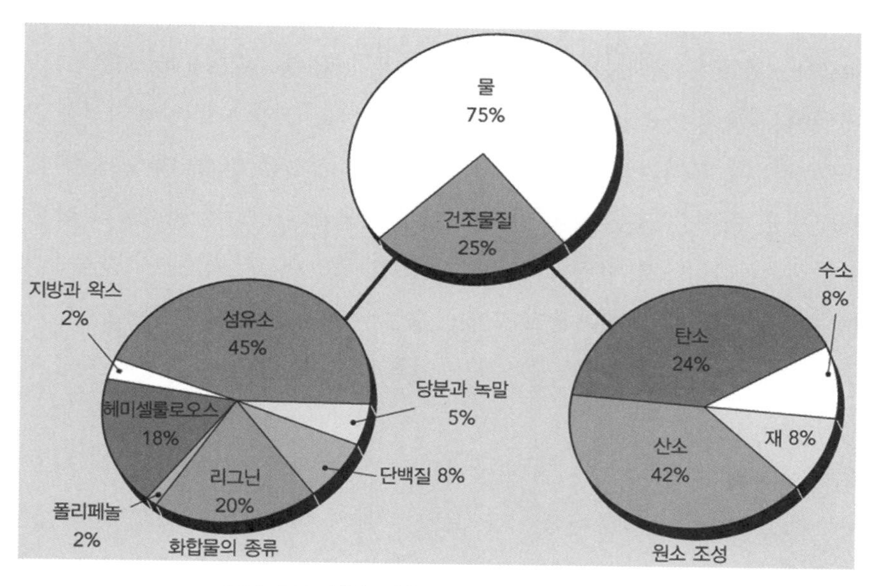


그림 7.12 식물 잔유물의 구성(김 등, 2011)

식물 잔유물이 미생물에 의해 호기적으로 분해되면 이산화탄소로 산화되어 대기로 날아간다. 식물 잔유물을 구성하는 물질들은 부식물질(humic substance : 腐植)과 비부식물질(non-humic substance)로 구분할 수 있다(그림 7.13).

비부식물질은 미생물이 공격하면 쉽게 이산화탄소로 분해되는 것으로 여기에는 단백질, 아미노산, 당분 등이 포함된다. 그러므로 비부식물질은 토양에 남지 않게 된다. 부식물질(humic substance)은 미생물에 의해 쉽게 분해되지 않는 물질로서 리그닌, 셀룰로스, 헤미셀룰로스, 폴리페놀 등이 해당된다.

토양유기물은 (1) 살아 있는 식물, 동물, 미생물체, (2) 죽은 식물(뿌리나 잎 등)과 다른 식별 가능한 식물 잔유물 및 (3) 분해되어 더 이상 식물조직으로 동정할 수 없으며 복잡하고 무정형의 남아 있는 유기물질과 콜로이드 혼합물 등으로 구성되어 있다(그림 7.13).

이 중에서 (3)에 해당되는 것이 토양유기물, 또는 토양부식(soil humus)이다. 이들 물질들은 분해 저항성이 있으므로 토양에 남게 되는데, 분해되고 남은 물질, 분해 과정의 중간 대사물질, 반응 중 새롭게 만들어진 물질 등으로 구성된다. 이들은 매우 복잡한 구조를 지니고 분자량이 매우 크고, 오랫동안 토양에 남게 된다.

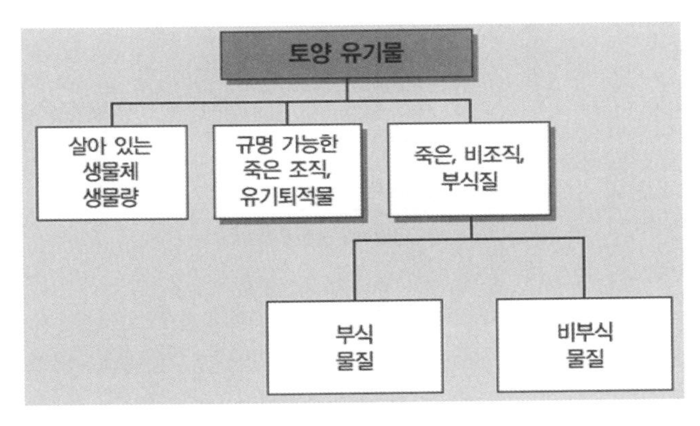


그림 7.13 토양유기물의 구성(김 등, 2011)

유기물질은 미생물의 공격을 받아 분해되면 이산화탄소로 되어 날아가기 때문에 유기물의 원소로는 개략적으로 탄소 50%, 산소 39%, 수소 5%, 질소 5%, 기타 황과 인으로 구성되어 있다. 우리나라 토양에는 2% 수준의 유기물이 함유되어 있다. 유기물은 탄소와 질소 순환 등 미생물에 의한 물질순환 반응에 매우 중요하다. 유기물은 질소와 같은 영양소를 저장하고 있다가 미생물에 분해되면 식물이 흡수할 수 있는 형태로 전환되어 공급한다.

토양유기물은 토양의 물리적 특성, 화학적 반응 및 생물학적 활성 증진에 매우 중요하다.

유기물은 표면적이 넓고, 작용기들을 많이 보유하고 있으므로 pH 의존성 (−)하전을 많이 띠고 있기 때문에 양이온교환용량이 매우 크다. 아울러 유기물은 수분 보유력이 크다. 유기물이 토양에 보여주는 효과는 다음 그림 7.14에서 보여주고 있다.

토양유기물은 토양질을 평가할 때 중요한 지표로 활용된다. 이는 토양의 물리화학적 특성뿐 아니라 생물다양성 유지, 미생물 활성 등에 있어서 크게 기여하기 때문이다. 세계적으로 토양에서 토양유기물의 감소는 심각한 생태계 훼손으로 간주한다. 유엔 FAO에서도 지속 가능한 토양관리방안에서 토양유기물이 최우선적인 항목이다.

농업생태계에서 유기물은 분해되어 이산화탄소로 날아가게 된다. 그래서 농업도 온실가스를 배출하는 산업으로 간주되나 국가에서 배출되는 모든 온실가스 총량 중에서 농업이 차지하는 비율은 미비하다. 그러나 농업활동은 작물을 생산하기 때문에 작물이 대기 중의 이산화탄소를 이용하여 광합성을 하므로 농업은 온실가스 배출을 상쇄시키는 역할을 한다.

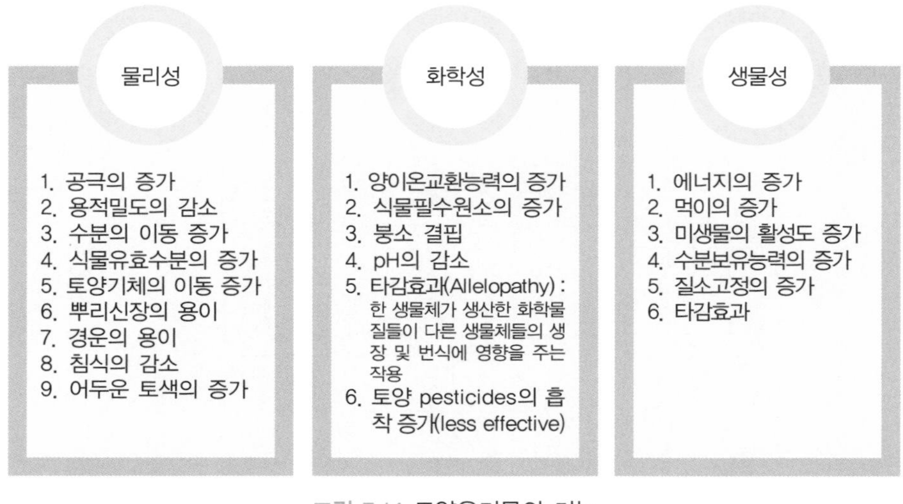


그림 7.14 토양유기물의 기능

## 7.8 우리나라 토양의 특성

### 가. 개요

우리나라의 농경지 토양은 산성 모암인 화강암과 화강편마암으로부터 생성되었으므로, 평균 pH가 5.6 정도인 산성을 띠고 있다. 유기물 함량이 약 2% 정도로 비교적 낮은 편이며, 교환성 Ca, Mg, K 등의 염류농도와 CEC가 낮은 편이다. 그러나 비료와 농약의 투입에 의한 집약적 농업을 이행한 결과 토양의 물리화학적 특성들이 변화되고 있다.

표 7.9는 우리나라 경지면적의 변화를 보여주고 있다. 총 경지면적은 예전에 비해 매년 감소하고 있는 실정이어서 현재는 약 1백6십만 ha 수준이다. 특히 논 면적이 급격하게 감소하여 현재는 90만 ha 수준이다. 이는 쌀의 과잉생산과 농가 수입 및 식생활 패턴의 변화에 기인된 것이다. 반면에 상대적 수익이 많은 밭 재배 면적을 지속적으로 증가하고 있는 추세이다. 논의 경우 관개에 의존하여 쌀을 생산하는 면적은 전체 논 면적의 89% 정도를 차지하고 있다.

표 7.9 우리나라 경지면적의 변화

(단위 : 천 ha, %)

| | 2008 | 2010 | 2012 | 2014 | 2016 |
|---|---|---|---|---|---|
| 총 경지면적(× 1000 ha) | 1,759 | 1,715 | 1,730 | 1,691 | 1,644 |
| 논 면적(× 1000 ha) | 1,046 | 984 | 966 | 934 | 896 |
| 밭 면적(× 1000 ha) | 713 | 731 | 764 | 757 | 748 |
| 수리답 면적(× 1000 ha) | 832 | 788 | 778 | 753 | – |
| 수리답 비율(%) | 79.5 | 80.1 | 80.6 | 80.6 | – |

(출처 : 농업면적조사(통계청), 농업생산기반정비사업통계연보(한국농어촌공사), 국가 지표체계(http://www.index.go.kr/potal))

농촌진흥청 국립농업과학원에서는 우리나라 농업환경의 변동을 조사하기 위해 전국에서 논, 밭, 과수원 및 시설하우스 토양을 대상으로 매년 모니터링을 수행하고 있다. 각 해당 토양은 4년 주기로 분석하고 있다. 다음은 농업환경변동 조사사업의 결과를 통한 우리나라 토양의 특성을 간략하게 소개하고자 한다(자료출처 : 1999~2016 농업환경변동조사사업 보고서, 농촌진흥청).

## 나. 논 토양의 특성

우리나라 논 토양은 표 7.10과 같이 토양 비옥도가 비교적 낮은 산성 토양이다. 90년대까지 pH가 5.6 수준이었으나 이후 약간 증가하고 있는 추세이다. 유기물은 2.6%이다. 유효인산의 농도가 지속적으로 증가되고 있다. 교환성 양이온의 농도도 낮은 편이다.

표 7.10 우리나라 논 토양의 화학적 특성변화

| 연도 | 시료점수 | 산도 (pH) | 유기물 (g/kg) | 유효인산 (mg/kg) | 치환성양이온($cmol_c/kg$) | | | 유효규산 (mg/kg) |
|---|---|---|---|---|---|---|---|---|
| | | | | | 칼륨 | 칼슘 | 마그네슘 | |
| 1964~1968 | 5,130 | 5.5 | 26 | 60 | 0.23 | 4.5 | 1.8 | 78 |
| 1976~1979 | 19,737 | 5.9 | 24 | 88 | 0.31 | 4.4 | 1.7 | 75 |
| 1980~1989 | 312,942 | 5.7 | 23 | 107 | 0.27 | 3.8 | 1.4 | 88 |
| 1995 | 1,168 | 5.6 | 25 | 128 | 0.32 | 4.0 | 1.2 | 72 |
| 2003 | 1,947 | 5.8 | 23 | 141 | 0.30 | 4.6 | 1.3 | 118 |
| 2011 | 2,070 | 5.9 | 26 | 131 | 0.30 | 5.1 | 1.3 | 146 |
| 2015 | 2,070 | 5.9 | 26 | 140 | 0.30 | 5.5 | 1.2 | 181 |
| 적정범위 | | 5.5~6.5 | 20~30 | 80~120 | 0.20~0.30 | 5.0~6.0 | 1.5~2.0 | 157 이상 |

자료 : 농업환경변동조사사업 보고서(1999~2015, 국립농업과학원)

## 다. 밭 토양의 특성

우리나라 밭 토양은 표 7.11에서 보는 바와 같이 산성 토양이며, pH는 지속적으로 증가하고 있다. 유효 인산, 교환성 양이온농도도 증가하고 있는 실정이다. 적정범위를 제시하고 있지만, 우리나라 밭 토양의 비옥도는 낮은 편이다. 밭 토양의 화학적 특성이 증가하는 것은 비료 등 농자재의 과다 시용에 기인되는 것으로 판단된다. 특히 인산의 농도는 매우 증가하고 있는 경향이다. 인산은 음이온임에도 불구하고, 토양에 강하게 흡착되는 특성이 있고 가해준 인산 비료의 이용률이 25% 수준임을 고려할 때 토양에 잔류되므로 그 농도가 증가 추세에 있다.

표 7.11 우리나라 밭 토양의 화학적 특성변화

| 연도 | 시료점수 | 산도 (pH) | 유기물 (g/kg) | 유효인산 (mg/kg) | 치환성양이온(cmolc/kg) | | |
|---|---|---|---|---|---|---|---|
| | | | | | 칼륨 | 칼슘 | 마그네슘 |
| 1964~1968 | 3,661 | 5.7 | 20 | 114 | 0.32 | 4.2 | 1.2 |
| 1976~1979 | 18,324 | 5.9 | 20 | 195 | 0.47 | 5.0 | 1.9 |
| 1985~1988 | 65,565 | 5.8 | 19 | 231 | 0.59 | 4.6 | 1.4 |
| 1992~1993 | 854 | 5.5 | 24 | 538 | 0.64 | 4.2 | 1.3 |
| 1997 | 854 | 5.6 | 24 | 577 | 0.80 | 4.5 | 1.4 |
| 2005 | 1,510 | 5.9 | 25 | 567 | 0.81 | 5.8 | 1.8 |
| 2013 | 1,620 | 6.3 | 25 | 627 | 0.75 | 6.4 | 1.7 |
| 적정범위 | | 6.0~7.0 | 20~30 | 300~550 | 0.50~0.80 | 5.0~6.0 | 1.5~2.0 |

자료 : 농업환경변동조사사업 보고서(1999~2013, 국립농업과학원)

## 라. 시설재배지 토양의 특성

식생활 향상에 따라 육류의 소비가 증가되었고, 이와 동반하여 신선한 채소류의 수요도 계절에 관계없이 증대되고 있다. 이를 충족시키기 위해 근교 농업형태의 비닐하우스 시설에 의한 영농방식이 널리 보급되고 있으며, 재배면적이 꾸준히 증가하는 실정이다. 시설재배는 집약적 농업형태로 투입되는 비료량은 토양의 비옥도를 고려하지 않고 사용하여, 염류집적, 지하수 오염 등과 같은 여러 가지 문제를 유발시키는 원인이 되고 있다.

우리나라 시설재배지 토양의 pH는 증가되고 있는 실정이고, 약한 산성 수준에 도달했다. 유기물 함량은 적정범위를 약간 상회하며, 교환성 양이온도 급격하게 증가되고 있는 실정이다. 특히 유효인산 함량은 적정범위를 상당히 초과하고 있다(표 7.12). 시설재배지 토양의 대부분의 화학성분들의 함량이 논, 밭, 과수원 토양보다 높은 실정이다. 우리나라 시설재배지 토양의 유기물, 유효인산을 비롯한 화학적 성분이 시간이 흐를수록 점차 높아지는 경향을 보이는데 이는 채소를 연작하는 채소 재배지 토양에서 매 작기마다 가축분뇨 및 복합비료를 작물이 요구하는 흡수량 이상으로 과다 시비하여 토양에 집적되어 왔기 때문으로 생각된다.

표 7.12 우리나라 시설재배지 토양의 화학적 특성변화

| 연도 | 시료점수 | 산도 (pH) | EC (dS/m) | 유기물 (g/kg) | 유효인산 (mg/kg) | 치환성양이온(cmolc/kg) | | |
|---|---|---|---|---|---|---|---|---|
| | | | | | | 칼륨 | 칼슘 | 마그네슘 |
| 1976~1979 | 315 | 5.8 | – | 22 | 811 | 1.08 | 6.0 | 2.5 |
| 1980~1989 | 391 | 5.8 | – | 26 | 945 | 1.01 | 6.4 | 2.3 |
| 1991~1993 | 1,072 | 6.0 | – | 31 | 861 | 1.07 | 5.9 | 1.9 |
| 1996 | 170 | 6.0 | 2.9 | 35 | 1,092 | 1.30 | 6.0 | 2.5 |
| 2000 | 2,651 | 6.3 | 2.8 | 34 | 975 | 1.60 | 7.7 | 3.4 |
| 2008 | 1,334 | 6.4 | 3.7 | 35 | 1,072 | 1.52 | 10.4 | 3.4 |
| 2012 | 1,334 | 6.6 | 3.2 | 37 | 1,049 | 1.58 | 10.6 | 3.3 |
| 적정범위 | | 6.0~7.0 | 2 이하 | 25~35 | 300~550 | 0.50~0.80 | 5.0~6.0 | 1.5~2.0 |

자료 : 농업환경변동조사사업 보고서(1999~2013, 국립농업과학원)

# 7.9 토양의 기능, 질 및 건강성

건강한 토양은 우리에게 깨끗한 물과 공기를 제공하며 풍성한 식량과 산림자원을 제공하고, 아름다운 자연경관과 함께 생물다양성을 제공한다. 최근 토양이 보여주는 유익한 기능들을 생태계 서비스라 한다. 생태계 서비스는 '인간이 필요로 하는 물질이나 서비스를 직접적 또는

간접적으로 제공할 수 있는 자연적인 과정이나 구성요소들의 용량'으로 정의할 수 있다. MEA(Millenium Ecosystem Assessment, 2005)에 의하면 생태계 서비스를 지지(supporting), 제공(provisioning), 조절(regulating) 그리고 문화적(cultural) 서비스로 구분하고 있다(그림 7.15). 이러한 토양의 기능들은 생태계의 건강성 유지뿐 아니라 인간의 건강과 안보, 인류에게 필요한 필수품의 제공, 사회적 관계 구축 등을 원활하게 한다.

토양의 질(quality)과 토양의 건강성(health)은 토양환경이나 생태계의 건전성을 평가할 때 사용되고 있다. 토양의 질과 건강성은 거의 동의어로 사용되며 서로 상호 교환적으로 사용되고 있고 의미상 중복되는 경우가 있다. 그러나 엄밀하게 두 용어의 차이점을 요약해보면, 토양의 질은 토양의 기능을 설명하는 것이다. 토양의 건강성은 토양이 역동적이고 생명력이 있으나, 유한하고 재생 불가능한 자원임을 설명하는 용어이다.

토양의 질이란 특정 토양이 생물다양성, 바이오매스 생산성, 수자원의 흐름과 분배, 기후변화 경감, 오염원 정화 및 완충, 물질순환, 생명체와 구조물의 지지기반으로서 기능을 얼마나 잘 보여줄 수 있는지를 설명한다.

<table>
<tr><th colspan="3">생태계 서비스</th></tr>
<tr><td rowspan="3">지지(supporting) 기능<br>• 물질순환<br>• 영양소 순환 및 제공<br>• 토양생성<br>• 1차 생산성</td><td>⇒</td><td>제공(provisioning) 기능<br>• 식량<br>• 수자원<br>• 생물다양성<br>• 목재 및 섬유질<br>• 바이오에너지 등 연료 생산 등</td></tr>
<tr><td>⇒</td><td>제어(regulating) 기능<br>• 기후변화 경감<br>• 홍수조절<br>• 병해충조절<br>• 물 정화<br>• 오염물질 정화 등</td></tr>
<tr><td>⇒</td><td>문화적(cultural) 기능<br>• 경관<br>• 정신<br>• 교육<br>• 휴식 등</td></tr>
</table>

그림 7.15 토양의 기능과 생태계 서비스

토양의 건강성은 토양이 이용되는 범위 내에서, 생태계 기능에 핵심적인 생물적 요소를 포함하여, 생명체 시스템으로서 기능을 보여줄 수 있는 조건(condition) 또는 상태(status)로 정의한다. 건강한 토양은 자기조절(self-regulation), 안정성(stability), 회복력(resilience) 그리고 스트레스 증상이 없는 조건이나 상태의 토양생태계를 의미한다. 따라서 토양의 건강성은 주로 토양개체군이 생물학적으로 온전함을 의미하는 것으로 토양 내에서 생물체 간 그리고 이들 생물체와 환경과의 균형을 유지함을 의미한다.

토양의 질과 건강성을 평가하고 잘 관리함으로써 토양의 기능을 최적화하고 그 기능이 훼손되지 않고 지속적으로 유지시켜 건전한 토양을 보전해야 한다. 토양의 질을 향상시키기 위한 방법에는 여러 가지가 있을 수 있으며, 토양 형태나 이용형태에 따라서 적합한 관리방법 또한 달라질 것이다.

## 7.10 토양오염

### 가. 토양오염의 정의

최근 급격한 산업화와 인구 증가 등으로 인해 다양한 종류의 환경오염물질이 자연계로 다량 배출되고 있다. 이들 오염물질은 대기, 수질, 폐기물 등 직간접적인 다양한 경로를 통해 환경의 최종 수용체인 토양으로 유입되어 토양환경을 오염시키고 있다. 이로 인해 농작물뿐 아니라 생물체에 악영향을 주고 있고, 먹이사슬을 통해 인간의 건강에도 위해를 끼치고 있다. 우리나라의 경우 수질오염과 대기오염에 더 많은 관심을 쏟아 왔으나, 최근에는 농산물의 안전성, 지표수 및 지하수의 보전, 육상 생태계의 건전성 등 때문에 토양오염에도 많은 연구와 관심을 두고 있는 실정이다.

토양오염이란 외부로부터 오염물질이 토양 내로 유입됨으로써 그 농도가 자연함유량(천연부존량 : natural abundance)보다 높아지고 이로 인해 토양에 악영향을 주어 그 기능과 질이 저하되며, 토양에서 생산되는 Biomass에 오염물질이 축적되어 인체에 악영향을 미치는 현상이라고 정의할 수 있다. '토양오염'이란 일반적으로 유기오염물질이나 영양염류, 중금속 등의 오염물질이 토양 중에 집적되어 나타나는 현상을 뜻한다.

### 나. 토양오염 경로

토양오염은 오염원이 직접 토양으로 유입되거나 물과 대기오염을 통해 2차적으로 유입된다. 토양에 유입된 오염원은 작물로 흡수, 전이되고, 작물로 전이된 오염물질은 food chain을 통해 인간, 가축에 영향을 준다(그림 7.16).

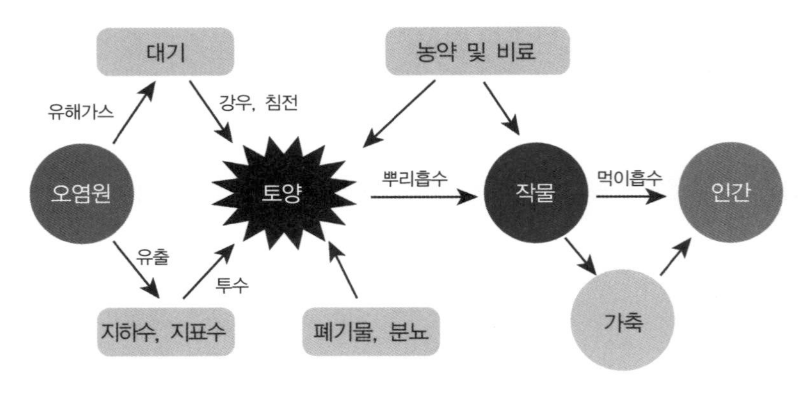


그림 7.16 토양오염의 경로(양 등, 2008)

## 다. 토양오염물질

표 7.13 토양오염물질과 우려기준 및 대책기준(환경부)

(단위 : mg/kg)

| 물질 | 1지역 | | 2지역 | | 3지역 | |
|---|---|---|---|---|---|---|
| | 우려기준 | 대책기준 | 우려기준 | 대책기준 | 우려기준 | 대책기준 |
| 카드뮴 | 4 | 12 | 10 | 30 | 60 | 180 |
| 구리 | 150 | 450 | 500 | 1500 | 2000 | 6000 |
| 비소 | 25 | 75 | 50 | 150 | 200 | 600 |
| 수은 | 4 | 12 | 10 | 30 | 20 | 60 |
| 납 | 200 | 600 | 400 | 1200 | 700 | 2100 |
| 6가크롬 | 5 | 15 | 15 | 45 | 40 | 120 |
| 아연 | 300 | 900 | 600 | 1800 | 2000 | 5000 |
| 니켈 | 100 | 300 | 200 | 600 | 500 | 1500 |
| 불소 | 400 | 800 | 400 | 800 | 800 | 2000 |
| 유기인 | 10 | – | 10 | – | 30 | – |
| 폴리클로리네이티드페닐 | 1 | 3 | 4 | 12 | 12 | 36 |
| 시안 | 2 | 5 | 2 | 5 | 120 | 300 |
| 페놀 | 4 | 10 | 4 | 10 | 20 | 50 |
| 벤젠 | 1 | 3 | 1 | 3 | 3 | 9 |
| 톨루엔 | 20 | 60 | 20 | 60 | 60 | 150 |
| 에틸벤젠 | 50 | 150 | 50 | 150 | 340 | 1020 |
| 크실렌 | 15 | 45 | 15 | 45 | 45 | 135 |
| 석유계총탄화수소(TPH) | 500 | 2000 | 800 | 2400 | 2000 | 6000 |
| 트리클로로에틸렌(TCE) | 8 | 24 | 8 | 24 | 40 | 120 |
| 테트라클로로에틸렌(PCE) | 4 | 12 | 4 | 12 | 25 | 75 |
| 벤조(a)피렌 | 0.7 | 2 | 2 | 6 | 7 | 21 |

- 1지역 : 전·답·과수원·목장용지·학교용지·구거(溝渠)·양어장·공원·사적지·묘지, 어린이 놀이시설 등
- 2지역 : 임야·염전·대, 창고용지·하천·유지·수도용지·체육용지·유원지·종교용지 및 잡종지 등
- 3지역 : 공장용지·주차장·주유소용지·도로·철도용지·제방·잡종지, 국방·군사시설 부지 등

우리나라에서 토양오염물질은 토양환경보전법에서 21개 항목으로 규정하여 관리하고 있다(표 7.13). 토양은 이용에 따라 1, 2, 3지역으로 구분하고, 각각의 지역에서는 우려기준과 대책기준이 설정되어 있다. 토양오염대책기준은 오염의 정도가 사람의 건강과 동식물의 생육에 지장을 초래할 우려가 있어 토지의 이용중지, 시설의 설치금지 등 규제조치가 필요한 정도의 오염상태를 말한다. 토양오염우려기준은 대책기준의 약 40% 정도로 더 이상의 오염이 심화되는 것을 예방하기 위한 오염수준이다.

표 7.13에서 보여주는 21개 항목의 오염물질 이외에도 폭약류, 염류, 산, 비료, 농약, 유기성 유해물질 등의 다양한 물질들도 토양오염의 정의를 충족시킬 경우 오염물질이 될 수 있다. 토양오염물질의 기원은 인위적인 것이 대부분이지만, 화산에 의한 화산재, 가스등에 의한 오염 등 자연적인 현상도 포함되기도 한다.

## 라. 토양오염원의 구분

### 1) 발생원에 따른 구분

토양으로 유입되는 오염원은 발생원에 따라 점오염원(point source)과 비점오염원(non-point source pollutant)으로 구분한다(표 7.14).

표 7.14 오염원의 발생원에 따른 토양오염원 종류

| 구분 | 내용 |
| --- | --- |
| 점오염원 | 폐기물매립지, 대단위 가축사육장, 산업 지역, 건설 지역, 운영 중인 광산, 송유관, 유류 및 유독물 저장시설(유류 및 유독물 저장시설만이 토양환경보전법의 관리 대상) 등 |
| 비점오염원 | 농약 및 화학비료의 장기간 연용, 휴·폐광산의 광미나 폐석으로부터 유출되는 중금속, 산성비, 방사성 물질 등 |

### 2) 주요 원인물질에 따른 구분

토양오염 주요 원인물질로는 영양소, 농약, 유독물질, 산성물질, 염류, 미량원소 등으로 구분할 수 있다. 최근에는 난분해성의 유기화합물과 유류에 의한 토양오염이 증가하는 추세이다. 토양오염의 주요 원인물질들과 여기에 함유된 주된 오염원 및 주된 영향은 표 7.15와 같다.

표 7.15 토양오염의 주요 원인물질별 오염물질의 분류

| 오염물질 분류 | 주된 오염원 | 영향을 받는 환경요소 | | | | 주된 환경영향 증상 또는 관심사 |
|---|---|---|---|---|---|---|
| | | 토양 | 지하수 | 지표수 | 대기 | |
| 영양소 | 화학비료, 하수 슬러지, 슬러지 폐기물, 가축분뇨, 고형폐기물 등에 함유된 질소와 인 | ● | ● | ● | | 부영양화, 음용수 오염 |
| 농약 | 살충제, 제초제, 살균제 등 | ● | ● | ● | ● | 생태적 위해성, 음용수 오염, 인체건강 |
| 유해 유기물질 | 연료, 용매, 휘발성유기화합물(VOCs), 계면활성제, 소화제, 방향족아민류, PAHs, 염소계 Paraffins, 염소계 방향족 화합물, Plastifiers 등 | ● | ● | ● | ● | 생태적 위해성, 음용수 오염, 인체건강 |
| 유해 무기물질 | 강산 또는 강염기 | ● | ● | ● | ● | 급성노출(acute exposure) |
| 미량원소 | 양이온성 금속, 중금속 등 | ● | ● | ● | | 인체건강, 생태적 위해성 |
| 염류 | 제설제, 염류성 관개용수 | ● | ● | ● | | 토양의 생산성 손실 |
| 산성물질 | 산성비, 산성광산폐수 | ● | ● | ● | ● | 건물 등 구조적 붕괴, 생태적 위해성 |

(Pierzynski, et al., 2005)

## 마. 토양오염의 특징

토양은 물, 대기 및 폐기물에 있는 오염물질의 최종적인 수용체이다. 따라서 대부분의 토양오염은 간접적이고 국소성이며 만성적이므로 복원의 시간이 오래 걸리고 복원비용이 매우 비싸다는 특성을 지니게 된다. 또한 수질과 대기오염과는 달리 토양오염은 가시적인 증상을 보여주지 않는다. 그러나 오염된 토양은 농작물, 지하수, 유용미생물, 가축들에 피해를 주고 이를 활용하는 인간에게도 궁극적으로 피해를 줄 수 있다. 토양오염의 특징을 요약하면 다음과 같다.

- 축적성 오염형태로 오염 영향이 장기간 지속된다.
- 오염이 쉽게 확산되지는 않는다.
- 토양오염물질은 먹이사슬로 유입되어 연속적인 피해를 초래한다.
- 토양의 복원은 시간이 오래 걸리고 비용이 많이 소요된다.
- 오염물질을 완전히 제거하거나 농도를 천연부존량 수준으로 낮추기가 현실적으로 불가능하다.
- 토양오염물질은 원재료의 누출과 폐기물의 매립 등에 의하여 직접 토양에 유입되는 경우도 있지만, 산업활동 등에 의한 수질오염과 대기오염을 통하여 2차적으로 토양에 부가되

는 경우가 많다.

- 토양오염의 영향은 수질오염, 대기오염에 비교하여 국소적으로 현장별로 다양하게 나타난다.
- 사유재산과의 연관성 문제 : 물과 대기는 공공재산의 성격을 가지지만, 토양오염은 대부분 사유재산인 토지로 구성되어 있어 그 관리 및 취급상에 문제점을 안고 있다.
- 오염상태의 불균질 문제 : 수질 및 대기오염은 오염 지역 내의 농도가 비교적 균질하지만 토양 내 오염물질은 불균질하게 분포된 경우가 많아서 시료 채취에 따라 상이한 분석결과가 나올 수 있으며, 이로 인하여 정화기법의 선정 및 평가의 유추를 어렵게 한다.

## 바. 중금속이 자연 생태계에 미치는 영향

중금속이 자연생태계에 미치는 영향은 토양환경 내에서 식물생육, 수계환경 및 그리고 먹이연쇄를 통한 인체에 미치는 영향으로 크게 구분할 수 있다.

### 1) 식물생육에 미치는 영향

식물은 중금속을 흡수하여, 인간과 동물이 섭취할 수 있는 부위에 축적시킬 수 있다. 토양 중 중금속의 농도가 높은 곳에서도 자랄 수 있는 식물을 중금속에 내성(tolerant)을 지니고 있다고 하며, 자랄 수 없는 식물을 중금속에 민감(sensitive)하여 중금속 독성에 의해 고사하게 된다.

토양이 중금속에 의해 오염되어 농도가 증가될 경우 중금속은 식물체의 증산(transpiration), 호흡(respiration), 광합성(photosynthesis), 식물의 발달(development)을 억제한다. 이에 따라 나타나는 일반적인 증상은 성장 억제(stunted growth), 잎의 편성장(leaf epinasty), 황화현상(chlorosis), 뿌리의 고사현상 등이다.

중금속이 식물생육에 미치는 영향을 요약하면, (1) 원형질막의 투과성 변경과 (2) 식물 효소의 억제작용이다. 중금속은 식물뿌리의 원형질막(plasma membrane)을 통과하여 내부의 세포기관으로 이동·축적되므로 뿌리의 원형질막은 중금속이 영향을 미치는 최초의 작용점(target)이 된다.

### 2) 수계환경에 미치는 영향

토양이 중금속으로 오염될 경우 중금속의 대부분은 토양입자에 흡착되어 있으므로, 토양유실에 의해 중금속이 수계로 유입되는 것이 주된 경로이다. 이렇게 유입된 중금속은 물의 pH, 산화환원전위, 온도, 빛, 용존산소, 미생물 활성 등에 의해 용출되어 물로 방출될 수 있으나 대부분은 토양입자와 함께 침강되어 저니토(sediment)로 가게 된다. 수계환경에 존재하는 중금속이 식물성 플랑크톤, 동물성 플랑크톤, 어류나 패류 등에 의해 흡수될 경우 중금속의 상대적 농도는 증가된다. 이를 생물농축(bioaccumulation 또는 bioconcentration)이라 부른다. 중금속은 수생태계의 종 다양성, 생산성, 수생생물의 밀도를 감소시킨다. 인간이 어패류를 섭취할 경우 중금속이 인체에 흡수, 농축되어 악영향을 주게 된다. 수은중독 현상을 초래한 일본에서의 미나마타병은 대표적인 예이다(표 7.16).

## 3) 인체건강에 미치는 영향

중금속이 인체에 미치는 영향은 환경오염에 의한 피해 중에서 가장 큰 관심사 중의 하나이다. 중금속이 인체로 유입되는 주된 경로는 중금속을 함유한 농작물과 어패류 등을 먹이연쇄를 통해 흡수하는 것과 토양입자를 직접 섭취하는 것이다. 표 7.16과 그림 7.17은 대표적인 중금속에 의한 독성, 증상, 오염원, 국내에서의 피해사례 등을 요약하여 보여주고 있다.

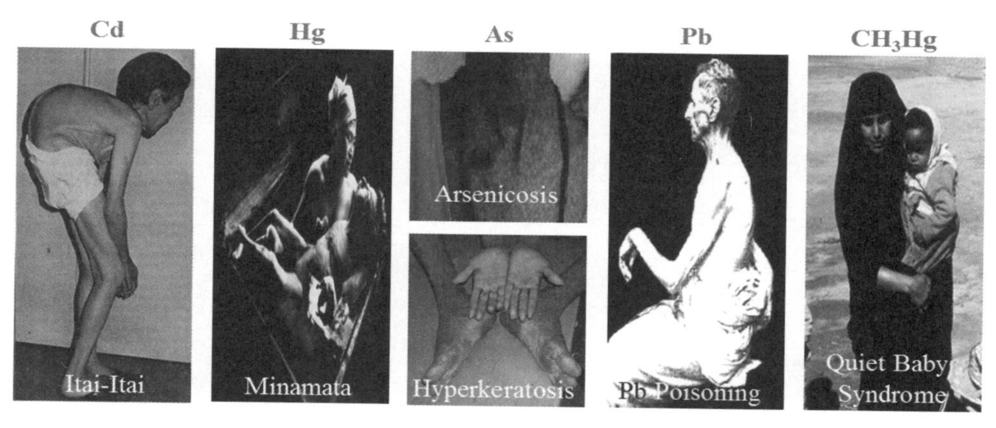


그림 7.17 중금속에 의한 대표적인 독성 증상 사진

표 7.16 중금속 오염과 인체영향(양 등, 2008)

| 중금속 | 대표적인 질병 및 증상 | 오염원 | 국내외 피해사례 |
|---|---|---|---|
| Hg | 미나마타병 : 신경장애, 팔 다리의 마비, 언어장애, 위장염, 구토 등 | 광산, 제련공장, 펄프 및 제지공장, 농약, 페인트 공장 등 | 온도계 제조회사(국내), 미나마타와 니이가타 지역(일본) |
| Cd | 이타이타이병 : 전신쇠약, 말초 신경장애, 빈혈, 당뇨 | 광산, 제련소의 폐수, 도금, 유리 제조의 폐수 | 경기도 성남시의 아연도금공장 |
| Pb | 대부분 만성중독 : 위장형(구토, 식욕부진, 빈혈), 신경근육형(근육과 관절장애), 뇌증형(두통, 불면증, 신경과민) | 휘발유나 기름, 석탄연료와 폐기물의 연소 | 형광등, 배터리, 페인트 공장의 근로자 |

표 7.16 중금속 오염과 인체영향(양 등, 2008)(계속)

| 중금속 | 대표적인 질병 및 증상 | 오염원 | 국내외 피해사례 |
|---|---|---|---|
| As | 피부염증, 결막염, 구토, 설사, 심장장애 등의 쇼크 | 광산 및 제련소, 아비산, 비산염 등의 제조공장 | 충북 영동의 아비산 제조 공장 근로자 비소중독에 의한 피부염 발생, 광산 지역의 비소오염사건(일본),맥주중의 비소오염사건(영국) |
| Cu | 구토, 복통, 설사, 위장장애, 경련, 혼수, 피부궤양 | 동제련소, 전선공장 | 구리에 의한 접촉성 피부염, 구리광산의 광독수(일본) |
| Cr | 피부괴사, 호흡곤란, 구토, 복통, 혈뇨증, 비점막염증 | 도금공장, 피혁제조공장, 염색공장, 시멘트 제조공장 | 경인 지역의 도금공장 근로자, 울산공단의 도금공장 |
| Zn | 피부염, 구토, 설사, 식욕부진 | 도금공장, 아연광산 및 아연합금 제조공장 | – |
| Ni | 피부염, 빈혈, 간 장애, 신경장애 | 니켈광산 및 제련소, 니켈 도금 및 합금공장 | – |

## 바. 토양오염 복원기술

토양오염처리기술은 토양 중의 오염물질 처리 방법에 따라 다음 3종류로 분류할 수 있다(양 등, 2008).

① 토양 중의 오염물질을 분해 및 무해화시키는 기술
② 토양으로부터 오염물질을 분리 및 추출하는 처리기술
③ 오염물질을 고정화하는 처리기술

표 7.17은 복원기술의 처리방법, 매체, 위치, 오염원 종류 및 처리대항 부지에 따른 분류기준을 요약한 것이다.

표 7.17 복원기술의 분류기준(양 등, 2008; 환경부 2007)

| 분류기준 | 분류항목 |
|---|---|
| 처리공정원리 | 생물학적, 물리화학적, 열적 처리 |
| 처리매체 | 토양, 지하수 |
| 오염위치별 | 불포화대(vadose zone) 처리기술, 포화대(saturated zone) 처리기술 |
| 굴착의 유무 | *in situ*(on site : 지중처리 또는 지상처리), *ex situ*(off site : 반출처리) |
| 오염물질의 종류 | 휘발성유기화합물, 준 휘발성유기화합물, 무기물질, 폭발성 물질 등 |
| 처리대상부지 | 매립지, 광산지, 군사기지, 지하 저유조, 산업기지, 하상 저니 등 |

토양오염의 정화기술은 표 7.18과 같다. 오염토양을 복원하는 기술의 종류는 현장에서의 신기술이 입증되거나 기술의 개발이 완료된 것이 약 70종이며, 이들을 복원기술의 분류기준에 따라 나눠 요약하면 표 7.19와 같다.

표 7.18 오염토양 정화기술의 종류(양 등, 2008; 환경부, 2007; FRTR, 2002)

| 토양 처리 기술 | 처리기술의 종류 | | |
|---|---|---|---|
| | 지중처리 (원위치) *in situ* | 생물학적 | 생물학적 분해(degradation), 생물학적 통풍법(bioventing), 식물정화(phytoremediation), 생물복원고도화기술(Enhanced bioremediation) |
| | | 물리·화학적 | 화학적 산화(chemical oxidation), 토양세정법(soil flushing), 동전기적 분리(electrokinetic separation), 토양증기추출(soil vapor extraction), 파쇄 공법(fracturing), 고형화/안정화(solidification/stabilization) |
| | | 열적 | 열처리(thermal treatment) |
| | 지상처리 (반출) *ex situ* | 생물학적 | 바이오파일(biopiles), 토지경작법(land farming), 퇴비화법(composting), 생물적 슬러지처리(slurry phased biological treatment) |
| | | 물리·화학적 | 화학적 추출(chemical extraction), 분리(separation), 산화환원(oxidation/reduction), 토양세척(soil washing), 탈할로겐화(dehalogenation), 고형화/안정화(solidification/stabilization) |
| | | 열적 | 뜨거운기체 오염원제거(hot gas decontamination), 열분해(pyrosis), 소각(incineration), 열탈착(thermal desorption) |
| | 차폐 | | 매립지 캡핑(landfill cap), 매립지 캡핑 고도화기술(landfill cap enhancements) |
| | 기타 처리기술 | | 굴착(excavation), 회수(retrieval), 부지 밖 처분(offsite disposal) |

표 7.19 국내 오염토양 처리기술 요약(양 등, 2008; EPA, 1991, 환경부 2007) [환경부 고시 제2005-124호 별표 2]

| 기술명 | | 공정개요 |
|---|---|---|
| 생물학적 처리 방법 | 생물학적 분해법 | 영양분과 수분(필요시 미생물)을 오염토양 내로 순환시킴으로써 미생물의 활성을 자극하여 유기물 분해기능을 증대시키는 방법 |
| | 생물학적통풍법 | 오염된 토양에 대하여 강제적으로 공기를 주입하여 산소농도를 증대시킴으로써, 미생물의 생분해능을 증진시키는 방법 |
| | 토양경작법 | 오염토양을 굴착하여 지표면에 깔아놓고 정기적으로 뒤집어줌으로써 공기 중의 산소를 공급해주는 호기성 생분해 공정법 |
| | 바이오파일법 | 오염토양을 굴착하여 영양분 및 수분 등을 혼합한 파일을 만들고 공기를 공급하여 오염물질에 대한 미생물의 생분해능을 증진시키는 방법 |
| | 식물재배 정화법 | 식물체의 성장에 따라 토양 내의 오염물물질을 분해·흡착·침전 등을 통하여 오염토양을 정화하는 방법 |
| | 퇴비화법 | 오염토양을 굴착하여 팽화제(bulking agent)로 나뭇조각, 동식물 폐기물과 같은 유기성 물질을 혼합하여 공극과 유기물 함량을 증대시킨 후 공기를 주입하여 오염물질을 분해시키는 방법 |
| | 자연저감법 | 토양 또는 지중에서 자연적으로 일어나는 희석, 휘발, 생분해, 흡착 그리고 지중물질과의 화학반응 등에 의해 오염물질 농도가 허용가능한 수준으로 저감되도록 유도하는 방법 |

표 7.19 국내 오염토양 처리기술 요약(양 등, 2008; EPA, 1991, 환경부 2007) [환경부 고시 제2005-124호 별표 2](계속)

| 기술명 | | 공정개요 |
|---|---|---|
| 물리 화학적 처리 방법 | 토양세정법 | 오염물 용해도를 증대시키기 위하여 첨가제를 함유한 물 또는 순수한 물을 토양 및 지하수에 주입하여 오염물질을 침출 처리하는 방법 |
| | 토양증기추출법 | 압력구배를 형성하기 위하여 추출정을 굴착하여 진공상태로 만들어줌으로써 토양 내의 휘발성 오염물질을 휘발·추출하는 방법 |
| | 토양세척법 | 오염토양을 굴착하여 토양입자 표면에 부착된 유·무기성 오염물질을 세척액으로 분리시켜 이를 토양 내에서 농축·처분하거나, 재래식 폐수처리 방법으로 처리 |
| | 용제추출법 | 오염토양을 추출기 내에서 solvent와 혼합시켜 용해시킨 후 분리기에서 분리하여 처리하는 방법 |
| | 화학적 산화/환원법 | 오염된 토양에 오존, 과산화수소 등의 화합물을 첨가하여 산화/환원반응을 통해 오염물질을 무독성화 또는 저독성화시키는 방법 |
| | 고형화/안정화법 | 오염토양에 첨가제(시멘트, 석회, 슬래그 등)를 혼합하여 오염성분의 이동성을 물리적으로 저하시키거나, 화학적으로 용해도를 낮추거나 무해한 형태로 변화시키는 방법 |
| | 동전기법 | 투수계수가 낮은 포화토양에서 이온상태의 오염물(음이온·양이온·중금속 등)을 양극과 음극의 전기장에 의하여 이동속도를 촉진시켜 포화오염토양을 처리하는 방법 |
| 열적 처리 방법 | 열탈착법 | 오염토양 내의 유기오염물질을 휘발·탈착시키는 기법이며, 배기가스는 가스처리 시스템으로 이송하여 처리하는 방법 |
| | 유리화법 | 굴착된 오염토양 및 슬러지를 전기적으로 용융시킴으로써 용출특성이 매우 적은 결정구조로 만드는 방법 |
| | 소각법 | 산소가 존재하는 상태에서 800-1,200°C의 고온으로 유해성 폐기물 내의 유기오염물질을 소각·분해시키는 방법 |
| | 열분해법 | 산소가 없는 혐기성 상태에서 열을 가하여 오염토양중의 유기물을 분해시키는 방법 |

## 단원 리뷰

1. 우리나라 토양생성의 주된 모암은 무엇인가?
2. 우리나라 토양의 pH는 어느 수준인가? 토양의 pH가 낮아서 산성이면 죽은 토양인가?
3. 토양생성인자는 무엇인가?
4. 토양은 어떤 물질로 구성되어 있는가?
5. 토성과 구조의 차이점은?
6. 토양의 유효수분이란?
7. 빨래가 장마 때보다 화창한 날에 더 빨리 마르는 이유는?
8. 토양이 음하전을 띠는 이유와 중요성은 무엇인가?
9. 점토광물의 종류는 무엇이 있는가?
10. 양이온교환과 양이온교환용량은 무엇이며 그 중요성은 무엇인가?
11. 토양유기물은 무엇이며 어떤 기능을 하는가?
12. 토양의 기능은 무엇인가?
13. 토양오염의 정의와 특징을 설명하시오.
14. 토양오염의 복원기술은 어떤 것들이 있는가?

## 참고문헌


국가 지표체계, 2017. 농업면적조사(통계청), 농업생산기반정비사업통계연보(한국농어촌공사), (http://www.index.go.kr/potal)

김계훈 외, 토양학. 향문사, 2006.

김수정 외, 토양학, 교보문고, 2011.

농촌진흥청 국립농업과학원, 농업환경변동조사사업 보고서, 1999~2016.

양재의, 정종배, 김장억, 이규승, 농업환경학, 도서출판 씨아이알, 2008.

환경부, 오염토양 정화방법 가이드라인, 2007.

Better Soils. 2018. http://bettersoils.soilwater.com.au/module2/2_1.htm

EPA, 1991. Chemical Oxidation Treatment, Engineering Bulletin

Federal Remediation Technologies Roundtable(FRTR). 2002. Remediation Technologies Screening Matrix and Reference Guide, Version 4.0.

International Plant Nutrition Institution, 2006, Soil Fertility Manual.

Pierzynski, G.M., J.T. Sims and G.E. Vance. 2005. Soils and environmental quality. 3rd edition, CRC Press.

Soil Science Society of America(SSSA). www.soils.org

# III
# 생명산업

CHAPTER 08

# 생물자원

김성문, 주진호

## 8.1 환경과 바이오자원

우리나라에서 환경산업의 정의는 '환경의 보전과 관리를 위하여 환경시설 및 환경분야 시험검사 등에 관한 법률 제9조 측정기기 등을 설계·제작·설치하거나 환경기술에 관한 서비스를 제공하는 산업'이다(환경기술 및 환경산업 보전법). 이 정의에 따르면 환경은 단지 보전과 관리의 대상일 따름이다. 그러나 OECD/Eurostat에서는 환경산업을 오염관리, 청정기술 및 관련 제품, 자원관리까지 광범위하게 포함하고 있다(표 8.1). OECD/Eurostat의 정의에 의하면 환경, 특히 환경의 구성원인 생물자원은 보전관리의 대상이기도 하지만 미래 세대를 위한 지속 가능한 개발 자원인 것이다.

표 8.1 OECD/Eurostat 환경산업 분류

| 분야 | 세부 분류 | 사업 부문 |
|---|---|---|
| 오염관리 그룹 | 제조업<br>건설업 | • 대기오염 통제<br>• 폐수관리<br>• 소음·진동저감<br>• 환경감시·분석·측정<br>• 토양·지표수·지하수 개선 및 정화<br>• 고형폐기물관리(유해폐기물 수집·관리·처리, 폐기물 재생재활용) |
| | 서비스업 | • 상기의 제조업 및 건설업 분류 중 '환경감시, 분석 및 측정' 사업 제외한 모든 사업<br>• 환경 R&D<br>• 환경계약 및 엔지니어링<br>• 교육, 훈련, 정보<br>• 분석서비스, 자료수집, 분석 및 평가 |

표 8.1 OECD/Eurostat 환경산업 분류(계속)

| 분야 | 세부 분류 | 사업 부문 | |
|---|---|---|---|
| 청정기술 및 관련제품 그룹 | 제조업<br>건설업<br>서비스업 | • 청정/자원 효율적 기술 및 공정<br>• 청정/자원 효율적 제품 | |
| 자원관리 그룹 | 제조업<br>건설업<br>서비스업 | • 실내 공기 관리 | • 물공급 |
| | | • 신재생에너지 시설 | • 열에너지 절약 및 관리 |
| | | • 지속 가능 농업 및 어업 | • 지속 가능 산림 |
| | | • 자연재해 관리 | • 생태관광 |
| | | • 재활용제품(폐기물 또는 스크랩 물질 제품 생산, 재활용 확인 및 분류) | |
| | | • 기타(자연보호, 서식지보호, 생물다양성) | |

(출처 : 한, 2017, 강원도 환경산업 실태분석)

## 8.2 바이오자원의 중요성

인구 증가와 산업발달로 인해 바이오자원의 중요성은 날로 커지고 있는 실정이다. 전 세계의 인구는 2000년 60억 명에서, 2020년 76억 명으로, 2050년에는 91억 명이 될 것이 예상되고 있어 인류의 지속 가능한 발전을 위하여 식량자원의 확보는 매우 중요하다고 할 수 있다. 그러나 인구 증가에 따라 생물자원의 서식지 감소, 단편화 그리고 생태계 균형 파괴와 같은 위험이 증가되고 있으며 급격한 생물종의 감소 역시 예상된다.

### 가. 경제적 가치

바이오자원은 식량, 천연물신약, 바이오에너지 등의 다양한 산업소재로서 미래성장동력으로 인식되고 있으며, 특히 식물 종자는 배타적, 독점적 권리를 인정받아 세계적으로 거대한 로열티 시장을 형성하고 있다. 세계 종자시장은 약 700억 달러 규모이며 연평균 5%씩 성장하고 있다.

### 나. 생태적 가치

바이오자원은 지구생태계의 평형 유지에 기여하고 있는데 대표적인 예로는 산소공급, 이산화탄소 흡수 및 저장, 공기정화 등을 들 수 있다. 유엔 람사르총회에서는 생물자원 중 식물의 생태적 가치를 평가하였는데, 홍수조절능력(31억 9천 톤 물 보유, 44.3조 원), 지하수 보유능력

(44억 9천 톤 물 보유, 1.8조 원), 대기정화능력($CO_2$ 흡수 2,370만 톤, $O_2$ 발생 1,720만 톤, 1조 원), 대기냉각능력(1.3조원)에 대해서 인정한 바 있다.

지구상에 서식하고 있는 바이오자원은 약 1,000만 종 이상이 되는데 인간에 의해 이용되는 것은 극히 일부에 불과하며 약 80% 정도는 용도가 아직까지 밝혀지지 않은 상태이다. 미래 인류의 지속 가능한 발전을 위해서는 그 용도가 밝혀지지 않은 생물종의 다양성에 대한 잠재적 가치를 인정하고 보전해야 한다.

### 다. 문화적 가치

바이오자원은 그린투어리즘, 농촌체험학습, 도시농업 등 미래사회 발전을 위한 문화콘텐츠의 원천이자 사회구성원의 정서 및 건강유지를 위한 기반으로 인식되고 있다. 강원도 태백시 고한읍에서는 함백산의 야생화를 이용해 지역축제를 개최하여 지역의 건전한 생태계를 유지시키는 것은 물론 외부로부터 관광객을 유치하여 지역발전에 기여하고 있다(그림 8.1, 8.2).

그림 8.1 생물자원의 특성을 이용한 함백산 야생화축제

그림 8.2 지역문화를 이끄는 생물자원을 이용한 축제

## 8.3 바이오산업

환경산업 분류의 자원관리 그룹에 포함되어 있는 지속 가능 농업과 산림을 구성하고 있는 바이오자원(미생물, 동물, 식물)은 효용가치가 크기 때문에 생물의약, 생물화학, 생물환경, 생물식품, 생물에너지, 생물농업, 생물공정 및 엔지니어링, 생물학적 검정 및 측정 시스템 등 다양한 분야에서 활용되고 있다(표 8.2). 환경 중의 바이오자원은 다양한 산업의 중요한 원료를 제공하기 때문에 이에 대한 보호, 관리는 매우 중요하다. 특히 각 나라에 서식하는 바이오자원의 이용에 따른 이익을 공정하고 공평하게 함으로써 생물다양성 보전과 지속 가능한 이용을

명시하고 있는 나고야의정서의 발효에 따라 바이오산업은 더욱 중요하게 대두되고 있는 실정이다.

표 8.2 우리나라 바이오산업의 범위

| 산업 분야 | 범위 |
|---|---|
| 바이오의약산업 | 항생제, 항암제, 백신, 호르몬제, 면역제제, 혈액제제, 성장인자, 신개념치료제(유전자의약품, 세포치료제, 복제장기), 진단키트, 동물약품 |
| 바이오화학산업 | 바이오고분자, 산업용 효수 및 시약류, 연구실험실용 효소 및 시약류, 바이오화장품 및 생활화학제품, 바이오농약 및 비료 |
| 바이오환경산업 | 환경정화용 미생물제제, 미생물고정화 소재 및 설비, 바이오환경제제 및 시스템, 환경오염 측정시스템(측정기구 및 진단, 서비스) |
| 바이오식품산업 | 건강기능식품, 아미노산, 식품첨가제, 발효식품, 사료첨가제 |
| 바이오전자산업 | DNA칩, 단백질칩, 세포칩, 바이오센서, 바이오멤스(BioMEMS) |
| 바이오공정 및 기기산업 | 바이오반응기, 생체의료기기 및 진단기, 바이오공정 및 분석기기, 공장 및 공정설계 |
| 바이오에너지 및 자원산업 | 바이오연료, 인공종자 및 묘목, 실험동물, 유전자변형 동·식물 |
| 바이오검정, 정보서비스 및 연구개발 | 바이오정보서비스, 유전자관련 분석 서비스, 단백질관련 분석 서비스, 연구개발 서비스, 바이오안전성 및 효능평가 시스템, 진단 및 보관 서비스, 기타 바이오검정, 정보 개발 서비스 |

(출처 : 산업통상자원부, 2017, 국내 바이오산업 실태조사)

바이오자원은 DNA, 단백질, 세포 등의 생명체 관련 기술(biotechnology)을 직접 활용하여 농업(그린바이오)과 의약품(의약바이오)뿐만 아니라 화학, 에너지(산업바이오) 및 IT, NT 등 첨단기술과의 융합(융합바이오)으로 응용범위가 확대되고 있다.

## 가. 그린바이오 산업

식물, 동물, 미생물을 대상으로 농업, 임업, 수산업에 바이오기술을 활용하여 산업적으로 효용이 있는 자원과 소재, 제품을 대량생산하는 기술이다. 농림수산물을 활용하는 바이오매스(당류, 전분계, 목질계, 유지계), 바이오케미컬, 바이오에너지 그리고 이를 가공처리할 수 있는 바이오플랜트가 이에 속한다(표 8.3). 그린바이오 산업은 환경산업 중 지속 가능 농업과 산림 그리고 생물다양성과 매우 밀접한 관련성이 있는 분야이며, 농업생명과학 분야의 주된 연구개발 주제이다.

그림 8.3 캄보디아의 설탕 생산을 위한 사탕수수 농장

그림 8.4 캄보디아에서 제지 생산을 위하여 재배되고 있는 유칼립투스

표 8.3 바이오산업 분류 및 관련 기술

| 산업 분류 | 기술 |
|---|---|
| 그린바이오 | 작물바이오매스, 바이오케미컬, 바이오에너지, 바이오플랜트 |
| 의약바이오 | 저분자의약품, 천연의약품, 생물의약품, 재생의약품, 의약바이오 기반 기술 |
| 산업바이오 | 바이오화학소재 중간체, 바이오 플라스틱, 바이오에너지, 기능성 바이오소재, 산업바이오 제품 생산기반 기술 |
| 융합바이오 | 개인 맞춤형 진단 처리기기, 바이오장비 제작, 환경모니터링 처리기술, 나노바이오 기반 세포치료 시스템 |

## 나. 의약바이오 산업

삶의 질을 높이거나 질병의 진단, 예방, 치료 등에 활용되는 의약품 및 관련 기술을 개발하는 분야이다. 저분자의약품, 천연의약품, 천연 및 개량신약, 생물의약품(단백질, 항체, 백신 등), 재생의약품(세포치료제, 바이오인공장기 등)이 이에 속하며, 관련 기술로는 바이오마커, 진단기술, 영상기술 등이 있다(표 8.3).

그림 8.5 조류독감 치료제인 타미플루의 원료인 스타아니스

그림 8.6 은행나무의 추출물은 혈액개선제로 개발되었다.

의약바이오 자원은 천연물신약 개발의 보고로 알려져 있으며 대표적인 성공사례로는 버드나무(아스피린, 해열진통제), 주목(택솔, 항암제), 마(스테로이드, 소염제), 은행나무(은행나무 추출물, 혈액개선제), 스타 아니스(타미플로, 조류독감 치료제), 애엽(스티렌, 소화성 위궤양 치료제)을 들 수 있다(그림 8.5, 8.6).

## 다. 산업바이오 산업

바이오매스를 원료로 한 바이오기반 화학제품(유기산 등), 바이오원료(바이오에탄올, 바이오디젤, 바이오하이드로카본), 기능성식품 및 기능성화장품이 이에 속한다(표 3, 그림 8.7, 8.8).

그림 8.7 감자 등 전분료 식물을 가공하여 어류용 사료를 생산하는 바이오플랜트

그림 8.8 전분료 식물인 자트로파(Jatropha curcas)로부터 바이오에탄올을 추출, 정제하는 바이오케미컬 플랜트

## 라. 융합바이오 산업

바이오기술을 기반으로 정보기술(IT), 나노기술(NT)을 접목시킨 새로운 산업영역이다. 개인 맞춤형 진단 및 치료를 위한 마커, 센서, 칩 등을 개발하고, 환경오염원의 고감도 검출 및 분석에도 활용된다(표 8.3).

## 마. 국내외의 바이오산업 규모

글로벌 바이오산업 시장규모는 2014년 기준으로 3,231억 달러로 2010년에 비해 약 76% 성장하였고, 2019년에는 4,273억 달러 규모로 성장할 것이 전망된다. 지역별 규모는 아메리카(44.5%), 유럽(28.8%), 아시아 태평양지역(24.0%), 중동 및 아프리카(2.6%)이다(Global Biotechnology, 2015).

국내 바이오산업 규모는 2015년 기준으로 총 9조 8,694억 원이며, 산업체 수는 978개, 종사인력수는 39,686명으로 조사되었다(국내 바이오산업 실태조사, 2015). 그러나 국내의 화장품 사업체수가 7,500여 개에 이르는 것을 고려해보면 국내의 바이오산업 규모는 이보다는 훨씬 클 것이라 예상된다.

## 8.4 바이오자원

### 가. 식물자원

국내에는 185과 1,065속 4,596종이 서식하고 있는 것으로 알려져 있으며(이, 2002) 아직까지 밝혀지지 않은 양치류 이하 하등식물 및 고등식물에서도 새로운 종이 계속 보고되고 있는 실정이다(성, 2002). 국내의 자생식물에 대한 식물학적 특성에 대해서는 다양한 식물도감을 통해 알 수 있는데 대표적인 식물도감으로는 한국식물도감(이, 2006)과 원색 대한식물도감(이, 2003)이 있으며, 최근에는 식물을 핸드폰으로 찍어 인터넷에 올리면 전문가들이 제공하는 정보를 받아 볼 수 있는 애플리케이션도 출시되어 있어서 지식공유가 확산되고 있다.

식물의 뿌리, 줄기, 잎, 꽃, 열매를 대상으로 경제활동에 이용하면 자원의 대상이 되는데, 자원식물은 그 용도에 따라 전분료식물, 약용식물, 기호료식물, 향신료식물, 유료식물, 섬유로식물, 감미료식물, 색소 및 도료식물 등으로 나뉜다. 자원식물은 일반적으로 ① 대부분은 재배기술이 확립되어 있지 않고, ② 특정지역에서 많이 재배되며, ③ 토지이용도가 높고, ④ 개발잠재력이 높으며, ⑤ 제조·가공으로 부가가치를 높일 수 있는 특징이 있다. 여기서는 중요한 일부 자원식물과 환경에 위해를 가하는 환경위해식물에 대해서만 기술한다.

#### 1) 전분료식물

전분을 이용할 목적으로 재배하는 식물을 전분료 자원이라고 한다. 식물은 광합성을 통해 2가지 중요한 탄수화물인 저장형 탄수화물인 전분(starch)과 이동형 탄수화물인 수크로오스(sucrose)를 생합성한다. 이동형 탄수화물인 수크로오스는 쏘스(source) 잎으로부터 체관을 따라 씽크(sinks)인 뿌리, 줄기, 종자 등으로 이행하고 씽크에서 전분으로 저장된다. 전분은 단당류인 포도당이 중합반응을 통해 직사슬로 결합된 아밀로스(amylose)와 가지사슬로 결합된 아밀로펙틴(amylopectin)이 있다.

전분료 식물은 전분을 저장하는 방식에 따라 전분입자가 단백질과 결합되어 쉽게 분리되지 않는 곡식류와 전분입자가 쉽게 분리되는 근경류로 분류할 수 있다. 곡식류의 대표적인 예로는 벼, 보리, 옥수수, 밀, 수수, 조, 기장 등을 들 수 있고, 근경류는 감자, 고구마, 카사바 등을 들 수 있다. 이러한 전문료 대표식물 중 우리나라에서는 카사바를 제외한 것들이 재배되고 있다(그림 8.9, 8.10).

그림 8.9 찰옥수수로 유명한 강원도 홍천군의 옥수수밭

그림 8.10 우리나라 농가에 필요한 씨감자를 생산하고 있는 강원도 대관령면의 감사밭

## 2) 약용식물

식물체 내에 함유된 약용성분을 이용할 목적으로 재배 또는 채취한 것을 약용식물이라 한다. 약용자원은 식물체 전체 또는 일부분을 이용하는데 이용부위는 뿌리, 줄기, 잎, 꽃, 과실, 종자, 전초이다(그림 8.11, 8.12).

우리나라에는 약 1,000여 종의 약용자원이 자생하고 있으며, 이 중 대표적인 것으로는 세계적인 명성을 얻은 인삼, 여성에 좋은 당귀, 독특한 향의 천궁, 칡뿌리인 갈근, 폐에 좋은 것으로 알려져 있는 길경과 약방의 감초로 알려진 감초를 들 수 있다.

약용식물은 인간이 직접 약으로 사용하여 왔는데 최근에는 가공식품(일반식품, 건강기능식품, 식품첨가물), 의약품 그리고 다양한 산업소재 개발을 위한 원료로 사용되고 있다. 과학기술의 발전에 따라 미발굴 바이오자원에 대한 약용성분과 약리효능이 밝혀지면 약용자원으로 분류된다.

대부분의 약용식물 알칼로이드(alkaloides), 터페노이드(terpenoids)와 같은 2차 대사산물을 유효성분으로 하는 특유의 생리활성을 기반으로 하는데, 약용자원에 함유된 다양한 생리활성물질 생약으로서 치료효과를 나타낸 것을 유효성분이라 한다. 그리고 생리활성물질 중 품질관리를 위해 설정한 약용자원 고유의 성분을 지표성분이라 한다. 생약의 품질규격을 위한 지표물질의 예로는 감초(glycyrrhizin acid, 2.0% 이상), 건강(6-zingerol, 0.4% 이상), 계피(cinnamic acid, 0.03% 이상), 진피(hesperidin, 4.0% 이상)를 들 수 있다.

그림 8.11 약용식물인 당귀 사진. 당귀의 뿌리는 화하면서도 달콤한 향이 난다.

그림 8.12 한의학에서 의이인으로 사용되는 율무밭 사진

## 3) 향신료식물

향신료식물은 식물체 내에 방향성분과 향미성분을 가지고 있다. 대표적인 향신료식물로는 계피, 생강, 마늘, 양파, 고추, 후추, 겨자, 고추냉이를 들 수 있다(그림 8.13, 8.14). 향신료식물은 식품 또는 식품을 가공할 때 첨가하여 식품의 맛과 향을 높이기 위한 목적으로 재배된다. 대부분의 향신료식물에는 독특한 향이 나는데, 이는 향신료식물에 함유된 터페노이드(terpenoids), 페닐프로파노이드(phenyl propanoids), 글루코사이드(glucosides)와 같은 2차 대사산물에 의한 것이다.

그림 8.13 강원도 철원군에서 향신료식물인 고추냉이가 재배되고 있다.

그림 8.14 대단위 고추밭에서 고추를 따는 광경

향신료식물에 함유된 향기 성분만을 수증기증류, 압착, 액체이산화탄소, 유기용매로 추출한 것을 에센셜오일이라고 하며, 이는 식품과 화장품 제조에 사용된다.

향신료는 신선한 것 또는 건조한 것을 분말화하여 일반 요리나 가공식품으로 이용한다. 최근에는 향미성분의 추출, 농축 및 건조기술이 발달하여 향미성분만을 알코올과 같은 유기용매로 추출하여 oleoresin으로 제조하거나 물로 추출한 aquaresin을 제조하고 있다. 향신료식물로부터 추출된 향미성분은 유화, 분말, 미세캡슐과 같은 제형화 과정을 통해 부가가치를 높이고 있다(그림 8.15).

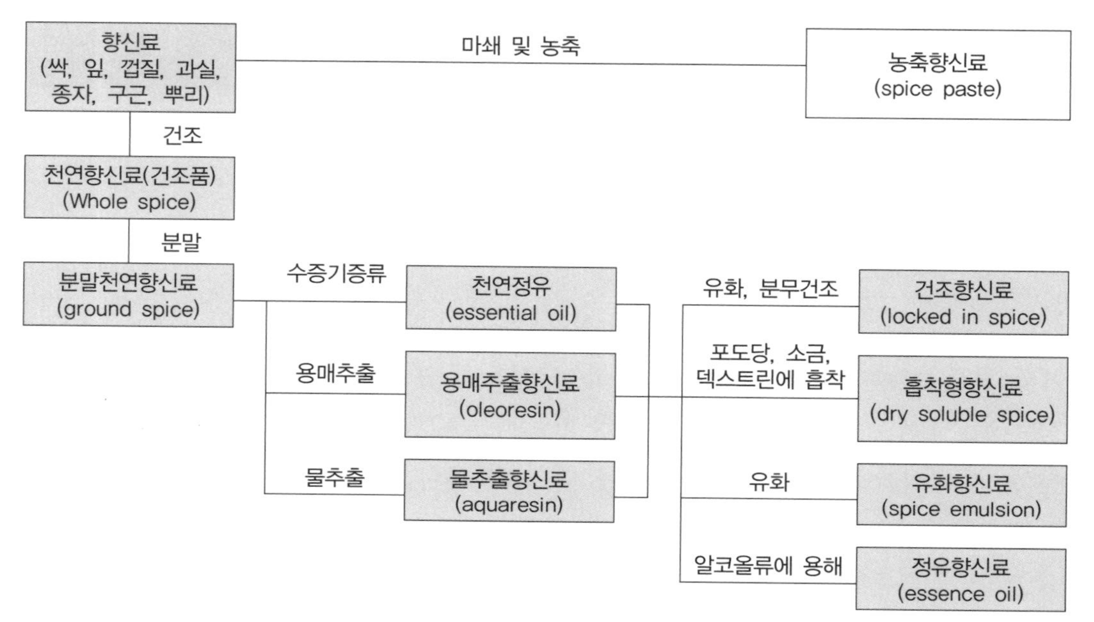


그림 8.15 향신료식물로부터 추출, 가공과정을 통한 다양한 향신료 제품

## 4) 기호료식물

기호료식물은 특정한 부류의 사람들에게 선택적으로 선호되는 식물로 대표적인 기호료식물로는 담배, 커피, 차, 호프, 코코아를 들 수 있다(그림 8.16, 8.17). 기호료식물은 체내에 자극, 흥분, 또는 마비성 생리활성물질이 있는데 커피의 카페인(caffein), 호프의 루풀린(lupulin), 담배의 니코틴(nicotine)이 대표적인 예이다. 기호료식물은 알칼로이드 이외에도 차나무의 헥사놀, 커피의 카페올와 같이 특이한 향취를 내는 방향성 정유를 함유하고 있다.

그림 8.16 강원도 춘천에서 재배되고 있는 차나무. 이제는 지구온난화로 강원도에서도 차나무 재배가 가능하게 되었다.

그림 8.17 베트남 달랏의 커피 농장 전경. 베트남은 커피 수출국으로 부상하고 있다.

## 5) 산채식물

산채는 산에서 나는 나물의 또 다른 이름으로, 야생식물 중에서 식물체의 전부 또는 일부를 생채로 먹거나 2차가공하여 먹을 수 있는 식물이다(그림 8.18). 맛과 향이 독특하여 소비자들의 입맛을 사로잡는 특성이 있으며, 대표적인 산채식물로는 더덕, 고사리, 도라지, 달래, 땅두릅, 음나무, 곰취, 산마늘, 모시대, 어수리, 병풍쌈, 당귀를 들 수 있다. 최근에는 웰빙열풍 속에서 산채에 대한 수요가 증가하여 산채류를 재배하는 농가가 늘어나고 있으며, 이를 이용하여 축제를 개최하는 등의 경제적인 활동이 증가하고 있다(그림 8.19).

그림 8.18 산채를 이용한 웰빙식품 개발이 활발하게 이루어져 로컬식품이 글로벌식품이 되기도 한다.

그림 8.19 지역특산물인 산채를 활용한 축제 개최로 지역 알리기, 농산물판매가 가능하다. 인제에서 개최된 산야초효소축제 광경

우리나라에 자생하는 산채류는 480여 종으로 알려져 있으며 산채는 다양하게 이용된다.

- 쌈과 나물 등 다양한 음식
- 특유의 건강 기능성을 이용한 약식 동원

• 산채를 사철 즐기기 위한 가공식품
• 식물의 아름다움을 즐기기 위한 관상용
• 산채를 홍보 마케팅하기 위한 산채축제
• 병해충잡초의 발생을 억제할 수 있는 환경보전
• 함유되어 있는 다양한 생리활성물질로부터 의약품 개발에 활용되고 있다.

### 6) 환경위해식물

환경위해식물은 자연환경과 농업환경에 악영향을 주는 것으로, 일반적으로 잡초로 알려져 있다. 환경위해식물은 일반 식물들과는 다르게 생태계에서 우점할 수 있는 특성이 있어서 일단 발생하게 되면 환경 중에서 생활범위를 확대한다.

• 발아특성이 그 어떠한 환경에서도 충족된다.
• 발아가 불규칙하며, 토양 내에서 오랜 기간 동안 살아남을 수 있다.
• 다양한 환경에서 많은 종자를 생산한다.
• 단거리, 장거리 확산에 적합한 생물학적 도구를 갖는다.
• 특별한 방법으로 타 식물과의 경쟁에서 우점한다.
• 영양생장이 왕성하게 이루어진다.

전 세계적으로 약 25~30만 종의 식물이 존재하는 것으로 알려져 있는데 우리 주변 환경에 크게 문제를 일으키는 환경위해식물은 전체 식물의 약 0.1%인 250여 종 정도이다. 그러나 환경위해식물이 자라게 되면 작물 수확량 감소(표 8.4), 윤작 방해, 작물 수확 방해, 수확비 및 운송비 증가, 가축생산 감소, 식물병 다발생뿐만 아니라 자연경관 악화가 예상된다.

표 8.4 환경위해식물에 의한 작물수확량 감소

| 작물 | 수확량 감소율(%) |
|---|---|
| 카사바 | 92 |
| 목화 | 90 |
| 땅콩 | 60~90 |
| 양파 | 99 |
| 벼 | 30~73 |
| 고구마 | 78 |
| 밀 | 66 |

환경위해식물은 원래의 서식지에서 자라는 자생잡초와 외부로부터 유입된 외래잡초로 구분되는데 그 폐해는 외래잡초로 인한 것이 더 크다. 우리나라에서 발생하는 외래잡초는 약 300여 종이 있는데 경제사회문제를 크게 야기하는 것으로는 애기수영, 가시박, 돼지풀과 단풍잎돼지풀을 들 수 있다.

단풍잎돼지풀은 경기도 북부지역, 강원도 북부의 철원, 화천, 춘천의 도로와 하천을 따라 급격하게 확산되고 있다. 단풍잎돼지풀은 북미에서 꽃가루병의 75%를 일으키는 주범으로 알려져 있어 인간 생활에 악영향을 끼치며, 또 키가 3m 이상으로 자라기 때문에 생태계 교란과 미관악화 등의 피해가 난다(그림 8.20).

애기수영(*Rumex acetosella* L.)은 전국의 목초지에서 발생하고 있으며, 강원도 대관령에 조성된 목초지에서만 연간 약 60억 원 정도의 경제적인 피해를 입히고 있는 것으로 알려져 있다(그림 8.21). 애기수영에는 옥살산(oxalic acid)이 다량 함유되어 있어 가축이 섭식 시 옥살산-칼슘 킬레이트를 형성하거나 혹은 칼슘부족을 유발한다. 애기수영은 종자와 지하경 번식을 하기 때문에 방제가 쉽지 않으며, 일단 발생하면 뿌리를 통하여 체내에 함유되어 있는 플라보노이드(flavonoids)와 같은 상호대립억제물질이 분비되어 주변 목초의 생장을 억제시킨다.

그림 8.20 도로변이 가시박과 단풍잎돼지풀로 뒤덮여 있어 생태계 교란이 심각하다.

그림 8.21 목초지가 애기수영 발생으로 붉은색을 띠고 있다.

가시박은 주로 물에 의해 종자가 이동되어 한강유역에 널리 발생되어 사회적으로 이슈화는 되었으나 이에 대한 방제대책은 거의 없는 실정이다.

우리나라에서는 국내 검역기관을 통해 외래식물의 국내 유입을 막는 노력을 하고 있지만 국내 검역기관에서 대상으로 삼고 있는 것은 현재 새삼류, 수레국화속, 캐나다엉겅퀴, 도꼬마리, 센처러스속 등 총 13종에 불과한 형편이다(표 8.5).

표 8.5 우리나라에서 검역대상으로 삼고 있는 식물

| 검역 대상 잡초 | 학명 | 과명 | 생태적 특징 |
|---|---|---|---|
| 새삼류 | *Cuscuta* spp. | 메꽃과 | 작물기생, 수량 감소, 종자류 품질저하, 가축섭식시 중독 증상, 방제곤란 |
| 수레국화속 | *Centaurea repens* | 국화과 | 작물의 수량감소, 가축섭식 기피 및 중독 증상, 방제곤란, 방제곤란 |
| 카나다엉겅퀴 | *Circium arvense* | 국화과 | 작물의 수량감소, 강한 가시부착으로 농작업 방해, 가축섭식 기피, 지하경 번식으로 방제곤란 |
| 바늘 도꼬마리 | *Xanthium spinosum* | 국화과 | 강한 가시부착, 농작업 방해, 가축섭식 기피 및 중독, 방제곤란 |
| 이삭가시풀 | *Cenchrus longispinus* | 화본과 | 가시의 부착으로 농작업 방해, 초지의 품질저하, 방제곤란, 인축에 피부염 및 구강염유발 |
| 지치류 | *Myosotis arvensis* | 지치과 | 병해충 기주, 목초생산량 감소, 방제곤란 |
| 지치류 | *Amsinckia intermedia* | 지치과 | 인축 독성, 방제곤란 |
| 모련채속 | *Picris echioides* | 국화과 | 가축섭식기피, 목초품질저하, 방제곤란 |
| 꼭두서니류 | *Sherardia arvensis* | 꼭두서니과 | 종자생산피해 및 품질저하, 방제곤란 |
| 쥐손이풀류 | *Geranium dissectum* | 쥐손이풀과 | 해충의 중간기주, 방제곤란 |
| 엉겅퀴 | *Cirsium vulgare* | 국화과 | 가축섭식기피, 방제곤란 |
| 독당근 | *Conium maculatum* | 미나리과 | 가축섭식기피, 인축독성, 피부염 |
| 장구채류 | *Silene noctiflora* | 석죽과 | 품질저하, 방제곤란 |

그러나 환경위해식물이라고 환경에 악영향만을 끼치는 것은 아니고 유용성도 있다.

- 지면을 덮어서 토양침식을 방지한다.
- 토양에 유기물을 제공해준다.
- 야생동물, 조류, 미생물의 먹이와 서식지를 제공한다.
- 같은 종속의 작물에 대한 유전자은행(germ plasm bank) 역할을 한다.
- 구황작물로서 이용된다.
- 공해를 제거한다.
- 의약품, 염료, 향료, 향신료 등의 개발에 이용된다.
- 자연경관을 아름답게 하는 조경식물로서 가치를 가진다.

## 나. 미생물 자원

### 1) 미생물이란?

- 0.1 mm 이하의 크기
- 단일세포나 균사로서 몸을 이루고 있음

• 농업, 식품, 의약, 제약, 축산업, 수산업, 환경분야에 사용됨

## 2) 미생물의 특성

• 단순한 구조 : 세포와 조직의 분화 미비, 단순한 형태(단세포), 집단, 균사체 등으로 존재
• 단순한 번식방법 : 분열, 출아, 포자, 균사에 의해 주로 번식, 일부 유성생식
• 환경에 대한 강한 저항력과 적응력 : 270℃, 100℃, endospore, 수백 기압 아래 미생물 생존
• 빠른 번식 속도 : 세대시간이 짧다. 대장균(20분), 효모(60－120분), 비브리오(수분)

## 3) 대표적인 농업 유용 토양미생물

표 8.6 토양미생물의 종류

| 속 | 학명 | 용도 |
|---|---|---|
| 바실러스 | *Bacillus subtillis*<br>*Bacillus stearothermophilus*<br>*Bacillus megaterium*<br>*Bacillus licheniformis*<br>*Bacillus amyloliquefaciens* | 토양개량, 병해충 방제, 유기물 분해 촉진 |
| 슈도모나스 | *Pseudomonas putida*<br>*Pseudomonas fluorescens*<br>*Pseudomonas cepacia* | 병해방제, 유기물 분해촉진, 생육촉진. 카테콜과 같은 씨더포어를 생성하여 진균류가 생성하는 하이드록사메이트와 같은 씨더포어보다 Fe에 대한 결합력이 강하며, 항생 물질을 분비함 |
| 유산균 | *Lactobacillus acidophilus*<br>*Lactobacillus bulgaricus*<br>*Lactobacillus plantanum*<br>*Lactobacillus casei* | 식물생육 촉진, 유기물 분해 촉진, 병해방제<br>주로 발효퇴비 접종균으로 사용되고 있음 |
| 광합성균 | *Rhodobacter capsulatus*<br>*Rhodobacter sphaeroides*<br>*Rhodobacter rubrum* | 식물생육 촉진, 유기물 분해 촉진, 병해방제, 질소 고정 |
| 방선균 | *Streptomyces grises*<br>*Streptomyces thermophilus*<br>*Streptomyces asoensis* | 병해방제, 유기물 분해 촉진 |
| 트리코도마 | *Trichoderma harzianum* | 퇴비 부숙 촉진, 뿌리성 병해 예방<br>균사 용해 효소를 분비하여 병원균의 세포벽 용해 |

## 8.5 바이오자원의 확보

세계 각국은 식물자원을 자국의 식량안보 차원에서 그리고 국가의 신성장동력을 위한 기본 소재로 인식하여 자원확보를 위한 노력을 경주하고 있다(그림 8.22, 8.23). 미국은 국립유전자원센터를 통해 전 세계에 있는 바이오자원의 확보를 추진하고 있으며, EU는 제7차 연구개발기본계획의 4대 중점분야 중 하나로 바이오자원의 인프라 확충 및 공동활용을 모색하고 있다.

글로벌 생명공학 기업들은 기후변화에 견딜 수 있는 내재해형 바이오자원 확보에 사활을 걸고 있는데, 특히 몬산토, 바스프, 신젠타 등은 가뭄, 침수, 고온, 고염도(high salt)에도 견디는 식물자원을 개발하고 있다.

그림 8.22 캐나다 사스카치완 소재 Plant Gene Resources of Canada에서는 자국의 식량증산에 필요한 식량종자를 보관하고 있다.

그림 8.23 미국 오리곤주 소재 USDA ARS에서는 전 세계의 사과 유전자원을 보존하고 있다.

## 단원 리뷰

1. 바이오자원을 정의하시오.
2. 산업적 인프라가 부족한 강원도에서 바이오자원의 문화적 가치를 발굴하는 것은 왜 중요한가?
3. 전분료식물 중 카사바의 용도를 설명하시오.
4. 산채식물의 다양한 용도를 설명하시오.
5. 지구온난화로 아열대에서만 재배되던 식물들이 강원도에서도 재배되고 있다. 대표적인 사례를 들고 설명하시오.
6. 대표적인 기호료식물인 커피는 맛뿐만 아니라 향이 가격을 결정한다. 커피에 함유되어 있는 향 화합물에는 어떤 것들이 있는가?
7. 강원도의 목초지에서 발생하여 문제를 일으키는 애기수영의 생태학적 특성을 설명하시오.
8. 환경위해식물 중 어떤 종은 유용성도 있다. 대표적인 유용성을 5가지를 간단히 설명하시오.
9. 우리나라에서 검역대상으로 삼고 있는 식물의 공통적인 생태학적 특성은 무엇인가?
10. 만일 우리나라의 검역기관에서 외국으로부터 수입되는 모든 식물류에 대해서 검역을 철저하게 하면 외래식물의 유입을 차단할 수 있다. 그러나 그렇게 되면 발생할 수 있는 경제사회적인 문제에 대해 설명하시오.

## 참고문헌

김성문, 이도진, 김진석, 허장현, 한대성, 잡초방제의 이론과 실제, 1999.
류수노, 이봉호, 강삼식, 자원식물학, 2002.
오찬진, 유한춘, 한상섭, 김성문, 영월의 식물, 2015.
차원용, 한국을 먹여 살릴 녹색융합비즈니스, 2009.
하영래, 김선원, 김정인, 노현수, 윤용진, 이병현, 이상경, 장기철, 장정순, 정대율, 최명석, 생물신소재공학의 이해, 2006.

CHAPTER 09

# 식량자원 생산과 안전성

주진호, 허장현

## 9.1 식량자원 생산기술

인류 역사에서 가장 중요한 사건 중의 하나는 과거에 식량을 단순 채취하던 단계를 넘어 직접 식량자원을 재배하고 생산하는 농업의 탄생일 것이다. 농업은 기원전 1만 년 전부터 7,000년 사이 세계 여러 곳에서 원시 농경과 목축 등의 형태로 시작된 것으로 보고 있다(그림 9.1). 시간이 지나면서 인구가 증가함에 따라 인류는 동식물을 적극 보호 육성하여 이들로부터 주요 식량자원을 확보하기 위한 노력을 하게 된다. 이후 우량 종자개발을 포함하여 토양, 식물 영양, 병해충 방제, 농기계 분야의 과학적 발전과 함께 화학비료와 화학합성농약의 개발은 농업활동에 통한 식량생산을 획기적으로 향상시키며 현대적 농업으로 발전하게 된다. 최근에

그림 9.1 과거 농업(출처 : 충북농업기술원)

그림 9.2 첨단 농업(출처 : 국립농업과학원)

는 식량자원생산 산업에 4차 산업혁명 기술(ICT, BT, 로봇기술, 빅데이터 등)을 도입하여 첨단화, 융합화, 수직화와 함께 에너지 저투입, 상시 출하, 고품질화, 노동력 경감 등의 스마트팜 형태의 미래농업을 도모하고 있다(그림 9.2).

## 가. 식량자원의 중요성

식량(food)이라 함은 원칙적으로 인간이 생존을 위하여 섭취하는 모든 음식물을 포함하는 광범위한 개념이다. 식량은 인간 생활의 3대 요소인 의(衣)·식(食)·주(住) 중 식(食)에 해당하며 인간의 생활에 있어서 가장 기초가 되는 생명유지의 필수 조건이다. 이런 의미에서 식량문제는 인간의 가장 원초적인 욕구와 관련된 문제이며, 생존의 문제와 직결되는 인류사의 쟁점이 되어 왔다. 인류는 가용한 자원을 활용하여 적정하고도 충분한 식량을 얻기 위한 많은 노력을 기울이고 있지만 역사적으로 볼 때 충분한 식량생산과 확보에 여러 가지 어려움이 있어 온 것이 사실이다. 미국의 '월드워치연구소'에서는 21세기 인류에 대한 진정한 위험은 핵전쟁이 아니라 식량 확보를 위한 국가 간의 분쟁이 될 것이라는 전망을 내놓고 있다. 세계 인구와 식량 사정에 대하여 장기예측을 한 자료를 참고하면 2018년 현재 세계 인구는 약 76억 명이지만 2050년에는 약 96억 명 수준으로 증가할 것이라고 예측하고 있는데(그림 9.3), 이에 비하여 주요 식량인 쌀, 밀, 옥수수 등 곡물생산량은 26억 톤(2017년 기준, FAO) 정도에서 머무르게 되고, 향후 생산량 증가는 산술적 수준일 것으로 보고되고 있다. 현재의 곡물 생산량으로는 1인당 소비량으로 볼 때 세계 인구 50~60억 명밖에 먹일 수 없는 양인데, 더 나아가 도시화·공업화 등에 의하여 작물 재배를 위한 경지면적까지 매년 감소하면서 안정적 식량생산 기반이 전 인류적으로 위협을 받을 것으로 우려된다.

그림 9.3 세계 인구 증가 추이(출처: UN)

현재 우리나라의 경우 식량 자급률은 평균 22~24% 정도이며, 그중 쌀의 자급률은 97.8%으로 문제가 되는 수준은 아니지만, 그 외 밀(0.8%)과 옥수수(3.8%), 콩(30.6%) 등 의 대부분 식량자원은 수입에 크게 의존하고 있다(한국농촌경제연구원, 2017). 앞으로 우리나라는 현재의 낮은 국내 식량 자급률을 높이기 위한 정부차원의 꾸준한 노력이 필요하다. 최근 세계적으로 지구온난화 등 이상기후에 의한 재배환경 변화, 난방제 병해충 출현과 같은 각종 재해는 과거에 비해 상당한 도전에 직면해 있으며, 비식량작물 재배, 즉 바이오에너지용 작물재배 등으로 인한 식량자원 재배면적 감소와 같은 식량생산 기반의 지속성이 심각하게 위협을 받고 있다.

세계적인 기업 구글(google)의 연구개발 최고책임자인 아스트로 텔러는 미래에 도전할 만한 분야로 농업과 에너지를 언급했는데, 특히 "농업은 세계 최대의 산업이면서 가장 효율성이 낮은 산업으로 앞으로의 도전과 성장 가능성이 무궁하다"라고 하였다. 현재의 식량생산기술에 머무르지 말고 상상력을 초월하는 뛰어난 첨단 융복합 기술을 개발하여 인류에게 보다 안정적 식량생산 방법을 제공할 수 있는 방안을 모색하기 위한 용기와 도전이 필요하다.

## 나. 식량자원 생산을 위한 화학자재

과거 농경사회부터 식량생산은 자연에 순응하여 자연과 조화를 이루며 발전해왔다. 집약적 노동력 투입과 함께 생활주변에서 손쉽게 구할 수 있는 천연재료들을 활용하며 자연순환적인 방법으로 식량생산을 추구해왔다. 그러나 인구가 증가하면서 생산성 위주의 영농방법과 대규모 경작지의 관리 등을 위하여 다양한 농자재(비료, 농약, 종자 등)의 사용과 기계화 등을 통한 고에너지 투입형태의 영농방식으로 발전해왔다. 비료(fertilizer)는 작물의 재배에 부족한 토양 양분을 공급해주고, 농약(pesticide)은 농작물을 병해충 및 잡초로부터 보호하여 농업생산물의 양적 증대와 함께 품질을 향상시켜주기 때문에 현대 농업에서 없어서는 안 될 중요한 농자재이다. 특히 최근 급격한 인구 증가에 따라 식량자원의 안정적인 확보 문제와 경제성장으로 인한 소비자의 소비 개념이 질적으로 우수한 농산물을 요구하고 있어서 투입 농자재의 중요성이 더욱 높아지고 있다. 과다한 화학합성농약 사용은 농약의 잔류독성으로 인하여 사용자인 농민의 건강문제, 식품 중 잔류농약, 환경오염 등 사회문제를 야기하고(그림 9.4), 화학비료 중 질소와 인산이 호수, 강 등으로 유입되었을 때 수계오염의 원인이 되기도 한다(그림 9.5). 또한 화학비료가 필요량 이상이 토양에 집적되었을 경우에는 토양 내에서 양분 간의 불균형이 발생한다. 이러한 농업환경을 보호하고 환경오염을 줄이기 위해서는 친환경농업을 비롯하여 GAP(Good Agricultural Practice) 농업을 통한 작물양분종합관리(Integrated Nutrition Management, INM), 병해충종합관리(Integrated Pest Management, IPM)와 같은 체계적인 시스템 관리가 필요하다.

그림 9.4 병해충방제를 위해 논에 농약을 살포하고 있는 모습(출처 : 경기도농업기술원)

그림 9.5 부영양화로 인한 수질오염(출처 : 환경운동연합)

### 1) 비료

식량자원 생산의 주 원천인 농업에 사용되는 비료(fertilizer)는 생명체의 배설물에 지나지 않았으나 17～18세기 과학기술 발전을 통하여 19세기 화학비료의 역사가 시작되었다. 우리나라 비료관리법에 의한 비료는 식물에 영양을 주거나 식물의 재배를 돕기 위하여 흙(토양)에서 화학적 변화를 가져오게 하는 물질과 식물에 영양을 주는 물질로 정의된다. 비료는 직접적으로 작물의 영양물질이 되지 않더라도 토양의 물리화학적 특성을 개선하고 유용한 미생물을 증진시켜 토양비옥도를 증가시키며, 토양 중에 불용성인 양분을 가용성인 형태로 바꾸어주고 작물이 병해충이나 기상재해에 저항성을 가질 수 있게 하여 식량자원의 생산에 커다란 기여를 해오고 있다.

비료의 종류로는 보통비료와 부산물비료로 구분한다. 보통비료에는 질소(N), 인산(P), 칼륨(K), 미량원소 등이 해당된다. 부산물 비료에는 유기질 비료와 부숙유기질비료(퇴비)가 있다. 유기질 비료는 어분, 골분, 계분, 식물성 유박을 사용하는 비료이고 부숙유기질 비료는 농림축업 등의 부산물로 제조하는 퇴비 등이다. 보통비료의 경우 총 9가지의 비료로 구분되며 종류로는 질소질비료, 인산질비료, 칼리질비료, 복합비료, 석회질비료, 규산질비료, 고토비료, 미량요소비료, 기타비료가 있다. 유기질비료 중 동물과 식물로 혼합된 비료는 혼합유기질비료이며, 식물로만 이루어진 비료의 경우 혼합유박이라 한다. 부산물 비료의 경우 부숙유기질비료, 유기질비료, 미생물비료, 기타비료가 있다. 현재 우리나라 비료공정규격에 따르면 보통비료 78종, 부산물비료 31종이 있다.

### 2) 농약(작물보호제)

농약(pesticide)은 농작물을 재배하기 위해 토양과 종자를 소독하고 재배기간 중 작물을 병해충으로부터 보호하며 수확물의 저장 시 병해충에 의한 손실을 방지하기 위해 사용되는 모든 자재를 포함한다. 우리나라 농약관리법에 의한 농약은 농작물을 해하는 균, 곤충, 응애, 선충, 바이러스, 잡초, 기타 농림부령이 정하는 동식물의 방제에 사용되는 살균제, 살충제, 제초제, 기타 농림부령이 정하는 약제와 농작물의 생리기능을 증진하거나 억제하는 데 사용되는 물질로 정의된다.

농약은 과학이 진보함에 따라 1세대 무기농약, 2세대 유기합성농약, 3세대 저독성농약 단계로 비약적인 발전을 해왔다. 최근에는 고선택성, 저독성, 저잔류성의 장점과 함께 미생물농약, 생화학농약 등 천연유래 성분에 대한 관심이 높아지면서 인축독성이 낮고 환경에 대한 영향이 적은 새로운 성분들이 개발되고 있다. 또한 제형(formulation)에 대한 연구도 활발히 진행되어 적은 약량으로 탁월한 효과와 긴 약효 지속성을 유지하는 환경 친화적인 제품들이 농업현장에서 유용하게 사용되고 있다. 농약의 종류는 유해생물 방제 목적에 따라 다양하게 분류하지만 여기서는 몇 가지 대표적인 군(群)만을 소개한다.

- 살충제 : 사람이나 가축, 농작물에 해가 되는 해충을 방제하기 위하여 사용하는 약제(예 : 디디티, 파라티온 등)
- 살균제 : 병원균에 의해 작물에 발생하는 각종 병을 예방하거나 치료하기 위한 목적으로 사용되는 약제(예 : 석회보르도액, 다코닐 등)
- 제초제 : 작물과 경쟁적 관계에 있으면서 작물의 생장에 필요한 양분을 수탈하거나 생육환경을 불리하게 만드는 잡초를 방제하기 위하여 사용되는 약제(예 : 2,4-디, 글루포시네이트 암모늄 등)
- 기타 농약류 : 응애류만 선택적으로 작용하는 살응애제, 작물에 기생하는 선충을 죽이는 살선충제, 설치류 방제에 사용하는 살서제, 식물의 생육을 조절하는 식물생장조절제, 유효성분의 효력을 증진시켜 주는 보조제 등

## 다. 비료와 농약사용 그리고 환경

비료(fertilizer)는 식량생산량의 획기적 증가를 통해 인류를 기아에서 해방시킨 원동력으로 간주되나 과도한 사용은 지표수 및 지하수의 부영양화, 토양산성화, 토양의 염류집적 등의 환경문제를 야기할 수 있다. 또한 농약(pesticide)은 재배작물을 각종 병해충의 피해로부터 보호

하면서 노동력 감소, 고품질 농산물 생산 등의 이점을 제공하지만 살포 후 토양에 낙하하거나 식물, 수계, 대기 등에 도달하여 다양한 경로로 비표적 생물과 환경에 피해를 주기도 한다(그림 9.6). 대부분의 농약은 환경에서 이동·분포하는 과정 중 대사 및 분해되어 소실되지만 일부 농약은 대사과정 중 활성화되어 독성이 강해지는 경우도 있다. 이처럼 농약은 생태계에 다양한 형태로 영향을 미칠 수 있으며, 특히 농식품 잔류독성과 비표적 생물에 대한 독성, 환경오염, 약제 저항성 해충의 출현 등의 다양한 문제를 야기할 수 있다.

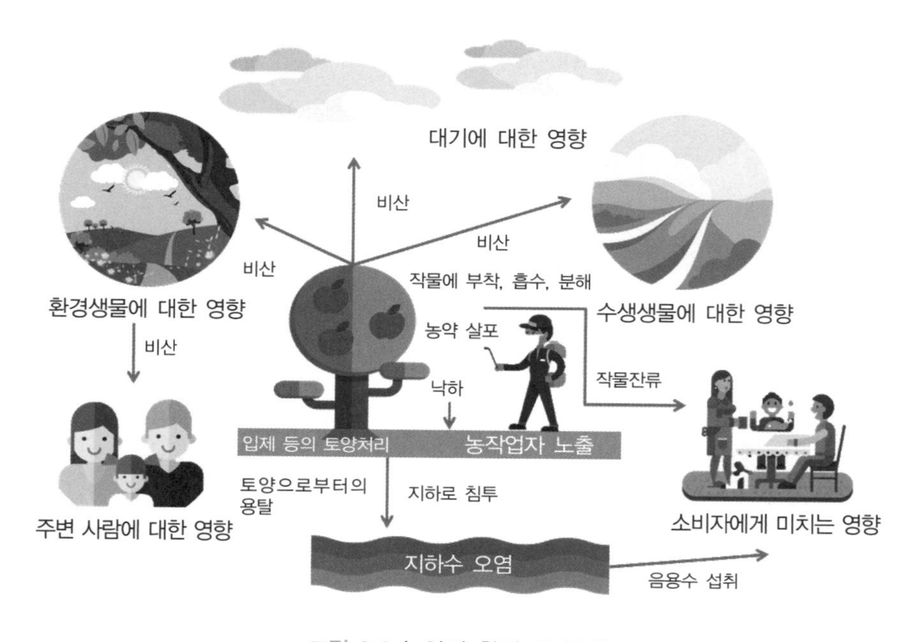

그림 9.6 농약의 환경 중 동태

## 9.2 농식품 안전관리

농식품 안전성(food safety) 문제는 생산(production) 의미의 농(農)과 소비(consumption) 의미의 식(食)의 입장 차이에 따라 발생하게 된다. 과거 농산물은 가족 단위 내에서 자급자족하는 형태를 취하여 식품의 부패, 식중독 등의 문제를 가정 내에서 책임지고 해결하였다. 그러나 잉여농산물의 발생함에 따라 농산물의 유통이 가능해졌고, 이에 따라 식품의 맛, 향, 보존기간을 늘리기 위해 식품에 각종 첨가물과 보존제가 사용되면서 생산자 농(農)과 소비자 식(食) 사이의 이해가 상충되었고, 특히 먹거리 안전성에 대한 소비자(consumer)의 우려와 불안이 증가하였다. 우리나라 국민의식조사 결과에 따르면 소비 주체인 도시민의 식품에 대한 불만족 요인 중 식품에 대한 안전성 항목이 64.4%로 단연 1위인 점을 보더라도 국민들의 식품 안전성에 대한 관심이 얼마나 큰지를 짐작할 수 있다(그림 9.7).

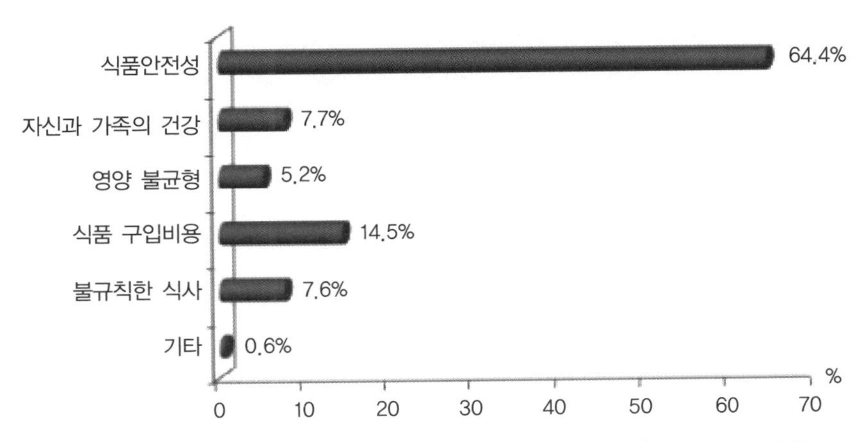


그림 9.7 도시민의 식생활 불만족 요인(출처 : 한국농촌경제연구원(2009), 「농업농촌에 대한 2009년 국민의 식조사 결과」)

우리나라 정부는 최근 농식품 안전성과 농업환경보전 문제가 사회적으로 중요한 이슈화가 되면서 작물 재배단계에서의 과학적 농약을 사용하도록 하기 위한 농약안전사용기준과 농산물과 식품별로 각 농약 성분의 잔류허용기준 설정, 다성분 잔류농약분석법 확립과 함께 생산단계 및 유통 중인 농식품에 대한 잔류농약분석 등을 통하여 농식품 안전관리를 위한 노력을 지속해오고 있다. 또한 지속 가능한 농업환경을 보전하기 위하여 1997년 친환경농업육성법이 제정되고 2001년 친환경농산물인증제를 전면적으로 시행하게 된다. 이후 가공·유통단계에서 안전성을 강화하기 위하여 농산물 이력추적제(traceability) 도입, 축산물 및 농산물, 식품가공공장의 HACCP(Hazard Analysis and Critical Control Point) 등이 확대 시행하게 된다. 또한 화학농약과 화학비료 등을 기준에 맞게 합리적으로 사용하도록 권장하는 우수관리농산물(Good Agricultural Practice, GAP) 인증을 제도화하여 농식품 안전관리에 대한 전반적인 체계 구축이 추진되고 있다.

## 9.3 우리나라의 친환경농업

20세기 후반 이후 녹색 혁명을 통해 식량생산기술의 발전을 하면서 농업생산량이 획기적으로 증가하게 된다. 그중 농약, 비료의 사용은 식량자원의 생산량을 증가시키는 데 큰 역할을 하였지만 반대급부로 생명산업의 기반인 농업환경을 악화시키는 문제점을 안게 된다. 최근 농업환경을 보전하고자하는 정부의 노력과 함께 농업인들의 점진적 의식전환, 건강한 식품을 섭취하고자 하는 소비자들의 상향된 기호변화에 따라 친환경농업에 대한 국민적 관심이 증가되고 있는 추세이다.

친환경농업(environmentally friendly agriculture)은 환경을 유지, 보전하기 위해 농약과 비료 등 화학자재를 사용하지 않거나 적정수준만 사용하는 실천농업을 의미한다. 우리나라에서 친환경농업을 통해 생산된 친환경농산물이 시중에 유통되기 위해서는 민간인증기관으로부터 친환경농산물기준에 적합하다는 인증을 받아야만 한다. 이러한 친환경농산물 인증은 민간전문인증기관이 엄격한 기준으로 심사를 통해 인증되고 있으며, 우리나라의 친환경농산물 인증은 유기농산물, 무농약농산물 두 가지 인증품으로 분류된다(표 9.1).

표 9.1 우리나라 친환경농산물 인증품 종류와 표시

| 종류 | 기준 | 인증표시 |
|---|---|---|
| 유기농산물 | 유기합성농약과 화학비료를 일체 사용하지 않고 재배한 농산물 | 유기농<br>(ORGANIC)<br>농림축산식품부 |
| 무농약농산물 | 유기합성농약은 일체 사용하지 않고<br>화학비료는 가급적 권장 소비량의 1/3<br>이내 사용하여 재배한 농산물 | 무농약<br>(NON PESTICIDE)<br>농림축산식품부 |

(출처 : 국립농산물품질관리원)

우리나라의 친환경농산물 인증은 정부의 육성정책에 힘입어 시행 초기 급속한 증가추세를 보이다가 2010년 친환경인증농산물의 주류를 차지하던 저농약농산물인증제도가 폐지되면서 2012년 이후 일시적 하락세를 보였다. 이후 2016년 '제4차 친환경농업 육성 5개년 계획'이 시작되면서 우리나라 친환경농산물인증은 다시 완만한 증가 추이를 보이고 있다(그림 9.8).

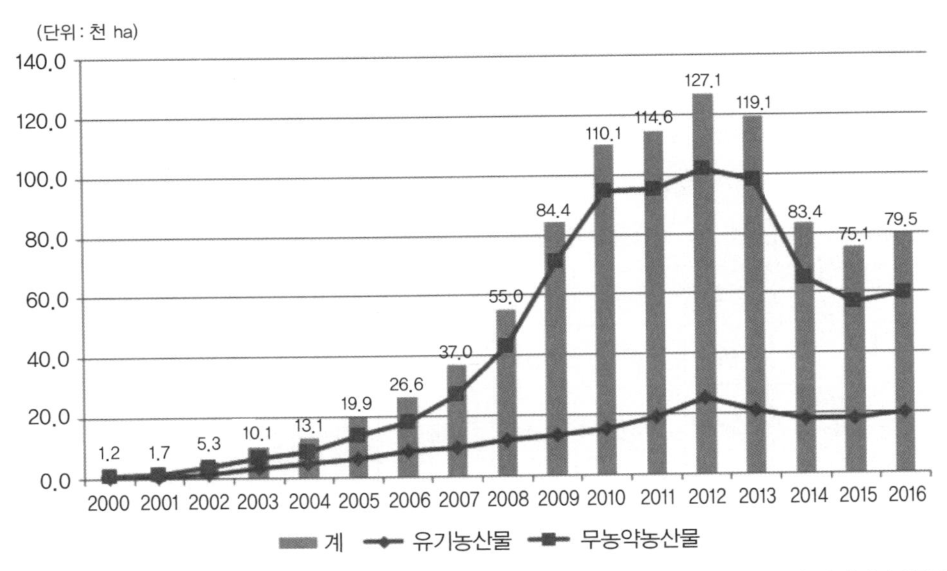


(출처 : 국립농산물품질관리원 친환경인증통계정보)

그림 9.8 친환경농산물 인증면적 변화 추이

한편 친환경농산물의 시장규모는 초기 성장세를 지속하다가 2009년 이후와 2013년 친환경농산물인증제의 강화 시점에 일시적으로 감소하였지만 2016년에 들어서면서 전년도 대비 21.0% 증가한 약 1.5조 원 수준으로 성장하고 있다. 향후 친환경농산물 시장의 규모는 꾸준히 성장하여 2025년 시장규모는 약 2.5조 원에 이를 것으로 전망되고 있다.

### 유기농업자재

친환경농업 또는 유기농업의 생산과정에서 토양개량 및 작물생육과 병해충 관리를 위하여 사용이 허용되는 물질(organic material)은 법으로 정해져 있다. 이들은 토양개량 및 작물생육에 사용 가능한 물질과 병해충 관리에 사용 가능한 물질로 구분된다. 현재 우리나라의 허용물질은 총 88종이며, 토양개량/작물생육으로 40종, 병해충 관리용으로 48종이다. 허용물질의 선정기준으로는 천연에서 유래한 것 또는 생물학적 방법으로 얻어진 것이거나 재생가능한 자원이여야 한다. 또한 환경에 대하여 악영향을 미치지 않으며, 사람의 건강과 식품안전을 증진해야 하면서 소비자들의 의견 반영과 함께 특별한 저항 및 반대가 없어야 한다. 마지막으로 유전자변형(GMO, Genetically Modified Organism) 기술을 적용한 식품첨가물 또는 가공보조제가 아니어야 하며, 방사선조사 처리를 하지 않은 물질 등이다.

주요 외국의 유기농업자재 관리제도의 경우 FAO/WHO에서 1962년 설립된 Codex와 1972년 설립된 IFOAM에서 정한 원칙과 허용물질 목록들을 중심으로 국가 별로 특성에 맞게 사용 가능한 유기농업자재 목록을 제정하여 사용하고 있다. 국가별 허용물질 현황은 다음과 같다.

국가(기관)별 유기농업자재 허용물질 현황(2013년 기준)

| 구분 | 한국 | Codex | IFAOM | 미국 (OMRI) | 캐나다 | EU | 영국 | 호주 | 일본 |
|---|---|---|---|---|---|---|---|---|---|
| 토양개량/작물 생육 | 40 | 41 | 33 | 179 | 104 | 34 | 34 | 33 | 40 |
| 병해충 관리 | 48 | 42 | 45 | 112 | 76 | 27 | 25 | 47 | 30 |
| 합계 | 88 | 83 | 78 | 281 | 180 | 61 | 59 | 80 | 70 |

최근 국제적으로 유기농산물과 유기가공식품 등에 대한 국가 간 무역 활성화를 위한 동등성(harmonization) 협의가 진행되고 있는데, 이 중 국가별로 상이한 유기농업자재 허용물질 선정 기준과 허용물질목록에 대하여도 상호 동일한 기준으로 인정하기 위한 국가 간 다양한 협의가 시도되고 있다.

## 단원 리뷰

1. 현대농업에서의 식량자원 생산을 위하여 기여하고 있는 과학적 발명품들을 아는 대로 나열해보시오.
2. 금세기 들어서면서 지구상 안정적인 식량자원 생산 활동을 위협하는 요인들이 무엇이 있을지 설명하시오.
3. "농업은 세계 최대의 산업이면서 가장 효율성이 낮은 산업으로 앞으로의 도전과 성장 가능성이 무궁하다"라고 하였는데 4차 산업혁명 시대를 맞이하면서 미래 농생명 과학자인 자신은 획기적인 식량자원 생산을 위하여 어떤 도전을 하겠는가?
4. 현대농업에서 안정적 식량자원 생산을 위하여 사용되고 있는 주요 농자재를 아는 대로 나열하시오.
5. 농약과 비료의 정의와 필요성 그리고 종류를 설명하시오.
6. 식량생산을 위하여 사용되는 화학농약과 화학비료의 오남용으로부터 주변 환경에 미치는 피해를 설명하시오.
7. 설문조사 결과 일반 소비자들이 식품 안전성(food safety)에 대하여 가장 큰 관심을 가지고 있는 것으로 나타났다. 국민들의 식품에 대한 불안감과 불신을 해결할 수 있는 방안에 대하여 자신의 생각을 기술하시오.
8. 친환경농업에 대하여 정의하고, 현재 우리나라 친환경농산물인증품의 종류와 인증기준에 대하여 설명하시오.
9. 친환경농산물과 우수관리농산물(GAP)의 특징을 정의하고, 해당 인증농산물들의 차이점을 설명하시오.
10. 친환경농업과 유기농업에 사용할 수 있는 유기농업자재 허용물질의 선정기준을 설명하고, 사용목적별로 자재 군(群)을 구분하시오.

## 참고문헌

김병석, 김원일, 김찬섭, 류경열, 윤존철, 안전한 밥상 바로보기, 농촌진흥청, 2012, pp. 3-20.

김장억, 김정한, 이영득, 임치환, 정영호, 허장현, 최신 농약학, 시그마프레스(주), 2004, pp. 1-82, 318-361.

성재훈, 이혜진, 정학균, 국내외 친환경농산물 시장 현황과 과제, 한국농촌경제연구원, 2017, pp. 3-24.

양재의, 정종배, 김장억, 이규승, 농업환경학, 도서출판 씨아이알, 2008, pp. 220-271.

유호근, 비전통안보 이슈로서 식량안보 : 한국적 함의, OUGHTOPIA(The Journal of Social Paradigm Studies, 2014, pp. 29(2) 127-152.
이계임, 최지현, 한재환, 농식품안전관리 시스템 평가 및 개선방안 연구, 한국농촌경제연구원, 2010, pp. 1-257.
정영상, 하상건, 토양학, 강원대학교 출판부, 2014, pp. 150-205.

CHAPTER
10
# 고부가가치 생명산업

박세진

## 10.1 서 론

전 세계적으로 웰빙시대를 추구하는 트렌드에 맞추어 천연물에 대한 인식이 새로워지면서 의약품, 식품, 화장품 개발을 선도할 새로운 패러다임으로 천연물 소재에 대한 관심이 증가하고 있다. 소비자들은 건강과 안전을 추구함으로써 합성 화학물질 기반의 의약품, 기능성식품, 화장품을 기피하는 추세이며, 글로벌 기업은 합성의약품의 대안으로 천연물 유래 신소재 개발에 박차를 가하고 있다. 천연물은 육상 및 해양에 생존하는 동식물 등의 생물과 생물의 세포 또는 조직배양산물 등 생물을 기원으로 하는 산물을 의미한다. 200여 년 전 프리드리히가 처음 의약활성물질을 식물에서 분리한 이후 이차 대사물을 포함한 천연물은 전통적으로 신약개발의 자원이며, 생체 기작규명을 위해서도 천연물은 경쟁력이 높은 연구 대상이다.

천연물이란 넓은 의미에서는 자연계에서 얻어지는 식물·동물·광물·미생물과 이들의 대사산물을 총칭한다. 지구상에는 헤아릴 수 없는 생물종이 존재한다. 지구상에는 현재 1,000~1,200만 종에 달하는 생물종이 있다고 추정되나 현재 그중 17%만이 알려져 있다. 이 중 천연물 소재 개발에 사용된 생물종은 미생물, 식물, 동물, 해양생물, 곤충 등으로 실로 방대하다. 생물자원(미생물, 식품, 해양식물 등)은 그 효용가치가 클 뿐만 아니라, 다양한 생리활성물질을 가지고 있다는 사실이 밝혀지면서 다양하게 이용되고 있다. 특히, 식물소재 유래 천연물 성분 등은 수천 년에 걸쳐 식용 또는 약용으로 섭취되어 온 자원으로서 전통의학 등을 통하여 약리 효능이 검증되었으며, 부작용이 거의 없다고 알려져 있다. 이와 같이 다양한 천연물을 이용하여 고부가가치 생물소재로서 개발을 진행하고 있다(그림 10.1).

식물은 살아있는 천연화합물 생산공장

필수 대사산물: 식물세포의 기본 생장에 필요

- 아미노산
- 단백질
- 탄수화물
- DNA(RNA)

2차 대사산물: 천연 신약 후보물질

- Alkaloid계
- Terpenoid계
- Phenyl propanoid계
- Polyketide계
- Flavonoid계
- Saccharide계

그림 10.1 식물 유래 천연물 성분의 주요 특성

## 10.2 천연물 농생명 기능성 소재

농생명 소재는 동물, 식물, 미생물, 곤충자원 등으로부터 얻어지는 천연 또는 바이오 소재를 의미한다. 농생명 자원이 내포하고 있는 기능성은 건강기능성(항암성, 항노화성, 항당뇨성), 농작물 관련 기능성(생육촉진성, 제초성 등), 친환경성 등으로 용도에 따라 분류할 수 있다. 따라서 농생명 기능성 소재는 농생명 자원의 특수한 기능성을 토대로 생물학적으로 활용 가능한 천연 또는 바이오 물질로 식품, 의약, 농업 등 다양한 분야에서 고부가가치를 창출할 수 있는 소재로 정의할 수 있다(표 10.1).

표 10.1 농생명 기능성 10대 소재의 정의

| 농생명소재 | 정의 |
|---|---|
| 천연방부제 | 식품, 화장품 등의 장기보존 및 유통기한 연장을 위해 사용되는 첨가물로서 미생물에 의한 부패 방지에 사용되는 생물유래 소재 |
| 천연 항생제대체재 | 천연 항생제대체재(Antibiotics Alternatives)로서 가축의 건강을 향상시켜 질병발생 등에 대한 예방적 효과가 있는 소재 |
| 천연 5미(味) | 단맛, 쓴맛, 짠맛, 신맛, 매운맛 등을 낼 수 있는 천연 유래 감미 및 조미 소재 |
| 기능성 아미노산 | 미생물 발효공정을 통해 나온 고부가가치 소재로서 항균성, 영양성, 건강기능성 등을 강화시킨 단백질 소재 |

(출처 : 농림식품기술기획평가원, 2011)

표 10.1 농생명 기능성 10대 소재의 정의(계속)

| 농생명소재 | 정의 |
| --- | --- |
| 기능성 효소 | 고온, 고압 등 특수한 상황에서 산화환원, 가수분해, 이성 및 합성 반응을 촉진하는 산업용 효소 |
| 천연 장기능 개선제 | 장내 미생물 균종 개선을 통해 사람, 동물에 유익한 균주(프로바이오틱스)와 이를 증식시키는 인자(프리바이오틱스) |
| 바이오 향료 | 동·식물성 천연 향료성분과 생물전환기술공정에 의해 생산되는 바이오 향료 성분을 포함하는 소재 |
| 바이오 색소 염료 도료 | 바이오 색소·염료(식품 및 화장품 등 다양한 분야에서 염색이 가능한 천연 또는 생물공정 전환기술을 통해 만들어진 소재), 바이오 도료(인체에 무해한 촉매와 산화제를 첨가해 만든 소재) |
| 바이오 플라스틱 | 식물 유래 자원을 원료로 하여 고분자로 합성된 생분해성 플라스틱소재 |
| 바이오 섬유 | 옥수수, 우유 등 바이오매스 유래 섬유소재 및 생리활성 기능을 지닌 섬유 |
| 응용산업 분야 | 감미료/식품첨가제, 계면활성제, 기능성 효소, 기능성 의약소재, 기능성 아미노산, 기능성 화장품소재, 바이오섬유, 천연방부재 등 다양한 분야에 적용 가능 |

(출처 : 농림식품기술기획평가원, 2011)

한편, 농생명 기능성 소재산업은 농생명 자원 유래 천연 및 바이오 원료를 활용하여 특수한 기능성을 가진 새로운 고부가가치 제품을 생산·판매하는 산업으로 정의할 수 있으며, 범위는 농생명자원 생산, 유용물질 발굴, 소재 개발 및 평가를 통한 상용화, 완제품의 생산 및 판매까지 산업 Value-Chain상 전 단계를 포함한다.

Value-Chain은 그림 10.2와 같이 원료 발굴 → 개발 및 제품화(물질 개발, 평가, 상용화) → 설비 생산 → 마케팅/판매 등으로 구분한다. 또한, Value-Chain의 단계에 따라 원료에서 제품까지 부가가치 증가하는 것으로 알려져 있다.

- 원료발굴 : 농생명 자원의 생산 및 기능성 소재의 원료 발굴
- 개발 및 제품화 : 농생명 원료를 이용한 기능성 소재 개발과 개발된 소재의 안정성 및 유효성 평가를 통해 표준화 및 상용화
- 설비 생산 : 표준화 및 상용화된 농생명 기능성 소재의 판매를 위해 대량 생산용 공정 및 설비를 통한 생산 단계
- 마케팅/판매 : 최종 생산된 농생명 기능성 소재의 마케팅(홍보)을 통한 시장 판매

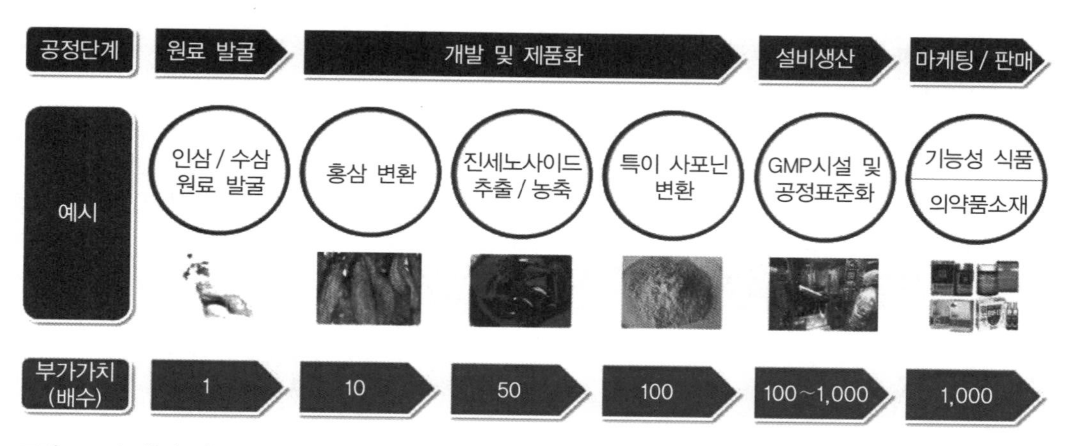


그림 10.2 농생명 기능성 소재산업 Value-Chain 및 부가가치 창출(출처 : 농생명기능성 소재 산업 육성방안 마련 연구, 농림축산식품부, 2016)

## 10.3 농생명 기능성 소재산업

농생명 자원 유래 유용물질 발굴·개발 및 상품화를 통해 개발된 제품은 전 산업군에 적용 가능하여 적용 분야가 매우 광범위하다. 따라서 농생명 기능성 소재 활용성이 높은 천연물 의약품, 건강 기능성 식품, 바이오 기능성 화장품, 바이오 농약 및 비료 등으로 산업 범위 설정 가능하다(표 10.2).

표 10.2 1차 농생명 기능성 소재 적용분야 및 개념

| 적용분야 | 개념 및 특징 | 주요 제품군 |
|---|---|---|
| 천연물 의약품 | 천연물 성분을 이용하여 연구개발한 의약품으로서의 조성을 지칭하며, 성분·효능 등이 새로운 의약품을 의미함 | - 대사질환치료제<br>- 항염증치료제<br>- 항암치료제<br>- 면역기능치료제호제 |
| 건강 기능성 식품 | 생물, 식물에서 추출한 소재나 신체에 존재하는 효소 등으로 신체의 향상성을 유지시키며 대사를 촉진시키기 위하여 제조가공하기 위한 소재 | - 생체조적 기능성 식품<br>- 질병예방 기능성 식품<br>- 질병회복 기능성 식품<br>- 노화억제 기능성 식품 |

(출처 : 농생명기능성 소재 산업 육성방안 마련 연구, 농림축산식품부, 2016)

표 10.2 1차 농생명 기능성 소재 적용분야 및 개념(계속)

| 적용분야 | 개념 및 특징 | 주요 제품군 |
|---|---|---|
| 바이오 기능성 화장품 | 인공적으로 합성한 이전 화장품과는 달리 생물이 자연적으로 만들어내는 성분을 활용한 제품을 의미 | –항산화 기능성 화장품<br>–히알루론산<br>–줄기세포 배양물 화장품<br>–콜라겐/젤라틴 화장품<br>–보톨리늄 톡신 화장품<br>–항노화 기능성 화장품<br>–미백 기능성 화장품 |
| 천연 비료 농약 | 자연계에 존재하는 물질과 생물체 및 그로부터 유래한 소재를 이용하여 농작물 생산 및 보존에 피해를 미치는 병원균, 해충 및 잡초 등을 방제하는 작물 보호제 | –미생물 농약<br>–천연물질<br>–천적곤충<br>–페로몬<br>–유전자 |
| 천연 바이오 사료 | 미생물 첨가제, 유기물 첨가제 등의 친환경 동물용 사료 소재 | |
| 바이오 플라스틱 | 농생명 자원을 원료로 하여 고분자로 합성된 생분해성 플라스틱 소재 | |
| 기타 농생명 산업 | 농생명 자원을 활용한 색소, 염료, 향료, 발효제품 등 기타 농생명 산업 | |

(출처 : 농생명기능성 소재 산업 육성방안 마련 연구, 농림축산식품부, 2016)

세계 농생명 기능성 소재산업의 시장규모는 2015년 1,944.7억 달러에서 2022년 3,497.2억 달러 규모의 시장을 형성할 것으로 전망하고 있으며, 연평균 성장률은 약 8.7%로 예상된다(표 10.3). 특히, 농생명 기능성 소재산업 중 바이오 플라스틱(섬유)분야는 2015년 68.9억 달러에서 2022년 332.0억 달러로 타 분야에 비해 가장 높은 25.2%의 성장률이 예상된다. 또한, 2015년 세계 농생명 기능성 소재산업에서 기능성 식품이 60.6%로 가장 높은 시장 점유율을 차지하고 있으며, 그 뒤로 천연 바이오 화장품(20.8%), 기타 농생명 기능성 소재산업(12.0%)이 차지하고 있다.

국내에서도 생명공학기술에 기반이 되는 농생명 자원인 미생물, 식물, 곤충, 동물 자원을 활용하여 최근 고부가가치를 창출하는 산업으로 전망된다. 국내 농생명 기능성 소재 7대 분야와 관련된 시장 규모는 2014년 이후 지속적으로 상승할 것으로 전망되며, 국내 농생명 기능성 소재 관련 시장은 2014년 7조 9,100억 원에서 2022년 16조 5,100억 원으로 연평균 9.6% 성장 전망이다. 특히, 가속화되는 인구 고령화와 OECD 국가 중 심각한 건강 지수 등 건강에 대한 경각심 확대 현상이 강해지면서 기능성 식품과 의약품 분야 등의 국내 시장이 확대 될 것으로 전망된다.

표 10.3 농생명 기능성 소재산업 해외시장 점유율 및 전망

| 산업분류 | 시장규모(억 달러) | | *CAGR(2015~2022) | 시장점유율(2015) |
|---|---|---|---|---|
| | 2015 | 2022 | | |
| 기능성 식품 | 1,178.6 | 1,930.8 | 7.3% | 60.6% |
| 천연 바이오 의약품 | 31.0 | 62.9 | 10.6% | 1.6% |
| 천연 바이오 화장품 | 403.6 | 763.8 | 9.5% | 20.8% |
| 천연 바이오 비료 농약 | 18.97 | 37.7 | 10.3% | 1.0% |
| 바이오플라스틱(섬유) | 68.9 | 332.0 | 25.2% | 3.5% |
| 바이오사료 | 9.6 | 15.1 | 6.7% | 0.5% |
| 기타 농생명소재산업 | 234.0 | 355.0 | 6.1% | 12.0% |
| 합계 | 1,944.67 | 3,497.23 | 8.7% | |

(출처 : Datamonitor, 2016)
*CAGR(Compound Annual Growth Rate), 연평균성장률

농생명 기능성 소재산업 분야 별 국내 시장 규모는 2015년 기준 천연 바이오 화장품 분야가 37.5%로 가장 높은 시장 점유율을 차지하고 있다(표 10.4). 2015년 국내 농생명 기능성 소재산업에서 천연 바이오 화장품이 37.5%로 가장 높은 시장 점유율을 차지하고 있으며, 바이오 사료(23.9%), 기능성 식품(18.8%)이 높은 시장 점유율을 차지하고 있다. 국내 농생명 기능성 소재산업 분야별 시장 점유율은 세계 시장과 달리, 천연 바이오 화장품 분야가 가장 많은 비중을 차지하고 있다.

표 10.4 농생명 기능성 소재산업 국내시장 점유율 및 전망

| 산업분류 | 시장규모(조 원) | | *CAGR(2014~2022) | 시장점유율(2015) |
|---|---|---|---|---|
| | 2014 | 2022 | | |
| 기능성 식품 | 1.49 | 3.30 | 10.5% | 18.8% |
| 천연 바이오 의약품 | 0.71 | 3.05 | 20.0% | 9.0% |
| 천연 바이오 화장품 | 2.97 | 11.39 | 18.3% | 37.5% |
| 천연 바이오 비료 농약 | 0.13 | 0.20 | 5.7% | 1.6% |
| 바이오플라스틱(섬유) | 0.06 | 0.10 | 6.6% | 0.8% |
| 바이오사료 | 1.89 | 3.55 | 8.2% | 23.9% |
| 기타 농생명소재산업 | 0.66 | 1.31 | 8.9% | 8.4% |
| 합계 | 7.91 | 22.91 | 14.2% | |

(출처 : 식약처 통계연보, 2014년 기준 국내 바이오산업 실태조사, 바이오산업협회)
*CAGR(Compound Annual Growth Rate), 연평균성장률

## 가. 기능성 식품

기능성 식품은 생물, 식물에서 추출한 소재나 신체에 존재하는 효소 등으로 신체의 항상성을 유지시키며, 대사를 촉진시키기 위하여 제조·가공한 소재로 정의된다. 질병의 치료 보조제 및 삶의 질 향상을 위한 제품으로 고시된 원료 및 개별인정 원료로 제조한 건강기능성식품, 기능유지향상 식품, 식이보조식품, 특수의료 용도식품을 포함한다(표 10.5).

표 10.5 건강기능식품과 유사 품목 비교

| 구분 | 식품 | | 의약품 | |
|---|---|---|---|---|
| | 식품(건강식품, 건강보조식품, 식이보충제) | 건강기능식품 | 의약외품 | 일반의약품 |
| 정의 | • 전통적으로 건강에 좋다고 여겨져 널리 섭취되어온 식품<br>• 식약처로부터 안전성과 기능성을 인정받지 않은 제품 | • 인체에 유용한 기능성을 가진 원료 또는 성분을 사용하여 제조한 식품 | • 의약품의 용도로 사용되는 물품을 제외한 것으로 인체에 대한 작용이 경미하거나 직접 작용하지 않는 것 | • 사람이나 동물의 질병치료, 예방 목적으로 사용하는 물품<br>• 사람이나 동물의 구조와 기능에 약리학적 영향을 줄 목적으로 사용하는 물품 |
| 관련법 | 식품위생법, 축산물위생관리법 | 건강기능식품법 | 약사법 | 약사법 |
| 대표제품 | 녹용, 동충하초 | 홍삼정 | 박카스D, 레모나S산 | 가스활명수-큐 |

국내 기능성 식품 생산액은 약 16억 달러(2015년)로 약 15억 달러(2014년)에 비해 11.8% 증가하였다. 최근 5년간 건강기능식품 생산액의 평균 성장률은 7.4%로 국내제조업 국내총생산(GDP) 성장률 2.3%보다 3.2배 높은 수준임이다. 이는 건강관리에 대한 관심 증가로 면역기능 개선 제품이나 비타민 등과 같은 영양 보충용 제품에 대한 수요가 증가한 것이 생산 증가의 주요 요인으로 분석된다. 향후 건강에 대한 경각심 확대가 빠르게 나타나고 있어 건강 유지를 위하여 건강기능식품 소비 비율은 점진적으로 증가할 것으로 전망된다.

'건강기능식품에 관한 법률'에 따르면 '건강기능식품'이란 인체에 유용한 기능성을 가진 원료나 성분을 사용하여 제조(가공 포함)한 식품을 말한다. 특히 '기능성'을 인체의 구조 및 기능에 대하여 영양소를 조절하거나 생리학적 작용 등과 같은 보건용도에 유용한 효과를 얻는 것이라고 정의하고 있다. 이렇게 건강기능식품의 제조에 사용되는 기능성을 가진 물질을 '기능성 원료'라고 한다.

원료의 기능성은 기능성 원료 평가에 따라 영양소 기능, 질병발생 위험 감소 기능, 생리활성 기능의 총 3가지로 구분하고 있으며, 현재 32종의 기능성이 인정되었다. 영양소 기능은 인체의 성장·증진 및 정상적인 기능에 대한 영양소의 생리학적 작용에 대한 것으로 비타민/무기질, 단백질, 식이섬유 등이 있다. 질병발생 위험 감소 기능은 식품의 섭취가 질병의 발생 또는 건강상태의 위험을 감소시키는 기능을 말한다. 생리활성 기능은 인체의 정상기능이나 생물학적 활동에 특별한 효과가 있어 건강상의 기여나 기능 향상 또는 건강유지·개선 기능을 말한다. 유지·개선을 나타낸 경우 생리활성 기능이 인정된다. 건강기능식품은 기능성 원료를 사용하여 제조가공한 제품으로, 기능성 원료는 고시형원료와 개별인정형 원료로 나뉜다. 건강기능식품 공전에 등재되어 있는 기능성 원료를 고시형 원료라 하며, 영양소(비타민 및 무기질, 식이섬유 등) 등 95종의 원료가 등재되어 있다. 개별인정형 원료는 건강기능식품 공전에 등재되지 않은 원료로, 식품의약품안전처장이 별도로 인정한 원료 또는 성분을 말하며 총 263종이 인정 받았다.

건강기능식품의 경우 관련 표시에 대해 매우 엄격한 규정을 적용하고 있으며 이는 소비자가 건강기능식품을 구매하거나 이용할 때보다 쉽게 인정여부, 안전성 등을 확인 할 수 있도록 건강기능식품 표시, 표시·광고 사전 심의필, 우수건강기능식품 제조기준(GMP) 인증 등을 표시하도록 하고 있기 때문이다.

## 나. 천연물의약품

2015년 기생충 감염 천연물 유래 말라리아 치료제 관련 연구자 3명이 노벨생리의학상을 공동 수상하여 천연물의약품에 대한 관심이 집중되었다. 특히, 중국 최초 여성 노벨상 수상자이자 중국전통의학연구원인 투 유유(Youyou Tu) 교수는 중국 전통 약초 서적을 연구하여 개똥쑥(Artemisia)으로 불리는 풀에서 공통적으로 감염병을 치료하는 것을 확인하였다(그림 10.3). 이에 그는 말라리아 감염 동물을 대상으로 전통 중의학의 여러 약초를 시험한 결과, 개똥쑥에서 추출한 활성 성분인 아르테미시닌(artemisinin)이 말라리아 치료에 효과적임을 발견하였다. 이에 대한 상용화를 통하여 말라리아 발병 초기단계 기생충의 빠른 박멸과 합리적인 생산가격으로 개발도상국의 말라리아 피해 감소에 크게 기여했다는 평가를 받았다. 현재 미국과 영국에서 성분을 10배 이상 압축하는 연구를 진행 중이며, 세계보건기구(WHO)는 3~5년 내에 이를 활용한 말라리아 치료제 개발 전망하고 있다.

천연물의약품이란 천연물 성분을 이용하여 연구개발한 의약품으로서의 조성을 지칭하며, 성분·효능 등이 새로운 의약품이다. 천연물은 넓은 의미에서 자연계에서 얻어지는 식물·동물·광물·미생물과 이들의 대사산물을 총칭한다. 한편, 생약이란 자연으로부터 얻어지는 식물·동물·광물·미생물과 이들의 대사산물을 의약품으로 사용하기 위하여 간단한 가공을 통해

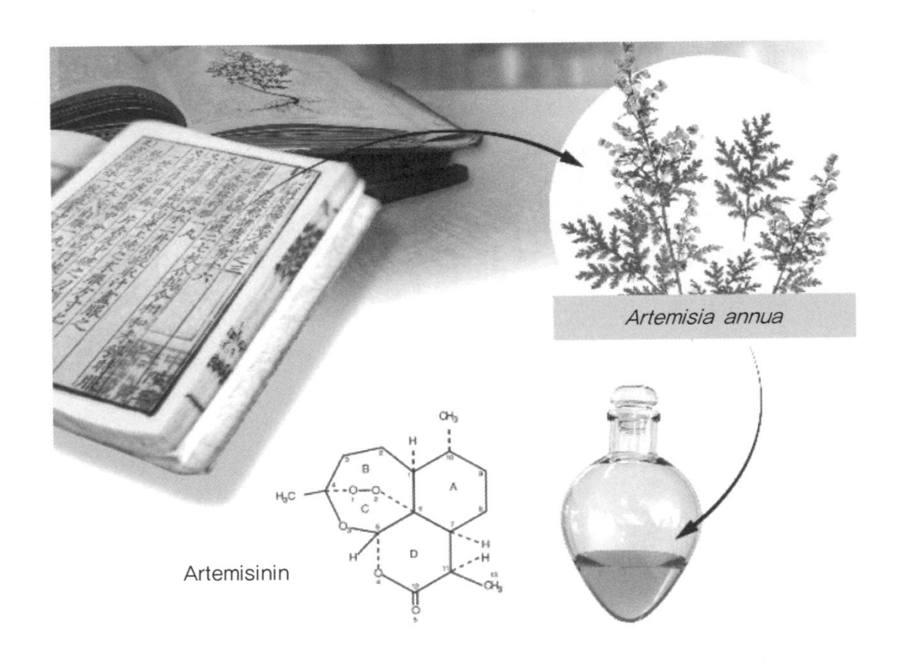


그림 10.3 중국 투 유유 교수의 개똥쑥으로부터 말라리아 치료제 발견(출처 : 노벨위원회 설명자료)

본질을 변화시키지 않은 상태의 천연물 또는 약효성분을 추출하여 사용하거나 정제를 만들어 사용하는 것들을 통칭한다. 천연물을 임상에 사용한 경험이 역사적으로 풍부한 국가인 우리나라와 중국·일본 등에서 질병치료에 사용되는 천연물을 통상 생약이라 명명한다(표 10.6).

표 10.6 천연물의약품 제품 출시 현황

| 제품명 | 기업명 | 적응증, 효능 | 주요 성분 | 허가일 | 2017년 원외처방실적 |
|---|---|---|---|---|---|
| 아피톡신 | 구주제약 | 골관절염 | 봉독 | 1999. 11. | 0 |
| 조인스 | SK케미칼 | 골관절염 | 위령선, 괄루근, 하고초 | 2001. 7. | 290억 |
| 스티렌 | 동아에스티 | 위염 | 애엽 | 2005. 4. | 131억 |
| 신바로 | 녹십자 | 골관절염 | 자오가, 우슬, 방풍 | 2011. 1. | 105억 |
| 시네츄라 | 안국약품 | 기관지염 | 황련, 아이비엽 | 2011. 3. | 305억 |
| 모티리톤 | 동아에스티 | 기능성 소화불량 | 현호색, 견우자 | 2011. 5. | 205억 |
| 레일라 | 피엠지제약 | 골관절염 | 당귀, 목과, 방풍 | 2012. 3. | 232억 |
| 유토마 | 영진약품 | 돼지폐추출물 | 아토피피부염 | 2012. 11. | 0 |

천연물을 이용한 의약품은 이를 사용하는 국가들의 역사적·문화적 차이에 따라서 생약(crude drug) 또는 생약제제(herbal medicinal preparation), 천연물의약품(botanical drug) 또는 식물

제제(herbal medicinal product : HMP) 등으로 불리고 있다.

2012년 기준 35개 주요 제약기업의 238개 파이프라인 중 55개가 천연물신약(23.1%) 개발을 목표로 활발한 연구개발이 이루어지고 있으며, 임상시험단계에 있는 파이프라인도 24개에 달한다. 국내에서 현재 시판되고 있는 천연물신약은 골관절염(4종), 소화기계 질환(2종) 등 특정 질환분야의 시장 점유율에서 상위권으로 차지하고 있으나, 2014~2015년 기준으로 매출액은 감소 추세이다. 국내의 대표적 천연물의약품은 SK제약의 조인스정(관절염 치료제), 동아에스티의 스티렌캅셀(위염치료제)으로, 스티렌캅셀과 조인스정은 천연물의 의약화 가능성을 보여주었다.

## 다. 천연화장품

천연화장품이란, 인공적으로 합성한 이전 화장품과는 달리 생물이 자연적으로 만들어 내는 성분을 활용한 제품으로, 화학기술을 이용해 인공적으로 합성하는 기존의 화장품과는 달리 생체에서 기인한 유기물을 활용하여 피부에 보다 안전하다고 여겨진다. 넓은 의미로 천연재료를 함유한 화장품과 혼용하여 사용되는 경우가 있으나, 세포융합·대량복제 기술 등을 사용하여 유효성분을 대량 생산하고 안전성과 효능을 높인다는 점에서 차별점이 있다.

일반적으로 줄기세포 기술, 유전자 재조합 기술 등을 활용하여 미백, 주름 개선, 피부노화 방지와 같은 적극적인 기능을 하는 기능성 화장품을 의미한다. 생명공학 기술을 기반으로 한 식물색소, 동물세포 등을 통해 추출된 화장품 소재를 함유한 주름생성 예방제품, 항노화 제품, 고지속성 자외선 차단제품, 기미 주근깨 완화제품 등을 포함한다.

식품의약품안전처에 따르면, '유기농 화장품'은 전체 구성원료 중 10% 이상이 유기농 원료로 구성되고 허용된 합성원료를 5% 이하로 사용한 제품으로 규정한다. 유기농 화장품의 용기와 포장에 폴리염화비닐(Polyvinyl chloride : PVC), 폴리스티렌폼(Polystyrene foam)을 사용할 수 없다.

한편 천연화장품에는 천연성분이 함유된 올인원 제품 및 한방 화장품의 인기 높다. 설화수, 더 히스토리 오브 후, 한율, 수려한, 다나한 등 한방 성분이 포함된 화장품은 국내에서뿐만 아니라, 특히 중국으로의 수출량이 급증해 효자 수출상품으로 입지를 탄탄히 굳히고 있다(표 10.7).

표 10.7 천연 바이오화장품 대표제품 및 원료

| 제품명 | 기업명 | 사용 원료 | 효능 |
|---|---|---|---|
| 설화수 자음생크림 | 아모레퍼시픽 | 인삼 추출물, 홍삼사포닌, 녹차 추출물, 백합꽃/잎/줄기, 지황, 국화꽃, 모란뿌리 등 | 피부 개선 |
| 아이오페 바이오에센스 인센티브 컨디셔닝 | 아모레퍼시픽 | 녹차 추출물, 낫토검, 테아닌 등 | 주름 개선 |
| 이니스프리 스킨케어 | 이니스프리 | 시호 뿌리 추출 | 피부 보습 |
| 수려한 천삼 상황 크림 | 엘지생활건강 | 상황버섯 추출물 | 피부 면역기능 강화 |
| 십장생 | 로제화장품 | 십장생 복합체, 한방재료 | 피부 활력 |
| 프레시 에너지 바디케어 | 니베아 | 오렌지, 레몬, 자몽 추출물 | 피부 활력 및 보습 |
| 니베아 비사지 베이직케어 | 니베아 | 알로에 베라, 카모마일 | 피부 보습 |
| 오휘 에센셜 | 엘지생활건강 | 인삼, 은행 추출물 | 미백, 주름개선 |
| 엠벨리아 나이트 크림 | 메나도 | 영지버섯 추출물, 비피더스 유산균 | 피부 활력 |
| 스위스 보태닉스 허브 클랜징 | 클리오 | 알프스의 허브, 에델바이스 추출물 | 피부 보습, 각질 제거 |
| 에슬리 | 로제 | 라벤더, 자스민, 로즈, 로즈마리, 레몬, 민트 | 피부 활력 |

(출처 : 농생명기능성 소재 산업 육성방안 마련 연구, 농림축산식품부, 2016)

## 10.4 기능성 소재 개발

천연물을 이용하여 식품, 의약품, 화장품, 농약, 사료 등 다양한 기능성 제품을 만들 수 있으며, 이들을 개발하기 위해서는 그림 10.4와 같이 여러 가지 단계의 연구가 필요하며 이를 간단히 요약하면 다음과 같다.

① 개발 대상 천연물 확보와 추출물 조제
② 추출물의 생물학적 및 약리학적인 효능 검증
③ 활성물질 분리 및 동정
④ 천연물의 안전성 검증
⑤ 제품화

## 가. 천연물 추출 · 분리 · 정제

천연물은 특성상 산지, 기원, 생육환경, 채집시기 등에 따라 구성 성분의 함량 및 조성이 변동적이다. 생물은 특정 환경에서 물질대사 과정을 통해 구성 성분을 생합성한다. 물질대사란 생물이 생명을 유지하기 위해 물질을 외계로부터 섭취하여 필요한 구성물질로 바꾸고, 이때 생긴 노폐물을 체외로 배출하는 과정에서 나타나는 화학 변화를 총칭한다. 물질대사는 1차 대사산물과 2차 대사산물로 나뉜다. 1차 대사산물이란 동식물, 미생물에 보편적으로 분포되어 있는 각종 아미노산, 당질, 지질, 핵산 등 생체유지에 기본적인 역할을 하고 있는 물질을 말한다. 2차 대사산물은 1961년 Bu'Lock이 미생물에서 처음 사용한 용어로 개개의 속, 종 또는 계통에 특유한 물질대사산물을 말한다. 즉, 주로 식물, 미생물에 나타나는 알카로이드, 테르펜(terpenes), 플라보노이드, 항생물질 등의 다양한 화합물로 이들은 약용, 향료 등으로 이용된다. 천연물로부터 1차 대사산물 및 2차 대사산물을 얻기 위하여 추출(extraction), 분리(separation), 정제(purification)를 통하여 재료에서 목적으로 하는 화합물을 단리하는 것으로부터 시작한다.

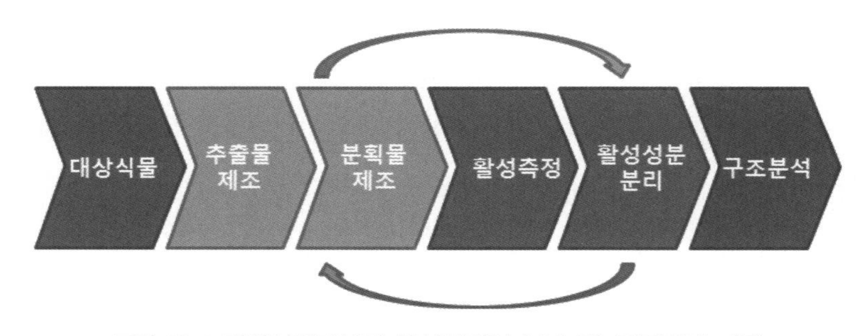


그림 10.4 대상식물로부터 활성물질의 분리 및 구조동정 과정

### 1) 추출

사용하는 재료에 대해서는 기원식물·동물의 학명, 채집장소·시간, 사용하는 부위를 명확하게 해둘 필요가 있다. 또한 신선품인지 건조품인가에 따라서 다음 과정인 추출 시 추출요매의 선택에 제약을 준다. 예를 들어 신선품인 경우 수분을 다량 함유하고 있기 때문에 물과 섞이지 않는 용매(예를 들어 haxane)로는 추출의 작용을 하지 못한다. 일반적으로 건조가 잘 되고 가능한 세분말로 한 재료일수록 추출 효율이 좋고, 추출조작, 추출액의 농축조작 등 조작이 편리하다.

추출용매의 선택은 목적물질을 잘 녹이고 농축 조작도 용이한 용매로 선택한다. 즉, 극성이 높은(큰) 물질은 극성이 높은 용매로, 극성이 낮은(작은) 물질은 극성이 낮은 용매에 녹기 쉽다. 예를 들어 당, 배당체, 아미노산 등은 극성이 높고 수용성이며, 관능기가 적은 테르페노이드

(terpenoid), 스테로이드(steroid) 화합물, 방향족 화합물 등은 비교적 극성이 낮고 지용성이다. 추출에 자주 사용되는 용매는 극성이 낮은(작은) 순으로 석유 ether, hexane, bezene, chloroform, methylene chloride, ethyl acetate, acetone, butanol, isopropanol, ethanol, methanol, 물 등이 있다. 적당한 용매를 써서 저온 또는 가온, 차광 등 조건하에서 여러 차례 추출한다. 온도 및 빛 등 조건은 목적 화합물의 안정성과 관련이 있으며, 추출 중 화합물의 변화의 위험성 및 추출효율의 좋고 나쁨에 밀접한 관계가 있다. 연구 초기 재료 중 어떤 계통의 성분을 목적으로 하는가에 대한 정보가 없는 경우, 통상적으로 여러 가지 화합물에 대한 용해능이 크고 가격이 싸며 추출조작이 편한 ethanol 및 methanol이 추출용매로서 자주 이용된다. 추출액은 감압 등에 의해 가능한 저온에서 용매를 제거하고 엑기스로 한다.

### 2) 분리 및 정제

통상적으로 기능성 소재를 개발하기 위하여 추출물 엑기스를 대상으로 생물학적인 검증(생리활성 검정)을 실시하나, 추출물 중 어떠한 화합물이 생리기능을 나타내는지 밝히는 것도 매우 중요하다. 따라서 분리 및 정제과정을 통하여 천연물 추출물로부터 순수하게 활성물질(지표물질)을 분리한다. 활성물질, 즉 '기능(활성)성분'이란, 성분 자체가 기능성을 나타내고 이러한 성분이 일정 수준 이상으로 함유된 원료가 기능성을 나타냄이 확인될 때 기능성분이라 한다. 기능성분은 기능성 원료의 기능성을 일정하게 유지하게 유지함을 확인할 수 있기 때문에 표준화를 위하여 기능성분으로 설정하는 것은 매우 이상적이다. 그러나 천연물 중에는 수많은 화학물질이 존재하고 이러한 물질 간의 유사성과 상호작용으로 말미암아 기능성을 보이는 경우가 있다. 이러한 경우 지표성분을 설정함으로써 천연물의 표준화 지표를 설정한다. '지표성분'이란 천연물을 확인하는 데 기준되는 화합물을 의미한다. 예를 들면, 당귀에는 다른 천연물에는 함유되어 있지 않은 특이한 데쿠르신(decursin)이라는 성분이 함유되어 있다. 이 성분이 당귀의 효과를 나타낸다고 볼 수는 없지만 적어도 이 성분이 검출되면 당귀가 함유되어 이거나 당귀임을 확정할 수 있다. 이러한 기능성분 또는 지표성분을 설정함에 있어 고려해야 할 사항은 다음과 같다.

- 특이성 : 원재료 및 제조방법에 따라 특이적으로 존재하거나 차별적인 함량변이를 갖는 성분
- 대표성 : 문헌조사 및 in vivo, in vitro 등의 실험을 통하여 추출물의 기능을 대표하는 성분 또는 추출물의 기능을 대표할 정도는 아니지만 추출물 중의 함량 차이나 존재 유무 등에

따라 추출물의 기능에 관여하는 성분
- 안정성 : 분리된 단일성분이 열, 빛, 습도 등의 일반적인 보관조건에서 안정성이 높은 성분
- 용이성 : 분리된 단일성분이 HPLC, GC, UV 등과 같은 범용화된 분석기기를 이용하는 일반적인 방법, 상업적 표준물질의 사용 가능 여부, 분석 비용 등을 고려

천연물 엑기스로부터 기능성분 또는 지표성분을 분리하기 위하여 통상 분획과정을 실시한다. 이는 엑기스 중에 혼재하는 다양한 물질을 비교적 지용성이 높은 화합물과 수용성이 높은 화합물로 분획하는 것을 의미한다. 그 수단으로는 용매분획법은 가장 보편적으로 이용되는 분획방법으로 몇 가지의 용매를 사용해서 그 가용부와 불용부로 분획하거나 서로 섞이지 않는 두 용매 사이에서 분배하는 방법 등을 이용한다.

다음으로 분리·정제의 조작을 행한다. 추출액을 농축하면 녹기 어려운 물질들은 침전을 형성하여 여과에 의하여 쉽게 분리하는 것이 가능하지만, 대부분의 물질들은 분리 정제하는 것이 매우 곤란하다. 일반적으로 용매추출에 의하여 대략적으로 분획한 다음 각종 chromatography를 활용하여 성분을 분리하거나 재결정, 승화, 증류 등의 방법을 이용하여 최종적으로 정제한다. 천연물 개발에서 활성성분의 분리에 가장 일반적으로 사용되는 방법은 column chromatography법이다. Column chromatography는 두 개의 상(phase -이동상, 고정상) 사이에 일어나는 성분의 분배를 포함한다. 분리는 이 두개의 상 중 성분 자체가 어느 쪽으로 분배되는가에 기본을 둔다. Chromatography에는 고정상의 상에 따라서 liquid, bonded liquid, solid의 세 가지로 나눌 수 있으며, 이는 각각 liquid의 형태는 countercurrent chromatography, liquid-liquid chromatography, thin layer chromatography와 HPLC로 나눌 수 있으며, 일반적으로 가장 많이 활용되는 고정상이 solid인 형태로는 그 분리 원리에 따라서 adsorption, ion exchange, size exclusion, biological affinity로 나눌 수 있다.

분리된 단일물질은 UV, NMR($^{1}H$, $^{13}C$ ), MS, X-ray 등 다양한 분광학적인 자료를 이용하여 분리된 단일성분의 구조를 확인한다.

## 나. 기능성 검증

기능성 검증, 즉 약효평가란 천연물로부터 추출한 추출물에 대한 생물학적 검증(생리활성 검정)을 수행하는 것을 의미한다. 기능성 검증은 분자, 세포수준, 동물을 대상으로 검증해야 하며 분석이 간단하고, 재현성이 높으며, 비용이 저렴해야 한다. 또한 선택성과 민감성이 있어야 한다. 효능평가 대상에는 ① 효소, 수용체, 세포소기관 ② 인간을 비롯한 동물세포 ③ 미생

물, 곤충, 갑각류, 연체류와 같은 하등동물(예, 예쁜 꼬마선충, 초파리 등) ④ 척추동물 ⑤ 완전한 동물 등으로 나눌 수 있다.

약효평가를 위한 1차 단계는 탐색(screening) 과정이다. 탐색과정의 기본전략은 비용과 시간이 절약되며 정확 및 신속한 방법을 바탕으로 천연물을 대상으로 1차 탐색을 하고, 개발 가능성이 인정되면 2차, 3차 등 순차적으로 탐색을 시도하는 방식이다. 특히 1차 탐색은 효능의 유무 판정에 주안점을 두는 정성적 실험방식이고, 2차 탐색은 효능 정도에 주안점을 두는 정량적 실험방식이다. 그리고 3차 탐색, 즉 동물실험을 포함한 최종 탐색을 개발의 의사결정을 할 수 있는 방식으로 진행시키는 것이 타당하다. 따라서 세포소기관, 배양세포 또는 미생물 수준의 실험은 가능하면 초기단계에서, 동물실험은 가능하면 최종단계의 탐색에서 적용하는 것이 바람직하다.

## 다. 안전성 검증

천연물의 기능성이 확보되면 인체 대상 임상시험을 진행하기 앞서 안전성 시험을 실시하여 안전성 여부를 판정하게 된다. 그러나 안전성 시험은 많은 인력, 시간 및 비용이 소요되기 되기 때문에 통상적으로 일반 연구자들은 자가시험으로 일반약리시험과 급성 독성시험을 실시하며, 가능성이 인정되면 공신력 있는 Good Laboratory Practice(GLP) 기관에 독성시험을 의뢰·평가한다. GLP란 의약품, 화학품 등의 안전성 평가를 위하여 실시하는 각종 독성시험의 신뢰성을 보증하기 위하여 연구인력, 시험시설, 장비, 시험방법 등 시험의 전 과정에 관련되는 모든 사항을 조직적, 체계적으로 관리하는 규정을 뜻한다. 일반적으로 천연물을 이용한 건강기능식품 및 의약품 허가 시 수행해야 하는 독성시험은 다음과 같다.

- 복귀돌연변이시험
- 염색체이상시험
- 소핵시험
- 단회투여독성시험(설치류)
- 2주 용량결정시험(설치류/비설치류 대상)
- 4주 반복투여독성시험, 회복시험, TK시험(설치류/비설치류 대상)

### GLP 규제의 발단

미국에서 GLP 규제가 시작된 당시의 시대적 배경으로는 세계적으로 큰 사회적 문제가 된 '탈리도마이드(Thalidomide)'에 의한 부작용 사건을 들 수 있다. 이 사건은 임신 중에 수면제인 탈리도마이드를 복용한 어머니한테서 사지에 이상이 있는 자녀(phocomelia:短指症)가 태어난 것으로, 독일에서 3049건의 증례, 일본은 독일 다음으로 많은 309건의 증례, 전 세계의 환자수는 총 약 4200명에 이른다고 한다. 이 사건이 계기가 되어 의약품의 안전성시험에 "태아에 대한 영향의 시험(생식발생독성시험)"이 필수항목으로 추가되었으며, 임신 전 및 임신초기, 기관형성기, 주산기(임신 만 22주부터 생후 만 7일까지의 기간) 및 수유기의 각 단계에서 약물을 투여하여 그 영향을 관찰하는 시험을 하게 되었다. 또한 그 당시에는 암으로 인한 사망자가 급증하여 발암작용에 관한 검토를 비롯한 의약품의 안전성에 관한 관심이 매우 높아지던 시기이기도 했다. GLP 규제의 계기가 된 사건은 1975년 미국의 상원 보건 소위원회가, 대형 제약 회사가 신청한 신약의 동물시험 결과에 대해 결과의 신뢰성에 문제가 있어 신약으로 허가하기에는 부적당하다는 지적을 내놓은 데서 비롯된다. 이 지적에 따라 미국 식품의약국(FDA)은 그 제약회사와 그 동물시험을 수탁한 여러 시험기관을 사찰하였다. 그 결과를 잘못 옮겨 쓰거나 통계 처리에 오류가 있었음이 밝혀졌고, 더욱이 다른 인공감미료에 대해서도 결과를 고치거나 실험동물을 부적절하게 다루고 부적절한 검사 등을 했음이 밝혀졌다. 이 때문에 승인신청을 위해 제출된 시험결과는 신뢰성을 의심받았고 최종적으로는 승인이 취소되는 사태까지 갔다. 게다가 미국 회계검사원(GAO)이 실시한 조사를 통해, 본래 의약품 및 식품의 안전성을 관장하는 입장에 있던 FDA 연구소의 시험결과의 경우도 설치류를 이용한 인공색소의 발암성 시험에서 대조군 동물을 다른 투여군의 케이지에 잘못 넣음으로써 대조군 동물과 약물투여군 동물이 함께 사육되었고, 시험 도중에 사망한 동물의 병리검사가 적절하게 이루어지지 않아 500마리 중 시험 종료 시까지 생존한 동물 96마리에 대한 조직학적 검사밖에 실시하지 못한 것 등의 문제가 밝혀졌다. 이런 사태들에 입각하여 미국에서는 1976년부터 FDA가 GLP에 관한 검토를 본격적으로 시작하였으며, 1979년에 최종적인 GLP규제가 시작되었다. 그리고 이런 일련의 GLP 관련 조사를 바탕으로 FDA가 지적한 문제점은 ① 동물, 조직표본, 시험기초자료의 분실, ② 잘못된 기록, ③ 시험계획서의 미비, ④ 담당직원의 훈련부족, ⑤ 동물관리순서의 부적절함, ⑥ 동물식별의 혼란, ⑦ 자의적인 결과 선택 이라고 한다. 이 문제점들은 현재의 GLP 시설에서도 주변에서 일어날 수 있는 문제이며, 30년이 지난 현재도 시험을 담당하는 사람이 조심해서 대처해야 할 문제이다.

## 라. 임상시험 및 제품화

임상시험이라 함은 임상시험용 의약품의 안전성과 유효성을 증명할 목적으로 해당 약물의 약동·약력·약리·임상적 효과를 확인하고 이상반응을 조사하기 위하여 사람을 대상으로 실험하는 시험 또는 연구를 말한다. 천연물의약품의 경우, 독성시험과 약리시험 등의 전임상시험을 거쳐 식품의약품안전처 장관의 승인을 받으면 임상시험을 위한 제품 제조승인을 얻어 임상용 제품을 조제한다. 임상시험은 전임상시험을 통하여 안전성이 입증되고 임상 유효성이 기대되는 시험약을 이용하여 임상1상, 임상2상, 임상3상, 임상4상 상 순으로 진행한다.

### 1) 제1상 임상시험

의약품 후보 물질의 전임상 동물실험에 의해 얻은 독성, 흡수, 대사, 배설 및 약리작용 데이터를 토대로 비교적 한정된(통상 20~80명, 때로 20명 이하) 인원의 건강인에게 신약을 투여하고 그 약물의 체내동태(pharmacokinetics), 인체에서의 약리작용, 부작용 및 안전하게 투여할 수 있는 투여량(내약량)의 등을 결정하는 것을 목적으로 하는 임상시험이다.

### 2) 제2상 임상시험

신약의 유효성과 안전성을 증명하기 위한 단계로, 약리효과의 확인, 적정용량 또는 용법을 결정하기 위한 시험이다. 통상 면밀히 평가될 수 있는 환자에 대해 한정된 인원수의 범위에서 행해지며 대상환자수는 100~200명 내외이나, 향균제와 같이 다양한 적응증을 갖는 약물의 경우에는 훨씬 많은 환자 수에서 진행되기도 한다.

### 3) 제3상 임상시험

신약의 유효성이 어느 정도까지는 확립한 후에 행해지며, 시판허가를 얻기 위한 마지막 단계의 임상시험으로서 비교대조군과 시험처치군을 동시에 설정하여 용량, 효과, 효능과 안전성을 비교 평가하기 위한 시험이다. 대상환자 수는 약물의 특성에 따라 달라지고 일반적으로 1/1000의 확률로 나타나는 부작용을 확인할 수 있는 경우가 바람직하다.

### 4) 제4상 임상시험

신약이 시판 사용된 후 장기간의 효능과 안전성에 관한 사항을 평가하기 위한 시험이다. 신약의 부작용 빈도에 대해 추가정보를 얻기 위한 시판 후 조사(post-marketing surveillance), 특수 약리작용 검색연구, 약물사용이 이환률 또는 사망률 등에 미치는 효과 검토를 위한 대규모 추적연구, 시판 전임상시험에서 검토되지 못한 특수환자군에 대한 임상시험, 새로운 적응증 탐색을 위한 시판 후 임상연구 등이 포함된다.

## 단원 리뷰

1. 천연물의 기능성 소재로서 특징을 설명하시오.
2. 천연물을 활용한 농생명 기능성 소재를 예를 들어 설명하시오.
3. 농생명 기능성 소재 산업에 대해서 설명하시오.
4. 기능성 식품의 3대 기능성에 대해 설명하시오.
5. 천연물의약품, 한약, 생약의 정의를 구분하시오.
6. 건강기능식품과 의약품 차이를 설명하시오.
7. 천연물로부터 기능성 소재를 개발하기 위한 전략을 구상하시오.
8. 천연물로부터 유효성분을 추출하기 위한 최적의 조건을 설정하시오.
9. 기능성과 안전성 검증의 목적에 대해 설명하시오.
10. 임상시험에 대해 설명하시오.

## 참고문헌


농림수산식품기술기획평가원, 농생명소재산업화기술개발사업, 2011.

농림축산식품부, 농생명 기능성 소재산업 육성방안 마련 연구, 2016.

식품의약품안전처, 건강기능식품 개발자를 위한 기능성 원료 표준화 지침서, 2008.

식품의약품안전평가원, 한약(생약) 추출물 품질관리 가이드라인, 2015.

천연물화학 교재편찬위원회, 천연물화학, 영림사, 2003.

하영래, 김선원, 김정인, 노현수, 윤용진, 이병현, 이상경, 장기철, 장정순, 정대율, 최명석, 생물신소재공학의 이해, 라이프사이언스, 2006.

한국농수산식품유통공사, 가공식품 세분시장 현황, 건강기능식품 시장, 2016.

# IV
# 자원과 환경

CHAPTER
11

# 수자원

김범철

## 11.1 인간에 의한 물순환의 변형과 건전한 물순환

인간의 물이용과 토지개발이 많아질수록 물순환은 변형된다. 대표적인 변형은 취수로 인한 하천유량의 변화이다. 상류에서 댐을 만들어 저수한 물을 도수관로를 통하여 대도시로 유도하고 사용하면 댐의 방류량이 감소하여 댐하류에서 유량의 큰 감소를 수반한다. 댐하류에서는 유의적인 유량감소를 겪게 된다. 대도시의 하수가 다시 방류되어 유량을 보충하는 지점까지 유량의 감소와 건천화 현상이 나타날 수 있다. 예를 들어 대청댐에서 취수한 물은 대전시, 청주시 등에서 상수원으로 사용하여 댐방류량이 감소하였다가 도시하수가 갑천과 미호천으로 방류되고 대전시 하류의 하수가 합류하는 지점부터 다시 강을 이룬다. 그러므로 댐 직하류에서는 유량 감소로 인한 생태계의 큰 변화가 나타난다.

물순환의 또 하나의 큰 변형은 토양침투량의 감소다. 식생이 훼손되고 토양이 다져지거나 불투수포장이 되어 있으면 빗물이 침투하는 양이 감소하고 지표유출이 증가한다. 침투의 감소는 지하수의 재충진량 감소를 의미하므로 지하수위의 저하를 초래할 수 있다. 게다가 지하수의 사용량이 증가하면 지하수위의 저하현상이 더 심해진다. 지하수위의 저하는 지하수 관정의 물생산량에 영향을 줄 수 있고 하천의 건천화를 수반한다. 건기에 하천유량의 감소는 수질을 악화시키고 동물서식지의 질적 저하를 가져올 수 있다. 불투수면의 증가는 지표유출을 증가시키므로 홍수위의 상승을 가져오고, 지표의 비점원오염물도 증가하여 수질악화도 나타난다.

근래에 토지개발사업에서 물순환의 변형을 줄이기 위해 불투수면을 줄이고 지하침투를 증가시키는 방법이 시도되고 있으며 이를 저영향개발(low impact development : LID)이라 부른다. 침투를 높이기 위해 주차장에 침투성 포장을 사용하고, 바닥으로 침투가 가능하도록 도랑이나 둠벙을 만드는 등의 방법이 사용되고 있다. 농경지에서는 초본과 목본이 혼재하는 삼림과 과수원 등의 침투량이 크고, 지표식생이 없는 곳에서는 침투가 작다.

## 11.2 수자원의 종류와 분포

지구표면의 70%는 물로 덮여 있어 물이 풍부한 행성이다. 존재량을 비교하면 해수 97.2%, 빙하 2.15%, 지하수 0.625%, 호수 0.0006%, 하천 0.0001% 등으로 구성되어 있다. 그러나 해수와 빙하, 심층지하수는 이용이 어려우므로 실제로 인간이나 생물이 주로 이용하는 물은 하천과 호수 등의 지표수이며 지구상 물의 0.0007%에 지나지 않는 적은 양이다.

### 가. 해수

물의 염분(salinity)에 따라 담수(fresh water, $<$ 0.5 ppt, g/kg), 기수(汽水 brackish water, 0.5－30 ppt), 해수(salt water, saline water, 30－50 ppt), 염수(brine water, $>$ 50 ppt) 등으로 구분한다. 해수는 지구의 물 중 대부분을 차지하고 있으며 대기 중에 수분을 공급하여 물의 순환을 가동시키는 중요한 원동력이다. 또한 칼슘, 황, 인 등의 영양염류와 이산화탄소가 침전퇴적되는 저장소의 역할을 한다. 대기 중의 $CO_2$의 많은 양이 해양에 흡수되어 대기 중의 $CO_2$ 증가를 완충하는 역할도 한다.

해수에 포함되어 있는 주요 이온 성분은 $Cl^-$, $Na^+$, $SO_4^{2-}$, $Mg^{2+}$ 등이다. 담수에서 가장 많은 이온은 $Ca^{2+}$과 $HCO_3^-$인데 $CaCO_3$의 용해도가 낮으므로 해양에서 증발에 의해 이온농도가 증가함에 따라 침전 퇴적된다. 그 결과 담수와 해수는 서로 다른 이온조성을 가진다. 해수의 평균 염분(salinity)은 35ppt(3.5%)이며, 전 세계의 대양은 서로 연결되어 있으며 해수는 서서히 혼합되므로 세계의 해수는 유사한 이온조성을 가지고 있다.

해양은 오염물질의 궁극적인 종착점이며 육지로부터 많은 오염물의 유입을 받고 있기 때문에 오염이 심화되고 있다. 특히 확산이 느린 내만에서는 오염이 심해진다. 황해의 발해만, 발트해, 멕시코만 등이 오염이 심하여 무산소 층이 형성되고 있는 오염해역의 예이다. 해수는 염분으로 인하여 용수로서 이용하기 어려웠으나 근래에는 역삼투(reverse osmosis)에 사용되는 분리막의 가격이 낮아짐에 따라 해수담수화의 비용이 계속 감소하고 있다(그림 11.1). 현재 담수화

비용은 물 1톤당 약 1,000원 이하이므로 하천수를 정수하는 비용과 큰 차이를 보이지 않고 있어 해안지역에서는 해수담수화에 의한 물생산이 실용화되어 있다.

그림 11.1 해수 담수화 공장 모습과 사용되는 역삼투 membrane tube(자료 : 위키백과)

## 나. 빙하(Iceberg, Glacier)

지표면의 면적비로 약 10%를 차지하고 있고, 근래 지구온난화로 인하여 빙하가 녹음으로써 해수면이 상승하는 변화가 나타날 것으로 보인다. 이 얼음이 전량 녹으면 해수면은 약 60 m 정도 상승하여 전 지구적 피해를 유발할 수 있다. 과거 지구 환경의 변화를 보면 수차례 빙하기가 있었으며 빙하기에는 해수면이 하강하고 간빙기에는 해수면이 상승하는 변동을 보였다. 빙하는 지표수에 비하여 많은 양이 존재하지만 지리적인 위치로 인하여 이용이 어렵다.

## 다. 지하수(Ground Water)

강우가 지표면에 흡수되어 형성된 것으로 지상으로부터 30 m~수백 m까지 지하수가 존재한다. 천층 지하수는 지표수와 교환이 활발하기 때문에 재충진(recharge)이 쉬운 반면에 오염되기도 쉽다. 지하에 두꺼운 투수층이 존재하고 그 아래에 불투수층이 존재하는 경우에 불투수층이 저수지의 역할을 하여 많은 양의 지하수가 투수층에 저장되는데 이를 대수층(aquifer)이라고 한다. 심층지하수는 저수량 대비 재충전 속도가 느려서 수십 년~수천 년이 걸리므로 실질적으로 재생가능하지 않은 자원으로 간주한다. 그러므로 일단 고갈되거나 오염되면 회복이 느리다(그림 11.2).

지하수의 재충진 속도보다 이용 속도가 크면 지하수는 고갈된다. 미국의 중부의 건조지역에서는 대수층의 지하수를 이용하여 농사를 지어 왔으며 그 결과 지하수면이 수십 미터나 낮아지는 고갈 현상을 보이고 있다. 지하수의 과잉이용은 많은 지역에서 지하수 고갈, 하천유량의 감소, 지하수면의 하강, 그에 따른 지반침하 등의 피해를 가져오고 있다.

심층 지하수는 오랜 시간이 경과하여 미생물이 사멸한 무균상태이므로 식수로 사용하기에 유리하다. 그러나 지하수는 광물과 오랫동안 접촉하므로 지표수보다 광물의 함유량이 높다. 담수에서 가장 많은 광물은 칼슘과 마그네슘이다. 칼슘과 마그네슘의 함량을 경도(hardness)라고 부르는데, 석회암 지대의 칼슘이 많은 물은 센물(Hard water 경수 硬水), 화강암 지대의 칼슘이 적은 물은 단물(Soft water 연수 軟水)이라 부른다.

지하수는 기반암의 종류에 따라 유해광물에 의한 자연적인 오염도 발생한다. 특히 비소오염이 가장 빈도가 높다. 방글라데시 등의 나라에서는 지하수에서 비소로 인한 오염이 자연적으로 흔히 나타나고 있다. 우리나라에서는 지하수가 음용수로서 불합격으로 판정되는 가장 흔한 요인이 질산이온 오염이다. 질산이온의 음용수 기준은 10 mgN/L로서 그 이상이면 청색증(blue baby symptom)이 생길 수 있다. 질소는 하수와 비료에 많이 함유되어 있으므로 하수로 오염되거나 농경지의 침출수가 유입하면 농도가 높아진다.

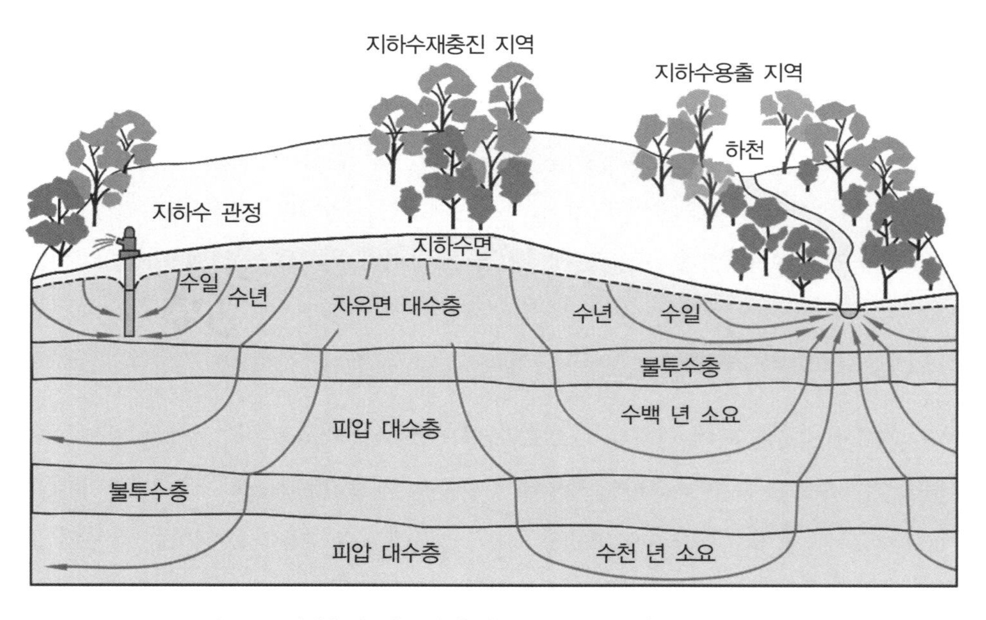


그림 11.2 지하수의 이동과 충진에 필요한 시간(자료 : 위키백과)

## 라. 호수(Lake or Reservoir)

호수는 저수량이 크기 때문에 많은 나라에서 수자원으로 활용되고 있다. 그러나 우리나라에서는 자연호가 거의 없거나 규모가 작아서 자연호가 수자원으로서의 가치를 갖지 못한다. 우리나라에는 자연호가 없기 때문에 약 17,500개의 많은 인공호를 건설하였다. 우리나라 대부분의 하천이 댐의 연속으로 변형되었다. 특히 북한강에는 가장 많은 댐이 건설되어 수자원의 공급원이다.

인공호는 홍수기에 물을 가두어 갈수기에 사용하므로 수위변동이 필연적으로 발생한다. 소양호는 우리나라에서 수위변동이 가장 큰 호수로서 연간 30 m의 변동을 보인다(그림 11.3). 수위변동에 따라 상류의 얕은 곳은 노출과 침수가 반복되어 식물이 살 수 없는 나대지가 형성되며 수변식생이 발달하지 못하는 특성으로 인하여 수위가 안정된 자연호에 비하여 생물다양성이 낮다.

댐의 하류에는 유량의 감소현상이 나타나므로 유량 감소로 인한 생태계 파괴도 흔히 볼 수 있다. 근래 선진국의 사례를 보면 하천생태계의 보호를 위하여 최소한의 생태유지용수를 의무적으로 상시 방류하도록 의무화하기도 하며 댐 건설 시 지역과 협약을 맺은 후 건설하기도 한다.

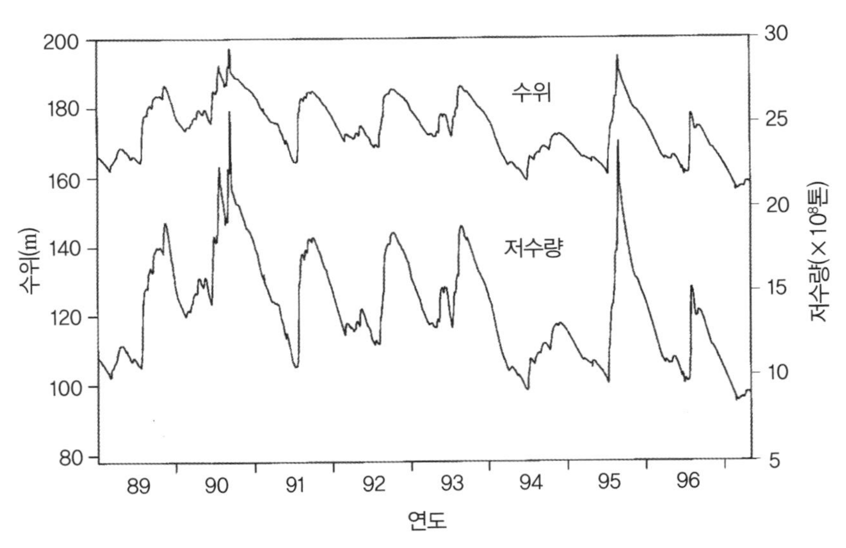


그림 11.3 수위변동이 큰 대형인공호(소양호)의 수위(해발고도)와 저수량의 계절변동. 수위는 장마기 직전에 최저가 되며 장마기에 급격히 상승한다. 연간 수위변동은 최대 30m에 이르며, 저수량은 최저 10억 톤에서 최대 27억 톤까지 변동한다.

## 마. 하천(Stream)

하천은 전통적으로 중요한 수자원이다. 그러나 우리나라에서는 강우량의 계절변동이 매우 크기 때문에 안정적인 수자원이 되지 못한다. 하천의 유량변동을 하상계수라는 지표로 나타낸다. 하상계수는 (1년 중 최대유량/최소유량)의 비로 이 계수가 1에 가까우면 하천유황의 변화가 없는 곳이고, 이 계수가 클수록 유량변화가 크고 치수하기 곤란한 하천이다. 한국은 하상계수가 300 이상으로 세계적으로도 가장 큰 지역이다. 한강의 하상계수는 393, 낙동강은 372인데 비하여 나일강은 30, 양쯔강은 22, 콩고강은 4, 라인강은 8로서 우리나라의 하상계수가 매우 높다. 따라서 많은 인공호를 건설하여 용수를 확보하고 있다.

하천수의 경도는 빗물보다는 높고 지하수보다는 낮다. 하천 주변에서 토사, 하수, 천연유기물(Natural Organic Matters : NOMS)이 유입하며 미생물이 많다. 하천의 수질은 유량에 따라 변동이 크다. 도시하수의 유출은 계절변동이 작고, 농경지의 오염물 유출은 강우 시에만 집중적으로 유출되어 큰 변동을 보인다. 따라서 점오염원 위주의 도시하천에서는 갈수기에 수질이 악화되는 반면에 비점원오염 위주의 농경지역에서는 강우 시에 수질이 악화된다.

하천의 연간 일평균유량을 크기 순서대로 배열하면 그 분포형태를 유황곡선이라고 부르는데, 상위 10번째를 홍수량, 95번째는 풍수량, 185번째는 평수량, 275번째는 저수량, 355번째는 갈수량이라 부른다. 수질은 유량에 따라 큰 변동을 보이므로 수질평가를 위해서는 기준유량을 정해야 한다. 대개 도시하천에서는 갈수기에 수질악화가 나타나므로 저수량 또는 평수량에서의 수질을 기준으로 사용한다.

우리나라 하천수자원의 특성은 다음과 같다.

① 연평균 강수량은 풍부하나 높은 인구밀도로 인해 1인당 강수량은 세계 평균의 12% 수준이다.
② 우기(6~9월)에 연 강수량의 2/3가 집중되어 수자원의 시간적 불균형이 크다.
③ 우리나라 하천은 유역의 표토층이 얇고 유로연장이 짧으며 경사가 급해 강우 시 우수유출이 일시에 발생하고 **하상계수**(河狀係數)가 매우 크다.

## 사. 빗물

빗물을 모아서 수자원으로 이용하려는 노력이 증가하고 있으나, 지붕에 빗물차집 시설을 만들고 저장탱크도 만들어야 하므로 비용이 많이 든다. 또한 우리나라에서는 강수량이 여름에 집중되어 건기에는 이용이 어렵다. 대기 중 황산화물, 질소산화물이 포함되어 있어서 산성인 경우가 많으나 이온 함량이 낮아서 침강을 거치면 중수도로 이용하는 데에 수질이 큰 장애가 되지는 않는다.

## 11.3 우리나라의 수자원량

UN이 정한 물 사용가능량 분류에 따르면 물기근국가군은 연간 1인당 물 사용가능량이 1,000 $m^3$ 이하인 곳으로 몰타, 카타르, 바레인, 이집트, 쿠웨이트, 리비아, 오만, 싱가포르, 사우디아라비아, 요르단, 예멘, 이스라엘, 튀니지 등이다. 물부족국가군은 연간 1인당 물 사용가능량이 1,000~1,700 $m^3$인 곳으로 모로코, 남아프리카, 대한민국, 폴란드, 벨기에, 아이티, 케냐, 르완다, 소말리아, 영국 등이다. 물풍요국가군은 연간 1인당 물 사용가능량이 1,700 $m^3$ 이상으로서 미국, 일본, 캐나다 등 131개국이다.

우리나라의 총강수량은 약 1,410억 $m^3$이며, 토양과 식물에 의한 증발산으로 478억 $m^3$이 손실되고 나머지 662억 $m^3$만이 지표의 하천으로 유출되어 이용 가능한 수자원이 되므로 1인당 사용가능량이 약 1,300 $m^3$이다. 우리나라의 면적당 강수량은 세계평균 수준이지만 1인당 수자원량을 계산하면 우리나라는 물부족국가의 경계에 있다. 게다가 연간 강수량의 약 1/3인 405톤은 홍수기에 바다로 유출되어 이용하지 못한다. 최종적으로 이용하는 수자원 양은 약 257억 $m^3$로 추정하고 있다.

## 11.4 물의 이용과 갈등

### 가. 물의 용도

물의 용도를 소모성 이용(consumptive use)과 비소모성이용(nonconsumptive use)으로 구분하기도 한다(표 11.1). 농업용 관개용수는 농경지에서 증발에 의해 소모되므로 소모성이용이라고 한다. 반면에 생활용수, 공업용수 등은 주로 오염물을 세척하는 용도이며 증발에 의해 손실되지 않고 사용 후 회구수로서 하천에 되돌아가므로 비소모성 이용이라고 한다. 하천수는 상류에서 사용 후 회귀수가 자연정화된 후 하류에서 재사용되는 과정을 반복하므로 하류에서는 결국 하수의 재사용과 유사한 결과가 된다. 가뭄이 들어 유량이 감소하면 재사용의 횟수가 증가하면서 수질이 나빠진다.

표 11.1 우리나라 수자원의 용도별 사용량 비교

| 용도 | | 사용량(억m³) | 비율(%) |
|---|---|---|---|
| 소모성 | 농업용수 | 160 | 47 |
| 비소모성 | 공업용수 | 26 | 8 |
| | 생활용수 | 76 | 23 |
| | 유지용수 | 75 | 22 |

## 나. 수자원관리의 쟁점 : 더 많은 수자원을 개발할 것인가? vs. 수요를 관리할 것인가?

물사용량이 계속 증가함에 따라 수자원을 더 많이 확보하려는 목표와 자연변형을 줄이려는 환경보전의 목표가 상충한다. 수자원은 기본적으로 그 지역에 내린 빗물의 양에 의존하므로 양을 증대하는 방법은 댐을 더 많이 건설하는 것인데, 댐건설로 인한 자연환경피해에 관한 인식이 증가함에 따라 수요관리에 의해 사용량을 줄이면서 적응하는 중요성도 커지고 있다. 선진국에서는 이미 1인당 물사용량이 더 이상 증가하지 않고 있다. 따라서 우리나라에서도 물사용량이 계속 증가할 것이라는 가정하에 댐 건설을 계속하려는 주장이 점차 설득력을 잃고 있다.

가뭄이 들었을 때 물 사용의 용도에 따라 우선순위(priority in water use)를 정하여 순위가 낮은 용도부터 사용을 제한하는 정책도 사용되고 있다. 일반적으로 물이용의 우선순위는 [생활용수 > 공업용수 > 농업용수]의 순이다. 미국에서는 가뭄이 들면 세차 금지, 잔디밭 물주기 금지, 농업용수 관개 중단 등의 순서로 순위가 낮은 용도부터 용도를 제한함으로써 생활용수의 고갈을 대비한다. 그러나 우리나라에서는 아직 수요관리가 거의 시행되지 않고 있다.

적절한 물의 가치매김도 중요한 이슈로 대두되고 있다. 올바른 가격을 매김으로써 낭비를 줄이도록 유도한다는 개념이다. 우리나라의 국민 1인당 1일 수돗물 소비량은 평균 374 m³로서 일본 357 m³, 영국 323 m³, 프랑스 281 m³로 선진국보다 높다. 1 m³당 수도요금은 우리나라가 평균 497원으로 일본 1,508원, 프랑스 1,209원, 독일 2,210원보다 낮은 편이다. 전기비용, 약품비 등의 직접비에도 미치지 못하며 댐 건설비용, 이주민의 피해, 댐의 생태학적 피해 등의 간접비용은 전혀 반영되지 않아 수도요금이 원가의 10~20% 이하 수준인 경우가 많다. 물 전문가들은 물의 낭비를 억제하고 수요를 관리하기 위해 수도요금의 인상을 주장하고 있다.

농업용수의 관리는 많은 나라에서 물 수요관리의 핵심이다. 농업용수는 증발에 의한 손실이 많은 용도이므로 수자원고갈의 주원인이다. 우리나라 저수지의 대부분은 농업용수를 공급하기 위해 만든 것이다. 농업용수의 공급증대는 생산증대 효과를 가지지만 건설비용, 환경피해 등의 손실도 있어 올바른 손익평가(cost-benefit analysis)가 요구되고 있다. 제방건설과 저수지 건설에 의한 농업이익이 건설비 및 환경손실보다 작은 경우도 많이 있음에도 불구하고 올바른 환경경제학적 평가가 이루어지지 않은 채 사업들이 추진되고 있다. 수자원의 절약과 환경보호의 관점에서 볼 때 가뭄피해와 홍수피해의 확률빈도가 낮은 경우에는 댐과 제방의 건설이 적절치 않은 경우도 많이 있다. 즉, 예를 들면 30년 빈도의 가뭄피해를 감내할 것인가 댐을 건설할 것인가를 선택해야 하는 것이다. 또한 농업용수의 적절한 가격 책정도 물 절약을 위한 대책으로 거론되고 있는데, 우리나라에서는 아직 농업용수를 무료로 공급하고 있다.

## 다. 지하수의 과잉 이용

미국 중부의 건조지역에서는 지하수를 농업에 많이 사용하여 지하수위가 수십 미터 하강한 곳이 많이 있다. 지하수의 과다 사용으로 지하수면이 하강하고 토양이 건조하여 수축함으로써 지반침하(land subsidence, sink hole)현상이 나타난다(그림 11.4). 지하수는이동속도가 느리므로 지하수를 과잉사용하면 인근 지역의 지하수면이 낮아지고 국지적인 지하수 고갈이 발생한다. 일부 지역에서 과잉사용하면 인근 지역의 자원을 고갈시키는 피해를 주어 갈등이 발생하기도 한다. 해안지방에서는 지하수의 감소는 지하수에서 담수와 해수의 경계면이 육지 쪽으로 이동하여 우물에서 해수침입현상(salt water intrusion)이 나타난다(그림 11.5). 지하수위는 하천의 수위와 같으므로 지하수위의 하강은 가뭄이 들었을 때 하천의 건천화를 일으키는 원인이 된다.

지하수의 사용에 대해서도 적절한 가치매김이 이루어지지 않아서 과잉사용을 부추기고 있다는 비판도 일고 있다. 많은 지역에서 거의 무료에 가까운 지하수의 과잉사용으로 지하수가 점차 고갈되고 있다. 선진국에서는 지하수의 용도를 제한하거나 가뭄에 대비하여 평시에는 사용을 제한하고 보호하는 사례도 있다.

## 라. 물발자국

식량생산을 위해서는 많은 물이 필요하므로 식량을 수입하는 것은 수자원 사용을 대체하는 효과가 있으며 물을 수입하는 것과 동일한 것으로 간주할 수 있다. 생산을 위해 소비되는 물의 양을 물발자국(water footprint)이라고 하는데 우리나라는 식량을 많이 수입하므로 식량생산에 소비되는 양만큼의 물을 수입하는 것과 같은 효과를 가진다(생명환경토픽 19.9 참조).

그림 11.4 지하수 과잉사용으로 인한 지반침하 사례(미국). 1925년부터 1977년 사이의 지하수 과잉사용으로 인한 지표의 침강을 보여준다(출처 : 위키백과).

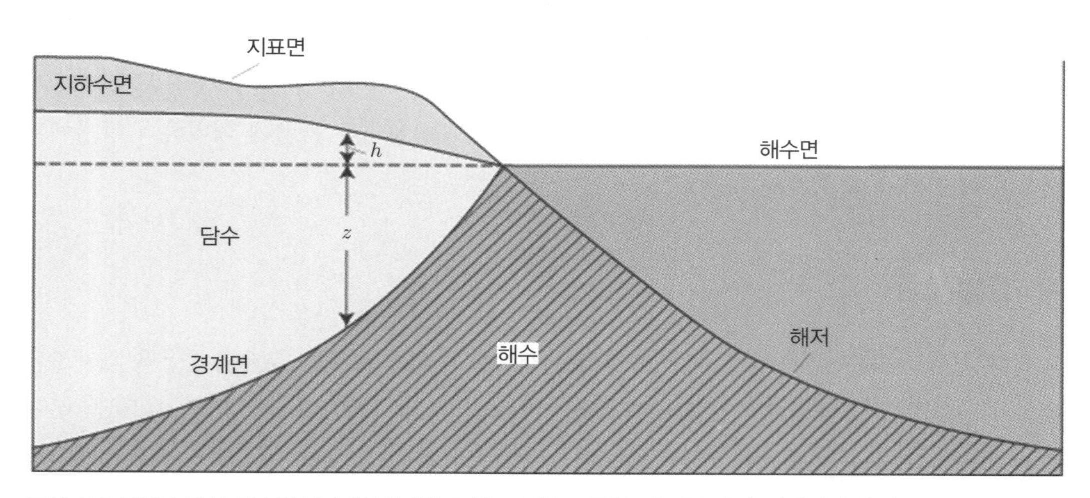


그림 11.5 지하수에서 해수와 담수의 경계면 모식도. 담수 지하수가 감소하면 경계면이 육지로 이동하여 지하 관정에 해수가 침입한다(출처 : 위키백과).

## 단원 리뷰

1. 물의 순환과정은?
2. 인간에 의한 물순환의 변형은 무엇인가?
3. 건전한 물순환을 위해서 어떤 대책이 있는가?
4. 수자원의 종류와 특성은?
5. 우리나라 하천은 유량 변동이 크다.
6. 수자원이 가장 많이 소비되는 곳은 농업이다.
7. 지하수 남용의 피해는 지하수위 저하, 지반침하, 해수 침입 등으로 나타난다.
8. 수자원을 추가 개발하여야 하는가? 수요를 줄여 대처해야 하는가?

CHAPTER 12

# 에너지

김만구

에너지란 일을 할 수 있는 능력이다. 일이란 정지하고 있는 물체에 힘을 가하여 이동시킨 물리량이며, 가속도를 발생시킨다. 그러므로 일과 에너지의 단위는 다음과 같이 동일하다.

1(erg = g · cm$^2$/s$^2$) : 1 g을 1 cm/s$^2$으로 1 cm 이동하게 할 때의 일의 양
1(joule = kg · m$^2$/s$^2$) : 1 kg을 1 m/s$^2$으로 1 m 이동하게 할 때의 일의 양
1 cal : 1 g의 물을 14.5°C에서 15.5°C로 올리는 데 필요한 열량 = 4.184 J

이러한 일을 할 수 있는 에너지의 종류에는 운동에너지, 위치에너지, 전기에너지, 빛에너지, 열에너지, 화학에너지 등 여러 가지 형태의 종류가 있다. 이러한 각 형태의 에너지들은 여러 가지 에너지 형태로 바뀔 수 있으나 에너지 보존의 법칙에 따라 전체 에너지의 양은 항상 일정하게 보존된다.

특히 특수상대성 이론에 따라 물질의 질량이 아래 식과 같이 에너지로 변환된다.

$$E = mc^2$$

이렇게 물질이 에너지로 바뀌는 것은 핵분열과 핵융합 시 일어나며 원자력에너지의 기본이 되는 개념이다.

그림 12.1에 나타낸 것과 같이 인류는 수렵과 채집을 하던 원시시대부터 자신의 근력을 에너

지로 사용하여 왔으며 소와 같은 동물들을 일을 하는 에너지원으로 사용하며 농업 혁명을 일으켜 정착하게 되었다. 그리고 1700년대 말 에너지를 연속적으로 사용할 수 있는 증기기관 기술의 개발을 바탕으로 산업혁명이 일어났다.

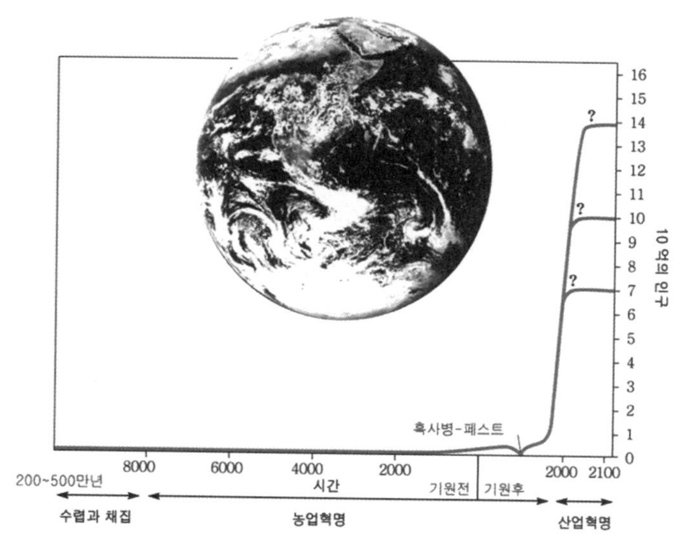


그림 12.1 지구 인구의 변화와 에너지 활용 시기

이로 인해 인류는 공장에서 필요한 에너지를 확보하고 효율을 높이는 기술을 개발하며 인류가 에너지를 자유로운 사용할 수 있게 되어 인구수는 기하급수적으로 증가하여 2017년 현재 75억 명에 이르고 있다. 그래서 지구의 생태계 내에서 인간의 비중이 높아져 인류권(Anthrosphere)이라는 권역도 생겨났다. 이렇게 인류의 인구는 에너지의 사용과 밀접한 관계가 있으며 이제까지 인류의 인구조절 역할을 해왔던 전쟁, 질병 기아와 함께 새로이 환경호르몬과 및 에너지의 고갈이 포함될 수 있을 것 같다.

## 12.1 화석에너지

인류가 수렵을 하며 자신의 에너지를 사용하던 시기가 지나 동물을 에너지원으로 사용하며 농업혁명이 일어나 정착하게 되었다 그리고 1700년 초 풍력, 수력들을 이용하는 동력기계들이 설계되면서 기존의 에너지원과 다르게 연속적으로 사용할 수 있는 에너지원이 필요하게 되었다(그림 12.2).

그림 12.2 인류가 사용한 다양한 에너지원 : 인간, 동물, 화석연료

초창기 증기기관의 연료는 나무였으나 1800년대부터는 석탄이 사용되었다. 이때부터 공장의 방적기 증기기선, 증기기관차 제재소 등의 고정엔진이 쉬지 않고 움직일 수 있게 되어 산업혁명이 시작되었다.

화석에너지로 사용하는 연료로는 석탄, 석유, 천연가스가 가장 대표적이며 오일샌드(Oil sand)와 오일셸(Oil shale)도 원유가격의 상승으로 개발하여 이용하고 있다.

화석연료는 수백만 년 전 바다나 호수에 산소 결핍 상태로 대량으로 침전된 식물성 플랑크톤과 동물성 플랑크톤을 포함한 유기체 잔해의 혐기성 분해로 생성된다. 지질학적인 시간에 걸쳐 유기 물질은 진흙과 섞여서 침전된 무거운 층 아래에 매장된다. 결과적으로 발생하는 엄청난 열과 압력은 유기물질을 화학적으로 변이시킨다. 석탄은 주로 식물들이 묻혀서 압력을 받아 다른 화석연료에 비해 상대적으로 분해가 덜 된 것이다. 지하 2500~5000 m 정도에 더 많은 압력을 받게 되면 큰 유기물질 분자들이 작은 탄소분자로 분해되어 원유가 된다. 그리고 지하 5000 m 이상으로 더 깊이 묻힌 유기물들은 대부분 탄소원자 하나를 포함하는 메테인으로 분해되어 천연가스가 된다.

## 가. 석탄

석탄은 탄소의 함량이 중량비로 50% 이상 부피비로 70%이상을 함유하고 있는 가연성 암석이다. 탄소분이 60%인 이탄, 70%인 아탄 및 갈탄, 80~90%인 역청탄, 95%인 무연탄으로 나뉜다. 2015년 현재 석탄은 우리나라 에너지원 중에서 29.7%를 담당하고 있으며 대부분 제철소와 발전용에 사용되고 있다.

우리나라에서 석탄의 소비는 2011년까지 발전용을 중심으로 빠르게 증가하여 왔으며 2016년 우리나라의 석탄생산량은 172만 톤이며 135백만 톤을 수입하여 사용하고 있다.

우리나라에서 에너지통계를 시작한 1955년에는 신탄(firewood)이 75.7% 석탄이 19.2% 나머지 5.1% 정도를 석유와 수력으로 충당하였다. 미국에서도 1920년대에는 에너지의 80%를 석탄으로 충당하였다. 석탄은 에너지원의 단가가 저렴하다는 장점이 있다. 그러나 채광 및 폐광 후에도 환경오염을 일으키며 사용 중에 그리고 사용 후에도 분진 및 연소재, 이산화황과 같은 유해가스의 배출로 환경부하량이 큰 에너지원이다.

## 나. 석유

석유는 현재 가장 많이 사용되는 화석연료이다. 석탄을 사용하던 증기기관은 연속적인 동력을 얻기 위해 몇 시간의 예열이 필요하였으나, 석유를 연료로 사용하는 내연기관은 예열 없이 바로 동력기관을 운전할 수 있기 때문에 현재 산업현장에서 널리 사용되고 있다.

석유가 발견되는 지층은 대부분 퇴적암이며 지각의 변동에 의해 석유가 고일 수 있는 배사구조의 석유광상에서 발견되고 있다. 석유가 가공되지 않은 형태에서는 여러 종류의 탄화수소를 주성분으로 하고 미량성분으로서 황, 질소, 금속 등을 함유하고 있으며 또 불순물로 수분, 가스분을 함유하고 있다. 따라서 수출 또는 정유공장으로 이송되기 전에 보통 간단한 처리를 거쳐 수분, 가스분을 제거하는데 이 단계까지 처리한 것을 원유라고 부른다. 이 원유를 정제공정을 거쳐 각각 이용 목적에 따라 여러 가지 제품을 만들어내는데, 이를 석유제품이라고 한다. 그림 12.3에서와 같이 석유정제에는 원유의 주성분인 탄화수소의 혼합물들을 비등점 차이에 따라 분류하는 증류과정을 거친다. 그다음 이 증류과정을 통해 뽑아낸 여러 가지 유분 중에 포함되어 있는 불순물을 제거하고, 또 촉매를 첨가하여 탄화수소에 반응을 일으켜 성질이 다른 탄화수소를 만들어내는 전화(분해, 개질)과정이 있다.

우리나라에서는 1880년대부터 석유가 수입되기 시작하여 2015년 현재 1,026백만 배럴의 원유를 수입하고 있으며, 이중 82.3% 이상을 중동에서 수입하고 있다. 그리고 2015년도에 국내에서 1차 에너지 공급용으로 856백만 배럴의 석유제품이 사용되고 있다. 이는 우리나라 전체 에너지의 38.1%에 해당한다.

LPG란 'Liquefied Petroleum Gas'의 머리글자를 따서 호칭한 것이며 우리말로는 액화석유가스라고 불린다. LPG는 석유계 탄화수소 화합물이다. 석유계 탄화수소 중에는 화학적으로 안정된 피라핀계 탄화수소와 화학적으로 불안정한 올레핀계 탄화수소가 있다. 일반가정에 공급되는 LPG는 프로판 성분이 주를 이루며 부탄, 프로필렌, 부틸렌 등이 약간 포함되어 있다.

원유를 분리, 정제하는 과정에서 부산물로 가스가 발생하는데 정유공장의 원료로 일부 사용되고 그 이외는 모두 액화하여 LPG로 생산된다.

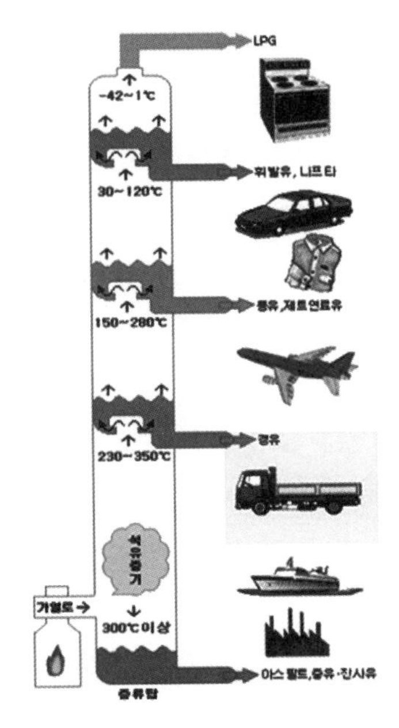


| 증류 온도(°C) | 제품명 | 생산수율(%) |
|---|---|---|
| −1～−42 | 액화석유가스 | 3.7 |
| 27～69 | 나프타 | 19.1 |
| 69～157<br>잔사유 | 용제 | 0.5 |
| 35～180 | **휘발유** | **8.5** |
| 170～250 | 등유 | 4.2 |
| 244～372 | 제트유 | 10.0 |
| 250～350 | **경유** | **25.1** |
| 240～360<br>잔사유 | 중유 | 21.4 |
| 350 이상 | 아스팔트유 | 2.2 |
| 384 이상 | 황, 기타 | 5.3 |

그림 12.3 원유의 증류과정과 제품들의 증류 온도(출처 : 한국석유공사)

## 다. 천연가스

천연가스는 액화 석유가스와 달리 표 12.1에 나타낸 것과 같이 메테인이 주성분이다. 석유가스에 비해 열량이 높고 비중도 가벼우며 연소생성물 중 유해 가스도 적다.

천연가스를 냉각해서 액화한 것이 액화천연가스 LNG이며 'Liquefied Natural Gas'의 약자이다. 천연가스의 주성분인 메테인은 1 kg이, 0°C, 1기압의 가스 상태로 약 1.3 $Nm^3$의 부피이나, 이것을 −162°C까지 냉각하여 액화시키면 부피를 약 1/600로 줄일 수 있다(표 12.1).

가스전에서 생산된 천연가스는 주로 파이프라인이나 LNG 운반선으로 사용처까지 운반된다. 가스전에서 채취한 천연가스(NG)를 소비지까지 배관을 통해 공급하는 가스는 PNG(Pipeline Natural Gas)라고 한다. 우리나라에서도 시베리아 천연가스전에서 파이프를 통해 직접 국내로 도입하려던 계획이 수립되었던 적도 있다.

표 12.1 액화 천연가스와 액화석유가스의 특성 비교

| 구분 | 주성분 | 비중 | 액화온도 압력 | 액화 시 부피축소 | 용도 |
|---|---|---|---|---|---|
| LNG | 메테인($CH_4$) | 0.62 | −162°C(1 $kg/cm^2$) | 1/600 | 도시가스용, 차량연료, 발전용, 석유화학연료 |
| LPG | 프로판계 | 1.53 | −42°C(1 $kg/cm^2$) | 1/260 | 가정연료, 산업용, 도시가스용 |
| | 부탄계 | 2.01 | −0.5°C(1 $kg/cm^2$) | 1/230 | 차량연료, 휴대용 버너연료, 공업용 |

우리나라는 1986년 인도네시아에서 LNG를 도입한 이래 2016년 12월 31,847톤을 수입하고 있다.

세계의 각 생산 기지에서 채굴된 천연가스는 액화시킨 후 LNG로 각 소비처까지 운반되고 있다. 우리나라의 LNG 선박제조 기술과 운반은 세계 최고 수준으로 생산 현장에서 천연가스를 채굴한 뒤 이를 정제하고 LNG로 액화하여 저장 및 하역을 할 수 있는 프리루드(Prelude)라는 해양플랜트 설비를 FLNG(Floating LNG)를 개발하였다. 기존에는 해저 가스전에서 뽑아 올린 천연가스를 파이프라인을 통해 육상으로 보낸 뒤, 이를 액화하여 저장해두었다가 LNG 선으로 옮겨 싣고 수요처까지 운반했지만 FLNG는 해상에서 이러한 모든 과정을 수행할 수 있다.

이렇게 운반된 LNG는 생산기지에서 하역되어 저장 탱크에 보관되었다가 다시 기화되어 전국 배관망으로 송출된다. 우리나라의 천연가스 공급망은 2017년 1월 현재 4,672 km로 공급관리소가 383개소에 이른다. 전국 각 공급 관리소에서는 적정 압력으로 조정하여 수요처로 공급하고 있다. 가정에는 도시가스망을 통해 공급되고 있다. 우리나라의 경우 일부 지역에는 아직 LPG+Air 방식의 도시가스를 공급하고 있으나 그 외 지역의 모든 도시가스에는 천연가스로 공급되고 있다(그림 12.4).

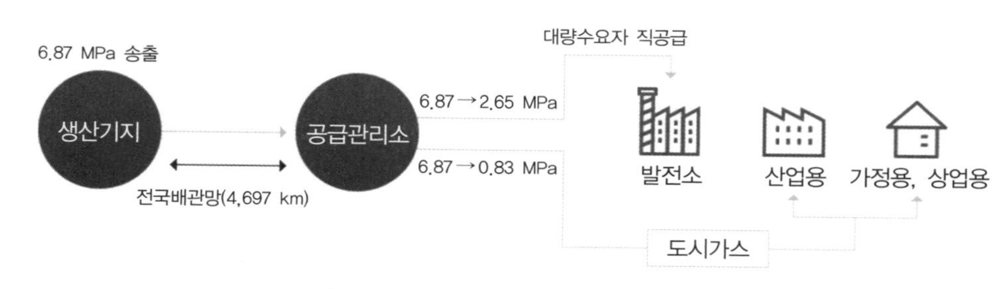


그림 12.4 우리나라 천연가스 공급 개념도

## 라. 에너지를 이용한 발전

화석에너지는 보다 사용이 편리한 에너지의 다른 형태인 전기에너지로 변환하기 위하여 많은 부분이 발전에 사용된다. 2016년도에 우리나라에서 생산된 전력의 63.7%(유연탄 : 37.7%, LNG : 19.1%, 석유 6.0%, 무연탄 : 0.9%)는 화석에너지를 이용하여 얻는다. 발전은 그림 12.5에 나타낸 것과 같이 어떠한 형태의 에너지를 이용하던지 그 원리는 동일하다. 발전기는 코일을 자장 안에서 회전시켜서 전기를 생산한다. 발전기를 회전시키는 기계에너지는 여러 가지 화석 연료를 사용하여 증기를 만들고 이렇게 생산된 증기로 터빈 돌려서 기계에너지를 얻고 이를 전기에너지로 변환시킨다. 전기에너지로 변환하는 발전 과정이나 이를 사용처까지 수송하는 송전 과정 등에서 많은 에너지가 손실되지만 전력이 즉시 다양한 형태로 사용할 수 있기 때문에 매우 유용하고 편리하다. 그리고 IT 기기와 전기자동차 등 현대사회에서는 전기를 사용하는 곳이 점차 증가하기 때문에 필수적이다.

전력은 주어진 시간동안 전류를 이용하여 한 일의 양으로 정의되며 단위는 W(Watt)로 나타낸다. 1 W는 1 볼트의 전위차를 가진 두 점 사이를 1 A(ampare)의 전류가 흐를 때 일어나는 일의 양으로 1초에 1 Joule의 일을 하는 일률이다. 우리나라에서 전기요금은 kWh(킬로와트시)의 단위로 부가되고 있다.

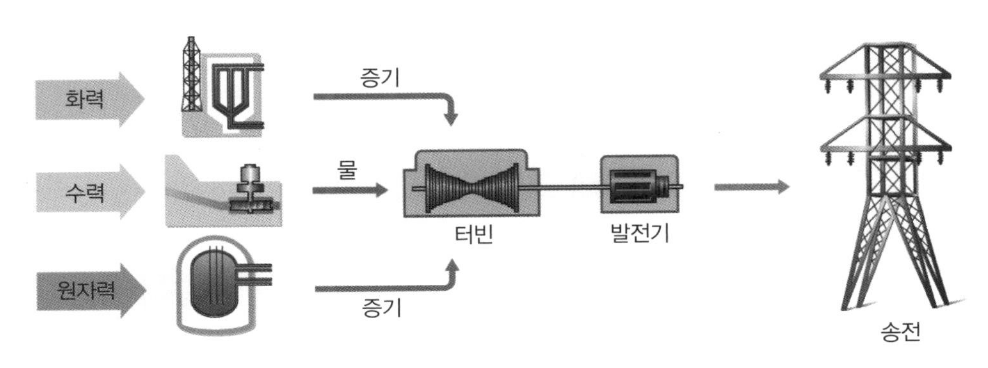


그림 12.5 발전의 원리(출처 : ZUM학습백과)

발전소에서 발전된 전기는 20,000 V 내외의 고압이다. 이 전기를 먼 곳까지 보내려면 변압기를 사용하여 154,000 V, 345,000 V, 765,000 V로 전압을 크게 올려 송전철탑과 고전압선을 이용하여 2~3단계의 변전소를 거쳐 도시부근의 3차 변전소까지 보내는 것이 송전선로이다.

도시 근처까지 송전된 전기는 배전용 3차 변전소에서 사용하기 적당한 수준인 220 V, 380 V 및 22,900 V로 전압을 낮추어 배전선로를 통해 가정, 학교와 공장 등에 전기를 공급한다.

이렇게 우리나라의 송배전선로는 하나의 전력망으로 연결되어 있다. 그래서 전력사용량이 공급량보다 많아지면 전력망 전체의 전압과 주파수가 떨어져서 시스템이 정지되는 대규모 정전사태(Blackout)가 발생하게 된다. 2003년 8월 14일 미국동부 8개 주와 캐나다 일부에서 대규모 정전사태가 발생하여 300억 달러의 경제손실을 입은 사례가 있다. 우리나라에서도 2011년 9월 15일 30분씩 순환정전을 실시한 사례가 있고 2006년 4월에는 제주도 해저송전케이블 고장으로 정전사태가 발생했었다.

## 마. 우리나라 에너지 수급현황

에너지의 수급과 사용량은 국가의 GDP와 밀접한 관계가 있다. 1973년 제4차 중동전쟁으로 인한 1차 석유파동, 1978년 이란－이라크전쟁으로 인한 2차 석유파동으로 원유값의 상승으로 우리나라 경제성장이 큰 타격을 입었다. 반대로 1997년 외환위기 때 우리나라의 에너지 사용은 전년 대비 8.1% 감소하였다. 이와 같이 국가의 경제와 에너지 사용량은 밀접한 관계를 가지고 있다. 우리나라의 1차 에너지 공급량은 2015년 현재 287.5 백만 TOE이며 에너지의 94.8%를 수입에 의존하고 있어 에너지 안보에 매우 취약한 수급구조를 가지고 있다. 그림 12.6에 두바이 원유의 배럴당 변화추이를 나타냈다. 2000년대 초까지 배럴당 수십 달러이던 원유 가격이 2007년 이후 급등하여 배럴당 140달러를 상회하여 세계적인 경기침체를 가져 왔다. 그리고 현재 우리나라가 가장 많이 의존하고 있는 석유에너지의 원유가격은 세계정세에 따라 매우 급변하기 때문에 에너지안보는 매우 중요하다.

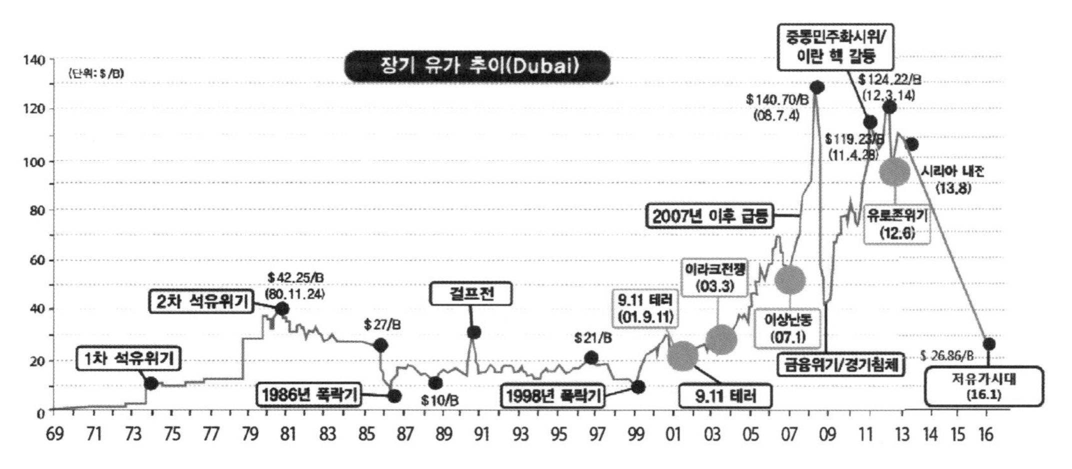


그림 12.6 두바이산 원유의 배럴당 가격의 변동(출처 : 한국석유공사 석유정보망(www.petronet.co.kr))

2013년도 기준으로 전 세계의 1차 에너지 공급량은 136억 TOE로 연평균 2.3%의 증가율을 나타내고 있다. 에너지원별 공급 구성은 석유가 31.1%, 석탄 28.9%, 천연가스 21.4%로 우리나라의 에너지 공급구조와 유사하다(그림 12.7). 우리나라는 에너지소비 규모는 세계 9위 수준이지만 1인당 에너지소비량은 5위로 독일, 프랑스, 일본보다 높다(표 12.2).

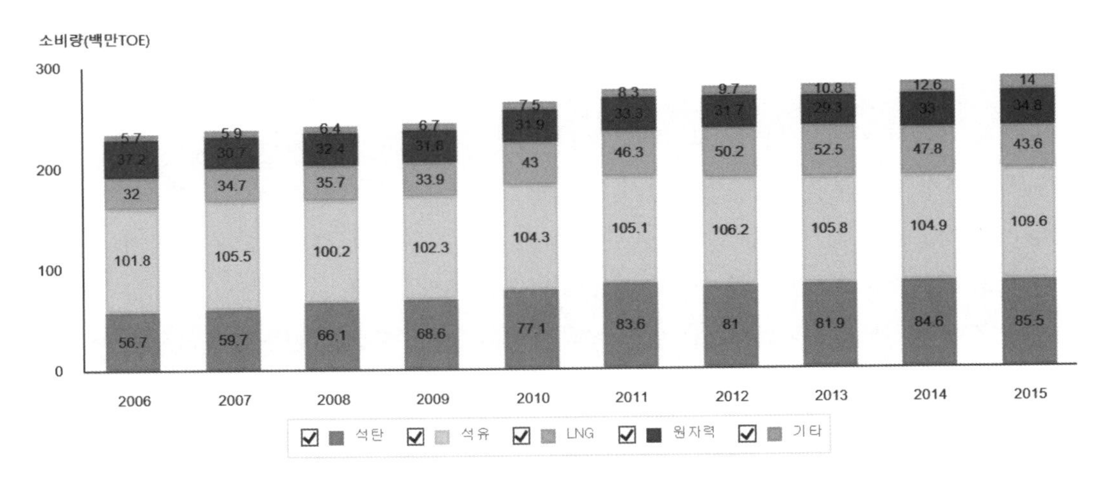


그림 12.7 우리나라 1차 에너지 소비량 현황(출처 : e-나라지표)

표 12.2 각국의 1인당 연간 1차 에너지 소비량

(단위 : TOE)

| 한국 | 독일 | 프랑스 | 영국 | 일본 | 미국 | OECD |
|---|---|---|---|---|---|---|
| 5.32 | 3.78 | 3.67 | 2.78 | 3.48 | 6.94 | 4.16 |

(출처 : World Energy Balances, IEA, 2016)

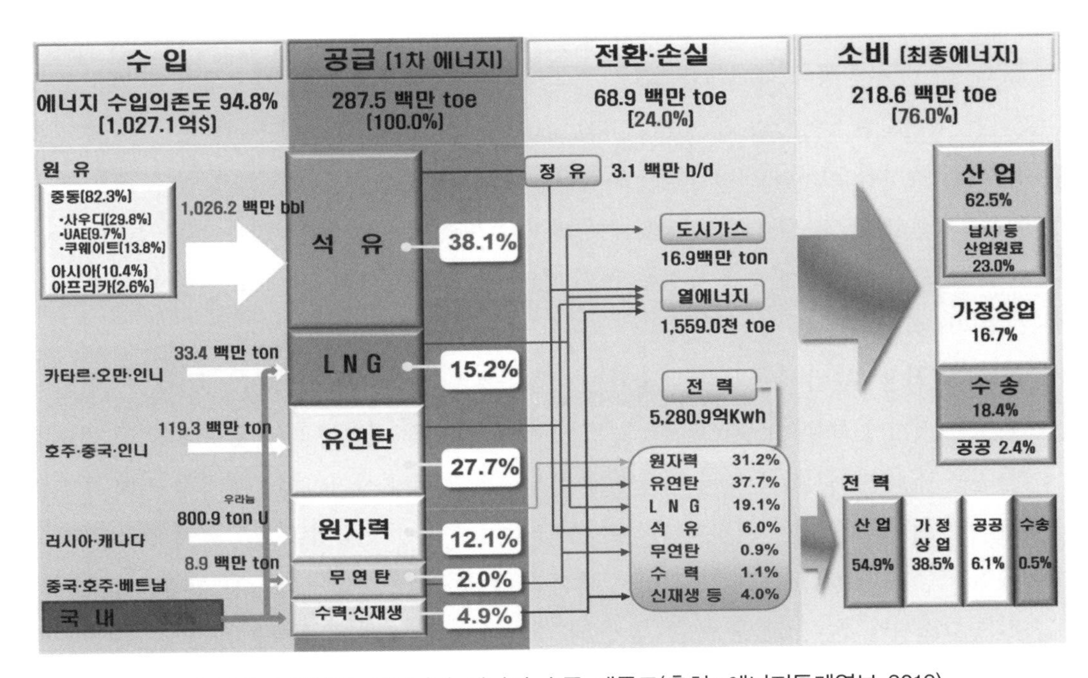


그림 12.8 2015년도 우리나라 에너지 수급 계통도(출처 : 에너지통계연보 2016)

그림 12.8에 우리나라 에너지 수급 계통도를 나타냈다. 우리나라의 에너지는 2015년도에 287.5 백만 TOE를 석유, 석탄, 천연가스, 원자력 및 수력 신재생에너지의 순으로 공급되었다. 이들 1차 에너지가 석유제품과 도시가스, 열에너지 및 전력으로 전환되었으며 이 과정에서 24%의 에너지가 손실되었다. 이렇게 1차 에너지를 이용하여 생산된 도시가스 및 열에너지는 산업과 가정, 수송 및 공공부분에 사용되었다. 그리고 각종 1차 에너지를 사용하여 생산한 전력 5,280.9억 kWh도 같은 분야에서 최종에너지로 사용되었다.

이와 같이 공급되는 1차 에너지를 다른 형태의 에너지로 전환하는 높은 효율의 전환 에너지 장치의 개발도 에너지 정책분야에서는 중요하다.

## 바. 화석에너지가 환경에 미치는 영향

전술한 바와 같이 화석에너지는 지권(geosphere)에 묻혀있던 석탄, 석유, 천연가스와 같은 탄소가 주성분인 화석연료를 채굴하여, 에너지를 얻기 위해 화석연료를 연소시켜 발생하는 연소열을 1차 에너지로 이용하는 것이다. 이 과정에서 탄소는 이산화탄소($CO_2$)로 바뀌어 대기 중으로 배출되고, 석탄에 포함된 황철광이 연소되어 이산화황($SO_2$)이 배출되며, 연소과정에서 공급된 공기 중 질소가 산화되어 질소산화물($NO_x$) 기체로 바뀌어 대기 중으로 배출된다. 이와 같이 인류가 화석연료를 사용하여 에너지를 얻는 과정에서 지권에 존재하던 탄소가 이산화탄소와 같이 기체상으로 바뀌어 대기권(atmosphere)으로 권역 이동을 시켜서 에너지 수지의 평형을 유지하던 지구환경이 바뀌게 되었다. 즉 화석연료를 사용하기 전 지구대기 중 280 ppmv 수준이던 이산화탄소의 농도가 2013년 400 ppmv를 넘어섰다. 우리나라 안면도의 기후변화 감시소에서 측정한 2016년도 이산화탄소 평균농도는 409.9 ppmv를 기록하고 있다. 이로 인하여 온실효과로 인한 지구온난화 현상과 기후변화는 가장 대표적인 환경영향이다. 그래서 최근에는 대기권으로 유입된 탄소를 유전공 등의 지권으로 되돌려 저감시키려고 하는 대책도 시도되고 있다.

이외에도 화석연료의 사용으로 배출되는 이산화황과 질소산화물은 대기 중으로 유입되어 산화과정을 거쳐서 각각 황산과 질산으로 변형되어 산성비의 원인이 되고 있다. 그리고 변형된 산성물질은 대기 중에서 암모니아 기체와 같은 염기성 기체와 산염기 중화반응을 거쳐 초미세 입자로 변형된다. 최근에는 이렇게 생성된 중국의 미세 먼지가 국내로 유입되어 전국 각지의 초미세먼지 농도가 100 $\mu g/m^3$를 초과하는 사례도 발생하였다. 이렇게 생성된 미세먼지들은 시정거리를 감소시켜 푸른 하늘을 볼 수 없게 되고, 폐까지 침투하여 악영향을 일으키는 보건학적으로 유해한 오염물질이다. 이와 같이 화석연료는 환경부하량이 매우 많은 에너지원이다.

## 12.2 원자력에너지

화석연료의 매장량이 한정적이어서 인류가 계속하여 사용할 수 없음을 인지하고 새로운 에너지원으로 개발한 것이 원자력 에너지이다. 핵분열을 이용한 원자력에너지는 세계 제2차 대전 중에 핵무기로 개발되었다. 그 후 평화적인 사용 목적으로 원자로를 개발하기 시작하여 원자력 에너지를 발전에 이용하게 되었다. 1954년 세계 최초로 구소련이 흑연감속로를 개발하고 1956년도에 영국에서 기체냉각로를 개발하였으며, 1957년에 미국이 가압경수로를 개발하며 원자력에너지를 평화적으로 이용하기 시작하였다. 초기에 원자력에너지에 대한 많은 기대로 1970년대에 미국에서는 200기가 넘는 원자로 건설을 계획하였으며 1990년대가 되면 수백기의 원자로가 가동될 것으로 기대했었다. 그러나 실제로는 1975년 53기가 운전되었고, 20111년 현재 104기의 원자로가 운전되고 있다. 2013년 현재 세계 총에너지 소비량 136억 TOE 중에서 원자력이 4.8%에 해당하는 646백만 TOE를 공급하고 있다. 우리나라는 2015년 현재 총 1차 에너지 공급량중 원자력 에너지로 12.1%를 충당하고 있다. 우리나라는 2017년 현재 24기의 원자로가 가동 중이다.

핵에너지는 물질이 에너지로 바뀌기 때문에 우라늄−235는 단위 질량당 얻을 수 있는 에너지의 양이 석탄에 비해 300만 배 정도도 매우 크고 화석연료에서와 같이 온실가스의 배출도 없는 장점이 있지만, 운전에 발생하는 핵폐기물의 처리와 사고 시 막대한 피해 범위와 영향 등으로 현재는 안전성에 관한 논란도 많다.

### 가. 핵에너지

핵에너지는 핵분열, 핵융합, 방사성 붕괴를 통하여 얻을 수 있다. 현재 원자력에너지를 얻는 원자력 발전의 원자로 들은 핵분열을 이용하여 에너지를 얻고 있다. 그림 12.9와 같이 일반적으로 무거운 원소의 원자핵들은 분열하여 안정화되려고 하고 가벼운 원소의 원자핵들은 융합하여 더 안정한 원소로 변화하려는 경향이 있다.

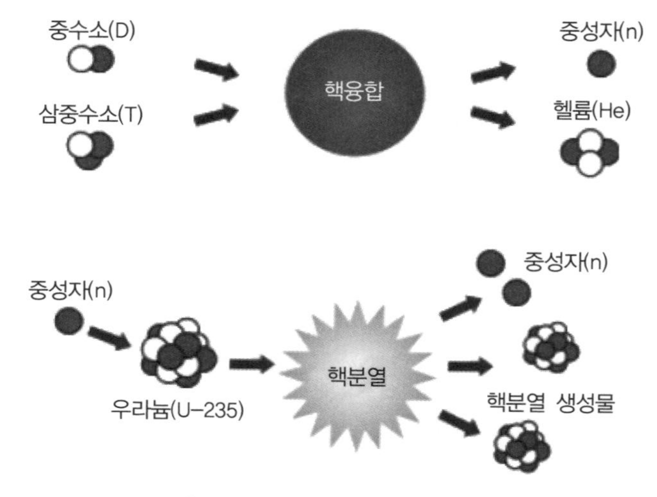


그림 12.9 핵융합과 핵분열의 개념도

핵분열 시 방출되는 에너지는 아인슈타인의 질량-에너지 등가원리($E=mc^2$)에 따라 핵분열 전후의 질량변화가 일어나며 결손된 질량이 에너지로 바뀐다. 1개의 우라늄-235 원자핵이 중성자를 흡수하면 핵분열 생성물과 함께 평균 2.4개의 중성자를 재방출하며, 약 200 MeV의 에너지를 방출한다(그림 12.10).

가벼운 원소의 원자핵들은 '핵융합' 반응을 통해 에너지를 생성한다. 태양과 별들이 스스로 빛을 내는 원리가 바로 핵융합 반응이다. 중수소(중성자수 1), 삼중수소(중성자수 2), 리튬 같은 가벼운 원소들의 경우, 원자핵 2개를 거대한 힘으로 충돌시키면 새로운 하나의 원자핵으로 융합된다. 이때 일어나는 질량결손은 핵분열 때보다 더 커서 핵분열보다 더 많은 에너지를 얻을 수 있다. 이러한 핵융합에너지를 활용한 발전방식은 고준위 방사성폐기물도 발생하지 않으며 폭발 위험도 거의 없다. 그리고 화석연료를 이용한 발전에서 나타나는 이산화탄소 같은 폐기물도 생성되지 않는다. 하지만 태양과 비슷한 수준으로 높은 열과 압력을 가진 플라즈마 상태를 만들어야 하며, 그 상태를 안전하게 유지할 수 있는 장치나 시설을 만드는 것은 매우 어렵다. 그래서 이러한 문제를 해결하는 핵융합 원자로를 현재 막대한 예산을 들여 연구개발 중이다.

방사성 붕괴는 자연계에 존재하는 우라늄과 같은 크고 불안정한 원자핵이 알파선 베타선 및 감마선을 방출하며 더 안정된 상태로 가기 위해 과도한 에너지를 방출하는데, 이 현상을 '방사성 붕괴'라고 한다. 방사성 붕괴에는 알파붕괴, 베타붕괴, 감마붕괴가 있다.

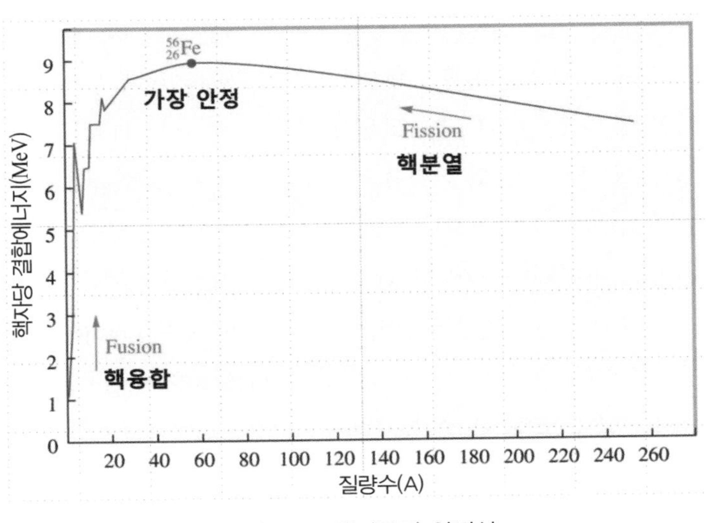

그림 12.10 원자들의 안정성

방사선, 방사능, 방사성 물질의 구분

전구에 비유하여 방사선 방사능, 방사성 물질을 비유하면 다음과 같다. 전구에서 나오는 빛은 방사선, 전구의 밝기를 방사능, 빛을 내는 전구 자체를 방사성 물질로 비유할 수 있다.

- 빛 : 방사선(radiation)
  예) 알파선, 베타선 , 감마선
- 밝기 : 방사능(radioactivity)
  예) 베크렐, 퀴리
- 전구 : 방사성 물질(radioactive matter)
  예) 우라늄, 스트론튬

## 나. 원자력 발전

원자력 발전소의 원자로는 우라늄-235를 연료로 사용하는 열반응로, 플루토늄을 연료로 사용하는 고속 증식로 및 핵융합로가 있다. 그러나 현재 전 세계에서 상업적으로 이용하고 있는 원자력 발전은 우라늄-235의 핵분열을 이용하는 핵발전소들이다.

원자력 발전에 이용하는 우라늄-235는 지구상에 존재하는 우라늄-238과 동위원소다. 동위원소는 중성자수는 다르지만 같은 수의 양성자수와 전자수를 가진 원소를 말한다. 우라늄 광산에서 채굴되는 우라늄광석을 정광하여 변환시킨 천연우라늄은 우라늄−238이 99.3%, 우라늄−235가 0.7%로 구성되어 있다. 중수로용 원전연료는 천연우라늄을 그대로 사용하지만, 경수로용 원전연료는 우라늄−235의 함량을 2∼5%로 높인 저농축우라늄을 사용한다. 핵무기에는 99%, 핵잠수함에는 90%로 고농축된 우라늄−235가 사용되고 있다. 우리나라는 한미원자력협력협정 및 한반도 비핵화 선언에 따라 국내에 민감시설인 농축 및 재처리시설 보유에 제한이 있다. 그래서 우라늄 정광에서부터 변환(Conversion), 농축(Enrichment)까지는 해외에서 생산된 것을 구매하고 있다. 그러나 이를 성형가공(Fabrication)하여 원자로의 연료봉을 고정시킨 원전연료 집합체는 국내 소비하고 있는 전량을 국내(한전원자력연료(주))에서 자체기술로 생산하고 있다.

그러나 원자로에서 사용한 연료봉 안에는 스트론튬 같은 핵물질을 포함하고 있고, 사용 중에 생성된 핵분열 생성물들이 더 안정한 상태로 가기 위하여 추가로 붕괴되며 붕괴열을 방출하므로 사용한 연료봉을 '사용후핵연료저장조'에 보관하고 있다(그림 12.11).

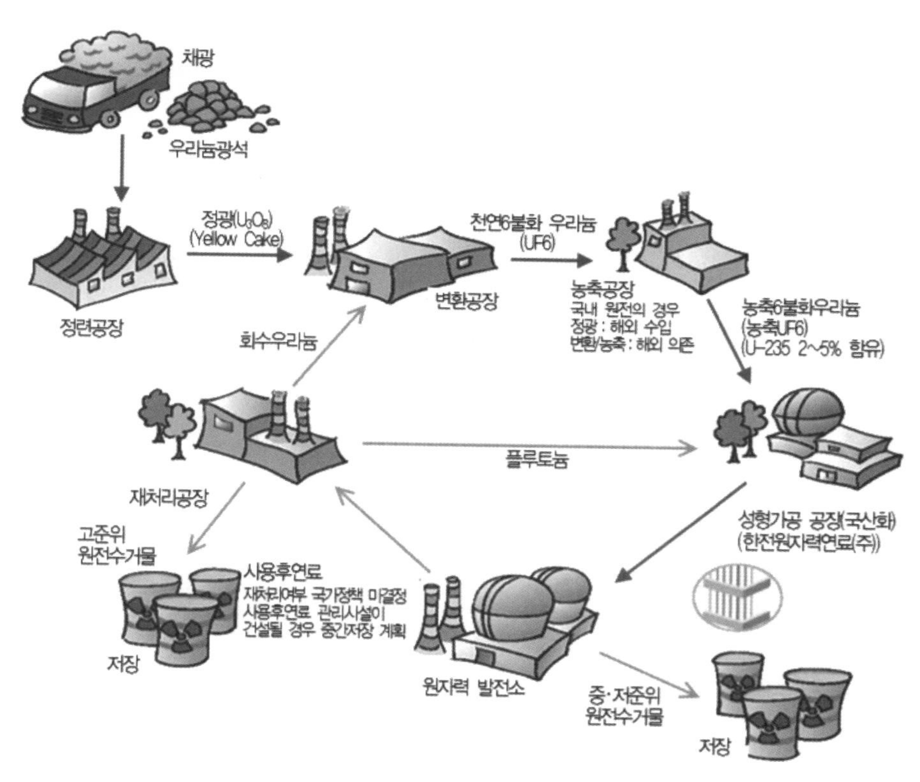


그림 12.11 원자력 발전소의 연료 제조 및 사용 후 저장 모식도(출처 : 2016 원자력발전백서, 산업통상자원부)

원자로의 원료로 사용되는 92개의 양성자와 143개의 중성자를 가진 우라늄-235는 불안정한 원소다. 여기에 중성자를 하나 흡수하여 우라늄-236이 되면 더욱 불안정하게 되어 작은 원자들로 쪼개지며 2~3개의 중성자와 큰 에너지가 발생한다. 예를 들면 우라늄-235가 중성자를 흡수한 후 스트론튬과 제논으로 쪼개지며 2.5개의 중성자와 200 Mev의 에너지가 방출된다.

$$^{235}_{92}U + n \rightarrow ^{92}_{38}Sr + ^{142}_{54}Xe + 2 \cdot 5n + Q(200MeV)$$

이때 방출되는 고속중성자는 높은 에너지를 가지고 있어 다른 우라늄을 연속적으로 분열을 증폭시키며 연쇄반응을 일으키게 된다. 이러한 현상이 원자로에서 일어나게 되면 원자폭탄이 터지는 것과 같이 높은 에너지와 고온으로 원자로 노심이 녹아내려 폭발하게 된다. 그러므로 원자력 발전을 위해서는 연쇄 반응을 잘 조절할 수 있어야 한다. 그래서 다량으로 방출되는 중성자를 흡수제가 들어 있는 제어봉으로 흡수하여 중성자 수를 조절하여야 한다. 그리고 우라늄-235를 핵연료로 이용할 경우 우라늄의 핵분열 반응단면적은 충돌하는 중성자의 에너지가 낮을수록 커지므로 중성자가 잘 흡수될 수 있도록 핵분열 시 발생되는 고속중성자의 속도를 감속재를 이용하여 감소시켜주고 있다.

- 감속재(moderator) : 경수로에서는 중성자 감속능력이 우수한 물($H_2O$)을 감속재로 사용하면서 동시에 냉각재로도 이용한다. 천연우라늄을 원료로 이용하는 중수로에서는 중수소와 산소로 이루어진 중수($D_2O$)를 감속재로 사용한다. 그 외에 흑연감속로의 경우 흑연을 감속재로 사용하고 있다.
- 제어봉(control rods) : 핵분열 정도를 조절하여 원자로의 출력을 조절하는 방법으로 중성자를 흡수하는 성질을 가진 탄화붕소나 하프늄을 강철로 덮은 제어봉을 노심에 빼거나 넣어서 원자로 안의 중성자의 수를 조절한다.

이렇게 핵분열을 조절하여 일정하게 열을 발생시키면 연료봉 주위의 냉각제가 열을 흡수하여 증기발생기로 보내져 물을 가열하여 증기를 발생시킨다. 발생된 증기는 발전기가 연결된 증기터빈을 돌려 전기를 생성시킨다(그림 12.12).

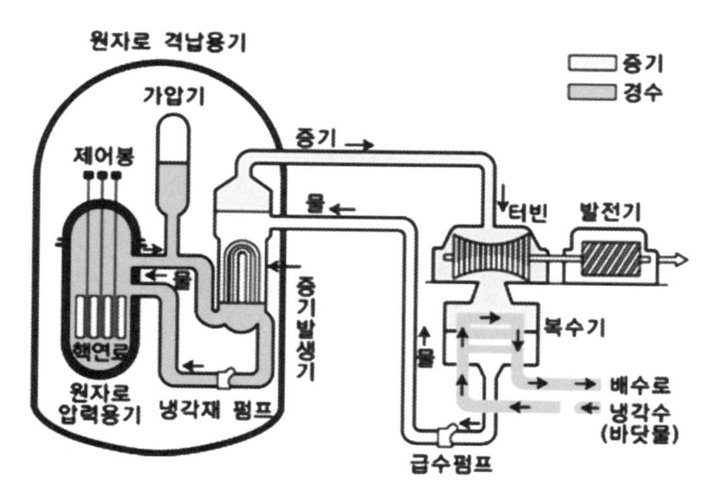


그림 12.12 가압경수로의 모식도(출처 : 한국전력공사)

우리나라에는 총 24기의 원자로가 상업운전 중에 있으며, 20기의 가압경수로형과 4기의 가압중수로형이 운전 중이다(표 12.3). 2015년도 전력 중 31.1%를 원자력 발전으로 생산하였다. 24기의 원자로 중 고리 1호기는 2018년 1월까지 영구 정지절차를 완료하기로 하여 국내에서 폐쇄되는 첫 핵발전소가 되었다.

표 12.3 국내 원자력 발전소 현황

| 구분 | 설비용량(MW) | 원자로형 | 위치 | 상업운전일 |
|---|---|---|---|---|
| 고리 1호 | 587 | 가압경수로 | 부산 기장군 장안읍 | 1978. 04. 29. |
| 고리 2호 | 650 | | | 1983. 07. 25. |
| 고리 3호 | 950 | | | 1985. 09. 30. |
| 고리 4호 | 950 | | | 1986. 04. 29. |
| 신고리 1호 | 1,000 | | | 2011 02. 28. |
| 신고리 2호 | 1,000 | | | 2012. 07. 20. |
| 월성 1호 | 679 | 가압중수로 | 경북 경주시 양남면 | 1983. 04. 22. |
| 월성 2호 | 700 | | | 1997. 07. 01. |
| 월성 3호 | 700 | | | 1998. 07. 01. |
| 월성 4호 | 700 | | | 1999. 10. 01. |
| 신월성 1호 | 1,000 | 가압경수로 | | 2012. 07. 31. |
| 신월성 2호 | 1,000 | | | 2015. 07. 24. |

표 12.3 국내 원자력 발전소 현황(계속)

| 구분 | 설비용량(MW) | 원자로형 | 위치 | 상업운전일 |
|---|---|---|---|---|
| 한빛 1호 | 950 | 가압경수로 | 전남 영광군 홍농읍 | 1986. 08. 25. |
| 한빛 2호 | 950 | | | 1987. 06. 10. |
| 한빛 3호 | 1,000 | | | 1995. 03. 31. |
| 한빛 4호 | 1,000 | | | 1996. 01. 01. |
| 한빛 5호 | 1,000 | | | 2002. 05. 21. |
| 한빛 6호 | 1,000 | | | 2002. 12. 24. |
| 한울 1호 | 950 | 가압경수로 | 경북 울진군 북면 | 1988. 09. 10. |
| 한울 2호 | 950 | | | 1989. 09. 30. |
| 한울 3호 | 1,000 | | | 1998. 08. 11. |
| 한울 4호 | 1,000 | | | 1999. 12. 31. |
| 한울 5호 | 1,000 | | | 2004. 07. 29. |
| 한울 6호 | 1,000 | | | 2005. 04. 22. |

(출처 2016 원자력발전백서, 산업통상자원부)

## 다. 핵폐기물

핵발전소의 운영 중 발생하는 방사성폐기물은 각 나라의 정책 및 환경여건에 따라 서로 다른 분류 체계를 갖추고 있는데 국내에서는 반감기 20년 이상의 α선 방출핵종으로서 방사능 농도가 4000 Bq/g 이상이고 열 발생률이 2 kW/m$^3$ 이상인 폐기물을 고준위폐기물, 그 밖의 폐기물을 중·저준위 방사성폐기물로 분류하고 있다. 일반적으로 원자력 발전소의 운영 중에 사용했던 작업복, 장갑, 덧신, 폐부품 등과 방사성동위원소를 이용하는 산업체, 병원, 연구기관 등에서 발생하는 동위원소폐기물 등이 중·저준위 방사성폐기물로 분류하여 관리하고 있다. 중·저 준위 방사성폐기물의 경우 10년 정도 보관하면 방사능이 97% 이상 감소한다. 그러나 고준위 핵폐기물의 경우 미국 EPA에서는 100만 년을 격리할 것을 추천하고 미국 표준은 20반감기 동안 격리하도록 되어 있다.

## 라. 원자력 사고

원자력 발전소의 사고는 엄청난 재앙을 불러올 수 있으므로 원자력 발전소의 안전은 매우 철저하게 관리되고 있다. 원자력사고는 0~7등급까지 8단계로 구분하여 관리하고 있다(표 12.4). 우리나라에서는 1993년부터 2017년까지 총 383건의 사고가 있었고 이중 0등급이 357건, 1등급이 23건, 2등급이 3건, 3등급이 0건 발생하였다. 다행히 사고로 분류되는 4등급 이상의 사고는 아직 발생하지 않았다.

표 12.4 원자력 사고의 등급

| | |
|---|---|
| 0등급 | **척도 미만(Deviation－No Safety Significance)**<br>경미한 이상. 사건이 발생했으나 안전에 중요하지 않아서 사건으로 간주하지 않는다. |
| 1등급 | **이례적인 사건(Anomaly)**<br>운전제한 범위에서의 이탈. 큰 문제는 아니지만 사건이 생기면 세계 뉴스에 오른다. |
| 2등급 | **이상(Incident)**<br>시설물 내의 상당한 방사능 오염. 시설 종사자들의 법정 연간 피폭한계치 내의 방사선 노출. 시설 내부에서 방사능 오염과 피폭이 있었지만 안전상 심각한 정도는 아니다. |
| 3등급 | **중대한 이상(Serious Incident)**<br>시설물 내의 심각한 방사능 오염. 시설 종사자들의 심각한 피폭. 시설 내부에서 안전상 심각한 방사능 오염과 피폭이 발생했다. |
| 4등급 | **시설 내부의 위험 사고(Accident With Local Consequences)**<br>원자로 노심이 상당한 손상을 입었고 시설 종사자들이 심각한 피폭으로 사망. 소량의 방사능이 외부로 유출되어 주변 지역에 대한 경고가 시작된다. |
| 5등급 | **시설 외부로의 위험 사고(Accident With Wider Consequences)**<br>원자로 용기에 중대한 손상을 입은 경우. 노심 용해가 시작되고 원자로 격벽의 일부가 파손되어 방사능이 외부로 누출되어 시설 및 주변 지역에 대한 대피 권고가 발동된다. |
| 6등급 | **심각한 사고(Serious Accident)**<br>상당량의 방사성 물질 외부 유출. 사고지점과 인근 지역에서 신속하게 대피하지 않으면 매우 위험하다. |
| 7등급 | **대형사고(Major Accident)**<br>대량의 방사성 물질 외부 유출. 생태계에 심각한 영향 초래. 광범위한 지역에 방사능 물질을 누출시켜 엄청난 재앙을 몰고 온다. |

그러나 체르노빌(Chernobyl) 원자력 발전소 사고(1986년 구소련, 7등급), 키시팀(Кышты́м) 사고(1957년 구소련, 6등급), 스리마일 섬 원자력 발전소 사고(1979년 미국, 5등급), 윈드스케일 원자로 사고(1957년 영국, 5등급), 고이아니아(Goiânia) 방사능 물질 누출 사고(1987년 브라질, 5등급), 도카이촌 방사능 누출사고(1999년 일본, 4등급)가 발생하였다. 그리고 최근 일본의 후쿠시마 원자력 발전소 사고(2011년 일본, 7등급)와 같은 대재앙의 원자력 발전소 사고가 발생하기도 하였다.

## 12.3 재생에너지

화석에너지의 사용에 의한 자원의 고갈과 수반되는 지구온난화 현상 등 환경오염문제 및 원자력에너지의 안정성과 재해에 대한 우려가 크다. 그래서 지속 가능한 에너지의 공급과 사용을 위하여 재생에너지에 대한 관심과 수요가 증가되고 있다. 재생에너지(renewable energy)란 태양에너지 수력에너지, 풍력에너지, 지열에너지, 조력에너지, 바이오가스, 바이오매스 등 다양한 것이 있다. 그러나 이들 에너지는 근본적으로 태양으로부터 온 에너지들이 변형된 것이다.

글로벌 재생에너지 현황(표 12.5)과 같이 최근 재생에너지의 생산 증가 추세는 기존 화석연료나 원자력에너지에 비하여 높은 증가율을 보이고 있고 앞으로도 증가폭이 클 것으로 예상되고 있다. 그러나 아직 인류가 사용하고 있는 에너지는 기존의 화석연료와 원자력에너지에 의존하는 부분이 매우 커서 많은 노력이 있어야 할 부분이다. 2015년 세계의 연간 1차 에너지 총사용량을 보면 화석연료가 86% 원자력이 4.4%이고 재생에너지는 9.6%를 차지하고 있다.

그렇지만 현재와 같은 상태로 화석에너지를 사용한다면 현재 지구의 대기 중 이산화탄소 농도 400 ppmv를 초과하여 2050년대에는 600 ppmv, 2100년에는 1,000 ppmv에 달할 것으로 예상된다. 그래서 세계 각국들이 온실가스 저감을 위한 노력에 합의하였고 2050년까지 이산화탄소농도를 450 ppmv 수준으로 유지하려면 우리가 사용하고 있는 화석연료를 80% 줄여야 한다는 전망도 나와 있다. 이와 같이 인류의 지속 가능한 생존을 위해서는 에너지 사용문제가 중요하며 이를 위해 재생에너지 산업의 확대는 매우 중요하다.

표 12.5 에너지원별 발전량 실적 및 추이

| | 전력 발전량(TWh) | | | | | | 연평균 증가율(%) |
|---|---|---|---|---|---|---|---|
| | 2013 | 2020 | 2025 | 2030 | 2035 | 2040 | |
| 석탄 | 9,612 | 10,171 | 10,443 | 10,867 | 11,362 | 11,868 | 0.8 |
| 석유 | 1,044 | 836 | 709 | 613 | 566 | 533 | −2.5 |
| 가스 | 5,079 | 5,798 | 6,613 | 7,385 | 82,228 | 9,008 | 2.1 |
| 원자력 | 2,478 | 3,186 | 3,540 | 3,998 | 4,325 | 4,606 | 2.3 |
| 수력 | 3,789 | 4,456 | 4,951 | 5,425 | 5,843 | 6,180 | 1.8 |
| 바이오 | 464 | 728 | 902 | 1,074 | 1,264 | 1,454 | 4.3 |
| 풍력 | 635 | 1,407 | 1,988 | 2,353 | 3,052 | 3,568 | 6.6 |
| 지열 | 72 | 116 | 162 | 229 | 308 | 392 | 6.5 |
| 태양광 | 139 | 494 | 725 | 976 | 1,244 | 1,521 | 9.3 |
| 태양열 | 5 | 27 | 50 | 96 | 169 | 262 | 15.4 |
| 조력 | 1 | 3 | 60 | 16 | 31 | 51 | 16 |
| 총발전 | 23,318 | 27,222 | 30,090 | 33,214 | 36,394 | 39,444 | 2 |

(출처 : World Energy Outlook 2015, IEA)

현실적인 문제로는 재생에너지를 생산하더라도 공급 계통이 마련되어 있지 않아 현지에서 생산하여 소비하여야 한다는 제한점도 있다.

## 가. 태양에너지

태양에너지는 지구의 모든 에너지의 근원이 되는 에너지이다. 오래 전부터 인류는 햇볕이 잘 드는 곳에 주거지를 마련해 태양에너지를 이용해 왔다. 지구로 유입되는 태양에너지는 $1.34\times10^3$ $W/m^2$로 매우 큰 양이다. 그러나 대부분의 에너지가 지구 밖으로 다시 유출되고 있다. 그래서 지구로 유입되는 태양에너지를 좀 더 적극적인 방법으로 모아서 사용하는 것이 재생에너지다.

태양에너지를 재생에너지로 사용하는 방법에는 크게 태양에너지를 통해 물을 가열하여 온수를 만들어내는 장치나 잠열이 큰 물질을 이용하여 에너지를 보관하였다가 필요할 때 사용하는 방법이다. 대표적인 것으로 태양열 온수기 난방기 등이 있다. 또 다른 방법으로는 태양에너지를 직접 전기에너지로 전환하는 방법도 사용되고 있다. 이른바 태양전지라고 불리는 실리콘 셀을 이용하는 방식인데, 태양에너지가 실리콘 셀에 부딪히면 셀 내부에서 전자가 방출되어 전류를 만들어낸다(그림 12.14). 이 직류 에너지를 인버터를 통과시켜 교류로 바꾸어줌으로써 우리가 실생활에 활용할 수 있는 교류 전기를 생산해낸다. 최근에는 전기 사용량이 많은 기업에서부터 일반 가정, 우주에 쏘아 보내는 인공위성에 이르기까지 그 활용이 점점 늘어나고 있는 추세다.

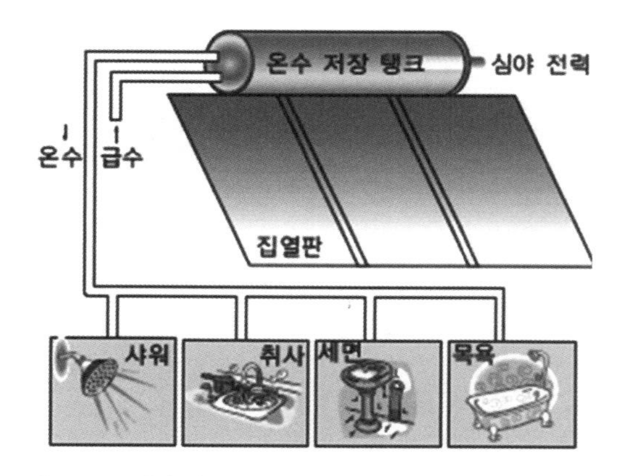


그림 12.13 태양열 이용시설(출처 : 한국에너지관리공단)

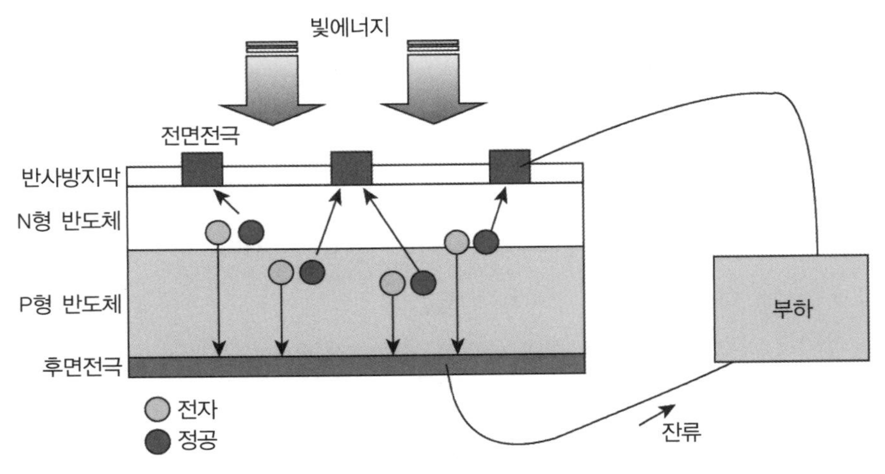

그림 12.14 태양전지의 원리(출처 : (주)한국대체에너지)

## 나. 풍력에너지

풍력에너지는 바람에 의해 발전기에 달린 프로펠러를 회전시켜 전기를 생산하는 기술을 사용하고 있다(그림 12.15). 이러한 풍력발전은 태양발전과 마찬가지로 유지 보수가 쉽고 그 비용이 저렴하며 매우 친환경적이라는 장점이 있다. 물론 풍력발전에도 단점이 존재하는데, 바람이란 존재가 항상 일정하게 부는 것이 아니며 언제, 어디서, 얼마만큼 불어올지 예측하기 힘들다는 점이다. 그리고 주변의 소음으로 인해 민원이 제기되는 경우도 있다. 그러나 이러한 단점은 점점 기술로 보완되고 있다. 발전기 컨트롤 기술의 발전으로, 일정한 바람을 가지고 만들어 낼 수 있는 전기 에너지의 양이 점점 많아지고 있는 것이다. 때문에 총 전기 생산 중 풍력발전이 차지하는 비중을 높이려는 시도가 여러 나라에서 진행되고 있다.

그림 12.15 대관령 풍력발전 단지(출처 : 중앙일보)

## 다. 바이오에너지

바이오에너지란 바이오매스에너지라고도 불리는데 '바이오매스'란 에너지 이용의 대상이 되는 생물체를 총칭하여 일컫는 말이다. 원래 의미는 살아 있는 동물, 식물, 미생물의 유기물량을 의미하지만, 산업계에서는 유기계 폐기물도 바이오매스에 포함시키고 있다. 바이오매스가 재생에너지에 포함되는 이유는 대기 중의 이산화탄소와 물 그리고 태양에너지를 이용하여 식물들이 광합성을 하여 탄소를 고정시키기 때문이다. 그래서 나무, 우드칩 등도 재생에너지의 범주에 포함된다. 우리나라는 국토가 좁아 많은 양의 바이오매스를 생산하여 에너지로 전환시키는 데 불리한 조건이다. 그러나 브라질이나 인도네시아 등에서는 사탕수수나 유채 등을 대량 재배하여 이를 에탄올로 만들어 연료로 사용하고 있다. 기존의 가솔린 90%에 에탄올 10%를 혼합한 연료를 가스홀(gashol)이라 하며 기존의 자동차 연료를 대신하여 사용하고 있다. 그리고 기존의 디젤유 80%에 대두유 20%를 혼합하여 바이오디젤(bio－diesel)을 만들어 기존의 디젤 엔진을 대신하여 사용하고 있다.

## 라. 지열에너지

지열(Geothermal Energy)이란 토양, 지하수, 지표수 등이 태양 복사열 또는 지구 내부의 마그마 열에 의해 보유하고 있는 에너지로 일반적으로 심도 100미터당 2.5℃씩 상승하고 연중 일정 온도를 유지한다. 또한 지하수가 풍부한 지역에서는 수온을 이용하고 지하수량이 빈약하거나 제한된 지역에서는 토양과 암석이 보유한 순수한 지열을 이용하기도 한다.

지열은 열에너지를 이용하는 심도에 따라 천부지열과 심부지열로 구분되며, 지열을 그대로 이용하는 직접이용과 전력을 생산하는 간접이용으로 구분된다.

천부지열은 심도 300 m 이내의 10～35℃의 지열을 이용하여 주로 냉난방, 시설원예 및 건조 등의 농업, 온천, 산업 등에 이용하고 있다. 특히 냉난방 시스템의 경우 지열이용형식에 따라 그림 12.16과 같이 밀폐형 방식인 수직밀폐형과 개방형 방식인 스탠딩컬럼웰(Standing Column Well : SCW, 수주지열정)형으로 구분되는데, 다음 그림과 같이 수직밀폐형의 경우 열교환 파이프를 통해 지열을 이송하며 스탠딩컬럼웰은 수중펌프를 설치하고 지하수를 순환시켜 지열을 얻는 방식을 사용하고 있다.

그리고 지하 깊은 곳의 심부 지열은 지상에서 물을 주입하여 땅속 수 km 속에 존재하는 80～400℃의 지열을 고온수 또는 증기로 변환하여 전력생산 및 난방 등에 활용하는 방법이다. 비화산지대인 우리나라는 지표면 근처의 온천 등이 많지 않으므로 심부지열발전이 더 유리한 상황이다.

그림 12.16 수직밀폐형(좌측)과 스탠딩컬럼우물형(우측) 지열 이용 형식(출처 : 산업통상자원부 우리나라 지열에너지 이용현황)

우리나라에서는 포항에 지하 4 km의 지열정 2개를 뚫어 지열발전을 하고 있는데 2017년 발생한 포항 지진의 원인 및 지층 액상화의 원인이라는 논란도 있다.

심부 지열 이용기술은 지열열펌프시스템(Geothermal Heat Pump System : GHP)으로 열을 저온에서 고온으로 이동시키는 압축－응축－팽창－증발 이렇게 4가지 과정을 거치게 되며 생산된 증기로 발전을 하거나 난방에 이용하는 기술이다. 간접이용 기술인 심부지열발전(Enhanced Geothermal System : EGS)은 포항과 같이 비화산지대에서 활용하고 있으며, 지하 5 km 내외 고온 암반에 인공적으로 균열을 형성하여 물을 주입하고 이를 통해 생산된 증기로 난방 또는 전기를 발전하는 기술이다.

## 단원 리뷰

1. 개발도상국들이 값싼 화석연료를 사용하는 것을 글로벌 환경적인 차원에서 선진국들은 어떠한 노력을 기울여야 할까?
2. 화석연료들에서 단위에너지당 오염물질의 배출량을 생각해보시오.
3. 지구온난화의 측면에서 이산화탄소의 배출이 상대적으로 매우 낮고 현재 상용화되어 있는 원자력 발전의 사용과 폐기에 대한 자신의 의견을 피력하시오.
4. 자신이 우리나라의 에너지 정책 입안자라면 어떠한 정책을 펼칠지 피력해보시오.
5. 자신이 일 년에 사용하고 있는 에너지의 양은 얼마인지, 우리나라 국민의 일인당 에너지 사용량과 비교하여 대략적으로 산출해보시오,
6. 자신이 현재 사용하고 있는 에너지를 얼마나 줄여서 생활할 수 있는지 생각해보시오.
7. 우리나라에서 태양에너지를 이용한 재생에너지의 생산 확대 방안에 대하여 생각해보시오.
8. 수소에너지와 수소차에 대하여 조사해보시오.
9. 우리나라의 전력계통도를 설명해보시오.
10. 현재 사용하고 있는 전기에너지가 청정에너지인지 생각해보시오.

## 참고문헌

산업통상자원부, 에너지통계연보, 2016.
산업통상자원부, 원자력발전백서, 2016.
한국에너지공단, 대한민국 에너지 편람, 2016.
e－나라통계.
R.T. Wright, et. al., Environmantal Science toward a sustainable future, 12th ed. Pearson.
World energy balance 2017, IEA.
World energy outlook 2015, IEA.

CHAPTER 13

# 폐기물

오상은

## 13.1 폐기물의 정의

폐기물관리법에서 '폐기물'이라 함은 '쓰레기·연소재·오니·폐유·폐산·폐알칼리·동물의 사체 등으로서 사람의 생활이나 사업 활동에 필요하지 아니하게 된 물질을 말한다.'라고 정의하고 있다. 즉 일반적인 통념에서 버리는 대부분의 것을 폐기물이라고 볼 수 있다.

## 13.2 폐기물의 분류

폐기물관리법에 의한 폐기물의 분류는 종전 유해성을 기준으로 분류하던 것에서 현재에는 발생원별 관리의 효율성을 기하고자 크게 생활폐기물과 사업장폐기물로 구분한다. 생활폐기물은 시장·군수·구청장이 기본적인 처리책임을 지며 사업장폐기물은 배출자에게 처리책임이 있다. 사업장폐기물은 대기환경보전법·수질환경보전법 또는 소음·진동규제법의 규정에 의하여 배출시설을 설치·운영하는 사업장과 하수·폐수·분뇨·축산폐수공공·폐기물처리시설을 설치·운영하는 사업장(배출시설 등의 운영과 관련하여 배출되는 폐기물 : **사업장배출시설계 폐기물**), 지정폐기물을 배출하는 사업장(**지정폐기물**), 폐기물을 1일 평균 300 kg 이상 배출하는 사업장과 일련의 작업으로 인하여 폐기물을 5톤 이상 배출하는 사업장(**사업장생활계폐기물**), 건설공사로 인하여 폐기물을 5톤 이상 배출하는 사업장(**건설폐기물**)에서 발생하는 폐기물을 말한다.

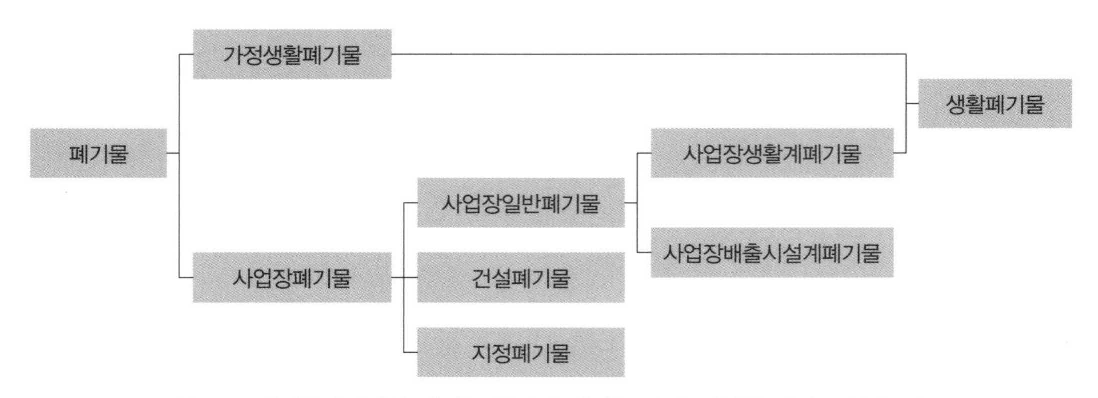


그림 13.1 폐기물관리법상 폐기물 분류와 폐기물 통계 작성상 폐기물 분류 비교

'지정폐기물'이란 사업장폐기물 중 폐유·폐산 등 주변 환경을 오염시킬 수 있거나 의료폐기물(醫療廢棄物) 등 인체에 위해(危害)를 줄 수 있는 해로운 물질로서 대통령령으로 정하는 폐기물을 말한다.

'의료폐기물'이란 보건·의료기관, 동물병원, 시험·검사기관 등에서 배출되는 폐기물 중 인체에 감염 등 위해를 줄 우려가 있는 폐기물과 인체 조직 등 적출물(摘出物), 실험 동물의 사체 등 보건·환경보호상 특별한 관리가 필요하다고 인정되는 폐기물로서 대통령령으로 정하는 폐기물을 말한다.

형태에 따라 고상(固狀)·액상(液狀)·기체상(氣體狀) 폐기물로 구분하기도 한다. 고상폐기물은 고형(固形)폐기물이라고도 하며, 쓰레기·폐가전제품·폐가구류·동물의 사체와 산업활동에서 발생되는 오니·분진·연소재(燃燒滓)·폐주사물·폐합성수지 등을 말한다.

액상폐기물에는 가정하수·오수·분뇨·축산폐수와 산업활동에서 발생되는 폐산·폐알칼리·폐유·폐유기용제·공장폐수 등이 있다. 기체상폐기물에는 매연·분진·자동차배출가스 등이 있다.

## 13.3 국내 폐기물 발생 현황 추이

2015년도 총 폐기물 발생량(지정폐기물 제외)은 1일 404,812톤으로, 전년대비 약 4.2% 증가하였으며 2015년도 폐기물 구성비는 건설폐기물 49.0%, 사업장배출시설계폐기물 38.3%, 생활폐기물 12.7%이다. 전반적으로 2015년까지 매년 조금씩 증가하는 추세를 보이고 있다. 건설폐기물 발생량 49%, 사업장배출시설계폐기물 38.3%, 생활폐기물 12.7%로 건설폐기물 발생량이 제일 높다.

표 13.1 연도별 폐기물 발생 현황

(단위 : 톤/일, %)

| 구분 | | '10 | '11 | '12 | '13 | '14 | '15 |
|---|---|---|---|---|---|---|---|
| 총계 | 발생량 | 365,154 | 373,312 | 382,009 | 380,709 | 388,486 | 404,812 |
| | 전년대비 증감률 | 2.0 | 2.2 | 2.3 | −0.3 | 2.0 | 4.2 |
| 생활폐기물 | 발생량 | 49,159 | 48,934 | 48,990 | 48,728 | 49,915 | 51,247 |
| | 전년대비 증감률 | −3.4 | −0.5 | 0.1 | −0.5 | 2.4 | 2.7 |
| 사업장 배출시설계 폐기물 | 발생량 | 137,875 | 137,961 | 146,390 | 148,443 | 153,189 | 155,305 |
| | 전년대비 증감률 | 11.5 | 0.1 | 6.1 | 1.4 | 3.2 | 1.4 |
| 건설폐기물 | 발생량 | 178,120 | 186,417 | 186,629 | 183,538 | 185,382 | 198,260 |
| | 전년대비 증감률 | −2.9 | 4.7 | 0.1 | −1.7 | 1.0 | 6.9 |

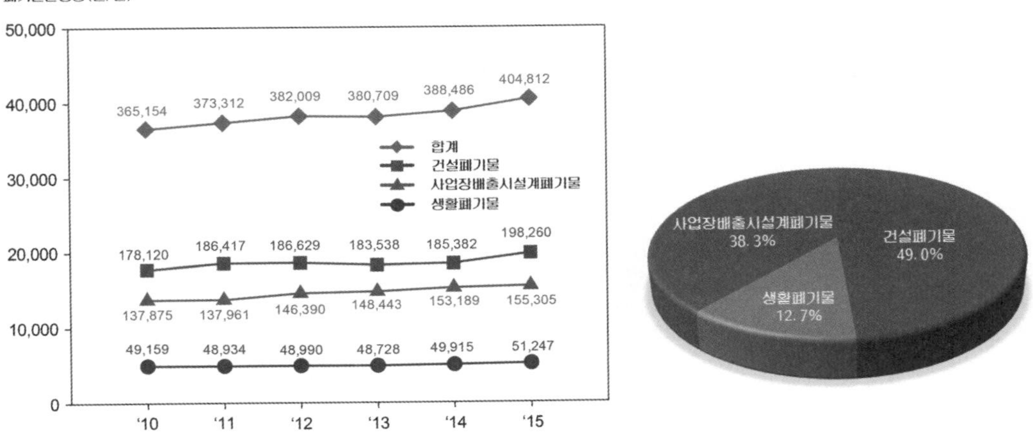


그림 13.2 폐기물 발생량 변화 추이 및 사업장 배출시설계 폐기물(출처 : 환경부)

## 13.4 폐기물 처리 방법 및 현황 추이

국내 폐기물의 처리에 있어 주요 방법은 재활용이며, 2015년도 재활용률은 85.2%로 전년(84.8%) 대비 0.4% 증가하였다. 2015년도 매립률은 8.7%로 전년(9.1%) 대비 0.4% 감소하였으며, 소각률은 5.9%로 전년(5.8%) 대비 0.1% 증가하였다. 2015년 매립 방법은 8.7%, 소각 5.7%,

해역배출은 0.2%이다.

표 13.2 폐기물의 연도별 처리방법의 변화

(단위 : 톤/일)

| 구분 | '10 | % | '11 | % | '12 | % | '13 | % | '14 | % | '14 | % |
|---|---|---|---|---|---|---|---|---|---|---|---|---|
| 계* | 365,154 | 100.0 | 373,312 | 100.0 | 382,009 | 100.0 | 380,709 | 100.0 | 388,486 | 100.0 | 404,812 | 100.0 |
| 매립 | 34,306 | 9.4 | 34,026 | 9.1 | 33,698 | 8.8 | 35,604 | 9.4 | 35,375 | 9.1 | 35,133 | 8.7 |
| 소각 | 19,511 | 5.3 | 20,898 | 5.6 | 22,848 | 6.0 | 22,918 | 6.0 | 22,420 | 5.8 | 23,904 | 5.9 |
| 재활용 | 304,381 | 83.4 | 312,521 | 83.7 | 322,419 | 84.4 | 319,579 | 83.9 | 329,268 | 84.8 | 345,114 | 85.0 |
| 해역배출 | 6,956 | 1.9 | 5,867 | 1.6 | 3,044 | 0.8 | 2,608 | 0.7 | 1,423 | 0.3 | 661 | 0.2 |

* 사업장폐기물 중 지정폐기물은 제외함

◎ 처리방법별

(단위 : 톤/일)

| 구분 | 연도별 | 계 | 매립 | 소각 | 재활용 | 해역배출 |
|---|---|---|---|---|---|---|
| 생활폐기물 | 2009 | 50,906 | 9,471 | 10,309 | 31,126 | |
| | 2010 | 49,159 | 8,797 | 10,609 | 29,753 | |
| | 2011 | 48,934 | 8,391 | 11,604 | 28,939 | |
| | 2012 | 48,990 | 7,778 | 12,261 | 28,951 | |
| | 2013 | 48,728 | 7,613 | 12,331 | 28,784 | |
| | 2014 | 49,915 | 7,813 | 12,648 | 29,454 | |
| | 2015 | 51,247 | 7,719 | 13,176 | 30,352 | |
| 사업장배출시설계폐기물 | 2009 | 123,604 | 27,531 | 6,926 | 82,155 | 6,992 |
| | 2010 | 137,875 | 23,309 | 7,983 | 99,627 | 6,956 |
| | 2011 | 137,961 | 23,037 | 8,307 | 100,750 | 5,867 |
| | 2012 | 146,390 | 21,802 | 9,570 | 111,974 | 3,044 |
| | 2013 | 148,443 | 24,629 | 9,339 | 111,867 | 2,608 |
| | 2014 | 153,189 | 20,606 | 8,797 | 118,363 | 1,423 |
| | 2015 | 155,305 | 23,578 | 9,669 | 121,397 | 661 |
| 건설폐기물 | 2009 | 183,351 | 2,792 | 1,283 | 179,276 | |
| | 2010 | 178,120 | 2,200 | 919 | 175,001 | |
| | 2011 | 186,417 | 2,598 | 987 | 182,832 | |
| | 2012 | 186,629 | 4,118 | 1,017 | 181,494 | |
| | 2013 | 183,538 | 3,362 | 1,247 | 178,929 | |
| | 2014 | 185,382 | 2,956 | 976 | 181,450 | |
| | 2015 | 198,260 | 3,836 | 1,059 | 193,365 | |

## 13.5 자원 순환

### 가. 배경

자원고갈, 온실가스로 인한 기후변화가 지구환경 위협 요인으로 등장하면서 자원순환형 사회 정착의 필요성이 부각되었으며 에너지와 자원문제 해결이 국가경제 미래를 결정하는 주요 변수가 되었다. 예를 들면 자원가채기한은 석유 40년, 가스 58년, 구리 28년(World Resource Institute)으로 현재 50년가량밖에 안 되며 기후변화 방치 시 2100년까지 세계 GDP의 5~20%의 경제손실이 전망되고 있다(Stern Review).

OECD, 독일, 일본 등은 자원 및 에너지를 확보하기 위한 수단으로 자원순환정책 적극 추진하고 있고 2005년 OECD에서는 환경과 경제를 연계한 물질흐름 분석(MFA), 순환적 자원이용 촉진을 통한 물질투입 최소화 요구하였다. 독일, 일본 등은 자원순환형 사회 구축을 위한 법령 제정과 계획 등을 통해 환경오염 저감과 경제 활성화 도모하였다(* (독일) 순환경제촉진 및 폐기물관리법('96), (일본) 순환형사회형성기본법('01) 및 순환형사회형성 기본계획('06), (중국) 순환경제촉진법('08))

### 나. 자원순환이란?

'자원순환'이란 환경정책상의 목적을 달성하기 위하여 필요한 범위 안에서 폐기물의 발생을 억제하고 발생된 폐기물을 적정하게 재활용 또는 처리하는 등 자원의 순환과정을 환경친화적으로 이용·관리하는 것을 말한다. '폐기물=자원' 인식하에 인간의 활동에 필요한 자원(에너지 포함)을 소비 후 경제활동 사이클에 재투입 폐기되는 자원을 최소화하여 원자원(raw material)의 고갈시기를 늦추고, 폐기물로 인한 환경부하를 감소시켜야 한다.

**정책 우선순위**

① 생산·유통·소비단계에서 폐기물 발생억제(Reduction)
② 발생된 폐기물 재사용(Reuse)
③ 재활용(Recycle)
④ 에너지회수(Recovery)

'자원순환사회'란 사람의 생활이나 산업활동에서 사회 구성원이 함께 노력하여 폐기물의 발생을 억제하고, 발생된 폐기물은 물질적으로 또는 에너지로 최대한 이용함으로써 천연자원의 사용을 최소화하는 사회를 말한다.

**자원순환형 사회의 4가지 조건** [출처 : 환경정책평가연구원(녹색환경포럼, 2008)]

- ○ 폐기물의 순환이용으로 환경용량 부담 저감
- ○ 자원 이용 효율화를 통해 천연자원 투입량을 줄이는 것
- ○ 자연자원 이용행태를 갱신불능자원에서 갱신가능자원으로 변화
- ○ 생태계의 물질순환체계를 보호하고 보존하는 것

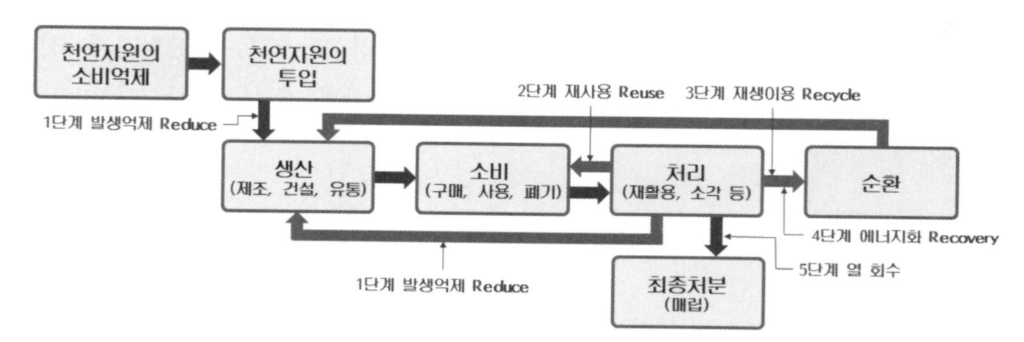

그림 13.3 자원순환 개념도(출처 : 환경부, 1차 자원순환기본계획)

표 13.3 부처별 주요 자원순환정책

| 구분 | 주요 자원순환정책 |
|---|---|
| 환경부 | 4R(감량화·재사용·재활용·에너지회수) 정책 총괄, 소관 자원순환산업 육성, 폐자원의 에너지원으로의 사용 촉진을 위한 기술개발 및 산업화 촉진 등 |
| 행정안전부 | 녹색에너지 자립마을 조성, 가축분뇨 자원화 및 에너지화 등 |
| 농림축산식품부 | 바이오매스 에너지화 촉진(저탄소 녹색마을 시범조성) |
| 산업통상자원부 | 소관 자원순환산업 육성, 신재생에너지 기술개발 보급 및 산업화 촉진, 도시광산 활성화, 생태산업단지 구축, 재제조 산업 활성화, 산업계 자원생산성(목표관리 포함) 향상, 자원순환형 산업구조로의 전환 촉진 |
| 국토교통부 | 육상폐기물 해양투기 감축(폐기물 배출해역 모니터링) |

표 13.4 폐기물 재활용 유형 분류

| | |
|---|---|
| 1. 원형 그대로 재사용 | R-1 : 원형 그대로 재사용<br>R-2 : 단순 수리·수선, 세척하여 재사용하는 활동 |
| 2. 재생이용하는 활동 | R-3 : 재생이용할 수 있는 상태로 만드는 활동<br>R-4 : 직접 재생이용하는 활동 |
| 3. 농업, 토질 개선에 재활용 | R-5 : 유·무기물질을 농업생산 기여 목적으로 재활용<br>R-6 : 유기물질을 토질개선 목적으로 재활용 |
| 4. 성·복토재, 도로기층재 등 | R-7 : 성토재, 복토재, 도로기층재로 재활용 |
| 5. 에너지를 회수하는 활동 | R-8 : 에너지를 직접 회수하는 활동<br>R-9 : 에너지를 회수할 수 있는 상태(연료)로 만드는 활동 |
| 6. 중간가공폐기물을 만드는 활동 | R-10 : R-3~R-9에 따른 중간가공폐기물을 만드는 활동 |

## 13.6 폐기물의 생물학적 처리 및 부산물

### 가. 퇴비화

퇴비화는 유기성 폐기물을 인위적으로 호기적 조건하에서 생물학적으로 분해시켜 안정화하는 방법이다. 퇴비화는 최종적으로 유기성 폐기물로부터의 악취를 저감시키며 수분을 감소, 취급하기 쉽고 잡초종자, 병원균, 기생충란 등을 사멸하여 위생 면에서도 안정하게 한다. 퇴비와 과정은 전처리, 분해, 안정화 과정으로 구분되며 숙성된 퇴비는 토양에 비료성분을 공급하고 토양의 이화학적 성질을 개선하여 토양 생물의 활성을 높인다. 퇴비화에 쓰일 수 있는 유기성 폐기물로는 하수슬러지, 가축분뇨, 음식쓰레기 등이 이용될 수 있고 퇴비를 오니퇴비, Biosolid, Biowaste, Compost라는 용어로 사용되기도 한다.

#### 1) 퇴비화의 장단점

국내에서 가장 많이 이용하고 있는 가축분뇨의 퇴비화 방식은 고형물 처리에 매우 효과적인 방법이고, 축산 밀집지역에서 농경지역으로 장거리 이송이 가능하며, 가축분뇨로 제조된 퇴비는 산업부산물로 제조된 퇴비보다 품질이 우수하다는 큰 장점이 있다. 반면에 가축분뇨의 퇴비화 과정 중에 많은 양의 질소성분이 손실되고, 퇴비 제조 시 사용되는 기계설비와 부재료 등 운영비가 과다하게 소요되며, 대기오염을 유발시키는 단점이 있다.

## 2) 퇴비화의 원리

퇴비화의 원리는 아주 간단하다. 유기물을 다량 함유한 폐기물이 산소가 존재하는 조건에서 호기성 미생물에 의해 분해될 때 이산화탄소, 물과 열이 발생되고 분해 잔재물이 남게 되는데 분해 잔재물이 안정화된 퇴비이다. 호기성 분해 시 열이 60－70℃까지 자연적으로 상승하게 되며 이는 수분을 증발시키고 수분의 증발과 유기물의 이산화탄소로의 전환은 유기성폐기물을 상당 부분 감량화하게 된다. 호기성 조건에서 암모니아 냄새와 저급지방산의 냄새가 발생한다. 혐기적인 조건이 되면 황화수소, 인돌, 스카톨 등의 악취 화합물이 발생한다.

By 호기성 미생물

유기성폐기물 + 산소 ⇒ $CO_2$ + 물 + 질소 + 황산염 + 분해 잔재물(부식질) + 열

### 가) 퇴비화 필요조건

㉠ 공기

퇴비화는 주로 호기성 미생물이 유기물을 산화하는 것이기 때문에 공기의 적절한 공급은 아주 중요하다. 사용 가능한 산소의 농도는 5% 이상이어야 하며 산소가 부족한 상태로 방치하면 내부가 혐기 조건이 되어 분해속도가 느려지며 황환원 미생물에 의하여 환산염 이온이 황화가스로 변환되고 기타 저급 지방산이 발생하여 심한 악취가 발생한다. 따라서 강제통기, 교반 등의 인위적 수단으로 퇴적재료의 내부까지 산소가 공급되어야 한다. 공기공급이 지나치게 많으면 온도를 저하시켜 분해효율을 저하시킬 수 있다.

축산폐수, 하수오니 등 유기물이 수분을 많이 함유할 경우 산소의 통기가 어려워 쉽게 혐기성 상태가 되므로 전처리 과정에서 나뭇조각, 톱밥, 짚단 등을 첨가하여 간헐적 또는 연속적 교반을 실시한다. 이들 첨가제는 통기를 개량하는 외에도 C/N 비를 조절하는 목적으로도 사용된다.

㉡ 수분

적정량의 수분은 미생물의 활발한 생육을 위해서 필요하다. 수분이 너무 많으면 산소 공급이 어려워 혐기성 조건으로 되기가 쉬우므로 적정 수분함량은 45~60% 수준이 적당하다. 분해과정에서 발생하는 열로 수분이 증발되나 분해과정에서 수분이 생성되어 상쇄된다.

㉢ 유기물 및 첨가제

퇴비화 전처리 시 분해가 쉬운 유기물과 분해가 어려운 유기물이 적절히 혼합되어야 한다. 분해가 쉬운 유기물은 가축분뇨, 음식물 쓰레기 등 유기물을 다량 함유한 폐기물이며 분해가 어려운 유기물로는 전처리 시 넣어주는 톱밥, 나무껍질 등이다. 이러한 입자의 입도가 너무 크면 미생물이 부착성장하기 위한 표면적이 작아 효율이 낮고 분해시간이 오래 걸릴 수 있으며 너무 작으면 호기성 분해에 필요한 산소 공급이 어렵고 분쇄비용이 많이 든다. 일반적으로 1~2 cm 정도로 분쇄할 경우 퇴비화 효율이 최적이다.

㉣ 탄질비(C/N 비)

미생물의 적절한 성장을 위해 적정 C/N 비를 맞추는 것이 필요하다. 질소는 미생물이 성장하는데 탄소 다음으로 많이 필요한 영양소이다. C/N 비가 높을 경우 과잉의 탄소를 소모해 퇴비화 소요 일수가 증가한다. C/N 비가 낮을 경우 탄소보다 질소성분이 많은 경우이므로 질소성분이 암모니아 형태로 유출되어 암모니아 냄새를 유발한다. 적정 C/N 비는 30~50 정도이나 유기탄소의 분해성에 따라 달라질 수 있으며 분해성이 높으면 C/N 비 낮고 분해성이 낮으면 C/N 비가 높다.

㉤ 초기 미생물 농도

생물학적 반응에서 초기 미생물 농도에 따라 반응 소요기간이 달라지므로 경우에 따라 미생물 배양물의 첨가를 통하여 인위적으로 초기 미생물 농도를 증가시키기도 한다.

㉥ 적정 pH

미생물의 최적 활성도를 위해서는 적정 pH의 유지가 필요하다. 미생물들이 활동할 수 있는 적정 pH는 5.5~8.5이다. 퇴비화 초기에 유기산의 축적으로 pH가 낮아지는 경향을 보이나 후반기에는 pH가 높아져 일부 이온형태의 암모니아($NH_4^+$)가 암모니아가스($NH_{3(g)}$) 형태로 바뀌게 된다. pH가 5.5 이하로 떨어지면 탄산칼슘($CaCO_3$)을 첨가해 산을 중화시켜준다.

㉦ 온도

온도는 미생물의 활성도와 직접적인 상관성을 가지며 온도 10℃가 증가하면 미생물의 유기물 분해 능력이 2배로 증가한다. 퇴비화에서 유기물의 효과적인 분해를 위하여 60~70℃의 고온조건이 필요하고 병원균 사멸을 위해서는 55~60℃에서 최소 2~3일간 유지가 필요하다. 또한 온도는 수분의 증발을 촉진시킨다. 자체 발열 열로 대부분 유지가 되나 폐기물의 종류나 주변 온도 등에 따라 온도 조절이 필요한 경우도 있다. 온도의 조절을 위하여 온도가 높을 경우 공기의 통풍량을 늘리고 온도가 낮을 경우 보온이 필요하다.

### 3) 퇴비화의 진행

퇴비화를 위한 전처리로서 수분이 45~60%(vol / vol%), C/N 비가 25~35 정도로 맞추어야 한다. 따라서 이를 위해 예비 건조를 한다거나, 고액분리, 또는 왕겨, 볏짚, 톱밥, 순환퇴비를 혼합하여 수분 및 C/N 비를 맞추는 것은 중요하다. 퇴비화가 시작되면 4가지의 단계를 거쳐 퇴비화가 진행되는데 첫 번째 단계는 퇴비화 초기단계로 온도 38°C 이하이며, 중온성 미생물이 활발해 활동하는 단계이다. 2번째 단계는 고온성 단계로서 본격적인 퇴비화가 진행되는 단계이다. 온도가 50°C 이상이며 고온성 미생물들이 활발하게 활동하며 최고 온도는 80°C 내외이다. 3번째 단계는 감온단계로서 분해성 유기물이 소진되고 분해가 어려운 셀룰로스, 리그닌 등이 남으면 발생열량 부족으로 외부 온도수준까지 감소한다. 마지막 단계로 숙성단계로서 암모니아 등 기체성 물질이 휘발하고, 리그닌 잔류물과 미생물의 화학적 반응을 통하여 휴믹 물질이 생성된다.

## 나. 액비제조

### 1) 가축분뇨 액비의 정의

분뇨는 고형분과 액상성분으로 분리 가능하며 고형분은 고체 퇴비로 액상분은 액비로 활용될 수 있다. 전 장에서 설명된 바와 같이 가축분뇨의 고형분을 이용한 퇴비는 주로 호기 상태에서 호기성 미생물에 의해 이루어지며 호기적 액비 생성 원리는 고형퇴비화의 원리와 동일하다.

가축분뇨의 액상분은 가축의 사육과정에서 배출되는 분뇨와 청소수의 혼합물 그리고 기타 가축분뇨 처리과정에서 발생되며 수분함량이 90% 이상이다. 이를 비료로 활용하기 위하여 수집, 저장하고 일정 기간 부숙시켜 안정화된 액을 액비라 한다.

가축분뇨를 액비화하는 것을 일반적으로 액상퇴비화(Liquid compost)라고도 하며 액비를 제조하는 방법에는 산소를 주입해서 폭기시키는 호기적 방법과 가축분뇨가 공기를 접촉하지 못하도록 차단된 상태에서 소화시키는 혐기적 방법이 있다.

호기성 발효를 이용한 액비 생산은 발효속도가 빠르고, 자연적으로 최고온도 65°C까지 발효온도가 상승하게 되며, 높은 온도로 인해 세균, 잡초종자 등이 사멸한다. 그러나 인위적으로 산소를 공급해주어야 하므로 전기에너지가 소요된다. 액비화 과정에서 미생물이 최초로 활동하기 위해서는 적당한 온도가 유지되어야 하며, 일단 미생물이 유기물을 분해하면 분해될 때 발생되는 열로 온도가 상승되므로 그 이후로는 외부에서 특별히 가온할 필요가 없다.

혐기성 발효를 이용한 경우 발효 속도가 느리고 발효 온도가 낮으며, 세균 잡초 종자의 사멸이 적으며 단순히 혐기상태에서 액체성분을 교반하여 주면 된다. 혐기성 조건에서 유기물은 지방분해균, 섬유소분해균, 단백질 분해균에 의하여 가용성물질로 전환되며 이는 산생성균에 의하여 유기산으로 전환된다. 최종단계에서 메탄균에 의해 아세트산과 수소가스 및 메탄가스로 전환되고 난분해성 물질은 잔류한다. 이와 같이 고분자 유기물이 공기가 없는 상태에서 분해되는 과정을 혐기성 소화라고 하며, 가축분뇨가 이 과정을 거치면서 혐기성 액비가 된다. 따라서 혐기성 액비화 공정은 메탄가스 발생을 수반하기 때문에 메탄발효라고도 한다. 혐기성 액비의 경우 유기물이 물과 이산화탄소로 완전히 산화가 되지 않고 휘발성유기물 등이 그대로 있어 호기성 액비 제조의 전 단계로 활용하는 것이 바람직하다. 액상 가축분뇨의 혐기성 방식에는 호기성 방식과 달리 공기를 차단하는 시설을 설치하는 것 이외에는 큰 차이가 없으나, 혐기적 처리방식은 저장조를 완전히 밀폐시켜 공기를 차단하여 처리하기 때문에 분해과정 중 부수적으로 메탄가스를 생산 이용할 수 있는 장점이 있다. 이와 같은 이점 때문에 유럽지역에서는 오래 전부터 이 방식을 채택하고 있으며, 미국에서도 분뇨처리에 별 문제가 없는 지역에서는 최근 가축분뇨 종합관리(Integrated animal wastes management) 개념을 미래 가축분뇨 관리의 기본수단으로 설정하고 있다. 이 기본 개념은 가축분뇨를 직접 퇴비나 액비로 이용하는 대신 혐기발효를 거쳐 에너지(메탄가스)로 이용한 후 액비로 활용한다는 것이다.

## 다. 호기성 공정에 의한 폐수처리

호기성 공정을 이용한 폐수처리는 호기성 미생물이 폐수 내의 유기물(오염물질)과 인위적으로 주입한 산소를 이용하여 폐수 내 유기물(오염물질)이 처리되는 공정이다. 유기물을 이용하는 호기성 미생물은 유기물을 전자 공여체로 산소를 최종전자수용체로 이용하므로 미생물들이 폐수 내의 유기물들을 먹이로 이용하여 섭취하고 수중에 용존된 산소를 이용 호흡하여 미생물이 성장하고 활동하면서 폐수 내의 유기물의 제거된다. 호기성 공정을 이용하는 가장 일반적인 활성슬러지 공정과 하폐수가 어떻게 처리가 되는지 상술하고자 한다.

### 1) 활성슬러지 공정(Activated Sludge Processes)

활성슬러지 공정은 1914년 영국의 Arden과 Lockett에 의하여 개발되었고 오늘날까지 활성슬러지 공법을 응용하거나 그와 유사한 공정들이 이용되고 있다. 호기성 미생물의 유기물 산화와 세포 합성을 나타낸 식은 다음과 같다.

(By 호기성 미생물)

$$COHNS(\text{유기물}) + O_2 \rightarrow CO_2 + NH_3 + C_5H_7O_2N(\text{미생물}) + H_2O + \text{기타 최종 생산물}$$

미생물이 산소 존재하에서 폐수 내의 유기물을 섭취(산화)하고 새로운 미생물($C_5H_7O_2N$)을 합성함과 동시에 유기물은 이산화탄소와 물로 산화되고 유기물 내의 질소 성분은 암모니아로 된다. 이러한 호기성 미생물의 특성은 폐수처리에서 유기물을 제거하기 위하여 이용될 수 있다. 따라서 다음 그림에서와 같이 원폐수가 호기미생물이 있는 포기조로 들어오면 그 안에 있는 미생물들이 폐수 내의 유기물을 분해하고 더 많은 미생물로 성장한다. 이 미생물들은 침전조로 가서 중력에 의하여 침전하게 되고 처리된 상등액은 염소투입조로 흘러간다. 침전조의 하단에 침전된 고농도의 미생물 중 일부는 슬러지 처리과정으로 폐기되고 일부는 다시 포기조로 반송된다. 침전조 하단에서 미생물이 먹이가 없는 조건에서 일정 시간 머무르게 되는데 이러한 미생물을 활성슬러지라고 하며 이 활성슬러지가 포기조에서 유기물을 제거하는데 일조를 하게 된다. 또한 반송의 목적은 포기조에서 고농도의 미생물 농도를 유지하여 빠른 시간 내에 폐수를 처리하기 위함이다.

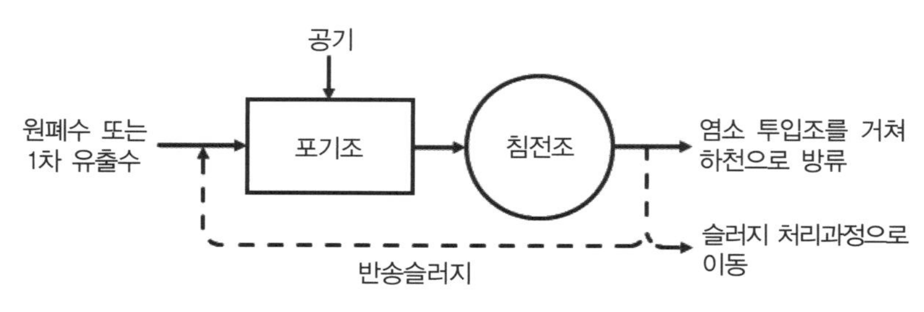


그림 13.4 활성슬러지 공정의 모식도

## 라. 혐기성 공정(메탄생산)

혐기성 소화는 산소가 없는 조건에서 혐기 미생물에 의해 유기물을 메탄과 이산화탄소로 분해하며 메탄가스를 회수할 수 있다. 혐기성 소화반응식은 다음과 같다.

$$\text{유기물질} + \text{결합산소} \Rightarrow \text{새로운 미생물} + \text{에너지} + CH_4 + CO_2 + \text{기타 분해대사물질}$$

혐기성 미생물

※ 결합산소

유기물질 내 자체산소, 탄산이온($CO_3^{2-}$), 황산이온($SO_4^{2-}$), 질산이온($NO_3^-$) 등

유기물의 혐기소화의 생화학적 변환은 3개의 단계에 의해 이루어진다. 첫 번째 단계는 고분자량을 가진 물질을 미생물이 이용하기 쉬운 물질로 변환되는 단계로서 가수분해 단계이다. 두 번째 단계는 산발효 세균에 의한 유기산 형성단계로서 첫 번째 단계에서 발효가 일어나 유기산 및 알코올로 변환된다. 최종단계인 메탄형성단계에서 메탄형성균의 기질들이 메탄으로 변환된다.

## 1) 혐기성 공정의 장단점

혐기성 공정의 장점으로 혐기성 공정은 적절한 환경조건이 제대로 유지가 되면 안정적인 처리효율을 가져올 수 있고 혐기미생물의 Yield(단위 유기물 당 단위 미생물 증식)가 낮기 때문에 생성 잉여 미생물 처리비용이 저감되나 반응속도가 느려진다. 슬러지 부피 감량효과는 20~30%이다.

호기성 반응의 경우 산소를 공급하는 폭기가 필요하나 혐기반응의 경우 폭기가 필요 없으므로 동력 손실이 작고 부가적으로 메탄가스를 생산할 수 있다. 이론적으로 1 g의 COD 분해로부터 0.35 L의 메탄가스가 발생된다. 호기적으로 분해가 불가능한 물질도 혐기적으로 분해 가능한 경우가 있다. 병원균이 어느 정도 제거되면 일부 악취제거 효과가 있다. 단점으로는 미생물 성장률이 낮기 때문에 반응조가 커지며 처리된 유출수로부터 악취가 발생되고 겨울철 온도 유지를 위한 에너지 소비가 커지며, pH 조절을 위한 많은 양의 버퍼가 필요할 수 있다.

## 2) 혐기성 처리의 기본원리

### 가) 가수분해(Hydrolysis)

탄수화물, 지방, 단백질 등 불용성 유기물이 미생물이 방출하는 외분비효소(Extracellular Enzyme)에 의해 가용성 유기물로 분해된다. Lipid는 Fatty acids로 Polysaccharides는 Monosaccharides, Protein은 Amino acids, Necleic acids는 Purines와 pyrimidines로 변환된다.

### 나) 산생성단계(Acidogenesis)

유기산균(Acid producing bacteria)이 가수분해 단계에서 생성된 유기물질을 분해시켜 유기산과 알코올로 변환된다. 생성되는 유기산으로 Butyric(낙산), Lactic(젖산), Acetic acid(초산) 등과 알코올인 에탄올 등이 있다.

### 다) 초산생성단계(Acetogenesis)

산 생성단계에서 생긴 아세트산을 제외한 물질(Isopropanol, Propionate, Aromatic compound) 들을 초산 생성균에 의해 초산으로 변환된다.

### 라) 메탄생성단계(Methanogenesis)

메탄생성균의 기질(substrates)로는 수소가스, 개미산, 초산, 메탄올, 메틸아민, 일산화탄소 등이 사용되며, 이들이 메탄생성균에 의해 메탄과 이산화탄소로 최종 전환된다. 메탄 생성은 초산으로부터 70%가 생성되며, 나머지 30%는 수소로부터 생성된다. 메탄생성균의 기질로부터 메탄가스가 생성되는 반응식은 다음과 같다.

$$4HCOOH \rightarrow CH_4 + 3CO_2 + 2H_2O$$

$$4CH_3OH \rightarrow 3CH_4 + CO_2 + 2H_2O$$

$$4(CH_3)_3N + H_2O \rightarrow 9CH_4 + 3CO_2 + 6H_2O + 4NH_3$$

$$CO_2 + 4H_2 \rightarrow CH_4 + 2H_2O$$

$$CH_3COOH \rightarrow CH_4 + CO_2$$

호기성 처리와 비교하여 유기성폐수의 혐기성 처리의 장단점은 다음과 같다. 메탄생성균의 성장률이 낮기 때문에 폐수의 안정화가 일어나기 위해서는 상대적으로 긴 체류시간이 필요하게 되거나 반응조의 크기가 커진다. 그러나 호기성 처리에 비하여 슬러지 생산량이 적다. 혐기성 처리의 경우 유기성폐수가 메탄가스로 변환되기 때문에 이는 난방 등의 목적으로 사용이 가능하다. 그러나 호기성 처리의 경우는 유기물을 제거하기 위하여 인위적으로 공기를 넣어주어야 하므로 많은 에너지가 소모된다. 혐기성 처리는 고농도의 유기성폐수(BOD 12,000 mg/L 이상)의 처리 시 적합하다. 산소의 주입은 필요 없지만 mixing을 해주어야 하고 겨울철 반응기의 온도를 높이기 위한 heating이 필요하다. 혐기성 소화과정에서 생성되는 $H_2S$는 관부식 등의 문제를 일으키므로 생성되는 가스에서 황을 제거하는 시스템이 설치되어야 한다.

## 3) 혐기성 조건에서 발생될 수 있는 반응

### 가) 혐기성 소화

혐기성 조건은 산소가 없는 조건으로서 최종전자수용체로 산소 이외의 다른 유기, 무기물질이 전자를 받고 환원된다. 발효의 경우도 산소가 없는 조건에서 일어나지만 최종전자수용체가 없다. 메탄균은 위에 기술한 바와 같이 산소가 없는 조건에서 메탄생성균이 기질(substrates)인 수소가스, 개미산, 초산, 메탄올, 메틸아민, 일산화탄소 등이 이용하여 메탄으로 변환하며 최종전자수용체는 이산화탄소이고 탄소원 또한 이산화탄소이다.

**가수분해**

고분자 화합물을 미생물의 체외효소에 의하여 분해된다.

**탈질**

탈질미생물은 주로 유기물을 에너지원(전자공여체)으로 이용하여 질산성질소가 전자를 받고 질소가스로 환원된다. 최종전자수용체는 질산성질소이고 탄소원은 유기물(종속영양미생물)이다. 탈질 미생물 중에는 환원된 황이나 수소가스를 에너지원으로 이용하여 질산성 질소를 질소가스로 탈질하는 종도 있다.

**황 환원**

황 환원 미생물은 유기물을 이용하여 수중의 황산염이온을 $H_2S$로 변환한다. 유기물은 전자공여체이여 황산염이온이 전자를 받고 $H_2S$로 변환된다.

**초산생성**

저급 지방산 등 C3이상의 화합물을 이용하여 아세테이트로 변환한다. 생성된 아세테이트는 메탄형성균에 의하여 이용된다.

**호모초산생성**

C1, C2 화합물을 이용하여 아세테이트를 형성하다.

### 3) 메탄발효의 운전조건

안정적인 혐기 처리장치를 유지하기 위해서는 반응조의 내용물에 용존산소가 없어야 하며 중금속이나 황화합물 등에 의한 저해가 없어야 한다. 용액의 pH는 6.6~7.6 정도를 유지하여야 하며 충분한 알칼리도가 있을수록 유리하다. 혐기처리에서 산생성반응속도가 메탄생성반응

속도에 비하여 아주 크기 때문에 잘못 운전될 시는 반응조의 pH가 6이하로 떨어져 메탄형성균의 기능을 발휘하지 못하고 더 이상 유기물이 메탄으로 진행되지 못하여 유기산만이 축적되게 된다.

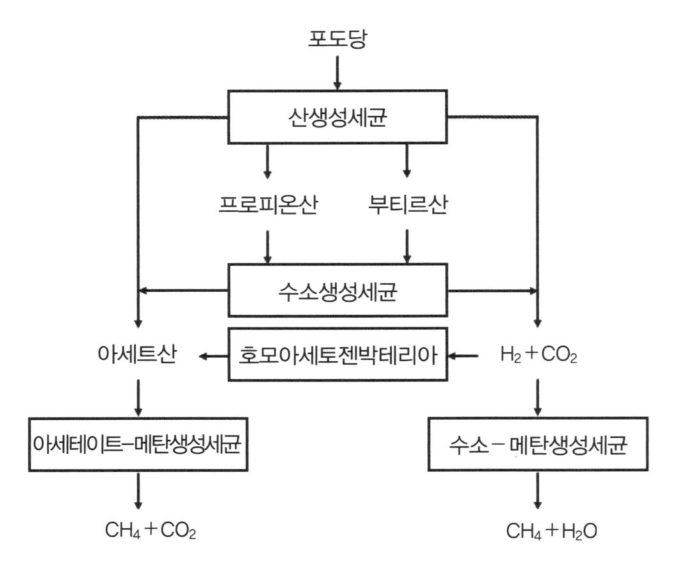


그림 13.5 Glucose로부터 메탄가스로의 미생물학적 변환(Hill, 1982)

### 가) 온도(Temperature)

40~60℃가 가능한 온도범위이나 대부분의 혐기성 소화는 중온성 혐기성 소화(약 35℃)에서 이루어지고 있다. 고온성 소화(약 55℃)는 중온성 소화에 비해 반응조 내에서 체류시간(Solid Retention Time)이 짧고 효율이 좋으며 병원균을 쉽게 죽일 수 있는 장점이 있다. 그러나 중온성 소화에 비해 반응조 온도를 고온으로 유지하기 때문에 에너지가 많이 소요되며 온도변화에 민감한 단점이 있다. 따라서 중온성 소화 또는 고온성 소화로 할 것인가의 결정은 지역의 기후조건 및 유출되는 폐수의 온도 등을 고려하여 결정해야 할 것이다.

### 나) 혼합(Mixing)

혼합의 목적은 소화조 내의 슬러지를 철저히 섞어주고, 일정한 온도를 유지시키며 스컴(scum)을 제거할 뿐만 아니라 거품의 생성을 억제하고 계층화(stratification)를 방지하는 데 있다. 혼합방법은 기계적 방법에서 가스혼합으로 바뀌는 추세인데, 가스혼합방식은 메탄가스를 압축시켜 반응조 하부로 불어넣어 혼합하는 방식으로, 기계적 고장이 없고 조 내 수위 변동에 관계없이 일정한 교반 효과를 나타내며 효율이 큰 장점이 있다.

### 다) 영양소(Nutrients)

소화과정에서 미생물은 여러 영양소를 필요로 하는데, 가장 중요한 것은 질소와 인이다. 보통 C/N 비율(BOD/$NH_3$－N)은 20:1 또는 30:1이 좋다. 유기물에 대해 질소가 적으면 발생가스 중에 탄산가스가 많게 된다($CO_2$ 50% 이상).

## 마. 생물학적 수소 생산

현재 약 95%의 수소가 화석연료를 원재료로 하여 상업적으로 제조되고 있다. 이러한 수소 제조 기술은 석유나 천연가스 등 화석연료의 수증기 개질법이 대표적이나, 한정된 화석연료의 사용, 지구온난화 유발 등 환경문제를 고려하였을 때 궁극적인 수소 제조법은 될 수 없다. 따라서 좀 더 환경 친화적인 수소 제조 공정이 필요하다.

미생물을 이용한 생물학적 수소 생산은 여러 가지의 재생가능한 자원으로부터 유용한 수소를 생산하는 잠재성 때문에 관심이 높다. 생물학적 수소 생산 기술은 미생물의 다양한 메커니즘에 따라 여러 가지 기술이 알려져 있으며 현재 수소 생산 미생물에 대한 연구가 활발히 진행 중이다. 이 중에서도 녹조류가 광합성 메커니즘에 의해 물로부터 양성자와 전자를 공급받아 수소를 생산하는 직접 물의 광분해 기술(direct biophotolysis), 광합성 작용에 의해 물을 분해하여 산소를 발생시키고 동시에 공기 중의 이산화탄소를 고정하여 균체 내에 합성한 후 혐기발효 혹은 광합성 발효에 의해 수소를 발생시키는 간접 물의 광분해 기술(indirect biophotolysis), 유기물로부터 purple non－sulfur bacteria에 의한 광합성 발효(photo－fermentation), 빛이 존재하지 않는 조건에서 혐기성 미생물에 의해 유기물 자체가 에너지원으로 사용되는 발효에 의한 수소 생산 기술(dark fermentation), 광합성에 관여하는 엽록체 및 미생물 효소를 추출하여 물 또는 유기물로부터 수소를 생산하는 균체 외(in vitro) 수소 생산, 광합성 미생물의 일산화탄소 가스 전환 반응(microbial shift reaction) 에 의한 수소 생산 기술로 구분할 수 있다.

표 13.5 생물학적 수소 제조 공정(Nath and Das, 2004)

| 과정 | 미생물 종류 | 장점 | 단점 |
| --- | --- | --- | --- |
| 직접 광합성 수소 생산 | 녹조류 | • 물과 햇빛으로부터 수소의 직접생산 가능<br>• 광변환 에너지는 나무, 작물 등에 비해 10배 큼 | • 강한 빛이 필요<br>• 산소가 공정에 영향을 미칠 수 있음<br>• 낮은 광화학 효율 |
| 간접 광합성 수소 생산 | 시아노박테리아 | • 물로부터 수소 생산 가능<br>• 대기 중의 질소 고정 | • 흡수성 수소화효소는 수소 분해를 방지하기 위해 제거되어야 함<br>• 약 30%의 산소가 존재하면 산소는 질산화효소에 저해효과를 보임 |
| 광합성 발효에 의한 수소 제조 | 광합성박테리아 | • 넓은 스펙트럼의 빛에너지 사용 가능<br>• 증류소 유출수, 폐기물 등 서로 다른 유기성 폐기물 사용 가능 | • 광변환 효율은 1~5%로 매우 낮음<br>• 산소는 수소화효소에 강한 저해제로 작용함 |
| 혐기발효에 의한 수소 생산 | 혐기발효미생물 | • 빛 없이 수소의 생산이 가능<br>• 기질로 다양한 탄소원 사용 가능<br>• 부티릭산, 락틱산, 아세트산 등의 생성물 획득 가능<br>• 혐기적 조건에서 운전됨 | • 상대적으로 수소 수율이 낮음<br>• 수율이 증가함에 따라 수소발효는 열역학적으로 불리<br>• 분리되어야 할 이산화탄소가 수소와 같이 생성됨 |

## 바. 바이오에탄올

바이오에탄올은 사탕수수, 밀, 옥수수, 감자, 보리 등 주로 녹말 작물을 발효시켜 사용하는 바이오 연료(1세대 바이오에탄올)다. 녹말을 가진 작물을 통한 발효로 얻는 것이기 때문에 에탄올의 순도가 높고, 연소 시 석유와 달리 이산화황이나 금속산화물 등의 다른 부산물이 나오지 않는다. 시추과정에서 사고와 환경오염 문제 등이 생길 수 있는 석유에 비해 깨끗하고, 휘발유와 섞어서 사용이 가능하다. 환경문제에서 상대적으로 자유롭다는 이유로 각광받고 있기도 하다. 생산과정은 말 그대로 알코올 발효로 일반적인 술 생산 방법과 같다. 고순도의 바이오에탄올만으로도 자동차의 연료로 쓸 수 있으나 배관 부식이나 섭씨 11도 이하의 추위에서 시동 불량 같은 문제들로 전용 설비로 개조한 차량만 가능하여 대부분의 국가가 물을 소량 첨가시킨 뒤 휘발유에 섞어 혼합 연료로 사용한다. 바이오에탄올 생산을 위해서는 녹말작물을 위한 대규모의 땅을 필요로 하며, 이로 인한 삼림의 파괴, 토양 영양분의 고갈, 농약과 비료의 과다사용 가능성, 생물다양성의 감소를 초래할 수 있다는 단점이 있다.

브라질에서는 사탕수수를 이용한 바이오에탄올 연료가 일찍이 활성화되었다. 2000년대에 들어서 옥수수를 이용한 바이오에탄올이 미국에서 보급되고 있으나 식량 낭비이자 식량 가격을 올려서 어려운 사람들을 짓밟는 행동이라는 논란이 있다. 이에 대한 반론으로 에탄올 발효 후에 남는 증류기 곡물은 단백질이 풍부한 사료여서 옥수수 대신 증류기 곡물을 사료로 주면 식량 낭비는 크지 않다는 반론도 있다. 아무튼 식량 낭비를 줄이고 식량 자급률이 낮은 국가에서도 바이오에탄올의 활용을 늘리기 위해서 식량이나 나무를 재배하고 남는 식물 줄기나 나무 등 셀룰로스, 헤미셀룰로스, 리그닌 등으로부터 에탄올을 얻는 방법(2세대 바이오에탄올), 미세조류 및 거대조류로부터 에탄올(3세대 바이오에탄올)을 얻는 방법이 연구되고 있다.

알코올 발효는 산소가 없는 상태에서 효모균과 같은 미생물에 의해 포도당, 과당 그리고 자당과 같은 당류가 에탄올, 이산화탄소로 분해되는 생물학적 과정이다. 에탄올 발효에서, (1) 한 분자의 포도당이 두 분자의 피루브산으로 쪼개진다. 이 반응에서 생산된 에너지는 무기인산염을 ADP와 묶고, $NAD^+$를 NADH로 환원시키는 데 사용된다. (2) 두 피루브산은 두 분자의 아세트알데하이트로 분해되면서 두 분자의 이산화탄소를 폐기물로 내버린다. (3)그 두 분자의 아세트알데하이드는 두 분자의 에탄올로 바뀌는데, 이 반응에서 NADH의 $H^+$ 이온을 사용하고 그로 인해 NADH를 $NAD^+$로 산화시킨다. 산소가 없는 혐기성 상태에서 포도당이 계속적으로 분해가 되기 위해서는 $NAD^+$가 계속적으로 공급이 되어야 하는데 아세트알데하이드가 에탄올로 변화되면서 한정된 농도의 NADH가 $NAD^+$로 변환되면서 포도당 분해 시 전자를 받아 포도당이 계속적으로 산화된다.

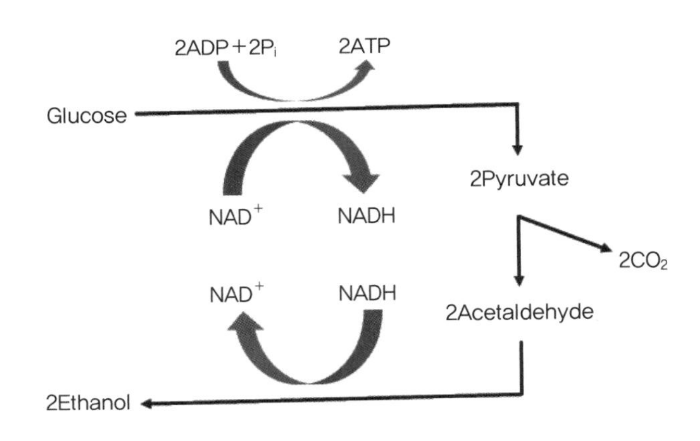


그림 13.6 포도당으로부터의 에탄올 변환과정(출처 : 위키백과)

## 사. 바이오부탄올

바이오에탄올과 마찬가지로 바이오부탄올 또한 미생물의 발효를 통하여 얻어지는 에너지이다. 부탄올은 에탄올에 비해 에너지 밀도가 높고 휘발유와 혼합하여 사용 시 연비손실이 적다는 장점을 가지고 있다. 또한 물에 대한 용해도와 부식성이 낮고 휘발유의 유통 인프라를 변경 없이 사용할 수 있으며, 차량의 개조 없이 고농도로 사용할 수 있다는 장점을 가진다. 또한 부탄올은 바이오에탄올에 비해 환경 측면에서도 우수한 것으로 알려져 있고 전주기분석(Life Cycle Assessment : LCA)을 통해 부탄올은 바이오에탄올보다 유사하거나 더 높은 온난화가스 저감효과를 보이는 것으로 분석되었다.

발효에 의한 바이오부탄올 생산은 1861년 루이 파스퇴르에 의하여 처음으로 발표되었다. 제1차 세계대전 기간에 아세톤의 생산을 목적으로 생물학적 발효 기술이 적용되었고 부탄올은 아세톤 발효의 부산물이었다. 그 후 자동차 산업이 급격하게 성장하면서 부탄올 수요가 급격하게 증가하여 부탄올이 발효의 주요 생산품으로 상업적으로 생산되었다. 그러나 원료가격의 상승과 낮은 수율 등의 기술적 한계와 석유학학 기반의 생산기술 대비 수익률이 낮아 20세기 말에 모든 부탄올 생산시설이 문을 닫게 되었다. 그러나 고유가가 지속되고 신재생에너지에 대한 중요성이 대두되면서 바이오부탄올의 경쟁력을 확보할 수 있는 방안 연구가 계속 진행되고 있고 주목받고 있다.

## 단원 리뷰

1. 폐기물의 정의에 대하여 설명하시오.
2. 폐기물을 분리하시오
3. 자원순환의 뜻과 4R에 대하여 설명하시오.
4. 퇴비화의 원리와 필요조건에 대하여 설명하시오.
5. 호기성폐수처리에 대하여 설명하시오.
6. 혐기성 소화에 대하여 설명하시오.
7. 생물학적 수소 생산에 대하여 설명하시오.
8. 바이오에탄올 생산의 장단점에 대하여 설명하시오.

## 참고문헌


김남천, 팽종인, 생물학적폐수처리기술.

박종문, 조지혜, 생물학적 수소생산의 현황 및 전망, DICER TechInfo Part I, Vol. 3, No. 8, pp. 114-132, 2004.

이상현, 엄문호, 바이오부탄올 생산기술 개발동향 및 전망, 공업화학 전망, 16권, 제2호, 2013.

https://ko.wikipedia.org/wiki/

임동규, 가축분뇨 액비화처리 및 이용기술, 농업과학기술원.

http://www.niast.go.kr/environment/fer_info/saved_data/view/V－FTFER－002－9.htm

자원순환정보시스템 https://www.recycling－info.or.kr/rrs/viewPage.do?menuNo＝M110101

조지혜, 혐기발효에 의한 수소 수율 증대 방안, DICER TechInfo Part I, Vol. 5, No. 5, pp. 169-178, 2006.

한국폐기물협회 http://www.kwaste.or.kr/

홍지형, 박금주, 전병태, 홍성천, 축산폐기물의 자원화, 도서출판 동화기술, 2001.

환경부, “녹색성장을 위한 폐자원 업사이클링 기반 조성－제1차 자원순환기본계획(2011-2015)”, 2011. 9.

환경부, 2016년 재활용관리재도 종합해설서.

http://www.kwaste.or.kr/bbs/content.php?co_id＝sub0401

환경부, 2004 폐기물관리법 해설.

환경정책평가연구원, 녹색환경포럼, 2008, 3.

Hill, D.T. (1982). A comprehensive dynamic model for animal waste methanogenesis. Transactions of the ASAF, 25, 1374－1380.

# V
# 생활과 환경

CHAPTER 14

# 환경유해성과 인간의 건강

김희갑

우리는 환경 중의 다양한 유해인자들과 접하면서 어떤 위험한 상황, 즉 유해성(위험성, hazard)에 직면할 수 있다. 예를 들어, 가정에서 조리를 하는 중에 자칫 뜨겁게 달궈진 용기를 떨어뜨려 발에 화상이나 물리적 손상을 입을 수 있다. 또한 집 밖에 나가면 또 다른 위험이 도사리고 있다. 횡단보도를 건너다 자동차에 치일 수도 있고, 운전하다 본인의 잘못이든 상대방 운전자의 잘못이든 사고가 발생할 수 있다. 게다가 우리가 들이마시는 공기에는 수많은 종류의 화학물질들뿐만 아니라 병원성 미생물들이 함유되어 있어, 코를 통해 인체 내에 들어가고 폐에서 흡수되어 건강에 해로운 영향, 즉 악영향(adverse health effect)을 일으킬 수 있다. 최근에는 기후변화로 연관되어 예상치 않은 기상 현상이 전 세계를 강타하고 있다. 단시간에 연간 강수량의 절반 이상의 많은 비가 내리는가 하면(2002. 8. 태풍 루사, 한국), 겨울에 혹한이 었던 지역이 이상하리만큼 너무 따뜻해졌고(2012. 1. 미국 동부), 따뜻했던 지역이라 좀처럼 눈 구경이 어려운 곳에 눈이 펑펑 내리기도 했다(2018. 1. 부산). 이러한 환경 유해인자들로 인하여 인간의 건강은 점차 더 위협을 받고 있다.

이 단원에서는 우리 인간이 살고 있는 환경, 즉 생활환경에서 우리가 노출될 수 있는 다양한 유해인자들을 살펴보고, 그러한 유해인자들이 우리에게 미칠 수 있는 건강 영향을 평가하여 관리하는 방법을 간단히 다루도록 한다.

## 14.1 환경과 건강

환경오염(Environmental pollution)으로 인하여 자연 과정의 기능은 방해를 받아, 생태계뿐만 아니라 인간은 바람직하지 않은, 다시 말하면 원하지 않는 악영향을 받을 수 있다. 오염을 일으키는 물질들, 즉 오염물질들(pollutants)은 처음부터 어떤 의도된 목적을 갖고 만들어진 것도 있지만, 비의도적으로 생성된 부산물인 경우도 흔하다.

광범위한 살충제의 기능을 갖는 농약인 DDT(DichloroDiphenylTrichloroethane)의 사례를 들어보자. DDT는 1874년에 독일의 화학자 Othmar Zeidler에 의해 처음으로 합성되었고(그림 14.1), 1939년에는 스위스의 화학자 Paul Müller에 의해 살충 효과가 있다는 것이 발견되었다. 제2차 세계대전(1939－1945) 중에는 말라리아, 티푸스 등을 일으키는 모기의 구제뿐만 다양한 곤충에 뛰어난 살충 효과를 보여 범용적인 살충제로 사용되었으며, 이로 이해 그는 1948년에 노벨 생리의학상을 수상하였다. 이후에는 DDT가 농업용 살충제로도 사용되었다. 그렇지만 무분별한 DDT의 사용은 1962년 미국의 해양 생물학자 Rachel Carson의 『침묵의 봄(Silent Spring)』을 통해, 야생동물, 조류 등의 생태계뿐만 아니라 인간에게 내분비계를 교란시키거나 암을 유발하는 결과를 초래한다는 경고의 메시지를 선포하게 하였다. 그리고 마침내 미국에서는 1972년도부터 DDT의 사용을 전면적으로 중단하였고, 다른 나라에서는 질병을 매개하는 곤충인 말라리아에 대해서만 제한적으로 사용하고 있다. 우리나라에서는 1976년에 DDT의 생산을 중단하였고 1979년부터 전면적으로 사용을 중단했다. 그러나 사용 금지가 선포된 지 약 40년이 되었지만, 우리가 살고 있는 환경, 즉 대기, 토양, 물, 심지어 식품 등에서도 여전히 DDT가 검출될 정도의 이 화학물질은 분해가 잘 되지 않는 난분해성 오염물질(persistent organic pollutants : POPs)이다.

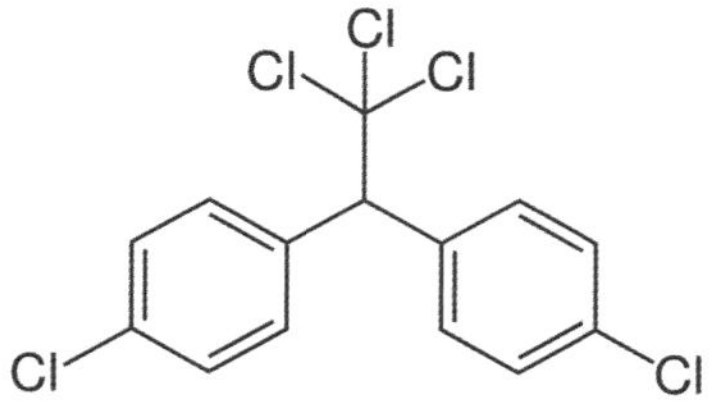

그림 14.1 DDT의 화학 구조

반면에, 다이옥신(dioxins)은 비의도적으로 생성되어 인간에게 치명적인 독성을 일으키는 대표적인 물질이다. 다이옥신은 1,4－dioxane의 양쪽 두 개의 탄소에 벤젠 고리가 융합되어 결합되어 있고, 각 벤젠 고리에 1개부터 4개까지의 염소가 치환될 수 있는 구조를 갖고 있다(그림 14.2).

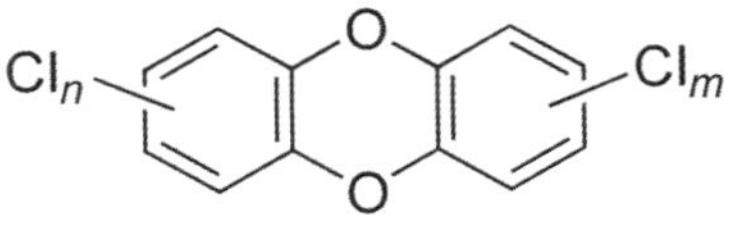

그림 14.2 다이옥신(polychlorinated dibenzo-*p*-dioxins, PCDDs)의 일반적인 화학 구조

다이옥신은 단일 화합물이 아니라 모두 75개의 동족체(congener)로 구성되어 있는 화합물 집단인데, 이 중에서 2,3,7,8-tetrachlorodibenzo-*p*-dioxin(2,3,7,8-TCDD)이 가장 독성이 강한 것으로 알려져 있다. 다이옥신은 1955년부터 1975년에 걸쳐 일어난 베트남 전쟁의 중반인 1962년부터 1971년 사이에 처음으로 알려졌다. 미군은 월맹 정규군의 은신처인 정글을 없애고 농업지대의 경작지를 파괴하여 게릴라의 식량의 자급을 방해하고자 고엽제(枯葉劑, defoliant)를 사용하였다. 이때 사용한 고엽제는 에이전트 오렌지(Agent Orange)라는 암호명으로 불렸는데, 이는 2,4,5-T(그림 14.3)와 2,4-D(그림 14.4)를 50:50의 비율로 섞은 분말 형태이었다.

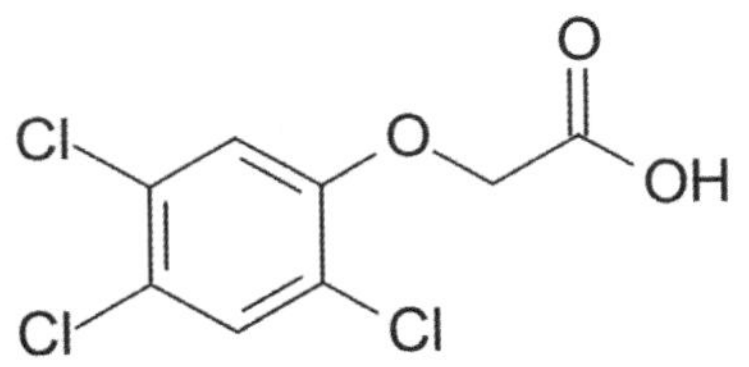

그림 14.3 2,4,5-T의 화학 구조

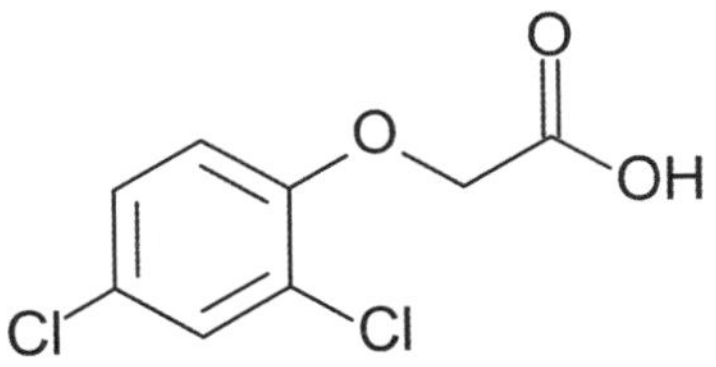

그림 14.4 2,4-D의 화학 구조

에이전트 오렌지를 포함한 고엽제는 메콩 삼각주 지역 일대를 중심으로 베트남, 라오스의 동부 지역, 캄보디아와의 접경 지역 등 베트남 면적의 약 12%에 해당하는 지역에 약 8,000만 리터가 살포되었다. 이후 약 480만 명의 베트남인이 고엽제에 노출되어, 그중 40만 명이 장애와 질병(전립선암, 폐암, 간암, 림프종 등의 암, 폐질환과 같은 호흡기 장애, 염소좌창 등의 피부 질환)에 시달리다가 죽었으며, 50만 명의 어린이가 기형으로 출생했다고 보고되었다. 그 원인을 추적한 결과, 2,4,5-T에 다이옥신 중 하나인 2,3,7,8-TCDD(2,3,7,8-tetrachlorodibenzodioxin, 그림 14.5)이 불순물로 함유되었다는 것을 확인하였는데, 이는 2,4,5-T를 생산하는 과정에서 미량의 2,3,7,8-TCDD가 생성된 것이었다. 이 외에도 다이옥신은 고온, 특히 250-450°C에서 PVC(PolyVinyl Chloride)와 같이 염소(Cl)가 함유된 유기화합물이나 염화 이온(chloride, $Cl^-$)이 들어 있는 폐기물을 소각하는 과정에서도 생성되는 것으로 알려졌다.

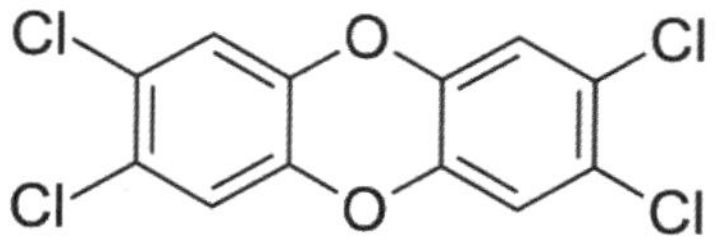

그림 14.5 2,3,7,8-TCDD의 화학 구조

이상의 DDT와 다이옥신의 사례에서와 같이 의도적으로 생산하여 사용하는 화학물질이든 비의도적으로 생성된 부산물(by-products)이든 간에 우리가 생활하는 환경, 즉 생활환경에서 이러한 물질들과 접촉할 경우에 우리는 그러한 물질들에 노출(exposure)될 수 있다. 그 결과 체내에 이러한 물질들이 들어오면, 그 물질이 갖고 있는 고유한 독성(toxicity)과 체내 들어온 후 조직이나 기관에 도달한 양(dose)이 어떤 수준을 초과할 경우 건강상 영향을 일으키게 된다. 이러한 연구를 하는 학문 분야를 가리켜 환경독성학(environmental toxicology)이라고 한다.

인간의 건강에 초점을 맞추는 생활환경의 관점에서 환경은 사람들이 살고 있는 물리적, 화학적 및 생물학적 요인들로 구성되어 있다. 여기에는 가정, 공기, 물, 식품, 이웃, 친구, 직장, 기후, 동호회 등이 포함된다. 우리가 살고 있는 환경에서 우리는 다양한 종류의 유해인자(hazard)들에 접촉하며, 이로 인해 병에 걸리게 됨으로써 삶의 질은 하락되고, 때로는 수명이 단축되기까지 한다. 여기에서 유해인자는 표적이 되는 대상(사람, 동물, 재산, 환경 등)에게 유해(harm), 손상(damage, injury) 또는 사망(death)을 일으킬 수 있는 잠재력을 갖고 있는 요인(要因, agent)이라고 정의할 수 있다. 유해인자가 갖고 있는 유해성과 인체와 접촉하여 체내에 들어오는 양인 노출량(exposure)은 위해도(risk), 즉 악영향을 가져올 확률(probability)을 결정한다. 이를 수식으로 나타내면,

$$위해도(risk) = 유해성(hazard) \times 노출량(exposure)$$

여기에서 유해성은 보통 흔히 독성(toxicity)이라고도 하며, 각 물질별로 고유한 성질이다. 반면에 노출량은 흡입(inhalation), 경구섭취(oral ingestion), 피부흡수(dermal absorption) 또는 주사(injection)의 경로를 통해 체내에 얼마만큼 들어가느냐를 나타낸다. 위의 식에 따르면, 유해성이 아무리 높은 수은(mercury)이라고 할지라도 이 중금속에 전혀 노출되지 않는다면 위해도는 0이다(즉, 위해도 = 고×0 = 0). 반면에 아무리 유해성이 낮은 탄수화물이 주요 성분이 되는 밥이나 설탕을 지나치게 많이 먹는다면 이로 인해 위해도는 높아질 수 있다(비만, 당뇨 등으로 인한 질환 발생).

건강(Health)은 육체적, 정신적, 영적 및 정서적 차원에서 다룰 수 있다. 세계보건기구(World

Health Organization, WHO)는 건강을 "완전한 육체적, 정신적 및 사회적 행복의 상태이고 단순히 질병이나 병약함이 없는 것이 아니다."라고 정의하고 있다. 그렇지만 이는 너무 추상적이며, 실제로 모든 차원의 건강을 측정한다는 것은 불가능하다. 그렇기 때문에 환경과 관련된 건강을 다루는 환경보건(environmental health)에서는 육체적 질병에 초점을 맞추며, 질병이 없을 경우에 건강하다고 말한다. 어떤 사회에서 질병과 관련된 연구를 수행할 때 두 가지의 척도를 주로 사용하는데, 이는 유병률(morbidity rate)과 사망률(mortality rate 또는 death rate)이다. 유병률이란 인구당 몇 %가 병을 갖고 있느냐를 나타내는 수치로, 예를 들어 강원도 춘천시의 인구 28만 명 중 500명이 현재 심장병을 앓고 있다면, 유병률은 (500/280,000)×100＝0.18%이다. 사망률은 일정 기간(보통 1년) 내에 일정 집단에서 발생한 사망자의 비율로, 보통 인구 1,000명에 대한 연간 사망자의 수로 표시하므로 단위는 ‰(퍼밀, per mille)이다. 때로는 퍼센트(%) 단위를 사용하기도 한다. 따라서 사망률이 9.5 ‰이라는 것은 연간 인구 1,000명 당 9.5명이, 또는 100명 당 0.95명이 사망한다는 것을 의미한다.

질병이나 사망과 같은 결과에는 원인이 있는데, 이 둘간의 연관성을 연구하는 학문을 역학(疫學, epidemiology)이라고 한다. 질병에는 암, 심혈관 질환, 호흡기 질환, 피부병 등이 있으며, 많은 경우에 질병의 원인이 환경 유해인자에 있다. 이와 같이 환경 유해인자와 질병과의 관계를 다루는 학문을 환경역학(environmental epidemiology)이라고 한다.

## 14.2 환경 유해인자

인간에 미치는 건강 유해성은 두 가지의 관점에서 생각해볼 수 있다. 한 가지는 필요한 자원을 얻지 못해서 비롯되는 유해성이라면, 또 다른 것은 유해인자에 지나치게 노출되어 발생하는 유해성이다.

전자의 경우에는 식량, 식수, 에너지 등을 확보하지 못하는 것 등이 포함된다. 이러한 자원의 부족은 경제적으로 낙후되어 있거나 정치·사회적으로 불안정할 때 발생한다. 여기에서는 이러한 유해성은 배제하고, 후자에 초점을 맞추어 살펴보되, 문화적, 물리적, 생물학적 및 화학적 유해인자로 구분하여 살펴보도록 한다.

### 가. 문화적 유해인자

문화적 유해인자(cultural hazard)는 생활양식 유해인자(lifestyle hazard)라고도 하며, 질병 또는 사망이 인간의 선택에 의해서나 선택에 의해 영향을 받는 유해인자를 말한다. 예를 들어, 사람들은 스포츠카를 구입하여 자동차 경주를 즐기거나 히말라야 산맥의 정상을 등반한다. 그렇지만 이러한 인간의 행동은 자칫하면 사고를 유발하여 다치기도 하고, 때로는 사망하기까지 한다. 흡연, 과음, 과식, 마약 복용 및 주사, 위험한 직종에서 일하는 것 등이 여기에 포함된다. 이러한 행동을 선택하는 이유는 그러한 행동을 함으로써 쾌감을 느끼거나 다른 유익을 가져오기 때문이다. 이러한 문화적 유해인자는 중독(addiction)의 성격이 있기 때문에, 여기에서 벗어나려면 무단한 노력이 필요하다.

이러한 유해인자로부터 기인한 유해성은 우리가 어디에 살고 있는지, 우리의 사회경제적인 상태, 직업 또는 행동 선택으로부터 비롯된다. 흡연을 하거나 흡연을 하는 사람들과 같이 살거나 일한다면 폐암에 걸릴 확률(위해도)은 증가한다. 흡연은 개인이 선택하여 결정한 것이지만, 이로 인해 발생하는 간접흡연은 개인의 선택에 의한 것이 아닌 경우가 더 많다.

## 나. 물리적 유해인자

### 1) 자연재해

허리케인, 대선풍(토네이도), 홍수, 산불, 지진, 산사태, 화산 폭발, 폭설 등의 자연 재해는 인명을 앗아갈 뿐만 아니라 재산상의 피해를 가져온다. 2010년에 아이티에 발생한 규모 7.0 지진으로 22만 명 이상이 사망하였고, 2014년 9월 인도-파키스탄의 카슈미르 지역의 집중 호우로 405명이 사망하였다. 2011년에는 일본의 동북(도호쿠) 지방을 강타한 규모 9.0 지진과 뒤이어 발생한 해일(tsunami)로 사망 및 실종된 사람의 숫자는 2만 명을 넘었다. 더욱이 전력이 끊기면서 냉각장치 가동이 중단되어 후쿠시마 원자력 발전소의 노심 용융 및 수소 폭발이 발생해 방사능이 누출되는 결과를 가져왔다. 우리나라에서는 2002년 8월 30일부터 9월 1일까지 전국을 강타한 태풍 루사(Rusa)가 최대 풍속 40 m/s의 강풍과 최대 강수량 900 mm를 기록하며, 246명의 사망·실종자 및 5조원 이상의 재산 피해를 초래했다(그림 14.6). 이와 같은 자연 재해는 예상하기가 쉽지 않고, 예상한다고 해도 완벽하게 대처하기가 쉽지 않아 막대한 인명 및 재산 피해를 가져다 줄 수 있다.

그림 14.6 2002년 8월 31일 한반도에 접근하는 태풍 루사 위성영상(출처 : 위키백과)

## 2) 소음

인위적인 물리적 유해인자 중 대표적인 것 중의 한 가지는 소음이다. 사람들이 모여 살면서, 특히 공동주택에서 거주하게 되면서 가장 심각하게 된 유해인자는 소음(noise)이다. 소음은 듣기에 불쾌하여 시끄럽게 느끼게 하거나 파괴적인 것으로 판단되는 원하지 않는 소리(sound)를 말한다. 소음과 소리는 뇌가 소리를 받아서 어떻게 인식하느냐에 따라 다르게 된다. 소리는 음파의 진폭과 진동수에 의해 측정된다. 진폭은 파동이 얼마만큼 강하냐를 측정하는 것이다. 음파의 에너지는 데시벨(decibel : dB) 단위로 측정되는데, 이는 시끄러운 정도의 척도 또는 소리의 강도(세기)라고 할 수 있다. 반면에, 피치(pitch)는 소리의 진동수(주파수라고도 한다)를 나타낼 때 쓰이며, 헤르츠(hertz : Hz) 단위로 나타낸다. 인간의 귀로 들을 수 있는 있는 진동수를 가청주파수라고 하며, 사람에 따라 차이가 있지만 보통 16−20,000 Hz의 범위이다.

dB는 흔히 소리를 측정하는 데 사용되지만, 인간은 모든 진동수를 똑같이 듣지 않는다. 인간의 귀는 낮은 진동수의 끝에 있는 소리 수준에 덜 민감하기 때문에, 낮은 주파수 영역의 소리를 덜 듣게 된다. 이를 설명하기 위해 인간의 귀가 실제로 소리를 어떻게 인지하는지를 고려한 소음 측정 방법이 고안되었으며, 가장 흔한 가중 방법은 주파수의 특성을 고려하여 보정한 A 가중 방법이다. 이러한 A 가중 방법을 사용하여 보정한 값을 dBA 또는 dB(A)로 나타내며, 보정되지 않은 경우에는 dB로 표기한다. 반면에, C 특성은 기계 소음의 물리적인 척도로 dB(C)

로 표기한다. 0 dB(A)는 인간이 들을 수 있는 가장 부드러운 수준이라면, 보통의 말하는 소리는 약 65 dB(A)이고, 록 콘서트는 약 120 dB(A)에까지 이를 수 있다.

환경 소음은 특정한 환경에 존재하는 모든 소음의 축적된 값이며, 주요 발생원은 자동차, 항공기, 열차, 착암기, 채탄기, 파쇄기, 그라인더, 기계 절단, 금속 가공, 엔진 운전 등이다. 게다가 최근에는 공동주택에서의 층간 소음에 대한 민원이 증가하면서, 이에 대한 규정도 마련되는 등 생활소음이 중요한 부분을 차지하게 되었다.

세계보건기구(WHO)는 소음과 같이 인간의 감각에 의해 인지되는 공해를 소위 '감각공해(sensory pollution)'로 칭하고 있으며, 소음이 건강에 미치는 영향을 중요하게 다루고 있다. 이러한 소음에 노출되면 단지 심리적으로 짜증(annoyance)뿐만 아니라, 때로는 소음성 난청 등의 청각 손상, 심혈관 질병 등의 심각한 건강 영향이 나타날 수 있다. 또한 소음에 지나치게 노출되면 자기 일에 몰두할 수 없게 되거나, 정신적·신체적으로 영향을 받게 된다. 당연히 소음 수준이 높을수록, 저주파보다는 고주파 성분이 높을 때, 소음의 지속 시간이 길수록, 그리고 단속음보다는 연속음과 충격음인 경우에 영향을 더 받을 수 있다.

소음 수준을 줄이기 위해서는 개인적인 노력 이외에도 정책적인 방안을 마련하는 것이 필요하다. 예를 들어, 토지이용 계획을 치밀하게 짜거나 방음벽을 설치하는 것, 사용 시간대를 조절하는 것, 자동차 운전 시 속도를 줄이거나 경적 안 울리기 등이 그 사례다.

소음의 종류에는 연속음(continuous noise), 단속음(interrupted noise) 및 충격음(impulse noise)이 있다. 연속음은 반복되는 소리가 1초에 1회 이상 반복되는 것을 포함하여 계속해서 같은 크기의 소리가 발생하는 것을 말한다. 단속음은 소음의 반복음이 1초보다 간격이 큰 것을 말하며, 충격음은 일시에 충격음이 최대 음압수준인 120 dB 이상인 음이 1초 이상의 간격으로 발생하는 것을 말한다.

### 3) 진동

진동이란 어떤 물체가 외부의 힘에 의해 전후, 좌우, 또는 상하로 흔들리는 것을 말하며, 인간에게 영향을 줄 수 있는 진동은 크게 전신 진동(whole body vibration : WBV)과 국소 진동(hand-arm vibration : HAV)으로 구분한다. 전신 진동은 지지 구조물을 통해 전신에 전파되는 진동으로, 차량, 선박, 항공기 탑승, 기중기, 분쇄기, 트랙터 등을 운전할 때 발생한다. 특히 비포장도로에서의 운전은 심한 전신 진동을 가져온다. 보통 2-100 Hz에서 인체에 영향을 주며, 심장 활동이 활발해짐에 따라 산소 소비량이 증가하고 체온이 상승하며, 투통 및 신경계에 장애를 초래한다.

반면에, 국소 진동은 손과 발에 한정적으로 전파되는 진동으로 착암기, 연마기, 굴착기, 그라인더, 전동 톱(체인 톱), 에어 드라이버, 동력 재봉틀 등의 공구를 사용할 때 주로 손에 진동이 나타나며, 2－100 Hz의 범위에서 영향을 줄 수 있다. 이러한 국소 진동에 노출될 경우, 말초신경계, 순환계 및 근골격계 이상이 발생할 수 있는데, 이를 국소진동증후군(hand－arm vibration syndrome : HAVS)이라고 한다. 또한 동력 공구를 사용하여 비롯되는 국소진동증후군을 레이노드 증후군(Raynaud's syndrome)이라고 한다.

## 4) 전리방사선

생물체를 포함하여 어떤 물질과 반응하여 물질을 구성하고 있는 분자 또는 원자를 전리(이온화)시킬 수 있는 알파($\alpha$) 입자, 베타($\beta$) 입자, 양성자, 엑스선(X ray), 감마선($\gamma$ ray) 및 중성자를 전리방사선(ionizing radiation)이라고 한다. 이러한 전리방사선은 매질 내에서 분자 또는 원자와 직간접적으로 반응하여 방사선이 갖고 있는 에너지를 전달함으로써, 원자의 궤도 전자를 여기(excitation)시키거나 전자를 궤도로부터 이탈시켜 안정한 원자를 음전하(－) 또는 양전하(＋)를 가진 이온으로 변화시킨다. 전리방사선은 직접전리방사선과 간접전리방사선으로 구분하는데, 직접전리방사선에는 알파 입자, 베타 입자 및 양성자가 포함되며, 간접전리방사선에는 엑스선, 감마선 및 중성자가 포함된다. 또한 전리방사선은 빛의 성질을 갖는 X선 및 감마선과 같은 전자기방사선과 알파 입자, 베타 입자, 양성자 및 중성자와 같은 입자방사선으로 구분하기도 한다.

반면에 라디오파, 마이크로파, 적외선, 가시광선, 자외선 등은 비전리방사선으로 분류하며, 전리 능력이 전혀 없지는 않지만 약한 편이다.

방사능(radioactivity)은 불안정한 원소의 원자핵이 붕괴되면서 에너지가 있는 방사선을 방출하는 능력을 말한다. 이러한 성질을 갖고 있는 물질을 방사성 물질(radioactive material)이라고 한다.

### 가) 알파 입자

알파 입자는 높은 원자 번호를 갖는 방사성 핵종(예, $^{238}Pu$, $^{239}Pu$, $^{240}Pu$, $^{226}Ra$, $^{235}U$, $^{238}U$, $^{241}Am$)에 의해 방출되는 헬륨(He) 핵이다. 투과율이 낮아(0.1 mm 미만) 종이 한 장으로도 차단이 가능하며, 피부를 통과하지는 못하지만 경구섭취, 호흡, 피부 상처 부위를 통해 체내에 유입되면 이온화도가 높기 때문에 유해성은 매우 크다.

### 나) 베타 입자

베타 입자는 불안정한 원자의 핵(예, $^{3}H$, $^{14}C$, $^{36}S$, $^{89}Sr$, $^{90}Sr$, $^{99}Tc$, $^{23}Mg$, $^{137}Cs$, $^{129}I$, $^{131}I$)으로부터 방출되는 높은 에너지를 갖는 전자(electron)이다. 베타 입자는 종이 1−2 cm를 투과할 수 있으며, 피부를 투과해 손상을 줄 수 있다. 수 mm의 얇은 알루미늄 판을 사용하면 투과를 차단할 수 있다. 알파 입자에 비해 이온화도는 작으나 투과력은 더 큰 편이다.

### 다) X선과 감마선

X선은 발명자의 이름을 따서 뢴트겐선이라고도 하고, 파장이 0.01~10 nm 정도의 전자파로, 보통의 빛과 마찬가지로 반사, 굴절 및 편차를 나타낸다.

감마선은 높은 에너지를 갖고 있는 전자파 방사선으로 투과력이 강하여 약 1−2 m의 콘크리트도 투과할 수 있다. 감마선을 방출하는 대표적인 방사성 핵종에는 $^{60}Co$, $^{103}Ru$, $^{131}I$, $^{134}Cs$, $^{137}Cs$, $^{144}Ce$, $^{192}Ir$ 등이 있다.

### 라) 방사선 관련 단위

방사선과 관련된 단위는 표 14.1에 요약하였다. 이전에 사용되던 단위가 표준화 단위로 변경되었고, 두 단위간의 환산식을 보여주고 있다.

표 14.1 방사선과 관련된 단위

| 구분 | | 표준화(SI) 단위 | 종래의 단위 | 환산 | 비고 |
|---|---|---|---|---|---|
| 방사능 | | 베크렐, Bq | 큐리, Ci | 1 Ci = 3.7×10$^{10}$ Bq | 방사성 물질(핵종)이 붕괴될 때 1초당 붕괴 수 |
| 방사선량 | 조사선량 | 쿨롬/킬로그램, C/kg | 렌트겐, R | 1 C/kg = 3.88×10$^{3}$ R | X선이나 감마선이 공기 중에서 이동하면서 생성하는 전하량 |
| | 흡수선량 | 그레이, Gy | rad | 1 Gy = 100 rad | 매질 1 kg에 1 Joule의 에너지가 흡수될 때 1 Gy라고 함 |
| | 등가선량 | 시버트, Sv | rem | 1 Sv = 100 rem | 방사선 종류나 에너지에 따라 인체에 미치는 영향이 다른 것을 나타내는 단위로, 보통 mSv 또는 $\mu$Sv로 나타내며, 등가선량 = 흡수선량×방사선 가중치 |
| | 유효선량 | 시버트, Sv | rem | 1 Sv = 100 rem | 인체 조직에 따른 방사선 영향의 차이를 고려하여 평가하며, 유효선량 = Σ(등가선량×조직 가중치) |

(출처 : (사)환경보건학회, 환경보건학, 2016)

마) 방사선이 인체에 미치는 영향

방사선은 X선 진단 및 치료와 같은 의학적인 목적 이외에도 비파괴 검사, 플라스틱의 가교(crosslink)나 중합, 원자로, 우주선 및 선박의 원료, 살균 및 살충 등 다양하게 사용된다. 그렇지만 방사선은 높은 에너지를 갖고 전리작용을 하므로 생체에 유해한 영향을 끼칠 수 있다.

방사능 오염은 먼지나 액체 등의 방사성 물질과 접촉한 후 오염된 것을 말하며, 외부 및 내부 오염으로 나눌 수 있다. 외부 오염은 방사성 물질에 피부나 옷이 오염된 경우이다. 내부 오염은 방사성 물질을 섭취하거나, 흡입하거나 또는 피부를 통해서 체내로 들어온 경우를 말한다. 체내에 들어온 방사성 물질은 다양한 조직으로 이동하고, 방사성 물질이 제거 혹은 소멸될 때까지 계속해서 방사선을 방출한다. 그렇지만 내부 오염은 현실적으로 제거하기 어렵기 때문에, 일단 체내에 들어오면 건강에 미칠 영향은 심각할 수 있다.

생체에 미치는 영향은 방사선의 종류, 방사선의 조사(irradiation)선량, 조사 범위(전신 vs. 국소), 조사 부위, 신체 장기의 방사선에 대한 감수성, 피폭 방법(외부 vs. 내부), 피폭자의 건강 및 영양 상태, 연령, 성별 등에 따라 다르다. 방사선의 투과력은 X선=감마선>베타 입자>알파 입자의 순이며, 전리 작용능은 이의 역순이다. 그렇지만 알파와 베타 입자는 투과력이 낮기 때문에 주로 신체 표면에 영향을 줄 수 있는 반면에, 투과력이 높은 X선과 감마선이 건강상 미치는 영향이 더 클 수 있다.

방사선에 피폭되면 뇌혈관 및 위장관 장애, 조혈장기 및 말초혈액 변화, 백내장 발생, 생식세포 장애, 악성 종양 발병, 백혈병 발생, 갑상선 암 유발, 기형 유발 등이 나타난다.

체내 흡수를 막기 위해 오염된 방사성 물질을 즉시 제거하여야 하는데 오염된 피부는 즉시 많은 양의 비누와 물로 문질러 씻어야 한다. 찔린 작은 상처는 모든 방사성 입자를 제거하기 위해 강하게 씻어야 한다. 오염된 머리카락은 면도하지 말고 짧게 자른다. 면도로 피부가 손상되어 방사성 오염물질이 피부에 침투될 수 있다.

### 5) 비전리방사선

비전리방사선에는 자외선의 일부 대역과 가시광선, 자외선, 적외선, 초음파, 라디오파(RF), 초저주파(VLF) 및 극저주파(ELF)가 포함된다. 비전리방사선은 전자파이지만, 에너지가 약하여 이온화를 일으키지 않는다. 비전리방사선 전자파의 직접적인 영향은 주로 열의 발생과 관련이 있다.

그렇지만 극저주파를 발생하는 송전선 주변에 거주하는 어린에게서 암 발생 가능성이 발표되면서, 국제암연구소(International Agency of Research on Cancer : IARC)는 수 mG(밀리가우스)

수준의 극저주파 자기장을 Group 2B(possibly carcinogenic to humans)로 분류하였다.

휴대전화, TRS(Trunked Radio Service, 주파수공용통신), Wi-Fi(wireless fidelity, 무선데이터 전송시스템) 등의 출현에 따라 라디오파에 지속적으로 노출되고 있다. 이러한 주파수는 인체 조직 내에서 전류를 유도하여 세포막 내외에 존재하는 이온들, 즉 $Na^+$, $K^+$, $Cl^-$ 등의 불균형을 초래하고, 호르몬 분비 및 면역 세포에 영향을 줄 수 있는 것으로 알려지면서 IARC는 라디오파 전자기장을 Group 2B로 지정하고 있다.

## 다. 생물 유해인자

인간은 역사적으로 병원성 박테리아 및 바이러스와 전쟁을 치러 왔다. 1346년과 1353년 사이에 유럽을 강타한 흑사병(Black Death)은 *Yersinia pestis*라는 박테리아(그림 14.7)에 의해 발병하여 최대 2억 명이 사망한 것으로 추정되었다. 또한, 발진티푸스와 천연두도 각각 수백만과 3-5억 명의 희생자를 초래하였다.

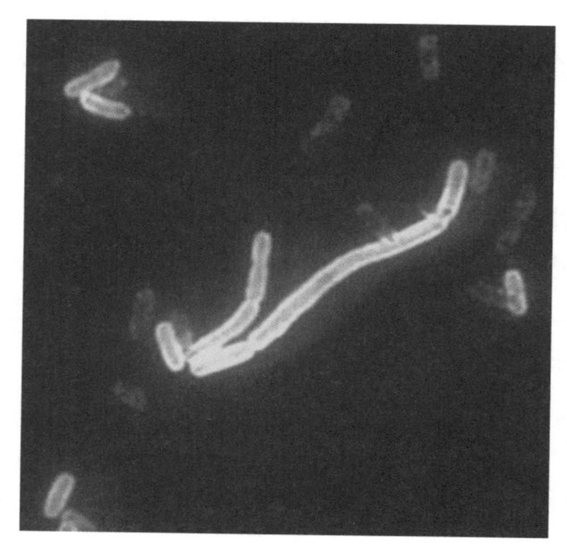

그림 14.7 흑사병 중 가장 흔하게 발생한 선페스트를 유발한 박테리아 *Yersinia pestis*의 사진(200배 확대) (출처: 위키백과)

이러한 미생물 병원체와의 전쟁은 항생제 및 백신의 개발, 면역력 강화, 바이러스학 및 세균학의 발달 등에 따라 인간에게 다소 유리해진 것처럼 보이지만, 아직도 그 전쟁은 계속되고 있다. 실제로 그 전쟁은 끝나지 않았고, 앞으로도 끝나지 않을 것으로 예상된다. 병원성 박테리아, 바이러스, 곰팡이, 원생동물 및 곤충들은 계속해서 사람을 병에 걸리게 하고 있다. 다시 말하면 이들은 우리 환경에서 피할 수 없는 유해인자가 되었다고 할 수 있다.

전 세계적으로 감염병으로 사망한 대표적인 원인은 급성호흡기감염, AIDS(acquired immunodeficiency syndrome), 설사, 결핵, 말라리아, 홍역, 수막염, 백일해, 간염, 파상풍, 매독, 수면병, 주혈 흡충병, 리슈마니아증, 뎅기열의 순이다.

미생물 감염과 기생충에 기인한 전 세계의 사망 원인의 약 20%는 급성 호흡기 감염병, 즉 폐렴, 디프테리아, 독감 및 연쇄상구균(*streptococcus*) 감염으로, 주로 박테리아와 바이러스에 의한다. 이 중에서 폐렴의 가장 흔한 원인은 폐렴구균이지만, 폐렴간균, 포도상구균, 헤모필루스, 마이코플라즈마 등과 같은 세균도 폐렴을 일으킬 수 있으며, 때로는 독감 바이러스인 인플루엔자 A와 호흡기 세포융합 바이러스(respiratory syncytial virus : RSV)에 의해서도 폐렴이 발생한다.

설사병은 5세 미만의 영유아들에게서 흔히 발생하는 위장관염으로, 이 중 약 1/3은 로타바이러스(rotavirus)에 의해 일어나는데, 감염 시 구토, 설사, 발열, 복통 등의 증상이 나타난다. 로타바이러스는 분변－경구 경로로 전파되며, 대부분의 경우에 사람에서 사람으로 직접 전파되나 분변에 오염된 물이나 음식물을 섭취함으로써 간접적으로 전파되기도 한다. 많은 설사병은 *Salmonella*, *Camphylobacter*, *Shigella* 및 *E. coli*와 같은 박테리아로 오염된 물이나 식품을 섭취하여 발생한다.

결핵은 전 세계적으로 젊은 연령층에서 발생하는 사망의 흔한 원인 중 하나이며, 전 세계 인구의 약 30%가 넘는 20억의 인구가 결핵균(*Mycobacterium tuberculosis*)의 보균자인 것으로 추정되고 있다. 결핵은 결핵균에 의한 공기 매개 감염 질환으로, 신체 여러 부분을 침범할 수 있으며, 임상 양상에 따라 폐결핵과 폐외결핵으로 구분할 수 있다. 대부분의 환자는 폐결핵으로 발병하며(성인 85～90%, 소아 65～75%), 폐외결핵은 주로 림프절이나 가슴막에 발병하는 경우가 흔하지만, 그 외에도 복막, 위장관, 골관절, 중추신경계, 비뇨생식기, 심낭 등에도 발병 가능하다. 우리 몸의 면역체계가 결핵균을 제어하지 못할 정도로 약한 경우, 즉 인간면역부전바이러스(human immunodeficiency virus : HIV) 감염에 의한 후천성면역결핍증후군(acquired immunodeficiency syndrome : AIDS) 환자, 영양 결핍환자 혹은 다른 원인에 의한 면역 억제 상태인 경우는 결핵균이 면역 체계를 파괴하고 활동성 결핵을 유발하게 되는데, 이것을 '재발성 결핵' 혹은 '2차 결핵'이라고 한다. 결핵의 증상으로는 3주 이상 지속되는 기침, 가슴 통증, 가래나 피가 섞인 가래를 동반한 기침 등이 대표적이며, 활동성 결핵의 전신 증상으로는 체중 감소, 발열, 밤에 생기는 발한(땀), 오한, 식욕 감소 등이 수반되기도 한다.

말라리아(Malaria)는 학질이라고도 하는데, 주로 중국얼룩날개모기(*Anopheles sinensis*) 또는 감비아 학질모기(*Anopheles gambiae*, 그림 14.8)에 의해 병원체인 원충(roundworm)이 인체 내로 전파되어 감염된다. 인체에 기생하는 원충으로는 양성 3일열 원충(*Plasmodium vivax*), 악성 3일열 원충(*P. falcparum*), 4일열 말라리아(*P. malariae*) 및 난형 말라리아(*P. ovale*)가 있다. 말라리아는 주로 적도 주변의 열대권이 주요 유행지역이지만, 중남미, 아프리카, 동남아시아 등 25°C 이상의 기온이 3개월 이상 지속되는 지역이라면 어디에서든지 발생할 수 있다. 감염률이 높고 해마다 수천만 명의 환자가 발생하여 인류 전체로 볼 때 손실이 가장 많은 질환이다. 온대지역에서는 발생이 점차 줄어들고 있는 추세이지만, 전 세계적으로는 아직도 뚜렷한 감소를 보이고 있지는 않다.

일본뇌염(Japanese encephalitis)은 일본뇌염 바이러스에 의한 감염병으로, 주로 작은빨간집모기(*Culex tritaeniorhynchus*)에 의해 감염되어 발생한다. 일단 일본뇌염에 걸리면 특별한 치료 방법이 없기 때문에 예방이 중요하다. 감염자의 약 0.4%에게서 임상 증상이 나타나며, 열을 동반한 가벼운 증상이나 바이러스성 수막염으로 이행되기도 하고, 드물게는 뇌염으로까지 진행될 수 있다. 뇌염으로 진행된 경우 약 30%의 치사율(lethality)을 보인다.

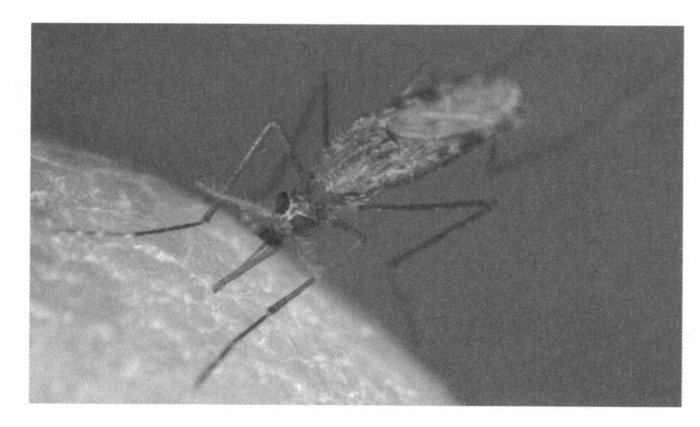

그림 14.8 감비아 학질모기(*Anopheles gambiae*) (출처: 위키백과)

## 라. 화학 유해인자

산업화가 진행됨에 따라 세정제, 농약, 연료, 페인트, 의약, 산업 공정 등에 다양한 화학물질들이 사용되었다. 이러한 화학물질의 생산, 사용 및 처리 과정에서 사람은 화학물질들에 접촉(노출)되고, 오염된 식품이나 음료의 경구 섭취, 오염된 공기의 흡입, 피부를 통한 흡수 등을 통해 노출된다. 인체에 나타나는 건강영향은 독성물질의 고유한 독성 이외에 그 물질이 독성을 나타내는 표적기관에 도달한 양인 용량(dose)에 의해 결정된다. 대부분의 물질들에 대해서는 독성이 나타나지 않는 용량인 역치 용량(threshold dose)이 존재한다.

사실상 동일한 화학물질에 대한 독성의 역치 용량은 사람에 따라 차이가 난다. 예를 들면, 어린이들과 노인들은 일반 성인들보다 훨씬 더 민감하기 때문에 더 위험하며, 역치 용량이 더 낮다. 그 이유는 어린이들은 성장 속도가 빠르고 아직 면역체계가 발달하지 않았기 때문이다. 반면에 노인들은 면역체계가 약해져 있기 때문에, 외부에서 들어온 화학물질에 대해 적절하게 반응하지 못하므로 더 민감하다.

생활환경에서 인간의 건강에 영향을 크게 미치는 인자들은 주로 실내에 위치하고 있다. 게다가 사람들은 하루 중 대부분의 시간을 실내에서 보내는데, 실외에서 활동하는 작업자들의 경우에는 약 60% 정도를 실내에서 보내는 반면에, 사무실 종사자나 가정주부의 경우에는 90% 이상을 실내에서 보낸다. 여기에서 실내는 가정뿐만 아니라 사무실, 자동차, 버스, 열차, 교실 등을 모두 포함한다. 따라서 실내에서 활동하는 동안에 각종 화학물질에 노출된다. 여기에서는 인간이 흔히 접하는 화학물질을 중심으로 다루어 본다.

### 1) 입자상 물질

실내의 입자상 물질(particulate matter : PM)은 실외에서 유입되거나 실내에서 발생한 물질로 나눌 수 있다. 환기를 목적으로 베란다나 창문이나 현관문을 열어 놓을 때 실외 공기는 실내로 유입되므로 실외 공기의 질이 실내 공기의 질에 영향을 준다. 게다가 실내에서의 연소 활동, 예를 들면, 실내 바닥에서부터의 재비산, 담배연기, 난로의 연소, 육류 구이 등의 과정에서 입자상 물질이 발생한다.

입자상 물질은 고체 입자(particle)뿐만 아니라 액체 입자(droplet)를 모두 포함하며, 공기역학적 직경이 10 $\mu$m 이하인 입자를 $PM_{10}$이라고 하고 2.5 $\mu$m 이하인 입자를 $PM_{2.5}$라고 한다. 이렇게 입자의 크기에 따라 분류한 이유는 약 10 $\mu$m 이상의 큰 입자는 호흡기에서 효과적으로 제거되지만, 그보다 작은 입자는 폐(lung)의 각 부위에 침적되어 호흡기계에 악영향을 미칠 수 있다. 특히 0.1－1 $\mu$m의 입자는 폐포(alveoli)에까지 도달하여 입자를 구성하는 성분들이 체내에 흡수되어 건강에 영향을 미칠 가능성이 더 높다. 우리나라는 1995년부터 $PM_{10}$, 2015년부터는 $PM_{2.5}$ 대기기준을 제정하여 시행하고 있다. 특히 연소 과정에서는 작은 크기의 입자들이 더 많이 생성되는데, 이를 구성하는 화학 성분들에는 benzo[*a*]pyrene(BaP, 그림 14.9)으로 대표되며 벌집 모양을 갖는 다환방향족탄화수소(polycyclic aromatic hydrocarbons : PAHs)와 같은 발암물질들이 많이 포함되어 있다. 자동차의 주행, 육류의 직화구이, 화재, 산불 등의 불완전 연소 과정에서 발생한다.

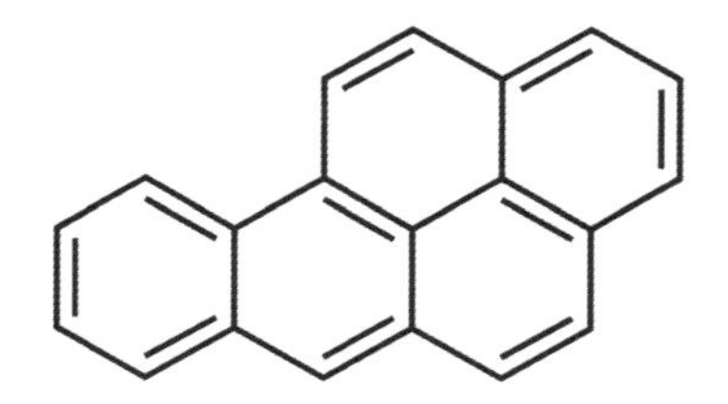

그림 14.9 PAHs 중 가장 발암성이 강한 benzo[a]pyrene(BaP)의 화학 구조

## 2) 환경성 담배연기

환경성 담배연기(Environmental Tobacco Smoke : ETS)는 다른 사람이 핀 담배로부터 나오는 연기를 말한다. 이 담배연기를 흡입하는 것을 간접흡연(passive smoking, second-hand smoke, involuntary smoking)이라고 한다.

담배연기는 입자상 물질과 가스상 물질로 구성되어 있는데, 지금까지 7,000종 이상의 화합물이 확인되었으며, 이 중 동물이나 사람에게 암을 일으킬 가능성이 있는 물질은 약 70종이다. 고체 입자는 담배연기의 약 10% 정도 차지하며, 타르와 니코틴이 포함된다. 그 나머지 약 90%는 가스상 물질인데, 여기에는 일산화탄소, formaldehyde, acrolein, ammonia, nitrogen oxides(질소산화물), pyridine, hydrogen cyanide, vinyl chloride, *N*-nitrosodimethylamine(NDMA), acrylonitrile 등이 포함된다. 이 중 formaldehyde, NDMA 및 vinyl chloride는 인간에게 암을 일으킬 것으로 의심되는 물질이며, acrylonitrile은 동물에게 암을 일으키는 것으로 알려져 있다.

요즘에는 금연을 목적으로 전자담배(e-cigarette)가 유행되고 있는데 이는 물, 니코틴, propylene glycol, 식물성 glycerin 및 일부 향신료(flavoring)로 구성되어 있다. 일반 담배에 비해 전자담배는 더 낮은 농도로 화학물질을 배출한다. 그렇지만 담배연기보다는 낮은 농도이기는 해도, 전자담배도 잠재적으로 유해한 화학물질인 formaldehyde, tobacco-specific nitrosamines(TSNAs) 등을 배출한다. 그리고 전자담배가 무해하다는 결론에 이르지 못한 것은 전자담배에서 나오는 가스상 물질이 어떠한 건강상 영향을 일으키는지에 대한 연구가 많이 진행되지 않았기 때문이다.

흡연자가 들이마셨다가 내뱉는 연기는 주류연(mainstream smoke : MS)이라고 하고, 담배가 타면서 직접 공기 중으로 날아가는 연기는 부류연(sidestream smoke : SS)이라고 한다. 일반적으로 부류연은 불완전 연소가 더 많이 일어나기 때문에 주류연보다 더 높은 농도의 화학물질들을 함유하고 있으며, 대표적인 것에는 2-naphthylamine, NDMA, 4-aminobiphenyl 및 일산화탄소이다. 따라서 환경성 담배연기는 주류연과 부류연으로 구성되어 있으며, 흡입되기 전에 공기에 의해 희석된다. 흡연자와 비흡연자가 환경성 담배연기가 있는 같은 공간에 머무는 경우 유사한 노출 수준을 나타내는데, 이는 환경성 담배연기의 약 85%가 부류연이기 때문이다. 흡연자는 흡연하는 시간 동안에 추가적으로 주류연에 노출된다. 그렇지만 흡연이 종료된 후에도 여전히 동일한 공간, 특히 실내에 머무르고 있으면 환경성 담배연기에 계속해서 노출된다.

환경성 담배연기에 노출되었을 때 흔히 발생하는 암에는 폐암, 자궁경부암, 방광암, 비강암 및 뇌종양이 있다. 또한 심근경색이나 허혈저산소증과 같은 심장질환과 혈소판을 손상시키는 영향도 있다. 또한 알레르기 증세와 천식 증세를 악화시키고 임신 여성에게는 저체중의 아이를 출산하며, 눈, 목 및 호흡기 점막을 자극하는 것으로 알려져 있다.

### 3) 연소 가스

연소의 결과 발생하는 대표적인 무기물질은 일산화탄소(CO), $NO_2$ 및 $SO_2$이다. 일산화탄소는 무색, 무미, 무취의 가스로, 화석연료의 연소 시 산소가 부족한 상태에서 불완전 연소되어 생성된다. 일산화탄소는 산소에 비해 헤모글로빈의 철($Fe^{2+}$)에 대한 친화력이 약 200배 정도 크기 때문에, 매우 낮은 농도에서도 인체 내로 산소가 운반되는 것을 저해하여 사람을 질식시킬 수 있다. 특히 연탄, 장작 등과 같은 고체 연료의 연소 시 불완전 연소가 진행됨에 따라 일산화탄소의 발생이 많다.

질소산화물의 일종인 $NO_2$의 주요 배출원은 화석연료를 태우는 내연기관으로 자동차가 대표적이며, 실내에서는 담배연기, 뷰테인(butane)과 케로센(kerosene) 난로이다. $NO_2$는 직접 배출되는 양은 적고, 고온의 연소 과정에서 공기 중의 질소가 산화되어 생성된 NO가 산소와 반응하여 생성되는 것이 더 많다(즉, $2NO + O_2 \rightarrow 2NO_2$). $NO_2$는 NO보다 독성이 더 강하며, 인간의 호흡기에 자극을 주어 염증을 유발하고 기침, 인두통, 현기증, 두통, 구토 등을 일으키기도 한다.

황산화물의 일종인 $SO_2$는 황이 들어 있는 물질의 연소, 금속의 용융 및 제련, 황산 제조, 석유 정제 등의 과정에서 배출된다. 황이 함유된 연료가 연소될 때 배출가스 중 약 95%는 $SO_2$이다. 이에 인간이 노출될 때 눈, 코 및 상기도의 점막에 영향을 주어 감각적인 피해를 준다. 고농도의 급성 피해로는 생리 장애, 압박감, 기도 저항 증가 등이 있고. 만성적인 노출의 피해에는 폐렴, 기관지염, 천식, 폐기종, 폐쇄성 질환 등이 있다.

### 4) 폼알데하이드

폼알데하이드(formaldehyde)는 환경의 어디에나 존재하는 자극성이 강한 무색의 기체이다. 부피로 40%, 질량으로 37%의 폼알데하이드 포화 수용액을 포르말린(formalin)이라고 하는데, 이는 생물 시편의 방부제로 널리 사용되고 있다. 이 화합물은 methane 연소의 중간 생성물이고,

산불, 자동차 배기가스, 담배연기 등 연소 과정에서 생성된다. 또한 합판, 수지, 접착제 등에서 흔히 발생되기 때문에, 실내오염의 주요 물질이기도 하다.

폼알데하이드는 비강암을 일으키는 물질로 미국 EPA에서는 Group B1(probable human carcinogen)로, IARC에서는 Group 1(carcinogenic to humans)로 분류되고 있으며, 눈, 피부 및 호흡기를 자극하는 물질이다. 또한 위장관(GI tract)에 부식성 손상을 일으키고, 체내에서는 formate로 산화되어 대사성 산증(metabolic acidosis), 순환쇼크(circulatory shock), 급성신부전(acute renal failure) 등을 일으키는 물질이기도 하다.

## 5) 석면

석면(asbestos)은 자연계에 존재하는 섬유 모양의 규산 광물을 일컫는 말로 사문석이나 각섬석이 섬유 형태로 변화한 것이다. 위상차 현미경으로 관찰할 때 길이 5 $\mu$m 이상이고 길이 대 폭의 비가 3:1 이상이며, 석면 섬유 한 가닥의 굵기는 대략 머리카락의 5000분의 1 정도이다. 석면 중에서 문제가 되는 것은 사문석계(serpentine)의 백석면[chrysotile, $Mg_3(Si_2O_5)(OH)_4$]과 각섬석계에의 갈석면[amosite, $Fe_7Si_8O_{22}(OH)_2$] 및 청석면[crocidolite, $Na_2Fe^{2+}{}_3Fe^{3+}{}_2Si_8O_{22}(OH)_2$]으로 사람에게 노출될 때 석면 질환을 유발할 수 있다.

석면은 내구성, 내열성, 내약품성, 전기 절연성 등이 뛰어나 건설 자재, 전기제품, 가정용품 등 여러 용도로 널리 사용되었다. IARC는 석면을 1급 발암물질로 지정하였는데, 이는 호흡기를 통해 석면에 노출될 때 폐암이나 석면폐나 늑막이나 흉막에 암이 생기는 악성 중피종(malignant mesothelioma)이 일으킬 수 있기 때문이다. 우리나라에서는 2007년부터 지붕 천정, 벽 또는 바닥재용 석면 시멘트 제품의 제조, 수입 및 사용 등을 금지하고 있지만, 기존에 설치된 시설물에서 지속적으로 석면에 노출되고 있고, 기존 석면 함유 제품을 해체 및 철거하는 과정에서의 노출도 심각한 것을 드러나고 있다. 또한 석면이 함유된 탈크[talc, 활석, $Mg_3Si_4O_{10}(OH)_2$]도 1급 발암물질로 지정하여, 화장품뿐만 아니라 베이비파우더에서 석면이 검출된 탈크 제품의 사용을 금지하기도 하였다.

## 6) 휘발성유기화합물

휘발성유기화합물(volatile organic compounds : VOCs)은 실온(15－25℃)에서 높은 증기압을 갖는 물질로, 이러한 성질은 끓는점이 낮기 때문이며, 액체나 고체에서 기체로 쉽게 변하여(기화하여) 주변의 공기에 들어간다. 국가마다 VOCs에 대한 정의는 약간씩 차이가 있지만, 일반적으로 1기압(atm, 101.3 kPa)에서 끓는점이 50－250℃의 범위에 있는 물질로 생각할 수 있다.

VOCs는 그 종류가 무수하며, 인위적인 것과 자연적인 것으로 구분할 수 있다. 자연적인 VOCs는 식물이나 동물에서 의사소통 등에서 중요한 역할을 하는 반면에, 많은 인위적인 VOCs는 사람의 건강이나 환경에 악영향을 끼친다. 특히, 실내에서 VOCs에 대한 노출이 심각한데, 대부분의 경우에는 단기간의 급성 노출보다 장기간의 만성 노출이 문제가 되고 있다.

VOCs는 여러 가지 목적으로 사용되며, 흔히 용매로 사용되어 환경으로 배출된다. 가장 대표적인 것은 페인트에 사용되는 용매(희석제, thinner)로, 지방족 탄화수소(aliphatic hydrocarbons), ethyl acetate, glycol ether류(예, 2-methoxyethanol, 2-ethoxyethanol), acetone 등이다.

가장 대표적이며 흔한 VOCs는 소위 BTEX라고 하는 방향족 탄화수소 화합물이다. 이는 benzene, toluene, ethylbenzene, xylenes(*o, m, p* 이성질체)의 약자로 석유화학산업에서 널리 사용되는 매우 중요한 역할을 하는 화합물들일 뿐만 아니라 불완전 연소 과정에서 생성되는 부산물들이다. 이 중에서 벤젠은 백혈병(leukemia)과 같은 암을 일으키거나 골수부전(bone marrow failure)을 유발하며, 톨루엔은 중추신경계(CNS)에 작용하여, 소뇌 장애, 두통 우울증, 균형감각 상실, 시신경 위축 등을 유발할 수 있다.

PCE(perchloroethylene)는 tetrachloroethylene 또는 perc(PERC)라고도 불리는 물질로, $Cl_2C=CCl_2$의 화학식을 갖는다. 이는 매우 안정적이고 휘발성이 강할 뿐만 아니라 불연성(nonflammable)이므로, 전 세계적으로 직물의 드라이클리닝 목적으로 가장 널리 사용되고 있다. 그렇지만 최근에는 동물에서 암을 일으키는 것으로 알려져 있어, IARC는 PCE를 Group 2A로 분류하고 있다. 또한 염소계 화합물의 특징인 CNS(중추신경계)에 독성을 나타내고 피부에 자극적인 성질을 보여준다.

THMs(trihalomethanes)은 methane의 4개의 수소 원자들 중 3개가 halogen 원자(F, Cl, Br, I)로 치환된 화합물을 말한다. THMs은 산업에서 용매나 냉매로 사용되기도 하지만, 환경적으로 가장 중요한 THMs은 수돗물을 염소($Cl_2$)로 소독하는 과정에서 생성되는 부산물(disinfection by-products : DBPs)로 trichloromethane(chloroform), bromodichloromethane(BDCM), dibromochloromethane(DBCM) 및 tribromomethane(bromoform)이다. 이는 물에 존재하는 유기물인 부식질(humic substances) 중에서 펄빅산(fulvic acids)이나 부식산(humic acids)이 유리 잔류염소인 HClO($ClO^-$)과 반응하여 생성된다. 따라서 수돗물을 직접 섭취하거나, 수돗물로 샤워 또는 목욕할 때 피부나 호흡기를 통해 체내에 들어간다. 또한 설거지를 하거나 수돗물을 끓여 조리를 하는 과정에서 실내 공기에 휘발되기 때문에, 적절한 환기를 하지 않는다면 지속적으로 THMs에 노출될 수 있다는 점도 유의하여야 한다. 역학연구 결과 THMs은 방광암, 신장암 등의 발병과 관련 있는 것으로 알려져 있다. 또한 이와 같은 화합물은 염소 또는 차아염소산 이온($ClO^-$)으로 수영장 물을 소독하는 과정에서도 생성되는데, 이는 유리 잔류염소가 수영자들의 소변(유아), 땀, 머리카락, 피부

각질 등과 반응하기 때문이다.

MTBE(methyl *tert*−butyl ether 또는 *tert*−butyl methyl ether)는 $(CH_3)_3COCH_3$의 화학 구조를 갖는 휘발성, 가연성 및 무색의 특징을 갖는 액체이다. MTBE는 옥탄가를 높이기 위해 가솔린 첨가제로 사용되어 왔는데, 이는 MTBE가 갖고 있는 산소 원자 때문에 연료 중 산소의 함유량이 증가되어 연소를 도와주기 때문이다. 그렇지만 MTBE는 주유소를 통해 지하수를 오염시키는 것이 드러나면서 점차 ethanol이나 ETBE(ethyl *tert*−butyl ether)로 대체되고 있다. MTBE는 또한 실험실에서 diethyl ether를 대신하여 용매로 널리 사용되고 있는데, 이는 폭발성의 peroxide가 안 만들어지기 때문이다. 아직 MTBE에 대한 발암성 등 심각한 독성은 발표되고 있지 않지만, 워낙 강한 불쾌한 냄새를 갖고 있고 복통, 두통 등을 유발하기 때문에 아시아 지역을 제외하면 점차 사용량이 감소하고 있는 추세이다.

## 14.3 위해성 평가

우리가 살고 있는 환경에는 다양한 종류의 유해인자들(hazards)이 존재하여 생태계나 인간의 건강에 위협을 가하고 있는데, 그 위협 정도인 위해도(risk)를 확률(probability)로 평가하고자 하는 것이 위해성 평가(risk assessment)이다. 이는 사회적으로 건강상 문제가 발생하는 것을 예방하는 데에 그 목적을 두고 있다. 여기에서는 생태계에 대한 위해성 평가는 접어두고 간단하게 인체 위해성 평가에 대해 살펴보기로 하자.

위해성 평가는 유해인자가 존재하는 상황에서 어떠한 행동조치를 취하기 전에 특정 유해인자와 관련된 위해도를 평가하는 과정이라고 할 수 있다. 이 위해성 평가는 공중 정책을 개발하는 데 있어서 중요하며, 과학적인 결과를 환경 규제의 난제에 적용하는 가장 주된 방법이기도 하다. WHO는 위해성 평가를 사람들의 건강을 증진시키기 위한 이상적인 방법으로 추천하고 있다. 우리나라를 포함해 전 세계적으로 가장 널리 사용되는 위해성 평가 방법을 살펴보자.

위해성 평가는 1970년대에 농약과 독성화학물질과 관련된 발암 위해도를 과학적인 방법을 사용하여 나타내기 위해 미국 EPA에 의해 시작되었다. 위해성 평가는 크게 4단계로 구성되어 있는데, 이는 유해성 확인(hazard identification), 용량−반응 평가(dose−response assessment), 노출 평가(exposure assessment) 및 위해도 결정(risk characterization)이다. 여기에서는 인간의 건강에 대한 위해성 평가에 초점을 맞추지만, 자연 생물 및 생태계를 인간의 활동으로 인한 악영향으로부터 보호하기 위하여 실시하는 생태위해성평가(ecological risk assessment)도 같은 인간의 건강위해성 평가(health risk assessment)와 개념적으로는 거의 유사하다.

유해성 확인은 정성적인 독성평가라고도 할 수 있는데, 여기에서 얻고자 하는 것은 "어떤 오염물질에 의해 야기되는 건강 문제에는 무엇이 있는가?"이다. 즉, 오염물질이 나타내는 독성이 무엇인지를 찾아내는 것이다. 예를 들어, PCE(그림 14.10)가 나타내는 독성에는 중추신경 독성(무의식 및 사망), 발암성(식도, 자궁경부), 호흡 장애, 기억 상실, 건조 피부 등이다.

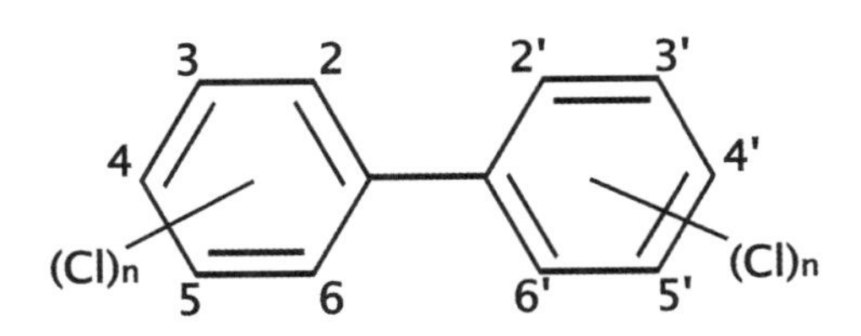


그림 14.10 PCBs의 화학 구조

유해성 확인 방법에는 크게 네 가지가 있는데 이는 (1) in vitro(생체 외) 시험, (2) 동물실험, (3) 구조−활성 관계(structure−activity relationship : SAR), (4) 역학연구(epidemiological study)이다. 생체 외 시험은 박테리아나 세포 수준에서 독성을 평가하는 것이다. 이 방법은 간단한 반면에 온전한 생체가 아니기 때문에, 체내에서 일어나는 대사과정, 배설과정 등에 의한 영향을 고려할 수 없다는 단점이 있다. 가장 널리 사용되는 유해성확인 방법은 동물실험인데, 여기에서는 rat나 mouse와 같은 설치류를 포함한 포유류를 가지고 실험한다. 설치류가 널리 사용되는 이유는 수명이 짧고(2년 이내) 작으며(rat는 200−300 g, mouse는 20−30 g), 번식력이 매우 뛰어나기(보통 6−12마리, 암컷은 1년에 6번 출산) 때문이다. 그렇지만 설치류에서 얻은 결과를 인간에게 그대로 적용하기 어려운 것은 두 종간의 차이가 엄연히 존재하고, 실험에 사용되는 양(용량, dose)은 실제로 인간이 노출되는 수준보다 훨씬 높기 때문이다. 그리고 점차 동물을 실험에 사용하는 것에 대한 사회적 반대가 증가하고 있어 이에 대한 대안이 필요한 실정이다.

구조−활성 관계는 구조가 유사한 화합물은 유사한 독성을 나타낼 것으로 추론하는 것으로, 앞에서 언급된 다이옥신 화합물들이나 PCBs(polychlorinated biphenyls) 등은 염소의 치환된 개수와 위치가 다르지만 화합물을 이루는 기본적인 골격은 유사하므로 정도의 크기는 다를 수 있지만 유사한 성질의 독성을 나타낸다는 것이다. 역학연구는 다음의 절에서 다루지만, 어떤 오염물질에 대한 노출로 인해 인간의 집단에서 어떤 건강상의 영향이 나타나는지를 통계적인 방법으로 알아내는 것이다. 이는 사람을 대상으로 얻은 결과이므로 가장 직접적인 영향으로 볼 수 있으나, 인간의 생활 패턴이 사람마다 워낙 다양하고 여러 가지의 혼란 변수(예, 흡연)가 존재하기 때문에, 얻은 결과에 대한 불확실성이 높다는 단점이 있다.

용량−반응 관계는 동물 체내에 투입된 양(용량)에 따른 독성 반응의 확률을 알아보는 것이다. 일반적으로 용량이 증가할수록 반응은 증가하는 양상을 나타내며, 이 과정에서는 발암성과 비발암성으로 구분하여 평가한다. 발암성의 경우에는 모든 용량에서 암을 일으키는 것으로 가정하기 때문에, 용량-반응의 관계를 나타내는 곡선은 원점을 지난다. 반면에, 비발암성은 어떠한 용량, 즉 역치 용량(threshold dose) 이하에서는 독성 반응이 일어나지 않는다는 가정을 세워 평가한다. 비발암성 물질에 대해서는 reference dose(기준 용량, RfD)을 구하는 반면에, 발암성 물질에 대해서는 potency factor(PF) 또는 slope factor(SF)를 구한다.

노출 평가에서는 인간이 환경에서 생활하는 동안에 얼마만큼의 화학물질에 노출되는지를 평가하는 것으로, 여기에는 어떤 부류의 사람들이 노출되는지를 확인하고, 어떤 노출 경로(흡입, 경구 섭취, 피부 흡수)를 통해 얼마만큼의 양이 들어가는지를 평가하는 것이 포함된다. 노출 평가를 위해서는 자료를 직접 측정하여 얻는 방법과 설문조사, 모델링 등을 통해 간접적으로 얻는 방법이 있는데, 전자의 경우가 더 정확한 반면에 비용과 노력이 많이 소요되는 단점이 있다. 이 과정에서 비발암물질에 대해서는 노출 기간 동안에 평균적으로 노출된다는 가정하에 average daily dose(ADD)를 산출하고, 발암물질에 대해서는 살아 있는 동안에 평생 노출된다는 가정하에 lifetime average daily dose(LADD)를 산출한다. 체중 kg당 일일 기준으로 노출된 양, 즉 mg/kg-day(또는 mg/kg/day)와 같은 단위로 노출량을 산정한다.

위해도 결정 단계는 앞의 3단계의 정보를 종합적으로 사용하여 위해도를 산출하고 수반된 불확도(uncertainty)를 평가하는 것이다. 비발암성에 대해서는 hazard quotient(HQ, 위해지수)를 ADD를 RfD로 나누어 구하는데, 이 값이 1보다 크다면 위해의 우려가 있고, 작다면 위해 우려가 적은 것으로 판단한다. 여러 가지의 노출 경로를 통해 인체에 들어가거나 여러 가지 화합물들에 대해 통합하여 산출하고자 할 때에는 HQ 대신에 hazard index(HI)를 사용하여 구한 모든 HI 값을 모두 합한다. 발암성에 대해서는 excess(incremental) lifetime cancer risk(ELCR 또는 ILCR) 값을 구하는데, 이는 앞에서 구한 노출량 LADD에 PF를 곱한다. ELCR은 초과발암위해도라고 하는데, 유전적인 요인 이외에 추가적으로 환경 요인에 의해 얼마만큼 발암 위해도가 증가하는지를 의미한다. 일반적으로 $10^{-6}$ 수준 이하의 위해도는 무시할 만한 것으로 허용하지만, 경우에 따라 $10^{-4}$ 또는 $10^{-5}$로 다소 높은 수준까지 허용하기도 한다. 위해도를 결정하기까지에는 많은 불확도가 존재한다. 인체에 대해 적용하기 위해 동물을 사용하거나, 직접적인 노출 측정 자료가 없어 모델이나 설문을 통해 자료를 얻는 등의 과정에서 오는 불확도를 기술해주어야 한다. 다시 말하면, 위해성 평가를 실시한 결과가 얼마나 믿을 수 있는가를 평가해주어야 한다는 것이다. 그렇지만 그 어떠한 경우에도 완벽한 위해성 평가 결과는 없기 때문에, 평가 결과를 절대적으로 신뢰해서는 안 된다. 아무리 과학적인 방법을 사용하여 얻은 결과를 근거로 위해성 평가를 실시한다고 해도 불확도는 항상 존재하기 때문이다. 그렇지만 여기에서 얻는 결과물은 환경 기준치를 설정하거나 정책을 결정하는 과정에서 중요하게 사용된다.

## 14.4 환경역학

역학(epidemiology)의 가장 큰 목적은 어떤 질병의 발생이 어떤 원인에 의해 일어났는지 그 인과관계(causal relationship)를 밝혀내는 것이다. 여기에서는 환경 요인에 의한 질병 발생의 연관을 찾는 환경역학(environmental epidemiology)의 방법을 간단하게 알아보자.

단면조사(cross-sectional study)는 질병의 발생과 원인을 동시에 또는 거의 같은 시기에 알아내는 방법이다. 예를 들어, 지역 사회에 대해 조사할 때 각 가정별로 방문하여 당뇨병의 발병 여부를 확인하고, 이의 원인이 되는 여러 가지의 영향 인자들을 동시에 조사하여 당뇨병의 원인을 알아보고자 하는 방법이다.

환자-대조군 연구(case-control study)는 특정 질병이 발생한 환자군과 발생하지 않은 대조군을 대상으로 하며, 과거의 시간으로 역 추적하여 과거의 노출 상태 및 노출 정도를 비교 평가하여 인과관계를 알아보는 방법이다. 따라서 이는 후향적 연구(retrospective study)라고도 한다. 어떤 질병의 원인이 될 것으로 추정되는 유해인자에 대한 노출이 대조군보다 환자군에서 많다면, 그 원인이 질병의 발생과 연관성이 있을 것으로 예상할 수 있다. 이를 표로 정리하면,

| | 질병(환자) | 건강함(대조) |
|---|---|---|
| 노출 | a | b |
| 비노출 | c | d |

여기에서는 오즈비(odds ratio : OR)를 계산하여 유해인자 노출과 질병 발생과의 연관성을 평가하는데, 이는 수식으로 나타내면,

$$OR = \frac{a/c}{b/d} = \frac{ad}{bc}$$

이다.

유해인자에 대한 노출이 질병과 연관이 없다면 OR은 1이 될 것이고, 노출이 질병과 긍정적으로 연관이 있다면 그 값은 1보다 클 것이다. 또한 노출이 질병과 부정적으로 연관이 있다면,

OR은 1보다 작을 것이다. 그렇지만 이 방법의 가장 큰 문제점은 과거의 노출에 대해 회상(recall)해야 하는데, 때로는 수년 전의 기억을 정확하게 되살릴 수 없기 때문에 노출량에 대한 정보가 불확실하다는 것이다.

반면에 코호트 연구(cohort study)에서는 관심의 대상이 되는 질병이 발생되지 않은 현재의 상태에서 미래로 지속적으로 관찰하면서 추적하여 어떤 유해인자에 대한 노출이 질병의 발생을 유발하는지를 알아내는 방법으로 전향적 연구(prospective study)라고도 한다. 이 방법은 장기간에 걸쳐 연구가 진행되어야 하므로 시간과 비용이 많이 소요되는 단점이 있는 반면에, 노출과 질병과의 관계를 시간의 흐름에 따라 명확하게 연관성을 찾을 수 있다는 장점이 있다. 코호트 연구에서는 상대 위험도(relative risk : RR)를 계산하여 노출과 질병과의 연관성을 찾으며, 수식은 $RR = \frac{a/(a+b)}{c/(c+d)}$와 같이 나타낼 수 있다. OR과 마찬가지로 RR이 1보다 크다면, 노출 집단에서의 위해(험)도는 비노출 집단의 위해도보다 크므로, 긍정적인 연관성이 있고 노출과 질병은 인과관계가 성립한다고 할 수 있다.

## 단원 리뷰

1. 의도적으로 생성된 대표적인 화학물질 DDT의 합성, 농약으로의 사용, 문제점 제기 및 사용 금지의 일련의 과정을 기술하시오.
2. 유해성(hazard)과 위해도(risk)의 차이점은 무엇인지 적으시오.
3. 문화적 유해인자가 기타 유해인자와 근본적으로 다른 점은 무엇인지 적고, 문화적 유해인자의 사례를 적으시오.
4. 소음의 강도를 나타내는 단위는 무엇인지 적고, 이 단위를 보정하는 방법에는 무엇이 있는지 적으시오.
5. 전리방사선과 비전리방사선의 차이는 무엇인지 기술하고, 각각 어떠한 종류의 방사선이 포함되는지 적으시오.
6. 생물 유해인자에는 어떠한 것들이 있는가? 왜 과학과 의학의 발달에도 불구하고 생물 유해인자와의 전쟁은 끊이지 않는가?
7. 환경성 담배연기는 크게 주류연과 부류연으로 구분된다. 각각은 무엇인지 설명하시오.
8. 휘발성유기화합물을 정의하시오. 왜 휘발성유기화합물은 생활환경에서 중요한 부분을 차지하는지 적으시오.
9. 위해성 평가의 4단계를 적고, 각 단계는 무엇인지 간단하게 기술하시오.
10. 환경역학에서 전향적 연구 방법과 후향적 연구 방법은 무엇인지 기술하시오.

## 참고문헌

(사)한국환경보건학회, 환경보건학, 2016, 에피스테메, 서울.

손부순, 박종안, 양원호, 양재경, 장봉기, 최철호, 최한영. 환경보건학, 2012, 동화기술, 파주, 경기도.

Leon Gordis, Epidemiology, 1996, Saunders, Philadelphia, PA, USA.

Richard T. Wright and Dorothy F. Boorse, Environmental Science - Toward a Sustainable Future. 12th ed., 2014, Pearson, Upper Saddle River, NJ, USA.

Wikipedia, https://en.wikipedia.org/wiki/Main_Page

CHAPTER

# 15 지속 가능한 미래

김희갑

우리는 지속 가능성(sustainability)을 말할 때, 사람이 자연 세계와 잘 조화를 이루면서 자원을 고갈시키지 않거나, 다른 생물들에게 해를 끼치지 않거나, 장기적으로 우리의 환경을 질적으로 격하시키지 않으면서 미래를 살아가는 것을 의미한다. 그렇지만 실제로 우리는 지속 가능하게 살고 있지 않다는 것을 쉽게 알 수 있다. 4대강 사업으로 인해 수질은 악화되었고, 그 수계에 서식하고 있던 생물들은 변화된 환경에서 살아남지 못한 경우도 허다했다. 인간 중심적인 사고방식으로 인해 무분별하게 개발함에 따라 인간과 환경과의 조화는 그리 쉽지 않은 것임을 너무나도 잘 알고 있다.

그리고 우리나라뿐만 아니라 전 세계적으로 가장 의존도가 높은 에너지의 형태는 화석연료의 연소와 핵발전이다. 핵발전은 체르노빌 원자력 발전소 폭발 사고와 후쿠시마 원자력 발전소 사고 이후, 안전성에 대한 논란이 끊이지 않음에 따라 점진적으로 의존도를 줄이지 않을 수 없는 상황에 이르렀다. 반면에 화석연료의 연소는 대기 중으로 온실가스의 일종인 이산화탄소($CO_2$)를 배출하여 지구온난화를 가속화시켰을 뿐만 아니라, CO, $NO_x$, 휘발성유기화합물(VOCs) 등의 다양한 종류의 대기오염물질들을 배출하여 인간의 건강에 악영향을 끼치고 있다.

또한 인구는 증가율은 감소하고 있지만 인구수는 여전히 증가함에 따라, 야생동식물의 개체수는 그 반대로 감소하고 있다. 이는 인간의 주거 공간이 도심에서 교외 지역으로 점차 확대되면서 야생동식물의 서식 공간을 침해하기 때문이다. 아직도 아프리카의 많은 지역에서는 인간의 건강에 가장 기본적인 식량이 부족한 상태이고, 식수로 사용할 만큼 깨끗한 물을 확보하는 것이 아직도 가난한 국가에서는 해결해야 할 중요한 과제이다.

지진이나 해일과 같은 자연 재해는 직접적으로 인명 피해를 유발하거나 방사능을 유출시켜 기형아 출생, 생물종의 소멸 등 예상치 않은 결과들은 가져온다. 또한 해양에서는 유조선 침몰 등으로 기름이 유출되어 해양 생태계를 파괴할 뿐만 아니라, 양식이 되는 수산 자원에 해를 끼치기까지도 한다. 또한 도심 한가운데에서 발생하는 대형 화재는 불완전 연소 과정에 의해 검은색의 연기를 발생시키고, 그 안에는 발암성 등 독성이 강한 화학물질들이 함유되어 있어 공기를 오염시킨다. 그 결과 점차 도심은 고농도의 오염물질로 가득하게 되고, 그 현장에 투입된 인력과 현장 인근의 주민들은 유해물질에 노출될 수밖에 없다. 또한 주변 지역으로 오염물질들은 확산되고 수송됨에 따라 자연 생태계도 영향을 끼칠 수 있다.

따라서 우리는 다만 우리만 사는 것이 아니라 환경을 구성하고 있는 요소들이 우리와 공존 및 공생이 가능하도록 해야 한다. 물론 이는 한 개인의 노력에만 의해서 이루어질 수는 없다. 반드시 국가 및 지방 정부가 관여하여 정책적인 방안을 마련하고, 때로는 입법화를 통해 강력한 조치를 취할 필요도 있다.

## 15.1 과학과 환경

수렵시대나 농경 중심의 원시사회에서는 과학의 역할이 크게 중요하지 않았다. 그러나 인구의 증가함에 따라 식량의 수요는 점차 증가하게 되고, 이를 충족시키기 위한 기술이 발달하기 시작했다.

가장 두드러진 기술의 발달은 농약의 개발이다. 초기 원시사회에서는 풀을 호미나 손을 이용하여 직접 뽑고, 해충들을 일일이 손으로 잡거나 하는 등 많은 인력이 필요하였다. 1940년대 초에 시장에 본격적으로 등장한 화학 농약인 살충제 DDT는 획기적인 결과를 가져왔다. 농업용으로 식물에 웬만한 해충에 다 사용할 수 있었을 뿐만 아니라, 사람에게도 사용이 가능한 그야말로 만병통치약(panacea)이나 다름없었다. 그렇지만 DDT의 사용은 해충에게 저항성을 가져다주었으며, 잔류성과 독성 때문에 1970년대 초에 결국은 사용이 금지되기에 이르렀다. 특히 여기에는 생물학자인 Rachel Carson 박사의 책 『침묵의 봄(Silent Spring)』이 결정적인 역할을 하였으며, 전 세계에 DDT를 포함한 유기염소계 농약과 같이 잔류성이 강한 화학물질의 사용에 대한 엄중한 경고를 내리게 되었다.

## 가. 인구의 증가와 인간의 복지

2017년 12월 현재 전 세계의 인구는 76억에 도달하였으며, 여전히 기하급수적으로 증가하여 연간 약 8천만 명의 인구가 늘어나고 있다. 비록 인구 증가율은 다소 감소할 것으로 예상되지만, 2050년도에는 세계 인구는 93억 명으로 예상되고 있다. 인구의 증가는 특히 아프리카에서 빠르게 일어나고 있는 반면에, 이에 따른 경제적인 뒷받침, 특히 식량의 공급은 제대로 이루어지고 있지 않다. 국가 간뿐만 아니라 국가 내에서도 경제적인 불균형이 매우 심각한 상황에 있다. 개발도상국에서는 12억 9천만 명의 사람들이 극심한 가난에 처해 있으며, 하루에 1.25달러로 생활하고 있다. United Nations Development Program(UNDP)은 이와 같은 극심한 가난과 인간의 복지에 미치는 영향을 줄이고자 2000년도에 새천년개발목표(Millenium Development Goals : MDGs)를 채택하였다(표 15.1). 그렇지만 개발도상국에서는 인구 증가율과 출산율이 여전히 높기 때문에, 인구 증가율을 낮추지 않으면 이 목표를 달성하기가 쉽지 않다는 것은 너무나 자명하다.

표 15.1 UNDP가 발표한 새천년개발목표(2000)

| 새천년개발목표 |
|---|
| **목표 1. 극심한 가난과 기아 근절하기**<br>• 하루 소득이 1달러 이하인 사람들의 비율을 반으로 줄이기<br>• 기아로 시달리는 사람들의 비율을 반으로 줄이기 |
| **목표 2. 보편적인 초등교육 받기**<br>• 모든 어린이들, 남자든 여자든 초등학교에 등록하여 교육받게 하기 |
| **목표 3. 성 평등을 촉진하고 여성의 능력을 향상하기**<br>• 2005년까지 초등 및 중등교육에서, 2015년까지는 모든 수준의 교육에서 성차별을 없애기 |
| **목표 4. 어린이 사망률 감소하기**<br>• 모든 유아와 5세 미만의 어린이들의 사망률을 2/3 정도로 낮추기 |
| **목표 5. 임산부의 건강 증진하기**<br>• 임산부의 사망률을 3/4으로 낮추기<br>• 2015년까지 생식기 건강에 누구나가 다 도달하기 |
| **목표 6. HIV/AIDS, 말라리아 및 기타 질병에 맞서 싸우기**<br>• 2015년까지 HIV/AIDS의 만연 멈추기<br>• 2010년까지 HIV/AIDS에 대한 치료 가능하게 하기<br>• 2015년까지 말라리아와 다른 주요 질병들의 발생 멈추기 |
| **목표 7. 환경 지속 가능성을 확보하기**<br>• 국가의 정책과 프로그램에 지속 가능한 발전의 원리를 융합시켜 환경 자원의 손실을 되돌리기<br>• 안전한 먹는 물과 기본적인 위생에 지속적으로 접근할 수 없는 사람들의 수를 절반 정도로 낮추기<br>• 2020년까지 최소 1억 명의 빈민가 거주자들의 수명을 상당히 개선하기 |
| **목표 8. 개발을 위해 전 지구적인 동반자 관계 수립하기**<br>• 열려 있고, 원칙에 기반하며 비차별적인 무역 시스템을 개발하기 – 지속 가능한 개발, 좋은 정부 및 가난 축소에 초점을 둠<br>• 장기적으로 빚이 지속 가능하도록 조치를 취함으로써 모든 개발도상국들의 빚 문제를 다루기<br>• 민간기업과 협력하여, 신기술, 특히 정보와 통신의 이익을 이용 가능하게 하기 |

(출처 : Richard T. Wright and Dorothy F. Boorse, Environmental Science – Toward a Sustainable Future, 2014)

## 나. 지구 기후변화

에너지를 얻는 수단으로 화석연료에 대한 의존도가 높기 때문에 이산화탄소의 배출량은 매년 증가하고 있다. 그 결과 이제 이산화탄소의 농도는 미국 하와이의 Mauna Loa Observatory에서 2013년 5월 10일 기준으로 400 ppm을 초과하기에 이르렀고, 2017년 12월에는 405 ppm을 기록하였다.

이산화탄소는 자연에 존재하는 성분으로 식물의 광합성에 필요한 성분이며, 지구 에너지 시스템에서 매우 중요한 역할을 담당한다. 그렇지만 이산화탄소는 지구 표면으로부터 방출되는 열에너지인 적외선(infrared radiation : IR)을 흡수하여 대기 공간으로 열이 손실되는 것을 막아주는 역할을 한다. 그 결과 소위 온실효과(greenhouse effect)가 나타나게 되어 지구 대기의 온도를 서서히 증가시키는 결과를 가져왔다. 이러한 문제는 인간뿐만 아니라 생태계에도 점진적인 영향을 끼쳐 왔다. 극지방의 얼음은 녹아가고 있고, 빙하는 줄어들고 있으며, 해수면은 상승하고, 폭풍은 그 강도가 점차 증가하고 있다. 또한 이산화탄소는 바닷물에 녹아들어가 점차 바닷물을 산성화시키고 있다.

이에 대한 가장 기본이 되는 대책은 바로 전 지구적인 이산화탄소의 배출량을 감축하는 것이다. 그렇지만 최근 이산화탄소 배출량 세계 제2위인 미국의 트럼프 행정부가 파리기후협약에서 탈퇴함에 따라, 이산화탄소를 감축하자는 국제적 노력이 얼마나 실효를 거둘 수 있을지 미지수이다. 더욱이 개발도상국들은 경제 개발과 맞물려 있기 때문에, 화석연료의 사용을 줄이기가 쉽지 않은 것이 현실이다.

## 다. 생물다양성의 손실

인구의 급격한 증가는 식량, 물, 목재, 연료 등에 대한 필요를 더 가속화하였고, 이에 따라 산림, 초지 및 습지는 농업의 목적으로뿐만 아니라 도시의 개발 목적으로 변화되었다. 이에 따라 거기에 서식하고 있던 많은 야생 식물과 동물들은 사라져버렸다. 환경오염 또한 서식지의 환경을 악화시켜 종의 개체수를 감소시켰다. 게다가 무수한 식물뿐만 아니라 수백 종의 포유류, 파충류, 양서류, 어류, 조류 등이 상업적인 목적으로 이용되면서 점차 멸종되어 가고 있다. 심지어 법에 의해 포획이 금지되고 있으나 여전히 많은 동물들이 불법적으로 사살되고 있다. 그 결과 많은 종들이 정확한 숫자도 파악되지 않은 채 사라져가고 있다.

생물다양성의 손실이 가져오는 중요한 이유는 농업에서의 작물과 많은 의약물질이 생물다양성에서 비롯되기 때문이다. 다시 말하면, 생물다양성이 손실될수록 이 분야의 개발이 축소될 수밖에 없다는 것이다. 생물다양성은 또한 자연계의 안정성을 유지하고 화재나 화산 폭발과 같은 교란 이후에도, 회복할 수 있도록 해주는 데 중요한 요인이 된다. 우리는 지구에서 생물종의 개수를 계속해서 줄여나갈 것인가, 아니면 이들을 보호할 책임감을 갖고 최선의 노력을 다할 것인가를 생각해볼 때이다. 일단 종이 사라지면 영원히 사라져버린다. 생물다양성을 보호하기 위한 방안을 찾는 것이 환경과학의 주요한 도전 과제 중 하나이다.

## 라. 환경운동

환경운동(Environmental Movement)의 시작은 19세기 말에 새와 동물들을 무분별하게 죽이면서 미국 서부 개척 시대에 야생 지역이 점차 사라지면서부터이다. 그 당시 미국에서는 개척으로 인해 환경이 파괴되고 자원은 남용되었으며 농장, 목장, 광산 개발로 인해 자연 파괴가 심해졌다. 과학적인 연구는 어떻게 대처해야 할지에 대한 정보를 제공했고, 개인 및 단체는 변화를 꾀하기 위해 청지기로서 활동하기 시작했다. 여기에 정책이 실행되면서 환경 파괴로부터 자원과 사람을 보호할 수 있게 되었다. 대표적인 환경운동 단체는 The National Audubon Society, The National Wildlife Federation 및 The Sierra Club이다. 이 중 The Sierra Club은 1892년도에 캘리포니아주에서 자연주의자인 John Muir가 설립하여 황야(wilderness)의 개념을 보급하게 되면서, Roosevelt 대통령은 국유지 보존을 촉진하였고, 이에 따라 국립공원들이 만들어지는 계기가 되었다.

20세기에 접어들면서 점차 환경에 대한 이해가 증가함에 따라 새로운 국면을 맞이했다. 제1차 세계대전 이후 무분별한 농업으로 인해 환경 위기에 직면하였는데, 가장 대표적인 것은 1930년대 초에 미국의 콜로라도주 남동부, 캔자스주 남서부, 텍사스와 오클라호마 주의 좁고 긴 돌출 지역 및 뉴멕시코 주의 북동부에서 초지가 막대한 토양 침식을 입었다. 가축을 지나치게 방목하고 토지를 제대로 관리하지 않으면서 가뭄이 수년간 계속되자 표토가 바람에 날리면서 대규모의 황진이 발생하였다.

제2차 세계대전 이후 20년 동안 로켓, 컴퓨터, 농약, 항생제 등이 개발되었고, 사람들의 생활은 윤택해지는 듯하였다. 그렇지만 도시와 도시 주변의 공기는 더러워지면서 사람들의 눈과 호흡기를 자극하였다. 강과 해안은 처리되지 않은 하수, 쓰레기 및 산업 현장으로부터 배출된 화학 폐기물로 오염되었다. 조류, 특히 대머리 독수리의 현저한 감소는 DDT의 축적성에서 비롯되었다는 것이 밝혀졌다. 1962년도에 Rachel Carson의 『침묵의 봄』은 여러 환경운동 조직들을 결성하게 된 계기가 되었고, 이들의 초점은 더 깨끗한 환경을 요구하는 것이었다. 이것이 현대 환경운동의 시작이라고 할 수 있으며, 오염의 감소, 오염된 환경의 정화 및 원시 지역의 보호를 그 목적으로 하고 있다.

그러다 1970년에 시작된 '지구의 날'(4월 22일)은 미국에서 게일로드 넬슨(Gaylord Nelson) 상원의원이 주창하고, 당시 대학생이던 데니스 헤이즈(Denis Hayes)가 환경보호를 촉구하기 위해 워싱턴에서 비롯되었다. 그렇지만 이보다 앞서 '지구의 날'을 먼저 제안했던 사람은 존 맥코넬(John McConnell)이다. 그는 1969년 1월 캘리포니아 산타바바라에서 발생한 기름유출 사고를 통해 지구 환경의 중요성을 절감하고 '지구의 날'을 제안했다고 한다. 이 날은 환경운동가를 비롯해 시민, 각 지역단체, 각 학교 학생 등이 자발적으로 참여하는 민간 주도적인 행사이다. 지구의 날 제정 이후 환경문제에 대한 각성을 촉구하는 운동이 1970년대부터 본격화되어 세계자연보호기금(WWF), 그린피스(Greenpeace), 지구의 벗(Friends of the Earth) 등의 환경보호 비정부 기구들이 설립되거나 활동이 왕성하게 되었다. 그리고 '지구의 날' 제정 20주년이 되던 1990년부터 지구의 날은 전 세계의 기념일로 자리 잡게 되었다.

반면에, '세계 환경의 날'은 1972년 유엔 총회에서 제정되었다. 산업과 과학기술의 급속한 발달에 따라 환경오염이 심각해지자 세계 각국은 국제협력을 통해 환경오염에 공동대처할 필요성을 인식해, 1968년 제23차 국제연합(UN) 총회 제2398호에 의해 UN 환경회의를 개최할 것을 결의했다. 이에 따라 1972년 6월 5일부터 스웨덴의 스톡홀름에서 113개국의 대표가 참가한 가운데 유엔인간환경회의(UNCHE)가 진행됐으며, 유엔인간환경선언이 채택되었다. 유엔인간환경선언은 국제사회가 환경문제 해결을 위해 채택한 최초의 선언으로, 적절한 환경에서 살아갈 인간의 권리와 다음 세대를 위해 환경을 보존해야 할 책임이 있다는 내용이 명시되었다. 1972년 제23차 유엔총회에서 유엔인간환경회의(UNCHE) 개최일인 6월 5일을 '세계 환경의 날'로 지정했다. 그리고 1973년 국제연합(UN)은 유엔인간환경회의 결의에 따라 지구환경문제를 논의하는 국제기구인 유엔환경계획(UNEP)을 설립하였다. 유엔환경계획(UNEP)은 1987년부터 매년 세계 환경의 날 주제를 선정해 각국에 환경에 대한 관심을 촉구하고 있다.

우리나라의 환경운동의 시작은 자연보호운동에서 시작되어 자연보존협회(1963년)가 설립되면서부터이다. 그 뒤 1967년에는 산림녹화사업이 시작되었다. 그리고 민간단체에서 환경운동이 시작되었는데, 1975년에는 한국환경보호연구회(현재는 협의회)가, 1976년에는 전문가 모임인 한국환경문제협의회가 설립되었다. 반핵 및 반공해 운동은 1980년대 접어들면서 본격적으로 시작되어, 1982년에 한국공해문제연구소, 1984년에 반공해협의회, 그리고 1988년에는 공해추방시민운동연합이 결성되었다. 이후 본격적이고 체계적인 환경운동은 녹색연합(1991년)과 환경운동연합(1993년)이 조직되면서부터라고 할 수 있다. 녹색연합은 백두대간, 연안 해양, DMZ를 무분별한 개발로부터 지키고 야생동식물을 보호하는 활동과 지구적 위기인 기후변화를 막기 위한 에너지 전환, 에너지 자립운동을 펼치고 있으며, 군사 활동으로 발생하는 환경오염을 막기 위해 군 기지 환경 감시 활동을 하고 있다. 반면에 환경운동연합은 아시아 최대

규모의 환경운동 단체로, 세계 3대 환경 보호 단체 중 하나인 '지구의 벗'에 대한민국 대표로 가입되어 있다. 핵 물질 이용 반대, 멸종 위기 종 및 고래 보호, 기후변화 대응과 같은 지구환경 문제를 해결하기 위하여 리우회의 참석 등 국제 연대에 적극적으로 참여하고 있다. 또한 환경 정책과 관련하여 국가가 세금을 낭비하고 환경을 무분별하게 파괴하지 않도록 국가정책에 대한 모니터링과 정책제안, 감시활동을 펼치고 있다.

이외에도 무수히 많은 시민들에 의한 자발적인 환경운동이 전개되고 있다. 가장 대표적인 사례는 2007년 12월 태안 기름 유출 사고 후 약 200만 명이 현지에 방문해 오염된 해안가의 모래와 자갈을 정화하는 데 동참한 것이라고 할 수 있다(그림 15.1).

그림 15.1 2007년 12월 7일 삼성1호-허베이 스피릿 호 원유 유출 사고(태안 기름 유출 사고) 후 자원봉사자들이 만리포해수욕장에서 기름을 제거하는 모습(출처 : 위키백과)

그렇지만 이러한 사고는 원유 중 유해화학물질이 환경 및 인간에 미칠 영향이 심각할 것을 고려해 용의주도하게 접근했어야 함에도 불구하고, 정부의 안일한 대응 때문에 시민들의 무조건적인 애국심에 의해 발동한 부적절한 자원 봉사활동으로 남을 수밖에 없게 되었다.

## 마. 지속 가능성

지속 가능하다(sustainable)는 것은 어떤 시스템이나 과정이 계속해서 돌아가도록 하는 데 필요한 물질이나 에너지가 고갈되지 않고 무한히 계속되는 것을 말한다. 산림이나 물고기를 자원으로 활용하더라도 그 개체수를 안정하게 유지하도록 하는 데 필요한 속도보다 더 빠르게 자라게 하고 번식하게 한다면, 그것은 지속 가능한 것이라고 할 수 있다. 반면에 수확(어획)하는 속도가 현재의 개체수가 증가하고 성장하는 용량을 초과한다면 지속 가능하지 않다고 할 수 있다.

지속 가능성의 개념을 인간의 시스템에 도입한다면, 지속 가능한 사회는 자연계와 균형을 이루는 사회로, 세대에서 세대로 계속되며, 지속 가능한 생산량을 초과하지도 않고 자연이 흡수할 수 있는 오염물질의 용량을 생산하지도 않는 것을 의미한다. 그렇지만 우리가 살고 있는 현실은 그렇지 않다. 생물다양성은 감소하고 있고, 온실가스 및 대기오염물질의 배출은 점차 증가하고 있다. 전 세계적으로 인구의 증가율은 다소 둔화되고 있지만, 여전히 증가하고 있어 인간이 필요로 하는 자원을 무리하게 이용하면서 지속 불가능한 사회에 살고 있다.

이와 같은 문제를 해결하고자 도입된 개념이 바로 '지속 가능한 개발'이다. 이 개념은 UN 산하의 '세계환경개발위원회(World Commission on Environment and Development : WCED)'에 의해 처음으로 도입되었다. 이 위원회에서는 지속 가능한 개발은 '미래 세대들이 그들 자신의 필요를 충족시키는 능력을 손상시키지 않고 현재의 필요를 충족시키는 것'이라고 정의하고 있다. 그래서 이 개념은 환경과 개발이라는 양측 사이의 갈등의 맥락에서 생각해봐야 한다. 개발도상국은 인간의 복지 개선을 명분으로 개발이라는 측면을 강조하는 반면에, 선진국은 환경 지속 가능성에 더 무게를 둔다. 지속 가능한 개발은 세 가지의 관점에서 바라보아야 한다 (그림 15.2).

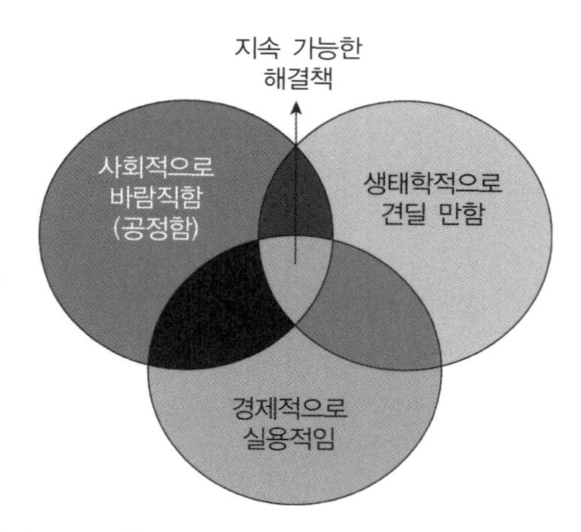


그림 15.2 지속 가능한 개발의 해결책(출처 : Richard T. Wright and Dorothy F. Boorse, Environmental Science－Toward a Sustainable Future, 2014)

경제적인 관점에서는 주로 성장, 효율 및 자원의 최적 이용을 강조한다. 사회학자들은 인간의 필요 및 공정성, 권한 부여, 사회적 유대, 문화적 정체성 등의 개념들을 강조한다. 반면에 환경학자(생태학자)는 자연계의 완결성을 보존하고 환경의 수용 능력 범위 안에서 살아가며, 오염 문제를 효과적으로 대처하는 등에 관심이 있다. 따라서 지속 가능한 해결 방안은 이 세 가지의 관점이 서로 공감하는(교차되는) 곳에서 형성될 것이다.

물론 어떤 사회도 지속 가능한 개발을 이루지 못하고 있는 것은 사실이지만, 그럼에도 불구하고 지속 가능한 개발을 모든 인간사회가 지향해야 할 필요가 있는 목표로 삼는 것은 중요하다. 예를 들어, 영유아 사망률 감소, 대기질 개선, 깨끗하고 풍부한 물 공급, 자연 생태계를 보존하고 보호하는 것, 토양 침식을 막는 것, 환경으로 유해화학물질의 배출을 감소시키는 것 등과 같은 정책과 조처는 사회를 올바른 방향으로, 즉 지속 가능한 미래로 나아가게 하는 것이다.

## 바. 청지기 직분

청지기(Steward)는 각 관사와 양반 집 등에서 잡무를 맡아보거나 시중을 들던 하인이란 뜻을 갖고 있으며, 고대문명에서는 주인의 집을 책임지면서 사람들의 복지와 주인의 재산을 관리하는 책임을 맡았던 사람이다. 청지기는 자신의 재산을 소유하고 있지 않기 때문에, 다른 사람을 위해 충성을 다하면서 섬기는 역할을 해왔다. 따라서 청지기 직분(stewardship)은 자연과 인간의 복지, 양면의 공통적인 이익을 위해 지구를 관리하는 조치 및 프로그램이라고 할 수 있다.

이와 같은 관점에서 청지기 직분에서는 우리가 속해 있는 자연계나 인간의 세계를 인간의 것으로만 생각하지 않는 것이 전제가 되어야 한다. 즉 인간은 이 지구를 잘 관리해야 할 책임을 지고 있고, 충성되게 그 일을 감당하는 오늘날의 청지기 삶이라고 할 수 있겠다. 잘 관리된 자연과 지구는 다음 세대로 전달된다. 청지기 직분은 지속 가능성과 매우 연관이 깊으며, 특히 가장 중요한 포인트는 윤리적으로 우리가 살고 있는 지구를 어떻게 생각하느냐에 대한 관점에 있다고 할 수 있다.

# 15.2 환경과 경제

경제학은 재화와 서비스의 생산, 분배 및 소비와 경제나 경제 시스템의 이론 및 관리를 다루는 사회과학이다. 경제적 재화와 서비스는 일반적으로 환경 재화 및 서비스와 연관되어 있고 실제로 거기에 의존적이므로, 경제학을 바로 이해하려면 환경학을 바로 이해하는 것이 필요하다.

사회가 발달함에 따라 경제 활동은 점점 더 활발해지고 더 넓은 영역에서 영향을 끼치게 된다. 예를 들어, 자연 자원을 개발하는 과정에서 숲과 초지는 사라지고, 오염물질을 배출함에 따라 생태계와 인간의 건강은 위협을 받게 된다. 따라서 규제가 없는 경제는 자연 자원을 허용 가능하지 않은 영역까지 침투해 들어가 회복이 불가능하게 할 수도 있다.

한 국가의 경제 개발의 수준이 향상됨에 환경 공공정책의 효율성이 증가하는 양상을 보이는데, 이는 크게 세 가지로 구분해서 볼 수 있다.

- 소득이 증가함에 따라 가능한 자원들을 활용하여(세금으로부터 충당) 효율적인 기술을 갖고 문제들을 해결하여 많은 문제들이 줄어든다. 예를 들어, 충분한 위생과 수처리로 콜레라, 장티푸스 등의 수인성 질병이 감소된다.
- 어떤 문제들은 증가하다가 이후에 점차 감소하는데, 이는 문제의 심각한 결과들을 인식하고 이를 처리하기 위해 공공정책을 개발하는 경우이다. 예를 들면, 이산화황, 입자상 물질, 일산화탄소, 다환방향족탄화수소, 오존 등이다.
- 경제 활동이 증가하면서 어떤 문제들은 명확하게 끝이 보이지 않고 증가한다. 예들 들어, 도시 외곽의 스프롤 현상(난개발), 도시 폐기물, 이산화탄소의 배출 등이다.

경제 활동에 의해 야기된 이러한 문제들을 해결하기 위한 방안은 효과적인 공공정책과 제도를 개발하는 것이다.

## 가. 경제 시스템

경제 시스템은 사람의 필요를 충족하고 복지를 개선하기 위해 사람들이 만드는 사회적, 법적인 장치라고 할 수 있다. 오늘날의 세계에서는 두 종류의 경제 시스템이 있는데, 독재 정권의 특징인 중앙 계획 경제와 민주주의의 특징인 자유 시장경제(자본 경제)이다. 여기에서 자유 시장경제에 초점을 맞추어 살펴보자. 순수한 자유 시장경제에서는 시장 그 자체가 무엇이 교환될 것인지를 결정한다. 즉, 재화와 서비스는 정부의 개입 없이 시장에 나온다. 그래서 공급이 수요에 비해 적으면 가격이 오르고, 그 반대인 경우에는 가격이 하락한다. 그래서 전체 시스템은 개인의 손에 달려 있어서, 재화, 서비스 및 부를 얻고자 하는 사람들 및 사업체들의 욕구에 의해 움직인다.

그렇지만 이와 같이 순전한 형태의 자유 시장경제는 오늘날에 찾아보기가 쉽지 않다. 대신 국가 자본주의(state capitalism)는 중국, 러시아 및 걸프 산유국들에서 발달했는데, 풍부한 자연 자원이나 노동력을 수출하여 벌어들인 외화를 그 나라의 기반시설(인프라, infrastructure)을 갖추거나 국가 소유의 기업을 만드는 데 투자한다. 선진국들과 많은 개발도상국들은 시장 경제 체계를 갖추고 있는 민주주의 국가들로, 정부는 국가의 일부 기반시설, 예를 들면, 우편 사업, 발전소, 공공 운송 시스템 등을 소유하여 운영한다. 또한 정부는 이자율을 제어하고, 통화량을 결정하며, 경기 침체 시에는 경제 성장을 자극하기 위한 정책을 채택한다. 주식 시장이나 은행 영업 활동과 같은 금융 시장을 감시하기도 한다.

그런데 일반적인 자본주의 경제 시스템은 양심이 부족하다는 것이 문제이다. 예를 들어, 인구 성장 속도가 빨라 일자리가 충분하지 않을 경우에는 노동자들을 착취한다. 정부는 자국민의 이익에 맞추고자 시장을 조정하려는 노력을 기울인다. 이는 특히 국제무역에 대해서 더 뚜렷하게 나타나는데, 방어 장벽과 보조금이 재화와 서비스의 자유로운 흐름을 방해한다. 세계무역기구(WTO)는 국가 간의 무역 원칙을 강화하기 위해 설립되었지만, 실제로는 부강한 국가들이 WTO를 장악하여 다른 약소국을 뒤흔드는 결과를 가져오고 있다.

## 나. 지속 가능한 경제

전 지구적인 경제의 발달로 인간의 복지는 개선되고 기대수명은 증가하였으며, 노동력을 절감하는 장치들은 부유한 국가에서는 힘든 일을 굳이 사람이 하지 않아도 되었다. 항공기, 자동차, 컴퓨터, 스마트폰의 등장으로 우리의 생활양식은 크게 변하게 되었다. 그렇지만 이러한 지구적인 경제 성장은 환경문제를 유발하였고, 개발도상국에서는 여전히 가난과 기아에 시달리고 있으며, 생태계 재화와 서비스는 줄어들고, 지구의 온도와 해수면은 상승하였으며, 생물의 다양성은 점차 손실되는 양상을 보이고 있다. 따라서 환경과 경제 간에는 절대로 새로운 개념이 필요하게 되었는데, 이것은 지속 가능한 미래를 위한 녹색 경제(green economy)라고 할 수 있다. 이는 환경 파괴와 자원 고갈을 가져오는 갈색 경제(brown economy)와 대조되는 개념으로 이해할 수 있다.

고전적인 경제 패러다임에서는 토지(환경), 노동 및 자본이 경제를 세우는 데 필요한 필수 자원들이다. 그렇지만 고전적인 관점에서는 환경을 인간 경제의 큰 영역 내에 있는 자원들의 한 세트로 본다고 생태 경제학자들은 지적하고 있다. 생태 경제학자들은 자연 환경이 실제로 경제를 포함하고 있으며, 경제는 환경 중 자원들의 제한(limits)에 의해 제한된다고 주장한다. 따라서 자연계는 필수적인 생명-지지 요소로서 중요한 역할을 한다. 이러한 접근 방식은 지속 가능성과 연관이 많으며, 따라서 경제가 계속해서 성장하는 만큼 자연계는 계속해서 줄어든다. 경제 생산과 소비가 일정한 정상 수준에 도달하고 지속 가능하려면, 자연 자본이 경제를 지지할 수 있는 능력을 넘어서지 않도록 해야 한다. 결국 생태계와 광물 자원은 한 나라의 자연 자본으로서 부를 결정하는 중요한 요소가 된다.

## 15.3 환경정책

### 가. 환경 공공정책의 필요성

환경 공공정책은 사회가 환경과의 상호작용을 다루는 법과 규칙들을 모두 포함한다. 공공정책은 국가 정부뿐만 아니라 지방 정부 차원에서도 개발된다. 환경 공공정책의 목적은 공익(common good)을 추구하는 것이다. 즉, 인간의 복지는 개선되고 자연계는 보호하는 것이다. 두 세트의 환경 이슈는 1) 공기, 물 및 토양오염의 예방 및 감소, 2) 산림, 어류, 석유 및 토지와 같은 자연 자원의 지속 가능한 사용이다.

앞의 단원들에서 살펴보았듯이, 효과적인 환경 공공정책이 시행되지 않는다면, 환경은 인간의 활동에 의해 손상을 입고, 그 결과는 다시 인간의 삶의 질, 즉 복지에 영향을 끼치며 되돌아온다. 즉 환경 공공정책은 환경뿐만 아니라 인간의 경제 및 복지에 영향을 주기 때문에, 체계적인 정책을 수립하여 시행하는 것이 필요하다.

예를 들어, 미세먼지, NOx, SOx 등에 의해 공기가 오염된다면, 이로 인해 인간은 급성 및 만성 건강 질환에 걸리게 되며, 산성비와 오존은 산림, 농작물, 수체 및 인조물 등에 영향을 준다. 산림이 파괴된다면 홍수에 의한 피해가 증가하고, 토양 침식이 가속화되면 장기적으로 볼 때 기후변화에도 영향을 끼친다.

### 나. 우리나라 환경정책의 역사

우리나라에서는 1967년에 보건사회부의 환경위생과에 공해계가 설치되어 4명이 배치된 것이 최초의 환경 관련 조직이다. 1980년도에는 환경청으로 발족하였고, 1990년에는 환경처가, 1994년에 이르러서는 오늘날의 환경부가 출범하기에 이르렀다.

우리나라의 환경과 관련된 최초의 법은 1962년부터 산업화가 본격적으로 추진되면서 거의 동시에 제정된 공해방지법(1963년)이라고 할 수 있다. 전문 21개조로 구성된 소규모의 입법으로서 공해방지구역 소재 공장의 공해안전기준 초과 시 공해방지조치 명령을 내릴 수 있는 근거가 되었다.

도시화 및 산업화의 급진전에 따라 1977년에는 환경보전법이 제정되었다. 이는 공해방지법에 비해 적극적이고 종합적인 환경보전법 성격의 단일 입법으로, 환경영향평가 제도를 도입하고 환경기준치를 설정하였으며, 특별대책지역 지정 등의 제도를 도입하였다.

1990년대 이후에는 환경오염 문제가 심각해지면서 점차 사회 이슈화되었고, 이에 따라 보다 능동적으로 환경문제에 대처하기 위해 단일법에서 복수법으로 바뀌면서 개별적인 환경법이 제정되었다. 1991년도에는 환경정책기본법 및 대기환경보전법, 1995년에는 토양환경보전법, 2008년도에는 환경보건법, 2013년에는 화학물질의 등록 및 평가 등에 관한 법률, 2014년에는 화학물질관리법 등 63개(2017년 12월 말 기준, 표 15.2)의 환경 관련법이 제정되었다.

표 15.2 우리나라의 환경 관련 법령

| | |
|---|---|
| 가습기살균제 피해구제를 위한 특별법(가습기살균제피해구제법) | 온실가스 배출권의 할당 및 거래에 관한 법률(배출권거래법) |
| 가축분뇨의 관리 및 이용에 관한 법률(가축분뇨법) | 유전자원의 접근·이용 및 이익 공유에 관한 법률(유전자원법) |
| 건설폐기물의 재활용촉진에 관한 법률(건설폐기물법) | 인공조명에 의한 빛공해 방지법(빛공해방지법) |
| 공동주택 층간소음의 범위와 기준에 관한 규칙 | 자연공원법 |
| 공중화장실 등에 관한 법률(공중화장실법) | 자연환경보전법 |
| 국립공원관리공단법 | 자원의 절약과 재활용촉진에 관한 법률(자원재활용법) |
| 국립낙동강생물관의 설립 및 운영에 관한 법률 | 잔류성유기오염물질 관리법(잔류성물질법) |
| 국립생태원의 설립 및 운영에 관한 법률(국립생태원법) | 전기·전자제품 및 자동차의 자원순환에 관한 법률(전자제품등자원순환법) |
| 금강수계 물관리 및 주민지원 등에 관한 법률(금강수계법) | 지속발전가능법 |
| 낙동강수계 물관리 및 주민지원 등에 관한 법률(낙동강수계법) | 지하수법 |
| 남극활동 및 환경보호에 관한 법률(남극활동법) | 토양환경보전법 |
| 녹색제품 구매촉진에 관한 법률(녹색제품구매법) | 폐기물관리법 |
| 대기환경보전법 | 폐기물의 국가 간 이동 및 그 처리에 관한 법률(폐기물국가간이동법) |
| 독도 등 도서지역의 생태계 보전에 관한 특별법(도서생태계법) | 폐기물처리시설 설치촉진 및 주변지역지원 등에 관한 법률(폐기물시설촉진법) |
| 동물원 및 수족관의 관리에 관한 법률(동물원수족관법) | 하수도법 |
| 먹는물관리법 | 한강수계 상수원수질개선 및 주민지원 등에 관한 법률(한강수계법) |
| 문화유산과 자연환경자산에 관한 국민신탁법(문화유산신탁법) | 한국환경공단법 |
| 물의 재이용 촉진 및 지원에 관한 법률(물재이용법) | 한국환경산업기술원법 |
| 백두대간 보호에 관한 법률(백두대간법) | 화학물질관리법(화관법) |

표 15.2 우리나라의 환경 관련 법령(계속)

| | |
|---|---|
| 생물다양성 보전 및 이용에 관한 법률(생물다양성법) | 화학물질의 등록 및 평가 등에 관한 법률(화학물질등록평가법, 화평법) |
| 석면안전관리법 | 환경개선비용 부담법 |
| 석면피해구제법 | 환경교육진흥법 |
| 소음·진동관리법 | 환경기술 및 환경산업 지원법(환경기술산업법) |
| 수도권 대기환경개선에 관한 특별법(수도권대기법) | 환경범죄 등의 단속 및 가중처벌에 관한 법률(환경범죄단속법) |
| 수도권매립지관리공사의 설립 및 운영 등에 관한 법률(수도권매립지공사법) | 환경보건법 |
| 수도법 | 환경분야 시험·검사 등에 관한 법률(환경시험검사법) |
| 수질 및 수생태계 보전에 관한 법률(수질수생태계법) | 환경분쟁 조정법 |
| 습지보전법 | 환경영향평가법 |
| 실내공기질 관리법(실내공기질법) | 환경오염시설의 통합관리에 관한 법률 |
| 악취방지법 | 환경오염피해 배상책임 및 구제에 관한 법률(환경오염피해구제법) |
| 야생동물 보호 및 관리에 관한 법률 | 환경정책기본법 |
| 영산강·섬진강수계 물관리 및 주민지원 등에 관한 법률 | |

## 다. 공공정책의 개발

환경 공공정책은 보통 문제에 대한 반응으로 사회정치적인 맥락에서 개발된다. 전형적인 정책 라이프 사이클은 인식(recognition), 공식화(formulation), 이행(implementation) 및 제어(control)로 이루어져 있다(그림 15.3).

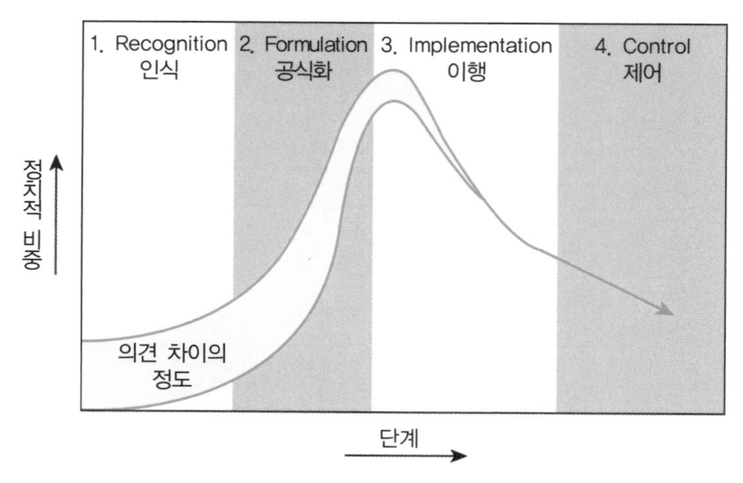


그림 15.3 정책 개발의 단계(출처 : Richard T. Wright and Dorothy F. Boorse, Environmental Science–Toward a Sustainable Future, 2014)

제1단계는 인식이다. 여기에서는 어떤 문제가 있는지를 과학적인 연구 결과를 통해 인식하게 되는 것이다. 과학자들은 연구에서 얻은 성과물을 발표하고, 대중매체는 이러한 정보를 대중들에게 적극적으로 알린다. 대중들이 이를 알게 될 때 정치적인 과정이 진행되고, 의견 불일치(dissension)가 발생할 경우에는 그 환경문제를 끄집어낸 과학자들과 산업계 사이에서는 서로 대립되는 양상을 보이기도 한다. 결국, 정부는 문제에 주목하게 되고 공공정책을 갖고 그것을 다룰 가능성이 고려되는 단계에 이른다.

제2단계인 공식화에서는 정치적인 비중이 급격히 증가하는 단계이다. 대중은 모르던 것을 알게 되면서 자극을 받았고, 정책 옵션에 대한 논쟁이 권력의 회랑(corridors of power)에서 일어난다. 규제를 다룰 현안들과 제안한 변화에 대해 누가 지불할 것이냐를 다루면서 정치적 투쟁은 격화된다. 언론에서는 관련된 문제들을 더 많이 내보내고, 정치인들은 선거구민들로부터 귀를 기울여 의견을 듣게 되며, 이해 당사자들은 입법자들에게 로비를 통해 압력을 행사해 정책의 방향에 영향을 끼친다. 정책 공식화 단계에서 정책 입안자들은 세 가지의 E를 고려하는데, 그것은 effectiveness(유효성), efficiency(효율성) 및 equity(공정성)이다. 유효성은 정책이 환경을 개선하고자 하는 목적을 달성하는 것이고, 효율성은 최소한의 비용을 가지고 목적을 달성하는 것이요, 공정성은 다른 당사자들이 관여될 경우에는 공평하게 재정적인 부담을 지우는 것을 말한다.

제3단계 이행에서는 실제적인 정치적, 경제적인 비용이 요구된다. 정책이 결정되고 초점은 규제 기관으로 이동된다. 이 단계 동안에 대중의 관심은 정치적인 비중 면에서 감소하고, 대중매체에서의 이슈화는 점점 사라져간다. 구체적인 규제의 개발과 집행이 핵심이 되는 요소이다. 산업체는 새로운 규제에 어떻게 대응하여야 하는지 알게 되면서 방안을 강구한다.

마지막 제4단계는 제어이다. 문제들은 완전히 해결되지는 않았지만, 환경은 개선되고 있다는 것이 보인다. 정책들과 이 과정에서 파생된 규제들은 폭넓게 지원을 받고, 종종은 사회 속에 자리 잡기도 한다. 규제들은 더 합리화되고 정책 입안자들은 그 문제가 제어되고 있다는 것을 보게 된다. 반면에, 머지않아 대중들은 과거에 어떤 심각한 문제가 있었는지를 까마득하게 잊어버리기도 한다.

## 15.4 환경 공공정책의 편익 - 비용 분석

편익－비용 분석(benefit－cost analysis)은 어떤 정책을 이행하는 데 소요되는 비용과 그 정책으로부터 얻는 편익(효과)을 모두 화폐로 계량화한 뒤, 현재 가치를 비교하는 분석을 말한다.

이는 어떤 제품이나 기술을 받아들일 것인지, 아니면 말 것인지를 판단하기 위한 분석이기도 하다. 예를 들어, 제품의 개발 및 제조에 들어간 비용과 이 제품을 사용함으로써 사회가 받을 편익을 비교하여 결정하는 것이다. 자동차의 경우 교통사고나 대기오염 등 사회적 비용이 많이 소요되는데도 불구하고 자동차가 급격히 보급되고 있는 것은 자동차 사용으로 인한 편익이 비용보다 더 크다는 견해를 가진 사람들이 많기 때문이다. 개발에 관한 환경영향평가에서도 편익－비용 분석이 사용되고 있다.

환경 공공정책에 대해서도 편익－비용 분석이 사용될 수 있다. 제안된 규제에 대한 필요성을 검토한 후에 일련의 대안들을 기술한다. 제안된 규제에 대한 행동 조치 비용과 주요한 대안들에 대한 비용들을 얻을 수 있는 편익들과 비교한다. 모든 비용과 편익들은 화폐 가치로 나타내고 편익－비용 비율(benefit－cost ratio : B/C)로 나타낸다. 이 비율이 1보다 크다면 이는 편익이 비용을 능가한다는 의미이며, 이에 대한 행동은 비용 효율적이라고 할 수 있다. 이와는 반대로 비용이 편익보다 더 크다면, 그 계획은 수정되거나 철회하거나 나중에 고려하기 위해 보류한다.

환경 규제에서 편익－비용 분석은 정책을 효율적으로 수행하기 위하여 사용되기도 하는데, 이는 사회가 어떤 수준의 환경의 질에 도달하는 데에 필요한 것 이상으로 지불하지 않도록 하려는 것이다. 따라서 이러한 분석이 적절하게 이루어지게 하려면, 규제 옵션과 관련된 모든 비용들과 편익들을 고려할 것이다.

외부비용(external cost)은 일반적인 손익(profit and loss)을 계산하는 데 포함되지 않는 사업 수행 과정에서 발생하는 비용으로, 여기에는 환경오염이나 피해의 비용과 같은 기술적 외부비용과 사업 수행 결과 원자재 가격, 임금 인상 등의 시장 여건 변화에 의해 수요자의 비용 부담이 증가와 같은 화폐적 외부비용으로 구분할 수 있다. 예를 들어, 어떤 사업자가 물을 오염시킨다면, 그 오염은 사회에 건강 영향이나 사용 전 처리와 같은 형태로 비용을 부과한다.

오염을 제어하는 데 소요되는 비용은 도달하려는 수준에 대해 기하급수적으로 증가하는 경향을 보인다(그림 15.4). 다시 말하면, 오염을 일부 감소시키는 것은 비교적 적은 비용이 소요되는 방법에 의해 가능하다. 반면에, 높은 수준으로 오염을 감소시키려면 엄청나게 높은 비용이 소요되지 않으면 안 된다. 반면에 오염 제어로부터 얻는 편익은 초기에는 크게 증가하다가 어느 수준이 되면 안정한 상태가 유지된다. 따라서 최대의 편익은 100%보다 낮은 수준에서 얻어지며, 소요되는 비용 대비 최적의 조건을 찾아야 하며, 그것은 오염 제어 비용과 편익 값의 차이가 가장 큰 빗금 친 영역이 된다.

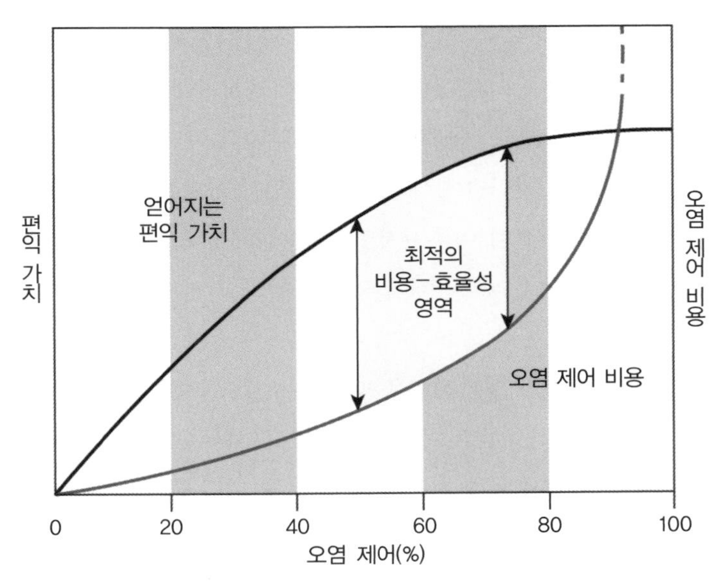


그림 15.4 오염 제어 비용은 기하급수적으로 증가하는 반면에 그로 인한 편익은 어느 수준에서 일정하게 된다(출처 : Richard T. Wright and Dorothy F. Boorse, Environmental Science-Toward a Sustainable Future, 2014).

## 15.5 지속 가능한 사회

우리가 살고 있는 지역 사회는 어떻게 구성되어 있느냐에 따라 살기 좋은 환경인지 아닌지가 결정된다. 우리나라 사람들은 여전히 도시에 대한 선호도가 매우 높은 편인데, 가장 큰 이유는 대부분의 직장들이 도시를 중심으로 분포하고 있고, 시장을 보기에도 적합하며, 많은 문화생활을 즐길 수 있고, 병원, 학교 등에 대한 접근성이 좋은 장점을 갖고 있기 때문이다. 반면에, 도시가 오래될수록 점점 빈민촌(슬럼)화가 진행되면서 오히려 범죄의 근원지가 되기도 한다.

오늘날에는 도시 외곽 지역이 개발되면서 기존의 도시를 중심으로 점차 규모가 확대되는 과정이 발생하는데, 이 과정에서 계획적이지 못한, 소위 난개발이 진행되어 도시로서의 제 기능을 못하게 되는 경우가 있다. 이를 도시 스프롤(urban sprawl)이라고 한다.

### 가. 도시 스프롤(Urban Sprawl)

스프롤의 말 그대로의 뜻은 '볼썽사납게 다리를 쭉 뻗어 도시가 개발되어 불규칙하게 보이는 것'을 말한다. 도시 주변에 밀도가 낮은 주택이 건설되면서 차선이 여러 개가 만들어져 도시와 연결되고, 쇼핑몰이 형성되며, 산업 공원이 여기저기에 있는 등을 말한다. 여기에서 도시는 시골 외곽 쪽으로 확장되고, 개발이 지속적으로 이루어지지만, 도시 확장에 대한 계획은 거의 없이 어디까지 확장될 것인지에 대한 개념도 없이 커지는 것이다. 따라서 도시 외곽의 농지와 자연 녹지는 새로운 건설이 이루어지면서 없어지고 새로운 도로는 확장되며, 규모가 커지면 고속도로까지 건설하게 된다. 그 결과 도시는 점차 커지지만, 도시가 커진 만큼 자동차에 대한 의존도는 더 커지게 된다.

제2차 세계대전 이전에 도시가 형성되었을 때에는 주로 도보에 의해서 필요한 것들을 얻을 수 있도록 식료품점, 약국, 상점 등이 도시에 구성되었고, 사무실도 거주지와 같은 위치에 있거나 가까운 거리에 있었다. 비교적 보행 거리는 짧았고, 좀 편하게 다니는 수단은 자전거 정도였다. 그러다가 점차 거대한 백화점이 생기고, 시장들이 규모를 갖추게 되고, 사무실들이 중심가에 별도로 생겨나면서 대중교통 수단을 이용하는 것이 늘어나기는 했지만, 여전히 도시생활은 도보에 기본적으로 의지하는 삶이 기초를 이루었다.

도시 생활에서 많은 장점을 얻기도 하지만, 여전히 많은 사람들은 살기가 편리하지 않은 곳이 되고 있다. 특히 공업도시에는 주거시설이 형편없고, 하수 시스템이 잘 갖추어져 있지 않으며, 쓰레기 수거 시스템이 부족하고, 공장 및 가정으로부터 나오는 오염이 문제되고 있다. 따라서 일반적으로 혼잡하고 소음이 많은 조건들 속에서 살고 있다.

도시가 점점 대규모화되면서 주거지를 확보하는 일은 점점 어려워지고 있으며, 월세든 전세든 엄청난 비용을 지불하지 않으면 안 된다. 따라서 사람들은 점점 더 도심 외곽으로 빠져나가지만, 도심 내에 있는 사무실로 출근하기 위해서는 자동차에 의존하지 않으면 안 된다. 따라서 집세에 소요되는 비용은 감소되는 반면에, 교통비로 지불되는 비용과 시간은 더 많아졌다. 공장도 마찬가지로 도심에서 점차 외곽으로 이동한다. 도시의 비싼 토지 대신에 저렴한 가격으로 넓은 대지를 구해 더 규모를 확장하여 공장을 건설한다. 그 결과 도시에는 낡은 공장이 그대로 오랫동안 방치되어 흉물이 되기도 한다.

이와 같은 도시 스프롤 현상에 의한 환경 영향은 여러 가지가 있다. 첫 번째는 자동차 의존적으로 변화가 생기면서, 석유 등의 에너지 소비가 증가한다. 이에 따라 대기오염이 증가하며, 고속도로의 건설, 주차장, 포장도로의 증가 등에 따라 도시에서의 강수 유출량은 증가하여 수자원이 감소될 뿐만 아니라 수질도 악화된다. 도시의 확장이 가속화됨에 따라 도시 주변의 농지는 빠르게 없어져 도시로 편입되며, 부동산의 가격도 상승한다. 그 결과 도시 주변의 아름다웠던 경관은 그 모습을 점차 잃어가고 야생 동식물의 실종이 두드러진다.

이에 대한 해결책은 그리 쉽지는 않지만, 대안으로는 도시 스프롤의 경계를 정하여 무작정

확장되지는 못하게 하는 것이다. 또한 자연 경관의 확보를 위한 공간을 일부라도 보존하기 위한 정책을 개발하는 것이다. 기존에 도심에 있는 공간을 잘 활용하기 위한 프로그램을 개발하는 것도 필요하다. 마지막으로 새로운 타운을 건설하되 직장, 거주지, 쇼핑 지역, 문화권 등이 가까운 거리에 위치하게 체계적으로 계획하여 건설함으로써, 걷거나 자전거로 이동하는 것이 가능하다면 가장 이상적인 지속 가능한 지역 사회가 될 것이다.

## 나. 도시의 황폐화

도시 황폐화(urban blight)는 주로 선진국에서 사람들이 도심을 떠나 도시 외곽으로 이주하여 사는 것이다. 주로 가난하고 나이가 있는 사람들이 도시에 남아 있는 양상을 보인다. 미국의 맨해튼과 같은 대도시가 그러한 도시 황폐화의 대표적이며 많은 범죄들이 일어나고 있다.

반면에, 개발도상국에서는 거꾸로 도시가 수용할 수 있는 능력을 초과하여 사람들이 지나치게 모여들어 도시가 빈민화되어 간다. 예를 들어, 케냐의 나이로비와 같은 곳에는 너도나도 몰려들어 빈민촌을 형성하고 있다(그림 15.5).

그림 15.5 케냐 나이로비의 슬럼 지역인 Kibera(출처 : 위키백과)

아직 우리나라는 이러한 도시의 황폐화는 일어나고 있지 않지만, 소득의 차이가 커질수록, 다양한 민족들이 국내에 더 많이 들어올수록 이러한 현상이 일어날 가능성은 점점 커질 것으로 예상된다.

## 다. 지속 가능한 지역 사회

지역 사회가 살만한 곳이 되려면, 범죄가 없고 오염이 별로 발생하지 않으며, 오락과 문화와 직업적인 기회가 많아야 한다. 물론 도시의 규모가 커질수록 사회적 악이 많이 발생할 수 있겠지만, 그래도 사람은 사회적 동물이기 때문에 살만한 도시가 되기 위한 조건에는 다음의 몇 가지가 있다.

(1) 비교적 높은 인구 밀도를 유지한다.
(2) 주거지, 사업체, 상점, 약국 등 다양하게 구성되도록 한다.
(3) 인도나 산책길과 같은 열린 장소에서 사람들이 만나거나 방문하거나 사업할 수 있도록 인간적인 차원에서 설계한다.

인간은 자기가 속해 있는 곳에서 행복을 추구하고자 한다. 누구나 다 그 추구하는 것을 얻으면서 주어진 삶을 누릴 수 있도록 사회를 만들어주는 것이 필요하다.

## 단원 리뷰

1. 지속 가능성을 정의하시오.
2. 지구의 기후변화와 관련하여 이산화탄소의 배출량을 줄이는 것이 현실적으로 어려워진 이유를 두 가지를 예를 들어 설명하시오.
3. 생물다양성이 감소하는 이유를 적으시오.
4. 우리나라의 환경운동의 역사를 적으시오.
5. 지속 가능한 개발은 크게 세 가지 관점에서 생각해봐야 한다. 이는 각각 무엇인지 적고 설명하시오.
6. 지구의 지속 가능성을 청지기 직분과 연관시켜 설명하시오.
7. 지속 가능한 경제가 되게 하려면, 자연 환경을 어떠한 관점으로 생각하여야 하는가?
8. 우리나라 환경 관련법의 역사를 적으시오.
9. 환경 공공정책 개발의 4단계는 무엇인지 적고, 각 단계별로 설명하시오.
10. 편익-비용 분석을 환경 공공정책에 적용할 때, 오염을 100% 제어하지 않는 이유를 설명하시오.
11. 도시 스프롤 현상이 환경적으로 가져오는 결과는 무엇인지 적으시오.

## 참고문헌

Richard T. Wright and Dorothy F. Boorse, Environmental Science－Toward a Sustainable Future. 12th ed., 2014, Pearson, Upper Saddle River, NJ, USA.

Wikipedia, https://en.wikipedia.org/wiki/Main_Page

# VI
# 식량과 환경

CHAPTER 16

# 농업과 환경오염

양재의

농업은 생산성 증대를 통해 오늘날 인류가 생존하는 데 크게 기여하고 있다. 농업은 인류에게 필수적인 의식주를 제공할 뿐 아니라 농업생태계의 건강성 유지를 통해 생태계의 조절 및 완충작용을 하고 있다.

예전의 농업은 자연에서 일어나는 과정을 활용하여 농업활동을 해왔고 그래서 농경지를 몇 대에 걸쳐 상속해주어도 비옥한 토양을 유지할 수 있었다. 그러나 현대의 집약적 생산 농업은 작물의 생산성을 향상시키기 위해 비료나 농약 등의 농자재가 과량 시용 되어 왔다.

인간의 식생활 패턴 변화로 육류 소비가 증대되면서 사료 중심의 가축사육이 늘어나고 있다. 그 결과 생산성의 목표는 어느 정도 달성한 반면 시용된 자재에 의해 환경의 질이 악화되고 있는 실정이다. 따라서 현대 농업은 작물생산성을 유지 또는 향상시키고 환경의 질을 보호하는 두 가지 명제를 가지고 있다.

농업활동에 따른 환경오염의 몇 가지 원인으로는 (1) 비료와 농약, (2) 오염된 물의 관개수 사용, (3) 토양유실과 퇴적, (4) 가축 사육에 따른 분뇨 및 폐기물, (5) 병해충과 잡초, (6) 기후변화 등을 나열할 수 있다.

농업활동에 의한 환경오염은 수질오염, 대기오염과 마찬가지로 특정한 원인 한 두 가지에 의해 발생되지 않는다. 왜냐하면 농업은 작물을 생산해야 하고 동시에 가축을 사육해야 하는 복잡하고 연속적인 과정들이고, 이 과정의 많은 단계에서 다양한 물질이 사용되고 환경으로 배출될 수 있기 때문이다. 본 단원에서는 농업생태계에서의 생산 활동에 따른 토양과 물 오염, 온실가스 배출 그리고 오염원을 관리할 수 있는 방안들에 관하여 살펴보고자 한다.

## 16.1 농업환경오염의 정의

농업환경오염이란 농업생산 활동을 통해 발생되는 무생물적, 생물적 부산물질의 농도가 토양과 물로 유입되어 그 농도가 천연부존량(natural abundance)을 초과하고, 그 결과, 물과 토양의 질과 기능을 저하시켜서 인간뿐 아니라 인간과 관련된 경제적 피해를 초래하는 현상으로 정의할 수 있다. 표 16.1은 농업생산 활동을 통해 초래하는 환경오염의 원인과 결과를 요약한 것이다.

표 16.1 농업환경오염의 원인과 결과

| | | |
|---|---|---|
| 오염배출원<br>(sources) | • 인위적 : 작물생산 및 가축 사육<br>• 자연적 : 산림, 휴경지 등 토지 | |
| 오염물질<br>(contaminants) | • 영양소(비료) : 질소와 인 등<br>• 가축분뇨와 폐기물 : N, P, 유기물 등<br>• 농약<br>• 토사(sediment) | • 중금속<br>• 병원균, 병해충, 잡초<br>• 냄새<br>• 항생제 등 |
| 결과 | • 토양, 수질 및 대기 질 저하 및 오염<br>• 생물다양성 감소<br>• 기후변화<br>• 인체건강 등 | |

## 16.2 오염물질의 분류

### 가. 오염배출원(sources)에 따른 오염물질의 구분

- 점오염원(Point Source) : 오염물질의 배출원(지점)을 명확하게 알 수 있는 경우 : 공장폐수 방류, 대규모 가축사육단지에서 배출되는 가축분뇨 등
- 비점오염원(Non-point source) : 오염물질의 배출원을 명확하게 구분할 수 없는 경우 : 수질 오염을 초래하는 비료성분, 농약, 토사 등. 확산성오염원이라고도 부름

농업환경오염을 초래하는 오염원은 대부분이 비점오염원에 해당된다. 가축분뇨는 배출되는 지점에 따라 점오염원 또는 비점오염원이 될 수 있다.

### 나. 생물적 특성에 의한 오염물질 구분

- 무생물적(abiotic) 오염원 : 비료, 농약, 중금속, 토양유실로 인한 토사 등
- 생물적(biotic) 오염원 : 가축분뇨로 부터의 온실가스(아산화질소), 생물농약, 외래종 식물과 병해충, 유전자변형 식물(GMO) 등

### 다. 오염물질의 유입 원인에 따른 구분

- 의도적으로 환경에 유입 : 비료, 농약, 하수, 가축분뇨, GMO 등
- 생산 활동에 의한 폐기물로 유입 : 가축 액상분뇨, 사일로 침출수 등
- 영농관리를 통한 유입 : 경운, 토사, 논에서의 온실가스 등

## 16.3 농업과 토양오염

농업의 생산성을 향상시키기 위해 과다하게 사용되는 비료나 농약은 주된 토양오염원이 될 수 있다. 비료나 농약에 함유되어 있는 중금속과 같은 부산물 그리고 비닐과 플라스틱류 등에 의해 오염되기도 하나 농업에 따른 주된 토양오염은 비료에 함유된 영양소 성분들에 기인된다.

비료는 작물에게 필요한 영양소를 공급하고 토양의 유효태 영양소 농도, 즉 비옥도를 높여주기 위해 필요한 물질이다. 이 목적을 달성하기 위해 우리나라도 토양검정을 통해 비료권장량을 설정하고 있다. 권장량의 비료를 주어도 이 중 질소는 약 50%, 인산은 약 25% 정도 작물에 의해 흡수되는데 이를 비료의 이용효율이라 부른다. 나머지 영양소는 토양에 남게 되어 비옥도를 향상시키기도 하지만 과잉으로 살포된 비료성분은 토양에서 물에 의해 유실되어 주변의 수질오염을 초래한다. 토양에 흡착(인산의 경우)된 채로 토양침식과 더불어 수계로 이동하여 수질오염을 초래하기도 한다.

우리나라의 화학비료와 농약 사용량은 각각 ha당 260 kg, 10 kg 정도로 OECD 국가 중에서 상위 5위 안에 들 정도로 높은 편이다(그림 16.1, 16.2). 비료의 경우 우리나라는 ha당 260 kg을 주고 있으며 일본은 360 kg, 미국은 110 kg 정도이다. 농약의 경우도 한국은 ha당 9.5 kg, 일본은 15 kg, 네덜란드는 10 kg 사용하고 있다.

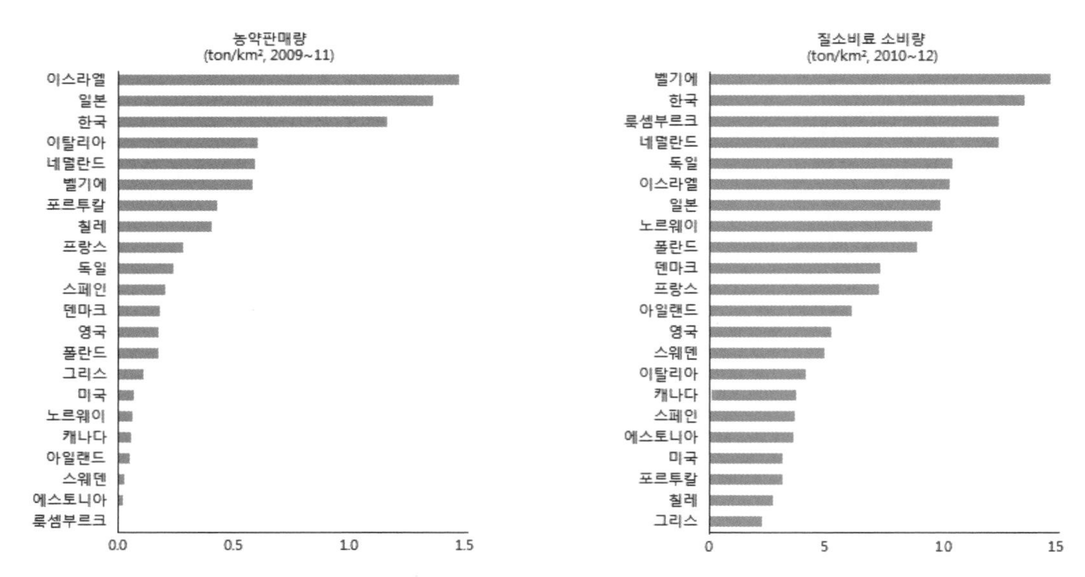

그림 16.1 OECD 국가들의 농약과 비료 사용량 비교(출처: OECD, 2015. www.oecd.org/environment/country-reviews)

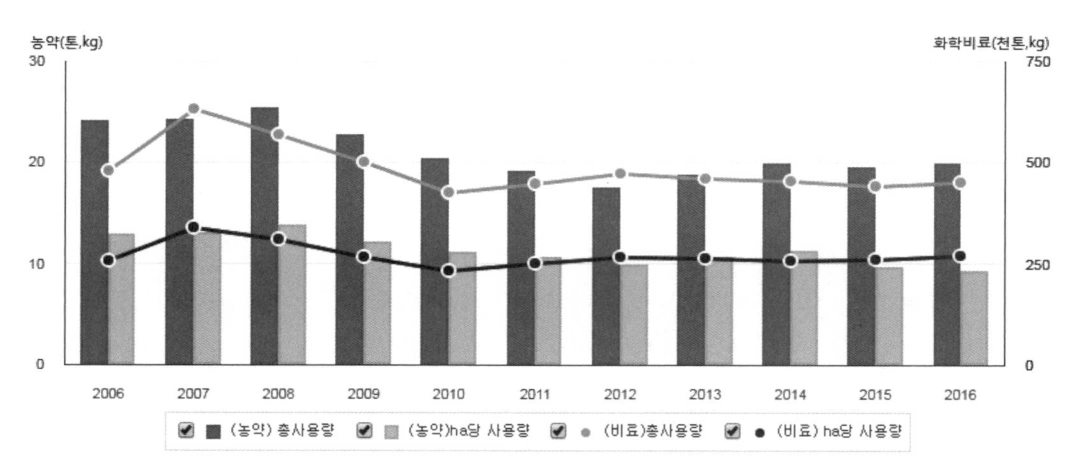

그림 16.2 우리나라 농약과 비료 사용량(출처: 농림축산식품부 농기자재정책팀, 2017)

영양소(nutrients)가 토양에 유입되는 주된 경로는 화학비료의 사용, 가축분뇨의 직접 토양살포(액비) 그리고 퇴비의 사용 등이다.

우리나라에서는 비료권장량보다 더 많은 비료가 사용되고 있는 사례가 많다. 과다하게 살포된 비료는 환경오염을 초래할 뿐 아니라 경제적 손실을 초래한다. 왜냐하면 농업도 경영활동이므로 비료를 돈을 주고 사서 뿌려야 하기 때문이다. 비료는 화학물질이므로 과하게 존재할 경우 작물에 해를 끼치게 된다. 우리가 아플 때 약을 의사의 처방대로 먹어야 되는데 과다 복용하면 약에 의해 피해를 보게 되듯이 식물도 필요한 영양소를 적당량 주어야 생육에 도움이 된다.

비료 중에서 인산비료는 토양에 집적이 많이 된다. 인산은 토양에서 반응성이 높고 토양입자나 유기물에 의해 강하게 흡착된다. 우리나라의 경우 비닐하우스 토양에서 인산집적 현상이 매우 심각하게 발생되고 있다. 다른 비료 성분들도 토양에 흡착되어 잔류될 수 있다. 과다 시용된 비료로 인해 영양소 물질이 토양에 과다 축적되어 토양오염현상을 초래하게 된다. 이의 주된 영향을 요약하면 다음과 같다.

- 영양소가 축적된 토양이 유실될 경우 인근 지표수를 오염
- 토양에 질산이온과 같은 영양소가 축적될 경우 물과 함께 지하수로 이동하여 지하수 오염 초래
- 특정 영양소(예, 인산)로 오염될 경우 토양의 화학적 불균형을 초래하여 이온교환 반응이 교란되고, 영양소의 종류에 따라 토양의 pH를 낮추거나 높이게 됨
- 과다 집적된 영양소는 미생물이나 뿌리에 독성을 보여줄 수 있음
- 토양의 생물다양성을 교란
- 토양의 구조가 불량해지고 통기성, 수분보유력 등 물리적 특성에 악영향을 줄 수 있음
- 영양소를 과잉 섭취한 농작물은 인간의 건강에 좋지 않은 영향을 미칠 수 있음

## 16.4 농업과 수질오염

### 가. 수질오염원

농업환경오염을 초래하는 대표적인 오염물질로는 질소와 인과 같은 영양소이다. 질소와 인의 대부분은 비료나 가축분뇨로부터 발생되어 토양과 수질오염을 초래한다. 대표적인 수질오염으로는 부영양화 현상이다. 영양소에 의한 오염현상을 요약하면 다음 표 16.2와 같다(양 등, 2008).

표 16.2 영양소 오염원의 발생과 영향

| | |
|---|---|
| 주된 공급원 | • 비료와 가축분뇨의 부적절한 이용과 관리를 통해 공급되는 질소와 인 |
| 특징 | • 질소 : 질산이온(흡착이 안 되고 이동성이 큼)<br>• 인산 : 인산이온(토양에 강하게 흡착되어 이동성이 낮음) |
| 영양소의 이동 | • 유거수(runoff) : 빗물과 수분이동(질산이온)<br>• 토양침식(erosion)에 따른 토사(인산이온)<br>• 용탈(leaching) : 물의 이동과 더불어 지하부로 용탈(질산이온) |
| 주된 영향 | • 지표수와 지하수의 부영양화(eutrophication)<br>• 청색증과 같은 인체 건강 영향 |

## 나. 질소와 인에 의한 수질의 부영양화

질소와 인은 수계의 부영양화를 초래하는 주된 물질이다. 수계 중 이들의 농도가 높을 경우 조류, 미생물 등의 생물체의 번식이 급격하게 증가하여 물중의 용존산소를 소모해버리므로 물이 썩게 된다. 물에는 용존산소가 부족하게 되므로 유기물과 같은 오염물질이 유입되어도 이들을 산화적으로 분해시키지 못하게 된다. 이를 부영양화(eutrophication) 현상이라 부른다. 영양소 중 인은 부영양화의 제한인자(limiting factor)로 작용한다.

질소와 인은 농작물뿐 아니라 수생태계의 생물체에 대해 영양소로 작용을 한다. 즉 조류(algae)와 수생식물들의 생육에 필수적인 영양소이다. 조류는 수생태계에 서식하는 다양한 생물체에게 먹이를 제공해주는 역할을 한다. 그러나 이러한 영양소 물질이 강, 호수, 해수 등에 과다 유입되면 심각한 환경문제뿐 아니라 인체건강에도 영향을 미치게 되고 이를 처리하고 관리하는 데 막대한 비용이 소요되어 경제적인 손실을 초래하기도 한다.

질소와 인이 물에 많게 되면 자연 생태계가 감당하기 어려울 정도로 조류의 생육이 왕성하게 된다. 이때 성장한 조류가 수계의 표면에 막을 형성할 정도로 되는데 이를 조류 매트(algal mat)라고 부른다. 이 경우 표면에 형성된 녹색 조류 매트로 인해 물 표면이 아름답게 보이게 되는데 이 현상을 수화현상[水華 또는 水花 : algal blooming 또는 harmful algal blooms(HAB)]이라 부른다(6. 물 단원 참조). 수화현상이 발생하게 되면 햇빛이 물을 투과하는 것을 방해하고, 물중의 용존산소가 고갈되고, 조류들이 분비하는 독소에 의해 물고기나 인체 건강에 악영향을 주게 된다. 조류가 왕성하게 번식한 물을 동물이나 인간이 섭취하게 되면 건강에 위험하게 된다.

이러한 조류의 성장은 빛, 정체되어 있는 물이나 유속이 느린 조건, 질소나 인과 같은 영양소를 필요로 한다. 수화현상은 인간과 동물을 죽일 수 있는 매우 위험한 독소를 분비하고, 수생태계의 무산소층(hypoxia : dead zone)을 형성하고, 물의 처리 비용이 매우 비싸게 하고, 청정 물을 이용하는 산업체에 엄청난 피해를 주게 된다(양 등 2008; Pierzynski 등, 2005).

조류로 인한 건강의 문제를 살펴보면 피부에 붉은 반점을 만들고, 위나 간에 병을 초래하고, 호흡기나 신경계통의 질병을 초래할 수 있다. 호수에서 과잉의 영양소로 인한 대표적인 문제로 남조류(cyanobacteria, blue-green algae)의 번식을 들 수 있다. 이들은 cyanotoxins이란 독소를 분비하여 인간, 물고기, 새 등의 건강에 해를 입힌다. 이러한 물을 인간이 접촉하는 것을 피해야 한다.

영양소에 의한 수질오염은 관광산업, 낚시터, 여가 산업 등 청정 수자원을 필요로 하는 산업에도 큰 영향을 미칠 수 있다. 수질 정화비용이 막대하게 증가할 뿐 아니라 자산의 가치 감소,

관광수입 감소 등을 초래할 수 있다.

## 다. 기후변화와 조류 생육

### 1) 기후변화에 따른 수온의 증가

- 수온의 증가 : 조류는 따뜻한 물과 천천히 흐르는 물에서 생육 양호
- 수온의 증가는 물의 혼합을 억제할 뿐 아니라 조류의 빠른 성장과 깊은 물까지 분포를 조장
- 수온이 증가하면 미세한 생물체가 물에서 이동하는 것을 도와주며 조류가 물 표면에 뜨게 하는 현상을 도와줌
- 수화현상에 처한 조류가 심지어는 햇빛을 흡수하여 수온의 증가를 촉진하기도 하여 조류의 번식을 조장

### 2) 기후변화에 따른 물의 염분도 변화

기후변화에 따라 기온이 상승하고 가뭄이 초래될 경우 물의 상대적 염분도는 상승한다. 이 경우 해수에 서식하는 해양조류들이 자연수 생태계를 침범할 가능성이 있다.

### 3) 기후변화에 따른 높은 이산화탄소 농도

조류는 생존을 위해 이산화탄소를 이용하여 광합성을 하게 된다. 물과 공기 중에 이산화탄소가 증가할 경우 조류의 급속한 번식을 초래하여 남조류 등의 수화현상을 초래할 수 있다.

### 4) 기후변화에 따른 강우 패턴의 변화

기후변화는 가뭄과 홍수의 빈도를 변화시켜 수계로 더 많은 영양소를 유입시킬 수 있게 되어 조류의 번식을 도울 수 있다.

### 5) 기후변화에 따른 해수면의 상승

2100년도에는 해수면이 1미터까지 상승할 것으로 예측하고 있는데 이는 해변가의 물의 깊이를 얕게 하고 물이 안정되게 할 수 있으므로 조류의 번식을 도와줄 수 있다.

### 6) 기후변화에 따른 해수의 전도

바람에 의해 해수가 해변가로 몰려오고 깊은 바닷물이 해변가로 올 경우 해상 바닥에 퇴적된 많은 영양소 물질이 표면으로 이동하게 되어 조류의 성장을 촉진시킬 수 있다.

## 16.5 질산이온의 영향

질소는 작물생산에 있어서 필수적인 영양소이다. 그러나 과잉 살포될 경우 토양에서 일어나는 질소순환(N cycle)의 질산화 작용(nitrification)과 탈질작용(denitrification)에 의해 수질 및 대기오염과 인체 건강에 악영향을 미칠 수 있다. 작물생산과정에서 투입되는 화학비료, 퇴비, 가축분뇨, 슬러지, 유기성 폐기물들에 함유된 질소성분은 호기적 토양조건에서 질산태 질소로 전환된다. 이를 질산화반응이라 부른다.

질산화작용에 의해 생성된 질산이온($NO_3^-$)의 환경적, 인체 건강 영향은 매우 크다. 질산이온은 물의 부영양화를 초래하는 주된 이온이다. 질산이온은 화학적으로 음이온이므로 음으로 하전된 토양입자에 의해 흡착되지 않아서 물과 함께 용탈(leaching)되기 쉽다. 질산이온은 용탈과 유거(run-off)에 의해 지하수나 지표수로의 이동이 잘 일어난다. 이는 토양의 입장에서는 영양소의 손실이기도 하다.

한편 질산이온이나 다른 형태의 질소는 논이나 습지와 같이 담수되어 환원된 조건에서는 탈질 작용이 일어나게 된다. 이때 중간체 물질로 생성되는 아산화질소($N_2O$)는 온실가스의 일종으로 오존층을 파괴하는 물질이다. 탈질작용의 최종 산물인 질소가스($N_2$)는 대기로 날아가게 되므로 비료성분의 손실에 해당된다.

질산이온의 농도가 높은 지하수를 음용수로 섭취하거나 농작물을 과다 섭취할 경우 인체건강에 미치는 영향은 잘 알려지고 있다. 질산이온은 생체 내에서 빠르게 아질산이온($NO_2^-$)으로 전환되고, 이는 헤모글로빈과 결합하여 메세모글로빈(metheomoglobin)을 형성하게 된다. 이 경우 피 속의 헤모글로빈의 산소운반 능력이 저하되어 피부가 청색으로 변화되게 된다. 이런 현상은 6세 미만의 신생아나 유아에게 잘 일어나는 것으로 알려지고 있다. 이를 청색증(Blue Baby Syndrome : Metheomoglobinemia)이라 부른다. 또한 질산이온은 생체 내에서 아민과 같은 다른 질소화합물과 결합하여 Nitrosamine 화합물을 형성하는데 이는 발암성 물질로 알려지고 있다(양 등 2008; Pierzynski 등, 2005).

가축도 질산성 질소농도가 높은 물을 마시면 비타민 결핍, 고창증(鼓脹症 bloat) 등의 증상에 시달리게 된다. 고창증은 반추동물의 질병이다. 이는 발효성 사료 섭취에 의하여 제1위에서 생산된 가스로 급격히 제1위와 제2위가 팽창하여 소화기능장애를 일으키는 일종의 대사질병이다. 질산성 질소의 과다섭취 외에 부패한 사료, 수분함량이 많은 콩과식물의 다량급여, 콩깻묵·건조맥아 등 깻묵류 사료를 많이 급여한 소에서 잘 발생한다. 증세는 왼쪽 허리 부위가 팽윤되어 나오고 복부가 팽대해진다. 씹는 작용은 중지되고 침을 흘리며 호흡이 곤란해진다. 병든 가축에 따라서는 구토가 나타난다. 증세가 악화된 소는 복통으로 땅에 쓰러져 신음하기도 한다(김, 2017).

우리나라는 이와 같이 질산이온에 의한 건강상의 문제를 해결하기 위해 음용수 중의 질산태질소($NO_3$-N)의 농도 기준을 10 mg/L(ppm) ($NO_3^-$ 이온으로 44.3 ppm)으로 설정하고 있다. 아울러 독일 같은 국가에서는 농작물이나 식품을 통해 섭취할 수 있는 질산태질소의 양을 53 mg으로 규제하고 있다.

## 16.6 가축분뇨와 환경오염

우리나라를 비롯한 많은 국가들에서 경제성장과 더불어 식생활의 패턴이 변화되어 육류의 소비가 급증하고 있는 실정이다. 이에 따라 우리나라의 경우도 가축 사육두수의 현저한 증가를 초래하였다. 그림 16.3은 우리나라에서 가축의 종류별 사육두수의 변화를 보여주고 있다. 특히 2000년대 이후 닭, 돼지 및 한우의 증가가 뚜렷한 실정이다.

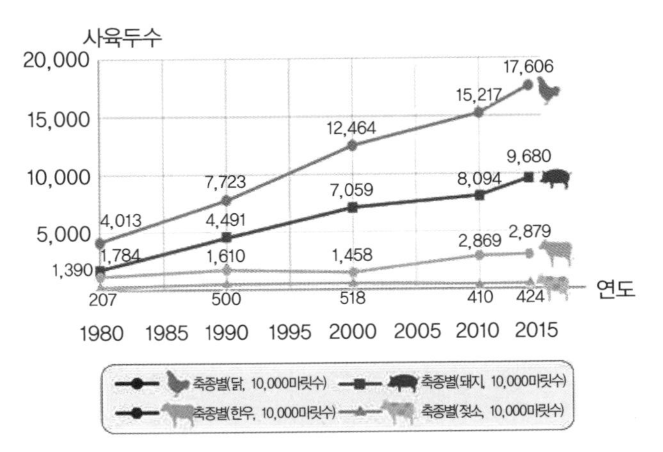


그림 16.3 우리나라 가축의 종류별 사육두수(출처 : 축산신문 2015. 10. 2. http://www.chuksannews.co.kr/news/article.html)

우리나라에서는 가축을 사육하기 위해 풀과 같은 조사료 대신 곡물을 주로 하는 농후 사료를 이용한다. 사료에 사용되는 옥수수, 콩, 밀 등은 거의 전적으로 외국으로부터 수입에 의존하고 있는 실정이다. 가축사육 두수의 증가는 사료의 증가를 초래하여 우리나라 곡물자급률을 25% 수준에 머물게 하고 있다.

가축분뇨로부터 발생되는 오염물질은 질소, 인산, 대장균, 유기물, 가스 등이 대표적이고 이로 인해 토양, 지하수, 지표수 및 대기가 오염될 수 있다. 최근 우리나라에서는 가축 사육 방법이 시설을 통한 집약적 생산 방식(Concentrated Animal Feeding Operation : CAFOs)이 주를 이루고 있다.

곡물에 의존한 농후사료를 주로 공급하기 때문에 가축분뇨에는 높은 농도의 유기물과 영양소가 포함되어 있다(표 16.3, 16.4). 가축분뇨에는 유기물의 농도가 높기 때문에 매우 높은 BOD와 COD 값을 보여주고 있으며 아울러 미분해된 사료물질 등으로 인해 고형농도(SS) 또한 매우 높은 수준이다(농촌진흥청 국립축산과학원 2016; 양 등, 2008).

유기물 함량, 영양소 함량 및 미생물 농도가 높은 가축분뇨가 수계로 유입될 경우 이들에 의한 수질오염은 심각하게 초래될 수 있다. 가축분뇨는 가축 생산시스템에 따라서 점오염원(point source)이 될 수 있고 비점오염원(non-point source)이 될 수 있다. 토지나 초지에 방목할 경우 배출되는 분뇨는 비점오염원이어서 오염원의 확산정도는 높으나, 시설에서 집약적으로 사육할 경우 배출되는 분뇨는 점오염원에 해당되고 오염원의 확산정도는 낮을 수 있다.

표 16.3 축종별 가축분뇨의 화학적 특성(단위 : mg/L) (농촌진흥청 국립축산과학원, 2016)

| 축종 | 분 | | | 뇨 | | |
|---|---|---|---|---|---|---|
| | $BOD_5$ | $COD_{Mn}$ | SS | $BOD_5$ | $COD_{Mn}$ | SS |
| 한우 | 22,834 | 69,735 | 134,717 | 7,500 | 7,654 | 1,123 |
| 젖소 | 17,320 | 52,395 | 99,867 | 5,750 | 8,684 | 636 |
| 돼지 | 51,188 | 57,679 | 229,991 | 4,093 | 3,613 | 791 |
| 닭 | 20,122 | 50,424 | 108,667 | – | – | – |

BOD : Biochemical Oxygen Demand; COD : Chemical Oxygen Demand, SS : Suspended Solid

표 16.4는 축종별 가축분뇨에 함유된 질소, 인산, 칼륨 함량을 보여주고 있다. 가축분뇨에는 수분함량이 많아서 슬러리(slurry) 상태로 존재하여 세정수 등 물에 의해 이동이 비교적 쉬운 편이다. 가축의 종류에 따라 다소 상이하기는 하지만 가축분뇨에는 질소와 인산의 함량이 매우 높은 편이고 특히 돼지로부터 배출되는 분뇨에는 한우와 젖소보다 그 농도가 높다.

가축분뇨가 수계로 유입될 경우 이에 함유된 질소와 인산은 부영양화를 초래할 수 있는 대표적인 영양소오염원이다. 분뇨에 함유된 질소와 인산 같은 영양소들은 비료성분이 될 수 있으므로 이를 퇴비화, 액비화, 바이오가스 생산 등의 공정을 거쳐 자원화시키는 노력이 국가 차원에서 진행되고 있다. 이를 통해 분뇨에 의한 수질오염 방지도 중요한 과제이기도 하다(양 등, 2008; 김 등, 2011).

표 16.4 축종별 가축분뇨에 함유된 질소, 인산, 칼륨 함량

| 축종 | 수분함량(%) | | 질소(%) | | 인산(%) | | 칼륨(%) | |
|---|---|---|---|---|---|---|---|---|
| | 분 | 뇨 | 분 | 뇨 | 분 | 뇨 | 분 | 뇨 |
| 한우 | 80.8 | 95.4 | 0.34 | 0.45 | 0.25 | 0.006 | 0.09 | 0.47 |
| 젖소 | 83.9 | 95.1 | 0.26 | 0.34 | 0.10 | 0.003 | 0.14 | 0.31 |
| 돼지 | 76.3 | 98.5 | 0.85 | 1.02 | 0.37 | 0.070 | 0.23 | 0.28 |

(출처 : 최, 2006)

표 16.5는 가축별 배출되는 분뇨의 원단위를 보여주고 있다. 원단위란 가축 한 마리가 매일 배설할 수 있는 양을 지칭하는 것으로 원단위에 가축 사육두수를 곱하게 되면 총배출량을 산출할 수 있다. 그러므로 가축분뇨의 원단위는 가축분뇨의 관리 측면에서 매우 중요한 지표이다. 축종별로 원단위를 비교할 때 젖소의 경우가 37.7(L/두·일)로서 소, 돼지 및 닭보다도 매우 높은 편이다.

표 16.5 가축별 배출원단위

| 축종별(단위) | | 배출원단위(2008) | | | |
|---|---|---|---|---|---|
| | | 분 | 뇨 | 세정수 | 계 |
| | 소·말(L/두·일) | 8.0 | 5.7 | 0 | 13.7 |
| | 젖소(L/두·일) | 19.2 | 10.9 | 7.6 | 37.7 |
| | 돼지(L/두·일) | 0.87 | 1.74 | 2.49 | 5.1 |
| 닭 | 산란계(L/1,000수·일) | | 124.7 | | 124.7 |
| | 육계(L/1,000수·일) | | 85.5 | | 85.5 |

(출처 : 환경부, 2016)

표 16.6은 우리나라의 가축분뇨 발생량 및 처리현황을 보여주고 있다. 가축사육 농가는 2015년 약 19만5천호에 달하고 가축사육 두수는 2억4천만에 달한다. 이 중 닭, 돼지, 한우 및 젖소 사육두수는 1억9천두에 해당된다. 이에 따라 가축분뇨 발생량도 증가되어 2015년 17만 $m^3$/일에 해당된다.

그림 16.4는 주요 가축의 연간 분뇨 발생량 및 구성비를 보여주고 있다. 이는 총 가축사육두수가 배설하는 분뇨의 발생량을 나타내는 것으로 돼지와 한우에 의한 발생량이 전체의 71%를 차지하고 있고 닭, 젖소에 의한 발생량이 26%를 차지하고 있다.

표 16.6 우리나라의 가축분뇨 발생량 및 처리현황

| | | 2009 | 2011 | 2013 | 2015 |
|---|---|---|---|---|---|
| 축산농가수(호) | | 189,666 | 223,988 | 212,794 | 194,824 |
| 가축사육두수(× 1000두) | | 179,219 | 215,499 | 235,144 | 236,846 |
| 기축분뇨 발생량($m^3$/일) | | 135,761 | 128,621 | 173,052 | 173,304 |
| 가축분뇨 처리현황 | 가축분뇨처리 가수 계(호) | 71,050 | 76,731 | 77,008 | 78,185 |
| | 자원화 가구(호) | 63,236 | 69,277 | 68,731 | 69,104 |
| | (자원화 구성비, %) | 89.0 | 90.3 | 89.3 | 88.4 |
| | 정화처리 가구(호) | 1,658 | 763 | 791 | 831 |
| | (정화처리 구성비, %) | 2.3 | 1.0 | 1.0 | 1.0 |
| | 기타(위탁처리 등) 가구(호) | 6,156 | 6,691 | 7,486 | 8,257 |
| | (기타 구성비, %) | 8.7 | 8.7 | 9.7 | 10,6 |

(출처 : 환경부, 2017)

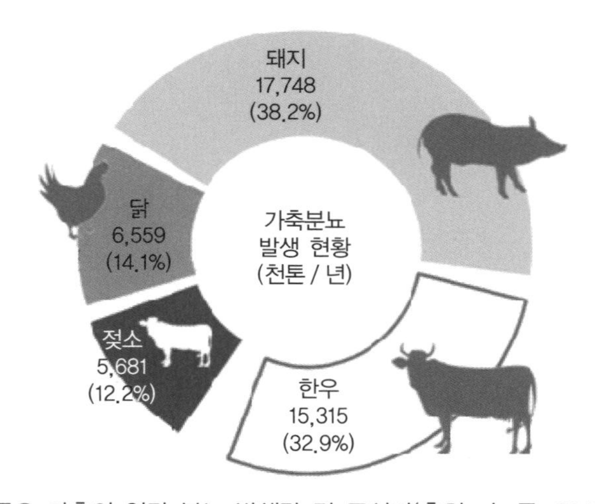


그림 16.4 주요 가축의 연간 분뇨 발생량 및 구성비(출처 : 송 등, 2016; 유, 2013)

이러한 가축분뇨가 적절하게 처리되지 않거나 부적절한 관리로 인해 수계로 유입될 경우 비료와 마찬가지로 영양소에 의한 수계의 오염현상이 심각하게 발생될 수 있다. 가축분뇨의 발생량은 전체 하·폐수에 비하면 1% 미만이지만 함유되어 있는 질소와 인의 농도가 높아서 하천에 미치는 오염 부하량은 37%에 해당되는 것으로 추정되고 있다.

가축분뇨는 질소나 인산과 같은 비료성분이 높을 뿐 아니라 유기물 함량이 많으므로 국가적 차원에서 분뇨에 의한 오염 방지뿐 아니라 이들을 자원화하는 방안을 추구하고 있다. 2012년 이후 가축분뇨의 해양투기가 금지되면서부터 자원화에 관한 정책과 연구가 추진되고 있다. 표 16.6과 표 16.7은 가축분뇨의 발생과 처리현황에 관한 자료를 보여주고 있다.

발생되는 분뇨 중 2012년 기준 약89%가 퇴비와 액비로 재활용되고 있고, 약 9% 정도가 정화시킨 후 방류하고 있다(표 16.7). 약 2%에 해당되는 분뇨가 자연적으로 증발되어 소실되는 것으로 추산하고 있다. 기타 방법으로는 고형연료화 또는 혐기소화 공정에 의해 메탄가스와 같은 바이오가스를 생산하는 방법 등이 적용되고 있으나 비용과 기술 등의 문제에 따라 널리 확산, 보급되지는 못하고 있다.

그러나 가축분뇨는 가축의 종류별로 성상이 다양할 수 있기 때문에 자원화에 많은 어려움이 따른다. 총 발생량의 38%를 차지하는 돼지 분뇨의 경우 수분함량이 높고, 슬러리 상태이므로 저장의 어려움과 악취문제, 그리고 자원화에 필요한 다양한 부산물이 필요하게 된다. 소, 닭 등의 경우는 고형 배설물이 대부분을 차지하고 있다.

표 16.7 가축분뇨의 발생과 처리현황

| | 연간발생량* (×천 톤) | 자원화 | | 정화방류 | | 해양배출 | 기타 (증발 등) |
|---|---|---|---|---|---|---|---|
| | | 퇴비 | 액비 | 개별농가 | 공공처리장 | | |
| 2009 | 43,534 | 34,742 | 2,654 | 1,199 | 2,973 | 1,171 | 964 |
| 비율 | 100 | 79.5 | 6.1 | 2.7 | 6.8 | 2.7 | 2.2 |
| 2010 | 46,534 | 37,220 | 3,006 | 1,427 | 2,727 | 1,070 | 1,024 |
| 비율 | 100 | 80.0 | 6.6 | 3.1 | 5.9 | 2.3 | 2.2 |
| 2011 | 42,685 | 34,393 | 3,003 | 1,527 | 2,057 | 767 | 938 |
| 비율 | 100 | 80.6 | 7.0 | 3.6 | 4.8 | 1.8 | 2.2 |
| 2012 | 46,489 | 37,656 | 3,580 | 1,999 | 2,211 | – | 1,043 |
| 비율 | 100 | 81.0 | 7.7 | 4.3 | 4.8 | 0 | 2.2 |

* 총발생량 : 오리, 말 등 기차 가축분뇨 발생량(1,680천 톤, 3.9%) 포함. 표 16.4에서 제시한 원단위를 기초로 산출함

(출처 : 농림축산식품부, 2013)

## 16.7 농업과 온실가스

농업은 작물과 가축을 생산하는 과정이고 다양하고 많은 농자재와 에너지를 사용하기 때문에 온실가스를 배출하게 된다. 농업활동을 통해 배출되는 주된 온실가스로는 이산화탄소($CO_2$),

메탄($CH_4$), 아산화질소($N_2O$)이다.

2015년 우리나라 온실가스 총배출량은 690.2백만 톤 $CO_2$-eq.로 전년대비 약 1백만 톤(0.2%) 증가했다(그림 16.5). 우리나라는 2030년까지 온실가스 총배출량의 37%를 절감하는 목표를 세우고 있다.($CO_2$-eq.; 이산화탄소 등가 : 생명환경토픽 19.6 참조)

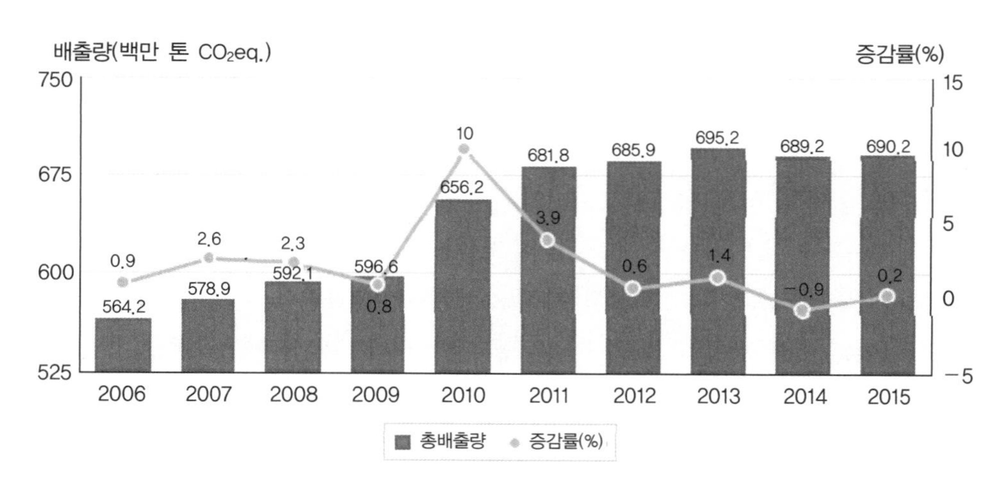


그림 16.5 우리나라 온실가스 총배출량 및 증감률(출처 : 온실가스종합정보센터, 2017)

온실가스 총배출량 중 분야별 비중을 보면 2015년 에너지 분야 87.1%, 산업공정 분야 7.6%, 농업 분야 2.9%, 폐기물 분야 2.4% 순이다(표 16.8). 우리나라의 경우 농업에서 배출되는 온실가스는 세계 수준인 10~14%에 배해 매우 낮은 편이다.

표 16.8 우리나라 온실가스 총배출량 및 부문별 배출량 변화

(단위 : 백만 톤 $CO_2$eq.)

| | | 2007 | 2009 | 2011 | 2013 | 2015 | 비율* |
|---|---|---|---|---|---|---|---|
| 총배출량 | | 578.9 | 596.6 | 681.8 | 695.2 | 690.2 | |
| 순 배출량 | | 521.1 | 542.0 | 633.3 | 652.5 | 645.8 | |
| 부문별 | 에너지 | 491.8 | 512.2 | 593.4 | 605.1 | 601.0 | 87.1 |
| | 산업공정 | 50.3 | 47.2 | 51.7 | 52.8 | 52.2 | 7.6 |
| | 농업 | 21.2 | 21.7 | 21.2 | 21.4 | 20.6 | **2.9** |
| | LULUCF** | -57.9 | -54.5 | -48.5 | -42.7 | -44.4 | (-6.4) |
| | 폐기물 | 15.7 | 15.4 | 15.5 | 15.9 | 16.4 | 2.4 |
| 총배출량 증감률(%) | | 2.6 | 0.8 | 3.9 | 1.4 | 0.2 | |

* 비율 : 2015년 총배출량 대비 부문별 배출량 백분율(%)

** LULUCF : Land Use, Land Use Change and Forestry : 토지이용, 토지이용변화 및 산림에 의한 온실가스 배출 또는 흡수를 나타내는 지표로서 (−)값은 온실가스 순흡수량을 의미

(출처 : 온실가스종합정보센터, 2017)

온실가스별 배출 비중(2014년 기준)을 보면 총배출량 대비 $CO_2$가 91.1%로 가장 높으며, $CH_4$ 3.9%, $N_2O$ 2.2%, $SF_6$ 1.4%, HFCs 1.2%, PFCs 0.4% 순이다(표 16.9). 농업 분야에서 주로 배출되는 온실가스인 메탄과 아산화질소가 차지하는 비율은 낮은 편이고 2000년 대비 그 비중은 낮아지는 편이다.

표 16.9 온실가스별 배출량 및 증감률

(단위 : 백만 톤 $CO_2$eq.)

| 온실가스 | | 1990 | 1995 | 2000 | 2002 | 2010 | 2011 | 2012 | 2013 | 2014 | 증감률(%) | |
|---|---|---|---|---|---|---|---|---|---|---|---|---|
| | | | | | | | | | | | 1990년 대비 | 2013년 대비 |
| $CO_2$ | 배출량 | 252.3 | 385.2 | 441.6 | 494.4 | 593.8 | 623.5 | 626.5 | 635.5 | 628.8 | 149.2 | -1.1 |
| | 비중(%) | 86.1 | 88.1 | 88.2 | 88.5 | 90.4 | 91.3 | 91.2 | 91.2 | 91.1 | | |
| $CH_4$ | 배출량 | 30.7 | 29.0 | 27.9 | 27.3 | 27.3 | 27.1 | 27.1 | 27.1 | 26.6 | -13.4 | -1.8 |
| | 비중(%) | 10.5 | 6.6 | 5.6 | 4.9 | 4.2 | 4.0 | 4.0 | 3.9 | 3.9 | | |
| $N_2O$ | 배출량 | 8.9 | 14.2 | 17.6 | 21.9 | 13.3 | 13.3 | 14.8 | 15.0 | 14.9 | 66.7 | -0.8 |
| | 비중(%) | 3.0 | 3.3 | 3.5 | 3.9 | 2.0 | 2.0 | 2.2 | 2.2 | 2.2 | | |
| $HFC_S$ | 배출량 | 1.0 | 5.1 | 8.4 | 6.7 | 8.1 | 7.9 | 8.7 | 8.1 | 8.5 | 768.7 | 5.5 |
| | 비중(%) | 0.3 | 1.2 | 1.7 | 1.2 | 1.2 | 1.2 | 1.3 | 1.2 | 1.2 | | |
| $PFC_S$ | 배출량 | – | 0.1 | 2.2 | 2.8 | 2.3 | 2.1 | 2.3 | 2.3 | 2.4 | 879,212.6 | 4.6 |
| | 비중(%) | – | 0.0 | 0.4 | 0.5 | 0.3 | 0.3 | 0.3 | 0.3 | 0.4 | | |
| $SF_6$ | 배출량 | 0.2 | 3.5 | 2.9 | 5.4 | 11.8 | 8.7 | 7.8 | 8.5 | 9.4 | 5287.9 | 10.3 |
| | 비중(%) | 0.1 | 0.8 | 0.6 | 1.0 | 1.8 | 1.3 | 1.1 | 1.2 | 1.4 | | |
| 총배출량 (LULUCF 제외) | | 293.1 | 437.1 | 500.6 | 558.5 | 656.6 | 682.6 | 687.1 | 696.5 | 690.6 | 135.6 | -0.8 |

HFC : Hydrogen Fluoride Carbon; PFC : Perfluorinated compounds; $SF_6$ : Sulfur hexafluroide
(출처 : 온실가스종합정보센터. 2016)

농업부문의 온실가스 배출량은 지구 전체 온실가스 배출양의 10~14%를 차지하고 연간 배출되는 총 발생량은 약 79억 톤에 해당된다(김, 2010). 저개발국가일수록 농업부문에서 배출되는 온실가스가 차지하는 비율이 높다.

농경지에서 유기물이 분해되거나 생물체의 호흡으로 인해 많은 양의 이산화탄소가 대기로 배출될 수 있다. 그러나 농업에서는 식물이 이산화탄소를 흡수하여 광합성 작용을 통해 이를 유기물로 전환하고 이 유기물을 토양에 저장한다. 이러한 자연 순환적인 과정들이 반복된다. 따라서 농업에서는 분해와 호흡에 의해 배출되는 이산화탄소와 광합성에 의해 흡수, 고정되는 이산화탄소의 양이 균형을 이루게 된다. 그래서 농업 부문에서는 온실가스 배출량 산정 시, 다른 산업부문과 달리, 이산화탄소의 배출량은 산출하지 않고, 메탄과 아산화질소의 배출량을 산출하게 된다(김, 2010; 정 등, 2015; 정과 김, 2015).

지구상의 농업부분에서 배출되는 메탄과 아산화질소는 각각 33억 톤과 28억 톤에 상응하며 이 중 농업부문에서 발생되는 비율은 메탄의 경우 약 40%, 아산화질소의 경우 약 60%에 해당된다(김, 2010). 발생량 중 농업에서 배출되는 메탄과 아산화질소는 논이나 습지와 같이 담수된 환경에서 초래되는 환원조건이나 가축 장내 발효, 가축분뇨 처리 등에서 발생되므로 이에 관한 저감 대책에 관한 기술개발이 활발하게 진행되고 있다.

표 16.10은 우리나라에서 농업부문에서 발생되는 온실가스를 배출원별로 구분하여 보여주고 있다. 총배출량을 이산화탄소로 환산할 경우 약 2천백만 톤이고 이 중 경종분야가 57%, 축산분야가 43%를 차지하고 있다. 총배출량 중 메탄 발생량이 약 60%, 아산화질소 배출량이 약 40%를 차지하고 있다. 경종분야의 경우 벼 재배와 농경지 토양에서 배출되고 있고, 축산분야의 경우 분뇨처리와 가축의 장내발효가 주로 발생원이 되고 있다. 이는 비료 사용이나 가축 사육두수의 증가 등에 기인되고 있다.

표 16.10 농업부문 배출원별 온실가스 배출량

| 구분 | 농업 분야 | 경종분야 | | | | 축산분야 | | |
|---|---|---|---|---|---|---|---|---|
| | | 벼 재배 | 농경지 | 소각 | 소계 | 장내 발효 | 분뇨 처리 | 소계 |
| 온실가스 발생량 | 2,126만 톤(100%) | 610(28.7) | 586(27.6) | 8(0.4) | 1,204(56.7) | 406(19.1) | 516(24.2) | 922(43.3) |

(출처 : 김, 2010; 온실가스종합정보센터, 2017)

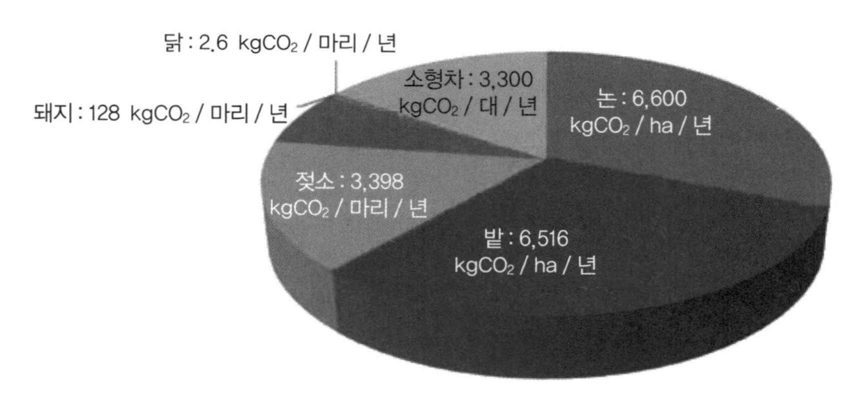


그림 16.6 우리나라 농업부문 온실가스 배출원단위(출처 : 김, 2010)

그림 16.6은 농업부문에서 배출되는 온실가스의 원단위를 보여주고 있다. 논에서 배출되는 원단위(kg $CO_2$/ha/year)는 6,600으로 밭의 6,516 값과 비슷한 수준이다. 이는 소형차 1대가 연간

배출되는 값보다 약 2배가 높은 편이다. 가축의 경우 젖소>한우>돼지>닭 순이다. 배출량이 많은 배출원을 관리하는 방안이 중요하다.

전 세계적으로 온실가스 저감에 많은 노력을 기울이고 있다. 우리나라의 경우 농업분야에서 배출되는 총 온실가스는 약 3% 미만이지만 농업에서는 타 산업에 비해 저렴한 비용이 소요되는 관리기술을 개발하여 온실가스의 저감효과를 높일 수 있다. 기존의 영농관리 방법을 바꾸거나 온실가스를 저감할 수 있는 기술을 개발하는 데 많은 노력을 기울이고 있다.

그림 16.7은 논에서 관리방법을 전환할 경우 보여줄 수 있는 감축 잠재량을 보여주고 있다. 물관리, 볏짚관리, 배수관리, 경운관리 등을 통해서도 상당한 수준의 온실가스 배출을 저감할 수 있다.

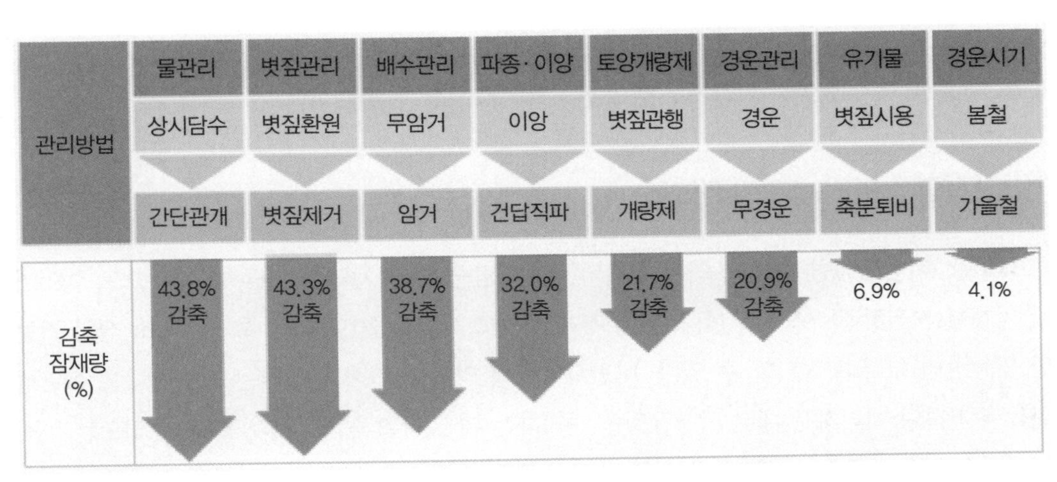


그림 16.7 벼 재배 시 관리 방법의 전환에 따른 온실가스 배출 저감효과(출처 : 미래환경, 2010)

농경지에서 영농관리 방법의 전환에 따른 온실가스의 배출 저감은 비용이 매우 저렴하면서 그 효과는 매우 높은 편이다. 우리나라에서도 온실가스 저감을 유도할 수 있는 영농방법에 관한 지침서를 농민에게 보급하고 있다. 농민의 입장에서는 영농관리 방법의 전환에 따른 수확량 감소와 소득의 감소를 우려하고 있는 실정이어서 보급의 확산에 어려움이 있는 실정이다. 이에 온실가스 저감 기술을 적용하는 농민에게 인센티브 지급 등의 정책 이행이 필요하다.

국가적 차원에서 2030년까지 온실가스 배출전망치의 37%(8억5천만 톤)를 줄이려고 계획하고 있다. 농업분야의 감축 목표는 약 8%로서 이는 약 250만 톤에 해당된다. 이를 위해 다양한 정책을 제시하고 있는 실정이다. 벼 재배기술, 장내 발효 개선, 가축분뇨 에너지화 및 공동자원화, 신재생에너지 이용 및 에너지 절감시설 보급 확대, 저탄소 농업기술 개발, 배출권거래시장의 활성화 등이다.

궁극적으로 국가 온실가스 목표 달성에 기여하고 저탄소농업기술 보급 활성화를 통해 화석연료를 줄이고 적용기술에 의한 영농비용도 절감할 수 있다. 이러한 개념을 농업에 적용하여 온실가스의 배출을 줄이고 농가도 이에 따른 이득을 창출하려고 노력하고 있다.

## 16.8 최적영농관리체계(Best Management Practices : BMP)

비료나 가축분뇨 및 토사유실에 의해 초래되는 영양소에 의한 오염을 방지하기 위한 관리방안들을 최적영농관리방안(Best Management Practices : BMP)이라 부른다. 최적관리방안의 목표는 농업과 환경을 조화시켜 지속적 생산성을 유지하고 환경보전을 꾀함과 동시에 안전한 농산물을 생산한다는 것으로 친환경농업 또는 지속적 농업의 목표이다.

### 가. 최적영농관리체계의 정의

BMP란 '비점오염원(NPS)에 의해 초래되는 오염량을 수질목표에 상응하는 수준으로 줄이거나 억제하는 권장된 수단으로서 기술적, 경제적, 행정적으로 볼 때 가장 효율적으로 실현 가능한 영농방법'이라고 정의할 수 있다. 비점오염원의 억제를 위해 사용되는 접근방법은 오염물질을 수거하여 처리하는 대신 발생급원을 관리하는 데 있다고 볼 수 있다. BMP의 의도는 비점오염원(Non-Point Source : NPS)에 의한 오염문제를 경감하고 수질목표 달성을 도와주는 수단이라고 할 수 있다.

BMP는 영농방법과 보전방법을 모두 포함하고 있다. BMP를 작부체계에 도입하는 것은 친환경농업에서 추구하는 기술적, 경제적, 환경적 성공도에 가장 중요한 일이다. BMP는 지역특성에 따라 다르다(site-specific). 한 지역에서 시행할 수 있는 BMP가 다른 지역에서도 반드시 같을 수는 없다. BMP는 지역, 작물의 종류, 기후 등에 따라 달라진다. 최적영농관리방안(BMP)은 연구에 의해 개발된 체계이어야 하며, 농민에 의해 이행되어 최적의 화학농자재의 투입효과, 수량과 환경보전의 목표가 달성될 수 있는지 검증되어야 한다.

### 나. BMP 이행의 기본 요소(양 등, 2008)

- 영양소 관리 : 비료권장량에 따라 적절한 종류의 비료를 적기에 적절한 방법으로 사용

- 지표 피복 식물 : 비영농기에 토양을 나지로 방치하지 않고 지표 피복식물을 도입할 경우 토양유실을 방지할 뿐 아니라 영양소의 유출을 방지
- 식물완충대 설치 : 농경지 특히 수계와 접하고 있는 수변구역의 농경지에서 나무나 초본류를 설치하여 영양소와 토사의 수계유입 방지
- 보전경운 : 농경지를 경운할 때 등고선경운과 최소 경운 등의 보전경운을 실시하여 유기물을 보전하고, 토양다짐을 방지하고, 유거수를 감소시켜 토양유실을 방지
- 가축분뇨의 적절한 관리 : 발생되는 가축분뇨와 관련된 폐기물의 자원화 및 적절한 관리방안을 통해 분뇨에 함유된 영양소 성분의 수계 유입을 방지
- 농경지로부터의 배수 관리 : 농경지롤 통해 배수되는 물을 최소화하여 영양소의 수계유입을 감소
- 유역단위의 노력 : 개별 농경지에서 유출되는 농경지를 관리함은 물론 유역 단위에서의 유출을 방지하기 위하여 기관이나 이해당사자들의 협력을 통한 종합적인 노력 필요

## 다. 최적영농관리체계의 구성

BMP에 의한 오염원 억제수단은 관리(Management), 식물(Vegetative) 피복, 구조적(Structural) 방법으로 구분할 수 있다(표 16.11).

관리방법에 의한 억제는 화학자재의 형태, 시용시기, 시용률, 시용방법, 경운방법 등을 포함한다. 식물피복 방법은 토양의 표면에 식물을 재배하거나 잔유물질(residue)을 사용하여 토양유실을 방지하고, 토양을 제 위치에 고정시키고, 유거수의 속도를 감소시키고, 토양의 수분보유력을 증가시키고, 침투수의 비율과 양을 증가시키는 것으로 오염원의 억제수단으로 중요한 역할을 한다. 이는 작부체계와도 밀접한 관련이 있다. 구조적 방법은 시설물을 설치하거나 공사를 통해 포장을 변경시켜 오염원의 발생을 억제하는 수단으로 자본의 투자가 요구되나 비교적 영구적인 억제 방법으로 간주된다.

이들 방안의 궁극적인 목표는 토양과 수질을 보전하는 것으로, 이를 통해 토양침식을 감소하고, 토양유거수를 억제하여 비점오염원의 발생을 줄이는 것이다. 이러한 BMP는 해당 지역의 특이성을 감안하고 선정되어야 한다.

표 16.11 경작지에서 비점오염원 억제를 위한 관리적, 식물적, 구조적 BMP

| 분류 | BMP의 기술적 체계 |
|---|---|
| 관리적 억제 | • 과도한 화학물질(비료나 농약) 투입율의 감소<br>• 손실방지를 위해 분뇨, 비료, 농약의 최적 투입 시기 결정<br>• 수질에 미치는 영향을 최소화할 수 있는 대체 농약의 사용<br>• 농약 사용을 줄일 수 있도록 병충해에 강한 작물 선택<br>• 방법을 조절할 수 있는 체계적인 잡초 방제법 선택<br>• 경운의 감소 또는 무경운<br>• 등고선 재배 등 |
| 식물에 의한 억제 | • 토양 구조 개선과 runoff를 감소시킬 수 있는 작물의 윤작<br>• 나지 기간을 최소화하기 위해 겨울에는 대체작물로 토지를 덮음<br>• 등고선 재배<br>• 토양의 보호와 안정화를 위해 작물로 항상 피복<br>• runoff와 토사 손실 감소를 위해 경작지와 하천 경계에 완충지역 설치 등 |
| 구조적 억제 | • 침식에 의한 손실을 감소시킬 수 계단식 경지 설치<br>• 우회 배출로<br>• 침식을 감소시키기 위해 초지 수로 설치<br>• 토사와 토사에 흡착된 오염물질을 가둬 놀 수 있는 연못의 설치 등 |

(출처 : 양 등, 2008)

## 단원 리뷰

1. 농업활동에 따라 환경오염을 초래하는 물질들의 종류를 나열해보시오.
2. 질소와 인산이 수질오염에 초래하는 영향을 설명해보시오.
3. 질산이온이 환경과 인체건강에 미치는 영향을 설명해보시오.
4. 우리나라는 비료와 농약을 많이 사용하는 국가에 해당되는가?
5. 질소와 인산에 의한 조류의 생육에 미치는 영향에 관하여 설명하시오.
6. 기후변화가 조류 성정에 미치는 영향을 설명해보시오.
7. 가축분뇨의 특징을 설명하고 이것이 수질오염과의 관련성을 설명하시오.
8. 농업에서 배출되는 온실가스의 종류와 주된 배출원은 무엇이며 이의 배출을 저감하는 방안은 무엇인가?
9. 최적영농관리방안이란 무엇인가?

## 참고문헌


국가 지표체계, 농업면적조사(통계청), 농업생산기반정비사업통계연보(한국농어촌공사), 2017. (http://www.index.go.kr/potal)

김건엽, 농업부문 국가온실가스 배출량, 월간퓨처에코, 2010.

김계훈 외, 토양학. 향문사, 2006.

김수정 외, 토양학, 교보문고, 2011.

김창한, 국립축산과학원, 고창증의 원인과 치료방법은? 축종별 100문100답－한우, 2017. (http://www.nias.go.kr/front/)

농림축산식품부 농기자재정책팀, 우리나라 비료 및 농약사용량. 한국비료협회, 한국작물보호협회, 2017. (http://www.index.go.kr/potal/main/EachDtlPageDetail.do?idx_cd＝2422)

농림축산식품부, 중장기 가축분뇨 자원화 대책, 2013.

농촌진흥청 국립농업과학원, 농업환경변동조사사업 보고서, 1999～2016.

농촌진흥청 국립축산과학원, 축산실용기술모음, 33, 축종별 가축 배출원 단위 및 오염물질 특성 자료활용, 2016. http://www.nias.go.kr/

미래환경, 농경지 물관리만 잘하면 온실가스 감축 OK! 2010. 3월 2일 자.

송철우, 김남찬, 류재근, 가축분뇨 공공처리시설의 현황과 전망, 첨단환경기술 2016년 3월호.

양재의, 정종배, 김장억, 이규승, 농업환경학, 도서출판 씨아이알, 2008.

온실가스종합정보센터, 국가 온실가스 인벤토리 보고서, 2016.

온실가스종합정보센터, 국가온실가스 인벤토리 보고서, 2017. http://www.index.go.kr/potal/main/EachDtlPageDetail.do?idx_cd=1464

유용희, 가축분뇨 처리현황과 개선방안. 농촌진흥청 국립축산과학원, 월간사료, 2013.

정학균, 김창길, 농업부문 온실가스 감축목표와 대응전략, KREI 농정포커스 제115호 : 1-15, 2015.

정현철, 이종식, 최은정, 김건엽, 서상욱, 정학균, 김창길, 2020년 이후 농업부문 온실가스 배출량 전망과 감축잠재량 분석, 한국기후변화학회지 6:233-241, 2015.

최선화, 축산분뇨 처리현황과 효율적 관리방안, 한국관개배수 14(1) : 110-120, 2006.

환경부, 가축분뇨 처리 통계 : 가축분뇨 발생량 및 처리현황, 2017. http://www.index.go.kr/potal/main/EachDtlPageDetail.do?idx_cd=1475

환경부, 가축분뇨공공처리시설 설치 및 운영·운영관리 지침, 2016.

OECD (2015), OECD Environmental Performance Reviews : The Netherlands 2015, OECD Publishing, Paris. http://dx.doi.org/10.1787/9789264240056-en

Pierzynski, G.M., J.T. Sims and G.E. Vance. 2005. Soils and environmental quality. 3rd edition, CRC Press.

CHAPTER 17

# 식량안보

양재의

## 17.1 식량안보의 정의

식량안보란 용어는 1996년 11월 유엔식량농업기구(UN Food and Agriculture Organization)에서 개최된 '세계식량정상회담'(World Food Summit)에서 처음 언급되었다. 식량안보란 모든 사람들이 언제든지 활동적이고 건강한 삶을 위하여 요구되는 영양적인 수요와 식품의 기호도를 충족시키기 위하여 충분하고, 안전하고, 그리고 영양이 풍부한 식량을 물리적으로 경제적으로 언제든지 확보 가능할 때 존재한다. 즉, 충분한 식량이 있고, 이를 언제든지 얻을 수 있고, 이를 건강을 위해 이용할 수 있을 때 식량안보는 확보된 것으로 표현할 수 있다.

## 17.2 식량안보의 핵심 영역

식량안보에는 4가지 핵심 영역이 존재한다(표 17.1). 이러한 식량안보의 4가지 영역(차원)이 충족될 때 동시에 식량안보 목표도 달성될 수 있는 것이다.

표 17.1 식량안보의 4가지 핵심 영역

| 식량안보의 영역(차원) | 의미 |
|---|---|
| 1. 식량의 가용성 (availability) | 식량안보의 공급측면을 설명하는 것으로 식량생산, 저장 및 순(net) 교역 수준에 의해 결정 |
| 2. 식량의 접근성 (accessibility) | 인간은 구매, 생산, 교환, 임차 또는 지원 등에 의하여 충분한 양의 식량을 주기적으로 확보할 수 있어야 함. 국가적, 국제적 차원에서의 식량의 적절한 공급은 가계수준에서의 식량안보를 보장하지 못하는 경우가 있음 |
| 3. 식량의 이용 (Utilization) | 식량이용은 신체가 식량에 있는 다양한 영양소의 대부분을 이용하는 것에 해당. 개인별로 충분한 에너지와 영양소를 섭취하는 것은 훌륭한 식습관, 조리, 음식의 다양성, 가계 내 식품의 공급 등에 기인함. 섭취한 음식의 생물학적 이용과 더불어 식량이용은 개개인의 영양 상태를 결정하는 영역임 |
| 4. 시간 경과에 따른 위 3가지 영역의 안정성 (Stability) | 어느 개인의 음식섭취가 오늘은 적절했다 하더라도 주기적으로 식품을 적절하게 확보하지 못하여 영양상태에 위해를 초래할 수 있는 지경이라면 불완전한 식량안보 상태라고 할 수 있음. 불리한 기상조건, 정치적 불안정, 경제적 요인(실업과 식품가격 상승요인) 등은 식량안보 상태에 영향을 미치게 됨 |

(출처 : 위키백과, Food Security; UN FAO, 2002, 2003, 2017)

## 17.3 식량안보 위협요인

식량안보의 핵심 영역 차원에서 식량안보를 위협하는 요인들을 살펴보면 다음 표 17.2와 같다.

표 17.2 식량안보 위협사례

| 식량안보 핵심 영역 | 정치적 요인 | 기술적 요인 | 인구/경제적 요인 | 환경적 요인 |
|---|---|---|---|---|
| 식량가용성 | 전쟁, 수출제한, 수출금지, 무역 붕괴 | 부적절한 관행영농 | 인구증가, 수요증가, 가격상승, 외환부족 | 홍수, 가뭄, 기후변화, 식물 병, 가축질병 |
| 식량접근성 | 내란, 정부 제한 | 수송부족 | 경기부진, 실업, 식량가격 상승 | 극심한 이상 날씨 |
| 식량이용성 | 규제적 실패 | 오염 | 공급체인의 장기화 | 병해충과 질병 |

(출처 : DEFRA, 2010; 송, 2014; UN FAO 2017; UN WFP, 2018)

식량안보의 미확보에는 장기적 미확보 및 일시적 미확보가 있다. 장기적 미확보는 인간이 상당한 기간 동안 최소한의 식량요구량을 충족시키지 못하는 것으로 장기간의 가난, 재산 부족, 부적절한 경제적 자원 상태 등에 기인된다. 반면에 일시적 미확보는 좋은 영양상태를 유지하기 위해 필요로 하는 충분한 식량을 일시적으로 생산하지 못하거나 접근할 수 없을 때 나타나는 것으로 이는 식량생산, 식량 가격 및 가계 수입 등에 의존하게 된다.

식량안보가 중요시되는 배경은 식량 부족과 낮은 자급률, 이로 인해 지속적으로 만연된 영양 결핍, 영양소 불균형 및 농업생산성이 향후 증가되는 지구의 인구에게 식량을 공급해줄 수 있는가에 대한 우려 때문이다.

## 17.4 우리나라 식량자급률

식량자급률이란 국가에서 소비하는 전체 식량 중에서 자국에서 생산한 식량이 차지하는 비율을 의미한다. 자급률은 식량자급률과 곡물자급률을 분리하여 산출한다. 그림 17.1은 우리나라의 식량 및 곡물자급률에 관한 자료를 보여주고 있다.

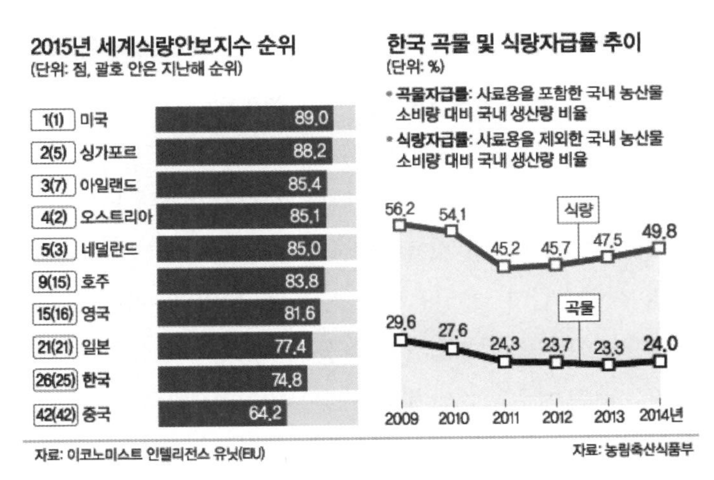


그림 17.1 우리나라 곡물 및 식량자급률(%) 변화(출처 : 세계일보 2015. 7. 3. 보도자료)

우리나라의 식량안보 지수는 74.8점으로 국제적으로 2015년에 26위이다. 우리나라의 식량자급률이 1970년대에는 80% 정도로 매우 높은 편이었으나 2014년에는 50% 정도로 낮아졌다(그림 17.1). 이의 원인은 식량생산이 줄었거나, 국민들의 식생활이 변화되었거나, 아울러 경제개방과 맞물려 수입해야 하는 농산물의 양이 증가한 데 기인된다.

우리나라의 곡물자급률은 2014년 24%에 불과한 실정이다. 이는 국민들의 식생활 패턴의 변화에 따라 육류의 소비가 늘어나므로 이에 따라 가축생산이 늘어났기 때문이다. 가축 사료에 사용되는 옥수수, 콩, 밀 등의 곡물이 국내 생산량이 매우 낮은 반면 대부분 수입에 의존해야 하기 때문이다. 식량자급률을 높이기 위해 사료로 사용되는 곡물을 제외하는 것은 의미가 없다. 일반적으로 우리나라의 식량자급률을 언급할 때 곡물자급률로 표기하여 25% 수준이라고 하는 경우가 많다. 곡물 자급률을 고려할 때 한국의 식량안보 수준은 G20(주요 20개국)에서 유럽연합(EU)을 제외한 19개국 중 하위권인 16위였다(그림 17.2).

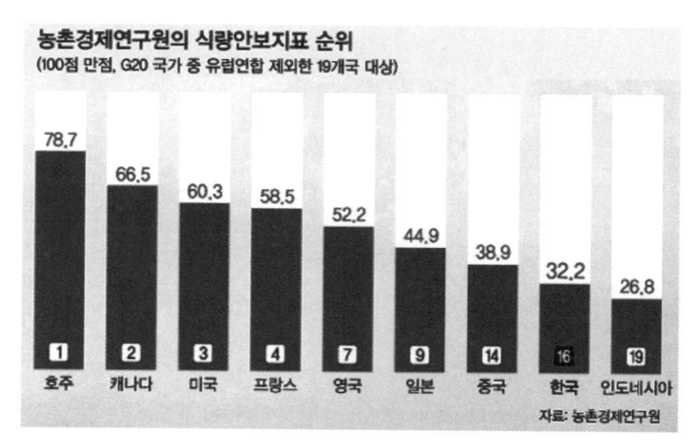


그림 17.2 식량안보 지표의 국가별 순위(출처 : 세계일보. 2014; 김과 김, 2013)

우리나라의 식량자급률은 일반적으로 매우 낮다. 식량자급률이 낮다는 것은 국민이 먹을 것이 없어서 굶주림을 겪어야 한다는 것을 의미하지는 않는다. 국민들의 식생활 패턴이 달라지고 이로 인해 특정 식량수급이 늘거나 또는 줄어들 수 있다. 이런 것들은 국가 통계에서 산출되지 않는다. 북한의 경우 식량자급률은 높을 수 있으나 식량은 매우 부족한 실정이다.

우리나라의 식량자급률은 매우 낮지만 쌀의 경우는 자급이 될 수 있다. 요즈음 뉴스에 쌀이 남아서 창고에 쌓여 있다는 기사들이 자주 보도되고 있다. 우리나라에서 쌀은 매우 중요한 주곡이고 쌀 문화 국가로 표현할 정도로 쌀을 중요시해왔다. 벼 품종의 획기적 개발과 세계적 수준의 재배기술로 인해 쌀은 자급할 수 있게 되었다. 80년대 이후 국민들의 식생활이 서구화되면서 쌀 생산량에 비해 쌀 소비량이 현저하게 줄고 있는 실정이다.

국가의 식량자급률을 높이는 것은 식량안보 차원에서 매우 중요한 일이다. 이는 국가의 정책이 수립되어야 하고 이에 따른 예산과 기반 구축이 마련되어야 가능한 일이다. 여기에 국제동향, 식량 수출입 문제, 생산 및 소비 문제, 자원 배분 등에 관한 종합적인 검토가 우선되어야 할 것이다. 흔히 식량자급률을 1% 올리는 데 1조 이상의 예산이 소요된다고 하니 식량안보를 위해 국가적 차원에서 많은 노력을 해야 할 것이다.

## 17.5 인구와 식량안보

영국의 Malthus는 인구론(1798년)에서 "인구는 기하급수적으로 증가하고, 식량은 산술급수적으로 증가한다."라고 언급한 이후 세계의 인구 이슈를 논할 때 빠지지 않는 명제가 되었다. 이는 인구의 증가 속도가 빠르므로 어느 시점에서는 식량이 부족해진다는 의미로 해석된다. 그러나 산업혁명 이후 자본주의 사회에서는 기술발전 속도가 워낙 빠르게 진행되어 인구나 식량생산이 기하급수적으로 증가되어 인구론의 이론에 대치되는 결과를 초래했다. 어쨓든 인구와 식량과의 관계는 매우 불가분의 관계이다.

유엔의 세계인구 전망보고서(2017)에 의하면 현재 세계 인구는 75억 명이고, 2050년에 가면 인구는 97억 명에 도달할 것으로 예측하고 있다(그림 17.3). 이러한 인구 증가는 미국, 캐나다와 같은 북미 지역과 유럽 지역의 선진국에서는 매우 둔화된 경향을 보여주고 있지만 아시아와 아프리카에서는 매우 가파른 상승세를 보여주고 있다.

우리나라의 인구는 2015년 5천1백만 명으로 2000년에 비해 1.1배 증가하였고, 향후 15년간은 소폭 증가에 그쳐 2030년에는 5천2백만 명으로 정점에 이를 것으로 전망하고 있다. 한편 2060년이 되면 우리나라의 인구는 4천4백만 명으로 감소할 것으로 전망하고 있다(통계청, 2015).

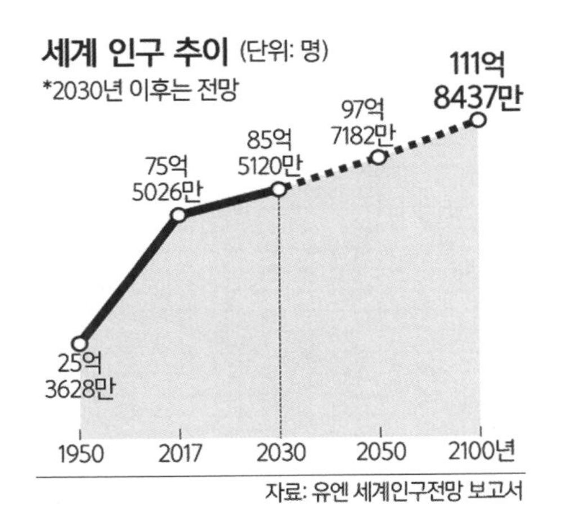


그림 17.3 세계 인구 증가 추이(출처 : 세계일보, 2017)

세계의 인구증가는 식량안보와 밀접하게 연관되어 있다. 즉 인류가 직면하고 있는 가장 큰 도전과제 중의 하나는 이렇게 증가하는 세계 인구를 먹여 살릴 수 있는 충분한 식량을 지속가능하게 생산할 수 있는가이다.

이러한 인구증가는 식량과 자원의 소비를 증가시키고 그에 따른 식량난, 물부족, 자원고갈, 환경오염의 심화를 초래할 수 있다. 식량난을 해결하기 위해서는 농업기술을 획기적으로 발전시켜서 식량안보를 확보하면 될 것이다. 그러나 이 문제는 이와 같이 단순하게 해결될 문제가 아니다.

UN에서 예측한 대로 인구증가가 지속적으로 일어난다면 이는 매년 약 9천만 명의 인구가 증가하는 격이다. 이 경우 현재의 식량이 현재의 인구에게 식량을 지속적으로 제공할 수 있다고 전제하더라도 증가하는 9천만 명에게 제공할 수 있는 식량이 매년 2천8백만 톤이 추가적으로 생산되어야 한다는 것을 의미할 수 있다. 이는 우리나라에서 연간 생산하는 쌀 총량인 약 5백만 톤의 약 6배에 상응하는 것이다(UN FAO, 2017).

세계적으로 농업생산기술의 발전과 비료, 농약을 이용한 집약적 생산으로 1960년 대비 현재는 곡물생산이 약 3배 증가되었다(그림 17.4). 그러나 90년대 이후 인구는 계속적으로 증가되는데 비해 곡물의 수량과 생산량의 증가폭은 둔화되었다. 이로 인해 식량의 비축량이 감소되어 90년대 후반 국제 곡물시장에서 밀, 옥수수 등의 곡물 가격이 2~3배 폭등하는 결과를 초래하게 되었다. 식량안보가 확보되지 못한 국가에서는 식량수급에 많은 어려움을 겪게 되는 결과를 초래하였고 이러한 문제는 미래에도 지속될 것으로 예측하고 있다.

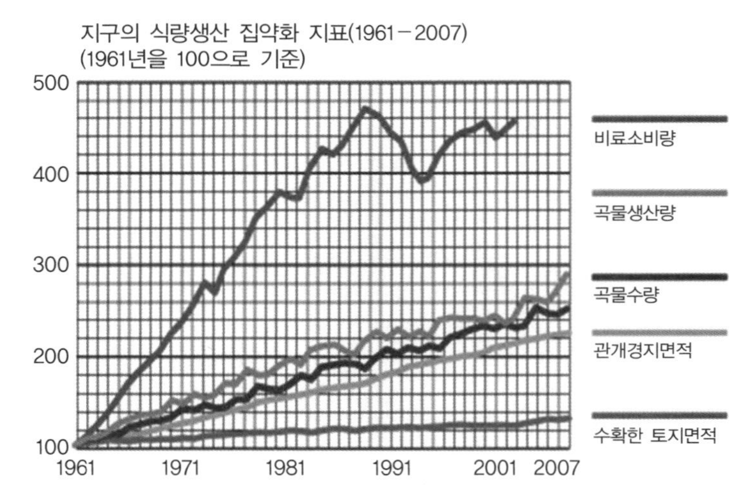


그림 17.4 연도별 비료 소비량, 곡물생산 및 경지 면적 변화(출처 : UN FAO, 2011)

중국과 인도의 인구가 2050년에는 30억 명에 도달할 것으로 예측된다. 이들 국민들의 식생활 패턴이 바뀌어 육류 소비가 늘어날 경우 이들 국가에서 필요로 하는 곡물양은 세계 곡물 교역량(약 1억 톤) 전부를 수입한다 해도 모자랄 것으로 예측하고 있다. 중국과 인도의 두 나라의 식량 소비량이 많아진다면 세계의 식량사정은 매우 어려워질 것이다.

그림 17.4와 그림 17.5에서 볼 수 있듯이 식량을 수확하는 토지의 면적은 거의 정체되고 있고, 식량생산의 증가는 선진국의 경우는 둔화되고, 개발도상국의 경우 생산은 증가되고 있으나 이는 인구증가를 감당할 수 없다. 이는 식량 수급에 있어서 많은 문제를 초래할 수 있다.

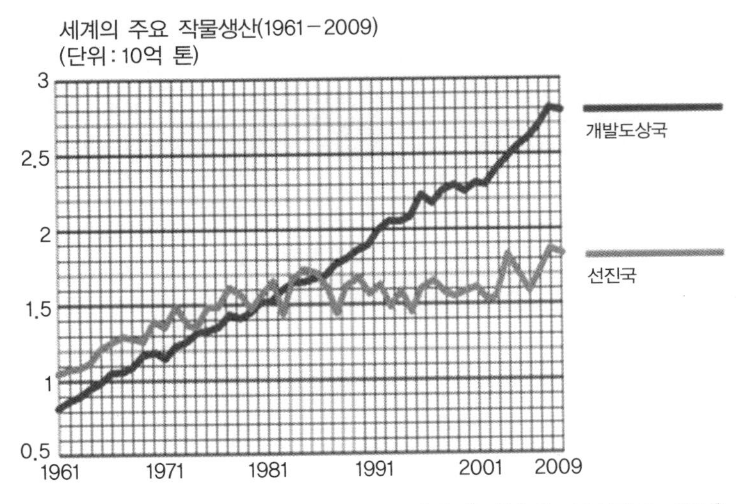


그림 17.5 선진국과 개도국의 식량생산 변화 추이(출처 : UN FAO, 2011)

인구증가에 따른 식량안보를 해결하는 데 더 심각한 문제는 식량생산을 할 수 있는 토지가 부족하다는 것이다. 그림 17.6은 시대별 지구의 토지이용 변화를 보여주고 있다. 현재는 집약적 농업시대이나 식량생산을 늘리기 위해 더 이상 토지를 확보할 수 있는 여지가 없다. 선진국에서는 도시화가 증가되고 있고 아울러 삶의 질 향상을 위해 여가, 보호지역의 설정이 증가되고 있고, 자연생태계의 파괴를 막고자 노력하고 있기 때문이다. 개도국에서 생산면적을 증가시킨다 해도 증가하는 인구의 식량안보를 해결하는 데는 문제가 심각하다.

2050년에는 지구의 인구가 95억 명에 육박할 것이다. 이 경우 증가되는 인구가 필요로 하는 식량의 수요를 충족시켜 주기 위해서는 식량생산이 지금의 생산량에 비해 2배 이상 증가되어야 할 것으로 예측하고 있다(UN FAO, 2011). 이는 인류가 해결해야 할 가장 큰 도전과제이다. 그럼에도 불구하고 이러한 도전과제는 기후변화, 토지제한, 수자원 및 에너지 부족 문제에 의해 방해를 받게 될 것이다.

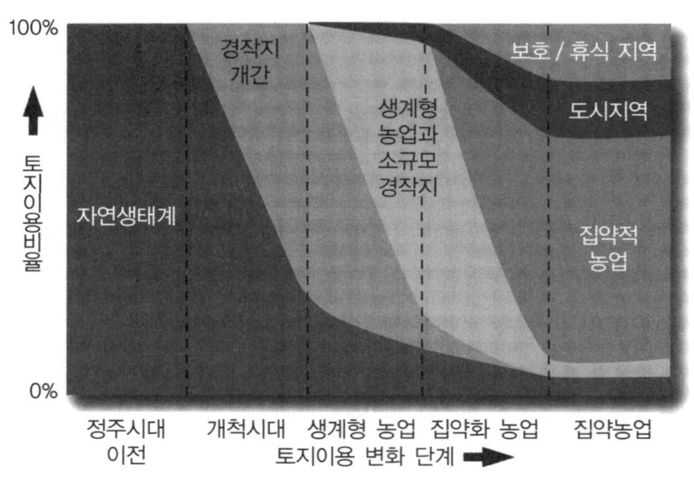


그림 17.6 지구의 토지이용 변화

## 17.6 식량안보와 인체 건강

기근과 기아는 식량안보 미확보에서 초래되는 대표적인 국제적 문제이다. 특히 아프리카와 아시아에서의 문제는 심각하다. 장기적 식량미확보는 기근과 기아에 처할 취약성이 최고조로 높다는 것을 의미한다. 반면에 식량안보가 확보될 경우 이러한 취약성은 없어질 수 있다. 지구의 기아 인구는 지난 10년간 줄어들고 있었으나 유엔의 '2017 세계 식량안보 및 영양 상태' 보고서(UN FAO, 2017)에 따르면, 작년에 만성적인 영양부족 상태에 놓인 사람들은 세계 전체 인구의 약 11%에 해당하는 8억 1천500만 명으로 집계됐다. 이는 전년의 7억 7천700만 명에 비해 약 3천800만 명 증가한 수치다(출처 : UN FAO, 2002, 2003, 2011, 2017).

기아에 시달리는 인구는 아시아가 5억 2천만 명으로 가장 많았고, 아프리카 2억 4천300만 명, 중남미와 카리브해 국가가 4천250만 명으로 뒤를 이었다(UN FAO, 2017). WHO(2018) 자료에 의하면 영양실조는 어린아이 사망에 기여하는 가장 큰 원인으로 보고하고 있다. 매년 6백만 명의 아이들이 기아로 사망하고 있다. 농업 기술 등의 발달 등에 힘입어 지난 10년간 하강 곡선을 그리던 기아 인구가 상승세로 반전한 것은 주로 지구촌에 확산된 분쟁, 기후변화, 가뭄, 홍수, 경기악화, 인구증가 등의 충격에서 비롯된 것이라고 판단된다.

위에서 열거한 세계 식량안보와 세계 인구의 영양 상태를 약화시키는 요인들을 해소하지 못하면 2030년까지 모든 형태의 기아와 영양실조를 종식한다는 유엔의 지속 가능한 개발 목표를 달성할 수 없을 것으로 예측된다.

2008년과 2009년 세계 식량 및 경제 위기로 인해 식량 가격은 최고수준을 기록했고, 그 결과 많은 국가에서 식량문제로 인한 다양한 형태의 폭등이 발생되었다. 아직도 10억 명의 인구가 불안정한 식량안보에 처해있다. 유엔 식량농업기구(UN FAO, 2017)는 8억 6,800만 명이 매일 배가 고픈 채로 잠이 들고, 어린이 4명 중 1명(1억 6,500만 명)은 성장을 저해당하고 있으며, 1억 명은 표준 체중 이하라고 추정했다. 식량안보가 보장되지 못한 곳에서 수많은 사람들이 사망하고 있고, 아울러 영양 결핍이나 영양소 불균형으로 인해 성장 지연이나 만성적 영양과 관련된 질병으로 고통을 당하고 있다.

영양소 중에서 철, 요오드, 비타민 A 등과 같은 미량원소 결핍은 세계적으로 심각한 건강문제를 초래한다(위키백과, 2018). 유엔 자료에 의하면 2012년에 요오드 결핍과 철 결핍과 같은 미량원소 결핍이나 기아로 인해 3천6만 명이 사망한 것으로 보고하고 있다. FAO 자료에 의하면 20억 명의 인구가 미량원소 결핍으로 고생하고 있는 실정이다. 여기에는 대다수의 인구가 개발도상국에 해당되지만 선진국에서도 많은 사람들이 미량원소 결핍을 경험하고 있는 실정이다(UN FAO, 2017).

비타민 A 결핍은 주로 어린이에게 영향을 크게 미치는데 세계적으로 2.5억 명이 여기에 처해 있다고 한다. 증상으로는 야맹증, 시력상실, 성장둔화, 감염 저항성 감소 등으로 인해 질병을 앓게 되거나 사망에 이르게 된다. 매년 25만 명에서 50만 명의 어린이들이 비타민 A 결핍으로 인해 시력을 상실하는 것으로 알려지고 있다(IPNI, 2014; UNFAO, 2017).

철 결핍과 이로 인한 빈혈증은 실제로 세계 모든 국가에서 발생되고 있는데 20억 명 정도가 이로 인해 영향을 받고 있다. 이 증상은 주로 여성과 5세 미만의 어린이에게 나타나고 있다(위키백과, 2018). 유아나 어린이에게 빈혈증은 성장 지연을 초래하고 많은 경우에 있어서 사망에 이르고 있다. 임신부의 경우 분만 시 혈액 손실로 인해 사망에 이르는 경우가 많다고 보고되고 있다.

요오드 (I) 결핍도 심각한 건강문제를 초래한다. 토양에 요오드가 결핍될 경우 여기서 생산되는 농산물을 섭취하면 요오드 결핍 현상에 취약하게 된다. 세계적으로 이러한 위협에 처해 있는 인구가 약 15억 명으로 추산되고 있다. 요오드 결핍으로 약 2억 명이 갑산성종(goitre) 질병을 갖고 있으며, 2천만 명이 심각한 IQ 저하로 인한 정신장애를 갖고 있는 것으로 알려지고 있다(IPNI, 2014; UNFAO, 2017).

영양실조는 식량안보와 직접적으로 연결되어 있다. 왜냐하면 이는 고품질의 식품을 충분하게 섭취할 수 없을 때 발생될 수 있다. 이는 식량안보의 영역 중 가용성, 접근성, 이용성을 충족시키지 못하기 때문이다. 식품가격이 폭등하거나 가난으로 인해 충분한 식량을 확보하지 못하는 경우에도 발생될 수 있다.

식량안보 미확보로 인한 영양실조는 해당 국가에서 심각한 사회적, 경제적 문제를 초래하고 있다. 영양 결핍으로 인해 노동력 저하, 생산성 저하, 치료비용 과다 소요 등으로 인한 재정적 손실이 막대하다. 국민들에게 안전하고, 충분하며 질 좋은 식품을 확보하고 제공하는 정책이 매우 중요하다.

## 17.7 식량안보와 식량의 무기화

1970년대 녹색혁명으로 농업생산성이 혁신적으로 증가되면서 식량 이슈는 잠시 소강상태이었으나, 2007～2008년 식량위기로 인해 국제 식량가격이 거의 2배 이상 폭등하면서 식량안보 문제가 국제적인 이슈로 등장하게 되었다. 이로 인해 기아에 고생하는 사람의 수가 급증하게 되었다. 한편 기후변화, 농업생산성의 정체, 경지면적의 부족, 개도국 경제성장에 따른 식량소비 증대 등의 원인으로 인해 식량안보는 점차 중요해 지고 있다. 그래서 식량안보는 특정한 한 국가의 문제가 아니라 세계적으로 해결해야 할 문제로 부상되고 있다.

우리나라의 경우 1980년 여름 냉해가 발생하여 우리나라 농산물 생산에 큰 타격을 주었는데, 그해 쌀 생산량은 355만 톤으로 전년의 3분의 2 수준으로 뚝 떨어졌다(세계일보, 2014; 송, 2014). 그 당시 냉해는 우리나라뿐 아니라 아시아의 많은 국가들에 영향을 미쳤다. 당연히 쌀의 수요에 비해 공급이 현저하게 모자라게 되어 가격상승을 초래했다. 정부는 당시 쌀을 공급하기 위해 미국뿐 아니라 11개국으로부터 쌀을 급히 수입하였다. 한 예로 미국의 거대 곡물유통회사인 카길(Cargill)로부터 톤당 500달러에 쌀을 사들였다. 이는 국제 시세의 2.5배에 이르는 가격이었다. 실로 식량이 무기화되는 한 예가 될 수 있다.

그림 17.7은 FAO에서 제시한 식량가격의 지표를 보여주고 있다. 국제적으로 2007년에서 2008년 전반기에 곡물 가격이 폭등하였다. 이후 국제 식량가격은 안정화 추세이다가 2011년, 2012년에 걸쳐 다시 폭등하게 되었다. 이는 식량안보가 미비한 국가에서는 정치적, 경제적, 사회적으로 혼란을 초래하였다. 하이티(Haiti), 필리핀, 인도네시아 등을 비롯한 개발도상국의 40여 국가에서 폭동이 일어났다고 한다. 브라질과 같은 일부 국가들은 이러한 식량가격 상승으로 자국의 농산물 수출을 금지하기도 했다.

그림 17.7 식량가격 지표의 변화(출처: https://commons.wikimedia.org/wiki/File:FAO_Food_Price_Index.png)

이러한 식량가격의 폭등의 원인으로는 주요 식량생산국가에서의 가뭄과 유가의 증가에 기인하는 것으로 분석되고 있다. 유가의 증가는 비료가격 상승, 식량운반비 상승 등으로 인해 농업 경영비 상승으로 이어지기 때문이다. 한편 선진국에서 콩이나 옥수수 등의 곡물을 바이오 연료(디젤이나 에탄올)를 생산하는 데 이용하기 때문이다. 아울러 개발도상국들의 식문화가 변화되어 보다 다양한 종류의 식량 소비가 증대된 것에 기인되기도 한다.

세계적으로 곡물가격 폭등을 초래한 다른 이유로는 여러 가지가 제시되고 있다. 인구증가, 아시아 중산층 인구들의 식량 소비 증가, 유가 인상에 따른 농자재 가격 상승, 세계 비축 식량의 감소, 경제사정 불안, 자유무역 확대, 바이오 연료 생산에의 보조금 지원 확대, 농업보조금 확대, 휴경 증대, 자연 재해로 인한 생산량 감소, 토양의 질 감소 등을 열거할 수 있다(김 등, 2008; 김과 김, 2013; 송, 2014).

곡물가격 상승과 관련된 심각한 사례를 살펴보자. 중국에서 곡물가격이 상승하자 영세한 우유 생산농가나 가축사료를 생산하는 농가들이 경제적인 타격을 받게 되어 생산 활동을 할 수 없게 되었다. 그래서 이들은 사료나 우유에 멜라민(melamine)과 같을 첨가물을 첨가하여 단백질 함량을 증가시키려 했다. 이로 인해 수많은 어린아이들이 아프게 되었고, 중국의 우유 수출은 중단되고, 많은 관련자들이 체포되고 회사는 부도나는 사태가 벌어졌다. 이를 2008년 중국 우유 스캔들(milk scandal)이라 부른다.

필리핀에서 쌀은 주식이다. 2007년 식량가격 상승으로 인해 국제적으로 혼란을 겪고 있을 때 필리핀 정부는 식량부족의 문제가 없다고 정치적으로 선언하였다. 그러나 식량사정이 악화되면서 필리핀 정부는 인근 국가들에게 쌀을 팔라고 구걸하는 실정에 처하게 되었다. 필리핀은 빈곤한 사람들의 식품 지출비용 가운데 쌀 구매가 차지하는 비율이 상당히 높은 나라이다. 이 나라는 경제성장률이 낮고 인구 증가율이 높은 편 이어서 빈곤율이 매우 높은 나라이다. 따라서 쌀값의 상승은 이들에게 막중한 피해를 주게 되는 셈이다. 필리핀은 기후적으로 쌀을 생산하여 수출할 수 있는 나라이나 정치적으로 불안하고 쌀 생산을 위한 관개수로 등의 기반시설이 없어서 대표적인 쌀 수입국으로 전락하고 말았다. 식량위기가 있었던 2006~2008년에는 필리핀 국내 소비량의 15%에 해당하는 2백만 톤의 쌀을 수입했다. 이 당시 주 수입국이던 태국의 쌀 가격이 3배 이상 상승하였다. 이는 필리핀의 쌀 값 상승을 초래하게 되었다. 이는 식량안보에 있어서 심각한 문제이자 사례로 간주되고 있다.

식량 무기화에 대한 다른 나라들의 비판과 우려에 귀를 막은 채 중국이 전 세계 신젠타와 같은 종자기업들을 마구 사들이고 GMO 기술 확보에 열을 올리는 건 1950년대 후반의 끔찍했던 기억 때문이라는 얘기가 많다. 당시 대약진운동 기간 중 심각한 식량 부족으로 수천만 명이 사망했던 일은 지금까지도 언급 자체가 금기시될 정도로 중국인들에게 큰 트라우마로 남았기 때문이다(양, 2017).

국제곡물가격의 폭등으로 인해 전 세계의 식량안보의 중요성은 더욱 커지게 되었다. 국제적으로 작물생산과 가격변화는 많은 국가들에 있어서 곡물 파동을 초래할 것이고 그 영향은 더욱 커질 것이다. 과거 7~10년 주기로 일어났던 세계 곡물파동은 최근 들어 기후변화 등으로 1~3년으로 주기가 빨라지고 있다.

식량이 무기화되는 것이다. 우리나라뿐 아니라 필리핀의 예에서도 볼 수 있듯이 돈이 있다고 해도 식량을 살 수 없는 실정이 초래될 수 있다. 식량이 무기화될 수 있다고 판단되므로 식량안보 차원에서 식량자급률을 높여 식량주권을 확보하여야 할 것이다. 값싼 농산물을 외국으로부터 지속적으로 수입할 수 있는 시대는 기대하기 어렵다. 식량은 안 보이는 무기이다. 식량안보의 확보는 경제성장보다 더 무서운 도전과제이고 국가의 운명이 달려있다고 보아도 될 것이다.

## 17.8 식량안보를 확보하기 위한 도전과제들

각 국가에서는 식량위기를 경험한 이후 자국에서 생산되는 농산물이나 농자재 등을 수출하지 않는 등 민족주의 경향이 도입되기도 한다. 이는 자국의 식량 확보를 위한 필연적인 결정이라고 이해되기도 한다.

식량안보의 확보는 통합적인 개념이다. 농산물의 생산량, 경제 성장, GDP 등의 개별 지표로 식량안보의 확보를 평가할 수 없다. 식량안보란 생산, 경제, 사회문화, 교역, 국제정세, 정치적 상황, 기후변화, 자연재해, 병해충, 농자재, 에너지, 자원 등 수많은 종합적 요인들에 따라 결정될 수 있는 것이다.

식량안보 확보를 위한 주요 도전 과제로는 지구 인구증가에 따른 식량부족, 국내외 식량가격의 역전, 경지면적의 부족 및 개발에 따른 감소, 생산비용의 증가, 기후변화와 농업생산 환경의 파괴, 농민 소득구조의 변화, 자유무역에 따른 교역 불균형, 에너지 위기 등이 제시되고 있다. 그러므로 국가에서 식량안보 확보를 위한 대책을 수립하고 정책을 이행할 때 종합적인 접근이 이뤄져야 할 것이다.

## 단원 리뷰

1. 식량안보란 무엇인가?
2. 식량안보의 핵심 영역은 무엇인가?
3. 우리나라의 식량자급률은 몇 %일까?
4. 식량안보와 인류 건강과의 관계는?
5. 식량의 무기화의 사례를 나열해보시오.
6. 식량안보와 인구 증가의 관련성을 설명해보시오.

## 참고문헌


김명환, 김태곤, 김수석, 식량안보문제의 발생가능성과 대비방안, 농촌경제연구원, pp. 238, 2008.

김태훈, 김지연, 식량안보 지표 개발 연구, 한국농촌경제연구원 정책연구보고서, 1−78, 2013.

세계일보, 곡물자급률 OECD 최하위권...대책은 겉돌아, 2015. 7. 3. 보도

세계일보, 곡물자급률 세계 최하위권...식량 속국위기 대응 전략 시급, 2014. 7. 28. 보도

세계일보, 인도, 7년 뒤 中 제치고 인구 1위, 2017. 6. 22. 보도.

송주호, 식량안보와 필리핀 쌀 사례, 세계농업 164:1−22, 2014.

양정대, [특파원 24시] 식량안보에 사활건 중국, 한국일보, 2017. 7. 16.

통계청, 세계와 한국의 인구현황 및 전망, 보도자료 2017. 7. 8.

DEFRA. 2010. UK Food Security Assessment: Detailed Analysis.

Foley, J.A., et al., 2005. Global consequences of land use. Science 309: 570-574.

International Plant Nutrition Institute (IPNI). 2012. Fertilizing crops to improve human health: A scientific review. pp. 290.

UN FAO. 1997. Preventing micronutrient malnutrition: A guide to food-based approaches - A manual for policy makers and programme planners

UN FAO. 2002. Food security: concepts and measurement.

UN FAO. 2003. Trade reforms and food security: conceptualizing the linkages. pp. 315.

UN FAO. 2011. Save and Grow. A policymaker's guide to the sustainable intensification of smallholder crop production. pp. 116.

UN FAO. 2017. How close are we to Zero Hunger? The state of food security and nutrition in the world. In brief. pp. 32.

UN World Food Programme (WFP). 2018. https://www.wfp.org/node/359289
Wikipedia, 2017. Food Security, https://en.wikipedia.org/wiki/Food_security.
Wikipedia. 2018. Micronutrient deficiency. https://en.wikipedia.org/wiki/Micronutrient_deficiency.
World Health Organization (WHO). 2018. Micronutrient deficiencies.
http://www.who.int/nutrition/topics/ida/en/

CHAPTER 18

# 미래농업

박세진

## 18.1 제4차 산업혁명

제4차 산업혁명은 제46차 세계경제포럼 연차총회(2016)에서 핵심주제로 다뤄지면서, 여러 글로벌 위기의 극복 방안으로 대두되었다. 이 용어는 독일이 범국가적으로 추진하고 있는 '인더스트리 4.0' 용어를 확장한 것에 가깝지만 범위는 더욱 확장되었다. 1971년 다보스포럼을 창립한 클라우드 슈밥은 4차 산업혁명이 이미 우리 주변에 빠르게 진행 중이며, 현재의 변화는 속도, 범위, 시스템에 미치는 영향이 과거와 완전히 다르다고 주장하였다.

그렇다면 4차 산업혁명이란 무엇일까? 지금까지의 산업혁명은 신기술의 토대 위에서 발전하였다. 1차 산업혁명은 증기기관, 2차 산업혁명은 전기, 3차 산업혁명은 전자라는 신기술이 있었기에 가능하였다(그림 18.1). 많은 전문가들은 4차 산업혁명은 ICBM 이라는 신기술에 기반을 두고 있다고 설명한다. ICBM이란, 사물인터넷(Internet of Things : IoT), 클라우드(Cloud), 빅데이터(Big Data), 모바일(Mobile)을 의미한다. 이와 같이 제4차 산업혁명은 로봇, 빅데이터, 사물인터넷, 인공지능 등 첨단 기술의 융합과 조화에 의해 촉발되는 혁신과 변화를 의미하고, 인간과 사물 그리고 공간의 모든 상황과 데이터가 수집·축적·활용되는 새로운 산업 패러다임으로 규정할 수 있다.

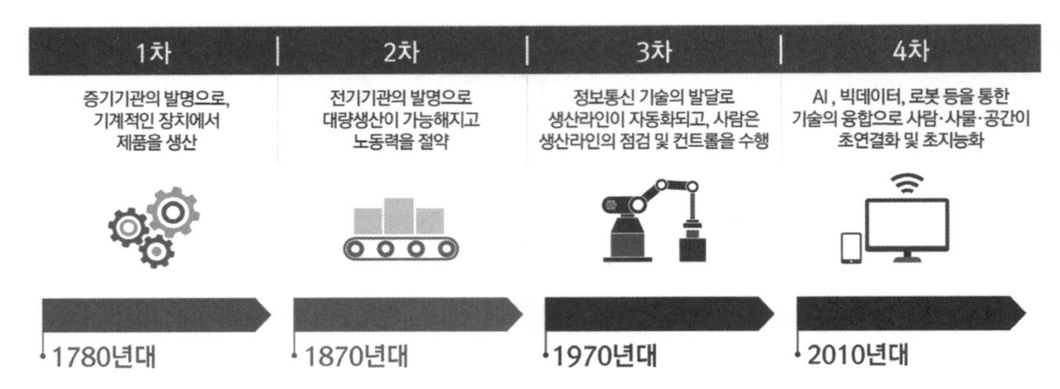


그림 18.1 산업혁명의 역사적 전개(출처 : 한국과학기술기획평가원, "이슈분석 : 4차 산업혁명과 일자리의 미래", 2016)

제4차 산업혁명 사회는 모든 것이 연결되고 보다 지능적인 사회로 변화하는 것이다. 이는 IoT와 인공지능을 기반으로 현실세계(오프라인)와 가상세계(온라인)가 네트워크로 연결된 통합 시스템이다. 즉, 현실세계부터 데이터를 수집하고 가상세계에서 이러한 빅데이터를 인공지능을 이용하여 분석하여 지식을 창출하며, 이를 사물인터넷과 같은 기술로 현실세계에 활용하는 시스템을 의미한다(그림 18.2).

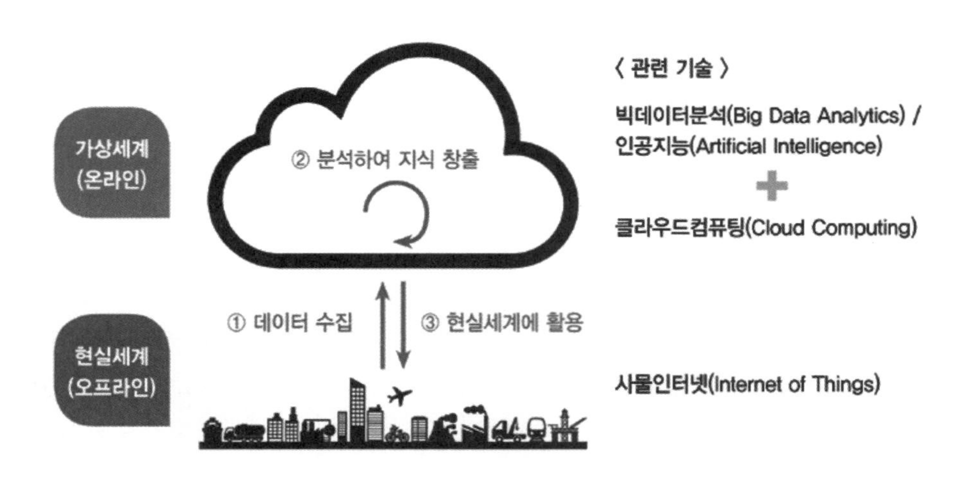


그림 18.2 제4차 산업혁명의 특징(출처 : 4차 산업혁명과 농업농촌, STEPI, 2017)

제4차 산업혁명은 우리가 인식하는 것보다 더욱 빠르게 전개되고 있고, 이미 우리 생활 속에 깊숙이 침투해 있다. 제4차 산업혁명이 전개되는 영역도 급속히 확장되어 통신, 자동차, 에너지, 제조, 콘텐츠, 의료, 로봇, 드론, 서비스 보안, 바이오 등 거의 모든 분야에 활용될 수 있다(그림 18.3). 인공지능 기반 진단 시스템 왓슨(IBM), 자율 주행 무인자동차(구글), 알파고(딥마인드) 등은 제4차 산업혁명 기술이 다양한 분야에서 상용화 될 수 있음을 알려주는 좋은 예이다. 특히, 농업처럼 기술적 난제가 오랫동안 쌓여 있는 분야에도 새로운 기술적 접근방안과 돌파구를 마련해줄 수 있는 것이라는 점에서 제4차 산업혁명 기술에 대한 기대가 매우 크다.

그림 18.3 다양한 분야의 4차 산업혁명 사례들(출처 : 이주량, 4차 산업혁명과 미래 농업, 2017)

제4차 산업혁명은 무궁무진한 기회가 될 수 있지만 한편으로는 잠재적인 위협요인으로도 작용가능하다. 즉 효율성과 생산성을 비약적으로 향상시키는 이점을 가진 반면에 일자리 쇼크에 대한 우려도 상존한다. 2015년 세계경제포럼에서는 제4차 산업혁명이 일자리에 미칠 영향에 대한 '미래고용보고서'를 발표하였다. 보고서에는 향후 5년간 선진국 및 신흥시장 15개국에서 일자리 710만 개가 사라지고 210만 개 일자리가 신규 창출될 것으로 전망하였다. 특히, 반복적인 업무수행이 특징인 사무·행정 직종이 475만 개로 가장 많이 감소하고, 제조·생산(160만), 건설·채굴(49만), 예술·디자인·환경· 스포츠·미디어(15만) 업종도 감소할 것으로 전망하였다.

또한, 스위스글로벌금융그룹(UBS)이 '제4차 산업혁명이 미치는 영향' 보고서(2016)를 발표하였는데, 제4차 산업혁명으로 남성 일자리 3개가 사라지고 1개 신규 창출, 여성 일자리 5개가 사라지고 1개 신규 창출될 것으로 예측하였다. 여성 일자리 감소가 높은 이유는 이른바 'STEM(science, technology, engineering, mathematical)' 분야의 일자리에 여성 진출이 적기 때문이다. 이러한 우려로 인하여 노동집약적 산업인 농업의 특성상 제4차 산업혁명이 미치는 파급 효과가 클 것으로 전망된다. 국내뿐 아니라 미국, 일본 등 농업 선진국은 기후변화, 고령화 등의 문제 해결을 위해 기계화·자동화·첨단화를 급속하게 진행하고 있어 제4차 산업혁명은 농업의 규모화 및 기업화가 가속화되는 계기로 작용이 가능할 것이다.

## 18.2 제4차 산업혁명과 미래농업

농업의 기본 미션은 식량의 안정적 공급과 환경의 보전에 있다. Thomas Malthus(1766 - 1834)의 '인구론'에 따르면 "식량은 산술(등차)급수적으로 늘어나는데 비해 인구는 기하(등비)급수적으로 늘어나므로 자연대로라면 과잉인구로 인한 식량부족은 피할 수 없으며, 그로 인해 빈곤과 죄악이 필연적으로 발생할 것"이라고 주장하였다. 실제로 19세기 지구 전체 인구는 6억 명 이상 증가하였고, 20세기에는 45억 명 이상 증가하였다. 이렇게 많은 인구증가에도 몇몇 국가를 제외하고는 현저한 식량 부족을 일어나지 않고 있다. 그 이유는 늘어나는 인구로 인한 식량 수요를 농업의 비약적인 생산성 향상이 뒷받침하였기 때문이다.

19세기에는 늘어나는 인구에 대응하기 위하여 남·북미, 동구권, 러시아, 호주 등에서는 새 농경지를 대폭 확대한 농장식(plantation) 농업을 바탕으로 식량수요에 대처하였다. 20세기의 전폭적인 인구증가로 인한 식량수요는 과학기술로 극복하였다. 이른바 우수품종, 기계화, 비료, 농약 등을 통한 녹색혁명은 농업생산성 향상의 극대화를 이루었다. 하지만 농업혁명으로 인해 화학비료의 과도한 사용으로 인한 토양오염, 농약사용 과다로 인한 환경위해, 과도한 수자원 사용, 생산과 소비의 불일치 등의 부작용과 문제점도 나타났다.

한편, 2050년에는 지구 인구가 약 100억 명으로 증가할 전망이다. 농업혁명을 바탕으로 한 생산성 향상이 한계에 다다르고 아울러 환경오염 등의 문제점과 부작용이 대두되고 있는 실정에서 늘어가는 인구를 어떻게 대처할 것인가가 주요한 이슈이다. 많은 전문가들은 21세기 인구증가로 인한 식량수요 대처는 제4차 산업혁명과 생명공학으로 대표되는 BT(biotechnology) 혁명으로 해결할 수 있을 것이라 주장하고 있다.

미래 농업은 '시스템의 시스템'으로 연결되며, 여기에 인공지능과 빅데이터 등이 결합해 자율 운영되는 첨단산업으로 진화될 것으로 예상한다. 여기서, 시스템의 시스템이란 기존 농기계, 종자, 농장 관리, 생산예측, 관수 등의 개별시스템이 합쳐진 융합 시스템을 의미하고 이는 제4차 산업혁명의 핵심기술인 로봇·빅데이터·인공지능(AI) 등이 농업과 결합하면서 첨단화 및 새로운 가치를 창출할 수 있을 것으로 기대한다(그림 18.4).

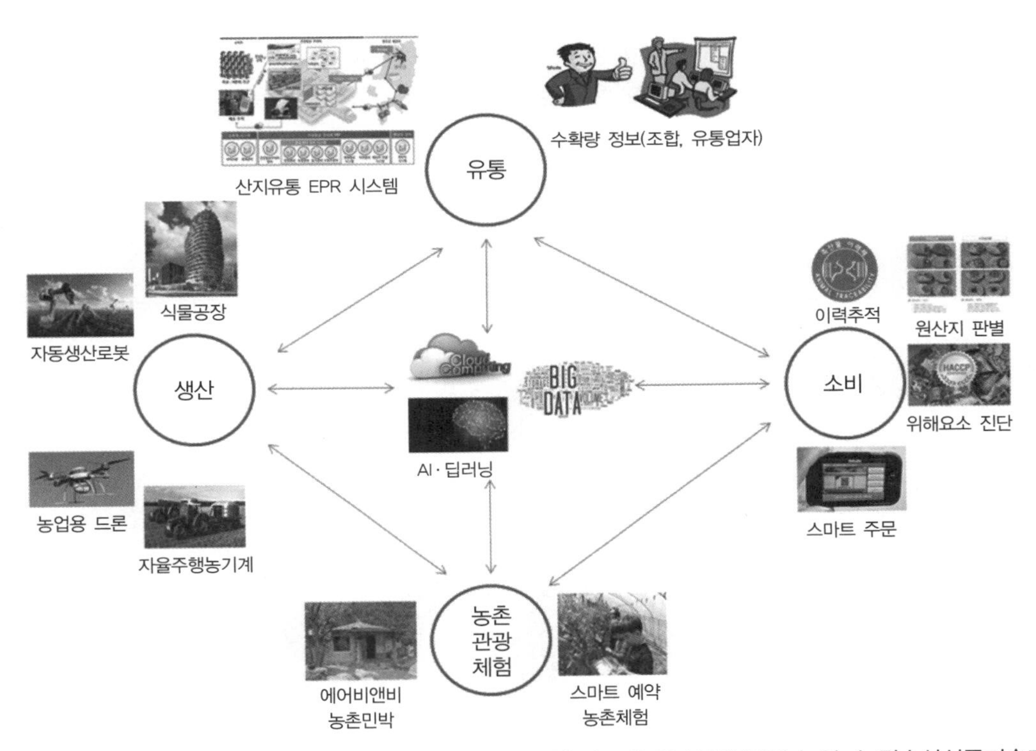


그림 18.4 제4차 산업혁명이 적용되는 미래 농업의 모습(출처 : 제4차 산업혁명과 농업, 농림수산식품기술기획평가원, 2016)

## 가. 농업생산

농업생산 측면에서는 제4차 산업혁명 기반 첨단 융합 기술을 기반으로 하는 '식물공장', 온실·축사·노지 등을 포괄하는 '스마트 팜', '정밀농업기계' 등이 확대될 전망이다(그림 18.5).

- 농약살포 드론, 무인트랙터, 자동 수확기 등의 지능형 농기계 및 농업·축산용 로봇의 상용화로 고령화로 인한 노동력 부족 해결될 수 있을 것이다. 특히, 농업로봇의 경우 빅데이터, 인공지능 등이 결합하여 단일 기능의 개별 로봇들이 통합된 로봇 형태로 발전할 것이다. 즉, 파종, 제초, 방제, 관수, 수확, 유통의 전 과정을 무인 자동화하여, 사람은 시스템의 관리 및 운영 계획 수립에 제한적으로 관여할 것으로 전망된다.
- 센서, 정보시스템, 기계, 정보관리 등 다양한 기술이 융복합된 농업생산시스템(정밀농업)의 발전으로 자원의 효율적 이용 가능할 것으로 예측된다. 생육정보, 기상정보, 농기자재(농기계, 온실 등) 정보를 실시간으로 획득하여 농업생산 활용을 정밀하게 자동화하여 생

산량을 극대화하고, 천재지변, 시스템 오류로 인한 실패 가능성을 최소화할 수 있다.

- 빅데이터 활용 농업서비스 플랫폼 등을 통해 재배환경 데이터 등을 수집하고 시장선호도 분석에 따라 시장 판매 추이 파악 가능하다. 재배환경 데이터 및 병해충 정보, 기후, 위성, 기상정보, 토양의 비옥도, 및 지형관련 정보 등을 수집하고 농가에 서비스하여 최적의 생산환경 조성과 생산량 제고도 가능하다.
- 농축산 유전공학 연구 등이 빅데이터와 인공지능을 통해서 기존보다 적용 가능한 분야가 대폭 확대될 전망이다. 법과 규제, 윤리 문제가 해결된다면 극단적 기후나 가뭄에서도 자랄 수 있는 식용작물과 바이오작물 재배가 가능하며 동물의 유전자를 변형시켜 보다 경제적이고 지역 환경에 더 적합하게 기를 수도 있다.

그림 18.5 제4차 산업혁명이 적용되는 미래 농업의 모습(출처 : 제4차 산업혁명과 농업, 농림수산식품기술기획평가원, 2016)

## 나. 유통 · 소비

고령화, 1인 가구 확대, 초고속 드론 등 배송기술의 발전 등으로 스마트 생산·유통·소비 시스템이 활성화될 전망이다.

- 빅데이터를 통한 출하량 조절 및 소비자 식생활 스타일을 고려한 개인 맞춤형 농산품 주문 시스템 등 도입될 것이다. 농산품은 공산품에 비해 보관기간이 짧고 계절에 따라 출하시기가 다르기 때문에 대체품 배송 등 맞춤형 주문 등에 용이한 것으로 판단된다.

- 스마트 산지유통센터를 통한 농산물 전자거래, 이력추적관리, 위해요소 관리 등 기존의 유통 시스템의 스마트화가 가속화될 전망이다.
- 온라인과 모바일을 통해 중간 유통 단계 없이 생산자에서 음식점이나 소비자로의 공급이 증가된다.
- 3D 프린팅을 활용하여 식품 및 농자재·농기계 부품·도구의 자체 제작을 통해 개인들의 창의성과 아이디어를 반영한 소비가 가능할 전망이다. 3D 프린트로 어린이 및 노인용 건강기능 식품 및 저작/연하가 용이하도록 부드러운 가공식품 개발 가능하며 개인형 농자재·도구의 자체 개발을 통한 도시농업 활성화가 가능하다.

### 다. 농촌경제

소셜 네트워크(Social Network)를 기반으로 한 농촌 공유경제 시스템 확산 등 규모화·집단화된 경제 공동체 개념이 확산될 전망이다.

- 각 지역의 특화된 관광 정보를 모아놓은 앱 등을 통해 농촌 민박, 체험 테마, 축제 정보 등 맞춤형 농어촌 정보를 다양하게 제공할 수 있고, 농어촌 버전의 에어비앤비 및 트립어드바이저 구축이 가능하고, 홀로그램 가상체험 등을 통해 특화된 관광·체험프로그램을 소득자원으로 활용이 가능하다.
- 농지, 주택 등 농촌자원 공유 시스템 구축을 통한 새로운 농촌 소득 모델 확산되어 귀농·귀촌인들을 위한 농지 공유시스템, 빈집 공유 시스템 등이 나타날 전망이다.

## 18.3 정밀농업

### 가. 정밀농업의 의미

정밀농업(Precision Agriculture)이란 이제까지의 농장 전체 또는 평균을 바탕으로 한 농업자재의 투입에서 한걸음 더 나아가 정밀하게 정확한 장소(right place)에 정확한 시간(right time)에 정확한 방법(right way)으로 농업 자재를 투입하는 새로운 개념의 농업 체계이다. 정밀농업에 중첩되어 있는 개념은 생산가를 낮추고 환경 영향을 줄이면서 생산성을 높일 수 있다는 가능성을 내포하고 있으며, 정밀한 정보를 기초로 한다. 정밀농업은 위성과 지상 센서에 의해 정확하게 제어되는 기계와 작물 생육을 정확하게 예측할 수 있는 계획 소프트웨어를 사용을 절묘하게 복합시킴으로써 여러 요소를 극복하는 농민의 이미지를 복합시킴으로써 가능해진 것이다. 최근의 첨단 기술 이미지가 맞물려 있으며, 이 이미지를 농업의 미래라 부른다.

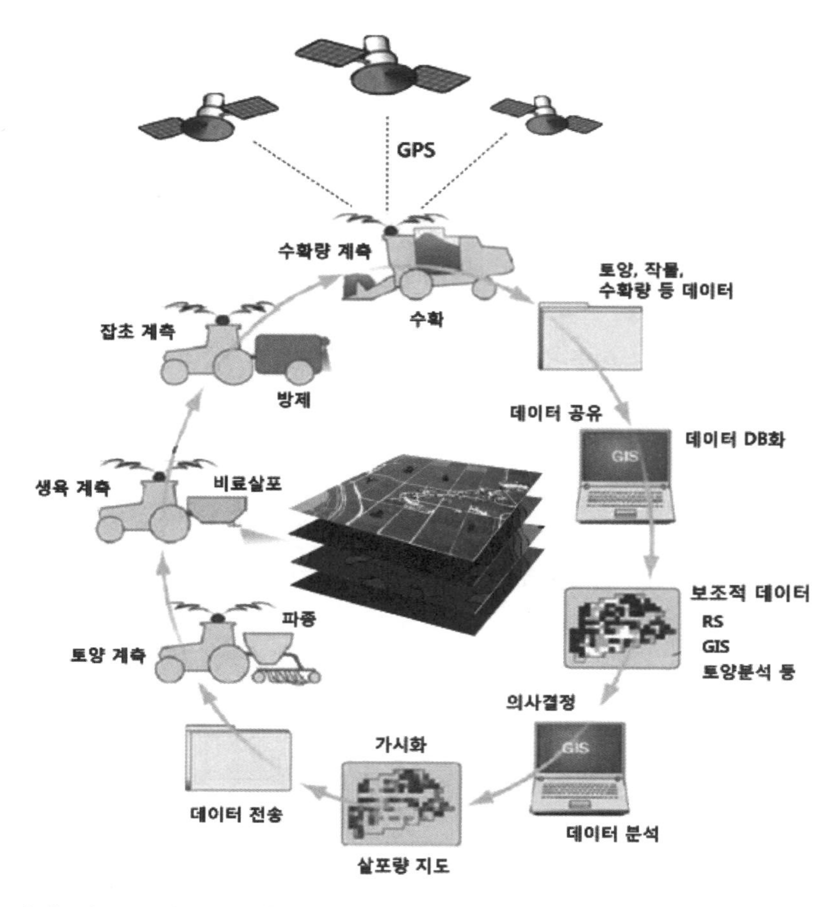


그림 18.6 정밀농업 요소 기술 구성(출처 : 홍영기 외, 10년 후를 준비하는 정밀농업, RDA 인테러뱅, 2012)

정밀농업의 기술과 방법은 농업 의사 결정 과정을 근본적으로 바꾸어놓을 가능성이 있다. 대형 기계와 공용 인력 문제는 많은 농민으로 하여금 대형 농지를 기본 관리 단위로 생각하게 유도한 주요 원인이다. 어떤 포장에서는 다른 포장에서보다 수량이 더 높다는 것을 농민들은 경험적으로 알고 있지만, 관행 관리 방법은 전체 포장에 균일한 비율로 투입하는 것에 초점이 맞추어져 있다. 정보 기술은 현대 경작자들이 과거의 작은 규모의 농장에서나 얻을 수 있었던 정밀한 많은 정보를 얻을 수 있게 해주었고, 매우 세밀한 규모로 토지를 효과적으로 관리할 수 있도록 해주었다.

## 나. 정밀농업의 기술체계

정밀농업의 개념이 가능하게 된 배경으로 2개의 큰 요인을 들 수 있다. 첫 번째는, 환경문제를 중시한 사회의 움직임이고, 두 번째는 GPS(전 지구 측위 시스템)와 GIS(지리정보시스템), 토양 센싱 등의 과학 기술의 발전, 그리고 인터넷 정보 전달 시스템의 접목이다(그림 18.7). 이와 같은 환경 보전을 전제로 한 사회적 요청을 배경으로 하여 고도의 과학기술이 농업현장에서도 쉽게 이용될 수 있게 되었고, 정밀농업의 연구와 보급이 시작되고 있다.

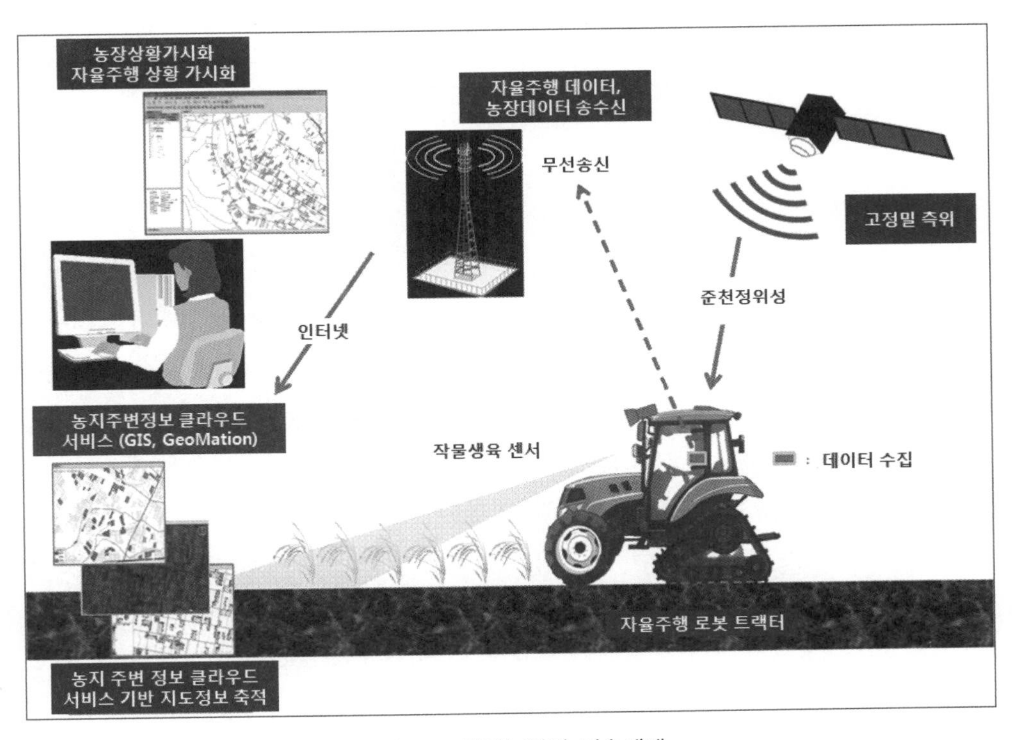


그림 18.7 정밀농업의 기술체계

정밀농업은 연구와 실제의 농업현장에서도 적용되고 있다. 그러나 정밀농업에는 농학에 관한 많은 종합적인 요인과 최첨단의 기술이 관여하여, 정밀농업은 시스템적, 비지니스적 성격을 가진다. 4차 산업혁명 시대의 도래로 인해 정밀농업의 개념과 보급은 확대될 것으로 기대된다. 표 18.1은 정밀농업의 과정별 주요 내용 및 적용기술을 소개하고 있다.

표 18.1 정밀농업의 과정별 주요 내용 및 적용기술

| 과정 | 주요 내용 | 적용기술 |
|---|---|---|
| 정보수집 | • 작물재배 위치별로 토양 및 기상 상태 등 작물생산과 관련된 다양한 정보수집<br>• 정보종류 : 토양의 양분상태, 토양의 산도(pH), 잡초 및 병해충 생정도 등 | • 지구위치확정시스템, 토양검정 기술의 이용 |
| 정보의 분석과 가공 | • 수집된 정보를 이용하여 작물의 성장 상태를 모형화하고, 병해충 방제와 수확의 적정 시기 등을 결정 | • 지리정보시스템, 전문가시스템 등 이용 |
| 기술 추천과적용 | • 작물재배 위치별로 가장 적합한 생산방식을 농가에 추천<br>• 비료·농약 등의 적정 투입량 및 시기 추천<br>• 적정 수확시기 추천 등 | • 적정투입량 결정기술 등 이용 |

(출처 : USDA, "Precision Agriculture : Information Technology for Improved Resource Use", Agricultural Outlook, 1998)

지구위치확정시스템(Global Positioning System : GPS)을 농업에 활용하여 작물재배 위치별 특성에 따라 종합적 해충 방제, 종합적 영양소 관리 등의 농업생산 전략을 세우는 정밀농업(Precision Agriculture)이 가능하다. 정밀농업은 토양·기상 조건, 병해충 발생정도, 작물의 양분상태 등 작물재배 위치마다 각각 다양한 특성을 토양검정 및 GIS 등을 이용, 분석·정보화하여 그 지역에 가장 적합한 농업생산방식을 결정하는 경영전략이라 할 수 있다. 미국 국가연구위원회(National Research Council : NRC)는 "다양한 자료가 활용되는 정보기술을 이용하여 작물생산에 관한 의사결정을 하는 경영전략"으로 정밀농업을 정의하고 있다. 정밀농업은 따라서 토양자원·기후 등 지역적으로 다양한 특성을 고려하여 농업경영의 의사결정이 획일적이 아니라 지역마다 적합한 구체적인 형태로 이루어지는 농업생산방식인 것이다.

정밀농업은 일반적으로 표 18.1과 같이 정보 수집, 정보 분석·가공, 기술 추천·적용 등 세 과정으로 이루어진다. 우리나라의 경우는 농가의 경제상황 및 컴퓨터 보유현황, 농지의 규모 등을 감안할 때 미국과 같은 정밀농업을 적용하기가 어려울 것으로 보인다. 그러나 그동안 실시해온 토양검정 결과를 활용하고, 현재 추진 중인 GIS가 완성되면 특성이 비슷한 토양을 일정규모로 묶어서 권역별로 그에 적합한 종합적 해충 방제, 종합적 영양소 관리 등의 작물생산관리체계를 구축할 수 있을 것이다.

## 18.4 식물공장

인구증가, 도시화, 기상이변 등 농업환경의 악화를 극복하기 위한 새로운 연구가 선진국을 중심을 활발하게 진행되어 식물공장이라는 개념이 탄생하였다. 식물공장이란, 통제된 시설 내에서 생물의 생육환경(빛, 공기, 열, 양분)을 인공적으로 제어하여 공산품처럼 계획생산이 가능한 시스템적인 농업 형태로서 온도와 습도를 제어하고 인공 광원으로 농작물을 재배하는 시설농업의 일종이며, 스마트온실, 수직농장(vertical farm) 이라고도 한다(그림 18.8). 식물공장은 전통적인 농업생산방식을 개선할 수 있는 획기적인 시스템으로 날씨나 계절에 관계없이 사계절 농작물을 안정적으로 생산할 수 있을 뿐 아니라 비료나 농약 등의 사용도 줄일 수 있는 장점 외에도 LED 광원에 의해 생육 조절이 가능하다. 이는 농업과학기술에 기계, 전기, 전자, 제어, 환경 등의 첨단기술을 접목하여 공장형 농업을 실현하는 첨단기술농업의 한 형태이다. 우리나라에서는 이런 형태의 농업을 스마트 농업이라 부른다.

| 구분 | 식물공장(스마트온실) | | 수직농장(빌딩형) |
|---|---|---|---|
| 영명 | Plant(production) factory | | Vertical farm |
| 정의 | 기후에 영향을 받지 않고 연중 작물을 생산하는 자동화 생산 시스템 | | 도심 속 고층빌딩에서 작물을 재배하는 농법 |
| 유형 | 수평형(Horizontal) | 수직형(Vertical) | 다단형(Multi layer) |
| 모양 |  |  |  |
| 비고 | 농진청 운영 | 농진청 설치 모델 | 수직농장 개념도 |

그림 18.8 식물공장과 수직농장의 개념(출처 : 김현환, 스마트온실(식물공장), 2015)

식물공장의 특징은 기후변화와 이상기상의 영향을 받지 않아 연중 안정적인 농산물 생산과 공급이 가능하고, 사막, 해안 등 장소에 구애받지 않고 신재생에너지 이용과 폐기물을 재활용할 수 있어 친환경적이라고 알려져 있다(표 18.2).

표 18.2 식물공장의 주요 특징과 내용

| 특징 | 내용 |
|---|---|
| 계획생산, 주년생산 | 생산의 계획성, 시기나 장소에 좌우되지 않음 |
| 재배환경의 최적제어 | 생육의 제어, 단기간 대량생산, 수확물의 균일성과 재현성, 수량 및 품질의 향상 |
| 작업의 자동화, 생력화 | 환경관리의 자동화, 재배관리과정(파종, 이식, 수확, 포장)의 자동화 및 생력화 |
| 수확물의 부가가치 제고 | 재배 불가능한 작물의 생산 공급, 무농약 및 청재재배, 영양가 향상, 기능성 향상, 고기능성 바이오매스 |

(출처 : 식물공장의 동향과 전망, KREI 농정연구속보, 한국농촌경제연구원, 2009)

식물공장의 핵심기술은 장소, 빛, 자동화, 양분, 온도 조절 분야로 구분이 가능하다.

- 장소(Place) : 사막, 바다, 극지 등 기후 및 환경조건에 구애받지 않고 어디에나 건설이 가능한, 장소의 한계 극복 기술
- 빛(Light) : 음극선관 형광등, 고압나트륨, LED 등 다양한 광원을 이용하여 작물의 광합성 및 생육을 조절하는 기술
- 자동화(Auto) : 로봇개발, 자동 환경제어, 원격제어 등으로 씨뿌리기부터 수확까지 식물의 전 생산과정을 자동화하는 기술
- 양분(Nutrient) : 식물 생장에 적절한 양분 공급을 통해 품질을 높이고 기능성분 등을 강화하는 기술
- 온도(Temperature) : 온도조절을 통하여 열대에서 온대까지 다양한 식물 재배와 생육 속도 및 수확기를 조절하는 기술

식물공장은 단위면적당 생산성이 높고, 토지의 유효 이용이 가능하며, 계절에 관계없이 연중 계획 생산이 가능하다는 장점이 있다. 또한 무농약재배로 안전하고 씻지 않고도 먹을 수 있어 친환경적이라는 장점이 있다. 반면, 실제로는 초기 비용과 운영비용이 매우 높아 노지에서 생산된 것보다 생산단가 및 제품 가격이 비싸므로 가격 경쟁력이 약한 상황이다. 또한, 인공광형 식물공장에서 생산되고 있는 식물은 엽채류의 생산·판매가 주류를 이루고 있는데, 이는 인공광에서 재배가 이루어지기 때문에 재배가 쉽고 광 요구도가 낮은 엽채류들이 선호되기 때문이다. 하지만 엽채류 작물은 비교적 가격이 낮기 때문에 생산 채산성이 더욱 낮은 실정이다. 식물공장에서 생산되는 식물은 높은 가격으로 판매될 수밖에 없는 구조이므로, 그 대책으로 생산단가 절감 및 생산물의 고부가가치화가 필수적이고 그 예로 유전자변형식물, 생약식물, 고기능식물 등이 있다.

## 단원 리뷰

1. 4차 산업혁명의 특징에 대해 설명하시오.
2. 4차 산업혁명을 기반으로 한 농업의 미래에 대해 생각해보시오.
3. 정밀농업이 발전하게 된 배경에 대해 설명하시오.
4. 식물공장의 특징과 세부 내용에 대해 설명하시오.
5. 식물공장의 핵심기술인 P.L.A.N.T에 대해 설명하시오.

## 참고문헌


김현환, 스마트온실(식물공장), 2015.

손종구, 차세대 식물공장, 고기능·고부가가치형 식물공장, KISTI, 2013.

식물공장, 생명공학정책연구센터, 2010.

이주량, 4차 산업혁명과 미래 농업, 과학기술정책연구원, 2017.

전황수, 식물공장의 국내외 추진동향, 정보통신기술진행센터, 2016.

제4차 산업혁명과 농업, 농림수산식품기술기획평가원, 2016.

클라우드 슈밥 저, 송경진 역, 클라우드 슈밥의 제4차 산업혁명(Fourth Industrial Revolution), 새로운현재, 2016.

홍영기, 김상철, 이충근, 최규홍, 10년 후를 준비하는 정밀농업, RDA 인테러뱅, 2012.

NRC, Precision Agriculture in the 21st Century. Geospatial and Information Technology in Crop Management. J. Dixon and M. McCann(eds.). National Research Council. 1997

USDA, "Precision Agriculture : Information Technology for Improved Resource Use", Agricultural Outlook, 1998.

# VII
# 생명환경토픽

CHAPTER

19

# 생명환경토픽

양재의

생태계는 자연환경(물, 토양 및 대기)과 생물체(인간, 식물 및 동물)로 구성되어 있다. 생태계는 내외부의 환경요인에 의해 끊임없이 변화되고 있으며, 또한 변화되어야 한다. 그 변화는 환경과 인간에게 유리하거나 또는 불리한 영향을 미치게 된다. 생태계 변화의 본질은 생태계가 지속 가능하게 유지되어야 한다는 것이다. 즉, 생태계의 변화가 균형을 유지하여 그 생태계 서비스 기능이 최적화되고 위협요인들을 최소화할 수 있어야 한다.

그러나 지구는 다양한 환경문제에 따른 위기에 처해 있다. 다양한 환경단체나 기구들이 공통적으로 제시하는 이슈들이 있는데 환경오염, 기후변화, 인구증가, 자원고갈, 심각한 산림과 토지 훼손, 토지 부족, 인간 건강 문제 등이다. 인간이 지속 가능한 생태계를 보전하고 유지하는 데는 해결해야 할 많은 도전과제들이다. 이에 따라 유엔에서도 '지속 가능한 발전목표(Sustainable Development Goals : SDG)'를 제시하였고, 각 국에서도 심각한 환경문제에 대처하기 위해 다양한 대책을 마련하고 있다.

생명환경토픽 단원에서는 생태계의 지속성에 영향을 미치는 이슈들에 관하여 소개하고자 한다. 대부분의 학술적 내용들은 본 단원에서 자세하게 서술되어 있으므로, 몇 가지 이슈들에 대해 개념과 중요성을 소개하고자 한다.

## 19.1 환경과 생태계

환경(environment)과 생태계(ecosystem)는 흔히 듣는 용어이다. 두 용어는 비슷한 의미를 지니고 있는 것으로 간주되고 있으나 학술적으로 볼 때 차이가 있다. 우선 생태계란 생물적 요소(biotic factor)와 무생물적 요소(abiotic factor)로 구성되어 있다. 여기서 생물적 요소란 식물, 동물, 인간, 미생물 등을 지칭하고, 무생물적 요소란 환경을 의미한다. 환경이란 물리적으로 생물이 서식하는 장소나 주변을 의미하므로 토양, 물, 대기가 해당된다. 즉 '생태계＝환경＋생물체'이다. 생태계에서는 환경과 그 곳에 서식하는 생물체가 상호작용을 하면서 군집(community)을 이루고 있다(양 등, 2008).

한편 생태계에서 무생물적 요소로 간주되는 토양과 물 환경에는 물리적 구성요소인 모래, 실트, 점토, 물에 생물체들이 포함되어 있다. 따라서 토양과 물은 각각 토양생태계와 물생태계를 이루게 된다.

생태계의 범위가 환경의 범위보다 넓다. 주변에서 흔히 '환경생태'나 '생태환경'이라는 말을 많이 사용하고 있으나 엄밀한 의미에서는 '역전앞'과 같이 중복되는 말을 되풀이하는 격이다. 환경운동에서 '환경을 살리자(save our environment)'란 구호를 자주 볼 수 있는데, 이는 물리적 요소인 환경과 여기에 함유되어 있는 생명체를 총괄하여 보전하자는 의미로 해석된다. 그렇다면 '생태계를 살리자(save our ecosystem)'가 더 맞는 구호가 아닐까?

## 19.2 Contamination과 Pollution

Contamination과 Pollution은 환경오염을 지칭하는 용어로서 대부분의 경우 동의어로 사용되지만 학술적인 측면에서는 미묘한 차이가 있다. 환경오염이란 특정 물질의 농도가 자연함유량(천연부존량 : natural abundance)을 초과하여 환경의 질과 기능이 저하되고 이에 따라 환경에 서식하는 생물체와 인간에게 악영향을 주는 현상이라 정의할 수 있다. 여기서 Contamination은 환경이 오염되더라도 반드시 생물체에 대한 독성을 의미하지 않는 일반적인 오염 현상으로 오염물질을 Contaminant라 부른다. Pollution은 환경이 오염될 경우 환경을 구성하고 있는 생물체에 독성을 끼치는 현상을 의미하고 이때의 오염물질을 Pollutant라 부른다. 일반적인 오염현상을 부를 때 contamination 용어를 사용한다. 그러나 대부분의 경우 두 용어는 학술적 의미를 구분하지 않고 동의어로 사용된다.

## 19.3 환경주의(Environmentalism)

산업의 발전으로 인해 물, 토양, 대기 등의 환경오염이 심화되고 있다. 이로 인해 인간은 환경의 질 보전에 관하여 관심이 증대되고 있다. 환경의 질이란 개념은 과학자, 공학자, 법률가, 사업가, 건강 전문가, 일반 국민, 학생 등 다양한 해당사자에 따라 다양하게 해석될 수 있다. 이때 환경오염과 보전에 접근하는 인간의 기본적인 방식, 철학, 견해 등을 환경주의라 부른다(Wikipedia; Pierzynski 등, 2005). 환경주의는 1962년에 미국의 생태학자 Rachel Carson이 저술한 『침묵의 봄(Silent Spring)』이 발간되어 일반 대중으로부터 환경에 대한 경각심이 일면서 태동된 것으로 간주되고 있다. 환경운동과는 다소 차이가 있는 개념이다.

환경주의는 세 가지 범주로 분류할 수 있다.

- 자기중심적 환경주의(egocentric) : 자기 자신의 관심사에만 집중
- 인류중심적 환경주의(homocentric) : 인간의 관심사에 집중
- 생태중심적 환경주의(ecocentric) : 환경전체에의 관심사에 집중

환경주의의 범주에 따라 농약을 바라보는 시각을 예를 들어보자. Egocentric의 경우 농약은 인간에게 해를 끼치는 오염원이므로 어떤 종류의 농약이 기준에 상관없이 어느 농도 수준으로도 환경에서 검출되어서 안 된다는 입장이다. NIMBY(Not In My Back Yard)현상과 유사하다. Homocentric의 경우 농약은 해로운 병해충과 제초 등의 목적을 위해 필요한 물질이므로 사용된 이후 농약이 인간에게 악영향을 미치지 않으면 된다는 입장이다. Ecocentric의 경우는 농약은 병해충 및 잡초 제거를 위해 필요한 물질이므로 안전사용기준에 따라 적절하게 사용되고 관리되어 이후에 생태계에 악영향을 주지 않으면 된다는 성향이다.

환경의 질에 대한 관심이 증대되면서 환경주의에 대한 개인의 성향은 '자기중심적'에서 '생태중심적'으로 점차적으로 변화되고 있다. 이런 경향은 저개발국가보다는 선진국에서 볼 수 있는 환경주의적 성향이다.

환경주의에 대한 관심이 증가되는 두 가지 이유를 살펴보자. 첫째, 인간이 다양한 물질에 노출됨으로써 생명이 단축될 것이라는 인식이 증가되고 있으므로 이런 물질에의 노출을 제거하거나 또는 감소시키려는 당연한 욕망에 기인된 것이다. 둘째, 최근에는 정밀 분석기술이 발달되어 예전에는 모르고 지냈던 물질들이 극미량 수준으로도 분석이 가능해짐에 따라 인간은 너무 많은 오염물질에 접하고 있다. 다양한 물질이 환경오염물질이고 인체에 해를 미치는 물질로 동정이 되면서 이들에 대한 인간의 생각이 달리 나타나기 때문일 것이다.

## 19.4 침묵의 봄(Silent Spring)

1962년 미국의 생태학자 Rachel Carson이 저술한 책으로 환경주의가 태동하고, 미국을 비롯한 선진국들에서 환경보전 운동이 시작된 계기를 제공하였다(위키백과). 이 책은 DDT와 같은 농약의 사용으로 인해 늘 접하던 새들이 사라짐을 경고한 것으로, 환경운동가뿐 아니라 과학자들에게 지대한 영향을 끼쳤다. 환경에 관한 교과서에도 자주 인용되고 있다. 『불편한 진실(An Inconvenient Truth)』을 집필하였고, 노벨평화상을 수상한 미국의 전 부통령 엘 고어는 본인이 환경운동을 펼치는데 『침묵의 봄(Silent Spring)』 책으로부터 많은 영감을 받았다고 한다.

이 책으로 인하여 1963년 미국의 케네디 대통령은 환경문제를 다룬 자문위원회를 구성하게 되었고, 1969년 미국의회는 DDT가 암을 유발할 수도 있다는 증거를 발표하였고, 1972년 미국 EPA(미 환경부)는 DDT의 사용을 금지하게 되었다.

이 책은 DDT나 BHC 같은 유기염소계 농약에 대한 생물학적 피해를 설명해 놓은 책으로서, 이런 유독물질의 사용을 줄여야 된다고 주장하고 있다. 이 책은 여러 가지 예시들을 통해서 이런 농약들이 우리 인체에 어떤 해를 주는가, 그리고 자연에는 어떤 영향을 주는가에 대해서 설명해주고 있다. 이 책은 이런 농약들을 전혀 사용하지 않는 것이 아니라, 좀 더 자연적인 방법과, 자연에 폐를 끼치지 않는 쪽으로 방향을 바꿔야 된다고 주장하고 있다.

## 19.5 DDT에 의한 달걀 파동

국민이 흔히 먹는 달걀에서 살충제인 DDT가 검출되면서 온 나라가 시끄러운 사건이 2017년 8월에 일어났다. 안전한 농산물을 원하는 소비자 입장에서는 정신적으로 심한 혼란을 경험했을 것이다. DDT는 1938년 발견 당시 기적의 살충제라고도 불리면서 널리 사용되어 왔다. 그 효과가 우수하여 식물뿐 아니라 인간에게 질병을 초래하는 해충을 제거하는 데도 사용되었다. 한국전쟁에 관한 다큐멘터리를 보면 미군들이 피난민들에게 DDT를 뿌리는 장면을 볼 수 있다. 예전에는 가정에서도 이(lice)를 죽이려고 많이 사용했다. 2차 세계대전 때에 많이 사용되었다. 이 공로로 DDT의 우수성을 발견한 스위스의 뮐러는 노벨상을 타기도 하였다.

그러나 이후 DDT는 많은 문제가 있는 농약으로 판명되었다. DDT에 내성이 생긴 해충이 발현되면서 그 약효가 낮아지고 더 많은 양을 사용하게 되었다. 『침묵의 봄』에서도 고발했듯이 이로 인해 다양한 생물체들이 피해를 입게 되었다. 한편 사용된 DDT는 분해가 되지 않아서 환경에 잔류하는 기간이 매우 길다. 사용한 DDT의 반이 줄어드는 데 걸리는 시간(반감기)이 약 10~20년 정도라고 하니 DDT가 환경으로부터 완전히 분해되어 없어지는 데는 100년이 걸리지도 모르는 일이다.

DDT의 이러한 문제로 인해 국제사회에서는 1970년대 초에 DDT의 사용과 생산을 중지하였고, 우리나라도 1979년에 DDT 사용을 금지하였다. 그런데 친환경 축산물로 인증된 달걀에서도 DDT가 검출되었고, 닭을 사육한 토양에서도 DDT가 검출되었다. 이 지역은 예전에 과수원으로 사용된 토지이고 그 당시 DDT를 포함한 농약을 많이 사용한 것으로 추정하고 있다. 식품에서 DDT가 검출된 것은 우리나라뿐이 아니다. 전 세계적으로 발생되는 현상이다. 우리나라 계란에서 검출된 DDT의 농도가 기준 미만이라고 보도되었다. 그러나 많은 환경문제와 생물체 잔류문제가 밝혀진 DDT가 최근 사용하지도 않았는데 우리가 매일 섭취하는 식품에서 검출되었다는 사실이 매우 충격적인 것이다.

계란에서 DDT가 검출된 사건은 환경오염과 인간건강에 관한 많은 생각을 하게 했다. 여기서 '환경주의'에 관하여 깊게 생각해볼 필요가 있다. 과연 이런 일이 나에게 일어났다면 나는 무슨 환경주의적 태도를 보여야 할까? 이번 사건은 환경이 오염되면 환경오염물질이 궁극적으로는 인간의 건강에도 영향을 미칠 수 있다는 사실을 확인시켜준 사건이다.

## 19.6 이산화탄소 등가(等價 : $CO_2$ - eq.)

요즈음 기후변화가 화제의 중심이 되고 있다. 기후변화에 따른 지구온난화현상이 일상생활뿐 아니라 산업, 경제, 생태계 등에 미치는 영향이 막대할 뿐 아니라 그 영향 범위가 매우 크기 때문이다. 지구온난화를 초래하는 온실가스(greenhouse gas : GHG)의 배출량을 표기할 때 $CO_2$-eq.를 단위로 사용한다. $CO_2$-eq.(carbon dioxide equivalent : CDE)는 '이산화탄소 등가'로 번역되고 있다.

6가지 주요 온실가스의 종류로는 이산화탄소($CO_2$), 메탄($CH_4$), 아산화질소($N_2O$), 육불황($SF_6$), 수소불화탄소화합물(Hydrofluorocarbon : HFC), 과불화탄소화합물(Perfluorocarbon or perfluorocarbon compounds : PFC)이다.

온실가스마다 지구온난화에 미치는 영향이 다르다. 여기에는 2가지 원인이 있다. 첫째, 각 온실가스는 에너지를 흡수하는 능력(radiative efficiency)이 다르고, 둘째, 이들 온실가스가 대기에 지속하는 시간(life time)이 다르기 때문이다. 예를 들어 메탄은 기후변화에 미치는 영향이 이산화탄소보다 21배 크지만 대기 중에서는 이산화탄소보다 오래 존재하지 않는다(life time =

12년).

온실가스 총배출량을 비교하기 위해 각 온실가스의 실제 배출량과 지구온난화지수를 고려하여 이를 모두 이산화탄소 등가($CO_2$-eq.)로 변환한다. 3대 핵심 온실가스의 배출량 $CO_2$-eq.란 다음의 3가지 변환 값의 합으로 정의할 수 있다.

- 이산화탄소의 지구온난화지수 1×이산화탄소 배출량
- 메탄가스의 지구온난화지수 21×메탄 배출량
- 아산화질소의 지구온난화지수 310×아산화질소 배출량

예를 들어, 메탄가스 1 kg과 아산화질소 1 kg이 대기로 배출되면 이는 각각 21 kg과 310 kg의 이산화탄소에 상응하는 온실가스를 배출하는 격이다. 육불황(sulfur hexafluoride : $SF_6$)은 테니스공을 채우는 데 사용되는 기체인데 지구온난화지수가 23,900이므로 $SF_6$가 1 kg 배출될 경우 이는 23,900 kg의 이산화탄소에 상응하는 온실가스를 배출하는 격으로, 이는 1년에 5대의 자동차를 운행할 때 배출되는 이산화탄소에 상응한다.

## 19.7 지구온난화지수(Global Warming Potential)

많은 종류의 온실가스들이 지구온난화에 미치는 영향을 서로 비교할 수 있도록 UN 전문가 위원회인 IPCC(Intergovernmental Panel on Climate Change)에서는 지구온난화지수(global warming potential : GWP)를 정의하였다.

지구온난화지수란 특정 온실가스의 일정량이 이산화탄소와 비교할 때, 일정 기간 동안(보통 100년) 기후온난화에 미치는 영향을 지수로 나타내는 값이다. 이를 좀 더 학술적으로 표현하면, 1톤의 이산화탄소 배출과 비교하여, 1톤의 온실가스가 배출될 때 일정 기간(일반적으로 100년) 동안에 이들이 얼마나 많은 에너지를 흡수하는가를 측정하는 지표이다. 즉 GWP가 높을수록 그 온실가스는 해당 기간 동안에 이산화탄소에 비해 지구온난화에 더 크게 기여한다는 의미이다.

대표적인 온실가스들의 지구온난화지수는 다음 표 19.1에서 보여주고 있다.

표 19.1 온실가스들의 지구온난화지수

| 온실가스 | 화학식 | 대기 잔류시간 (life time : 년) | 지구온난화지수(GWP)** (100년) | 주된 배출원 |
|---|---|---|---|---|
| Carbon dioxide 이산화탄소 | $CO_2$ | variable* | 1 | 에너지, 산업공정 |
| Methane 메탄 | $CH_4$ | 12 | 21 | 농업, 폐기물, 축산 |
| Nitrous oxide 아산화질소 | $N_2O$ | 120 | 310 | 산업공정, 비료사용 |
| Sulfur hexafluoride 육불황 | $SF_6$ | 3,200 | 23,900 | 냉매, 세척용 |
| HFC : Hydrofluorocarbon 수소불화탄소화합물 | $CHF_3$, $CH_2F_2$, $CH_3F$ 등 13종 | 1.5~265 | 140~11,700 | 냉매, 세척용 |
| PFC : Perfluorocarbon 과불화탄소화합물 | $CF_4$, $C_2F_6$, $C_3F_8$ 등 7종 | 2,600~50,000 | 6,500~92,000 | 냉매, 세척용 |

(출처 : UN Climate Change, 2014. http://unfccc.int/ghg_data/items/3825.php)
* Bern Carbon cycle Model에 의해 유도 : 탄소의 대기 잔류시간은 다른 온실가스와 달리 시간에 따라 감소하는 패턴이 간단하지 않다. 많은 양의 탄소는 수백 년에 걸쳐 바다와 생물권(예, 식물)과 혼합되는 탄소순환에 의해 그 양이 적어지고, 그 이후 수십만 년에 걸쳐 서서히 탄산염광물로 형성되면서 제거된다.
** SAR : IPCC Second Assessment Report(SAR)에서 보고

## 19.8 LULUCF(Land Use, Land Use Change, and Forestry) : 토지이용, 토지이용변화 및 산림

국가별로 온실가스의 배출량을 산정할 때 LULUCF란 용어가 사용되고 있다(16. 농업과 환경오염 단원 참조). 기후변화 영향을 평가할 때 LULUCF는 기후변화 영향을 경감한다고 잘 알려져 왔다.

이산화탄소가 대기 중에 축적되는 비율은 대기 중의 이산화탄소가 육상생태계의 식물이나 토양에 탄소화합물로 축적됨에 따라 감소될 수 있다. UNFCCC(United Nations Framework Convention on Climate Change)는 대기 중의 온실가스를 제거하는 어떤 과정이나 활동 혹은 기작을 '수용체(sink)'라고 정하고 있다.

인간의 활동은 토지이용(land use), 토지이용변화(land use change) 및 산림(Forestry)에서의 활동을 통하여 육상생태계의 수용체에 영향을 미친다. 이는 결국 육상의 생물권시스템과 대기 사이에서의 이산화탄소의 교환(탄소 순환)에 영향을 미치게 된다. LULUCF 부문에서의 기후변화 저감 효과는 대기로부터 직접 온실가스의 제거시키거나, 또는 발생원으로부터의 온실가스

배출을 감소(즉, 탄소의 저장) 시킬 수 있는 것에 기인된다. 이는 저장된 탄소가 방출되는지 또는 저장된 탄소가 증가되는지를 설명하는 말이다.

산림은 나무의 광합성과 토양의 탄소격리의 증대를 통해 지구의 지대한 탄소저장고가 된다. UN FAO(2015)에 따르면 지구의 산림과 나무가 자라는 토지는 485 기가 톤(Gt : Gigatonnes; 1Gt＝10억 톤)의 탄소를 저장할 수 있다고 보고하고 있는데, 이 중 53%에 해당되는 약 260 Gt은 바이오매스로 저장, 37 Gt(8%)은 죽은 나무와 낙엽에 저장, 그리고 189 Gt(39%)은 토양에 격리되어 저장된다(UN FAO, 2015).

산림의 지속적 관리, 나무 심기 및 복구 등의 활동은 산림에서의 저장된 탄소를 보전하거나 탄소의 저장을 증가시킬 수 있으나 산림파괴 및 불량한 관리는 탄소저장을 감소시킨다. 국가별로 온실가스의 배출량을 산정할 때 LULUCF에 의한 배출량은 대부분의 경우 (－)값을 갖게 되는데 이는 온실가스를 흡수하여 식물체나 토양에 격리시킨다는 의미이다. 따라서 총배출량에서 LULUCF에 의한 값은 제외하면 순 배출량이 된다.

## 19.9 물발자국(Water Footprint) 및 가상수(水) (假想水, Virtual Water)

우리가 하루에 사용하는 물은 얼마나 될까? 마시고, 씻고, 청소하는 물은 직접 사용하는 것으로서 보이는 물이다. 그러나 일상생활을 하면서 먹고 사용하는 제품들에는 보이지 않는 물이 있다.

예를 들어 쌀을 1 kg 생산하는 데 2,500 L의 물이 필요하다고 한다(그림 19.1). 쌀을 생산할 때 빗물, 강물, 지하수 등의 물이 관개수로 사용된다. 이후 가공과 유통과정에서는 수돗물과 지하수가 이용되고, 소비자가 조리하고 섭취할 때도 물을 사용한다. 이와 같이 제품에 따라 차이는 있지만, 우리가 일상생활에서 사용하는 모든 제품들은 생산, 유통, 소비하는 과정에서 물을 필요로 한다. 여기에 사용되는 물의 양을 보면 보이지 않는 물이 훨씬 많을 수 있다는 것을 알 수 있다.

물발자국과 가상수는 인간이 살아가며 실제로 사용하는 물의 양을 계산하는 지표로서 유사한 의미를 지닌다. 이는 국가별로 실제 물 소비량을 예측하고 미래의 수자원 부족에 효율적으로 대처하기 위해 도입된 개념이다. 가상수의 개념은 영국의 앨런 교수가 1998년 처음에 제시하였다. 2002년 Chapagain & Hoekstra는 물발자국의 개념을 처음 도입했고, 이들에 의하여 가상수의 개념이 물발자국으로 확장되었다. 물발자국과 가상수의 차이는 무엇일까?

가상수란 간접적으로 사용하는 물의 총량, 즉 직접적으로 쓰지는 않지만 그 제품을 생산하는데 사용되어 '가상수'라 한다. 가상수의 경우 물이 제품에 들어 있다고 하여 포함된 물(embedded water)이라 부르기도 한다.

'물발자국'이란 제품의 원료취득, 생산, 유통, 소비, 폐기 등의 전 과정(life cycle) 동안에 직간접적으로 사용되는 물의 총량을 뜻한다. 즉 제품을 생산하고 소비하는 데 얼마나 많은 양의 물이 필요한지를 나타내 주는 지표이다(Water Footprint Network). 그림 19.1은 여러 가지 제품별 물발자국을 보여주고 있다.

직접수와 간접수의 개념을 예를 들어 비교해보자. 국수 한 그릇을 요리하기 위해 식당에서 사용하는 직접 사용수는 면을 끓일 때와 세척에 필요한 물 2 L 정도에 불과하지만, 밀을 생산하고 가공하고 수송하는 데 필요한 물은 198 L나 된다고 한다. 이렇게 보이지 않지만 간접적으로 사용된 물을 간접수 혹은 가상수라고 한다.

농산물이나 공산품의 수입과 수출이 실질적으로 물을 교역하는 것과 같은 효과를 나타낸다. 예를 들어 밀 1톤 생산에 필요한 물이 1,000 $m^3$이라고 가정하자. 우리나라가 외국으로부터 1톤의 밀을 수입하면 해당국가로부터 1,000 $m^3$의 물을 수입하는 것과 같은 의미이다. 이를 가상수 교역(virtual water trade)이라 부른다. 우리나라는 물 수입률(62%)이 높은 나라이다.

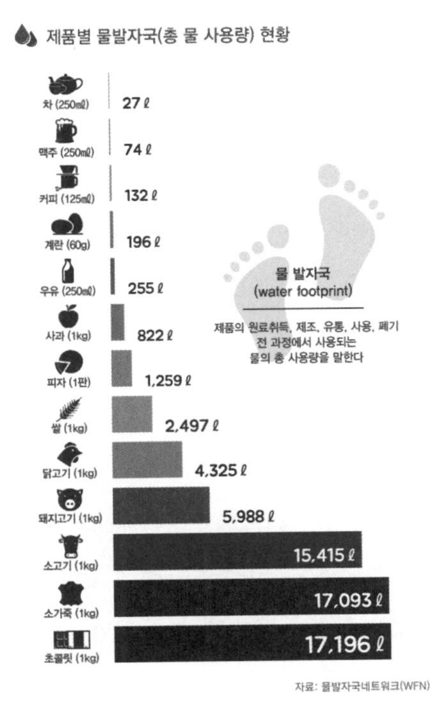


그림 19.1 다양한 제품에 대한 물발자국(출처 : 디지털조선일보 & tong+ 2017)

물발자국은 물이 어떻게 이용되고 어디로 이동하는가에 대한 개념으로 국가별 농작물 생산량과 수출입량을 산정하여 가상수의 이동을 추정하는 것이 가능하다. 농산물의 물발자국은 작물이 소비하는 직접수가 대부분을 차지하며, 공산품의 경우는 간접수가 비중이 크다.

물발자국은 기업, 정부, 개인 등 물을 사용하는 광범위한 이해당사자에게 유용한 정보를 제공할 수 있다. 기업의 제품 생산에서 물 의존성이 높은 공정은 무엇인지? 수자원은 규제에 의해 잘 보전되는지? 식량과 에너지 공급은 안정적인지? 개인의 물발자국은 줄일 수 있는지? 수자원은 어디에 사용되며 어떻게 관리될 수 있는지? 등의 질문에 관한 답을 제공할 수 있다(유, 2017).

물발자국은 녹색(green), 청색(blue) 및 회색(grey)으로 구분된다. 가상수의 경우도 동일하게 구분한다. 표 19.2는 이들의 모식도이다.

표 19.2 물발자국의 3대 요소

| 구분 | 녹색 물발자국 | 청색 물발자국 | 회색 물발자국 |
|---|---|---|---|
| 의미 | 생산에 필요한 강수량을 의미. 토양수에 해당. 농작물과 나무 생산과 관련 | 생산에 소요되는 지표수와 지하수량. 다시 유역으로 유입되지 않는 물 | 생산과정에서 오염된 물을 오염기준 이상으로 희석시키는데 필요한 물로서 지표수의 오염 지표가 됨 |

녹색 물발자국은 강수가 근권토양(Rhizospheric soil : Root Zone)에 저장되어 있다가 증발되거나 식물에 의해 이용되어 증산되는 물을 의미한다. 농업과 산림업에서의 바이오매스를 생산하는 물과 관련이 있다.

청색 물발자국은 개인이나 공동체가 사용하는 제품을 생산하기 위해 사용하는 지표수나 지하수를 의미한다. 이 물은 증발 또는 생산물에 포함되는 물로서 산업이나 가정에서 소비하는 물에 청색 물발자국 요소가 포함될 수 있다.

회색 물발자국은 가공품의 생산, 가공 단계별로 연관되는 담수 오염의 정도를 나타내는 지표다. 또한 오폐수를 자연적 배경농도와 주변수질기준에 맞게 정화하는 데 필요한 담수의 양이라고 정의한다. 회색물발자국의 개념은 오염원 농도를 주변 수계에 아무런 해를 미치지 않을 정도로 희석시키는 데 필요한 물의 양으로 표현할 수 있다(유, 2017).

선진국에서는 물부족 문제를 해결하고 물 절약을 유도하기 위해 제품의 물 사용량을 규제하는

‘물발자국’ 인증 제도를 운영하고 있다. 우리나라에서도 환경산업기술원(www.waterfootprint.org)에서는 향후 예상되는 환경규제의 국제추세에 대응하기 위해 국내 기업이 활용할 수 있도록 제품의 물발자국산정 방법을 국가표준(KS)으로 제정했다.

한국의 가상수 평균 사용량은 1,629 $m^3$/인으로 세계 평균 가상수 사용량 1,385 $m^3$/인보다 높다. 한국은 일본, 이탈리아, 영국, 독일에 이어 세계 5위의 가상수 순수입국이다. 우리나라는 농산물뿐 아니라 다양한 자원이나 재료 및 공산품을 수입하므로 수입하는 가상수량이 해마다 증가하고 있는 실정이다. 식량 자급률이 낮아서 농산물의 수입 양이 증가한다는 것은 가상수의 수입량이 증가한다는 의미다. 우리나라는 연평균 320억 $m^3$의 가상수를 농축산물 및 공산품의 무역을 통하여 순수입하고 있으며 그 양은 지속적으로 증가추세를 보이고 있다(유, 2017).

가상수 개념은 현재 전 세계 많은 지역에서 겪고 있는 물부족 문제를 해소하고 보다 지속가능한 물관리를 실현하기 위한 새로운 접근방법으로 주목을 받고 있다. 또한 기존의 국내 물수지를 산정하여 물관리 계획을 세우고 정책을 시행하는 한계에서 벗어나 전 지구적 관점에서 물을 얼마나 효율적으로 이용하고 절약할 수 있느냐를 고민할 수 있는 효용성으로 인해 많은 국가에서 물 관리 계획 수립 및 정책 시행에 적극적 도입을 검토하고 있다(이 등, 2010).

## 19.10 환경성적표지(environmental product declaration : EPD) 인증제도

우리나라 환경부, 환경산업기술원에서는 물발자국뿐 아니라 탄소, 자원, 생물다양성, 인체독성 등 10대 환경분야에서 환경성적표지(environmental product declaration : EPD) 인증제도를 운영하고 있다.

환경성적표지 제도는 제품 및 서비스의 환경성 제고를 위해 제품 및 서비스의 원료채취, 생산, 수송, 유통, 사용, 폐기 등 전 과정에 대한 환경영향을 계량적으로 표시하는 제도이다. 그림 19.2는 10대 환경분야 영향범주에 대한 인증제도 아이콘을 보여주고 있다. 이들은 선택적으로 3가지, 10가지 등 조합형으로 표기할 수 있다. 환경산업기술원의 환경성적표지 홈페이지(www.epd.or.kr)에 방문하면 제도소개, 인증소개, 인증제품 현황, 법 및 제도 등에 관한 자세한 정보를 얻을 수 있다.

그림 19.2 10대 환경 분야 인증제도 아이콘

## 19.11 생태발자국(Ecological Footprint)

생태발자국은 인간이 지구에서 삶을 영위하는 데 필요한 의·식·주 등을 제공받을 때 자원의 생산과 폐기에 드는 비용을 토지로 환산한 지수를 말한다. 인간이 자연에 남긴 영향을 발자국으로 표현하였다(그림 19.3).

세계자연기금(World Wide Fund for Nature : WWF)에 의하면 생태발자국이란 일반적인 기술 및 자원관리 방식을 이용하여 인간의 활동에 있어 1) 필요한 모든 자원을 생산하고, 2) 이의 폐기물을 흡수하는 데 필요한 생물생산력이 있는 토지 또는 수역의 면적을 나타내는 척도라고 정의하고 있다.

그림 19.3 생태발자국 모식도(출처 : 세계자연기금 한국본부, 2016)

생태발자국은 1996년 캐나다 경제학자 마티스 웨커네이걸과 윌리엄 리스가 개발한 개념이다. 지구가 기본적으로 감당해낼 수 있는 면적 기준은 1인당 1.8 ha이고 면적이 넓을수록 환경문제가 심각하다는 의미가 된다. 선진국으로 갈수록 이 면적이 넓은 것으로 나타났으며, 선진국에 살고 있는 사람들 가운데 20%가 세계 자원의 86%를 소비하고 있다.

대한민국은 1995년을 기준으로 이 기준점을 넘기 시작했고, 2012년에는 5.7 ha에 이르렀다(기획재정부, 2017). 생태발자국을 줄이기 위해서는 가지고 있는 자원의 낭비를 최대한 줄이고, 대체 에너지를 개발하여 환경오염의 가속화와 자원의 고갈을 막아야 한다. 녹색연합이 2004년 조사한 바에 따르면 한국인의 생태발자국은 4.05 ha로 이 방식대로 생활한다면 지구가 2.26개 있어야 한다(https://ko.wikipedia.org/wiki/생태발자국).

인간의 생태발자국을 줄이기 위해 다양한 노력이 국제적으로 추진되고 있다. 이를 위해 기후변화, 에너지, 탄소, 지속 가능한 도시, 농업, 어업, 임업 및 물 분야에서 새로운 기술과 관리 방안들을 연구하고 있다. 2020년의 목표는 에너지, 탄소, 원자재 및 물의 합리적 이용기술 및 관리를 통해 인류의 생태발자국을 2000년도 수준으로 유지하는 것이고, 2050년에는 인류의 생태발자국이 지구의 생태용량, 즉 인류와 자연을 지속 가능하게 지탱할 수 있는 지구의 한계 내로 감축하는 것을 목표로 하고 있다.

생태발자국은 식량, 목재, 면화를 생산하고 도시 및 도로를 건설하고 산림이 탄소를 흡수하는 등 지구의 생태서비스 및 자연자원에 대한 인류의 수요를 측정한 개념이다(세계자연기금 한국본부, 2016). 본 보고서에서 제시하는 주요 내용과 시사점은 다음과 같다.

- 한국의 생태발자국은 한국의 생태계 재생 능력(생태용량)의 8배나 된다.
- 어장(해양 및 내륙 수역)이 한국의 총 생태용량에서 가장 큰 부분을 차지한다.
- 한국의 생태발자국 구성요소 중 가장 큰 부분은 탄소로, 73%를 차지한다. 이는 세계 각국의 탄소발자국 평균 비율인 60%를 크게 상회하는 것이다. 재생에너지로의 전환이 한국이 온실가스 배출량을 줄이면서도 생태발자국을 줄일 수 있는 가장 강력한 방법이라고 할 수 있다.
- 한국의 주요 무역 상대국은 생태 적자 상태(예 : 미국, 일본)에 처해 있거나 생태발자국이 매우 크며 증가하고 있다(예 : 오스트레일리아, 캐나다, 러시아).
- 생태발자국 상위 3개 부문은 식량, 개인 교통수단, 가계의 에너지 사용 방식(전기, 가스 및 기타 연료 등)으로, 생태발자국을 감축함에 있어 이들 부문의 변화가 중요하다.
- 에너지, 물, 음식, 목재 및 종이, 교통수단 등 개인이 일상생활에서의 선택으로 한국의 생태발자국을 줄일 수 있다.

• 정부와 기업 역시 저탄소 경제로 나아갈 수 있는 정책과 생산 방식에 투자해야 한다.

## 19.12 탄소발자국(Carbon Footprint)

탄소발자국이란 인간의 삶, 생산 및 소비활동을 직접적 또는 간접적으로 지원할 때 배출되는 온실가스의 총량을 의미한다. 또 다른 표현으로는 인간, 기관, 사건, 또는 생산 활동에 의해 초래되는 온실가스 배출의 총량을 이산화탄소 등가($CO_2$ equivalent : $CO_2$ eq.)로 표기한 것이다. 예를 들면 자동차를 운전할 때, 가정에서 난방을 할 때, 식량이나 공산품을 생산할 때도 이산화탄소를 배출하게 된다. 메탄이나 아산화질소 등의 다른 온실가스도 배출되는데 모든 온실가스를 이산화탄소로 환산하여 계산한다(본 단원의 이산화탄소 등가 참조).

'환경성적표지' 또는 '탄소성적표지제도'는 환경부가 주관하고 한국환경산업기술원이 운영하고 있는 저탄소 녹색성장을 지원하기 위해 2009년 2월 도입한 제도로 제품의 생산, 수송·유통, 사용, 폐기 등 모든 과정에서 발생하는 온실가스 발생량을 이산화탄소($CO_2$) 배출량으로 환산하여, 라벨 형태로 제품에 부착하는 제도이다. 탄소발자국에 대한 환경성적표지 라벨은 그림 19.4에서 보여주고 있다. 탄소발자국은 1단계 탄소 배출량 인증, 2단계 저탄소제품 인증, 3단계 탄소중립제품으로 구성되어 있다.

그림 19.4 탄소성적표지 제도의 3단계 인증

탄소 배출량 인증은 제품 및 서비스의 생산부터 폐기까지의 전 과정에서 발생되는 온실가스 배출량을 산정한 제품임을 정부가 인증해주는 것이다. 저탄소제품은 동종제품의 평균 탄소 배출량 이하(탄소발자국 기준)이면서 저탄소 기술을 적용하여 온실가스 배출량을 4.24%(탄소 감축률 기준) 감축한 제품임을 정부가 인증해주는 제도이다. 탄소중립제품 인증은 제품 전

과정에서 발생하는 온실가스 배출량에 상응하는 만큼 탄소배출권을 구매하거나 온실가스 감축 활동을 하여 실질적인 탄소 배출량을 영(0)으로 만든 제품에 부여하는 인증이다(www.epd.or.kr).

탄소발자국은 인간의 활동이 지구온난화에 미치는 영향을 이해하는 데 매우 유용한 도구이다. 탄소발자국은 지구온난화와 교토의정서 등 세계적으로 이슈화 되면서 탄소배출권 거래제 등으로 발전하였다.

2006년 영국 의회과학기술국(POST)에서 '탄소발자국' 용어를 처음 만든 이후 개인별로 또한 각 제품별로 탄소 배출량을 계산할 수 있게 되었다. 현재 인터넷에서는 '탄소발자국계산기' 또는 'carbon footprint calculator'라는 핵심어를 입력하면 탄소발자국을 다양한 분야에서 계산할 수 있도록 정보를 제공해주고 있다.

표 19.3은 일상생활 속에서 배출되는 탄소발자국의 예를 보여주고 있다. 종이컵은 무게는 5 g 정도이지만 탄소발자국은 11 g이다. 연간 우리나라에서 사용되는 종이컵은 약 120억 개이다. 그러므로 종이컵을 생산, 소비하고 폐기하는 데 약 132,000톤의 이산화탄소가 배출되며 이를 흡수하기 위해서는 4725만 그루의 나무를 심어야 한다(KBS 환경스페셜, 2008. 6. 18. 오마이뉴스 보도, 6. 20.).

표 19.3 일상생활에서 발생하는 탄소발자국(출처 : https://gscaltexmediahub.com/archives/15885)

| | | | |
|---|---|---|---|
| **일회용컵** 사용 | 11g | **노트북** 사용 10시간 | 258g |
| **샤워** 15분 | 86g | **TV시청** 2시간 | 129g |
| **헤어드라이기** 사용 5분 | 43g | **냉장고** 24시간 | 554g |
| **화장실** 1회 | 76g | **전기밥솥** 사용 10시간(보온포함) | 752g |
| **세탁기** 1시간 | 791g | **사무실 형광등** 10시간 | 103g |

각국은 탄소발자국 개념을 도입해 기후변화를 저감하고 환경을 보전하려는 다양한 운동에 적극 나서고 있다. CNN은 '녹색 생활을 시작하는 10가지 방법(10 first steps to greener living)'이라는 기사를 통해, 생활 속에서 실천 가능한 환경보호 방법을 소개했다. 절전형광등 설치, 적정 온도 유지, 에어컨 필터 청소, 전기제품 플러그 뽑기, 절약형 샤워기 사용, 경제적 자동차 운전, 정기적 자동차 점검, 자전거 청소, 일주일에 하루 채식하기, 제철 음식 섭취하기 등이다. 이는 녹색사회로의 전환을 위해 소비패턴의 변화를 강조하고 이를 위해 농공산품에 탄소 배출량을 표시하여 녹색 구매를 촉진하려는 것이다.

## 19.13 탄소배출권과 탄소배출권 거래제

탄소배출권(certified emission reduction : CER, 인증감축량 또는 공인인증감축량)이란 CDM(청정개발체계 : clean development mechanism)사업을 통해서 온실가스 방출량을 줄인 것을 유엔의 담당기구(UNFCCC)가 개별국가에 그 만큼 배출할 수 있다는 권리를 부여하는 것이다(https://ko.wikipedia.org/wiki/탄소_배출권, 나무위키 2017, 탄소배출권). 이러한 탄소배출권은 배출권거래제에 의해서 시장에서 거래가 될 수 있다.

탄소배출권의 근거가 되는 교토의정서의 3가지 제도는 공동이행(joint implementation), 청정개발체제(CDM), 배출권 거래(emission trading)로 이루어져 있는데, 이 중 공동이행과 청정개발체제는 UNFCCC가 각국에 탄소배출권을 할당하는 주요 기준이 된다. 배출권은 주식이나 채권처럼 거래소나 장외에서 매매할 수 있다.

배출권 거래제도는 각 국가가 부여받은 할당량 미만으로 온실가스를 배출할 경우 그 여유분을 다른 국가에 팔 수 있게 하고 반대로 온실가스의 배출이 할당량을 초과할 경우에는 다른 국가에서 배출권을 사들일 수 있도록 하여, 제도적 유연성을 확보하는 동시에 경제논리로서 각국이 자발적으로 온실가스를 줄이도록 유도하는 데 의의를 둔다(나무위키 2017, 탄소배출권).

선진국이 개발도상국에 가서 온실가스 감축사업을 하면 유엔에서 이를 심사·평가해 일정량의 탄소배출권(CER)을 부여한다. 이 온실가스 감축사업을 청정개발체제(CDM) 사업이라고 한다. 선진국뿐 아니라 개도국 스스로도 CDM 사업을 실시해 탄소배출권을 얻을 수 있는데, 한국은 이에 해당한다.

탄소배출권은 국가별로 부여되지만 각국이 대부분의 배출권을 기업에 할당하기 때문에 탄소배출권 거래는 대개 기업들 사이에서 이뤄진다. 기업 입장에서는 일반적으로 온실가스 배출량을 줄여 배출권을 파는 것이 이익이지만, 반대로 온실가스 배출권이 감축비용보다 저렴하면 그냥 배출권을 구입하는 것이 비용절감이 될 수도 있다.

한국은 2015년에 이러한 탄소배출권을 도입했다. 하지만 탄소배출권 거래제는 실패로 판명되는 듯하다. 이 분야에서 선구자로 꼽히는 유럽에서조차 탄소배출권 거래규모가 지속적으로 감소하고 있다. 이렇게 된 가장 큰 이유는 유럽 경제위기로 인해 탄소 배출량이 줄어들면서 배출권을 다 쓰지도 못하게 되었기 때문이다. 어떤 의미에서는 탄소 배출량 감소를 달성하긴 했지만, 경제위기로 인해 공장이 돌아가지 못하고 이로 인해 실업자가 거리에 즐비한 상황을 긍정적으로 평가할 수는 없는 일이다.

탄소배출권 거래제도의 문제점 중 하나는 탄소배출권 시장이 활성화되면 탄소배출권의 가치가 산정되는데, 이때 탄소 배출 할당량이 적당히 나눠지지 않을 경우 오히려 공정한 경쟁을 방해할 수 있다. 우리나라의 경우도 탄소배출권 거래제도가 미비한 실정이다. 탄소배출권 시장을 활성화해야 한다면서 업종별 배출 할당량을 아주 낮게 잡았고, 이로 인해 배출권 물량 자체가 나오지 않으면서 거래가 부진해진 것이다.

## 19.14 유엔 신기후변화협상체제(Conference of the Parties 21 : COP21:)

IPCC에 의하면 대기 중 온실가스 증가로 지구 평균기온(1880~2012년)은 0.85℃ 상승하였으며 현재 추세가 이어질 경우 금세기말(2081~2100년)에는 1986~2005년 대비 3.7℃가 상승할 것으로 예상하고 있다.

2015년 12월에 '제21차 당사국총회(COP-21)'가 프랑스 파리에서 개최되었다. 여기서는 지구온난화를 대비해 전 세계 195개국 정상들이 한자리에 모여 온실가스 배출에 대한 지속적인 관리와 책임 이행을 약속하는 내용의 '파리 기후협정문(Paris Agreement)'을 채택했다. 이는 교토의정서 체제를 대체하는 신기후변화체제 합의문으로써 선진국과 개발도상국 모두 의무이행 당사국으로서 자국의 상황에 맞는 기후변화 대처방안을 모색하게 된다.

주요 선진국을 대상으로 온실가스 배출 감축의무와 감축목표량을 제시했던 기존체제와 달리 참여 국가 스스로 감축목표량을 설정할 수 있도록 정하였다. 이번 협약의 주요 목적은 산업화 이전과 비교하여 지구 평균온도의 상승폭을 2℃ 미만 수준으로 유지하는데 있으며 궁극적으로 1.5℃까지 제한하고자 함이다.

모든 당사국은 탄소 배출량 감축에 적극 동참하고, 향후 감축목표량과 그 이행방안에 관한 내용을 담은 국가별 기여방안을 5년마다 제출할 의무를 가진다. 5년마다 개정되는 기여방안은 기존 기여방안보다 더 높은 수준의 감축목표량을 제시하여야 하며 이를 바탕으로 협약에 대한 전반적인 이행점검이 국제적 차원에서 이루어지게 된다.

도널드 트럼프 미국 대통령이 파리 기후변화협정 탈퇴를 선언하면서 미국은 파리협정에 가입하지 않은 세계 '3번째' 국가가 됐다. 앞으로 전 세계 기후변화를 막기 위한 '약속'이었던 파리협정과 지구가 어떤 운명을 맡게 될지 관심이 집중되고 있다. 이날 전까지 파리협정에 함께하지 않은 국가는 시리아와 니카라과뿐이었다. 세계 최대 경제국이자 온실가스 배출량은 중국에 이어 2위이며 세계 탄소 배출량의 15%를 차지하는 '거대 탄소국'이 바로 미국이기 때문이다. 결론적으로 지구상 모든 국가가 협력해도 미국이 없다면 지구 기온은 산업화 전보다 3.6℃ 높아진다. 세계 7위의 온실가스 배출국가인 한국은 2030년까지 전망치 대비 37%의 온실가스 감축을 목표로 온실가스 감축에 동참하고 있다

## 19.15 유엔 지속가능발전목표(UN Sustainable Development Goals : SDGs)

2015년 유엔총회에서 193개 회원국 정상들은 '지속가능발전에 관한 2030 아젠다(2030 Agenda for Sustainable Development)'와 이와 관련된 '17개 분야, 169개 세부목표의 지속가능발전목표(Sustainable Development Goals : SDGs)'를 채택하였다. 지속가능발전목표는 'Millennium Development Goals(MDGs)'에 기반을 둔 후속의제이다(http://www.un.org/sustainabledevelopment/sustainable－development－goals/).

유엔, 회원국 정부, 기업체 및 시민들이 모두 함께 2030년까지 지속가능발전 아젠다 달성을 위해 노력할 것을 결의한 것이다. 이의 목표는 가난을 종식하고, 불평등을 해소하고, 기후변화를 억제하며, 지구를 보호하여 번영을 추구하자는 것이다. 설정된 각각의 목표는 향후 15년간 달성하도록 노력하는 것이다.

지속가능발전 개발목표는 법적 구속력이 있는 것은 아니지만 각 국가 정부에서 17개 목표를 달성하기 위한 국가적 틀을 구축하는 것을 기대하고 있다. 각국에서는 이 목표를 이행할 때 후속조치와 검토를 할 수 있는 주된 의무가 부여된다. 아젠다는 범위가 넓고 명확하지는 않으나, 지속적 개발에 관한 3가지 차원을 명시하고 있다. 즉 사회적, 경제적 및 환경적 차원이다. 아울러 평화, 정의 및 효율적인 제도화의 중요성도 강조하고 있다. 이행수단을 가능하도록 자본, 기술개발 및 이전, 파트너로서의 협력방안들도 중요한 것으로 인식하고 있다. 2015년에 채택된 신기후변화 협상체계인 파리협정은 지속적 개발목표 달성을 위한 노력의 하나이다.

그림 19.5는 지속적 개발목표의 17가지 분야를 보여주고 있다. 각각의 분야를 합하면 169개의 세부목표가 있다. 이 중 농업과 환경에 관련된 목표들이 많이 포함되어 있다. 각각의 목표에 대한 구체적인 내용은 http://www.un.org/sustainabledevelopment과 지속가능발전포털(http://ncsd.go.kr/app/sub02/20.do)에서 찾아볼 수 있다.

그림 19.5 지속가능발전목표(Sustainable Development Goals: SDG)에 관한 17개 분야(출처 : 지속가능발전 포털 : http://ncsd.go.kr/app/sub02/20_tab2.do)

## 19.16 토양안보(Soil Security)

유엔의 지속가능한 발전목표(sustainable development goals : SDGs)에 나열되어 있듯이, 현재 우리사회는 지구와 인류의 지속 가능한 발전을 위해 여섯 가지의 환경과 관련된 도전과제, 즉 식량안보, 물 안보, 에너지 안보, 기후변화 경감, 생물다양성 보호, 생태계 서비스에 직면하고 있다. 토양은 이들 도전과제를 해결함에 있어서 매우 중요한 역할을 수행한다(McBratney 등, 2014). (그림 19.6).

토양은 환경과 인간에게 유익한 기능, 즉 생태계 서비스를 제공하고 있다. 반면에 토양의 건강성은 오염, 유실, 산성화, 유기물 감소, 생물다양성 감소, 염류화 등과 같은 위협요인에 직면하고 있다.

토양안보를 학술적으로 정의하자면 식량, 섬유, 수자원, 에너지 및 기후, 생물다양성 유지 및 생태계 전반적인 보호를 위한 토양 자원의 유지 및 개선하는 것이라 할 수 있다. 이 개념의 범위와 내용을 규정하기 위해서는 일련의 차원을 설정해야 한다.

토양안보란 토양이 직면하는 위협요인들을 최소화하고, 토양이 제공하는 생태계 서비스 기능을 최대화하여, 토양으로 하여금 환경의 건강성 유지와 인간의 건강과 삶의 질 향상에 기여하게끔 하는 것이다. 이런 조건이 확보되었을 때 토양안보는 확보된다고 할 수 있다. 토양안보는 물 안보, 식량안보와 비슷한 개념을 갖고 있다. 토양안보는 우리가 직면하고 있는 환경문제를 해결할 수 있는 핵심 역할을 하게 될 것이다.

이를 위해 2015년 5월 미국에서 세계 14개국 및 40개 기관의 약 85명의 토양학자들이 모여 토양안보의 범위에 대해 논의하였고, 그 결과 토양안보 범위를 5C, 1) 기능(Capability), 2) 건강상태(Condition), 3) 토양의 가치(Capital), 4) 연계성(Connectivity), 5) 정책 제도화(Codification)로 구분하였다.

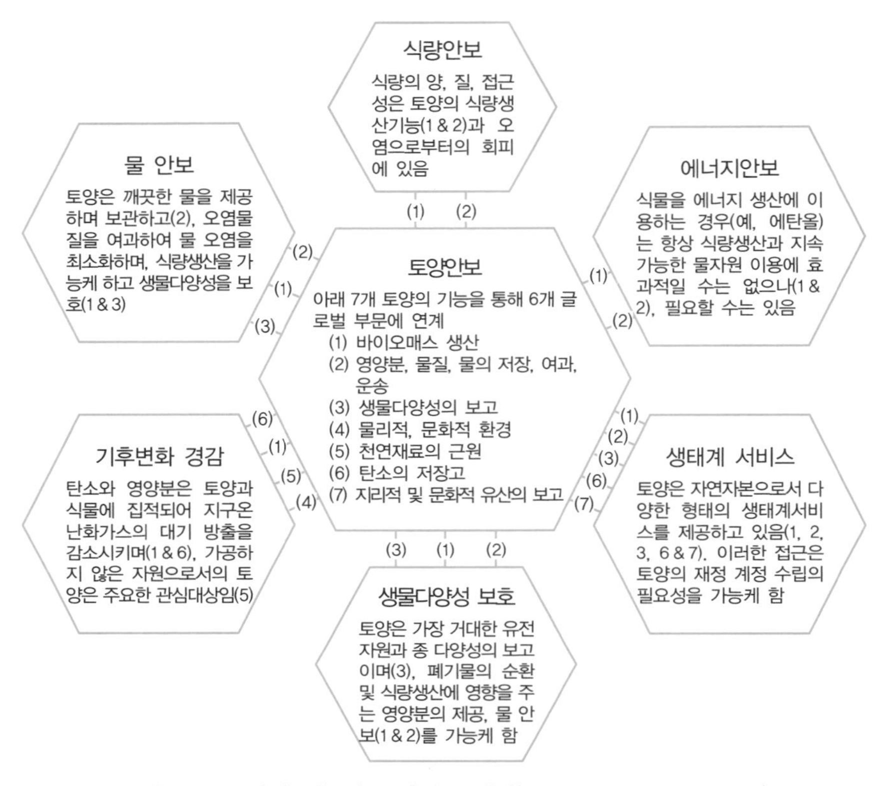

그림 19.6 토양의 기능과 토양안보 개념(McBratney et al., 2014)

## 19.17 지속 가능한 농업(Sustainable Agriculture)

세계적으로는 인구의 증가가 계속되고 있으며, 농업의 생산성이 아직도 화석연료와 재생할 수 없는 자원의 사용에 의존하고 있는 실정이다. 이와 같이 농업은 결국 생산능력을 저하시키고 인구 증대에 따른 식량의 추가적인 생산을 지속할 수 없다.

전래 농업의 목표는 비료와 농약을 과다 사용하는 집약적 고투입농업(high input agriculture)에 의존하여 생산성(productivity) 향상과 이에 따른 농가소득의 증대에 두어왔다. 그러나 이는 토양의 질 악화와 주변 수질환경(호소, 지하수, 지표수)의 오염을 초래하게 되었다. 즉 농업이 지속적이지 못하게 되는 우려가 심각하게 제기되고 있는 실정이다.

따라서 현대 농업의 목표는 생산성의 유지·향상과 환경의 질을 보전하는 2가지 명제를 해결해야 하는 새로운 패러다임(Paradigm)으로 변화하고 있다. 현대농업의 목표달성을 위해 시행되는 농업이 저투입 지속 가능한 농업(Low Input Sustainable Agriculture : LISA)이다.

지속 가능한 농업의 기본 원리는 생태계가 제공할 수 있는 서비스 기능의 이해를 바탕으로 한 지속적인 방법으로 영농활동을 하는 것이다(양 등, 2008). 이는 식물과 동물 생산 활동에 관한 통합적인 시스템으로 지역특이성(site－specific)을 보이며 그 효과가 장기적으로 도출되어야 한다. 지속적 농업의 목표를 요약하면 다음과 같다.

- 지속적 생산을 통해 인간이 필요로 하는 식량과 섬유질 제공
- 과학적 영농기술에 의한 토양관리 및 농자재 사용
- 환경의 질과 자연자원을 보전함과 동시에 농가 소득 향상
- 재생 불가능한 자원과 농가의 자원을 최대한 효율적으로 활용하여 자연적인 생물학적 물질순환과 제어가 가능하도록 관리
- 농가의 경제적 경영을 지속적으로 가능하게 함
- 농민과 농촌의 삶의 질 향상에 기여

외국에서는 지속적 농업을 환경친화형 농업(Environmentally Sound Agriculture : ESA)이라 부르기도 하며, 우리나라의 경우 친환경농업이 여기에 해당된다고 볼 수 있다.

## 19.18 친환경농업과 유기농업

친환경농업이란 농업의 생산성 향상과 환경의 질을 보전하려는 현대농업의 목표를 달성하는 영농방식이다(양 등, 2008). 외국에서는 지속적 농업, 환경친화형 농업, 저투입지속적 농업 등으로 불리고 있으나 우리나라에서는 친환경농업이라고 부르고 있다. 우리나라의 친환경농업육성법에서 정의하는 "친환경농업이라 함은 농약의 안전사용기준 준수, 작물별 시비기준량 준수, 적절한 가축사료첨가제 사용 등 화학자재 사용을 적정수준으로 유지하고 축산분뇨의 적절한 처리 및 재활용등을 통하여 환경을 보전하고 안전한 농축임산물(이하 "농산물"이라 한다)을 생산하는 농업을 말한다." 우리나라는 1997년 11월에 환경농업육성법을 제정·공포하

였고, 1998년 12월에 이를 시행함으로써 친환경농업의 제도적 기반을 마련하였다. 이에 정부에서도 친환경농업의 장기적인 발전과 정착을 위한 다양한 정책지원프로그램을 개발·지원하면서 농업인들의 적극적인 참여유도와 체계적인 영농기술개발 노력을 계속하고 있다.

친환경농업은 단순히 자연농업 또는 유기농업만을 지칭하는 것이 아니며 화학합성물질인 비료나 농약의 사용을 최소화하면서 병충해 종합관리(IPM), 작물양분종합관리(INM), 천적 및 생물학적 기술의 통합이용 등 최첨단 농업기술과 지식을 이용하는 포괄적 개념의 농업경영방식이라고 말할 수 있을 것이다. 농업생산의 경제성 확보, 환경보전 및 농산물의 안전성 등을 동시에 추구하는 농업이라고 볼 수 있다(양 등, 2008).

한편 유기농업이란 "화학비료, 유기합성농약(농약, 생장조절제, 제초제), 가축사료첨가제 등 일체의 합성화학물질을 사용하지 않고 유기물과 자연광석 미생물 등 자연적인 자재만을 사용하는 농법을 말한다"라고 정의하고 있다(농촌진흥청, 친환경유기농업 영농활용매뉴얼, 2004 : http://lib.rda.go.kr).

친환경농업의 정의와 유기농업의 정의사이에는 화학투입재의 사용량, 투입자재의 종류, 실천기술의 적용 등에서 유사하므로 친환경농업을 저투입농업, 유기농업, 자연농업, 정밀농업 등으로 혼용하여 사용하고 있는 실정이나 이들 사이에는 큰 차이가 있다. 즉 유기농업은 친환경농업의 범주에 속하는 하나의 영농방법이다.

정부에서는 친환경농축산물 인증을 통해 친환경농업을 촉진하고 아울러 소비자에게 안전한 농산물을 공급하려고 노력하고 있다. 친환경농축산물이란 환경을 보전하고 소비자에게 보다 안전한 농축산물을 공급하기 위해 유기합성 농약과 화학비료 및 사료첨가제등 화학자재를 전혀 사용하지 아니하거나, 최소량만을 사용하여 생산한 농축산물을 말한다. 친환경농산물 인증에는 유기농산물, 무농약 농산물이 있고, 친환경축산물 인증에는 유기축산물과 무항생제 축산물이 있다(국립농산물 품질관리원 친환경인증관리 정보시스템 : http://www.enviagro.go.kr/portal/content).

유기농산물은 유기합성농약과 화학비료를 사용하지 않고 재배한 농산물이며, 무농약농산물은 유기합성농약은 사용하지 않고 화학비료는 권장시비량의 1/3 이하를 사용하여 재배한 것이다. 유기축산물은 항생제·합성항균제·호르몬제가 포함되지 않은 유기사료를 급여하여 사육한 축산물이고, 무항생제축산물은 항생제·합성항균제·호르몬제가 포함되지 않은 무항생제 사료를 급여하여 사육한 축산물이다. 친환경 농축산물인증 표시도형의 종류는 다음과 같다(그림 19.7).

친환경농업과 유기농업의 공통적인 목적은 농업생산에 있어서 생산성 및 수익성 확보, 자원 및 환경의 보전을 통한 농업생태계의 건전성확보, 그리고 농업종사자의 건강과 농산물의 안전성확보일 것이다.

| 농림산물 | | 축산물 | | 가공식품 |
|---|---|---|---|---|
| 유기농산물 | 무농약농산물 | 유기축산물 | 무항생제축산물 | 유기가공식품 |
| 유기농 (ORGANIC) 농림축산식품부 | 무농약 (NON PESTICIDE) 농림축산식품부 | 유기농 (ORGANIC) 농림축산식품부 | 무항생제 (NON ANTIBIOTIC) 농림축산식품부 | 유기가공식품 (ORGANIC) 농림축산식품부 |

그림 19.7 친환경농산물 인증 마크

## 19.19 필수식물영양소(Essential Plant Nutrients)

식물이 성장과 물질대사에 필요한 양분을 공급하고 흡수하는 현상을 식물영양(Plant Nutrition)이라 하며 이때 필요한 물질을 식물영양소(Plant Nutrient)라고 정의한다. 비료를 사용하는 것은 필수식물영양소를 공급하기 위함이다.

토양에는 수십, 수백 종류의 양이온과 음이온 또는 화합물의 형태가 존재한다. 그러나 이러한 많은 모든 이온들이나 화합물이 모두 식물에게는 필수적인 영양소가 될 수는 없다. 즉 일부 영양소는 식물에 의해 흡수되지만 식물영양에는 아무런 영향을 미치지 못하거나 또는 식물에 악 영향을 미치게 되므로 이러한 영양소는 토양에 존재하더라도 식물의 필수영양소로 분류하지는 않는다.

필수식물영양소의 자격요건을 자세하게 살펴보면 ① 해당 원소가 결핍되었을 때에는 식물체가 생명현상을 유지할 수 없다. 즉, 꼭 필요한 원소이어야 한다. ② 해당 원소가 결핍되었을 때 결핍증상은 의문점이 있는 원소에 국한되어야 한다. 즉, 특정 원소의 식물영양학적 기능은 다른 원소에 의해 대체될 수 없다. ③ 해당 원소는 식물영양에 직접적으로 관여하여야 한다. ④ 필수영양소는 특정 식물에만 한정되는 것이 아니고 모든 식물에게 공통적으로 적용되어야 한다는 점 등으로 정의할 수 있다.

녹색식물이 필요로 하는 영양소는 전적으로 무기물의 형태인 것이 특징이다. 이런 특성은 유기물질과 무기이온을 모두 필요로 하는 인간, 동물 및 미생물의 영양과 다른 특이한 점이다. 식물에게 먹다 남은 고기를 준다고 이들의 성분이 직접 흡수될 수 없다. 고기가 분해된 후 무기 이온이 되어야 흡수할 수 있다.

필수식물영양소의 자격요건을 충족시키는 필수영양소는 현재의 학설에 의하면 16가지로 분류된다. 탄소, 산소, 수소, 질소, 인산, 칼륨, 칼슘, 마그네슘, 황, 철, 구리, 아연, 망간, 몰리브데늄, 붕소, 염소 등이다. 이 중 탄소, 산소, 수소, 질소, 인산, 칼륨, 칼슘, 마그네슘, 황은 비교적 많이(% 단위) 요구되므로 다량 영양소, 나머지는 소량(ppm 단위) 요구되므로 미량영양소라 부른다.

한편 모든 식물에게 공통적으로 필수성이 적용되지는 않지만 일부 식물에게는 필수성이 인정되는 영양소가 있다. 예를 들면 염류농도가 높은 간척지대에서 서식하고 있는 염생 식물에게는 Na이 필수적인 원소이며 벼에는 Si의 필수성이 인정되고 있다. 그러나 Na 및 Si 등은 다른 모든 식물에게 공통적으로 필수성이 인정되지는 않으므로 이와 같은 원소를 유익한 원소(Beneficial Nutrient)로 별도로 정의하며 두 원소 외에 Se, Al, Sr, Ni, Co, V 등이 해당된다.

필수식물영양소는 토양에 있는 무기이온의 형태가 뿌리에 의해 흡수·동화되기 때문에 무기양분이라고 한다. 토양 중에서 양분은 유기태와 무기태의 두 상태로 존재하지만 무기태만이 식물에 의해 흡수된다. 반면에 유기태 영양소의 경우에는 미생물이나 화학적 반응에 의해 유기태에서 무기태로 전환되어야 식물뿌리에 의해 흡수될 수 있다.

필수식물영양소의 흡수형태와 기능을 요약하면 표 19.4와 같다. 영양소의 흡수형태를 비료의 제조 형태를 결정하고 토양관리의 목표를 제시하는 점에서 매우 중요하다.

표 19.4 필수영양소의 분류, 흡수형태 및 주요 기능

| 구분 | 분류 | | 원소 | 주요 흡수형태 | 주요 기능 |
|---|---|---|---|---|---|
| 비무기성 | 다량 영양소 | 비무기성 | C | $HCO_3^-$, $CO_3^{2-}$, $CO_2$ | 무기형태 흡수 후 유기물질 생성 |
| | | | H | $H_2O$ | |
| | | | O | $O_2$, $H_2O$ | |
| 무기성 | | 1차 영양소 | N | $NO_3^-$, $NH_4^+$ | 아미노산, 단백질, 핵산, 효소 등의 구성요소 |
| | | | P | $H_2PO_4^-$, $HPO_4^{2-}$ | 에너지 저장과 공급(ATP 반응의 핵심) |
| | | | K | $K^+$ | 효소활성제, 기공의 개폐조절, 이온 균형 |
| | | 2차 영양소 | Ca | $Ca^{2+}$ | 세포벽 중엽층 구성요소 |
| | | | Mg | $Mg^{2+}$ | Chlorophyll 분자구성 |
| | | | S | $SO_4^{2-}$, $SO_2$ | 황 함유 아미노산 구성요소 |
| | 미량영양소 | | Fe | $Fe^{2+}$, $Fe^{3+}$, Chelate | Cytochrome 구성요소, 광합성 전자전달 |
| | | | Cu | $Cu^{2+}$, Chelate | 산화효소의 필수구성요소 |
| | | | Zn | $Zn^{2+}$, Chelate | 알콜탈수소효소 구성요소 |
| | | | Mn | $Mn^{2+}$ | 탈수소, 카르보닐효소구성 |
| | | | Mo | $MoO_4^{2-}$, Chelate | 질소환원효소 구성요소 |
| | | | B | $H_3BO_3$ | 탄수화물대사에 관여 |
| | | | Cl | $Cl^-$ | 광합성반응 산소방출 |

## 19.20 중금속(Heavy Metals)

중금속은 의미 그대로 무거운 금속이다. 중금속의 분류 요건을 보면,

- 비중이 5.0 g·mL$^{-1}$ 이상
- 몰 당 원자량이 55.8 g 이상
- 상온에서 금속성
- 주기율표에서 Cu와 Bi 사이의 원소 group
- 주기율표 맨 밑의 희토류 원소보다 무거운 원소
- 낮은 농도에서도 독성을 보여주고 생물체에 비교적 비필수
- Cd, Co, Cu, Fe, Pb, Mo, Ni, Zn 등

한편 비소(As)의 경우는 준금속이다. 이는 금속태의 원소 금속과 비금속의 중간적 성질이고 상온에서 고체이나 전기 도체는 아니다. 그러나 일반적인 경우에 비소는 중금속으로 간주하여 취급하고 있다. 규소와 붕소도 준금속이다.

중금속은 지각에 미량 함유되어 있다. 이러한 이유로 중금속을 미량원소(trace element) 혹은 위해성 미량원소(potentially toxic trace element)라 부르기도 한다. 대부분의 중금속은 지각 중의 함유량이 0.1% 이내이다. 중금속 중 Cu, Zn, Ni, Co 등은 생명체에 없어서는 안 되는 필수원소이며 Pb이나 Hg 등은 아직 생명 유지 기능이 알려져 있지 않는 비필수원소로 분류되고 있다.

중금속의 대표적인 오염원은 금속광산의 채광·선광·제련과정 등의 광업활동으로 인하여 배출되는 광산폐기물(폐석, 광미, 광재, 광산폐수)이다. 이 외에도 자동차 배기가스를 포함하는 화석연료의 소각, 비료와 농약 및 각종 산업폐수와 폐기물에서 배출되며 관개수, 지하수 및 토양을 통하여 오염된다.

환경오염원은 여러 가지이지만 중금속에 의한 오염이 특히 부각되어 왔다. 중금속 오염이 중요한 것은 미량이라도 체내에 축적되면 잘 배설되지 않고 장기간에 걸쳐 부작용을 나타내기 때문이다. 또 다른 이유는 환경에 배출된 중금속은 분해나 자정작용을 받지 않고 생물권을 순환하면서 먹이연쇄를 통해 농축되어 사람에게까지 이동할 수 있기 때문이다. 중금속 오염에 의해 나타난 대표적인 질병이 수은에 의한 미나마타(Minamata)병, 카드뮴에 의한 이타이이타이(Itai－Itai)병, 비소에 의한 arsenicosis 등이다.

## 19.21 산성광산배수(Acid Mine Drainage : AMD)

광산은 비교적 좁은 지역에서 생산 활동이 이루어지고 있지만 환경오염현상을 초래하는 광해(鑛害)는 주변지역과 농경지 등에 광범위하게 영향을 미치고 있다. 광산지역에서 발생되는 오염현상은 운영 중인 광산에서 발생되는 경우도 있지만 우리나라의 경우 현재의 주 발생요인은 휴·폐광산에서 발생된 폐기물들에 의한 것으로 광산폐수, 광산 폐석, 광미(mine tailings : 선광 후에 남는 모래 같은 광석부스러기), 침출수 등이다. 특히 폐갱도의 갱내수와 침출수로 에서 배출되는 산성광산배수(acid mine drainage : AMD)에는 중금속이 다량 함유되어있다. 그러나 아무런 정화 과정 없이 그대로 주변 수계와 토양으로 유입되어 지표수, 지하수, 주변 토양환경을 오염시키고 있다.

대부분의 광산폐수의 갱내수와 침출수는 pH가 낮고, 중금속(특히 Fe과 Al)과 황산이온을 다량 함유하고 있다. 석탄광산으로부터 배출되는 갱내수가 산성을 띠는 원인은 황화광물에 포함되어 있는 황이 산화되면서 생성되는 황산이온에 의한 것이다.

광산 폐수와 함께 배출되는 Fe는 $Fe(OH)_3$ 또는 $Fe_2O_3$로 산화되어 토양과 강바닥의 바위 표면을 노란색에서 주황색으로 변화시키는 Yellow Boy 오염현상을 초래하게 된다(그림 19.8). 또한 Al은 산화되어 $Al(OH)_3$ 침전물로 변하여 강바닥과 토양에 흰색의 밀가루를 뿌려놓은 것과 유사한 백화현상을 초래한다(그림 19.8).

그림 19.8 산성광산배수에 의한 황화현상(Yellow boy)과 백화현상 사진

황화물 중 광산폐수의 산성화에 가장 크게 기여하는 것은 황철석(Pyrite, $FeS_2$)이다. 황철석은 대부분의 금속 광상에 흔히 관찰될 뿐만 아니라, 석탄층 내에도 상당량 포함되어 있는 광물이다. 황철석이 지하에 매장되어 있을 때는 환원조건이어서 그대로 있으나, 광산에 의해 개발되

어 공기와 물에 노출되면 산화되어 황이 황산이온으로 변화되어 pH가 매우 낮은 물로 변화된다. 아래의 4단계의 반응은 휴폐광산에서 발생되는 산성배수(acid mine drainage : AMD)의 발생 원인이다. 이 과정에서 수산화철이 침전되어 토양과 저니토를 주황색에서 노란색으로 코팅시키므로 이를 Yellowboy 현상이라 부른다.

$$2FeS_2 + 7O_2 + 2H_2O \rightarrow 2Fe^{2+} + 4SO_4^{2-} + 2H^+$$
$$4Fe^{2+} + 10H_2O + O_2 \rightarrow 4Fe(OH)_3(s) + 8H^+$$
$$2Fe^{2+} + O_2 + 2H^+ \rightarrow 2Fe^{3+} + 2H_2O$$
$$FeS_2 + 14Fe^{3+} + 8H_2O \rightarrow 15Fe^{2+} + 2SO_4^{2-} + 16H^+$$

도로공사를 할 때 절개면에서 배수에 의해 황화현상이 일어나는 현상을 볼 수 있다. 이 원인은 산성광산배수와 동일하게 황철석이나 특이 산성토양이 존재하여 철이 산화되기 때문이다. 이를 산성암석배수(Acid Rock Drainage : ARD)라 부른다.

## 19.22 도시광산(Urban Mining)

도시광산은 도시에서 폐기되는 다양한 종류의 고형폐기물류로부터 유용한 자원물질이나 금속류들을 회수하는 과정을 말하는 것이다. 고형폐기물은 건축과 건축철거물(construction and demolition material : C&D), 도시고형폐기물(municipal solid waste : MSW), 전자제품 폐기물(electronic waste : e-waste) 및 폐타이어 등으로 그 범위가 넓고 종류가 매우 다양하다(urbanmining.org).

전 세계적으로 도시화가 매우 빠른 속도로 진행되고 자원이 고갈되기 때문에 기존에 생산된 제품을 더 이상 사용하지 않고 폐기할 때 이들로부터 유용한 자원을 회수하는 차원에서 대두된 개념으로 각 국가에서는 매우 관심 있게 추진하고 있다. 예를 들어 스마트폰을 사용한 후 새 제품으로 교환할 때 사용하던 제품은 일정 금액을 받고 교환하고 있는데, 이는 구제품으로부터 희토류 등의 유가 자원을 회수할 수 있기 때문이다.

도시광산은 금속이나 가치가 높은 원료물질을 회수하고, 폐기물의 매립이나 배출량을 줄이고, 기존의 광산활동과 관련되어 있는 환경오염을 저감하고, 신규 산업을 창출하여 고용을 증대하는 측면에서 중요성을 지니고 있다(그림 19.9, 19.10).

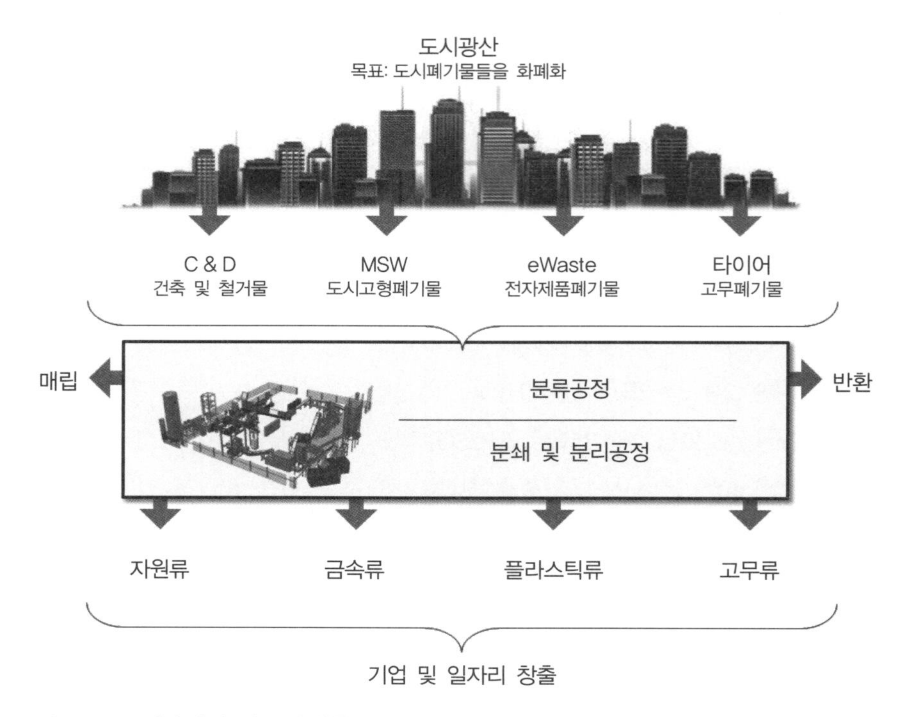


그림 19.9 도시광산의 기본개념(출처 : https://jobenomicsblog.com/urban-mining-2/)

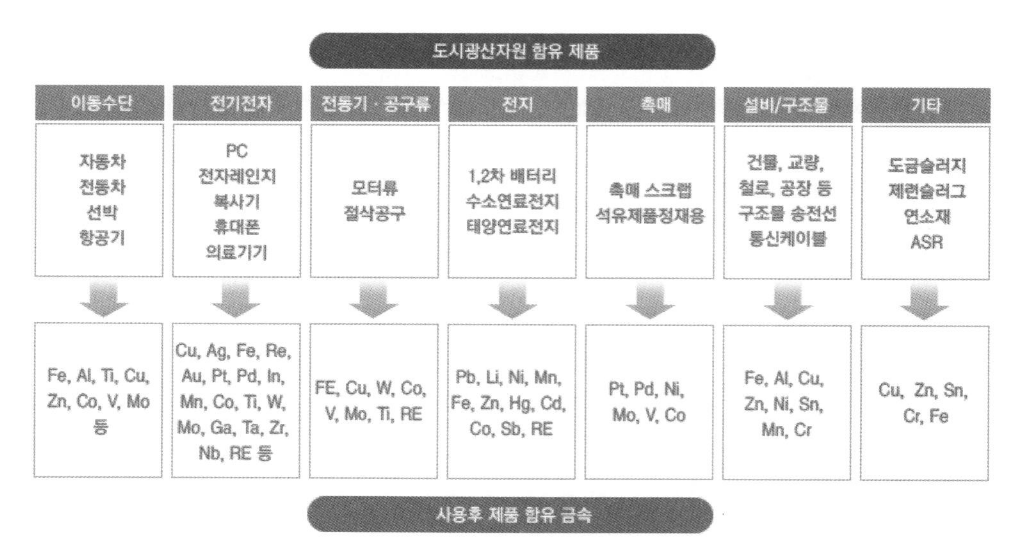


그림 19.10 도시광산으로부터 회수할 수 있는 자원의 종류 예시(출처: 국가청정생산지원센터: https://www.kncpc.or.kr/resource/city.asp)

고형폐기물로부터 자원을 회수하는 과정은 (1) 폐기물로부터 유기물질 회수 (waste-to-organic), (2) 폐기물로부터 에너지회수 (waste-to-energy), (3) 폐기물로부터 원료물질 회수(waste-to-material)

로 구분할 수 있다.

폐기물로부터 유기물질 회수(waste-to-organic) 과정은 생물적으로 분해가능한 유기성 폐기물을 퇴비나 멀칭제(mulching)와 같이 상업화가 가능한 물질로 전환하는 과정이다. 여기에 해당되는 폐기물은 인간 및 동물 배설물, 음식물, 나무, 종이, 깎은 잔디 등이다. 이런 폐기물을 매립할 경우 혐기적으로 소화, 분해되어 환경에 유해한 온실가스, 휘발성유기화합물 및 침출수를 배출하게 되고 제한된 토지에서 매립에 따른 토지의 부족 등의 문제를 초래한다.

폐기물로부터 에너지의 회수과정(Waste-to-Energy)은 유기성 폐기물을 소각, 열분해, 플라스마, 가스화 공정 등을 통해 바이오연료로 전환하고, 이 바이오연료는 전기, 인공가스, 오일, 타르, 탄소분말 등 상업화가 가능한 에너지 제품을 생산하는 것이다.

폐기물로부터 원료물질의 회수과정(Waste-to-Material)은 다양한 고형폐기물로부터 금속과 비유기성원소들을 회수하는 것이다. 이를 통해 얻을 수 있는 가치는 매우 큼에도 불구하고 대부분의 도시에서는 이를 매립하고 있는 실정이다.

고형폐기물류에는 소각 가능한 것과 소각할 수 없는 것으로 구분할 수 있다. 소각 가능한 폐기물은 waste-to-organic 및 waste-to-energy 기술을 활용하여 상업화가 가능한 제품으로 전환되고, 비소각성 폐기물은 waste-to-material 기술을 통하여 자원을 회수하게 된다.

도시광산의 가장 큰 장점중의 하나는 자원을 회수하는 효율성이다. 예를 들어 전래적인 금광산에서는 금의 선광 농도가 5 ppm(5g/ton)이면 채산성이 있다고 하지만 PC, 휴대폰, 가전제품에서는 이보다 훨씬 많은 금을 회수할 수 있다(그림 19.11). 아울러 기존의 금 광산에서 초래되는 많은 환경오염 문제를 피할 수 있다.

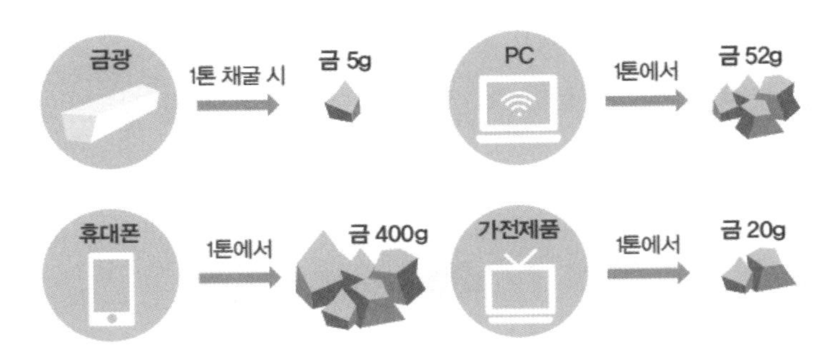


그림 19.11 도시광산의 효율성 비교(출처: 서울정책아카이브: https://www.seoulsolution.kr/ko/content/도시-광산-사업-폐전기전자제품-재활용)

최근에 도시광산을 통해 각광을 받고 있는 분야는 다양한 가전제품으로부터 희토류 금속(rare earth metals)을 회수하는 것이다. 희토류는 우리 일상생활에서 없어서는 안 되는 가전제품,

휴대폰, 전지, x-rays, 태양광 패널, 레이저 등과 관련된 다양한 가전제품을 생산하는 데 필수적인 금속원소들이다. 수요가 급증하는 이러한 생활필수품을 제조하기에 필요한 희토류 금속을 다량으로 확보하는 일이 도전과제이다.

이런 희토류 금속을 전래적인 광산을 통해 채굴한다는 것은 경제성, 환경오염문제, 자원의 고갈 측면에서 많은 문제를 초래하고 있다. 중국의 경우 희토류 금속 매장량이 많으나 이의 수출을 제한하고 있는 실정이다. 따라서 기존의 버려지는 가전제품들로부터 희토류 자원을 회수하는 일은 매우 중요한 의미를 지닌다.

## 19.23 생물농축(Bioaccumulation 또는 Bioconcentration)

토양이 중금속으로 오염된 경우 중금속의 대부분은 토양입자에 흡착되어 있다. 중금속이 수계로 유입되는 주된 경로는 중금속을 흡착한 토양입자의 유실에 의한 것이다. 이렇게 유입된 중금속은 물의 pH, 산화환원전위, 온도, 빛, 용존산소, 미생물 활성 등에 의해 용출되어 물로 방출될 수 있으나 대부분은 토양입자와 함께 침강되어 저니토(sediment)로 가게 된다(양 등, 2008).

수계환경에 존재하는 중금속이 식물성 플랑크톤, 동물성 플랑크톤, 어류나 패류 등에 의해 흡수될 경우 중금속의 상대적 농도는 증가된다. 즉 물에 존재하는 중금속은 ppb 수준이나 생물체에 존재하는 농도는 ppm 수준이 되는 경우가 많다. 이를 생물농축(bioaccumulation 또는 bioconcentration)이라 부른다. 중금속은 수 생태계의 종 다양성, 생산성, 수생생물의 밀도를 감소시킨다. 인간이 어패류를 섭취할 경우 중금속이 인체에 흡수, 농축되어 악영향을 주게 된다. 수은중독 현상을 초래한 일본에서의 미나마타병은 대표적인 예가 될 수 있다.

## 19.24 토양 산성화(Soil Acidification)

토양의 pH는 토양생성과정에서 모암, 모재, 기후, 식생 등에 의해 결정된다. 우리나라 토양은 산성 암석인 화강암에서 유래되었기 때문에 원래 산성토양으로 평균 pH는 약 5.6에 해당된다. 그러나 여러 가지 원인에 의해 토양이 점점 더 산성화되기 쉽다. 토양 산성화가 진행되면 물질의 용해, 영양소의 유효도, 물질순환, 식물생육, 생물다양성 등에 악영향을 주게 된다. 그래서 토양산성화 현상을 토양오염의 일환으로 간주한다. 토양산성화의 원인을 살펴보면 다음과 같다.

가) 화학비료의 과다 시용

황산암모늄[유안 : $(NH_4)_2SO_4$]이나 인산암모늄 [$(NH_4)_2HPO_4$]과 같은 암모니아 형태의 화학비료를 과다시용할 경우 [$(NH_4)_2SO_4+4O_2 \rightarrow 2HNO_3+H_2SO_4+2H_2O$] 황산이온 배출

나) 질산화(nitrification)

요소 [$(NH_2)_2CO_3$], 유안, 초안($NH_4NO_3$) 등 질소비료의 시용과 유기물의 분해로 인해 토양에 가해진 $NH_4^+$이온은 질산화균에 의해 질산화(nitrification)되어 $NO_3^-$ 이온이 생성되며 이 과정에서 1 mole의 암모니아이온당 2 mole의 수소이온이 생성되어 토양산성화를 초래

$NH_4^+ + 1.5O_2 \rightarrow NO_2^- + 2H^+ + H_2O$(Step I : *Nitrosomonas* bacteria)

$NO_2^- + 0.5O_2 \rightarrow NO_3^-$(Step II : *Nitrobacter* bacteria)

다) 작물에 의한 염류의 흡수 제거(Crop removal)

작물은 토양으로부터 Ca, Mg, K 등의 필수영양소를 다량 흡수한다. 이들 염기성 양이온들은 토양의 pH를 높여주는 역할을 한다. 따라서 작물을 집약적으로 재배하여 수확할 경우 많은 염류들을 토양으로부터 제거하여 토양의 pH를 낮춰주는 결과를 초래

라) 대기로부터의 산 집적(Acid Deposition, Acid Rain)

산성우(대기에서 이산화탄소와 물이 평형을 이루는 pH가 약 5.65)는 일반적으로 pH 5.65 이하인 비로서 질산과 황산의 중요한 급원이다. 화석연료를 연소할 때 질소와 황을 함유하는 가스($NO_x$ 및 $SO_x$)가 대기로 방출되고 이들 가스는 대기에서 물과 반응하여 질산과 황산이 형성되어 비의 형태로 토양으로 되돌아온다. 이 비의 pH는 보통 4.0에서 4.5 범위의 값을 가지며 대기오염이 심한 경우는 2까지 낮아지는 경우도 있다.

마) 경운(Tillage)

토양산도는 일반적으로 토양의 깊이가 깊어질수록 증가되고, 표토가 유실될 경우 경운층의 토양의 pH는 점차 낮아지게 된다.

바) 산을 발생시키는 유기성 폐기물의 처리

하수슬러지와 같은 유기성 폐기물을 농경지나 산림지에 처분할 경우 슬러지가 분해되면서 다량의 무기산과 유기산이 방출될 수 있으므로 토양의 pH를 감소시키게 된다.

사) 황 함유 토양광물의 산화

토양에 다량으로 함유된 황철석(Pyrite, $FeS_2$)과 황화철(FeS), 황 원소(S) 등은 산화될 경우 황이 산화되어 황산을 형성하여 토양의 pH가 매우 낮아진다. pH가 1.5 정도까지 낮아질 수 있다. 우리나라의 특이산성토양(acid sulfate soils)과 산성광산배수가 대표적인 예이다.

$$4FeS + 9O_2 + 4H_2O \rightarrow 2Fe_2O_3 + 4H_2SO_4$$

$$2S + 3O_2 + 2H_2O \rightarrow 2H_2SO_4$$

아) 식물뿌리와 미생물의 호흡

식물뿌리와 미생물이 호흡을 할 때 발생되는 이산화탄소가 발생하고 이는 물과 반응하여 탄산을 형성하여 용액의 pH를 이론값인 5.6까지 낮출 수 있다. 따라서 근권토양의 pH는 일반토양의 pH보다 더 산성인 이유에 해당된다.

위에서 설명한 토양산성화의 여러 가지 원인 중에서 가) 화학비료의 과다시용, 다) 작물에 의한 염류 제거, 라) 산성비에 의한 것이 가장 중요한 요인이 될 수 있으므로 이에 대한 적절한 대책과 토양관리기술이 마련되어야 할 것이다.

## 19.25 토양탄소격리(Soil Carbon Sequestration)

온실가스가 대기로 배출되면서 이는 기후변화와 지구온난화의 주요 원인이 되고 있고, 이로 인한 다양한 형태의 환경, 사회적, 경제적 문제를 초래하고 있다. 온실가스의 배출은 화석연료의 연소에 크게 기여하고 반면에 생태계에서 자연적으로 일어나는 반응에 의해 배출되기도 한다. 다양한 온실가스의 공통적은 이들이 탄소화합물이라는 것이다. 기후변화와 지구온난화에 의한 지구상의 피해는 여기서 언급하지 않아도 될 정도로 막대하다.

탄소격리란 온실가스인 탄소화합물을 이들의 저장고에다 가둬두는 것을 의미한다. 저장고

(sink)는 토양, 식물, 나무, 미생물, 해양, 물, 지질층 등 다양하다. 토양의 탄소격리란 온실가스인 이상화탄소를 토양에 유기물의 형태로 가둬두는 것이다. 식물체들은 대기의 이산화탄소, 물 그리고 빛에너지를 이용하는 광합성 작용을 통해 유기물을 만들게 된다. 식물이 죽게 되면 이들은 토양으로 환원되게 된다. 토양에 환원된 유기물은 쉽게 분해되지 않으므로, 다시 이산화탄소로 분해되어 대기로 방출되는데 오랜 시간이 걸린다. 토양유기물에는 평균 50%의 탄소가 함유되어 있다.

토양은 가장 용량이 큰 탄소의 수용체이다. 지구상 토양의 탄소저장 용량은 2조 5000억 톤에 해당된다. 토양의 탄소저장용량은 대기보다 3.3배, 생물권의 저장능력보다 4.5배나 크다. 토양의 탄소격리는 장기적인 과정으로 향후 50년 동안 대기로부터 약 400억 톤의 탄소를 제거시킬 수 있는 것으로 평가되고 있다. 이는 대기에 존재하는 탄소의 약 5%에 해당되는 엄청난 양에 해당된다. 토양탄소격리의 총 잠재량은 매년 적게는 4~6억 톤, 많게는 6~12억 톤으로 예측되고 있다. 따라서 토양탄소격리의 잠재력은 용량과 시간측면에서 볼 때 무한하다고 본다(양, 2008).

토양탄소격리는 화석연료로부터 배출되는 온실가스를 저감시킬 뿐 아니라 토양의 질 향상, 생산성 및 소득 향상, 수자원 보호, 생물다양성 확보, 환경의 완충용량 증대 등 많은 유익한 기능을 제공하기 때문에 매우 중요하다. 토양탄소격리는 이윤을 창출하는 상품이 될 수 있다. 토양의 탄소격리는 지속 가능한 토양관리를 통해 실현할 수 있다. 여기에는 보전 경운, 토양유실 방지, 지표식물 도입, 비료와 농약의 과학적 관리, 가축분뇨의 자원화 등 최적영농관리방안(Best Management Practice : BMP)을 이행하는 것이다. 산업체에서 온실가스를 저감하기 위해 기술과 시설을 투자하는 것은 비용이 막대하게 소요된다. 토양의 지속적 관리는 비싸지 않고 매우 경제적인 실천방안이다. 토양의 탄소격리는 그 용량이 매우 클 뿐 아니라 그 잠재력이 매우 크다. 우리나라에서 온실가스를 감축하는 방안에 토양의 탄소격리를 포함되지 않고 있다. 그러나 농경지 토양이나 산림토양은 온실가스를 저장할 수 있는 용량이 매우 크므로 이를 적극적으로 고려해야 할 것이다.

## 19.26 미세 플라스틱(Microplastics 또는 Microbeads)

플라스틱은 일상생활에서 없어서는 안 되는 물질이 되었다. 그러나 버려지는 플라스틱도 엄청난 양이다. 버려진 플라스틱은 강, 호수 및 바다에서 쉽게 발견할 수 있다. 플라스틱 쓰레기는 다양한 모양과 크기로 발견된다. 이 중에서 길이가 5 mm 이하인 플라스틱을 미세 플라스틱(microplastics, 또는 microbeads)라 부른다(NOAA). 그림 19.12는 미세 플라스틱의 예를 보여주고 있다.

| 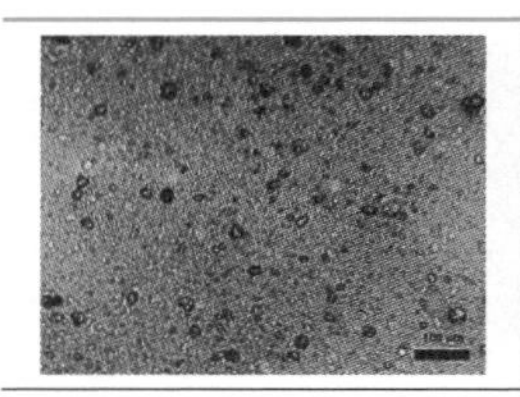 | 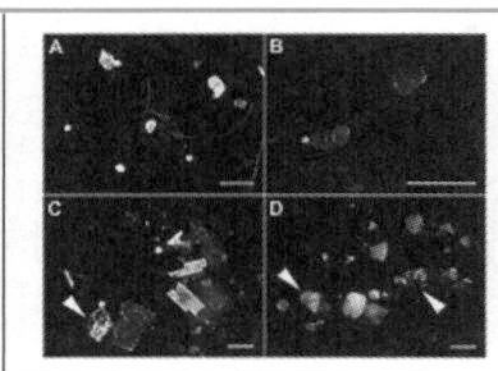 |  | 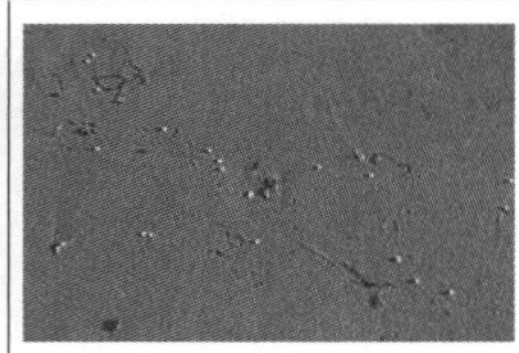 |
| --- | --- | --- | --- |
| 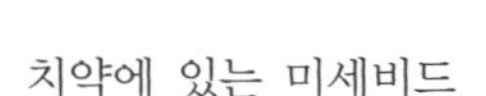 치약에 있는 미세비드 | 저니토의 미세 플라스틱 | 폐타이어를 사용한 인조 잔디 축구장과 이로부터 배출된 미세 플라스틱 | 해변가에서 발견된 미세 플라스틱 |

그림 19.12 미세 플라스틱의 예(출처 : 위키백과)

미세 플라스틱(microplastics)은 큰 플라스틱들이 어려가지 이유로 인해 크기가 매우 작아진 것이다. 미세비드(microbeads)는 미세 플라스틱의 일종으로, 폴리에틸렌 플라스틱의 작은 조각으로서 치약과 세제 등 건강이나 미용에 관련된 수많은 제품에 사용되고 있다. 지구에서 실제로 얼마나 많은 미세 플라스틱이나 비드가 사용되고 있는지 모른다(UNEP).

이러한 물질들은 입자가 작기 때문에 수처리 과정에서도 여과되기 어렵고, 지표수나 바닷물로 쉽게 유입된다. 물이나 저니토에 잔류하게 된다. 이들은 난분해성유기물질이다. 수계로 유입된 미세 플라스틱은 수생태계에 서식하는 생물체들에게 엄청난 영향을 미칠 수 있다.

미세 플라스틱은 가볍기 때문에 물에 떠서 수계에서의 확산이 용이하다. 물고기들의 아가미에 축적되거나 흡수된 후 생식기로 전이되어 불임을 초래하게 된다. 생물다양성 감소에 영향을 미칠 수 있다. 일상생활의 세제나 화장품 등에 사용되는 미세 플라스틱이 먹이연쇄를 통해 인간 건강에게도 영향을 미칠 수 있다고 유엔환경프로그램은 경고하고 있다(UNEP). 미국의 전 태통령 오바마는 미세 플라스틱 비드를 화장품이나 개인 건강용품 제조 원료에 사용을 금지하는 'Microbead-Free Waters Act of 2015'에 서명하였다. 선진국에서도 이러한 운동에 동참하려는 움직임이 보이고 있다.

이 분야의 연구는 아직 초보단계이다. 얼마나 많은 미세 플라스틱이 사용되고 환경으로 유입되는지 모른다. 이를 연구하는 방법도 정립되지 않은 상태이다. 그러나 미세 플라스틱이 생태계에 미치는 영향은 매우 심각할 것으로 판단된다. 이러한 이유로 UNEP에서는 2017년에 7대 환경문제의 하나로 선정되었다(UNEP).

나노입자(Nano particle)은 미세 플라스틱보다 더 작아 환경위해성과 건강위해성이 더 크다.

## 참고문헌

디지털조선일보 & tong+ 2017. 8. 22. http://news.tongplus.com/site/data/ht
세계자연기금 한국본부, 한국 생태발자국보고서, 2016.
양재의, 정종배, 김장억, 이규승, 농업환경학, 도서출판 씨아이알, 2008.
양재의, 지구온난화와 토양의 탄소격리, 에너지 경제, 2008. 9. 24. 보도.
유승환, 물발자국의 개념과 산정, 해외농업, 농정포커스 제206호, 1-16, 2017.
이재근, 이승호, 홍일표, 안재현, 가상수 이론을 이용한 물수지 분석연구, 한국수자원학회지 72-76, 2010.
McBratney, A., Field, D.J., Koch, A., 2014. The dimensions of soil security. Geoderma 213, 203-213.
National Oceanic and Atmospheric Administration(NOAA). US National Ocean Service. US Dept. of Commerce. What are microplastics? https://oceanservice.noaa.gov/facts/microplastics.html
Pierzynski, G.M., J.T. Sims and G.E. Vance. 2005. Soils and environmental quality. 3rd edition, CRC Press.
Science Daily. Environmental Issues News. https://www.sciencedaily.com/news/earth_climate/environmental_issues/
UN Climate Change, 2014. http://unfccc.int/ghg_data/items/3825.php
UN Environment Programme(UNEP). (http://web.unep.org/stories/story/seven-hot-environment-stories-look-out-2017).
UN FAO, 2015. Global Forest Resources Assessments(FRA2015)
Water Footprint Network. http://waterfootprint.org/en/water-footprint/
Wikipedia. Ecological Footprint. https://ko.wikipedia.org/wiki/생태발자국
Wikipedia. Environmentalism. https://en.wikipedia.org/wiki/Environmentalism
Wikipedia. List of environmental issues. https://en.wikipedia.org/wiki/List_of_environmental_issues.
Wikipedia. Microplastics. https://en.wikipedia.org/wiki/Microplastics
Wikipedia. Silent Spring. https://en.wikipedia.org/wiki/Silent_Spring

# 찾아보기

ㅇ

ㅈ

ㅎ



기타

# 저자 소개

### 강신규

2004-현재 강원대학교 환경융합학부 교수
1995-1996 스웨덴 우메오대학교 방문연구원
2001-2004 미국 몬타나대학교 박사후 연구원

### 곽경환

2016-현재 강원대학교 환경융합학부 부교수
2014-2016 한국과학기술연구원 박사후 연구원
2018 서울특별시 대기질 개선 전문가포럼 외부위원

### 김만구

1991-현재 강원대학교 환경융합학부 교수
2006-2007 (사)한국냄새환경학회장
2013-현재 ISO/TCI46/SC6/WG22 의장
2016 (사)한국분석과학회장

### 김범철

1981-현재 강원대학교 환경융합학부 명예교수
2013 청정강원21실천협의회장
2013 강원대학교 환경연구소장
2013 한국하천호수학회장

### 김성문

2001-현재 강원대학교 환경융합학부 교수
2010-현재 강원퍼퓸알케미 대표
2010-2011 강원대학교 농업생명과학연구원장
2011-2016 강원대학교 양구민들레RIS사업단장

### 김희갑

1998-현재 강원대학교 환경융합학부 교수
1988-1992 한국화학연구원 연구원
2003-2004 미국 조지아대학교 방문교수
2016-2018 강원대학교 환경연구소장

### 박세진

2017-현재 강원대학교 환경융합학부 조교수
2012-2014 경희대학교 한약학과 시간강사
2014-2017 대웅제약 연구본부 책임연구원

### 안태석

1983-현재 강원대학교 환경융합학부 명예교수
1990-1991 독일 막스플랑크연구소 연구원
2005-2009 한국미생물학회 부회장

### 양재의

1990-현재 강원대학교 환경융합학부 교수
2010-2017 세계토양학회장
2014-현재 표토자원전략연구단장
2017-현재 세계토양학회 글로벌토양포럼 의장

### 오상은

2006-현재 강원대학교 환경융합학부 교수
2002-2006 미국 펜실베니아주립대학교 박사후 연구원
2009-2011 환경부 중앙환경보전자문위원회 자문위원
2013-현재 강원도 지방건설심의위원

### 주진호

2002-현재 강원대학교 환경융합학부 교수
2011-현재 한국토양비료학회 이사
2012-2013 미국 플로리다주립대학교 방문교수
2016 한국환경농학회장

### 한영지

2005-현재 강원대학교 환경융합학부 교수
2004-2005 미국 허버드브룩연구재단 박사후 연구원
2016-2017 한국대기환경학회지 편집이사
2016-2018 강원도 환경산업육성협의회 위원

### 허장현

1992-현재 강원대학교 환경융합학부 교수
2006-현재 친환경농산물안전성센터장
2011-현재 (사)한국농약과학회 부회장
2012-2014 강원대학교 기후변화과학원 원장

# 생명환경과학


**초판발행** 2018년 3월 9일
**초판 2쇄** 2021년 3월 9일

**저 자** 강신규, 곽경환, 김만구, 김범철, 김성문, 김희갑, 박세진, 안태석, 양재의, 오상은, 주진호, 한영지, 허장현
**펴 낸 이** 김성배
**펴 낸 곳** 도서출판 씨아이알

**편 집 장** 박영지
**책임편집** 김동희
**디 자 인** 윤지환, 윤미경
**제작책임** 김문갑

**등록번호** 제2-3285호
**등 록 일** 2001년 3월 19일
**주 소** (04626) 서울특별시 중구 필동로8길 43(예장동 1-151)
**전화번호** 02-2275-8603(대표)
**팩스번호** 02-2265-9394
**홈페이지** www.circom.co.kr

**I S B N** 979-11-5610-371-4 93520
**정 가** 23,000원